Kinzelbach · Friedrich

Biologie der Donau

Limnologie aktuell

Herausgegeben von
Günther Friedrich und Ragnar Kinzelbach
in Zusammenarbeit mit der
Deutschen Gesellschaft für Limnologie

Band 2: Biologie der Donau

Band 1: Kinzelbach/Friedrich (Hrsg.), Biologie des Rheins (1990)
Band 3: Friedrich (Hrsg.), Ökologische Bewertung von Fließgewässern (1992)
Band 4: Neumann/Jenner (eds.), The Zebra Mussel *Dreissena polymorpha* (1992)
Band 5: Ostendorp/Krumscheid-Plankert (Hrsg.), Seeuferzerstörung und Seeuferrenaturierung in Mitteleuropa (1993)
Band 6: Gerken/Schirmer (Hrsg.), Die Weser (in Vorbereitung)

Biologie der Donau

Herausgegeben von
Ragnar Kinzelbach

96 Abbildungen und 51 Tabellen

SEMPER BONIS ARTIBUS

Gustav Fischer
Stuttgart · Jena · New York · 1994

Adressen der Herausgeber

Prof. Dr. Ragnar Kinzelbach
Institut für Zoologie der
Technischen Hochschule Darmstadt
Schnittspahnstr. 3
64287 Darmstadt

Prof. Dr. Günther Friedrich
Landesamt für Wasser und Abfall
Nordrhein-Westfalen
Auf dem Draap 25
40221 Düsseldorf

Texterfassung, Redaktion und Satz
Dipl.-Biol. Hans-W. Pohl, Darmstadt

Die Deutsche Bibliothek – CIP-Einheitsaufnahme

Biologie der Donau: 51 Tabellen / hrsg. von Ragnar Kinzelbach. – Stuttgart; Jena; New York: G. Fischer, 1994
(Limnologie aktuell; Bd. 2)
ISBN 3-437-30671-5
NE: Kinzelbach, Ragnar K. [Hrsg.]; GT

Druck und Einband: Wilhelm Röck GmbH, Weinsberg
Printed in Germany

Autoren

Anderwald, Peter H., Dr., Pillergasse 15/99, A-1150 Wien

Bacalbaşa-Dobrovici, Nicolae, Prof. Dr., Galatz Universität, Labor Fishing Technology, 6200 Galatz, Rumänien

Banning, Mechthild, Dipl. Biol., Bundesanstalt für Gewässerkunde, Kaiserin-Augusta-Anlagen 15-17, D-56068 Koblenz

Csányi, Béla, Dipl. Biol., Laboratory of Hydrobiology, Research Centre for Water Resources (VITUKI), Kvassay ut 1, H-1095 Budapest

Daubner, Imrich, Dr. habil., Ústav Exp. Biologíe, SAV, Obroncov mieru 3, Bratislava, Slowakische Republik

Dister, Emil, Dr., WWF-Auen-Institut, (Institute for Floodplains Ecology), Josefstraße 1, D-76437 Rastatt

Fleckseder, Hellmut, Doz. Dr., TU Wien, Institut für Wassergüte und Abfallwirtschaft, Karlsplatz 13, A-1040 Wien

Gulyás, Pál, Dr., Laboratory of Hydrobiology, Research Centre for Water Resources (VITUKI), Kvassay ut 1, H-1095 Budapest

Humpesch, Uwe H., Doz. Dr., Institut für Limnologie der Österreichischen Akademie der Wissenschaften, Abteilung Mondsee, Gaisberg 116, A-5310 Mondsee

Instinsky, Thomas, Dipl. Biol., Institut für Zoologie, Schnittspahnstraße 3, Technische Hochschule Darmstadt, D-64287 Darmstadt

Keresztessy, Katalin, Dr., Institute of Animal Husbandry, University of Agricultural Sciences, H-2103 Gödöllo

Kinzelbach, Ragnar, Prof. Dr., Institut für Zoologie, Schnittspahnstraße 3, Technische Hochschule Darmstadt, D-64287 Darmstadt

Klepser, Hans-Helmut, Dr., Bezirksstelle für Naturschutz und Landschaftspflege Tübingen, Konrad-Adenauer-Straße 20, D-72072 Tübingen, jetzt: Regierungspräsidium Tübingen

Konar, Martin, Mag., Keilgasse 6/16, A-1030 Wien

Kothé, Peter, Dr., Bundesanstalt für Gewässerkunde, Kaiserin-Augusta-Anlagen 15-17, D-56068 Koblenz

Kovács, Ferenc, Prof. Dr. Dr., Lehrstuhl für Tierhygiene, Universität der Veterinärmedizin, Postfach 2, H-1400 Budapest

Leuchs, Heiko, Dr., Bundesanstalt für Gewässerkunde, Kaiserin-Augusta-Anlagen 15-17, D-56068 Koblenz

Moog, Otto, Dr., Institut für Wasservorsorge, Gewässergüte und Fischereiwirtschaft, Abteilung für Hydrobiologie, Fischereiwirtschaft und Aquakultur der Universität für Bodenkultur, Feistmantelstraße 4, A-1180 Wien

Németh, Jozsef, Dipl. Biol., Laboratory of Hydrobiology, Research Centre for Water Resources (VITUKI), Kvassay ut 1, H-1095 Budapest

Nesemann, Hasko, Schopenhauer Straße 60/16, A-1180 Wien

Pujin, Vlasta, Prof. Dr., Institut für Biologie der Naturwissenschaftlich-mathematischen Fakultät der Universität Novi Sad, Jugoslawien

Russev, Boris, Prof. Dr., Institut für Zoologie bei der Bulgarischen Akademie der Wissenschaften, Boulev. Zar Oswoboditel, Sofia, Bulgarien

Schiemer, Fritz, Dr., Institut für Zoologie, Abteilung Limnologie, Universität Wien, Althanstraße 14, A-1090 Wien

Tittizer, Thomas, Dr., Bundesanstalt für Gewässerkunde, Kaiserin-Augusta-Anlagen 15-17, D-56068 Koblenz

Waidbacher, Herwig, Dr., Abteilung für Hydrobiologie, Fischereiwirtschaft und Aquakultur, Universität für Bodenkultur, Feistmantelstraße 4, A-1180 Wien

Geleitwort

Mit einer Längenausdehnung von nahezu 2 900 km und einem über 800 000 km² umfassendenden Einzugsgebiet ist die Donau (nach der Wolga) der zweitlängste, wasserreichste Strom Europas. Streckenweise bis heute noch naturbelassen und in weiten Teilen durch den Menschen nur wenig verändert, durchquert sie Landschaften und Klimagebiete von großer Mannigfaltigkeit. Neben die unterschiedlichsten Naturgegebenheiten treten ihre vielfältigen kulturhistorischen Bezüge. Anders als beim Rhein, der vor allem für uns Deutsche Geschichte repräsentiert, hat die Donau diese Bedeutung für viele Völkerschaften. Stets verband sie militärische Grenzfunktionen mit denen des friedlichen wirtschaftlichen Austausches. Nicht weniger als 80% ihrer Lauflänge sind schiffbar. Der planmäßig fortschreitende Ausbau der Donau und des anschließenden Donau-Main-Kanals wird auf dem Weg über den Rhein eine Wasserstraße entstehen lassen, die, mit dem Europaschiff und mit Zweierschubverbänden durchgehend befahrbar, quer durch den europäischen Kontinent das Schwarze Meer mit der Nordsee verbinden wird. Die seit jeher hohe wirtschaftspolitische Bedeutung der Donau hat in den letzten drei Jahrzehnten stetig zugenommen; sie wird mit dem Fortschreiten der industriellen Entwicklung ihrer Anrainerstaaten zweifellos in Zukunft weiter rapide anwachsen und eine komplexe Nutzung des Gewässers, vorrangig zur Energiegewinnung, beinhalten.

Dies wird in seiner Folge nicht nur zu erheblichen ökonomischen Wandlungen führen, sondern gleichermaßen entsprechende ökologische Konsequenzen mit sich bringen. Alle Ökologen, und unter diesen besonders die Limnologen, sind daher aufgerufen, ihren kompetenten Sachverstand in die Diskussion um naturverträgliche, sinnvolle Möglichkeiten zur Ausnutzung der Ressourcen wie zur Erhaltung gesunder Lebensgrundlagen für Mensch und Umwelt einzubringen. Es gilt, die in den zurückliegenden Jahrzehnten Schritt für Schritt erarbeiteten Grundlagen eines modernen Gewässerschutzes, der Arten- und Biotopschutz einschließt, bei der Erfüllung dieser Aufgaben an der Donau einzubringen, ohne jene Fehler zu wiederholen, die – oft unwissend und unabsichtlich – bei der industriellen Entwicklung der Vergangenheit an mittel- und westeuropäischen Flüssen und Strömen begangen wurden. Die Donau in ihrem derzeitigen Zustand bietet ihren Anrainern für einen solchen Weg eine reelle Chance. Dies um so mehr, als dieser Strom dank jahrzehntelanger Bemühungen der Internationalen Arbeitsgemeinschaft Donauforschung (IAD) der SIL heute «einer der am besten untersuchten Ströme» (W. Rodhe) der Erde ist. Die Voraussetzungen für vernünftiges Handeln sind also nicht nur in allgemeiner Hinsicht, sondern speziell im Falle der Donau unmittelbar gegeben.

In meiner Eigenschaft als Landesvertreter Deutschlands in der IAD komme ich daher der Bitte der Herausgeber gerne nach, diesem der Donau gewidmeten Band der Reihe «Limnologie aktuell», der angeregt wurde durch das im Juli 1989 von Stadt und Universität Ulm veranstaltete «Donaufest Ost West '89», diese einleitenden Worte vorauszuschicken.

Es mag erlaubt sein, bei dieser Gelegenheit ein paar kurze Anmerkungen zum Entstehen und Wirken der IAD anzubringen, denn die aus dieser Organisation erwachsenen zahlreichen länderübergreifenden Aktionen haben – rückwirkend betrachtet – innerhalb des Donauraumes «eine Gemeinschaftsforschung initiiert, die in dieser Form einmalig ist» (H. Caspers) und über alle politischen Wirren hinweg bis auf den heutigen Tag fruchtbare Ergebnisse liefert. Nicht von ungefähr entstammt ein großer Teil der Autoren des vorliegenden Bandes diesem Kreise.

Es ist das Verdienst des vormaligen Leiters der österreichischen Bundesanstalt für Wasserbiologie und Abwasserforschung (heute: Bundesanstalt für Wassergüte) in Wien, Professor Dipl.-Ing. Dr. Reinhard Liepolt, bereits zu Beginn der 50er Jahre erkannt zu haben, daß bei kaum einem anderen europäischen Strom die Voraussetzungen und das Bedürfnis zu seiner Erforschung in so hohem Maße gegeben sind wie im Falle der Donau. Ökologische, biogeographische und biozönotische Studien an einem solchen Gewässer hielt er sowohl im Hinblick auf die moderne Fließwasserforschung als auch auf die Ausweitung der Nutzungen wie des Ausbaus des Donaustromes samt der dadurch bedingten Veränderungen für notwendig und erfolgversprechend. Liepolt war sich bewußt, daß kein Einzelner oder ein Institut allein diese umfassenden Forschungen, wie sie ihm vorschwebten, durchführen konnte und daß es einer internationalen Zusammenarbeit aller interessierten Wissenschaftler bedurfte. Aus diesem Grunde gab er im Jahre 1956 vor dem Forum des derzeit in Helsinki stattfindenden Kongresses der Internationalen Vereinigung für Limnologie (SIL) die öffentliche Anregung, die Donau gemeinsam gewässerkundlich zu untersuchen, und fand für dieses Vorhaben ungeteilte Zustimmung. Noch im Dezember desselben Jahres trafen sich die Beteiligten aus den durch diesen Strom verbundenen Staaten zu einer ersten, durch Liepolt einberufenen Arbeitstagung. Dabei wurde die «Internationale Arbeitsgemeinschaft zur limnologischen Erforschung der Donau» (IAD) mit Sitz in Wien offiziell gegründet. Erklärtes Ziel dieses Zusammenschlusses von Experten aller Donauländer war es, die bis dahin zersplitterte Untersuchungstätigkeit nach einem planvollen Gesamtprogramm zu koordinieren, sie durch regelmäßige Kontakte untereinander zu fördern und durch neue Impulse zu beleben. Es war – lange bevor andere den Gedanken internationaler gewässerkundlicher Projekte aufgriffen – der Versuch, die Donau als einen der großen Ströme der Erde gewissermaßen zum «Modellfall» grenzübergreifender Gemeinschaftsforschung zu machen.

Dank ihrer freien organisatorischen Struktur wirkt die IAD unabhängig von den jeweiligen politischen und gesellschaftlichen Gruppierungen als ein den gesamten Donauraum integrierendes Instrument limnologisch-gewässerkundlicher Forschung. Ihre Zielsetzungen sind kurz umrissen

- die limnologischen Grundlagen für die Donau und ihre Nebengewässer zu erheben
- die ökologischen Gegebenheiten der Donau von den Quellen bis zur Mündung zu erforschen
- die Forschungstätigkeit der einzelnen Institute in den Donaustaaten zu koordinieren
- die Untersuchungsmethoden zu harmonisieren
- die internationalen Kontakte zu fördern und ihnen jeweils neue Impulse zu verleihen.

Mitglieder der IAD sind Akademien der Wissenschaften, Universitäten, Institute für Gewässerkunde und für Limnologie, Kraftwerksgesellschaften und Einzelpersonen. Die Arbeiten werden von allen Landesbehörden zwar unterstützt, sie sind jedoch nicht institutionalisiert und können daher frei von völkerrechtlichen Entwicklungen ausgeführt werden. Dies war im Hinblick auf die bei der Gründung gegebene politische Lage eine wesentliche Voraussetzung für das gute Funktionieren und Harmonisieren in der IAD, und diese Tatsache ist auch heute noch ihre Stärke. Im Gegensatz zu staatlichen Kommissionen und Konventionen kann die IAD ungebunden und dynamisch arbeiten.

In verschiedenen Fachgruppen wird die Limnologie der Donau von A wie Algen bis Z wie Zoobenthos erforscht. Die jährlichen Fachtagungen münden jeweils in einer Resolution an die Regierungen der Donaustaaten. Die wissenschaftlichen Arbeiten sind in zahlreichen Fachveröffentlichungen dargestellt.

Obgleich sie in erster Linie den aufgezeigten wissenschaftlichen und wasserwirtschaftlichen Zielen dient, führt die internationale Zusammenarbeit auf diesem Gebiet auch zu einem wechselseitigen Verständnis der Eigenart der jeweils anderen Länder und ihrer Menschen. Das Wirken der IAD ist damit über den eigentlichen Anlaß hinaus zu einem Element der Völkerverständigung im Donauraum geworden.

Der nunmehr vorliegende Donauband von «Limnologie aktuell» erweist sich aufgrund der breiten Palette internationaler Autoren als ein Spiegelbild gleichgesinnter Bestrebungen. Diesen Bestrebungen wünsche ich einen vollen Erfolg zum Nutzen der uns allen gemeinsamen Donau und ihrer Landschaften.

Koblenz, im Herbst 1993

P. Kothé
(Internationale Arbeitsgemeinschaft Donauforschung)

Inhaltsverzeichnis

1 Anorganische Grundlagen und Plankton

2 Zoobenthon

3 Nekton

4 Wassergüte und Ökosysteme

1 Anorganische Grundlagen und Plankton

Limnologie aktuell · Band/Vol. 2 · Kinzelbach (Hg.): Biologie der Donau
Gustav Fischer Verlag · Stuttgart · Jena · New York · 1994

Einfluß der chemischen und mikrobiologischen Belastung der Umwelt auf die Wasserqualität

Ferenc Kovács

Lehrstuhl für Tierhygiene, Universität der Veterinärmedizin, Postfach 2,
H-1400 Budapest

Keywords

Danube, Hungary, water quality, chemical pollution, microbiological pollution, agriculture

Abstract

Soil acidity, heavy metal pollution, pollution by organic matter (eutrophication) and the application of pharmaceuticals are discussed in respect of their impact on soil, the food-chain, and their pollution of ground and surface waters in Hungary.

Kurzfassung

Bodenversauerung, Schwermetallbelastung, organische Belastung (Eutrophierung) und Eintrag von Pharmazeutika werden diskutiert hinsichtlich ihrer Wirksamkeit im Boden, in der Nahrungskette und ihrer Belastung von Grund- und Oberflächenwasser in Ungarn.

1 Einleitung

Im letzten Vierteljahrhundert zeichnete sich die Gefahr der Zerstörung der harmonischen Wechselbeziehung zwischen Mensch und Umwelt besonders deutlich ab.

Alle drei Komponenten der natürlichen Umwelt – die Luft, das Wasser und der Boden – werden am schwersten von der aus der Industrie anfallenden Verunreinigung belastet.

Ab Anfang der zweiten Jahrhunderthälfte tragen jedoch die intensive Landwirtschaft und die moderne Tierhaltung erheblich zur Verunreinigung der Umwelt bei. Nach jüngsten Erhebungen fällt in Mitteleuropa 50-70% der Bodenverunreinigung und 30-40% der Wasserverunreinigung aus der Produktion von Lebensmitteln pflanzlicher und tierischer Herkunft an (Kovács 1990).

Der Umstand, daß die komplexe Schädigung der Biosphäre bislang noch nicht mehr und irreversiblere Schäden in der Bevölkerung verursacht hat, läßt sich vor allem mit der Adaptationsfähigkeit des menschlichen Organismus erklären. Diese Fähigkeit ist jedoch nicht unerschöpflich, da es bereits bewiesen wurde, daß die komplexe Schädigung der Biosphäre, die ebenfalls komplexe Schädigung der Lebewesen, einschließlich des Primaten Mensch, zur Folge hat. Der Schutz der Gesundheit des Menschen und der Gesellschaft hängt also unzertrennlich mit dem Schutz der Umwelt zusammen (Grossklaus 1980).

2 Das Sauerwerden der Böden und seine Konsequenzen

Nachstehend soll über die zunehmende Bodenazidität und ihre Auswirkung auf das Wasser und auf die Gesundheit des Menschen sowie über die mit der modernen Tierproduktion und Lebensmittelproduktion in Zusammenhang stehenden Belastung des Bodens und des Wassers durch verschiedene organische Stoffe in Ungarn berichtet werden. Beide beeinflussen erheblich die Qualität derjeniger Oberflächengewässer, die in den verschiedenen Ländern in die Donau münden.

Die aus dem Boden ausgelaugten Schwermetallsalze gelangen zusammen mit der aus der Industrie anfallenden Schwermetallverunreinigung in das Donauwasser (Tab. 1). So zeigt die Konzentration der Schwermetallsalze z.B. im Donauabschnitt zwischen der tschechoslowakischen Grenze und Budapest eine steigende Tendenz. Besonders hohe Schwermetall-Belastung wurde im Sediment des Donauwassers nachgewiesen (Tab. 2).

Das Sauerwerden des Bodens wird von den luftverunreinigenden Bestandteilen der in industriellen Anlagen, Hütten u.a. Betrieben verbrauchten Brennstoffe, namentlich vom Schwefeldioxid und Nitrogenoxid sowie von den in immer grösseren Mengen eingesetzten Kunstdüngern bewirkt. In Ungarn sind zwei Drittel des gesamten Niederschlages von saurer chemischer Wirkung, indem sie im Äquivalentengewicht ausgedrückt Sulfate (Schwefelsäure) und Nitrate (Salpetersäure) im Verhältnis von 3:1 enthalten.

Tab. 1: Gehalt des Donauwassers an Schwermetallen (1986-1988) (mg/l)*

	Donau bei Rajka			Donau bei Komárom			Donau bei Szob			Donau über Budapest		
	min.	max.	x̄	min.	max.	x̄	min.	max.	x̄	min.	max.	x̄
Cd	< 1	1	–	< 1	1	–	< 1	3	–	< 1	< 1	–
Cr	2	4	3,2	3	6	4,6	2	28	8,3	2	5	3,3
Cu	6	25	10,0	2	15	6,8	3	36	12,5	3	10	5,8
Ni	1	5	2,6	< 1	5	2,5	5	10	6,5	4	17	7,8
Pb	1	12	4,4	1	10	4,2	5	31	11,4	3	22	8,8
Zn	16	55	27,4	15	78	44,4	10	290	128,0	3	110	36,8

* Angaben aus dem Staatlichen Institut für Hygiene, Budapest

Die Erhöhung der Bodenazidität kann zu den folgenden schädlichen Wirkungen führen:

- der Gehalt des Bodens und der Pflanzen an Mineralsalzen und Spurenelementen wird verändert;
- im sauren Boden werden die Schwermetallsalze zur Bildung von organischen Komplexen mobilisiert, die die Gesundheit des Menschen gefährden;
- die Nitratbelastung des Bodens und Grundwassers nimmt erheblich zu.

3 Schwermetallbelastung in der Nahrungskette

In Modellversuchen wurde nachgewiesen, daß bei Senkung der Bodenazidität von pH 7,5 auf 6,0 der Gehalt gewisser Futterpflanzen und der Oberflächengewässer an Eisen, Mangan, Zink, Kupfer und Aluminium erheblich zunimmt. Dies trägt ebenfalls zu der Steigerung des ohnehin erhöhten Gehaltes der Grundgewässer an Eisen und Mangan bei (Kovács 1989).

In sauren Böden und Medien begünstigt das chemische Milieu die Auflösung und Mobilisierung gewisser Schwermetallsalze, die dann über Trinkwasser und Futter in den Organismus der Schlachttiere gelangen und schließlich in den Lebensmitteln als Schwermetall-Rückstände nachzuweisen sind. Die Senkung des pH-Wertes um eine Größenordnung erhöht um etwa den gleichen Grad die Löslichkeit der im Boden befindlichen Mineralstoffe, z.B. des Cadmiums und Bleis, deren Konzentration parallel zur Senkung des pH-Wertes exponentiell ansteigt (Tab. 3).

Tab. 2: Charakteristische Werte des Schwermetall-Gehaltes (mg/kg) im Sediment des Wassers der Donau und ihrer Zuflüsse im Donauabschnitt zwischen Rajka und Budapest

	Donau bei Rajka	Donau bei Gönyü	Donau bei Koárom	Donau bei Szob	Donau bei Budapest
Hg	0,43	0,70	0,56	0,38	0,20
Cd	4,0	2,4	2,0	2,0	1,7
Pb	68,1	44,0	64,0	56,0	49,4
Cd	56,0	31,2	52,2	48,0	47,0
Zn	196,1	196,5	288,2	308,4	138,0
Fe	20,400	14,400	22,800	20,020	7,390
Mn	376,0	301,0	465	384,0	232,0

Tab. 3: Erniedrigung des pH-Wertes im Boden und Erhöhung des Gehaltes (mg/kg) an löslichen/mobilisierbaren Schwermetall-Komponenten

pH	Cd	Cr	Cu	Ni	Pb	Zn	Hg
7,2	0,04	0,05	1,4	0,60	0,20	1,40	0,90
6,3	0,30	0,20	1,7	4,20	1,80	66,00	2,70

In der Umgebung von Kraftwerken, Eisen- und Aluminiumhütten sowie chemischen Betrieben sind Boden und Oberflächengewässer stark mit Schwermetallsalzen belastet. Stark befahrenen Straßen entlang steigt die Bleibelastung des Bodens neunzig- bis hundertfach im Vergleich zu den natürlichen Böden an. Nach Niragu & Pacyna (1988) dürfte die globale Belastung der Böden durch toxisch wirkende Metallsalze (Tab. 4) in z.Z. noch unberechenbarem Masse die Gesundheit der künftigen Generationen beschädigen.

Es stellt sich die Frage, in welchem Anteil die Schadstoffe des Bodens über die Pflanzen und Tiere in die Lebensmittel gelangen. Die in den Lebensmitteln vorhandenen chemischen Rückstände der toxischen Metallsalze haben nämlich mehrere schädliche Wirkungen (Tab. 5). Wir untersuchten die vertikale Bewegung der Schwermetalle auf Grund von Cadmium-Analysen zu erfassen, deren Ergebnisse wie folgt zusammengefaßt werden können:

Das Cadmium wird aus dem Organismus sehr langsam, in 20 bis 30 Jahren, eliminiert und häuft sich dementsprechend in den Organen, insbesondere in der Nierenrinde und in der Leber an. In Tierversuchen wurde bei chronischer Cadmiumbelastung Atrophie der Eierstöcke sowie Verdünnung der Gefäßwände in der Gebärmutter und der Plazenta beobachtet. Des weiteren wurde ein Zusammenhang zwischen Cadmiumbelastung und Hypertonie nachgewiesen. Obwohl noch kein eindeutiger Beweis für die karzinogene Wirkung des Cadmiums vorliegt, führten Inhalationsversuche mit Tieren zu einer Geschwulstbildung.

Bodenproben aus verschiedenen Landesteilen Ungarns wurden zwecks Untersuchung auf Cadmiumgehalt z.T. mit destilliertem Wasser, z.T. mit Azetatpuffer extrahiert, um den durch die Pflanzen unmittelbar aufnehmbaren, bzw. bei dem Sauerwerden des Bodens aufnehmbaren Anteil bestimmen zu können. Gleichzeitig wurde auch die tägliche Cadmium-Aufnahme (über

Tab. 4: Ausmaß der globalen Belastung mit anorganischen Elementen (Millionen kg/Jahr)*

Element	Exposition des Bodens	Exposition der Oberflächengewässer
As	52 - 112	12 - 70
Cd	5,6 - 38	2,1 - 17
Cr	484 - 1.309	45 - 239
Cu	541 - 1.367	35 - 90
Hg	1,6 - 15	0,3 - 8,8
Mn	706 - 2.633	109 - 414
Mo	30 - 145	1,8 - 21
Ni	106 - 544	33 - 194
Pb	479 - 1.113	97 - 180
Sb	4,7 - 47	3,9 - 33
Se	6 - 76	10 - 72
V	43 - 222	2,1 - 21
Zn	689 - 2.054	77 - 375

* nach Nriagu & Pacyna (1988)

Futter und Trinkwasser) der in den verschiedenen Landesteilen gehaltenen Milchkühe sowie der Gehalt ihres Blutserums und ihrer pigmentierten Haare an Cadmium bestimmt.

Diese Untersuchungen ergaben einen statistisch gesicherten engen Zusammenhang zwischen den im Boden und in den biologischen Proben (Blutserum, Haare) vorhandenen Cadmiumkonzentrationen und wiesen auch darauf hin, daß der durch die Pflanzen aufnehmbare Anteil des Cadmiums bei dem Sauerwerden des Bodens zunimmt; in den letzten Jahren kam dabei eine plötzliche Erhöhung zur Feststellung (Tab. 6). Derartige vertikale Verunreinigung mit Schwermetallsalzen wurde auch in Hinsicht auf Blei (Pb) und Quecksilber (Hg) nachgewiesen.

Es besteht kein Zweifel, daß die tierischen Produkte die Rolle eines dämpfenden Faktors zwischen Boden und Mensch spielen. Diese Toleranz ist jedoch begrenzt; es wurde nachgewiesen, daß die Anreicherung von Schwermetallsalzen in einigen Organen gewisser Tierarten das Tier selbst zwar nicht, aber die Gesundheit des die Innereien und das Fleisch des Tieres als Nahrung aufnehmenden Menschen schon schwer gefährdet.

Es sei hierzu bemerkt, daß in Ungarn im vergangenen Jahr eine steigende Tendenz der Bleikonzentration im Schweinefleisch nachgewiesen wurde (Abb. 1).

Die Methämoglobinämie wird bei den Haustieren bekanntlicherst nach Inerscheinungtreten der klinischen Symptome diagnostiziert. Die Schädlichkeiten der subklinischen Methämoglobinämie sind jedoch aus wirtschaftlicher Sicht bedeutender. In Beständen oder Populationen, in denen die Tiere große Nitratmengen über das Futter und Trinkwasser aufnehmen, kann sich eine anhaltende subklinische Methämoglobinämie entwickeln, für die Methämoglobinwerte von 10 bis 30% charakteristisch sind. In diesem Zustand steigt nach den Literaturangaben die Häufigkeit des Fruchttodes sowie der Früh- und Totgeburten besonders bei Hochleistungstieren an.

Für den Menschen ist die Nitratbelastung noch folgenschwerer als für die Tiere.

Tab. 5: Gesundheitliche Gefährdungen durch chemische Rückstände in den Lebensmitteln

1. Akute, subakute oder chronische Toxikose
2. Sog. Mikro-Toxikosen
3. Mutagenische Effekte
4. Geschwulstbildung erregende Effekte (Karzinogenität)
5. Mißbildung auslösende Effekte (Teratogenität)
6. Fruchtbarkeitsstörende Effekte (Fertiliätsstörungen)
7. Sensibilisierende und allergisierende Effekte auf die Gewebe (durch Antigen + Antikörper-Reaktion)
8. Pseudo-allergisierende Effekte (von Zusatzmitteln bewirkte nichtimmunogene Gewebereaktionen)
9. Induzierte, immungenetisch geregelte autoimmune Reaktionen
10. Immunsuppressive Wirkung
11. Mikrobielle Resistenz auslösende Wirkungen

Zur Zeit besteht das Problem der infantilen Methämoglobinämie, weil der Gehalt der Gemüsepflanzen und des Grundwassers an Nitraten auch in Ungarn eine steigende Tendenz zeigt.

Die Nitratbelastung des Wassers steht ebenfalls mit den Sauerwerden des Bodens im Zusammenhang. Die Nitrate zeichnen sich durch außerordentliche Mobilität im Boden aus. Sie können mit dem Wasser in die tieferen Bodenschichten gelangen und das Grundwasser verunreinigen. Horizontal können sich die im Grundwasser vorhandenen Nitrate in Abhängigkeit von der Struktur und dem pH des Bodens über mehrere hundert Meter lange Strecken verbreiten und noch vor ihrer Reduktion in verschiedene Wassereinzugsgebiete gelangen.

Die Geschwindigkeit der Nitratreduktion steigt im pH-Bereich zwischen 4 und 8 linear an. Nach eigenen Untersuchungen dürfte zwischen dem pH des Bodens und der Geschwindigkeit der Nitratreduktion ein enger Zusammenhang bestehen. Z.B. geht die Nitratreduktion bei pH 6,7 in 45 bis 50 Tagen, bei pH 8,6 aber bereits in 9 bis 10 Tagen vor sich.

Je höher die Bodenazidität, desto stärker ist die Nitratbelastung des Bodens, der Oberflächengewässer und der mit solchem Wasser begossenen Gemüsepflanzen, und desto günstiger sind die Bedingungen für den Eintritt von Krankheitserregern in die Nahrungskette (Boden – Wasser – Pflanze – Tier – Mensch).

Die Überlebenszeit der in den Boden gelangenen *Escherichia coli* und *Salmonella typhimurium*-Bakterien nimmt parallel zur Verkürzung der Nitratreduktionszeit ab. Modellversuche mit einem *Pseudomonas*-Stamm ergaben, daß sich im Verlauf der Nitratreduktion ein Stoff bildet, der auf die Kolibakterien und Salmonellen eine bakterizide Wirkung ausübt. Es versteht sich von selbst, daß je eher diese Erreger im Boden zugrunde gehen, desto geringer die Chancen für ihre Verbreitung über das Grundwasser werden.

Tab. 6: Angaben zum Umlauf des Cadmiums

Ursprung der Proben	Cadmiumgehalt Boden µg/l Extrakt I	Extrakt II	Blut nmol/l	Haar µg/g	Tägliche Aufnahme mg
Region Nyirség	0,67	4,67	10,5	0,068	1,7
Region Jászság	0,12	1,03	20,4	0,031	1,5
Region Bácska	0,21	1,63	15,3	0,024	2,6
Region zwischen Donau und Tisza	0,23	0,85	11,6	0,043	1,3

Extrakt I = mit destilliertem Wasser extrahierte Bodenproben
Extrakt II = mit Azeton extrahierte Bodenproben

4 Organische Belastung

Die Belastung des Wassers durch organische Stoffe nimmt praktisch Tag für Tag zu. Bei hoher Tierkonzentration bereitet die Beseitigung des Flüssigmistes, der kommunalen Abfälle, der Abwässer aus Schlachthöfen und Fleischverarbeitungsanlagen sowie der verschiedenen von kleinbäuerlichen Betrieben anfallenden organischen Abfälle immer noch Probleme.

Der Flüssigmist und sonstige organische Abfälle verunreinigen Boden und Wasser mit ihrem Gehalt an Keimen, Stickstoff, Phosphor und Schwermetallsalzen.

Im Flüssigmist sind sämtliche Krankheitserreger vorhanden, mit denen der Tierbestand verseucht ist. Gewisse krankheitserregende Keime können im Flüssigmist verhältnismässig lange überleben, und viele von ihnen sind humanpathogen. Unter den vom Flüssigmist verbreiteten menschlichen Erkrankungen wird den Salmonellosen die größte Bedeutung beigemessen (Strauch 1987).

Die im Flüssigmist enthaltenen Spurenelemente und Schwermetalle schädigen sowohl die Vegetation der Weide als auch die weidenden Tiere. Zum Schweine- und Geflügelfutter wird Kupfer zwecks Wachstumssteigerung bzw. als Fungizid zugesetzt, wobei man die Folgen einer eventuellen Kupfer-Überdosierung durch Zink-Zusatz zu verhüten versucht. So kommt es manchmal vor, daß der Gehalt des Flüssigmistes an Kupfer und Zink jenen im städtischen Abwasser erreicht (Bokori & Tölgyesi 1983).

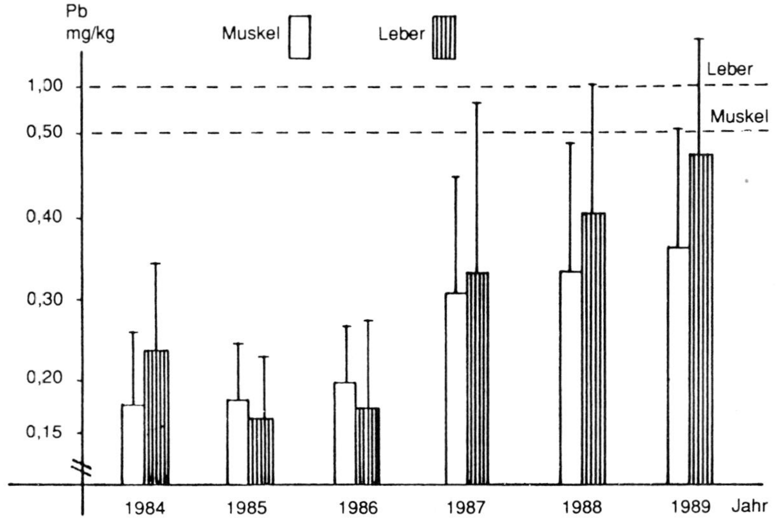

Abb. 1: Mittlerer Bleigehalt (mg/kg) in Muskel- und Lebergeweben von Schweinen

In Ländern mit hochentwickeltem öffentlichen Gesundheits- und Tiergesundheitsdienst kann die Mehrzahl der menschlichen Gastroenteritis-Epidemien auf die Infektion der Lebensmittel tierischer Herkunft mit Salmonellen zurückgeführt werden. Die Kontamination der Lebensmittel pflanzlicher Herkunft spielt allerdings dabei ebenfalls eine nicht geringe Rolle.

Die Kontamination des im Handel angebotenen rohen Geflügelfleisches mit Salmonellen wurde unlängst in der Bundesrepublik Deutschland und den USA mit 45%, in Belgien mit 48%, in Österreich mit 53% und in den Niederlanden mit 73% erhoben (Kampelmacher 1983; Ortner 1985).

Die Kontamination des Schweinefleisches mit Salmonellen wurde in den Niederlanden mit 25,3% (1960-1962) bzw. 30,1% (1969-1971) ermittelt. Gleichzeitig erwiesen sich 15,2 bzw. 14,5% der Kotproben von Schweinen als positiv. Nach dem Zweiten Weltkrieg nahm die Häufigkeit der Lebensmittelvergiftungen bzw. -infektionen allmählich zu, bis sie in den letzten Jahren bereits problematische Ausmaße erreichte. Als Ursache hierfür führen einige international anerkannte Salmonellose-Experten (Grossklaus 1980; Kampelmacher 1983; Mossel 1977; Wirth 1980) die folgenden Umstände an:

- Massentierhaltung und Massenproduktion von Lebensmitteln, Intensivierung des internationalen Lebens- und Futtermittelhandels,
- Verbreitung durch Massentourismus und Gastarbeiter und
- Veränderung der Eßgewohnheiten und zunehmende Verunreinigung der Umwelt.

Die Salmonellen können mit dem Flüssigmist auf die Pflanzen, in den Boden und in die oberflächlichen Wassereinzugsgebiete gelangen. Nach Strauch (1987) dürften die Salmonellen an Kartoffeln und Wirsingkohl 10-14 Tage lang, am Gras 42 Tage lang überleben.

Das Überleben und die Verbreitung der Erreger im Boden ist von zahlreichen Faktoren abhängig. Die chemische Beschaffenheit des Bodens beeinflußt auch die Überlebenszeit der Keime. Nach eigenen Untersuchungen sinkt die Aktivität nitrat- und nitritreduzierender Mikroorganismen mit der Verminderung des pH-Wertes des Bodens. Modellversuche mit einem *Pseudomonas*-Stamm ergaben, daß sich im Verlauf der Nitratreduktion ein Stoff bildet, der auf die Kolibakterien und Salmonellen eine bakterizide Wirkung ausübt. Je eher diese Erreger im Boden zugrunde gehen, desto geringer sind die Chancen für ihre Verbreitung über das Grundwasser.

Da die Anzahl der Salmonellen-Ausscheider unter den Bedingungen der intensiven Tierproduktion zunimmt, ist zu beachten, daß die Salmonellen im Boden 500-800 m weit verbreitet werden und die Wassereinzugsgebiete infizieren können. Im letzten Jahrzehnt traten unter Schulkindern und bisweilen auch bei Erwachsenen etliche durch infiziertes Wasser bedingte Epidemien auf, bei denen die ursächliche Rolle der Salmonellen nachgewiesen wurde. Diese stammten aus Flüssigmist nahegelegener Tierproduktionsanlagen.

5 Arzneimittel und Futterzusatzstoffe

Chemische Verbindungen werden dem Futter zwecks Verhütung und Therapie von Tierkrankheiten sowie als wachstumsfördernde oder den Futteraufwand verbessernde Mittel zugesetzt. Diese Stoffe und deren Metaboliten werden in Abhängigkeit von ihren pharmakokinetischen Eigenschaften verschieden lang in den Geweben zurückgehalten oder mit der Milch bzw. den Eiern ausgeschieden.

Die Bedeutung solcher chemischer Rückstände für die Gesundheit von Mensch und Tier ist unterschiedlich. Aus humanmedizinischer Sicht spielt weniger ihre Anwesenheit in den Geweben als ihr gesundheitsgefährdendes Potential eine entscheidende Rolle. In Anbetracht dessen wurde eine neue wissenschaftliche Methode zur quantitativen Abschätzung des Risikos (quantitative estimation of risk) erarbeitet, die nun international für die Beurteilung der in Lebensmitteln tierischer Herkunft vorhandenen Rückstände angewendet wird. Sie umfaßt die Bestimmung der Art sowie die für die menschliche Gesundheit unbedenkliche, also zulässige Konzentration der Rückstände in Lebensmitteln (Crawford 1986; Somogyi 1986).

Lebensmittel, die biologisch aktive Rückstände enthalten, können beim Menschen toxische, mikrobiologische oder immunologische Reaktionen verursachen.

Akute Vergiftungen durch chemisch kontaminierte Lebensmittel kommen äußerst selten vor. Werden jedoch derartig kontaminierte Lebensmittel längere Zeit hindurch aufgenommen, dann sind die biologischen Folgen nicht vorauszusehen.

Mit diesen Ausführungen soll der Aktualität des Themas Nachdruck verliehen und die Bedeutung einer internationalen Zusammenarbeit zur Verbesserung des Donauwassers betont werden. Letzlich, aber nicht zuletzt haben auch die Universitäten an der Gesundererhaltung des Donauwassers Anteil durch gemeinsame Forschungsarbeiten sowie durch Eingliederung von Fragen des Umweltschutzes in ihr Bildungsprogramm.

Literatur

Bokori, J. & Tölgyesi, G. (1983): Mineralstoffversorgung in unseren Schweinebeständen. I. Prüfung auf Mineralstoffversorgung durch Untersuchungen von Exkrementen. – Magy. Ao. Lapja. 38: 556-561

Crawford, L.M. (1986): Gute tierzüchterische Praxis und das Vorkommen von Rückständen in tierischen Produkten. – Magy. Ao. Lapja. 41: 159-161

Grossklaus, D. (1980): Lebensmittelerkrankungen bei Touristen und Gastarbeitern. – Fleischwirtschaft. 60: 1212-1215

Kampelmacher, E.H. (1983): Salmonellosis as a cause of food poisoning. Methods of prevention aimed at reducing the incidence of Salmonellae. – Rev. Sci. Techn. Off. Int. Epir. 2: 941-985

Kovács, F. (1990a): Allathigiénia. 3. Auflage. – Mezögazdasági Kiad 6, Budapest. 601 pp

Kovács, F. (1990b): Humanmedizinische Aspekte der Umweltbelastung durch die moderne Tierproduktion. – Wien. Tierärztl. Mschr. 77: 204-208

Mossel, A. (1977): Microbiology of foods. – Univ. Utrecht, Fac. Vet. Med. 1-71

Nriagu, J.O. & Pacyna, J.M. (1988): Quantitative assesment of worldwide contamination of air, water and soils by trace metols. – Nature 333: 134-139

Ortner, W. (1985): Antibiotikaresistenz von Salmonellen aus Fleisch und Geflügel. – 26. Arbeitstag. Arbeitsgebiet Lebensmittelhygiene, Dtsch. Vet. Med. Ges., Garmisch-Partenkirchen: 244-253

Somogyi, A. (1986): Grundsätze der Beurteilung von Rückständen in Lebensmitteln. – Magy. Ao. Lapja. 41: 155-157

Strauch, D. (ed. 1987): Animal production and enviromental health. – World Animal Science, B.6. Elsevier Amsterdam. 324 pp

Wirth, F. (1980): The importance of food hygiene and food technology to the quality of meat and meat products. – Fleischwirtschaft 60: 1216-1219

Limnologie aktuell · Band/Vol. 2 · Kinzelbach (Hg.): Biologie der Donau
Gustav Fischer Verlag · Stuttgart · Jena · New York · 1994

Phosphor und Stickstoff sowie die Schwermetalle Blei, Cadmium, Quecksilber und Zink in der Donau in Österreich. (Interpretation von Daten für den Zeitraum 1957-1989)

Hellmut Fleckseder

TU Wien, Institut für Wassergüte und Abfallwirtschaft, Karlsplatz 13, A-1040 Wien

Keywords

Danube, Austria, water pollution, Phosphorous, Nitrogen, heavy metals, in sediment, fish, water

Abstract

In connection with hydro-electric projects and the creation of a navigable waterway east of Vienna, the question arose as to the importance of the nutrients nitrogen and phosphorus as well as of selected heavy metals (quantities, distribution over space and time, origin). The purpose of this contribution is to screen and compare the data collected by various authors in the past. These data do not correspond to what is commonly thought of as the «scientific approach», but they do exist, as do the fears and interests of the various parties involved in these questions. The aim of this work is to answer the questions asked by colleagues in administration and which are not evident in the individual publications. Additional monitoring would improve the decision-making process, but is both costly and time-consuming and may well be restricted in the future.

Kurzfassung

Im Zusammenhang mit dem Donauausbau östlich von Wien wurde die Frage nach der Bedeutung (Größe, Herkunft, Veränderung örtlich als auch in der Zeit) der Nährstoffe Phosphor und Stickstoff als auch von Schwermetallen (SM) gestellt. Zweck der vorliegenden Arbeit ist es, die im Laufe der Zeit von verschiedenen Autoren erhobenen Werte so gut als möglich zusammenzufassen und miteinander zu vergleichen. Diese Werte erlauben es nicht, verläßlich «Wissenschaft zu betreiben», aber sie sind vorhanden, und dies gilt auch für die Ängste und Interessen beteiligter oder betroffener Parteien. Das Ziel der Bearbeitung besteht dann darin, aus den vorhandenen Daten wesentliche Aussagen für die öffentliche Verwaltung herauszuschälen. Durch eine Ausweitung der Beprobung, die Zeit erfordert und aus Kostengründen auch künftig zu beschränken sein wird, kann eine gewisse Verbesserung in den Aussagen erzielt werden.

1 Einleitung, Aufgabenstellung und Methodik

Mit Mitte der 1980er-Jahre wurden in Österreich im Zusammenhang mit dem Donauausbau östlich von Wien Fragen betreffend die Nährstoffseite (Phosphor, Stickstoff) als auch Schwermetalle im Donaustrom aufgeworfen. Diese Fragen bezogen sich auf die Größe der Werte, auf ihre zeitliche Veränderung und ihre Herkunft; sie tauchten auch wiederum im Zusammenhang mit der Diskussion rund um die Donaustaustufe Wien-Freudenau (1987-1991) auf. Im Forschungsvorhaben «Ökosystemstudie Donaustau Altenwörth» (Hary & Nachtnebel 1989) stand die Einbindung einer Donaustaustufe in die Flußlandschaft im Vordergrund und nicht die hier angeschnittene Frage nach der Herkunft und dem Betrag der angesprochenen Kenngrößen.

Zur Bearbeitung wurden die Beprobungsergebnisse der Bundesanstalt für Wassergüte in Wien (Quelle: Jahresberichte der Bundesanstalt) herangezogen bzw. andere Arbeiten, in denen Beprobungsergebnisse publiziert sind. Das Ziel der Bearbeitung bestand dann bei Phosphor und Stickstoff in erster Linie darin, anhand einfacher Massenbilanzen die Herkunft von Phosphor und Stickstoff abzuschätzen, in zweiter Linie auch sich zu fragen, wie sich die Konzentrationen dieser Nährstoffe im Laufe der Zeit im Donaustrom veränderten bzw. wie sich diese Werte künftig entwickeln werden. Bei den Schwermetallen war die Abschätzung der Herkunft in gleicher Art und Weise wie bei den Nährstoffen bisher nicht gangbar, da es unseres Wissens nach in anderen Einzugsgebieten keine Abschätzungen gibt, die die Festlegung flächenspezifischer Schwermetalleinträge in Fließgewässer (Masse pro Einzugsgebietsfläche und Zeit) zulassen. Von einem Teilnehmer in der «ersten Ökologiekommission für den Donauausbau östlich von Wien» war Mitte der 1980er-Jahre ohne näheren eigenen Nachweis behauptet worden, unterhalb einer Großstadt wie Wien käme ein Aufstau der Donau schon aus Gründen des Eintrages an Schwermetallen mit den Abwässern der Stadt in den Strom nicht in Frage. Aus diesem Grunde wurde diese Frage im Quervergleich mit der Literatur zu beantworten versucht.

Bei allen diesen Fragen ist zu berücksichtigen, daß die zur Verfügung stehenden Datenkollektive beschränkt sind und auf Stichproben aufbauen. Man kann mit diesen Daten somit nicht verläßlich «Wissenschaft betreiben», aber die Werte sind vorhanden, aber genauso sind die Ängste oder Interessen beteiligter oder betroffener Parteien vorhanden. Die vorliegende Darstellung beschäftigt sich mit der Aufgabe, ob nicht aus den beschränkten zur Verfügung stehenden Daten – die durch eine Ausweitung der Beprobung zwar vergrößert werden können, wobei jedoch aus Gründen an Mitteln und Zeit stets eine Beschränkung zu erwarten ist – sich für die öffentliche Verwaltung wesentliche Aussagen ziehen lassen.

Der Verfasser dieser Arbeit führte bisher keine eigenen Untersuchungen durch, sondern er «benützt» die von anderen Autoren am Donaustrom erhobenen Daten, um sie mit weiteren, in der Literatur veröffentlichten Daten zu vergleichen. Er spricht daher allen jenen, die die Daten erhoben, seinen aufrichtigen Dank aus. Es wird vorausgesetzt, daß alle verwendeten Daten im Rahmen ihrer Kennzeichnung durch die Probennahme wahre Werte darstellen. Dies ist eine Grundvoraussetzung für einen Datenvergleich.

2 Einige Kennzahlen für das Probenahmegebiet

Es wird immer wieder die Ansicht ausgesprochen, ein großes Siedlungsgebiet wie der Wiener Raum habe einen sehr wesentlichen Einfluß auf den Donaustrom. Um sich über diese Aussage Klarheit zu verschaffen, ist es zweckmäßig, sich sowohl für den Pegel Wien-Nußdorf als auch für einen Pegel östlich von Wien – im folgenden für Haslau abgeschätzt – im Überblick einige für das Einzugsgebiet charakteristische Kenngrößen zusammenzustellen (Tab. 1).

Die Kenngrößen in Tabelle 1 sind: die Einwohnerzahlen (E) und deren Anschlußgrad an biologische Abwasserreinigungsanlagen sowie daraus abgeleitet die Einwohnerzahlen mit biologischer Reinigung, die Einzugsgebietsflächen sowie die mittleren Durchflüsse an gewissen Pegeln und daraus abgeleiteten spezifischen Kenngrößen. Der Vergleich der spezifischen Kennwerte – vor allem der Wert E/MQ – zeigt, daß die Bedeutung eines großen städtischen Siedlungsgebietes an einem großen Strom – unter der Annahme gleicher administrativer und technischer Maßnahmen sowohl im Gesamteinzugsgebiet als auch im städtischen Einzugsgebiet – und bei Ansatz einer Volleinmischung in den Fließquerschnitt nicht überschätzt werden darf. Lokal – vor Volleinmischung – wird die Einleitung der Abwässer eines großen Siedlungsraumes wie Wien ohne Zweifel einen Einfluß auf den Strom haben; die Art dieses Einflusses hängt von den Inhaltstoffen in der Abwassereinleitung ab.

Tab. 1: Charakteristische Kenngrößen im Einzugsgebiet

	E Mio.	mit ARA %	E mit ARA Mio.	A_{EZGB} km²	MQ m³/s
Baden/Württembg	1,6	85	1,4	7.580	
Bayern	7,7	80	6,2	48.690	
Italien/Schweiz	(< 0,1)	/	/	2.180	
Nicht Österreich	9,3	81	7,6	58.450	
Österreich bis Wien-Nußdorf	3,2	55	1,8	43.250	
Pegel Wien - Nußdorf	12,5	74	9,4	101.700	1.920
spezifisch	123 E/km² 6.510 E/(m³/s)			18,9 l/(s.km²)	
Wien/NÖ unterhalb Pegel Nußdorf	1,8	90	1,6	2.300	
Pegel «Haslau»	14,3	77	11,0	104.000	1.950
spezifisch	138 E/km² 7.330 E/(m³/s)			18,8 l/(s.km²)	

3 Die Nährstoffe Phosphor und Stickstoff

3.1 Variabilität entlang der Donau in Österreich

Um diese darzulegen, wird der Jahresbericht 1989 der Bundesanstalt für Wassergüte in Wien (1990) herangezogen (Tab. 2).

Die Werte in Tabelle 2 lassen – Mittel aus je 12 monatliche Stichproben im Jahre 1989 – klar erkennen, daß es entlang des Donaustromes in Österreich in diesem Jahr keinen ausgeprägten Gradienten gab. Dies kann so interpretiert werden, daß die Prägung der betrachteten Inhaltsstoffe im Strom weitgehend «gleichmäßig» erfolgt, aber auch, daß die außerhalb des Hoheitsgebietes der Republik Österreich erfolgende Prägung mit maßgebend ist (dazu im Vergleich: Tab. 1). Obwohl dies hier nicht weiter behandelt werden kann, so wird doch die Hypothese ausgesprochen, daß auch in anderen Jahren zumindest bei NO_3-N und gesP kein wesentlicher Gradient entlang des Stromes vorlag.

Tab. 2: Phosphor und Stickstoff in der fließenden Welle der Donau in Österreich im Jahre 1989 (Bundesanstalt für Wassergüte 1990). Alle Werte in mg/l

Pegelstelle	Fluß-km	NO_3-N	NO_2-N	NH_4-N	gesP
Obernzell	2209,8	2,68±0,94	0,02±0,01	0,24±0,07	0,15±0,03
Felsen-Hütt	2208,9	2,41±0,80	0,02±0,01	0,19±0,06	0,13±0,03
Jochenstein	2203,8	2,45±0,82	0,02±0,01	0,19±0,07	0,14±0,03
Linz/St.Marg.	2138,0	2,69±0,90	0,02±0,01	0,20±0,10	0,15±0,04
Ybbs-Persenb.	2060,3	2,44±0,80	0,02±0,01	0,23±0,09	0,12±0,02
Wien-Nußdorf	1934,7	2,33±0,67	0,02±0,01	0,17±0,07	0,15±0,03
Karlova Ves	1873,0	2,47±0,73	0,03±0,01	0,28±0,17	0,23±0,04
Wolfsthal	1873,5	2,44±0,81	0,03±0,01	0,23±0,10	0,18±0,05

3.2 Veränderungen im Laufe der Zeit

Auswertungen zu dieser Frage wurden für die Kenngrößen NO_3-N, NH_4-N und gesP für den Zeitraum 1957 bis 1990 am Pegel Wien-Nußdorf/Wien-Floridsdorf durchgeführt (Humpesch et al., im Druck). Die dabei erzielten Jahresmittelwerte sind in den Abbildungen 1 für Nitrat-Stickstoff, in Abbildung 2 für Ammonium-Stickstoff und in Abbildung 3 für den Gesamtphosphor aufgetragen.

Wichtig bei der Interpretation dieser Abbildungen ist die Tatsache, daß die Erfassung durch regelmäßige monatliche Stichproben erst mit dem Jahre 1978 begann (Kennzeichnung: MW±σ). Das Datenmaterial aus den früheren Jahren weist z.T. auch nur sehr wenige Stichproben auf, die dennoch als Jahresmittelwerte aufgetragen sind. Zusätzlich sind von Hock (1991) mitgeteilte Werte sowohl für die ungarische Donau als auch für den Rhein in der Abbildung 1 mit aufgetragen. Die Übernahme dieser Werte bezweckt aufzuzeigen, daß zwischen den in Österreich und Ungarn erhobenen Werten bei einer größeren Zahl jährlicher Stichproben im großen

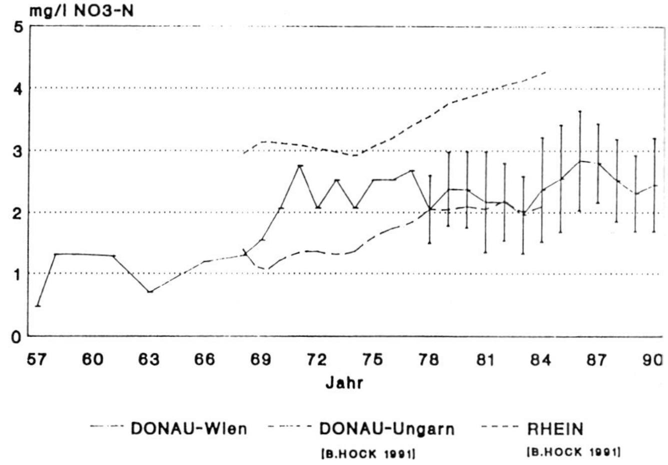

Abb. 1: Nitrat-Stickstoff an der Donau (Pegel Nußdorf), in Ungarn und am Rhein in den Jahren 1957 bis 1989

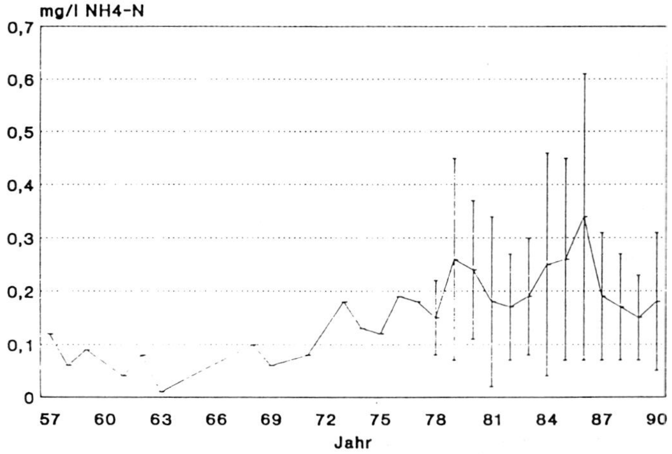

Abb. 2: Ammonium-Stickstoff an der Donau (Pegel Nußdorf) in den Jahren 1957 bis 1989

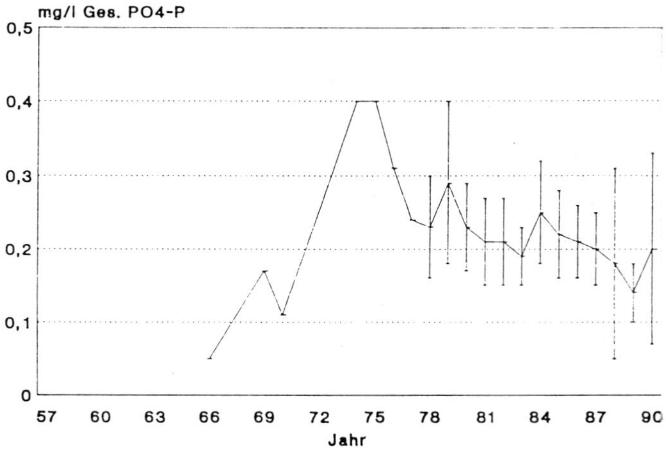

Abb. 3: Gesamter Phosphor an der Donau (Pegel Nußdorf) in den Jahren 1966 bis 1989

und ganzen Übereinstimmung besteht, aber auch, daß die Konzentrationen in der Donau deutlich unter jenen des Rheins liegen.

Die Stickstoffkomponenten wiesen im Laufe der Zeit ansteigende Werte auf, wobei in den letzten Jahren eine Verflachung der Zunahme eintrat, während der Gesamtphosphor von niedrigen Werten auf ein Maximum stieg und dann wieder abnahm, ohne jedoch den Ausgangswert der 1960er-Jahre voll zu erreichen.

Zusammenfassend kann dies wie folgt interpretiert werden:

a) Die ursprüngliche Prägung der Donau und ihrer Zubringer mit häuslichen Abwässern, die i.A. im Vergleich zu industriellen Abwässern reich an Phosphor und Stickstoff sind, war in den 1960er-Jahren noch deutlich geringer als heute (Nachweis: Ausmaß der Kanalisation in Baden-Württemberg und Bayern 1968 ca. 55% der Bevölkerung, in Österreich oberhalb von Wien ca. 25% der Bevölkerung, mit Anfang der 1990er-Jahre in Baden-Württemberg und Bayern ca. 90%, in Österreich oberhalb von Wien ca. 60%).

b) Sowohl durch die Zunahme des Stickstoffeinsatzes in der Landwirtschaft und des dadurch bedingten gesteigerten flächenbürtigen Abstoßes, durch die vermehrte Abwasserableitung in Oberflächen- und Grundwässer und das bisherige Fehlen einer flächendeckenden Nitrifikation-Denitrifikation in der Abwasserreinigung, aber auch durch die Steigerung bei der Immission aus der Luft, nahm der Nitratgehalt in der Donau zu, die Verringerung des Handelsdüngereinsatzes in Österreich ab dem Ende der 1980er-Jahre (Düngermittelabgabe) wirkte dämpfend. Der wünschenswerte Rückgang in den Nitratkonzentrationen wird aller Voraussicht nach nur sehr langsam zu erzielen sein, da die Einträge aus der Fläche bestimmender sind (Eintrag aus der Luft, landwirtschaftliche Bodennutzung) als jene über Abwässer (Fleckseder, im Druck; Isermann, im Druck). Dies alles, obwohl sowohl in der BRD als auch in Österreich im Abwassersektor die Denitrifikation flächendeckend gesetzlich verankert ist (BRD: z.T. umgesetzt, in Österreich z.T. umgesetzt, bis 2001 auf Anlagen > 5.000 EW zu verwirklichen).

c) Die im Laufe der Zeit beobachteten Veränderungen für NH_4-N hängen vom Eintrag in das Oberflächengewässernetz, von der Nitrifikation in diesem, aber auch von der Rücklösung aus den Sedimenten (u.a. den Donaustauräumen) ab. Das vorstehend genannte Ausbauprogramm im Bereiche der Abwasserreinigung wird zu einer Verringerung der mit Ende der 1980er-Jahre beobachteten NH_4-N-Konzentrationen führen. Die Größe der Werte wird von der Wasser-Sediment-Interaktion in den Stauräumen abhängen.

d) Der Gesamtphosphor war in der Vergangenheit wegen geringer Einträge sowohl über Abwasser (siehe Punkt (a), plus Fehlen von Polyphosphat in Waschmitteln) als auch aus der Fläche gering, stieg dann wegen der Steigerung in allen drei genannten Bereichen auf erhöhte Werte an, fiel in den letzten Jahren aber auch wegen des Verbotes von Polyphosphat in Textilwaschmitteln als auch wegen der Phosphatfällung in der Abwasserreinigung auf niedrigere Werte. Die Einführung der flächendeckenden Phosphatfällung in der Abwasserreinigung (in der BRD verankert, in Österreich ab 1995 auf Anlagen > 1.000 EW bindend) und Schutzmaßnahmen gegen Bodenerosion werden zu einer weiteren Verringerung der mit Ende der 1980er-Jahre beobachteten Werte führen. Auch hier wird die Größe der zu beobachtenden Werte von der Wasser-Sediment-Interaktion in den Stauräumen abhängen.

3.3 Abschätzungen zur Herkunft von Phosphor und Stickstoff

Eine Abschätzung bezüglich der Herkunft von Phosphor und Stickstoff wurde publiziert (Fleckseder 1989a). Im folgenden wird diese Abschätzung durch neuere Daten ergänzt. Sie gilt für den Pegel Wien-Nußdorf.

Zur Methodik: Die gewählte Vorgangsweise zur Lösung der skizzierten Aufgabe geht von Massenbilanzen im hydrographischen Einzugsgebiet (EZGB) an einer Pegelstelle als primärem Ansatz aus, wobei die an einer Pegelstelle vorbeitransportierte Fracht als «abwasserbürtig» bzw. «flächenbürtig» entstanden aufgefaßt wird. Die «abwasserbürtigen» Einträge in das Gewässernetz können anhand von Kennzahlen für die Abwasserreinigung im EZGB einer betrachteten Pegelstelle erfaßt werden. Da hydrographische EZGBs und politische Gliederungen nicht deckungsgleich sind, die zugänglichen Statistiken jedoch nach den politischen Gliederungen ausgerichtet sind, ergeben sich in der Anwendung gewisse Schwierigkeiten. «Flächenbürtige» Einträge können nur anhand von Analogieschlüssen abgeschätzt werden. Um so vorzugehen, sind flächenbürtige Einträge für ausgewählte EZGBs zu ermitteln. Dies wurde an Einzugsgebieten von 384 km^2 (Wulka am Pegel Schützen; Stalzer et al. 1985) 826 km^2 (Bregenzer Ache; IGKB 1982) sowie 6.550 km^2 (Einzugsgebiet des Genfer Sees; Groupe de Travail Phosphore 1986) durchgeführt. Für gesP ergaben sich Werte zwischen 82 und 194 kg gesP$\cdot$($km^{-2}\cdot a^{-1}$) (Fleckseder 1987), für gesN zwischen 440 und 520 kg$\cdot$($km^{-2}\cdot a^{-1}$) (Fleckseder 1989a), bezogen auf die jeweilige Gesamteinzugsgebietsfläche (für das Genferseeeinzugsgebiet keine Werte für N). Aufbauend auf solchen flächenspezifischen – Abwässer nicht mit umfassenden – Abstößen, auf Schätzungen des Abstoßes in Abwässern in das Gewässernetz des Donaustromes sowie auf Messungen über N und P am Pegel Wien-Nußdorf werden im folgenden Bilanzen gebildet, die nicht stimmig aufgehen. Sie erlauben jedoch die Abschätzung der Größenordnung der Herkunft der beiden betrachteten Komponenten.

Ergebnisse für den Pegel Wien-Nußdorf: Die von der Bundesanstalt für Wassergüte in Wien monatlichen erhobenen Stichproben umfassen bei Phosphor und Stickstoff folgende Kenngrößen: an Phosphor der gelöste Phosphat-Phosphor und der unlösliche Anteil an Phosphor, an Stickstoff Ammonium Nitrit und Nitrat; Werte für organischen Stickstoff werden nicht erhoben. Die Konzentrationen sind im Winter höher als im Sommer, wobei die geringe Datenzahl nur sehr beschränkt eine Aussage darüber zuläßt, ob dies alleine auf Verdünnung oder auch auf zusätzliche Vorgänge im Gewässernetz zurückzuführen ist. Die Auswertung der Analysendaten erfolgte (Fleckseder 1989) für den Zeitraum 1982-1986 (60 Proben), in dieser Arbeit neu für das Jahr 1988 (10 Proben). In Tabelle 3 sind die aus den Konzentrationen und Durchflüssen ermittelbaren Frachten aufgeführt. Die Kenngröße gesN stellt die Summe aus NH_4-N, NO_2-N und NO_3-N dar.

Bilanzieren lassen sich nur Frachten. Es stellt sich somit die Frage, ob die vorstehend genannten, aus den publizierten Konzentrationen und Durchflüssen ermittelten Frachten als verläßlich einstufbar sind. Von der Zahl der Proben her und der einfachen Vorgangsweise in der Probennahme ist abzusehen, daß die ausgewiesenen Frachten am Pegel Wien-Nußdorf eher an der unteren Grenze der zu erwartenden Werte liegen dürften. Als Grund dafür ist zu nennen, daß Hochwässer und vor allem die bei Hochwasserwellen transportierte Verschmutzung nicht voll in die Erfassung eingehen konnte. Dies trifft auf den Phosphor aller Voraussicht nach in größerem Umfang als auf Stickstoff zu.

Tab. 3: Frachten ($t \cdot a^{-1}$) am Pegel Wien-Nußdorf für die Zeiträume 1982-1986 und 1988

Phosphor		gelP		partP	gesP
Frachten	1982-1986	4.190		8.270	12.460
	1988	5.760		4.860	10.620
Stickstoff		NH_4-N	NO_2-N	NO_3-N	gesN
Frachten	1982-1986	13.600	1.050	122.500	137.200
	1988	10.000	1.100	141.500	152.600

Abschätzungen über die abwasserbürtigen Einträge: Um den Eintrag an N und P in Abwässern in das Gewässernetz der Donau und ihrer Zubringer für das EZGB am Pegel Wien-Nußdorf abschätzen zu können, wurde wie folgt vorgegangen:

- Abschätzung von Kennzahlen im Einzugsgebiet (Einwohner in den staatlichen Untergliederungen mittlerer Anschlußgrad an Abwasserreinigungsanlagen in diesen staatlichen Untergliederungen, siehe Tabelle 1).
- Abschätzung des Abstoßes an Stickstoff und Phosphor im Abwasser vor und nach Reinigung anhand kopfspezifischer Werte und der im Einzugsgebiet vorhandenen Einwohnerzahlen (nicht Einwohnergleichwertzahlen).

Abschätzungen für den kopfspezifischen Anfall im Rohabwasser für Phosphor ergaben sich in einer Arbeit für die späten 1970er und früher 1980er-Jahre zu 4,8 g gesP/(E·d) (v.d. Emde et al. 1986) doch lagen die Werte im Zulauf der Kläranlage Wien-Simmering, in der ca. 20% der häuslichen Abwässer Österreichs gereinigt werden, aber auch gewerblich-industrielle Einleitungen mit enthalten sind, in den Jahren 1985/86 mit 4,3 g gesP/(E·d) etwas niedriger. Mit diesem niedrigeren Wert wird im folgenden die Abschätzung für den Zeitraum 1982-1986 durchgeführt. Für das Jahr 1988 werden die Maßnahmen zur Begrenzung von Polyphosphaten in Waschmitteln zum Tragen kamen, nur 3,0 g gesP/(E·d) angesetzt; dieser Wert entspricht den in v.d. Emde et al. (1986) durchgeführten Abschätzungen mit Greifen der Begrenzungen gemäß Waschmittelverordnung in Österreich. Wo Abwasserreinigungsanlagen in Betrieb sind, wurde davon ausgegangen, daß 1,3 g gesP/(E·d) im Klärschlamm inkorporiert vom Gewässer ferngehalten werden. Zusätzlich wird abgeschätzt, daß sowohl in der BRD als auch in Österreich der

Phosphor in nicht biologisch gereinigten Abwässern zu einem Drittel direkt in Gewässer eingeleitet wird, während er zu zwei Dritteln im Boden – bei Abwasserversickerungen festgelegt – aufgefaßt wird.

Aus diesen Ansätzen folgen als geschätzte Einträge über Abwasser in das empfangende Gewässernetz des Donaustromes für Phosphor:

1982-1986	Fracht 11.900 t gesP/a
1988	Fracht 7.000 t gesP/a

Verschiedene Untersuchungen zeigen, daß der metabolische kopfspezifische Abstoß für Stickstoff bei etwas unter 10 g gesN/(E·d) liegt (Isermann, im Druck). Der Zulauf zur Kläranlage Wien-Simmering beträgt ca. 13 g gesN/(E·d) und berücksichtigt auch andere als metabolische Abstöße. Die Wahl von 13 g gesN/(E·d) bei großen hydrographischen Einzugsgebieten dürfte zur Zeit ein Wert sein, der Abstöße auch aus anderen Quellen in das Abwasser (Kokereien, TKVs etc.) ausreichend berücksichtigt. In der Abwasserreinigung werden im Schnitt 25% des Zulauf-Stickstoffes in den Schlamm übergeführt, es wird jedoch auch ein Drittel davon im Schnitt in der Schlammbehandlung löslich gemacht und als in die Gewässer übergehend angesetzt. Der Stickstoff im Abwasser der Bevölkerung, die nicht an Abwasserreinigungsanlagen angeschlossen ist, wird als quantitativ in Gewässer übergehend betrachtet. Eine Differenzierung in unterschiedliche Frachten für die beiden genannten Zeitpunkte wie auch eine bessere Prüfung der Eingangsannahmen in diese Abschätzung war nicht möglich.

Aus diesen Ansätzen folgen als, geschätzte Einträge über Abwasser in das empfangende Gewässernetz der Donau für Stickstoff:

1982-1986	Fracht 52.000 t gesN/a
1988	Fracht 52.000 t gesN/a

Abschätzungen über den flächenspezifischen Eintrag: Wie schon erwähnt (Fleckseder 1987), war es für andere Einzugsgebiete gelungen, flächenspezifische, das Abwasser nicht mit umfassende Abstöße an Einzugsgebieten von 384 km^2 826 km^2 und 6.650 km^2 Fläche für Phosphor zu ermitteln. Es wurde angenommen, daß für 81.700 km^2 des hydrographischen Einzugsgebietes am Pegel Nußdorf von 101.700 km^2 ein Wert von 100 kg gesP/(km^2·a), und für die restlichen 20.000 km^2 (landwirtschaftliche Flachlagen) ein Wert von 50 kg gesP pro (km^2·a) zuträfen.

Aus diesen Ansätzen folgen als geschätzte Einträge aus bzw. über die Fläche in das empfangende Gewässernetz der Donau für Phosphor:

1982-1986	Fracht 9.200 t gesP/a
1988	Fracht 9.200 t gesP/a

Für Stickstoff erfolgte eine Ermittlung im Rahmen einer weiteren Arbeit (Fleckseder 1989a), aber auch durch Studenten des Nachdiplomstudiums «Technischer Umweltschutz», interdisziplinäres Projekt Studienjahr 1989/90, Stickstoffbilanz für Österreich (TUSCH 1990). Die Arbeit TUSCH (1990) zeigte dabei, daß ein flächenspezifischer Abstoß von 850 kg gesN/($km^2 \cdot a$) für Österreich – und damit auch im Donaueinzugsgebiet – besser zutrifft als die nur ca. 500 kg gesN pro ($km^2 \cdot a$), die in Fleckseder (1989a) ermittelt worden waren.

Aus diesen Ansätzen folgen als geschätzte Einträge aus bzw. über die Fläche in das empfangende Gewässernetz der Donau für Stickstoff:

1982-1986	Fracht 86.400 t gesN/a
1988	Fracht 86.400 t gesN/a

Bilanzen für den Pegel Wien-Nußdorf und Diskussion dazu: Theoretisch müßten nun die Bilanzen für den Pegel Wien-Nußdorf, bestehend aus der am Pegel ermittelten Fracht einerseits und der Summe der Einträge andererseits, «passen». Dem ist jedoch nicht so. Als Gründe dafür sind folgende Punkte zu nennen:

- Die Werte «Kontrolle Pegel» für Wien-Nußdorf sind aller Voraussicht nach etwas niedriger als die tatsächlichen Frachten. Dies hängt sowohl mit der geringen Dichte in der Probennahme als auch mit der geringen Anzahl erfaßter Hochwasserwellen und der für diese deutlich größeren erforderlichen Probenauflösung zusammen. Bei Stickstoff ist darüber hinaus zu berücksichtigen, daß die Frachten «Kontrolle Pegel» für Gesamt-Stickstoff nur die Summe aus Ammonium-N, Nitrit-N und Nitrat-N, jedoch den auch in der Donau vorhandenen aller Voraussicht nach geringen organischen Stickstoff, nicht mit umfassen.
- Die Summe der Einträge an Phosphor muß an der Kontrollstelle niedriger sein, da Phosphor entlang des Fließweges an Schweb gebunden wird und dieser während Perioden geringeren Abflusses in den Stauräumen sedimentiert, während Hochwasserdurchgängen mit Ausufern in die Donauauen jedoch in diese verlagert wird.
- Bei allen ausgewiesenen Frachten an Einträgen in das Gewässernetz ist eine Angabe über die statistische Verläßlichkeit der Zahlen nicht möglich. So ist es z.B. durchaus möglich, daß bei den Einträgen an Stickstoff über das Abwasser auch niedrigere Werte vorliegen, da in einer gewissen Zahl von Anlagen mit einer selbsttätigen Denitrifikation zu rechnen ist. Es können aber auch die flächenbürtigen Einträge an Phosphor niedriger sein.
- Bei Stickstoff kann in den Fließgewässern auch eine Denitrifikation vor sich gehen, doch wurde in dieser Arbeit die Annahme getroffen, daß entlang der Donau und ihrer Zubringer der Frachteneintrag in die Gewässer jenem am Pegel Wien-Nußdorf entspreche. Dies vor allem deshalb, da die Donau und ihre Zubringer praktisch nirgends anoxisch oder gar anaerob sind und eine Denitrifikation in diesen somit vergleichsweise gering sein dürfte, andererseits aber auch Stickstoff praktisch nicht durch den anorganischen Schweb, wie für Phosphor beschrieben, in die Fläche verlagert wird.

Die bei der Bilanzierung erhaltenen Werte sind in Tabelle 4 einander gegenübergestellt. Daraus ist zu ersehen, daß diese Bilanzen nicht aufgehen. Tendenziell stimmen sie jedoch mit den vorstehenden Bemerkungen überein. Wird den am Pegel Nußdorf gemessenen Werten eine größere Verläßlichkeit als der Summe der Einträge eingeräumt und mitberücksichtigt, daß gesP am Pegel Nußdorf – wegen der «Nichterfassung von Hochwasserwellen» – wahrscheinlich zu niedrig liegt, wird zusätzlich bei den Einträgen davon ausgegangen, daß die Abschätzungen für die Herkunft über das Abwasser verläßlicher ist als die Werte aus der Fläche, so läßt sich für die Periode 1982-1986 ersehen, daß ca. 1/3 des Stickstoffs und 2/3 des Phosphors abwasserbürtig waren, der Rest flächenbürtig, und daß im Jahr 1988 beim Stickstoff dieselben Relationen vorlagen, beim Phosphor jedoch ca. je die Hälfte als abwasserbürtig bzw. als flächenbürtig zu bezeichnen waren. Mit ansteigendem Rückhalt in der Abwasserreinigung wird der flächenbürtige Anteil sowohl für Phosphor als auch für Stickstoff weiter ansteigen.

Tab. 4: Bilanzen für den Pegel Wien-Nußdorf (Vergleich der Einträge in das Gewässernetz und der Werte am Pegel)

Werte:	t/a	aus Abwasser	aus Fläche	Summe	Wert Pegel
1982 - 86	gesN	52.000	86.400	138.400	137.100
1982 - 86	gesP	11.900	9.200	21.100	12.500
1988	gesN	52.000	86.400	138.400	152.600
1988	gesP	7.000	9.200	16.200	10.600

Folgerungen: Die Abwasserseite wird in den kommenden Jahren ihre Verpflichtung zur flächendeckenden Verringerung der Einträge an Stickstoff und Phosphor aller Voraussicht nach erfüllen. Es wurde zwar im Donaueinzugsgebiet keine Halbierung der Frachten wie in den Einzugsgebieten zur Nordsee hin bisher politisch festgelegt, doch besteht bei Anwendung der zur Verfügung stehenden Techniken dazu in der Abwasserreinigung die Möglichkeit. Mit Bezug auf die flächenbürtigen Einträge bleibt offen, welche Maßnahmen in welcher Art und Weise zu ergreifen sind, um eine wesentliche Frachtenreduktion auch aus dieser Quelle durchzusetzen. In Isermann (im Druck) sind bedenkenswerte Vorschläge enthalten.

4 Die Schwermetalle Hg, Cd, Pb und Zn in der Donau in Wien und Niederösterreich

4.1 Aufgabenstellung und Vorgehen

Die Frage nach der Bedeutung der im Donaustrom (fließende Welle, Sediment, Anreicherung in der Nahrungskette) vorhandenen Schwermetalle tauchte im Zusammenhang mit der Diskussion um den Donauausbau östlich von Wien auf. Natürlich waren schon vor diesem Zeitpunkt – dem Sommer 1985 – von unterschiedlicher Seite Messungen durchgeführt worden (Ebner et al. 1972; Dworsky et al. 1973; Ebner & Gams 1973; Heyn et al. 1974; Schroll et al. 1975;

Danielopol 1983; Ebner & Gams 1984). Die Arbeit von Kralik & Sager (1986) war damals im Entstehen begriffen. Wegen des Fehlens einer vergleichenden Darstellung und Bearbeitung der erhobenen Werte entstand die Arbeit Fleckseder (1986). Wegen des Erscheinens weiterer Untersuchungen (Colley 1988; Ebner & Gams 1989) erschien eine weitere Bearbeitung angebracht (Fleckseder 1989b), die in einer Zeitschrift mit lokaler Verbreitung veröffentlicht wurde. Aus dieser Arbeit werden im folgenden die wesentlichsten Punkte zusammengefaßt.

Die Bearbeitung befaßt sich mit der Frage, welche Schwermetalle einer eingehenderen Bearbeitung zu unterziehen sind, welche Prinzipien der Dateninterpretation zugrunde gelegt werden können, wie die beobachtete Situation in der gesamten Probe im Donauwasser, in den Sedimenten und im Fischmuskelfleisch im Zuge der zeitlichen Entwicklung sich ergab, aber auch, welche Punkte zur Zeit als noch offen anzusehen sind.

4.2 Bedeutung der ausgewählten Schwermetalle (Cd, Hg, Pb, Zn)

Für die Bearbeitung wurden die Metalle Blei, Cadmium, Quecksilber und Zink von ungefähr zehn in den Probensätzen (Kralik & Sager 1986) untersuchten Schwermetallen ausgewählt. Dies deshalb, da Analysen in Sedimentproben diese vier Metalle als über dem «geogenen Durchschnitt» im Vergleich zu den übrigen Schwermetallen angereichert kennzeichneten, aber auch, weil in anderen Arbeiten (z.B. Gächter et al. 1979; Tschopp 1979) der Großteil dieser vier genannten Metalle als in der Natur im Vergleich zu geogenen Bedingungen überhöht beobachtet worden war.

Von den ausgewählten vier Metallen sind Cd, Hg und u.U auch Pb aufgrund der bisherigen Kenntnisse als nicht essentiell für den (menschlichen) Stoffwechsel zu bezeichnen, Zn hingegen schon (Förstner & Wittmann 1983). Verschiedene Vermutungen (Kieffer 1984) deuten darüber hinaus darauf hin, daß auch Cd und Pb als essentiell zu bezeichnen sind; quantitative Messungen und die essentielle physiologische Bedeutung dieser Metalle liegen nach Kieffer noch nicht vor. Nach Kummert & Stumm (1988) sind diese vier für die österreichische Donau diskutierten Schwermetalle dadurch kennzeichenbar, daß sie auch atmophil sind.

4.3 In welcher Art darf man Mittelwerte bilden?

Bezüglich der aus den Beprobungen stammenden Daten tauchen folgende Fragen auf:

a) Woher kommen eigentlich die beobachteten Metalle?
b) Sind einzelne Werte aus Stichproben alleine aussagekräftig oder sollte die Beurteilung nicht doch auf Mittelwerten aufbauen?
c) Ist eine Mittelung entlang des Fließweges zulässig?
d) Können zeitbezogene Veränderungen herausgeschält werden?

Als Aussagen zu den einzelnen Punkten läßt sich zur Zeit folgendes festhalten:

zu a) Es wurden jene Schwermetalle ausgewählt, deren Flux in der Umwelt primär durch menschliches Tun geprägt ist. Ihr Vorkommen im Donaustrom ist dabei sowohl über die Verwitterung geogen als auch durch menschliches Tun anthropogen geprägt.

zu b) Ohne die Bedeutung eines einzelnen wahren Wertes unterbinden zu wollen, so erscheint doch die Heranziehung eines zentralen Wertes mit einer Schwankungsbreite um ihn herum im vorliegenden Zusammenhang als wünschenswert.

zu c) Eine Mittelung entlang der niederösterreichischen und Wiener Fließstrecke der Donau erscheint anhand der Werte der Tabelle 1 zulässig. Tabelle 1 zeigt nämlich, daß der einwohnerspezifische Anteil vergleichsweise gering schwankt und daß selbst eine große Stadt wie Wien mit Bezug auf eine volldurchmischte Donau eine untergeordnete Bedeutung hat, aber auch, daß die aus der Fläche resultierenden Schwankungen ebenfalls gering sind. Aus diesen beiden Gründen wird eine Mittelung von entlang der Fließstrecke erhobenen Werten als zulässig erachtet.

zu d) Für aufwendigere statistische Untersuchungen, z.B. Zeitreihenanalysen, stehen bisher an den dafür erforderlichen einzelnen Meßstellen nicht genügend Beprobungen zur Verfügung. Dennoch kann eine Mittelwertbildung bzw. die Erfassung eines Trends anhand einer linearen Regression der vorhandenen Werte mithelfen, einen besseren Überblick über das bisher erhobene Datenmaterial zu gewinnen. «Statistisch sauber» ist jedoch eine derartige Vorgangsweise nicht.

4.4 Gesamte Proben im Donauwasser

Zur Beurteilung der Werte im Donauwasser werden die durch Ebner et al. 1972; Dworsky et al. 1973; Ebner & Gams 1973; Heyn et al. 1974; Schroll et al. 1975; Ebner & Gams 1984 sowie Ebner & Gams 1989 veröffentlichten Daten herangezogen. Es handelt sich dabei um gesamte Proben, die als Stichproben der fließenden Welle entnommen wurden. Die Werte für die Einzelproben stammen alle von der niederösterreichischen bzw. Wiener Fließstrecke. Der Wert in der fließenden Welle wird sowohl von den Einträgen, dem Transport als auch den die Umsetzungen im gesamten Einzugsgebiet bestimmenden Bedingungen geprägt sein. Es wurden alle vorstehend genannten veröffentlichten Werte außer jenen von Schroll für eine statistische Auswertung als «Grundgesamtheit» zusammengefaßt.

Zur Feststellung eines Trends erfolgte die Auswertung nun in der Art, daß zunächst die zu bestimmten Zeitpunkten im Jahr erhobenen Werte gemittelt wurden, wobei diese Mittelwerte im einzelnen aus minimal 3 und maximal 16 Einzelproben entstanden. Zur Abschätzung eines linearen Trends wurden nun für Hg, Pb und Zn 27, für Cd zunächst 26, in einem zweiten Versuch 22 Wertepaare, die einen Zeitraum von X/1972 bis X/1987 bestrichen und aus dem Zeitpunkt (=Monat) der Probennahme als unabhängiger Variabler und dem dafür maßgebenden Mittelwert der Proben als abhängiger Variabler, unabhängig von der Zahl der Einzelproben, die den

Mittelwert ergaben, herangezogen. Bis II/1979 lagen 5 bzw. 4 Datenpaare vor, von I/1980 bis X/1987 22. Die Abschätzungen der linearen Trends zeigen, daß Quecksilber, Cadmium und Blei im Laufe der Zeit in geringerem Umfang, Zink jedoch ausgeprägter, abnahmen (Tab. 5).

Dieser Trend ist erfreulich, doch bleibt zur Zeit noch offen, welcher Wert durch weitere Maßnahmen zur Begrenzung des Abstosses (direkt in die Gewässer, über die Luft in Gewässer) auch tatsächlich erreicht werden kann.

Außer der Abschätzung von linearen Trends wurden auch Mittelwerte (arithmetische, geometrische) aus allen Einzelproben errechnet, wobei zusätzlich auch getrennte Mittelwerte für Proben oberhalb, bzw. unterhalb, der Einmündung des Donaukanales ausgewiesen wurden.

Tab. 5: Kennzahlen zum linearen Trend (y=a+b·x)

	a	b	n	Vorhers. VI/1989	Bemerkung
	μg/l	μg/(l·mo)	(/)		
Hg	0,0702	$-3{,}909 \cdot 10^{-5}$	27	0,0622	paßt
Cd	2,71	–0,0166	26	–0,6853	paßt nicht
Cd	0,362	–0,0013	22	0,105	paßt
Pb	4,50	–0,0016	27	4,17	paßt
Zn	51,8	–0,2015	27	10,7	paßt

mo = Monat

(Das Abwasser der Stadt Wien wird über den Donaukanal in die Donau eingetragen). Diese Mittelwerte und ein Vergleich mit den Werten von Schroll et al. (1975) sowie Daten vom Rhein (IKSR 1984) sowie Richtwerte (Eidgenössische Verordnung 1980, Vorläufige Österreichische Immissionsrichtlinie – ImRL 1987, die für das Trinkwasser gültige ÖN M6.250, 1986) sind der Tabelle 6 zu entnehmen. Dabei ist zu berücksichtigen, daß alle in den Fließgewässern gemessenen Werte gesamte Werte sind, d.h. die gelöste und partikuläre Phase umfassen. Dies gilt sowohl für die österreichische Immissionsrichtlinie als auch die ÖN M 6.250, während die in der Eidgenössischen Richtlinie enthaltenen Werte gelöste Konzentrationen darstellen.

Bei der Durchsicht durch die Tabelle 6 fällt auf, daß die arithmetischen Mittelwerte stets höher liegen als die geometrischen und daß das Verhältnis dieser Mittelwerte zueinander zwischen 1,10 und 2,50 beträgt. Dies hängt ohne Zweifel damit zusammen, daß die arithmetischen Mittel i.A. durch wenige sehr große Werte dominiert werden, daß jedoch bei der geometrischen Mittelung der Einfluß der vom zentralen Wert entfernter liegenden Werte geringer wird. Soweit man den Mittelwerten vertrauen kann, ist der Gehalt an Schwermetallen in der Wasserprobe unterhalb von Wien geringfügig größer als oberhalb, doch ergibt die Anwendung statistischer Tests, daß diese Unterschiede wegen der großen Spanne der beobachteten Werte praktisch keine Signifikanz haben. Im Vergleich zum Rhein (Werte sind Mittelwerte für die Fließstrecke zwischen Karlsruhe und Seltz) sind die Werte an der Donau niedriger, im Vergleich zu allen drei ausgewählten Richtlinien sind sie nochmals deutlich niedriger. In Summe bleibt jedoch als

Tab. 6: Mittelwerte und Spanne der Beobachtungen und Vergleichszahlen (Donau → Ebner & Gams 1984, 1989; Schroll et al. 1975; Rhein → IKSR; ImRL A; ImVO CH; ÖN M 6.250)

	Donau, (1972-1987) alle	oberh.	unterh.	Schroll (1975)	Rhein 76-79	Rhein 1984	ImVO CH	ImRl A	ÖN M 6.250	Dim.
Hg										
(n)	153	86	67							—
(geom)	0,0587	0,0573	0,0605							$\mu g \cdot l^{-1}$
(arithm)	0,0642	0,0621	0,0670		0,32	0,083				$\mu g \cdot l^{-1}$
(Spanne, Richtwert)	0,01-0,018	0,01-0,16	0,01-0,18	0,1-1,0			1,0	0,5	1,0	$\mu g \cdot l^{-1}$
Cd										
(n)	150	86	64							—
(geom)	0,178	0,169	0,190							$\mu g \cdot l^{-1}$
(arithm)	0,455	0,465	0,442		1,45	0,30				$\mu g \cdot l^{-1}$
(Spanne, Richtwert)	0,1-5,0	0,1-5,0	0,1-5,0	0,07-2,6			5,0	1,0	5,0	$\mu g \cdot l^{-1}$
Pb										
(n)	155	88	67							—
(geom)	2,62	2,22	3,27							$\mu g \cdot l^{-1}$
(arithm)	3,78	3,17	4,59		17,1	5,62				$\mu g \cdot l^{-1}$
(Spanne, Richtwert)	1-38	1-24	1-38	2-4			50	50	50	$\mu g \cdot l^{-1}$
Zn										
(n)	157	89	68							—
(geom)	19,2	17,4	21,8							$\mu g \cdot l^{-1}$
(arithm)	25,5	23,2	28,4		113	57				$\mu g \cdot l^{-1}$
(Spanne, Richtwert)	2-123	3-90	3-123	7-28			200	100	3.000	$\mu g \cdot l^{-1}$
Probenart		aus Donau und Rhein		ges. Proben			gelöst	ges.	ges.	
QNußdorf (arithm)	1.650	1.650	1.700							$m^3 \cdot s^{-1}$
Siedlungsdichte		im Donauraum ca. 120			am Rhein ca. 300					$E \cdot km^{-2}$

Erläuterungen: alle = alle Werte der niederösterreichischen und Wiener Fließstrecke; oberh. = oberhalb von Wien; unterh. = unterhalb von Wien; ImVO CH → SR 814.225.21, 1980; ImRL A → Österreichische Immissionsrichtlinie 1987

Problemkreis die schon von Förstner & Wittmann (1983) getroffene Aussage bestehen, daß die Erfassung der Schwermetallsituation in schwebstofführenden Flüssen ausschließlich anhand der Wasserproben nicht zielführend ist

4.5 Werte im Sediment

Beobachtungen zum Gehalt an Schwermetallen in Sedimenten liegen von Dworsky et al. 1973 (nur Hg); Danielopol 1983 (nur Pb); Ebner & Gams 1984; Kralik & Sager 1986; Colley 1988; sowie Ebner & Gams 1989 vor. In Tabelle 7 sind die Werte dieser Erhebungen und die sie charakterisierenden Probennahmen einander gegenüber gestellt. Dabei fällt auf, daß im Gegensatz zu den Konzentrationen in der fließenden Welle das Verhältnis zwischen den arithmetischen und geometrischen Mittelwerten zwischen 0,90 und 1,15 beträgt; dies scheint darauf hinzudeuten, daß den Proben vergleichsweise einheitliche Verteilungen zugrunde liegen. Bei den Vergleichen innerhalb der erhobenen Metalle fällt auf, daß die gemessenen Spannen und die jeweiligen Mittelwerte einander sehr ähnlich sind. Eine Anwendung einfacher statistischer Verfahren zum Vergleich dieser Erhebungen zeigt, daß die Werte sich voneinander nicht signifikant unterscheiden. Dies könnte u.a. auch darauf zurückzuführen sein, daß die untersuchten gesamten Proben und die von Kralik & Sager erhobenen fraktionierten Proben durchaus vergleichbare Kornzusammensetzungen haben. Eine Ausnahme prägt dieses Bild: Hg bei den Erhebungen von Dworsky et al. (1973) und Kralik & Sager (1986).

Welche Schlüsse lassen sich nun aus den Werten der Tabelle 7 ziehen?

a) Zunächst ist zu vermuten, daß der Gehalt an Hg vor ca. 15 Jahren tatsächlich höher lag als vor 5 Jahren. Dies steht in Übereinstimmung mit Beobachtungen an Flüssen in der BRD (Müller 1985).
b) Der statistisch nicht signifikante Unterschied zwischen den einzelnen Probesätzen wirft die Frage auf, welcher zusätzliche Informationsgewinn sich künftig aus einer großen Zahl örtlich und zeitlich dicht erhobener Sedimentproben mit einheitlicher Probennahme und Analyse gewinnen ließe. Wie in Tabelle 1 gezeigt, liegen entlang der österreichischen Fließstrecke die die Gewässerbelastung aus anthropogenen und geogenen Quellen beschreibenden einfachsten Kenngrößen (E/MQ, Mq) in einem schmalen Band. Aus diesem Grund und aus dem Wissen, daß große Schwermetalleinleitungen mit Sicherheit wasserrechtlich erfaßt sind, erscheint es sehr unwahrscheinlich, alleine aus Sedimentproben auf nahe gelegene punktförmige Einleiter mit der für diese Aufgabenstellung erforderlichen Verläßlichkeit zu schließen. Um generell in regelmäßigen Abständen die Immissionssituation bei Schwermetallen zu kennzeichnen, sollten derartige Sedimentanalysen jedoch auf jeden Fall durchgeführt werden.

Welche Bedeutung läßt sich nun den in den Sedimentproben erhobenen Werten zuordnen? Zur Ermittlung dieser Frage wurde von Müller (1979) ein «Geoakkumulationsindex I_{geo}» der Form

$$I_{geo} = {}^{2}\log \text{(gemess. Wert/1,5}\cdot\text{Hintergrundwert)}$$

vorgeschlagen. Müller bezieht dabei seine gemessenen Werte auf die Kornfraktion $\leq 2\mu m$. Als Hintergrundwerte werden i.A. jene von Turekian & Wedepohl (1961; siehe auch Föstner & Wittmann 1983; oder Müller 1985) für Tongestein herangezogen. Daß die Hintergrundwerte von Turekian & Wedepohl recht gut mit anderen Erhebungen (fossile Sedimente im See des Ries-Kraters, fossile Sedimente in ehemaligen Rheinarmen bei Köln, neuere Sedimente weitgehend unbeeinflußter Seen) übereinstimmen, zeigt eine Gegenüberstellung in Förstner & Wittmann (1983).

Zur Bedeutung des «Geoakkumulationsindexes» ist festzuhalten, daß er genauso wie die «Gewässergüteklasse» eine für den öffentlichen Gebrauch verwendbare «Verkürzung» des erhobenen Befundes darstellt. Nun wird jedoch auch der «geogene Hintergrundwert» von

Tab. 7: Mittelwerte und Spanne der Beobachtungen (I: Ebner & Gams 1984; II: Kralik & Sager 1986; III: Colley 1988; IV: Ebner & Gams 1989) und Vergleichszahlen (V: Dworsky et al. 1973; VI: Danielopol 1983) für Sedimente

	I	II	III	IV (a)	IV (b)	IV (c)	V	VI	Dimens.
Hg									
(n)	14	8		22	9	7	13		–
(geom)	0,36	0,68		0,46	0,34	0,35	2,33		ppm
(arithm)	0,39	0,77		0,49	0,35	0,35	2,50		ppm
(Spanne)	0,22-0,64	0,4-1,7		0,22-0,96	0,26-0,46	0,31-0,40	0,76-4,04		
Cd									
(n)	14	11	10	22	9	7			–
(geom)	0,68	0,75	0,73	0,68	0,62	0,69			ppm
(arithm)	0,68	0,86	0,75	0,70	0,64	0,71			ppm
(Spanne)	0,27-1,19	0,33-2,12	0,52-1,1	0,39-0,98	0,49-0,97	0,52-0,95			ppm
Pb									
(n)	3	11	10	22	9	7			–
(geom)	68	68	78	64	73	98			ppm
(arithm)	68	82	87	66	72	98			ppm
(Spanne)	66-72	42-224	31-164	38-97	43-132	89-112		33-47	
Zn									
(n)	14	11	10	22	9	7			–
(geom)	222	266	301	226	249	300			ppm
(arithm)	246	273	329	234	257	301			ppm
(Spanne)	137-578	192-446	162-660	113-378	183-410	268-354			ppm

Probennahme zu den ausgewiesenen Werten: Ebner & Gams 1984: Gesamte Probe, entnommen der Oberfläche des Bodens in der Nähe des Stauzieles, 1981 aus den Stauräumen Aschach und Ottensheim-Wilhering, sowie 1984 aus dem Stauraum Ybbs-Persenbeug/ Kralik & Sager 1986: Fraktionierte Probe ≤ 100µm, entnommen aus Vertiefungen in Ufersteinen zwischen der Floridsdorfer Brücke und Hainburg, V/VI 1984/ Colley 1988: Entnommen durch Bohrung aus dem Stauziel der Stufe Altenwörth an drei Entnahmetagen (VII/IX/XI, 1986), gesamte Probe, unterteilt in Schichtdicken des Kerns, die einzeln analysiert wurden/ Ebner & Gams 1989: Gesamte Proben, von der Bodenoberfläche i.A. aus der Nähe des Stauzieles entnommen; (a) Aus den Stauräumen Aschach, Ottensheim-Wilhering, Abwinden-Asten, Wallsee, Ybbs-Persenbeug, Melk, Altenwörth und Greifenstein von der Bodenoberfläche im Oktober 1984; (b) Aus den Stauräumen Melk und Greifenstein im April 1986; (c) Aus den Stauräumen Melk und Greifenstein im Oktober 1986/ Dworsky et al. 1973: Aus den Stauräumen Jochenstein, Aschach, Wallsee und Ybbs-Persenbeug in der Nähe des Stauzieles vom Boden im Oktober 1972 entnommene gesamte Probe/ Danielopol 1983: Entnommen aus Vertiefungen und auf eine Korngröße von ≤50 µm fraktioniert. Zusätzlich gibt es in der Analytik ebenfalls Unterschiede

Flußeinzugsgebiet zu Flußeinzugsgebiet unterschiedlich anzusetzen sein, aber auch innerhalb eines Flußeinzugsgebietes entlang des Talweges (Oberlauf, Mittellauf, Unterlauf) werden Unterschiede vorhanden sein. Dies bedeutet letztlich, daß es keinen einheitlichen allgemeingültigen «Verkürzungsmaßstab» zur Festlegung des «Schwermetallzustandes» eines Fließgewässers gibt. Nun ist jedoch in der öffentlichen Diskussion um die Schwermetalle der «Geoakkumultionsindex» genauso wie die «Gewässergüteklasse» als Maßstab vorhanden und somit wird er in der kommenden Zeit auch weiterbestehen.

Kralik & Sager (1986) errechneten in ihrer Arbeit einen I_{geo}, der bei Cd und Hg von deutlich niedrigeren Werten als in der Basis von Turekian & Wedepohl ausging, bei Pb und Zn die Werte von Turekian & Wedepohl verwendete. Zusammengefaßt ergaben ihre Interpretationen, daß im Durchschnitt an der Donau eine geringe bis mässige Belastung mit Schwermetallen vorliege.

An der Donau in Österreich ist nur ein geringer Anteil der Kornfraktion im Sediment $\leq 2\mu m$; daraus läßt sich folgern, daß der Hauptschwerpunkt bei der Beurteilung ermittelter Werte bei der Findung der anthropogen unbeeinflußten Hintergrundkonzentration zu suchen ist. Eine genauere Beurteilung der an der Donau bisher durchgeführten Beprobungen wäre z.B. dadurch erzielbar, daß – so wie nach Förstner & Wittmann (1983) am Rhein durchgeführt – an seit langer Zeit verlandeten Donaualtarmen Bohrungen durchgeführt würden. Die Fraktionierung der erhobenen Proben hätte dann auf jene Korngröße zu erfolgen, die den bisherigen und künftig zu erwartenden Beprobungen entspricht.

4.6 Werte in Fischen

Daten über Schwermetalle in Fischen liegen von Dworsky et al. 1973 sowie Ebner & Gams (1984, 1989) vor. Während bei Dworsky nur auf Quecksilber untersucht wurde, analysierten Ebner Gams (1984) eine größere Zahl von Metallen, beschränkten sich jedoch in Ebner & Gams (1989) wiederum nur auf Quecksilber. In Fleckseder (1986) wurde anhand der Daten von Ebner & Gams (1984) gezeigt, daß in Fischen nur Quecksilber bei Normierung auf Zink angereichert vorkommt. Die beobachteten Werte sind in Tabelle 8 zusammengestellt.

Zu den Proben ist folgendes festzuhalten: Dworsky et al. 1973: Friedfische aus dem Donaustrom zwischen Krems und Mannswörth, Sommer 1972; Ebner & Gams 1984: Aitel, Barben, Nasen, Nerfling und Rußnasen aus dem Raum Zwentendorf, IX/X-1981 und IX/X-1983; Ebner & Gams 1989(a): Nasen aus dem Raum Zwentendorf, VII-1985; (b): Brachsen und Nasen aus dem Raum Wien-Floridsdorf, VII-1985; (c): Aitel, Barben, Nasen und Nerfling aus dem Raum Zwentendorf, VII-1986; (d): Barben, Güster, Lauben und Nasen aus dem Raum Zwentendorf, VI/IX-1987.

Durchgehend können aus Tabelle 8 nur die Werte für Quecksilber im Fischmuskelfleisch miteinander verglichen werden. Werden – was von der Gültigkeit her anzweifelbar ist – alle Werte (n=106) als Grundgesamtheit aufgefaßt, dann ergibt sich ein geometrischer Mittelwert von 0,196 $mg \cdot kg^{-1}$ ein arithmetischer Mittelwert von 0,239 $mg \cdot kg^{-1}$ und eine Spanne von 0,03 bis 0,64 $mg \cdot kg^{-1}$. Einfache statistische Tests zeigen, daß die Daten geringen Stichprobenumfanges von Dworsky et al. und Ebner & Gams 1989(a) auf einem mittleren Signifikanzniveau nicht mit dem jeweilig ergänzenden Kollektiv zusammenpassen. Dies kann jedoch durchaus mit dem geringen Probenumfang zusammenhängen. Die Unterschiede können aber auch, wie Ebner & Gams festhalten, mit ernährungsspezifischen Gewohnheiten der Fische zusammenhängen, denn der Datensatz Ebner & Gams 1989(a) besteht ausschließlich aus Nasen.

Tab. 8: Schwermetallgehalte in Fischen (Muskelfleisch Leber), bezogen auf das Frischgewicht

	Hg		Cd	Pb	Zn	Dim.
	Leber	Muskel		im Muskel		
Dworsky et al. 1973						
(n)	8	13				–
(geometrisch)	0,089	0,090				mg·kg^{-1}
(arithmetisch)	0,105	0,100				mg·kg^{-1}
(Spanne)	0,05-0,19	0,03-0,18				mg·kg^{-1}
Ebner & Gams 1984						
(n)		40	19	9	19	–
(geometrisch)		0,282	0,0054	0,0797	6,2	mg·kg^{-1}
(arithmetisch)		0,318	0,0056	0,0889	6,4	mg·kg^{-1}
(Spanne von		0,08	0,005	0,05	4,1	mg·kg^{-1}
bis)		0,63	0,014	0,17	10,7	mg·kg^{-1}
Ebner & Gams 1989a						
(n)		10				–
(geometrisch)		0,115				mg·kg^{-1}
(arithmetisch)		0,119				mg·kg^{-1}
(Spanne)		0,07-0,17				mg·kg^{-1}
Ebner & Gams 1989b						
(n)		17				–
(geometrisch)		0,158				mg·kg^{-1}
(arithmetisch)		0,171				mg·kg^{-1}
(Spanne)		0,08-0,42				mg·kg^{-1}
Ebner & Gams 1989c						
(n)		12				–
(geometrisch)		0,257				mg·kg^{-1}
(arithmetisch)		0,293				mg·kg^{-1}
(Spanne)		0,12-0,64				mg·kg^{-1}
Ebner & Gams 1989d						
(n)		14				–
(geometrisch)		0,219				mg·kg^{-1}
(arithmetisch)		0,264				mg·kg^{-1}
(Spanne)		0,09-0,56				mg·kg^{-1}

Um die Werte in den Fischen anhand einer Richtlinie zu beurteilen, werden die im Jahre 1984 in der BRD gültigen Richtwerte für Quecksilber Cadmium und Blei in Süßwasserfischen herangezogen. Es waren dies: (a) für Hg 1,0 mg·kg^{-1}; (b) für Cd 0,05 mg·kg^{-1}; (c) für Pb 0,5 mg·kg^{-1}. Alle Einzelproben der Tabelle 8 unterschreiten diese Werte, doch zeigen sie auch an, daß Quecksilber in Fischen angereichert vorliegt. Diese Anreicherungen sind mit ein Grund, auf eine weitere Reduktion der Einträge an Schwermetallen in unsere Umwelt zu drängen.

4.7 Zur Frage der Verbringung von Baggergut

Diese Frage wird unter dem Gesichtspunkt des Vergleiches von Schwermetallen im Baggergut entsprechend der in Tabelle 6 dargestellten Kennzahlen und Richtwerten über den tolerierbaren

Gesamtgehalt von Schwermetallen in lufttrockenen Kulturböden (Merian 1984) anhand der Tabelle 9 diskutiert.

Aus Tabelle 9 ergibt sich, daß die in Donausedimenten beobachteten Metallgehalte bei den Mittelwerten und im großen und ganzen auch den oberen Spannen für Hg und Cd im Bereich der Werte in Kulturböden liegen, daß jedoch die Werte für Pb und Zn darüberliegen. Bezüglich der als tolerierbar angesehenen Richtwerte liegen alle (geometrischen) Mittelwerte – jene von Kralik & Sager (1986) wurden wegen ihres Bezuges auf die Kornfraktion ≤ 100 µm, jene von Dworsky et al. (1973) wegen ihres längeren Zurückliegens nicht mitberücksichtigt – unter diesen, obere Bereiche der ermittelten Spannen jedoch darüber.

Auch dieser Vergleich zeigt, daß bei der Verbringung von Baggergut Vorsicht zu walten hat, daß eine maßlose Überbewertung der Schwermetalle jedoch ebenfalls nicht zutreffen kann. Natürlich darf Tabelle 9 nicht so aufgefaßt werden, als ob sie den Vorschlag enthielte, das Baggergut solle auf jeden Fall auf landwirtschaftliche Kulturböden aufgebracht werden.

Tab. 9: Werte im Donausediment und Werte in Böden

	Donausediment (geom. Mittel)	Donausediment (Spanne)	häufiger Bereich in Kulturböden	tolerierbarer Richtwert	Dim.
Hg	0,37	0,22 - 0,96	0,1 - 1,0	2	$mg \cdot kg^{-1}$
Cd	0,68	0,27 - 1,19	0,1 - 1,0	3	$mg \cdot kg^{-1}$
Pb	72	31 - 164	0,1 - 20	100	$mg \cdot kg^{-1}$
Zn	246	113 - 660	3 - 50	300	$mg \cdot kg^{-1}$

4.8 Was ist in der vorliegenden Situation noch alles zu tun?

Als vorrangiges Ziel muß gelten, den Eintrag an Schwermetallen in unsere Umwelt zu verringern. Dabei darf nicht nur der Transportweg über das Abwasser (Schmutzwasser) im Vordergrund stehen, es muß auch jener über die Atmosphäre voll mitberücksichtigt werden. Hier, bei der Frage nach der Herkunft, dem Weg und dem Verbleib von Schwermetallen, sozusagen zur «täglichen Geschäftsführung», klaffen unsere großen Wissenslücken. Kenntnisse über Geldbilanzen sind die Grundvoraussetzung jeder Wirtschaftsentscheidung. Kenntnisse über die Stoffbilanzen sind ebenfalls die Grundvoraussetzung für umweltbezogene Entscheidungen.

Die zur Verfügung stehenden Unterlagen zeigen, daß auch an der Donau in Österreich im Laufe der Zeit eine Besserung im Immissionszustand eingetreten ist. Der Immissionszustand ist auch künftig weiter zu beobachten (Absicherung von Probenahmepunkten, Werte in der fließenden Welle einschließlich des Durchganges von Hochwasserwellen, Absicherung bezüglich gelöster und gesamter Proben, Werte im Sediment). Dies geschieht zweckmässigerweise durch eine Vereinheitlichung und zeitlich begrenzt auch durch eine Verdichtung der Beprobungen. Zur

Beurteilung der Sedimentproben sollte eine für die österreichische Donau spezifische Basis – z.B. durch Analysen einer größeren Zahl von Bohrkernen aus fossilen Donauarmen – geschaffen werden.

Literatur

Bundesanstalt für Wassergüte (1990): Jahresbericht 1989. – Bundesanstalt für Wassergüte, Wien

Colley, R. (1988): Heavy Metal Distribution in the Altenwörth Reservoir, Danube, Austria. – Acta hydrochim. hydrobiol. 16,4: 407-417.

Danielopol, D.L. (1983): Der Einfluß organischer Verschmutzung auf das Grundwasser-Ökosystem der Donau im Raume Wien und Niederösterreich. Forschber. 5/83. – Beitr. Gewässerökologie BM für Gesundheit und Umweltschutz

Dworsky, R., Ebner, F., Gams,H. & Ottendorfer, L. (1973): Untersuchungen über den Quecksilbergehalt in österreichischen Oberflächengewässern. – Österr. Abwasserrundschau (ÖAR): 22-27

Ebner, F., Gams, H. & Ottendorfer, L. (1972): Die Bestimmung von Schwermetallen in österreichischen Oberfächengewässern. – ÖAR: 53-59

Ebner, F. & Gams, H. (1973): Schwermetalle in der österreichischen Donau. – ÖAR: 47-48

Ebner, F. & Gams, H. (1984): Schwermetalluntersuchungen in der Donau im Zeitraum 1976-1984. – Wasser und Abwasser 28:105-133

Ebner, F. & Gams, H. (1989): Schwermetalluntersuchungen in der Donau und den wesentlichen Nebenflüssen für den Zeitraum 1984 bis 1987. – Wasser und Abwasser (Wien) 33: 69-140

Eidgenössische Verordnung (1980): Verordnung über die Abwassereinleitungen. – SR 814.225.21

v.d. Emde, W., Fleckseder, H. & Matsche, N. (1986): Auswirkungen der Herabsetzung des Phosphatgehaltes in Waschmitteln. – Unveröffentlichtes Gutachten i. A. des Umweltbundesamtes Wien

Fleckseder, H. (1986): Schwermetalle in der österreichischen Donau – Versuch einer Beurteilung anhand der vorhandenen Daten für Hg, Cd, P und Zn. – Wasser und Abwasser (Wien) 30: 483-509

Fleckseder, H. (1987): Woher kann der Phosphor in unsere Gewässer gelangen? – Wasser und Abwasser (Wien) 31: 55-84

Fleckseder, H. (1989a): Tracing the Sources of Nitrogen and Phosphorus in the Catchment Area of River Danube at Vienna. – In: Laikari, H.(ed.): River Basin Management - V, Pergamon Press: 229-236

Fleckseder, H. (1989b): Blei, Cadmium, Quecksilber und Zink in der Niederösterrechischen und Wiener Fließstrecke der Donau. – Perspektiven/der aufbau, Dezember 1989: 15-24

Fleckseder, H. (im Druck): A Nitrogen Balance for Austria. – Wat. Sci. Techn., Tagungsband der 16. Biannual Conference, IAWPRC

Förstner, U. & Wittmann, G.T.W. (1983): Metal Pollution in the Aquatic Environment. Second Revised Edition. – Springer-Berlin/Heidelberg/New York/Tokio

Gächter, R. et al. (1979): MELIMEX – An Experimental Heavy Metal Pollution Study. – Schweiz. Z. Hydrol. 41: 165-314

Groupe de Travail Phosphor (1986): Ein Arbeitsbericht zur Frage von Poly-P in Waschmitteln aus dem franzöischen Umweltministerium

Hary, N. & Nachtnebel, H.-P. (1989): Ökosystemstudie Donaustau Altenwörth. – Österr. Akad. d. W. ed., Veröffentlichungen des österreichischen MaB-Programms, Bd. 14. Innsbruck, Universitätsverlag Wagner

Heyn, A., Ottendorfer, L., Ebner, F. & Gams, H. (1974): Die Bestimmung von Schwermetallen in der Donau im Raum von Wien unter Anwendung der Flammenatomabsorption. – ÖAR: 41-43.

Hock, B. (1991): Administrative Aspects of the Water Quality Management on the Hungarian Danube Basin. – Proceedings, 1st Rhine-Danube Workshop, Delft/NL, RBA Centre TU Delft: 147-174

Humpesch, U.H., Fleckseder, H., Kavka, G., Kohl, W. & Petto, H. (im Druck): Langzeittrends chemischer und mikrobiologischer Variabler zur Beschreibung der Wassergüte der Donau an der Pegelstelle Nußdorf/Floridsdorf und deren Bedeutung für die Badewasserqualität der Neuen Donau. – Vortrag an der Fachtagung 1991 der Bundesanstalt für Wassergüte in Wien

IGKB (Internationale Gewässerschutzkommission für den Bodensee) (1982): Bericht Nr. 28, Bericht über die Belastung des Sees mit org. C, N und P im Abflußjahr 1978/79

IKSR (1984): Zahlentafeln. (Internationale Kommission zum Schutze des Rheins gegen Verunreinigungen)

Isermann, K. (im Druck): Anteil der Landwirtschaft an den Stickstoff- und Phosphoreinträgen in die Oberflächengewässer der Bundesrepublik Deutschland (1986/87) und Lösungsansätze zu ihrer hinreichenden Verminderung. – Münchener Beiträge zur Abwasser-, Fischerei- und Flußbiologie, Band über die 46. Fachtagung der Bayr. Landesanstalt für Wasserforschung.

Kieffer, F. (1984): In: Merian, E. (ed.): Verlag Chemie – Weinheim

Kralik, M. & Sager, M. (1986): Schwermetalle in Donau und Donaukanalsedimenten in und östlich von Wien – Eine Vorstudie. – ÖWW 38: 8-14

Kummert, R. & Stumm, W. (1988): Gewässer als Ökosysteme. – Verlag der Fachvereine Zürich

Merian, E. (ed.) (1984): Metalle in der Umwelt – Verteilung, Analytik und biologische Relevanz. – Verlag Chemie Weinheim

Müller, G. (1979): Schwermetalle in den Sedimenten des Rheins – Veränderungen seit 1971. – Umschau 79: 778-783

Müller, G. (1985): Unseren Flüssen geht's wieder besser – Weniger Schwermetalle im Sediment. – Bild der Wissenschaft Heft 10

ImRL (1987): Vorläufige Richtlinie für die Begrenzung von Immissionen in Fließgewässern. – Republik Österreich, BM für Land- und Forstwirtschaft

ÖN M6.250 (1986): Öffentliche Trinkwasserversorgung; Anforderungen an die Beschaffenheit des Trinkwassers. – Österreichisches Normungsinstitut (ÖN)

Petto, H., Fleckseder, H. & Humpesch, U.H. (1991): Langzeitentwicklung der Wassergüte im Bereich der Donaustaustufe Altenwöth, Teil 2, Chemische und bakteriologische Kenngrößen. – ÖWW 43: 71-81

Schroll, E., Krachsberger, H. & Dolezel, P. (1975): Hydrogeochemische Untersuchungen des Donauwassers in Österreich in den Jahren 1971 und 1972. – Arch. Hydrobiol. Suppl. 44

Stalzer, W., Spatzierer, G. & Wenninger, U. (1985): Nährstoffeintrag in den Neusiedler See über die oberirdischen Zuflüsse. – Wiss. Arb. a.d. Burgenland, Sonderband 72

Tschopp, J. (1979): Die Verunreinigung der Seen mit Schwermetallen. – Diss. ETHZ, Nr.6362

Turekian, K.K. & Wedepohl, K.H. (1961): Distribution of the Elements in some Major Units of the Earth's Crust. – Bull. Geol. Soc. Am. 72: 175-192

TUSCH (Interdisziplinäres Projekt im Nachdiplomstudium Technischer Umweltschutz, Studienjahr 1989/90) (1990): Stickstoffbilanz für Österreich. Bearbeitet von Atzmüller, C., Berger, T., Dissemond, H., Frühwirth, I., Gomiscek, T., Horak, E., Schöf, C., Twrdik, F., Zawodsky, R. & Zessner, M. – Beziehbar über das Außeninstitut der TU Wien, Gußhausstraße 28, A-1040 Wien

Limnologie aktuell · Band/Vol. 2 · Kinzelbach (Hg.): Biologie der Donau
Gustav Fischer Verlag · Stuttgart · Jena · New York · 1994

Aktueller Stand der Wassergüte des jugoslawischen Donau-Abschnitts aus hydrobiologischer Sicht

Vlasta Pujin

Institut für Biologie der Naturwissenschaftlich-mathematischen Fakultät der Universität Novi Sad, Jugoslawien

Keywords

Danube, water quality, zooplankton, saprobic index

Abstract

Investigations into the composition and dynamics of the zooplankton in the Yugoslav part of the river Danube between 1427 and 1076 rkm and over 7 profiles, during the four years from 1984 to 1988, have led to the following conclusions:
A total of 195 species and varieties of zooplankton have been found in this section of the river, of which 31 are Protozoa, 126 Rotatoria, 27 Cladocera and 11 Copepoda.
The most abundant Protozoa are the Ciliata, especially the genera *Paramecium* und *Vorticella*. An increase in the number of Protozoa was recorded during cold weather.
The dominant genera of the Rotatoria are *Brachionus* and *Keratella*. Species of the genera *Asplanchna*, *Polyarthra* and *Synchaeta*, which previous investigations had established as an important part of the zooplankton composition of the Danube, have shown a slight decline.
The numbers of certain species of the genera *Cephalodella*, *Colurella*, *Lecane* and *Trichocherca* as well as their population densities have increased. This can be explained by the prevailing weather conditions at the time of the investigation (low water levels, mild winters), and by anthropogenic influences (enviroment pollution, hydroengineering activities, etc.).
The quantitative composition of the zooplankton points to an increase in the level of eutrophication.
In most cases the saprobic index was within the limits of beta-mesosaprobic value, depending on season and locality. During the winter season the saprobic index was between 2.4 and 2.6, indicating a beta-alphamesosaprobic degree.
Oscillations in water quality have been recorded at several localities downstream of tributaries running through industrial settlements (Novi Sad, Pancevo). Investigations carried out over the last few years have revealed fluctuations in water quality and show that urgent environmental protection is required.

Kurzfassung

Untersuchungen über die Entwicklung der Zusammensetzung des Zooplanktons des jugoslawischen Donauabschnitts (Strom-km 1427-1076) an sieben Prüfstellen in der Zeitspanne 1984-1988 läßt sich folgendes schließen:

Die Zooplanktonzusammensetzung dieses Donauabschnitts ergab 195 Arten und Varietäten davon 31 Protozoen, 126 Rotatorien, 27 Cladoceren und 11 Copepoden.
Von Protozoen waren besonders Ciliata, vor allem die Gattungen *Paramecium* und *Vorticella* vertreten. Eine Steigerung der Protozoenzahl wurde während der kälteren Jahreszeiten beobachtet.
Unter den Rotatorien spielen die Gattungen *Brachionus* und *Keratella* die dominierende Rolle.
Die Arten der Gattungen *Asplachna*, *Polyarthra* und *Synchaeta*, die nach früheren Forschungen auch eine wichtige Stellung in der Zooplankton-Zusammensetzung der Donau einnahmen, zeigen eine rückläufige Tendenz.
Es wurde sowohl ein Anstieg besonders von einzelnen Arten der Gattungen *Cephalodella*, *Colurella*, *Lecane* und *Trichocerca* beobachtet, was durch die hydrometeorologischen Bedingungen während der Forschungszeit (wasserarme Jahre, relativ milde Winter) und durch anthropogene Einflüsse (Belastung, hydrotechnische Eingriffe usw.) erklärt wird.
Die quantitative Zooplanktonzusammensetzung weist auf die erhöhte Eutrophierung hin.
Der Saprobie-Index lag in den meisten Fällen in den Grenzen der β-Mesosaprobie, aber er verschlechterte sich je nach Jahreszeit und Untersuchungsstelle. Während der Winterzeit lag der Saprobie-Index zwischen 2,4-2,6.
Die Verschlechterung der Wassergüte wird an einzelnen Stellen stromabwärts von Nebenflüssen oder Industriestädten (Novi Sad, Pancevo) festgestellt.
Die Forschungsergebnisse aus den letzten Jahren zeigen eine Verschlechterung der Wassergüte. Dies erfordert dringend Schutzmaßnahmen.

1 Einleitung

Dank der langjährigen Tätigkeit der Internationalen Arbeitsgemeinschaft Donauforschung wird schon lange Zeit der ganze Donaulauf in unterschiedlicher Hinsicht (physisch-chemisch, hydrosaprobiologisch und mikrobiell) erforscht. Den hydro- und saprobiologischen Eigenschaften wurde besondere Aufmerksamkeit gewidmet, da sie sämtliche Veränderungen des Ökosystems widerspiegeln. Da sich in einer Arbeit nicht alle Parameter umfassen lassen, hat vorliegende Untersuchung den Zweck, aufgrund nur einer Komponente in der Biozonösezusammensetzung, nämlich des Zooplanktons, den aktuellen Stand der Wassergüte des jugoslawischen Donau-Abschnitts darzustellen.

Das Zooplankton stellt die Primärkonsumenten innerhalb der Biozönose. Seine Arten sind unterschiedlichen Ernährungsweisen angepaßt, so daß ihre Rolle für den Stoffwechsel des Ökosystems von großer Bedeutung ist. Zahlreiche Arten, die Bakterien und organische Stoffe als Nährstoffquelle verwerten, sind gute Indikatoren für die organische Belastung und viele sind gute Testorganismen zur Feststellung toxischen Belastung. Aus diesem Grund wurde der Kontrolle des Zooplanktons dieselbe Aufmerksamkeit wie den übrigen Komponenten und Parametern geschenkt.

Die Forschungen, die über Zusammensetzung und Entwicklung des Zooplanktons handeln, sind zahlreich und wir werden nur einige anführen. Vranovský (1969, 1972) untersuchte die Zusammensetzung und Entwicklung des Zooplanktons des tschechoslowakischen Abschnitts, Naidenov (1978, 1985) des österreichischen und bulgarischen, Bothár (1985) des ungarischen, Zivković (1968,1975,1987), Marić, Pujin (1961, 1969), Pujin (1981, 1982) des jugoslawischen,

Prunescu-Arion (1987) des rumänischen. Zoufal (1987) gab die ausführliche Übersicht der Zusammensetzung und Entwicklung des Zooplanktons des österreichischen Donauabschnitts nach der Errichtung der Stauen und Akkumulationen. Aufgrund derartig zahlreicher Publikationen sind die Vergleiche mit neueren Ergebnissen zum Zweck der Feststellung der Veränderungen, die größtenteils durch anthropogene Einflüsse hervorgerufen sind, möglich.

2 Material und Methode

Die Forschungen erfolgten von 1984 bis 1988. Der untersuchte Donauabschnitt erstreckt sich vom Strom-km 1427 bis 1076. Die Probenahme wurde in monatlichen Abständen an folgenden Prüfstellen vorgenommen: 1-Bezdan, 2-Apatin, 3-Bogojevo, 4-Novi Sad, 5-Novi Banovci, 6-Pancevo und 7-Banatska Palanka. Das Sammeln des Materials erfolgte mit dem Planktonnetz aus Nylon Nr. 25. Die Bearbeitung des Materials erfolgte teils im lebendigen und teils im konservierten Zustand (in 4% Formalin). Für die quantitative Analyse wurden 50 l Wasser durch die Gaze filtriert. Zur saprobiologischen Beurteilung der Wassergüte wurde der Saprobie-Index nach Pantle & Buck (1955) verwendet.

3 Ergebnisse und Diskussion

3.1 Qualitative Zooplanktonzusammensetzung

Während der Untersuchungszeit wurden 195 Arten und Varietäten in der Zusammensetzung des Zooplanktons festgestellt. Wir berücksichtigten nur die Varietäten und Formen, die regelmäßig in der Donau auftraten und welche bestimmte physikalisch-chemischen Verhältnisse während einzelner Perioden widerspiegelten. Die mannigfaltigsten waren Rotatorien (126 Arten und Varietäten), danach Protozoen (31), Cladoceren (27) und Copepoden (11 Arten). Die Aufstellung der Protozoen ist nicht vollständig, da sich viele Arten im konservierten Zustand nicht bestimmen ließen. Es wurden die individuenreichsten Taxa bearbeitet, die zur saprobiologische Beurteilung der Wassergüte von besonderer Bedeutung sind. Aus der beigefügten Artenaufstellung (Tab. 1) läßt sich erkennen, daß die Artenzahl je nach der Probenahmestelle schwankte. Die größte Zahl wurde bei Bezdan (158) und bei Banatska Palanka (149) festgestellt. Diese Probenahmestellen zeigen das Eingangsprofil bei der ungarisch-jugoslawischen und das Ausgangsprofil bei der jugoslawisch-rumänischen Grenze. An den übrigen Probenahmestellen war die Artenzahl etwas geringer, aber ohne bemerkenswerte Unterschiede. Der größte Unterschied wurde bei Pancevo festgestellt, was im Zusammenhang mit der größeren Belastung dieses Donauteils durch Industrie- und Kanalisationsabwässer der Stadt steht. Ein gewisser Einfluß wurde auch bei Novi Sad beobachtet. Aufgrund der größeren Selbstreinigungsmöglichkeit dieses Donauabschnitts wird die Belastung jedoch schnell abgebaut (Pujin et al. 1984). Die

Tab. 1: Qualitative Zooplanktonzusammensetzung in jugoslawischen Donauabschnitten (1984-1988); 1-Bezdan, 2-Apatin, 3-Bogojevo, 4-Novi Sad, 5-Novi Banovci, 6- Pancevo und 7-Banatska Palanka

Taxon	Probestelle						
	1	2	3	4	5	6	7
PROTOZOA	•			•			
Actinophris sol Ehr.							
Actinosphaerium eichorni Ehr.	•			•	•		•
Acineta sp. Ehr.	•						
Amoeba verrucosa Ehr.	•			•			
A.vulgaris Ehr.	•	•	•			•	•
Arcella discoides Ehr.	•			•			•
A.vulgaris Ehr.	•	•	•	•	•	•	•
Aspidisca costata (Dujardin) CL.L.	•		•	•		•	
Carchesium polypinum L.	•	•	•	•	•	•	•
Centropyxis aculeata Stein	•	•		•			•
C. discoides Ehr.	•	•	•			•	•
Chilodonella cuculus O.F. Müller	•			•		•	•
Ch. uncinata Ehr.	•	•	•			•	
Colpidium colpoda (Ehr.) Stein	•	•	•	•		•	
Didinium nasutum O.F. Müller	•			•			
Difflugia corona Wyllich	•			•	•		•
D. limnetica Levander	•	•	•	•	•	•	•
Dileptus anser O.F. Müller					•		
Epistylis plicatilis Ehr.		•	•		•	•	
Lembus pusillus Quennerstedt	•			•			
Paramecium aurelia Ehr.	•	•	•	•	•	•	•
P. bursaria (Ehr.)	•				•	•	•
P. caudatum Ehr.	•	•	•	•	•	•	•
P. trichium Stockes						•	
Stylonychia mytilus Ehr.	•	•				•	
Tintinnidium fluviatile Kent	•	•	•	•	•	•	•
Tintinnopsis lacustris Entz	•	•	•		•	•	•
Tokophrya quadripartita Clap. et Lach.	•	•		•	•		
Vorticella campanulata Ehr.	•	•	•	•	•	•	•
V. convallaria (L.) Noland	•	•	•	•	•	•	•
V. microstroma Ehr.	•	•	•	•	•	•	•
ROTATORIA							
Anuraeopsis fissa (Gosse)	•	•	•	•	•	•	•
Ascomorpha agilis Zacharias	•						•
A. ovalis (Bergendahl)	•			•			•
Asplanchna brightwelli Gosse	•	•	•	•	•	•	•
A. girodi de Guerne	•			•			
A. herricki de Guerne	•	•	•	•	•	•	•
A.priodonta Gosse	•	•	•	•	•	•	•
A. sieboldi (Leydig)	•				•		
Brachionus angularis Gosse	•	•	•	•	•	•	•
B. angularis f. bidens Plate	•	•		•			
B. angularis f. inermis (Rouss.)	•			•		•	
B. budapestinensis Daday	•	•	•	•	•	•	•
B. calyciflorus Pallas	•	•	•	•	•	•	•
B. calyciflorus f. anureiformis Brehm	•	•	•	•	•	•	•
B. calyciflorus f. amphiceros Ehr.	•	•	•	•	•	•	•
B. diversicornis Daday	•	•	•	•	•	•	•
B. falcatus Zacharias			•				•
B. forficula (Wierzejski)		•	•			•	•
B. leydigi Cohn	•	•		•	•		•
B. patulus (O.F. Müller)	•				•		•

Tab. 1: Qualitative Zooplanktonzusammensetzung (Forts.)

Taxon	Probestelle						
	1	2	3	4	5	6	7
B. plicatilis Müller						•	•
B. quadridentatus Herman							•
B. quadridentatus var. cluniorbicularis (Skorikov)		•					•
B. urceolaris (O.F. Müller)	•	•	•	•	•	•	•
B. urceolaris var. rubens Ehr.	•	•	•	•	•	•	•
Cephalodella auriculata (Müller)	•	•		•	•		•
C. catellina (Müller)	•	•		•	•	•	
C. eva (Gosse)	•				•		
C. exigua (Gosse)	•						
C. forficula (Ehr.)	•			•	•		•
C. gibba (Ehr.)	•	•	•	•	•	•	•
C. gracilis Ehr.	•	•		•	•		•
C. tecta Donnery	•						
Colurella adriatica (Ehr.)	•	•	•	•	•		•
C. colurus (Ehr.)	•	•	•	•	•		•
C. dicentra Gosse	•	•	•	•	•	•	•
C. oblonga Donner	•	•		•	•		
C. obtusa (Gosse)	•			•	•		
C. uncinata (Ehr.)	•	•	•	•	•		•
C. uncinata f. bicuspidata (Ehr.)	•	•					
C. uncinata f. deflexa Gosse	•	•					
Conochiloides natans Seligo					•		
Dicranophorus forcipatus (Müller)					•		•
D. uncinatus (Milne)					•		•
Dissotrocha aculeata (Ehr.)	•						
Epiphanes macroura Barrois et Daday	•	•					•
E. senta (Müller)	•	•	•	•	•	•	•
Euchlanis dilatata (Ehr.)	•	•	•	•	•	•	•
E. oropha Gosse		•					•
Filinia cornuta var. brachiata (Rousselet).	•	•		•			
F. longiseta (Ehr.)	•	•	•	•	•	•	•
F. longiseta var. passa (O.F. Müller)	•			•	•		
F. opoliensis Zacharias	•	•		•	•	•	•
F. terminalis (Plate)	•						•
Gastropus stylifer Imhof							•
Hexarthra fennica Levander							•
H. mira (Hudson)	•	•		•	•		•
Kellicottia longispina Kell.	•	•		•	•		•
Keratella cochlearis Gosse	•	•	•	•	•	•	•
K. cochlearis var. tecta (Lauterborn)	•	•	•	•	•	•	•
K. cochlearis var. tecta f. micracantha (Lauterborn)		•		•			•
K. cochlearis f. macracantha (Lauterborn)	•	•					•
K. cochlearis f. connectens (Lauterborn)		•					•
K. cochlearis var. robusta (Lauterborn)	•	•	•	•	•		•
K. cochlearis var. hispida Lauterborn	•	•	•	•	•		•
K. cochlearis var. irregularis Lauterborn	•	•	•	•	•		•
K. cochlear. var. irregul. f. wartmani (Asper, Heuscher)		•					•
K. paludosa (Lucks)							•
K. quadrata (O.F. Müller)	•	•	•	•	•	•	•
K. quadrata var. frenzeli (Eckstein)	•	•	•	•	•	•	•
K. quadrata var. dispersa (Carlin)	•	•	•	•	•		•
K. quadrata f. reticulata Carlin	•	•			•		•
K. testudo (Ehr.)		•		•	•		•
K. ticinensis (Callerio)							•
K. tropica (Apstein)	•	•	•	•			•

Tab. 1: Qualitative Zooplanktonzusammensetzung (Forts.)

Taxon	Probestelle 1	2	3	4	5	6	7
K. valga (Ehr.)	•	•	•	•	•		•
K. valga var. monospina (Klauss.)	•	•	•	•	•	•	•
Lecane bulla (Gosse)	•	•		•	•		•
L. closterocerca (Schmarda)	•		•		•		•
L. hamata (Stockes)	•						•
L. luna Müller	•	•	•	•	•		•
L. lunaris (Ehr.)	•	•	•	•	•		•
L. nana Murray							•
L. quadricarinata (Stenroos)	•			•	•		•
L. ungulata (Gosse)	•	•	•				•
Lepadella ovalis (Müller)	•	•	•				•
L. patella (Müller)	•	•	•				•
L. quinquecostata (Lucks)	•	•	•				•
L. rhomboides (Gosse)	•	•					•
Liliferotrocha subtilis Rodewald	•	•	•	•	•	•	•
Mytilina bicarinata (Perty)	•	•	•				•
M. mucronata Müller	•	•		•			•
M. ventralis (Ehr.)							•
Notholca acuminata (Ehr.)	•	•	•		•		•
N. squamula	•	•	•	•	•		•
Philodina citrina Ehr.	•	•	•	•		•	
Ph. roseola Ehr.	•	•		•	•		•
Platyias quadricornis (Ehr.)	•	•					•
Polyarthra dolichoptera Idelson	•	•	•	•	•	•	•
P. euryptera Wierzejski	•	•	•	•	•		•
P. major Burckhardt	•	•		•			•
P. remata Skorikov	•						
P. vulgaris Carlin	•	•	•	•	•	•	•
Pompholyx complanata Gosse		•	•	•	•		•
P. sulcata Hudson			•	•		•	•
Rotaria neptunia (Ehr.)			•	•	•	•	•
R. neptunoides Harrig	•	•	•	•	•	•	•
R. rotatoria (Pallas)	•	•	•	•	•	•	•
Squatinella mutica (Ehr.)							•
Synchaeta oblonga Ehr.	•	•	•	•	•	•	•
S. pectinata Ehr.	•	•	•	•	•	•	•
S. stylata Wierzejski	•	•		•	•		•
Testudinella patina Hermann	•	•		•	•		•
Trichotria pocillum (O.F. Müller)	•						•
T. tetractis Ehr.	•	•			•		•
Trichocerca capucina (Wierzejski et Zacharias)	•	•	•	•	•		•
Tr. collaris (Rousselet)				•	•		•
Tr. cylindrica (Imhof)	•			•	•		•
Tr. dixon-nuttali Jennings		•	•	•	•		•
Tr. longiseta (Schrank)				•			•
Tr. lophoessa (Gosse)							•
Tr. porcellus (Gosse)	•			•			
Tr. pusilla (Jennings)		•		•	•		•
Tr. rattus (Müller)	•	•	•	•	•	•	•
Tr. stylata (Gosse)		•		•	•		•
Tr. tenuior (Gosse)	•						•
CLADOCERA							
Acropaerus harpae Baird	•						
Alona affinis (Leydig)	•	•					

Tab. 1: Qualitative Zooplanktonzusammensetzung (Forts.)

Taxon	Probestelle 1	2	3	4	5	6	7
A. costata Sars	•						•
A. quadrangularis (O.F. Müller)	•	•	•	•	•		•
Alonella excisa (S. Fischer)	•	•			•		
A. nana (Baird)	•						
Bosmina coregoni Baird	•	•			•		•
B. longirostris (O.F. Müller)	•	•	•	•	•	•	•
Ceriodaphnia quadrangula (O.F. Müller)	•	•	•	•	•		•
Chydorus ovalis Kurz	•						
Ch. sphaericus O.F. Müller	•	•	•	•	•	•	•
Daphnia cuculata Sars	•	•	•	•	•	•	•
D. hyalina Leydig	•						•
D. longispina O.F. Müller	•	•	•	•	•	•	•
D. pulex Leydig							•
Diaphanosoma brachyurum Lievin	•	•					•
Leydigia leydigi (Schodler)	•	•			•		•
Leptodora kindti (Focke)	•				•		•
Macrotrix laticornis (Jurine)	•	•		•	•		
Moina brachiata (Jurine)	•				•		
M. micrura (Kurz) Sramek-Husek	•	•		•	•	•	•
M. rectirostris							•
Paracantha truncata (O.F. Müller)	•			•	•		
Rhynchotalona rostrata (Koch)	•				•		
Scapholeberis kingi Sars		•	•			•	•
Sc. mucronata Sars		•					
Simocephalus vetulus (O.F. Müller)	•			•	•	•	•
COPEPODA							
Acanthocyclops robustus Sars	•	•	•	•	•	•	•
A. vernalis Fischer	•	•	•	•	•	•	•
Cyclops strenuus (Fischer)	•						•
C. vicinus (Uljanin)	•	•	•	•	•	•	•
Diacyclops bicuspidatus Sars	•	•			•		
Eucyclops serrulatus Fischer	•	•	•	•	•	•	•
E. speratus (Ljiljeborg)	•	•		•	•		
Eudiaptomus gracilis Sars	•	•			•		•
Macrocyclops albidus Jurine		•					
Mesocyclops leuckarti Claus	•	•	•	•	•	•	•
Thermocyclops crassus (Fischer)	•	•	•	•	•	•	•
Insgesamt 195	158	129	86	110	118	72	149

Analyse der Protozoen ergab, daß Ciliaten am häufigsten auftreten und zwar die Gattungen *Paramecium* und *Vorticella*, deren Arten im Laufe des ganzen Jahres und an allen Prüfstellen anwesend sind. Sie sind die Indikator-Arten für den größeren organischen Belastungsgrad.

Die mannigfaltigste Gruppe im Zooplankton sind die Rotatorien. Die Dominanz dieser Gruppe wurde auch in früheren Arbeiten festgestellt (Vranovský 1969, 1972; Naidenov 1978; Zivković 1968, 1975; Pujin 1981, 1982). In der Zusammensetzung dieser Gruppe findet man echte Planktonformen wie zahlreiche Arten der Gattungen *Brachionus*, *Keratella*, *Asplanchna*,

Polyarthra, Synchaeta, aber auch eine große Zahl von litoralen und phytophilen Formen. Zivković (1987) stellte aufgrund der Analyse des Materials aus der Zeit zwischen 1947-1973 fest, daß die echten Planktonformen mit 68 Prozent vertreten sind, während auf die übrigen 32 Prozent entfallen. Unsere Ergebnisse zeigen ein etwas anderes Bild. Jetzt sind die echten Planktonformen mit nur 50 Prozent vertreten und die Zahl der für das Litoral und Periphyton typischen Arten steigt dauernd an (die Arten der Gattungen *Lecane*, *Cephalodella*, *Trichocerca*, *Colurella* usw.). Nach früheren und auch nach jetztigen Ergebnissen sind die Arten der Gattungen *Brachionus* und *Keratella* die zahlreichsten (Vranovský 1969, 1972; Naidenov 1978; Zivković 1968, 1975; Pujin 1981, 1982). Die Gattungen *Asplanchna*, *Polyarthra* und *Synchaeta*, die diese Autoren als vorherrschende zusammen mit zwei vorher erwähnten anführen, sind auch zur Zeit vertreten aber nur zeitweise und in wesentlich geringer Zahl. Zoufal (1987) führt auch für den österreichischen Donauabschnitt an, daß litorale Arten bis zu 50 Prozent vertreten sind und daß nur 31 Prozent echte Planktonarten sind. Der Autor erklärt diesen Zustand als Folge der Errichtung einer Reihe von Stauen und Akkumulationen auf dem österreichischen Sektor, was die hydrologische Bedingungen veränderte und dadurch auch die Planktonzusammensetzung. Es ist z.B. erwähnenswert, daß in früheren Arbeiten (Zivković 1987) nur eine Art der Gattung *Cephalodella* erwähnt wurde, während wir zwischen 1984 und 1988 acht Arten feststellten. Zoufal (1987) führt auf dem österreichischen Sektor auch eine größere Zahl für diese Gattung an. Die hydrotechnischen Eingriffe sind jedoch nicht die einzige Ursache für Verschiebungen. Auf unserem Sektor beobachteten wir solche Veränderungen insbesondere zehn Jahre nach der Errichtung des Kraftwerkes Djerdap (Pujin 1990; Pujin et al. 1990). Die erwähnten Jahre waren wasserarm mit milden Wintern. Dies beeinflußte genauso die Zusammensetzung dieser Gruppe der Zooplanktonarten, da die meisten thermophil sind und massenhaft während der Sommermonate auftreten.

Die Zahl der Arten der Cladocera und Copepoda ist geringer. Von den ersten waren an allen Probestellen die Arten *Bosmina longirostris*, *Ceriodaphnia quadrangularis*, *Chydorus sphaericus* und *Ch. ovalis* vertreten, während die übrigen nur zeitweise an einzelnen Stellen auftraten. Innerhalb dieser Gruppe beobachteten wir eine ähnliche Erscheinung wie bei den Rotatorien und zwar, daß immer mehr die Arten auftreten, die für ruhigere Gewässer eigenartig sind, so auch die phytophilen Arten (*Moina*, *Scapholeberis*, *Simocephalus*). Die Copepoden waren in geringster Zahl vertreten und ohne größere Unterschiede in Bezug auf die Probenahmestellen. Dauernd anwesend waren *Acanthocyclops vernalis*, *Cyclops vicinus*, *Eucyclops serrulatus* und *Thermocyclops crassus*. Ähnliche Eigenschaften in der Zusammensetzung der Crustacea des ungarischen Donauschnitts stellte Bothár (1985) in der Zeit zwischen 1965 und 1985 fest, indem er auf die Veränderung während des letzten Jahrzehnts aufmerksam machte mit der Bemerkung über die ansteigende Anwesenheit der thermophilen Arten, wie z.B. *Moina micrura*. Dasselbe berichtete auch Ratajac (1987) vom jugoslawischen Donauabschnitt.

3.2 Quantitative Zooplanktonzusammensetzung

Die quantitative Zusammensetzung des Zooplanktons schwankte je nach Jahr und Probenahmestelle. Es wurde ein Anstieg der numerischen Werte beobachtet. Die Durchschnittswerte zwischen 1984 und 1985 betrugen 240-630 Ind. dm^{-3} und zwischen 1986-1988 übertrafen sie häufig 1000 Ind. dm^{-3} (Abb. 1). Früher war dies nicht der Fall. Die Durchschnittswerte betrugen meistens ca. 200-300 Ind. dm^{-3} (Ristic et al. 1975; Pujin et al. 1979). Diese Tatsache bringen wir in Zusammenhang mit hydrometeorologischen Bedingungen während der erwähnten Zeit und mit eutrophierenden Prozessen, die in diesem Donauabschnitt evident sind (Pujin et al. 1987). Die größten quantitativen Werte wurden bei Bezdan festgestellt, genauso wie es der Fall bei der qualitativen Zusammensetzung war. Es folgen Banatska Palanka und Apatin. Die niedrigsten Werte wurden bei Pancevo festgestellt. In der Analyse der qualitativen Zusammensetzung wurde der Einfluß der Abwässer der Stadt Pancevo berücksichtigt. Obušković (1987) analysierte auch die Entwicklung des Phytoplanktons in der Donau bei Pancevo und machte auf den negativen Einfluß der Abwässer aufmerksam, nicht nur auf das Absinken des Phytoplanktons, sondern auch auf die Erhöhung des Saprobie-Indices. Derselbe Autor bringt diese Veränderungen in Zusammenhang mit der Errichtung des Kraftwerkes Djerdap I.

In der quantitativen Zooplanktonzusammensetzung bilden Rotatorien den höchsten Prozentsatz und während der Wintermonate die Protozoen. Die größte Zahl an Rotatorien verzeichnet man in Frühjahr und Sommer (es sind gewöhnlich zwei Maxima ausgebildet). Ungeachtet der großen numerischen Werte ist die Biomasse gering. Das Maximum an Cladoceren tritt gewöhnlich im August auf.

Ihre numerischen Werte liegen nicht hoch (nur einige Ind. dm^{-3}) aber ihre Masse ist größer und stellt die wichigste Komponente in der Nahrung zahlreicher Fischarten. Die größte Zahl an Copepoden tritt im Herbst auf (September-Oktober). Im Laufe des Jahres bestehen die Populationen hauptsächlich aus Larvenstadien (Nauplius und Copepodit) nur im Sommer treten auch die erwachsenen Formen auf. Ihre Zahl ist im Vergleich mit den Rotatorien gering, jedoch größer in Bezug auf Cladocera (gewöhnlich 20-50 Ind. dm^{-3}). Aufgrund der größeren Abmessung bilden sie den bedeutendsten Anteil in der Biomasse. Sie sind auch als Nahrungsquelle für Fischbrut und für einige erwachsene Fische von Bedeutung.

3.3 Saprobiologische Beurteilung der Wassergüte

Aufgrund der qualitativen und quantitativen Zusammensetzung des Zooplanktons wurde der Saprobieindex nach Pantle-Buck zur saprobiologischen Beurteilung der Wassergüte bestimmt. Aus der Aufstellung der vertretenen Arten läßt sich feststellen, daß über 70% der vorhandenen Arten Indikatoren fur Oligo- und β-Mesosaprobie sind. Die übrigen sind Indikatoren für β-, α- und α-Mesosaprobie und nur 3% sind Indikatoren für Polysaprobie. Dies bedeutet, daß das Zooplankton dieses Donauabschnitts in seiner qualitativen Zusammensetzung sehr mannigfaltig ist. Da aber die saprobiologische Beurteilung auch die quantitative Verteilung berücksichtigt, schwankt der Saprobie-Index je nach Probenahmestelle, nach Jahr und Jahreszeit (Abb. 2). Die Angaben zeigen, daß die Werte in den meisten Fällen zwischen 1,9 und 2,3 liegen, was für den β-Mesosaprobie-Status spricht, bzw. für die Gewässergüteklasse II. Aufgrund der Analyse des Saprobie-Indexes nach Jahreszeiten läßt sich feststellen, daß die Werte im Winter höher liegen, was für β-α-Mesosaprobie spricht.

Während der Wintermonate tritt an den meisten Probenahmestellen eine geringe Artenzahl auf, da die meisten Zooplanktonarten höheren Temperaturen angepaßt sind. Während dieser Zeit dominieren gewöhnlich Protozoen, insbesondere die Ciliata mit den Gattungen *Paramecium* und *Vorticella*, die Indikatoren für die α-Mesosaprobie und sogar Polysaprobie sind. Die Erhöhung der Saprobie während der Wintermonate wird auch auf dem ungarischen Donauabschnitt festgestellt (Bartalis 1984).

Neben den Unterschieden zwischen den Saprobie-Indices je nach Jahreszeit werden auch die Unterschiede nach Probenahmestellen beobachtet. Dies betrifft vor allem die Probenahmestelle bei Pancevo, wo der Saprobieindex in mehreren Proben auf die β-α-Mesosaprobie hinweist. Aufgrund der Entwicklung und Zusammensetzung des Phytoplanktons dieses Donauabschnitts ist Obušković (1987) zu derselben Feststellung gekommen.

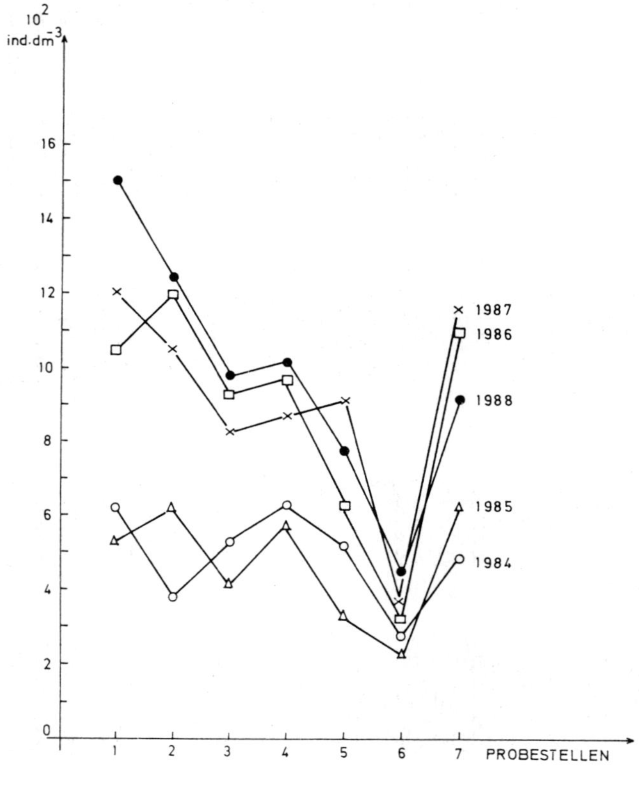

Abb. 1: Quantitative Zooplanktonzusammensetzung der jugoslawischen Donaustrecke (1984-1988). Probestellen: 1 Bezdan, 2 Apatin, 3 Bogojevo, 4 Novi Sad 5 Novi Banovci, 6 Pancevo, 7 Banatska Palanka

Die übrigen Parameter zeigen ebenfalls Schwankungen der Wassergüte des jugoslawischen Donauabschnitts an. Die mikrobiellen Forschungen weisen auf Schwankungen der Wassergüte stromabwärts nach der Mündung einzelner Nebenflüsse. Auch hier wurden jahreszeitliche Unterschiede gefunden. Die Belastung während der Sommermonate ist durch die gestiegene mikrobielle Aktivität bei höheren Temperaturen größer (Gajin et al. 1987).

Auch einige chemischen Parameter laufen gleichsinnig, z.B. die Veränderungen in extremen Werten des O_2- und NH_4-Gehaltes, die mehr bei Banatska Palanka als bei Bezdan auffallen (Pujin et al. 1987).

Obwohl wir schon erwähnt haben, daß der jugoslawische Donauabschnitt die größere Selbstreinigungsmöglichkeit besitzt (Pujin et al. 1984) und daß der Strom größtenteils die Belastung der Zubringer auf unserem Abschnitt bewältigt, zeigen die Forschungsergebnisse in den letzten Jahren eine Verschlechterung der Wassergüte sowohl in Bezug auf die physikalisch-chemi-

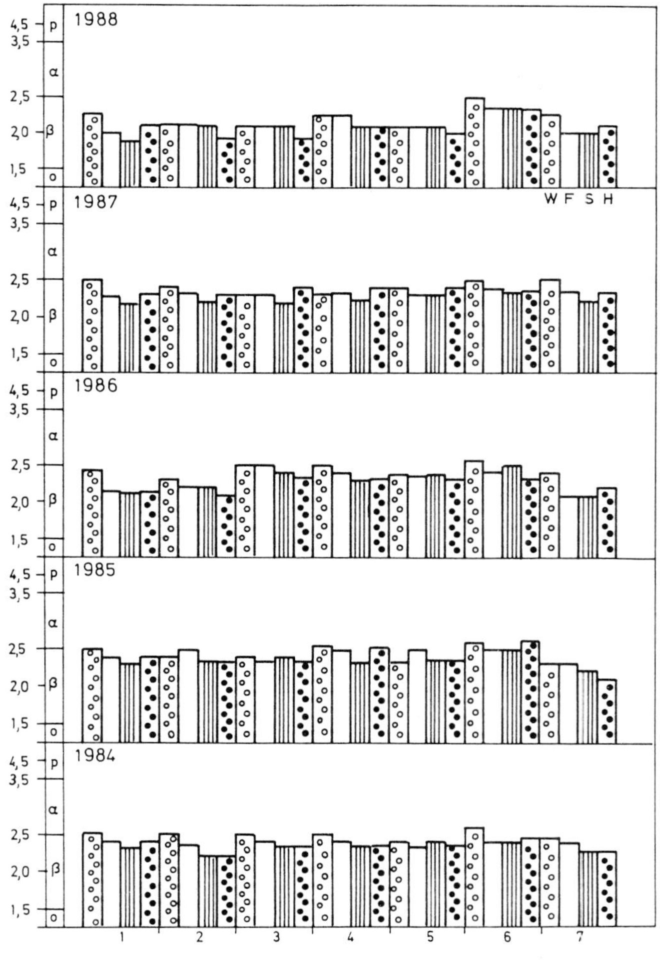

Abb. 2: Saprobien-Indices der jugoslawischen Donaustrecke. Probestellen: 1 Bezdan, 2 Apatin, 3 Bogojevo, 4 Novi Sad 5 Novi Banovci, 6 Pancevo, 7 Banatska Palanka

schen als auch auf die hydrobiologischen Parameter. Diese Verschlechterung spiegelt sich wieder in der Erhöhung der Eutrophierung und im Anstieg der Saprobie-Indices. Aus diesem Grund ist es notwendig, möglichst rasch Vorsorge zu treffen, damit diese Tendenz zur Verschlechterung nicht zur völligen Degradierung dieses Ökosystems führt.

Literatur

Arion (Prunescu-Arion), E. (1987): Rotatorien beim Einrtitt der Donau in das Delta bei Strkm 80 (Cetal Izmail) und Strkm 62 (Cetal St. Gheorghe). – 26. Arbeitstagung der IAD, Passau: 322-325

Bartalis, É.T. (1984): Biologische Wassergüte der Donaustrecke Rajka-Nagymaros. – 24. Arbeitstagung der IAD, Szentendre/ Ungarn: 203-206

Bothár, A. (1985): Die qualitative und quantitative Verteilung der planktischen Crustaceen im ungarischen Donauabschnitt von 1965-1985. – 25. Arbeitstagung der IAD, Bratislava: 283-286

Gajin, S., Matavulj, M., Petrović, O., Gantar, M., & Obreht, Z. (1987): Ergebnisse mikrobiologischer Untersuchungen des Donauwassers im jugoslawischen Flußabschnitt. 26. Arbeitstagung der IAD, Passau: 481-484.

Marić, T. & Pujin, V. (1961): Ispitivanje stepena zagadjenosti nekih vodotoka Vojvodine. – Zbornik Matice srpske za prirodne nauke, Sv. 21. Novi Sad: 39-73

Marić, T. & Pujin, V. (1969): Stanje zagadjenja vodnih tokova Vojvodine. – I Kongres o vodama Jugoslavije. Beograd: 491-494

Naidenow, W. (1978): Zusammensetzung, Dynamik und Ursprung des Zooplanktons der Donau zwischen Strkm 845-375. – Bulgarische Akademie der Wissenschaften, Sofia: 118-144

Naidenow, W. (1985): Die Auswirkungen der wasserbaulichen Maßnahmen und Belastung auf das Plankton und das Benthos der Donau. – Verlag der Bulgarischen Akademie der Wissenschaften, Sofia: 72-102

Obušković, Lj. (1987): Der Einfluß von staubaulichen sowie industriellen und kommunalen Abwasser auf das Phytoplankton und Saprobie der Donau und ihrer Nebenflüsse. – 26. Arbeitstagung der IAD, Passau: 45-49

Pantle, R. & Buck, H. (1955): Die biologische Überwachung der Gewässer und die Darstellung der Ergebnisse. – Gas und Wasserfach 96: 604-607

Pujin, V. (1981): Die Fauna der Rotatorien der Donau in Vojvodina. – 22. Arbeitstagung der IAD, Basel: 173-176

Pujin, V. (1982): Zusammensetzung und Dynamik der Rotatorien der Donau in der Vojvodina im Zeitraum 1971-1981. – 23. Arbeitstagung der IAD, Wien: 125-128

Pujin, V. (1982): Fauna Rotatoria u Dunavu kod Novog Sada i njen saprobioloski znacaj. – Vodoprivreda 14, 75-76 (1982/1-2), Beograd: 109-112

Pujin, V. (1988): Sastav i dinamika Rotatoria sektora Dunava u Vojvodini. – Vode Vojvodine, br.16. Novi Sad: 67-72

Pujin, V. (1990): Changes in the composition of the Danube River basin biocenosis resulting from antropogenic influences. – Sci. Tech. 22(5): 13-30

Pujin, V., Djukić, N. & Maletin, S. (1990): Neke biocenoloske promene u Dunavu nastale posle izgradnje HE Djerdap I. – Vodoprivreda 22, 123-124 (1990/1-2), Beograd: 95-102

Pujin, V., Kojčić, K. & Bugarski, R. (1987): Auswirkungen einiger physikalisch-chemischen Eigenschaften auf die Rotatorienbestände der Donau in der Vojvodina. – 26. Arbeitstagung der IAD, Passau: 398-402

Pujin, V., Ratajac, R. & Kojčić, K. (1984):Selbstreinigungvermögen im Donauwasser und Zooplanktonzusammensetzung. – 24. Arbeitstagung der IAD, Szentendre/Ungarn: 117-120

Pujin, V., Ratajac, R., Djukić, N., Maletin, S. & Budakov, Lj. (1981): Sastav i dinamika nekih zivotinjskih grupa kao bioloski parametri u oceni kvaliteta voda. – C.O.P.I.S.E.E, II Kongres o vodama, Ohrid: 265-271

Pujin, V., Stanojević, M., Ratajac, R. & Kilibarda, P. (1979): Einige physikalisch-chemische Eigenschaf-

ten im Donauabschnitt Bezdan-Novi Sad (1975-1976). – XIX Jubiläumstagung der IAD, Sofia: 75-80
Ratajac, R. (1987): Zusammensetzung und Dynamik der Crustaceen im jugoslawischen Donauteil als Parameter für die Wasserqualität. – 26. Arbeitstagung der IAD, Passau: 566-570
Ristic, O., Pujin, V., Stanojević, M., Ratajac, R., Gajin, S., Djukić, N. & Kilibarda, P. (1975): Frühjahr-Sommerzusammensetzung des Planktons und der Bodenfauna im Donauabschnitt Bezdan-Novi Sad im Jahre 1975. – 18. Jahres-Arbeitstagung der IAD, Regensburg: 254-258
Vranovský, M. (1969): Ergebnisse von Zooplankton-Untersuchungen im tschechoslowakisch-ungarischen Donauabschnitt. – XI Arbeitstagung der IAD, Kiew: 274-278
Vranovský, M. (1972): Einige weitere Ergebnisse der Zooplanktonuntersuchungen im tschechoslowakisch-ungarischen Donauabschnitt. – Biologia, Bratislava, 27, 11: 821-827
Zivković, A. (1968): Das Zooplankton der jugoslawischen Donaustrecke Km 1424-861. – Arch. Hydrobiologie, Suppl.34, 3: 155-167
Zivković, A. (1975): Zooplankton des Djerdapstausees und der benachbarten Donaustrecke in den Jahren 1973,1974. – 18. Arbeitstagung der IAD, Regensburg: 279-284
Zivković, A. (1987): Fauna Rotatoria jugoslovenskog dela Dunava i voda plavnog podrucja kod Apatina. – SANU Zbornik radova o fauni SR Srbije, IV, Beograd: 7-115
Zoufal, W. (1987): Qualitative Aspekte des Rotatorienplanktons im Donaustau Altenwört. – 26. Arbeitstagung der IAD, Passau: 215-222
Zoufal, W. (1987): Zur Ökologie des Zooplanktons im Donaustau Altenwört. – 26. Arbeitstagung der IAD, Passau: 223-226

Limnologie aktuell · Band/Vol. 2 · Kinzelbach (Hg.): Biologie der Donau
Gustav Fischer Verlag · Stuttgart · Jena · New York · 1994

Studies on the Rotatorian and Crustacean Plankton in the Hungarian Section of the Danube between 1848.4 and 1659.0 riv. km

Pál Gulyás

Laboratory of Hydrobiology, Research Centre for Water Resources (VITUKI), Kvassay ut 1, H-1095 Budapest

Keywords

Danube, Hungary, Zooplankton, Rotatoria, Copepoda, Cladocera, population density, biomass

Abstract

The qualitative and quantitative composition of the zooplankton (Rotatoria; Crustacea: Cladocera, Copepoda) of the Hungarian part of the Danube was investigated over a period of fife years. The changes which were observed during this period are discussed. One of the most important reasons is decline in the water quality of the Danube.

Kurzfassung

Über fünf Jahre hinweg wurde die Zusammensetzung des Zooplanktons der ungarischen Donau (Rotatoria; Crustacea: Cladocera, Copepoda) qualitativ und quantitativ erfaßt. Es wird versucht, die beobachteten Veränderungen zu erklären. Eine wichtige Ursache ist die ungünstige Veränderung der Wasserqualität im Beobachtungszeitraum.

1 Introduction

The Danube enters Hungary at the level of 1848.4 riv. km. Many centuries ago, it built up an enormous talus cone at this point and diveded into several branches as it flowed across the surface. As a result of the regulation of the river, which commenced in the second half of the last century, the main bulk of the Danube water now flows in the developed main channel. The gradient of the channel in the section between 1848 and 1810 riv. km is 30-40 cm km^{-1}, and downstream from that point decreases to 10 cm km^{-1}.

Along this Szigetköz section of the Danube, there are no waste disposal facilities and no inflowing watercourses, and the pollution of Danube water arises beyond the borders of our country. Along the section of the main stream between this point and Budapest, which is about 140 riv. km in length, several larger and smaller watercourses flow into the river from both sides, carrying treated and untreated industrial waste water and domestic sewage from Czechoslovakia and Hungary.

It is now more than 20 years since systematic monitoring of the chemistry of the water in the main channel was begun. Simultaneous hydrobiological investigations, however, only included saprobity studies and determination of the a-chlorophyll content. A systematic survey of the flora and fauna in this section of the Danube only began in the mid-1980's. In the course of these studies, I was concerned mainly with an investigation of the composition, individual numbers, biomass and seasonal changes of the rotatorian and crustacean plankton.

The first studies on Rotatoria in this section of the Danube were conducted in 1944, and 46 species and forms belonging to 16 genera were recorded (Woynárovich 1944). A more detailed survey of the mesofauna commenced in 1958 under the direction of Dudich (1967). Within the framework of this survey, the rotatorian communities were investigated by Kertész at 12 sampling sites along the Hungarian section of the Danube for one year, and were also studied by him along the longitudinal profile and diurnally in the area of Budapest. He recorded the presence of 129 species belonging to 27 genera in the plankton of the river (Kertész 1963, 1967)

The studies by Czechoslovakian authors on the rotatorian and crustacean fauna in this section of the Danube also began in the mid-1960's. These studies, however, were not systematically conducted and only involved short sections of the river (Ertl 1965; Vranovsky 1969, 1972, 1974, 1978).

The crustacean plankton has been investigated in greater detail, but only Ponyi (1962) carried out investigations along this particular longitudinal profile. The cladoceran and copepod communities were investigated monthly at 3 sampling sites by Bothár between 1695 and 1656 riv. km in 1967-1968, and in the section between 1707 and 1656 riv. km in 1976. In the former section 20 cladoceran and 7 copepod species were recorded, and in the latter 25 cladoceran and 14 copepod species (Bothár 1971, 1978-79).

Studies with greater frequency were carried out in the section of 1669 riv. km at Göd, where the qualitative and quantitative composition of the Entomostraca fauna was surveyed by Bothár weekly for several years. This series of studies showed that during the period of the investigations 52 cladoceran and 26 copepod species occurred at this sampling site of the Danube (Bothár & Ponyi 1968; Bothár 1968, 1975, 1985, 1988).

In March 1988, the rotatorian and crustacean plankton was studied at 35 sites in the Danube within the framework of the International Danube Expedition. Only four of these sampling sites were in Hungary, namely those at 1478, 1523, 1694 and 1819 riv. km respectively. Along the whole of the Danube section investigated, 59 rotatorian, 13 cladoceran and 9 copepod species were recorded by Naidenov & Sevcova (1991) and 28 rotatorian, 3 cladoceran and 5 copepod species by Pujin (1991). According to the latter 21 rotatorian, 2 cladoceran and 3 copepod species were found in the Hungarian section of the Danube. It should be borne in mind when evaluating these results that the early spring period is not favourable for zooplankton growth.

In our institute, the investigation of the communities of zooplankton in the Danube between Rajka and Budapest (1848.4-1659.0 riv. km) was started in 1981. So far as studies on the rotatorian and crustacean plankton are concerned, only partial results have been published so far (Gulyás 1989, 1990, 1990a). In this paper a detailed analysis of the results is given.

2 Materials and methods

The density and species composition of the zooplankton was studied under various hydrometeorological conditions from early July to late October in 1987, 1989 and 1991. The following profiles were sampled five times in 1987, four times in 1989 and on two occasions in 1991:

1.	Rajka	1848.4 riv. km
2.	Dunaremete, landing place	1825.5 riv. km
3.	Medve, bridge	1805.5 riv. km
4.	Downstream of the mouth of the Mosoni Duna	1802.4 riv. km
5.	Gönyü, landing place	1791.3 riv. km
6.	Komárom, downstream of the mouth of the Vág river	1768.3 riv. km
7.	Almásneszmély, landing place	1751.8 riv. km
8.	Esztergom, ferry	1718.5 riv. km
9.	Szob, downstream of the mouth of the Ipoly	1708.0 riv. km
10.	Nagymaros, ferry	1694.6 riv. km
11.	Budapest, Surface Water Works	1659.0 riv. km

The samples were taken from the surface water layer in the stream line. Depending on season and discharge, 50-100 litres of water were filtered through a plankton net of 70 μm mesh. The filtered samples were conserved in situ with formaldehyde to a final concentration of 4%. The qualitative analyses were performed in the counting chamber of a Utermöhl inverse microscope.

In the class Rotatoria only the species of the order Gnesiotrocha, in the class Crustacea only the species of the order Cladocera, and in the order Copepoda the species belonging to the suborders Calanoida and Cyclopoida were identified. Table 1 contains a detailed list of the taxa recorded.

Dry body weights of animals were computed on the basis of the ratio between body length and body weight using the method recommended by Botrell and coworkers (1976). The results of the quantitative analyses are in Table 2-4.

Tab. 1: Occurrence of Rotatoria and Crustacea taxa in the Danube between Rajka and Budapest (river km 1848.4-1659.0)

	1987	1989	1991
Rotatoria			
Ascomorpha ecaudis Perty	+		+
Asplanchna priodonta Gosse	++	++	++
A. sieboldi (Leydig)			+
Bdelloidea sp.	+	+	+
Brachionus angularis Gosse	++	++	++
Brachionus budapestinensis Daday		+	+
B. calyciflorus f. calyciflorus Pallas	++	++	++
B. calicyflorus f. amphiceros (Ehrenberg)	+	+	
B. diversicornis (Daday)	+	+	
B. falcatus		+	
B. leydigi f. leydigi Cohn			+
B. leydigi f. rotundus Rousselet			+
B. leydigi f. tridentatus (Sernov)			+
B. plicatilis O.F. Müller			+
B. quadridentatus var quadridentatus Herman	++	++	++
B. quadridentatus var. brevispinus (Ehrenberg)		+	+
B. quadridentatus var. cluniorbicularis (Skorikov)		+	
B. quaridentatus var. rhenanus (Lauterborn)			+
B. urceolaris O.F. Müller	+	+	+
Cephalodella catellina (O.F. Müller)		+	
C. gibba (Ehrenberg)	+	+	+
C. gracilis Ehrenberg			+
Colurella adriatica Ehrenberg		+	
C. colurus (Ehrenberg)			+
Dipleuchlanis propatula Gosse		+	
Euchlanis dilatata Ehrenberg	++	++	++
Filinia longiseta (Ehrenberg)	++	++	++
F. terminalis (Plate)	+	+	+
Kellikottia longispina (Kellikott)	+		
Keratella cochlearis (Gosse)	++	++	++
K. cochlearis var. tecta (Gosse)	++	++	++
K. quadrata (O.F. Müller)	++	++	++
K. quadrata var. frenzeli (Eckstein)			+
K. tropica (Apstein)		+	
Lecane bulla (Gosse)		+	+
L. luna (O.F. Müller)	+	+	+
L. lunaris (Ehrenberg)	+	+	+
Notholca acuminata (Ehrenberg)	+	+	
N. squamula (O.F. Müller)	+	+	+
Polyarthra dolichoptera (Idelson)	+	+	+
P. vulgaris Carlin	++	++	++
Pompholyx complanata Gosse	+		+
P. sulcata Hudson		+	+
Synchaeta pectinata Ehrenberg	++	++	++
Testudinella clypeata (O.F. Müller)		+	
T. patina (Hermann)		+	
Trichocerca elongata (Gosse)		+	
T. pusilla (Lauterborn)	+	+	+
T. rattus (O.F. Müller)			+
T. similis (Wierzeyski)			+
Trichotria pocillum (O.F. Müller)		+	+
T. tetractis (Ehrenberg)		+	
T. truncata (Whitelegge)	+		

Tab. 1: (continuation)

	1987	1989	1991
Cladocera			
Alona affinis (Leydig)		+	
A. quadrangularis (O.F. Müller)	+	+	+
A. rectangula Stenroos	+	+	+
Bosmina coregoni Baird		+	+
B. longirostris var. typica O.F. Müller	++	++	++
B. longirostris var. cornuta (Jurine)	+	+	+
B. longirostris var. pellucida Stingelin	+	+	+
Ceriodaphnia laticaudata P. E. Müller		+	
C. quadrangula (O.F. Müller)	+	+	
Chydorus sphaericus (O.F. Müller)	+	+	+
Daphnia cucullata Sars	+	+	+
D. hyalina Leydig		+	+
D. longispina O.F. Müller	+	+	+
Diaphanosoma brachyurum (Liévin)		+	+
Disparalona rostrata (Koch)	+	+	+
Iliocryptus agilis Kurz	+		+
I. sordidus (Liévin)		+	
Leptodora kindtii (Focke)		+	
Leydigia leydigi (Schoedler)		+	
Macrothrix hirsuticornis Norman et Brady	+	+	+
Moina macrocopa (Straus)		+	
M. micrura Kurz	+	+	
Pleuroxus aduncus (Jurine)	+	+	
Scapholeberis mucronata (O.F. Müller)		+	
Sida crystallina (O.F. Müller)	+		+
Simocephalus vetulus (O.F. Müller)		+	+
Copepoda			
Calanoida			
Eudiaptomus gracilis (Sars)	+	+	
E. vulgaris (Schmeil)			+
Cyclopoida			
Acanthocyclops robustus f. limnetica (Sars)	++	++	++
A. vernalis (Fischer)	+	+	+
Cyclops strenuus strenuus Fischer	+	+	
C. vicinus vicinus Ulianine	+	+	
Ectocyclops phaleratus (Koch)			+
Eucyclops speratus (Lilljeborg)	+		
E. serrulatus (Fischer)	+	+	+
Macrocyclops albidus (Jurine)			+
Megacyclops viridis (Jurine)		+	
Mesocyclops leuckarti (Claus)	++	++	++
Microcyclops varicans (Sars)		+	
Paracyclops affinis (Sars)		+	
Thermocyclops oithonoides (Sars)	+	+	+
Nauplius larvae	++	++	++
Copepodid larvae	++	++	++
total:	54	76	65

Tab. 2: Population density and biomass of Rotatoria and Crustacea taxa (i = ind.100 l^{-1}, B = μg dry weight 100 l^{-1})

sampling sites	1		6		7		9		11	
	i	B	i	B	i	B	i	B	i	B
01.07.1987										
Rotatoria	22	2.4	26	2.7	38	5.2	88	14.9	92	15.9
Cladocera	4	16.4	2	18.6	2	2.6	6	8.7	4	12.4
Copepoda	30	75.0	20	130.0	24	132.0	16	88.0	22	111.0
total	56	93.8	48	151.3	64	139.8	110	111.6	118	139.3
08.09.1987										
Rotatoria	18	5.9	42	8.7	28	4.2	34	6.8	36	7.2
Cladocera	3	9.34		34.0	5	12.4	3	3.3	5	11.5
Copepoda	10	25.4	18	79.6	12	26.4	10	25.4	16	48.4
total	31	40.6	64	122.3	45	43.0	47	35.5	57	67.1
24.09.1987										
Rotatoria	21	12.2	23	13.3	31	23.6	34	25.1	28	13.0
Cladocera	4	4.4	3	9.3	8	24.1	10	9.8	2	6.2
Copepoda	8	14.2	14	23.5	29	53.7	26	42.6	21	46.1
total	33	30.8	40	46.1	68	101.4	70	77.5	51	116.3
10.10.1987										
Rotatoria	24	14.3	25	3.0	24	13.7	38	9.9	40	51.4
Cladocera	2	6.2	2	6.2	1	3.1	4	7.3	8	80.6
Copepoda	18	39.2	12	71.3	13	26.7	22	51.8	24	62.0
total	44	59.7	39	80.5	38	43.5	64	69.0	72	194.0
27.10.1987										
Rotatoria	22	5.7	46	21.5	62	12.2	71	11.9	46	13.2
Cladocera	3	12.4	5	34.1	1	3.1	3	9.3	1	3.1
Copepoda	15	19.8	25	68.2	6	18.3	10	25.4	27	33.9
total	40	143.9	76	123.8	69	33.6	84	46.6	74	50.2

3 Qualitative composition of the zooplankton

In the groups under study a total of 95 taxa were identified. Of these 54 were Rotatoria, 26 Cladocera and 15 Copepoda. The number of species varied between 10 and 35 at each sampling site. The number of species was lowest at Rajka and highest at Esztergom.

Rotatorians were dominant in every case, and *Brachionus calyciflorus, Keratella cochlearis, Keratella cochlearis* f. tecta and *Polyarthra vulgaris* occurred in nearly every sample. Of the crustaceans, only the nauplii and copepodid copepods occurred with similar frequency.

The following species occurred at lower relative frequencies though from many locations: *Asplanchna priodonta, Brachionus angularis, Brachionus quadridentatus, Euchlanis dilatata, Filinia longiseta, Keratella quadrata, Synchaeta pectinata, Bosmina longirostris, Acanthocyclops robustus* f. limnetica, *Mesocyclops leuckarti*. All these species are characteristic members of the plankton in standing and slow-flowing waters, usually occurring in very high individual numbers.

The planktonic communities of Rotatoria and Crustacea in this section of the Danube can be characterised and described on the basis of their dominant and frequent species, such as *Brachionus calyciflorus, Keratella cochlearis, Keratella cochlearis* var. tecta, *Bosmina longirostris, Acanthocyclops robustus* f. limnetica.

Among the so-called concomitant, sporadically collected species, however, there were some which are inhabitants of the plankton (e.g. *Brachionus diversicornis, Brachionus falcatus, Filinia terminalis, Kellikottia longispina, Keratella tropica, Notholca acuminata, Testudinella clypeata, Bosmina coregoni, Leptodora kindtii*) and of water among the littoral vegetation (e.g. *Cephalodella catellina, Cephalodella gibba, Dipleuchlanis propatula, Trichocerca elongata, Ceriodaphnia laticaudata, Macrothrix hirsuticornis, Simocephalus vetulus, Sida crystallina*) or of the mud and detritus surface of the bottom sediment (e.g. *Brachionus leydigi, Trichotria tetractis, Alona affinis, Leydigia leydigi, Ilyocriptus agilis, Ilyocriptus sordidus*). These species may have originated from the tributaries, the branches, the slower-flowing stretches of the river, or the Austrian reservoirs.

On analysing the occurrence of species along the longitudinal section of the river, it was found that the dominant species were nearly always the same. Even among the rare species there were only a few which were only found in one or other of the sections. Similarly, of the less frequent species only a few were characteristic inhabitants of the slower-flowing section downstream of 1791 riv. km (e.g. *Brachionus angularis, Euchlanis dilatata, Pompholyx complanata, Daphnia hyalina, Daphnia longispina, Disparalona rostrata*). It is worth mentioning that most taxa of Crustacea found to inhabit the water among the littoral vegetation (e.g. the genera *Alona, Ceriodaphnia, Scapholeberis, Simocephalus, Sida, Macrocyclops*) were typical of the faster-flowing portion of the river in the Szigetköz area. This may be explained by the connection of the Danube with its extensive system of branches. These differences, however, are not so definite as to make it possible for us to differentiate between characteristic river sections in the Danube between Rajka and Budapest.

According to the results of these studies, it is mainly the hydrological regime of the river that determines the occurrence of individual taxa and the species composition of the assemblages found during the summer and early autumn periods. For filter-feeding cladocerans, high water-levels and inundations are particularly unfavourable, but those rotatorians and copepods which filter finer detritus were also represented at such times by the lowest number of species (e.g. July 1987 and 1989 and September 1991). On the other hand, receding water or prolonged shallow water conditions were accompanied in almost every case by the development of species-rich communities (e.g. in September of each of the three years). The effect of polluted tributaries (Mosoni Duna, Vág, Ipoly, the brook «Kenyérmezei patak») could be detected only during shallow water periods. At such times, the species composition of zooplankton communities was generally poorer. A few Rotatoria taxa were nearly always recorded below the mouths of polluted tributaries. These were the following: *Asplanchna priodonta, Brachionus angularis, Brachionus calyciflorus, Brachionus leydigi, Brachionus quadridentatus, Euchlanis dilatata,*

Tab. 3: Population density and biomass of Rotatoria and Crustacea taxa (i = ind. 100 l^{-1}, B = µg dry weight 100 l^{-1})

sampling sites	1		2		3		4		5		6		8		10		11	
	i	B	i	B	i	B	i	B	i	B	i	B	i	B	i	B	i	B
13.07.1989																		
Rotatoria	11	1.3	1263	255.3	605	122.6	433	82.4	441	91.6	277	64.9	329	63.5	854	199.2	6088	1251.4
Cladocera	8	91.2	145	786.2	39	256.1	107	1483.6	33	492.9	32	394.8	13	40.3	78	1060.2	79	244.9
Copepoda	20	76.3	422	1947.1	105	251.4	108	298.0	90	218.4	85	175.1	97	394.4	286	1360.8	653	2024.3
total	39	168.8	1830	2988.6	749	630.1	648	1864.2	564	802.9	394	634.8	439	498.2	1218	2620.2	6820	3520.6
23.08.1989																		
Rotatoria	187	35.7	597	99.8	179	41.7	111	24.8	97	22.1	102	17.4	151	31.3	151	30.7	289	59.8
Cladocera	7	47.3	5	201.3	7	98.6	2	6.2	8	93.0	9	65.1	8	89.8	17	204.5	18	186.0
Copepoda	13	49.8	9	24.7	26	88.0	12	50.5	15	47.0	53	133.5	75	186.0	81	224.7	159	626.7
total	207	132.8	611	325.8	212	228.3	125	81.5	120	162.1	164	216.0	234	307.1	249	459.9	466	872.5
23.09.1989																		
Rotatoria	33	7.6	610	178.0	566	171.6	323	101.1	312	79.5	322	97.5	271	84.4	244	59.0	242	62.0
Cladocera	5	62.0	8	56.5	20	109.8	28	129.8	30	85.0	21	55.1	15	46.5	16	97.4	10	27.0
Copepoda	40	139.1	23	127.0	95	362.7	57	225.0	58	263.4	61	288.5	61	414.8	75	228.7	90	287.2
total	78	208.7	641	361.5	681	644.1	408	455.9	400	427.9	404	441.1	347	545.7	335	385.1	342	376.2
21.10.1989																		
Rotatoria	26	6.6	47	15.8	76	16.9	51	10.5	41	10.6	102	22.4	91	19.6	85	13.9	90	12.9
Cladocera	3	22.8	3	3.3	22	99.4	11	68.6	8	76.6	17	118.2	14	77.7	8	35.4	4	28.8
Copepoda	77	139.5	60	65.7	60	191.0	17	36.7	21	73.8	33	61.8	85	253.7	50	125.8	47	124.1
total	106	168.9	110	84.8	158	307.3	79	115.8	70	161.0	152	202.4	190	351.0	143	175.1	141	165.8

Tab. 4a: Population density of Rotatoria and Crustacea taxa (ind. 100 l^{-1})

sampling sites	2	3	5	6	8	10	11
13.09.1991							
Rotatoria	544	7820	9772	7224	9752	6480	3752
Cladocera	24	24	8	24	8	16	40
Copepoda	224	496	648	600	320	296	352
total	792	8340	10428	7848	10080	6792	4140
03.10.1991							
Rotatoria	1224	624	3524	3408	1400	1969	946
Cladocera	6	14	28	28	32	12	6
Copepoda	300	178	424	1234	488	236	230
total	1530	816	3976	4670	1920	2217	1182

Tab. 4b: Biomass of Rotatoria and Crustacea taxa (µg dry weight 100 l^{-1})

sampling sites	2	3	5	6	8	10	11
13.09.1991							
Rotatoria	66.8	1998.7	1556.7	1587.9	2079.2	1184.7	620.8
Cladocera	102.4	194.4	16.0	65.6	24.8	124.0	316.8
Copepoda	214.8	1088.0	710.0	840.4	546.8	440.8	614.0
total	384.0	3281.1	2282.7	2493.9	2650.8	1749.5	1551.6
03.10.1991							
Rotatoria	272.1	134.6	584.8	546.4	231.9	300.6	183.3
Cladocera	147.6	349.6	287.0	63.6	128.8	51.8	8.4
Copepoda	425.6	153.3	436.5	666.5	514.8	304.5	226.4
total	845.3	637.5	1308.3	1276.5	875.5	656.9	418.1

Keratella cochlearis, Keratella quadrata, Polyarthra vulgaris. By contrast, crustacean species were only sporadic in these profiles. Seasonal differences in species composition between assemblages were not great. Along the longitudinal profile investigated during July, 25 species were recorded in the steadily rising river, in early September also at high water-level 28 species, while in October in the receding shallow water 32 species. In 1989, the number of species found in late August, in late September and in the second half of October was 48, 42 and 44 respectively. The water level was low on all three occasions, and the river was steadily receding. In September 1991 the species number was 42, and on 3rd October 46 with prolonged shallow water conditions.

4 Results of quantitative investigations

The rotatorian and crustacean species exhibited marked differences in individual numbers and in biomass from 1987 to 1991. The values for both indices of quantity increased. This was most probably caused by the hydrological regime of the river because in the profile of 1848.3 riv. km at Rajka the average discharge of the Danube was 2370 m^3 sec^{-1} in 1987, 1850 m^3 sec^{-1} in 1989, while 1550 m^3 sec^{-1} in 1991. Numbers and biomass of the metazooplankton varied between the following ranges:

1987: 31-118 ind. 100 l^{-1}, 30.8-194.0 μg 100 l^{-1}
1989: 39-6820 ind. 100 l^{-1}, 84.8-3520.6 μg 100 l^{-1}
1991: 792-10428 ind. 100 l^{-1}, 384.0-3281.1 μg 100 l^{-1}

The values increased unequivocally on each occasion between Rajka and Budapest during 1987.

In July and Sepember the river flooded and there was a drop in the number and biomass of animals (31-118 ind. 100 l^{-1} and 40.6-151.3 μg 100 l^{-1}). Along the longitudinal profile values increased to a small extent. At that time the effect of the polluted tributaries could not be detected.

At the beginning and end of October, the discharge of the river was below average and values both for the individual numbers (38-84 ind. 100 l^{-1}) and for the biomass (33.6-194.0 μg 100 l^{-1}) of the animals were low. On both occasions larger increases in the numbers of individuals were only recorded downstream of Szob (1708.0 riv. km).

In July 1989, when the water-level was rising, the number of individuals varied between 39 and 6820 per 100 litres of water. Between Rajka and Nagymaros or Budapest an enormous increase in individual numbers was observed, amounting to two orders of magnitude. This was caused by the vast numbers of certain rotatorian species typical of eutrophic waters. In the profile at Dunaremete, crustacean numbers and biomass were very high, 567 ind. 100 l^{-1} and 2733.3 μg 100 l^{-1} respectively, but no reason for this could be detected. Because the sizes of the dominant rotatorian species were small, ranging from 168.8 to 3520.6 μg 100 l^{-1}, biomass values were not high. The profile below the mouth of the Vág river also deserves mention. The decrease in numbers and biomass (394 ind. 100 l^{-1} and 634.8 μg 100 l^{-1}) was here caused by the pollution of this tributary.

The results obtained in late August (Rajka, 1510 m^3 sec^{-1}) showed that when water-levels were receding there was practically no decrease in zooplankton individual numbers between Rajka and Esztergom. Downstream from this point, zooplankton numbers exhibited a definite increase as far as Budapest. The numbers of Rotatoria were particularly high (97-597 ind. 100 l^{-1}), while crustaceans were only sporadically represented (14-177 ind. 100 l^{-1}). The polluting effect of inflowing watercourses was not obvious even then.

The studies carried out along the longitudinal profile at the end of September produced different results. At that time the discharge of the river at Rajka was only 1390 m^3 sec^{-1}. The minimum individual numbers registered there (78 ind 100 l^{-1}) increased as far as Medve (681 ind. 100 l^{-1}), and gradually decreased from there to Budapest (342 ind. 100 l^{-1}). The polluting effect of the inflowing watercourses could not be detected on this occasion either.

In the second half of October animal density values were low, showing practically no increase between Rajka and Budapest and varying between 106 and 141 ind. 100 l^{-1}. A fundamental drop in numbers was observed downstream of the mouth of the polluted Mosoni Duna (70-79 ind. 100 l^{-1}), while downstream of the mouth of the Vág river this effect was not obvious. During these two autumnal investigation periods, biomass values were very low, between 84.8 and 644.1 µg 100 l^{-1}, along the whole longitudinal profile. This was probably due to the dominance of small rotatorian species, as mentioned above.

Zooplankton density was studied on 13 September and on 3 October 1991. On both occasions, shallow water conditions prevailed. The discharge of the Danube at Rajka was 1130 m^3 sec^{-1} and 1410 m^3 sec^{-1} respectively.

In September, the number of animals varied between 792 and 10428 ind. 100 l^{-1}, showing a marked increase along the watercourse as far as Esztergom (1718.5 riv. km). Compared with the minimum (792 ind.100 l^{-1}) recorded at Dunaremete, the numbers of animals inhabiting the waters of the Danube at Medve, Gönyü, Komárom and Esztergom were 10, 13, 10 and 13 times greater. Downstream from there, between Visegrád and Budapest, a drop of some 20-50% in individual numbers was recorded. The increase of the biomass was not so great, but showed a similar trend.

In the samples taken at the beginning of October, only the individual numbers of animals were smaller (816-4670 ind. 100 l^{-1}) showing changes similar to those in September. Density values were highest at Gönyü (3976 ind. 100 l^{-1}) and at Komárom (4670 ind. 100 l^{-1}), with a slight drop downstream. Biomass values were also much lower compared to September (418.1-1308.3 µg 100 l^{-1}), because the individual numbers of Rotatoria had also decreased considerally. The numbers and biomass of the Crustacea hardly decreased, but actually increased in several profiles.

Evaluation of the results obtained in 1991 shows that during the two autumnal investigation periods the usual second peak of individual numbers was probably registered in the Danube, thought it was postponed on this occasion by two weeks and lasted longer than usual. The great increases in individual numbers and biomass may be because some species of Rotatoria and Copepoda were present in far greater individual numbers than previously, indicating that the quality of water in the Danube had changed.

5 Summary

During investigations carried out on 11 occasions along the longitudinal profile of the Danube between Rajka (1848.4 riv. km) and Budapest (1659.0 riv. km) from 1987 to 1991, I recorded 54 rotatorian, 26 cladoceran and 15 copepod species.

The dominant species were rotatorians. *Brachionus calyciflorus*, *Keratella cochlearis*, *Keratella cochlearis* var. tecta and *Polyarthra vulgaris* were found in each sample. Of the crustaceans only the nauplii and copepodids of Copepods occurred with similar frequency. Sexually mature specimens were less frequently recovered. The most frequent species of the crustacean plankton were the following: *Bosmina longirostris*, *Acanthocyclops robustus* f. limnetica and *Mesocyclops leuckarti*.

The most frequently occuring rotatorian and crustacean species are characteristic members of the plankton in standing and slow-flowing eutrophic waters.

The species composition of communities was poorest in 1987. Later there was a marked increase in the number of Rotatoria. This was presumably due to the hydrological regime of the river, which had dropped by about 22% (1989) and 35% (1991) from the 1987 annual average in the profile at Rajka.

Species numbers increased in most cases between Rajka and Budapest. The effect of polluted water courses entering the Danube could be seen most clearly in the decrease in species numbers during low water periods. The samples obtained from the stream line often contained species which were not planktonic members but inhabitants of the water among littoral vegetation or in the upper layer of the bottom sediment.

The differences in species composition among communities along the longitudinal profile of the river and in different seasons were usually not great, and so well defined river sections could not be established between Rajka and Budapest.

The results of the qualitative investigations showed that both numbers and biomass of the rotatorian and crustacean plankton increased markedly after 1987, and were mostly greater by about two orders of magnitude in 1991. The main reason for this was the increase in the number of rotatorians. The quantity of cladocerans did not change fundamentally. By contrast, the numbers of nauplii and copepodids of Copepods increased markedly.

The striking alterations recorded in species composition, individual numbers and biomass of metazooplankon assemblages during the 5 years of this investigation suggest that the water quality of the Danube has changed. To identify these changesmore accurately, many more systematic studies and carried out with greater frequency are needed in the future.

References

Bothár, A. (1968): Untersuchungen des Donauplanktons und Entomostraca während der großen Überschwemmung im Jahre 1965. – Danub. Hung. ZLVIII. A.. Univ. Sci. Budapest, Sect. Biol. 9-10: 87-98

Bothár, A. (1975): Beiträge zu den Kentnissen der Gestaltung der Crustacea-Gemeinschaften des Planktons der Donau. – 18. Arbeitstagung der IAD, Regensburg. (1): 181-190.

Bothár, A. (1978-79): Crustacea-Planktonuntersuchungen im Donauabschnitt zwischen Szob und Nagymaros. Danub. Hung. – LXXXVIII. Ann. Univ. Sci. Budapest, Sect. Biol. 20-21: 249-259

Bothár, A.(1985): Die qualitative und quantitative Verbreitung der planktischen Crustaceen in ungarischen Donauabschnitt von 1965-1985. – 25. Arbeitstagung der IAD, Bratislava: 283-287

Bothár, A. (1988): Results of long-term zooplankon investigation in the River Danube, Hungary. – Vehr. Int. Ver. Limnol. 23: 1340-1343

Bothár, A. & Ponyi, J.E. (1968): Informatory investigations about qualitative and quantitative conditions of the Crustacean plankton of the Danube section near Alsógöd (Hungary). – Danub. Hung. XLVII. Annal. Biol. Tihany. 35: 117-126

Bothár, A., Dvihally, Zs. T. & Kozma, E. V. (1971): Hydrobiologische Untersuchungen im Donauabschnitt zwischen Nagymaros und Megyer (Stromkm 1695-1656). – Danub. Hung. LVII. Ann. Univ. Sci. Budapest. Sect. Biol. 13: 5-18

Botrell, H., Duncan, H.A., Gliwicz,Z.M., Grygierek, E., Herzig, A., Hillbricht-Ilkowska, A., Kurasawa, H., Larsson, P. & Weglenska, T. (1976): A review of some problems im zooplankton production studies. – Norw. J. Zool. 24: 419-456

Dudich, E. (1967): Systematisches Verzeichnis der Tierwelt der Donau, mit einer zusammenfassenden Erläuterung. In: Liepolt, R. (ed.): Limnologie der Donau. – Schweizerbart'sche Verl., Stuttgart. Liefg. 3: 4-69

Ertl, M. (1965): Die Cladoceren des tschechoslowakischen Abschnittes der Donau. – Vest. Cs. spol. zool. 29: 392-397

Gulyás, P. (1989): Rotatoria és Crustacea vizsgálatok a Szigetköz víztereiben. Műhely. – MTA FKI. A Környezetminősítő és Számítástechnikai Osztály Tanulmánysorozata. Budapest: 1-10

Gulyás, P. (1990): Untersuchung des Zooplanktons der Wasserkörper der Kleinen Schüttinsel (Szigetköz). I. Teil: Die Rotatoria-Fauna. – 28. Arbeitstagung der IAD. Varna/Bulgaria. Wissenschaftliche Kurzreferate aus Ungarn: 15-18

Gulyás, P. (1990a): Untersuchung des Zooplanktons der Wasserkörper der Kleinen Schüttinsel (Szigetköz). II. Teil: Die Cladocera und Copepoda Fauna. – 28. Arbeitstagung der IAD. Varna/Bulgaria. Wissenschaftliche Kurzreferate aus Ungarn: 19-21

Kertész, Gy. (1963): Vizsgálatok a Duna magyarországi szakaszának Rotatoria planktonján. – Állattani Közlemények. 50: 81-88

Kertész, Gy. (1967): Längsprofiluntersuchungen des Rotatorienplanktons im ungarischen Abschnitt der Donau. – Opusc. Zool. Budapest. 7: 189-199

Naidenow, W., & Schewzowa, L. (1991): Die Verteilung des Metazooplanktons der Donau von Str.-km 20 bis. Str.-km 1928 im März 1988. Ergebnisse der Donauexpedition 1988. – Eigenverlag der IAD. Wien 1990: 181-189

Ponyi, J.E, (1962): Beiträge zur Kenntnis der Crustaceen-Planktons der ungarischen Donau – (Danubialia Hungarica, XIV). – Opusc. Zool. 4: 127-132

Pujin, V. (1991): Zur Kenntnis des Donauplanktons aufgrund der Untersuchung bei der Internationalen Donauexpedition 1988. Ergebnisse der Donauexpedition 1988. – Eigenverlag der IAD. Wien 1990: 199-207

Woynarovich, E. (1944): A Bellyei tó, Kopácsi tó, valamint a Duna és a Dráva limnológiai viszonyainak keresztmetszete. (Ein Querschnitt durch die limnologischen Verhältnisse des Béllyeer und Kopácser Teiches, sowie der Donau und Drau). – Albertina 1: 34-64

Vranovsky, M. (1969): Ergebnisse von Zooplanktonuntersuchungen im tschechoslowakischen und tschechoslowakisch-ungarischen Donauabschnitt. – 11. Arbeitstagung der IAD. Kiew: 274-278

Vranovsky, M. (1972): Einige weitere Ergebnisse der Zooplanktonuntersuchungen im tschechoslowakisch-ungarischen Donauabschnitt. – Biológia 27: 821-827

Vranovsky, M. (1974): Zur Kenntnis der Verteilung, Biomasse und Drift des Zooplanktons im tschechoslowakisch-ungarischen Donauabschnitt. – Arch. f. Hydrobiol. Supp. 44: 360-363

Vranovsky, M. (1978): Dvadsat rokov vyskumu zooplanktonu Dunaja v Ceskoslovensku. (Zwanzig Jahre der Donauzooplanktonforschung in der Tschechoslowakei). – Biológia 33: 161-165

Limnologie aktuell · Band/Vol. 2 · Kinzelbach (Hg.): Biologie der Donau
Gustav Fischer Verlag · Stuttgart · Jena · New York · 1994

Studies on Rotatoria and Crustacea in the Various Water-Bodies of Szigetköz

Pál Gulyás

Laboratory of Hydrobiology, Research Centre for Water Resources (VITUKI), Kvassay ut 1, H-1095 Budapest

Keywords

Szigetköz, Hungary, Rotatoria, Crustacea, faunal study, zooplankton community

Abstract

The dam being constructed on the Danube makes it essential to investigate the rotatorian and crustacean fauna in the various water-bodies of Szigetköz and of this particular section of the Danube. The operation of the barrage will alter the hydrological conditions, and this will lead to unpredictable structural changes in the assemblages of living organisms.Therefore, the results of this initial study, which covers 218 species of rotifers and crustaceans, could serve as a basis for the evaluation of possible changes taking place in the future. We are able to distinguish seven different types of water-body. Species rare in the Hungarian fauna usually occurred in the water-bodies of protected areas, and so these habitats, which play an important role in the conservation of genetic diversity, should be protected. *Eurytemora velox* and *Brachionus diversicornis* f. homoceros are new to Hungary. The occurrence, absence or dominance of the species enables the various water-bodies to be characterised and typified.

Kurzfassung

Der geplante Bau eines Stauwerks an der Donau im Bereich von Szigetköz machte es erforderlich, dort die verschiedenen Gewässertypen durch eine vergleichende Untersuchung ihres Zooplanktons zu charakterisieren. Diese erstmalige Erfassung von 218 Rotatoria und Crustacea-Arten soll als Basis für späteren Vergleich dienen. Es ergab sich, daß sieben Gewässertypen unterschieden werden können (Abb. 2). Viele enthalten für Ungarn seltene Arten und solten daher vom Aspekt des Naturschutzes erhalten bleiben. Neu für Ungarn sind *Eurytemora velox* und *Brachionus diversicornis* f. homoceros. Mit dem Vorkommen, Fehlen bzw. Dominanz der Arten kann man die verschiedenen Wasserläufe charakterisieren und typisieren.

1 Introduction

The 37 km section (1848.4-1811 riv. km) of the Danube which enters Hungary at Rajka is joined by a 137 km system of branches in the area of Szigetköz, on the right side of this section. After the regulation of the main stream, the entire length of the dead branches that remained outside the flood-protection dams and the channels of the drainage system of excess water is about 300 km. This extended system of branches, the channel system and the main stream are directly or indirectly connected with one another, depending on stream flow. As a result, various types of water-body have formed on both sides of the flood-protection dam. In the branches situated inside the dam, water exchange can only be copious if the average daily rate of flow in the Danube exceeds 2500 $m^3 sec^{-1}$. This only takes place on 100-135 days in the year. For the rest of the year, the branches are fed only from seepage waters. In addition to the branches periodically flushed through with the Danube and the drainage channels, this area also includes ox-bow lakes, cut-off dead branches, small natural and artificial lakes, and recurrently inundated wet areas.

2 Objectives

The aim of these investigations of the rotatorian and crustacean fauna of the various types of waters in the Szigetköz section of the Danube and in its system of branches was to obtain detailed information concerning basic water conditions. On the basis of this survey, distribution maps can be prepared for each species, the communities of species can be analyzed in detail, and the nature of the various water-bodies in this region can be determined. By constructing the dam planned for this region, hydrological conditions will be altered and this will lead in all probability to fundamental and unpredictable structural changes in the fauna and flora of these water-bodies. It is likely that on the basis of this study we shall be able to anticipate the possible changes.

3 Literature

No comprehensive study has yet been made of the rotatorian, cladoceran and copepod fauna inhabiting the various types of water-body in this area, nor has any detailed analysis been made of the structure of their communities. This paper gives the initial results of the survey made in this area.

Only a few authors have investigated this section of the main branch of the Danube. The first survey was commenced in 1944 (Woynarovich 1944). Detailed studies were carried out in the sixties, when Kertész and Dudich made qualitative and quantitative surveys at several points along the longitudinal profile of the Danube (Kertész 1963, 1967; Dudich 1967).

Czeckoslovak research workers have also studied the Rotatoria and Crustacea in this section of the Danube and in the Csallóköz since the mid-1960's. However these studies did not aim to provide a detailed analysis of the fauna (Ertl 1966; Vranovsky 1969, 1972, 1973, 1974, 1987).

During her investigations into the water quality and self-purification processes in the Danube, Bothár (1988) also studied the crustacean plankton in this section of the river.

Detailed hydrobiological investigations of the Danube in the Northwestern Hungarian plain and of the water-bodies of Szigetköz only commenced in the second half of the seventies. A preliminary summary of the scientific results was published in the volume of studies edited by Dvihally (1987).

Zooplankton studies on this area began in our Institute in 1981. These were initially surveys of an exploratory nature to register the basic condition. Subsequently we have carried out studies with the primary aim of showing the interactions between planktonic communities as well as between hydrological and hydrobiological conditions (Bereczky & Gulyás 1985; Gulyás & Bereczky 1985; Gulyás 1987, 1989, 1990, 1990a; Gulyás, Németh & Csányi 1990; Németh & Gulyás 1990).

4 Methods

Samples were taken at 94 sites, from surface-water in stands of higher aquatic plants, with a plankton net of 70 µm mesh. The sampling sites are shown in Fig. 1.

The filtrates were preserved on the spot in formaldehyde. Faunistic analysis was carried out in the counting chamber of an Utermöhl inverse microscope. For detailed studies, a Meopta preparation microscope and a Leitz research microscope were used. Only qualitative analyses were possible, with this sampling method.

In the class Rotatoria only the species of the order Gnesiotrocha, in the class Crustacean only the species of the order Cladocera, and in the order Copepoda species belonging to the suborders Calanoida and Cyclopoida were identified. Table 1 contains a detailed list of the taxa recorded, also given the localities for each species.

Water-bodies were also characterized on the basis of the presence of taxa, using multivariate analysis. Thirty of the sampling sites shown in the map were used for this purpose. Cluster analyses were performed by using Podani's Syntax III program package (1988). To compare the lists of taxa from individual sampling sites by pairs, Sörensen's simple matching similarity function was used. The method of group average was adopted in the computations. The results of the cluster analyses are shown in a dendrogram (Fig. 2).

5 Evaluation of results

In this section, we shall evaluate the sampling sites in the main branch of the Danube, in the Danube at Moson, in the Rába, in the branches within the floodplain, in the channels, oxbow lakes, marshes and other small standing water-bodies in the protected area.

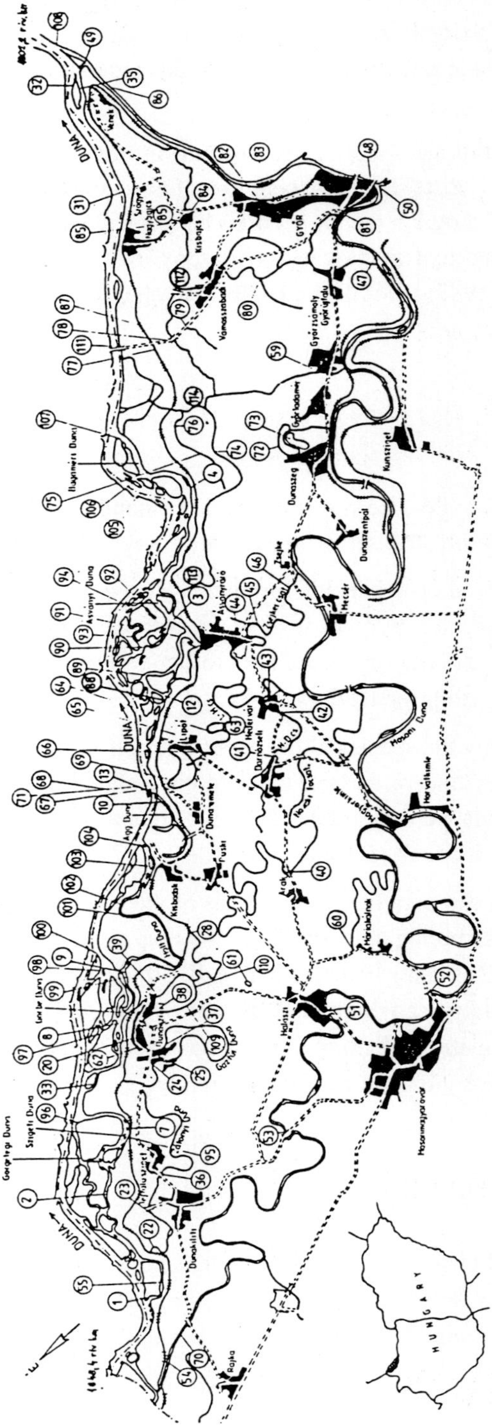

Fig. 1: Sampling sites in the Szigetköz

In the course of our studies, 131 rotatorian, 58 cladoceran and 29 copepod species were recorded, a total of 218 taxa. *Eurytemora velox* (Lilljeborg) (Calanoid species; sampling sites 3, 25, 28, 76) and *Brachionus diversicornis* f. homoceros Wierejski (Rotatoria species; sampling site 3) were found in Hungary for the first time.

The dominant rotatorians and crustaceans found in this section of the Danube (sampling sites 1, 13, 31, 32, 111) are regular members of the plankton in standing waters and slow watercourses: *Asplanchna priodonta, Brachionus angularis, Brachionus calyciflorus, Brachionus quadridentatus, Keratella cochlearis, Keratella cochlearis* var. tecta, *Keratella quadrata, Polyarthra vulgaris, Bosmina longirostris, Chydorus sphaericus, Acanthocyclops robustus* f. limnetica, *Mesocyclops leuckarti.*

Of the rare, so-called concomitant species, the following are planktonic: *Brachionus diversicornis, Filinia terminalis, Kellikottia longispina, Notholca acuminata, Pompholyx complanata, Bosmina coregoni, Daphnia longispina, Diaphanosoma brachyurum, Eudiaptomus gracilis, Eudiaptomus vulgaris.*

Species inhabiting water covered with littoral vegetation (*Cephalodella catellina, Cephalodella gibba, Dipleuchlanis propatula, Euchlanis dilatata, Trichocerca elongata, Ceriodaphnia laticaudata, Macrothrix hirsuticornis, Simocephalus vetulus, Eucyclops serrulatus*) or with a bottom sediment covered with silt and detritus (*Brachionus leydigi, Trichotria tetractis, Alona*

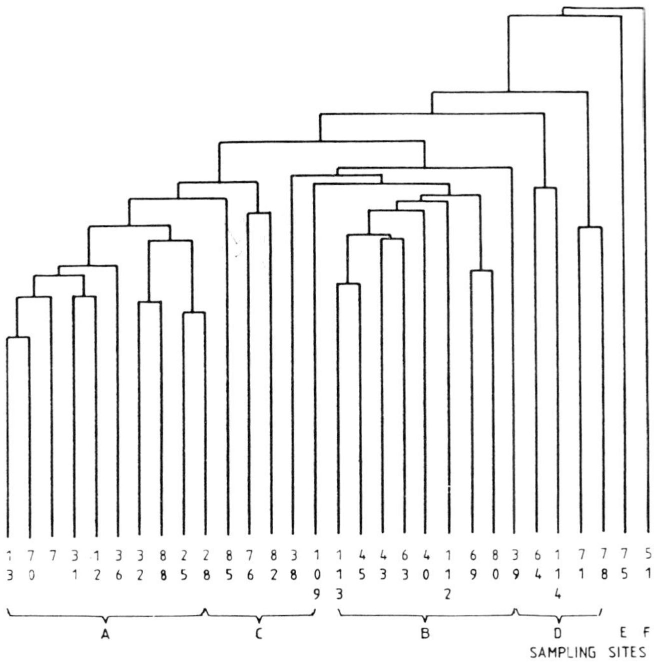

Fig. 2: Dendrogram of zooplankton samples using Sörensen indices

rectangula, Alona quadrangularis, Leydigia leydigi, Diacyclops bicuspidatus) were also found. They may have originated from the tributaries, the slow-flowing stretches of the river, or the Austrian reservoirs.

The populations of Rotatoria and Crustacea can be characterised or described by means of their dominant and most frequent species as *Brachionus angularis* – *Brachionus calyciflorus* – *Keratella cochlearis* – *Bosmina longirostris* – *Acanthocyclops robustus* f. limnetica.

In the Danube at Moson and in the Rába (sampling sites 48, 50, 51, 52, 53, 70, 86, 108), the zooplankton differed from that in the Danube. In addition to the hydrological conditions, waste water from Mosonmagyaróvár and Gyôr influenced species composition. The dominant species were generally identical with those of the Danube, but the number of species was always found to be lower. However, zooplankton population density was often very high. Mass populations of some species were also observed occasionally (*Brachionus calyciflorus* f. amphiceros and f. dorcas, *Keratella cochlearis*). Sections with more polluted water can be characterised by the dominance of the following species of Rotatoria: *Asplanchna priodonta, Brachionus angularis, Brachionus calyciflorus, Brachionus diversicornis*. In the Crustacea, the following were most frequent: *Alona quadrangularis, Alona rectangula, Bosmina longirostris, Disparalona rostrata, Mesocyclops leuckarti*.

Rare species were also found in those river sections where the water was cleaner: *Cephalodella rhemanei, Euchlanis lyra, Keratella tropica, Lecane closterocerca, Alona guttata, Monospilus dispar, Pseudochydorus globosus, Diacyclops bicuspidatus, Eucyclops macruroides, Macrocyclops distinctus, Paracyclops fimbriatus*. Special mention should be made of the occurrence of one species of Calanoida, *Arcodiaptomus spinosus*, which is a characteristic crustacean species of the so-called white sodaic lakes of Hungary.

In the system of branches within the floodplain, samples were collected at about 30 sites. In general, it was found that Rotatoria and Crustacea communities were markedly influenced by the hydrological regime of the Danube. Species composition and density in the assemblages were similar to those in the main branch of the river during intensive water exchange. During periods when increments from the river stopped because of low water-level, numbers of individual species increased considerably, often attaining population density values which are typical of polytrophic waters. In such cases, the number of species in the assemblages was very small.

On the basis of the occurrence and dominance of rotiferan and crustacean species, as well as the species composition of their assemblages, this part of the Szigetköz can be divided into a northern section («Szigeti-Duna», «Görbe-Duna», «Holt-Duna», «Agg-Duna») and a southern section («Åsványi-Duna», «Bagoméri-Duna»). In addition to the occurrence of the species listed above, which are dominant in the plankton of our eutrophic waters, the assemblages in these two sections can be characterised as follows:

In the northern section, species number was lower, as indicated by the presence of fewer crustaceans. Only 8-20 species were found in each branch. Of the rotatorian species, apart from those mentioned above, the following were frequently recorded: *Asplanchna priodonta, Euchlanis dilatata, Filinia longiseta, Lecane luna, Notholca acuminata* and *N. squamula*. Of the crustaceans, *Alona quadrangularis, Daphnia longispina*, and *Macrothrix laticornis* were most frequently found.

Of the concomitant, less frequent species which also inhabit eutrophic shallow waters, the occurrence of the following should be mentioned here: *Brachionus falcatus, Brachionus plicatilis, Brachionus urceolaris, Euchlanis lyra, Notholca intermedia, Daphnia obtusa, Pleuroxus aduncus*. In two branches of the Danube that were studied in the southern part of Szigetköz, the rotatorian and the cladoceran faunas were represented by extremely large numbers of species: occasionally 46-74 species were found in them. The dominant species were mostly identical with those in the branches discussed previously, though several new species occurred among the accompanying species: *Keratella tropica, Lepadella patella, Testudinella mucronata, Testudinella patina, Trichocerca capucina, Eurycercus lamellatus, Bosmina coregoni, Leptodora kindtii, Peracantha truncata, Pleroxus uncinatus, Eucyclops macrurus*, and *Paracyclops affinis*.

The crustacean and planktonic rotatorian communities inhabiting water bodies outside the floodplain were often different in their species composition from those just described. Even so, the gravel pit ponds, the channels with regulated beds, the slow-flowing watercourses covered with sparse or dense macrophytes, the oxbow lakes and marshes exhibited marked differences. On the basis of their species composition, the assemblages of these water-bodies can be arranged into five groups.

Gravel pit ponds (sampling sites 61, 65, 66, 72, 73) were selected which were not exposed to anthropogenic effects or had been stocked with fish. In the ponds stocked with fish, the assemblages were generally composed of only a few species. In most cases the dominance of rotatorian species was a characteristic feature, and mass productions of some species were also observed (e.g. *Brachionus calyciflorus, Brachionus angularis, Brachionus diversicornis, Filinia longiseta*). Amongst the crustaceans, only a few species were found in large numbers, particularly those preferring eutrophic waters (e.g. *Bosmina longirostris, Chydorus sphaericus, Pleuroxus aduncus, Acanthocyclops robustus* f. limnetica).

On the other hand, in ponds where gravel production was still taking place or where the impact of of man's activities had not yet begun, it was mainly the species composition of the crustacean assemblages that was richer. However, none of the species exhibited a higher density. These communities can be characterised by the following frequent species: *Keratella cochlearis, Keratella cochlearis* var. tecta, *Euchlanis dilatata, Kellikottia longispina, Polyarthra vulgaris, Alona affinis, Alonella nana, Acroperus harpae, Scapholeberis mucronata.*

In the regulated channels (sampling sites 23, 41, 43, 45, 46, 63, 74, 75, 76, 84), a variety of zooplankton assemblages was found. It was a common feature to all of them that their species were never present in great numbers, and that thus mostly contained few species. It was also interesting to note that, in many places, species were frequent which had only seldom been recorded from Hungarian waters before, e.g. *Beauchampiella eudactylota, Keratella testudo, Lecane elsa, Polyarthra major, Trichocerca bicrystata, Trichocerca rattus, Ceriodaphnia reticulata, Iliocryptus sordidus, Polyphemus pediculus.*

In slow-flowing channels and dead arms covered with sparse macrophytic vegetation (sampling sites 24, 25, 36, 37, 38, 42, 82, 83, 113), zooplankton assemblages were characterised by the dominance of rotatorian species typical of eutrophic shallow waters. Those in open waters were mostly poor in species, though some species often formed vast populations (e.g. *Asplanchna priodonta, Keratella cochlearis, Keratella cochlearis* var. tecta, *Keratella quadrata, Bosmina longirostris*). At the same time, in samples collected from among the stands of macrophytes, assemblages were rich in species, and several species rare for the fauna of Hungarian waters were recovered: *Brachionus rubens, Euchlanis lyra, Lecane mira, Lepadella acuminata, Squatinella rostrum, Synchaeta grandis, Monospilus dispar, Diacyclops bicuspidatus, Cryptocyclops bicolor.*

In water-bodies densely overgrown with stands of macrophytes (sampling sites 28, 40, 59, 67, 68, 69, 79, 80, 112), it was mainly the cladoceran and the copepod faunas that were richly developed. The numbers of euplanktonic species were low. At several sites, mainly species living among the vegetation, in the living coats or in the surface layer of the bottom sediment were found. Their assemblages generally contained many (38-48) species, in a variety that is impossible to describe in general terms. Almost every water-body was characterised by a different species. Several rare species for the fauna of Hungarian water-bodies live there: *Lecane ludwigi, Lecane opias, Lecane rhenana, Lecane ungulata, Philodina erythrophtalma Alona guttata* var. tuberculata, *Alonella exigua, Camptocercus lilljeborgi, Graptoleberis testudinaria, Kurzia latissima, Simocephalus serrulatus, Cryptocyclops bicolor, Paracyclops affinis.*

In the marshes and oxbow lakes covered with shallow water (sampling sites 44, 64, 71, 77, 78, 85, 87, 114), the rotatorian and crustacean faunas consisted of only a few species. This may have been due to the fact that the majority of the water-bodies studied were covered with decaying plant detritus and the dissolved oxygen content of the water was only 1-2 mg l^{-1}. In addition, in several places, the surface was covered by a thick *Lemna* carpet. These water-bodies, however, proved very important because many of them contained species which were only rarely recorded from Hungary and which had not been previously recorded from the Szigetköz. The following deserve special mention: *Euchlanis incisa, Euchlanis oropha, Keratella cochlearis* var. macracantha, *Lecane hamata, Mytilina mamillata, Bunops serricaudatus, Ceriodaphnia megops, Ceriodaphnia reticulata, Dunhevedia crassa, Scapholeberis aurita, Pseudochydorus globosus, Simocephalus exspinosus, Tretocephala ambigua.*

The water-bodies have also been arranged into types on the presence or absence of taxa using multivariate analysis. In the course of cluster analysis, Sörensen's similarity function was used for comparing the sampling sites by pairs.

The dendrogram in Fig. 2 clearly illustrates the differentiation of the various water-bodies, but the differences described in the foregoing discussion based on the presences or absence of species can also be easily recognised.

Several groups can be recognized. The group on the left side of the dendrogram includes the Danube, the Mososni Duna and the branches of the Danube within the floodplain in the northern part of Szigetköz (A). The channels on the protected side are in the middle (B), with the groups of marshes and isolated dead-arms on their left (C) and right (D) sides. Sampling sites 51(E) and 75(F) appear completed isolated. The reason for this is that only 8-10 species were found in the samples from these two water-bodies.

When the results obtained by these two analytical methods are compared, there is a fairly good measure of agreement between them on the basis of the rotatorian and crustacean faunas. This mathematical method may be useful for the determination and differentiation of the various types of water-bodies.

6 Summary

It is the construction of a barrage on this section of the Danube that has provided the impetus for these investigations on the rotatorian and crustacean faunas of the various water-bodies in Szigetköz and of this particular portion of the Danube. The operation of the barrage will alter the hydrological conditions and will lead to unpredictable structural changes in the assemblages of living organisms. For the underground connection between the protected area and the branch system, it will be necessary to supplement the water supply, in order to protect these areas by maintaining their present hydrological regime.

It is clear from the literature that our investigations have provided the first systematic survey of this region. Our results may therefore serve as a base-line from which any potential changes in the future can be evaluated.

The analysis of water samples showed that the various water-bodies can be arranged into different types on the basis of the presence, absence or dominance of each species. On that basis, the following types of water could be recognised:

- the main branch of the Danube;
- the system of branches of the Danube within the floodplain;
- gravel pit ponds;
- regulated channels;
- channels with a thin cover of macrophytes;

- channels densely covered with macrophytes;
- marshes, cut-off dead branches.

Species rare for the Hungarian fauna were usually found in water-bodies in the protected areas, which demonstrates that these habitats play an important role in the conservation of genetic diversity and should be protected. From the point-of-view of nature conservation, special attention should be paid to the dead arms and marshes.

In many cases, water levels have already rached such a pass that even a slight drop might endanger these special water-bodies and bring about their desiccation. Some species are worthy of note as bio-indicators. Their role in the bio-monitoring programme planned for the future requires that their systematic study should continue.

References

Bothár, A. (1988): Results of long-term zooplankton investigation in the River Danube, Hungary. – Verh. Int. Ver. Limnol. 23: 1340-1343

Bereczky, M. & Gulyás, P. (1985): Zooplanktonuntersuchungen in einem Nebenarm der Donau in Bereich der Kleinen Schüttinsel bei Ásványráró. I. Die Arten und quantitative Zusammensetzung der Zooplankton Gemeinschaften, Wertung der Diversität und Saprobität. – 25. Arbeitstagung der IAD. Bratislava: 279-282

Dudich, E. (1967): Systematisches Verzeichnis der Tierwelt der Donau, mit einer zusammenfassenden Erläuterung. In: Liepolt, R. (ed.): Limnologie der Donau. – Schweizerbart'sche Verl. Stuttgart. Liefg. 3: 4-69

Tamásné, Dvihally, Zs.(1987): A kisalföldi Duna-szakasz ökológiája. – VEAB. Veszprém: 1-245

Ertl, M. (1966): Zur Kenntnis des Zooplanktons des tschechoslowakischen Abschnittes der Donau. – Biológia 21: 545-548

Gulyás, P. (1987): Tägliche Zooplankton-Untersuchungen im Donau-Nebenarm bei Ásványráró im Sommer 1985. – 6. Arbeitstagung der IAD. Passau/Deutschland: 123-126

Gulyás, P. (1989): Rotatoria és Crustacea vizsgálatok a Szigetköz víztereiben. – Mühely. MTA FKI. A Környezetminösítö és Számítástechnikai Osztály Tanulmánysorozata. Budapest: 1-10

Gulyás, P. (1990): Untersuchung des Zooplanktons der Wasserkörper der Kleinen Schüttinsel (Szigetköz). I. Teil: Die Rotatoria Fauna. – 28. Arbeitstagung der IAD. Varna/Bulgaria. Wissenschaftliche Kurzreferate aus Ungarn: 15-18

Gulyás, P. (1990a): Untersuchung des Zooplanktons der Wasserkörper der Kleinen Schüttinsel (Szigetköz). II. Teil: Die Cladocera und Copepoda Fauna. – 28. Arbeitstagung der IAD. Varna/Bulgaria. Wissenschaftliche Kurzreferate aus Ungarn: 19-21

Gulyás, P. & M. Bereczky (1985): Zooplanktonuntersuchungen in einem Nebenarm der Donau im Bereich der Kleinen Schüttinsel bei Ásványráró. II. Klassifizierung der Wasseräume aufgrund der Raum-Zeit-Muster des Zooplanktons. – 25. Arbeitstagung der IAD. Bratislava: 291-294

Gulyás, P., Németh, J. & Csányi, B. (1990): Hydrobiologische Untersuchungen in den Donau-Nebenarmen der Kleinen Schüttinsel (Szigetköz), Feuchtgebiete, Erhaltung, Neuanlage und Gestaltung. – Fachtagung Österr. Gesellschaft für Natur- und Umweltschutz. Wien: 77-90

Kertész, Gy. (1963): Vizsgálatok a Duna magyarországi szakaszának Rotatoria planktonján. – Állattani Közlemények: 50. 81-88

Kertész, Gy. (1967): Längsprofiluntersuchungen des Rotatorienplanktons im ungarischen Abschnitt der Donau. – Opusc. Zool. Budapest. 7: 189-199

Németh, J. & Gulyás, P. (1990): Experimentelle Untersuchung des Eutrophierungsprozesses im Nebenarmsystem der Kleinen Schüttinsel (Szigetköz) an der Donau. – 28. Arbeitstagung der IAD. Varna/ Bulgaria. – Wissenschaftliche Kurzreferate aus Ungarn: 31-33

Podani, J. (1988): SYN-TAX III. Users Manual. – Abstracta Botanica. Vol. 12. Suppl. 1: 1-183
Woynarovich, E. (1944): A Bellyei tó, a Kopácsi tó, valamint a Duna és a Dráva limnológiai viszonyainak keresztmetszete. (Ein Querschnitt durch die limnologischen Verhältnisse des Béllyeer und Kopácser Teiches, sowie der Donau und Drau). – Albertina 1: 34-64
Vranovsky, M. (1969): Ergebnisse von Zooplanktonuntersuchungen im tschechoslowakischen und tschechoslowakisch-ungarischen Donauabschnitt. – 11. Arbeitstagung der IAD. Kiew: 274-278
Vranovsky, M. (1972): Einige weitere Ergebnisse der Zooplanktonuntersuchungen im tschechoslowakisch-ungarischen Donauabschnitt. – Arch. f. Hydrobiol. Suppl. 44: 360-363
Vranovsky, M. (1973): Zur Bedeutung der Gewässer im Inundationsgebiet für das Plankton der Donau. – 16. Arbeitstagung der IAD. Bratislava: 1-4
Vranovsky, M. (1974): Zur Kenntnis der Verteilung, Biomasse und Drift des Zooplanktons im tschechoslowakisch-ungarischen Donauabschnitt. – Arch. f. Hydrobiol. Suppl. 44: 360-363
Vranovsky, M. (1987): Zooplankton vizsgálatok a Duna Zsofini (Zofin) mellékágában (1836 fkm) és a Bakai (Bacianske) mellékágában. In: Tamásné Dvihhally, Zs. (szerk.): A kisalföldi Duna-szakasz ökológiája. – VEAB. Veszprém: 148-161

Tab. 1: List of taxa

Rotatoria
Anuraeopsis fissa (Gosse) 3, 23, 24, 28, 70, 73, 89, 93, 97
Asconorpha ecaudis Perty 1, 3, 7, 12, 13, 31, 36, 40, 43, 60, 63, 70, 85, 88, 112
Asplanchna brightwelli Gosse 2, 3, 9, 12, 24, 31, 33, 70, 89, 90, 91, 92, 93, 94, 96, 97, 98, 99, 101, 102, 103, 104, 105, 106, 107
Asplanchna herricki Guerne 82
Asplanchna sieboldi (Leydig) 3, 13, 31, 32
Asplanchna priodonta Gosse 1, 2, 3, 4, 6, 7, 8, 9, 10, 12, 13, 23, 24, 25, 28, 31, 32, 33, 37, 38, 41, 43, 44, 46, 48, 50, 52, 60, 63, 65, 66, 70, 73, 75, 76, 78, 80, 82, 83, 84, 85, 88, 89, 90, 91, 92, 93, 94, 95, 96, 97, 98, 99, 101, 102, 103, 104, 105, 106, 107, 108, 111, 113
Asplanopus multceps (Schrank) 108
Beauchampiella eudactylota (Gosse) 39, 40, 43, 109
Brachionus bennini (Leissling) 3, 108
Brachionus angularis Gosse 1, 2, 3, 4, 6, 7, 8, 9, 10, 12, 13, 23, 24, 25, 28, 31, 32, 33, 36, 38, 40, 41, 43, 46, 47, 48, 50, 51, 52, 61, 63, 65, 66, 70, 72, 74, 75, 76, 81, 83, 84, 86, 88, 89, 90, 91, 92, 93, 94, 95, 96, 97, 98, 99, 101, 102, 103, 104, 105, 106, 107, 108, 109, 111
Brachionus angularis f. bidens (Plate) 10, 68
Brachionus budapestinensis f. budapestinensis Daday 1, 2, 4, 6, 7, 8, 13, 23, 24, 25, 28, 51, 65, 66, 67, 78, 83, 86, 89, 90, 92, 93, 94, 95, 96, 97, 98, 99, 101, 102, 103, 104, 105, 106, 107, 111
Brachionus budapestinensis f. punctatus (Hempel) 73, 108
Brachionus calyciflorus f. calyciflorus Pallas 1, 2, 3, 4, 6, 8, 9, 10, 12, 13, 23, 24, 25, 28, 31, 36, 43, 45, 48, 50, 65, 67, 78, 83, 86, 89, 90, 92, 93, 94, 95, 96, 97, 98, 99, 101, 102, 103, 104, 105, 106, 107, 111
Brachionus calyciflorus f. amphiceros (Ehrenberg) 1, 2, 3, 4, 6, 7, 8, 9, 10, 12, 13, 23, 24, 25, 28, 32, 33, 36, 40, 41, 43, 45, 46, 48, 50, 51, 52, 60, 63, 65, 66, 70, 78, 83, 84, 85, 88, 90, 91, 92, 94, 96, 97, 98, 99, 101, 102, 103, 104, 105, 106, 107, 109
Brachionus calyciflorus f. anuraeiformis (Brehm) 2, 3, 4, 12, 13, 24, 31, 33, 51, 66, 70, 76, 84, 93, 95, 96, 97, 98, 99, 101, 102, 103, 104
Brachionus calyciflorus f. dorcas (Gosse) 3, 6, 7, 9, 10, 12, 31, 32, 36, 65, 70, 85, 88, 105, 106, 107
Brachionus calyciflorus f. spinosus (Wierzejski) 1, 3, 4, 8, 12, 13, 23, 24, 25, 28, 40, 50, 70, 90, 91
Brachionus diversicornis f. diversicornis (Daday) 2, 3, 4, 8, 12, 13, 33, 34, 36, 40, 41, 43, 46, 51, 65, 66, 70, 78, 81, 89, 90, 92, 93, 96, 98, 99, 101, 102, 103, 104, 108, 111
Brachionus diversicornis f. homoceros (Wierzejski) 3
Brachionus falcatus (Zacharias) 2
Brachionus leydigi f. leydigi Cohn 2, 3, 4, 13, 23, 43, 48, 50, 70
Brachionus leydigi f. quadratus (Rousselet) 73
Brachionus leydigi f. rotundus Rousselet 31, 38, 88
Brachionus leydigi f. tridentatus (Sernov) 1, 2, 3, 4, 6, 9, 108
Brachionus nilsoni Ahlstrom 3
Brachionus plicatilis f. plicatilis O.F. Müller 1, 2, 3, 6, 8, 24, 89
Brachionus quadridentatus var. quadridentatus Herman 2, 3, 4, 6, 7, 8, 12, 13, 23, 24, 28, 31, 36, 37, 48, 50, 70, 72, 85, 89, 97, 106, 108, 111
Brachionus quadridentatus var. ancylognathus (Schmarda) 70, 77, 81, 83, 84, 86, 90, 92, 93, 95, 96, 97, 99, 101, 106, 108
Brachionus quadridentatus var. brevispinus (Ehrenberg) 3, 4, 8, 13, 23, 66, 83, 84, 86, 92, 93, 94, 95, 96, 97, 99, 101, 103, 106, 108
Brachionus quadridentatus var. cluniorbicularis (Skorikov) 1, 7, 9, 13, 32, 37, 43, 52, 64, 70, 74, 77, 81, 82, 84, 86, 88, 96
Brachionus quadridentatus var. melheni (Barrois et Daday) 80, 81, 82, 84, 86, 109
Brachionus quadridentatus var. rhenanus (Lauterborn) 9, 77, 108
Brachionus rubens Ehrenberg 24, 25, 38
Brachionus urceolaris f. urceolaris O.F. Müller 1, 2, 3, 4, 6, 9, 10, 12, 13, 24, 31, 46, 47, 70, 84, 85, 86, 96, 97, 108, 109, 111
Cephalodella catellina (O.F. Müller) 1, 4, 13, 85, 89, 96, 108
Cephalodella gibba (Ehrenberg) 1, 7, 12, 24, 32, 33, 36, 39, 41, 43, 45, 46, 51, 52, 53, 63, 65, 70, 78, 91, 96, 97, 101, 106, 108, 111, 112, 113
Cephalodella megalocephala f. megalocephala (Glascott) 1, 108
Cephalodella rhemanei var. grande Wulfert 69
Cephalodella ventripes (Dixon-Nuttal) 85

Tab. 1: (continuation)

Colurella adriatica Ehrenberg 28, 36, 40, 50, 76
Colurella colurus (Ehrenberg) 1, 28, 36, 44, 109
Colurella uncinata (O.F. Müller) 39
Dicranophorus forcipatus (O.F. Müller) 36
Dipleuchlanis propatula Gosse 13, 31, 40, 59, 63, 70, 89
Euchlanis deflexa Gosse 37, 60
Euchlanis dilatata Ehrenberg 1, 2, 3, 4, 6, 7, 8, 12, 13, 23, 24, 25, 28, 32, 33, 36, 37, 38, 39, 40, 43, 44, 45, 48, 50, 51, 52, 53, 59, 60, 61, 63, 64, 65, 69, 70, 74, 75, 76, 78, 80, 82, 83, 85, 86, 88, 89, 90, 91, 92, 94, 95, 96, 97, 98, 99, 101, 105, 108, 109, 112, 113, 114
Euchlanis incisa Carlin 85
Euchlanis lyra Hudson 24, 25, 70
Euchlanis oropha Gosse 85
Euchlanis triquetra Ehrenberg 24, 25, 68, 78, 79, 80, 108
Filinia longiseta (Ehrenberg) 1, 2, 3, 4, 8, 9, 10, 12, 13, 24, 28, 36, 38, 39, 45, 46, 50, 65, 66, 67, 70, 74, 81, 82, 84, 86, 88, 90, 91, 92, 93, 94, 95, 96, 97, 98, 99, 101, 102, 103, 104, 105, 106, 107, 108, 114
Filinia longiseta var. limnetica (Zacharias) 9
Filinai terminalis (Plate) 2, 3, 4, 6, 7, 8, 9, 12, 13, 23, 24, 25, 28, 48, 50, 65, 84, 88, 91, 108, 111
Hexartra mira (Hudson) 3, 12, 23, 28, 63, 76
Kellikottia longispina (Kellikott) 1, 2, 3, 4, 9, 24, 31, 32, 61, 70
Keratella cochlearis var. cochlearis (Gosse) 1, 2, 3, 4, 6, 7, 8, 9, 10, 12, 13, 23, 24, 25, 28, 31, 32, 33, 36, 37, 39, 40, 45, 46, 48, 50, 51, 52, 53, 61, 63, 66, 67, 70, 72, 73, 75, 76, 80, 82, 84, 88, 89, 90, 91, 92, 93, 94, 95, 96, 97, 98, 99, 101, 102, 103, 104, 105, 106, 113, 114
Keratella cochlearis var. macracantha (Lauterborn) 85
Keratella cochlearis var. micracantha (Lauterborn) 3, 108
Keratella cochlearis var. tecta (Gosse) 1, 2, 3, 4, 7, 8, 10, 12, 13, 23, 25, 28, 31, 33, 36, 46, 51, 63, 65, 70, 73, 80, 81, 82, 83, 89, 90, 91, 92, 93, 94, 95, 96, 97, 98, 99, 101, 102, 103, 104, 105, 106, 113
Keratella quadrata var. quadrata (O.F. Müller) 1, 2, 3, 4, 6, 7, 8, 9, 10, 12, 13, 23, 24, 25, 28, 31, 32, 33, 34, 36, 37, 38, 39, 43, 45, 47, 48, 50, 52, 53, 63, 65, 67, 69, 70, 74, 76, 80, 82, 85, 86, 89, 90, 93, 94, 95, 96, 101, 102, 103, 104, 108, 109, 111, 113
Keratella quadrata var. frenzeli (Eckstein) 13, 25, 28, 31, 76, 81, 82, 83, 85, 88
Keratella testudo f. testudo (Ehrenberg) 37, 45, 46, 66
Keratella tropica (Apstein) 3, 12, 84, 86, 89, 108, 109
Keratella valga (Ehrenberg) 6, 9, 31, 66, 68, 93, 94
Lecane bulla (Gosse) 28, 36, 38, 39, 40, 43, 45, 63, 72, 74, 78, 79, 80, 82, 83, 86, 96, 105, 109, 112, 113
Lecane closterocerca (Schmarda) 7, 24, 25, 36, 38, 43, 66, 70, 76, 80, 108, 109
Lecane elsa Hauer 40, 63,
Lecane hamata (Stokes) 44
Lecane ludwigi f. ludwigi (Eckstein) 112
Lecane luna (O.F. Müller) 1, 2, 3, 4, 8, 10, 13, 23, 24, 25, 28, 32, 36, 39, 45, 50, 68, 74, 76, 78, 94, 101, 105, 112, 113
Lecane lunaris (Ehrenberg) 1, 2, 3, 4, 9, 13, 25, 33, 36, 37, 40, 50, 63, 66, 72, 73, 75, 76, 77, 78, 80, 82, 87, 89, 91, 94, 96, 97, 98, 111, 112, 113
Lecane mira (Murray) 82
Lecane opias (Harring & Myers) 40
Lecane quadridentata (Ehrenberg) 28, 76, 80, 82, 83
Lecane rhenana Hauer 28, 80, 113
Lecane ungulata (Gosse) 7, 79, 80
Lepadella acuminata (Ehrenberg) 2, 24
Lepadella ovalis (O.F. Müller) 28, 39, 40, 44, 45, 63, 64, 80, 85, 114
Lepadella patella (O.F. Müller) 23, 25, 28, 36, 38, 40, 41, 44, 59, 60, 63, 64, 76, 87, 91, 109, 112, 113
Lindia torulosa Dujardin 108
Lophocharis oxysternon (Gosse) 38, 39, 40, 43, 45, 60, 63, 64, 77, 85, 109
Lophocharis salpina (Ehrenberg) 40, 44, 64, 109, 112
Mytilina bisulcata (Lucks) 96
Mytilina mamillata Bancsi 39, 69, 77
Mytilina mucronata (Müller) 32, 36, 39, 40, 64, 69, 108
Mytilina mucronata var. spinigera (Ehrenberg) 44
Mytilina ventralis (Ehrenberg) 25, 28, 36, 39, 40, 45, 70, 78, 79, 80, 85, 87, 109

Tab. 1: (continuation)

Notholca acuminata (Ehrenberg) 1, 2, 3, 4, 6, 8, 13, 25, 33, 36, 38, 40, 41, 43, 45, 48, 50, 64, 69, 70, 89, 91, 92, 96, 108, 109, 111
Notholca intermedia (Ehrenberg) 9, 33, 96
Notholca labis f. limnetica Levander 88
Notholca squamula (O.F. Müller) 1, 2, 3, 4, 6, 8, 12, 13, 23, 24, 25, 31, 36, 41, 47, 48, 70, 89, 90
Paradicranophorus hudsoni (Glascott) 1
Philodina erythrophtalma Ehrenberg 109
Philodina megalotrocha Ehrenberg 108
Platyas patulus f. patulus (O.F. Müller) 39, 69, 82, 83
Platyas quadricornis (Ehrenberg) 28, 40, 43, 44, 45, 60, 63, 77, 109, 113, 114
Polyarthra dolichoptera (Idelson) 1, 2, 3, 4, 7, 8, 9, 10, 12, 13, 23, 24, 25, 28, 33, 34, 36, 37, 38, 40, 46, 47, 48, 50, 52, 70, 73, 78, 89, 91, 96, 109, 111
Polyarthra euryptera (Wierzeyski) 81
Polyarthra major (Burckhardt) 12, 36, 41, 84, 93,
Polyarthra vulgaris Carlin 1, 2, 3, 4, 6, 7, 8, 9, 10, 12, 13, 23, 25, 28, 32, 33, 36, 37, 38, 39, 43, 48, 50, 59, 65, 67, 70, 73, 74, 76, 81, 82, 83, 84, 86, 89, 90, 91, 92, 93, 94, 95, 96, 97, 98, 99, 101, 102, 103, 104, 105, 106, 107, 108, 109, 113
Pompholyx complanata Gosse 2, 3, 4, 6, 12, 13, 31, 70, 89, 108, 111
Pompholyx sulcata Hudson 2, 81, 82, 84, 89, 92, 93, 96, 101, 102, 103, 104, 105, 111
Rotaria elongata (Weber) 33, 40, 53, 77, 86, 93
Rotaria neptunia (Ehrenberg) 108
Squatinella rostrum (Schmarda) 36, 40
Synchaeta grandis Zacharias 12, 36, 70
Synchaeta oblonga Ehrenberg 9, 70, 89, 96
Synchaeta pectinata Ehrenberg 2, 3, 9, 12, 24, 28, 36, 38, 41, 45, 46, 63, 65, 70, 73, 83, 84, 86, 88, 90, 93, 94, 96, 97, 98, 99, 101, 102, 103, 104, 104, 106, 107, 108, 109, 111
Synchaeta stylata Wierzesky 7, 91, 92
Testudinella clypeata (O.F. Müller) 40, 41, 42, 60, 112
Testudinella elliptica (Ehrenberg) 39
Testudinella mucronata Gosse 3, 4, 36, 43, 63, 76
Testudinella patina (Hermann) 1, 3, 4, 12, 25, 28, 32, 36, 38, 39, 40, 41, 42, 43, 44, 45, 52, 59, 60, 63, 64, 67, 77, 78, 80, 82, 83, 86, 87, 93, 96, 97, 98, 99, 107, 109, 112, 113
Testudinella patina f. intermedia (Anderson) 63
Testudinella patina f. trilobata Anderson & Sephard 108
Testudinella parva (Ternetz) 2, 13, 23, 28, 80, 85, 89
Trichocerca capucina (Wierzeysky & Zacharias) 3, 4, 8, 12, 89, 92, 93, 94, 96, 97, 98, 99, 101, 102, 103, 104, 105, 112
Trichocerca bicristata (Gosse) 39, 68, 75
Trichocerca cylindrica (Imhof) 2, 75, 81, 89, 90, 91, 96
Trichocerca elongata (Gosse) 13, 59, 75, 85, 112
Trichocerca longiseta (Schrank) 39, 45, 59, 65, 74, 113
Trichocerca pusilla (Lauterborn) 12, 31, 63, 69, 76, 80, 92, 93, 94, 109
Trichocerca rattus f. rattus (O.F. Müller) 13, 36, 39, 45, 59, 65, 73, 76, 113
Trichocerca rattus f. carinatus (Ehrenberg) 73, 76
Trichocerca similis (Wierzeyski) 28, 70, 82, 93, 94, 97, 98, 99, 101, 102, 103, 104, 106, 113
Trichocerca stylata (Gosse) 39
Trichotria pocillum (O.F. Müller) 2, 12, 23, 25, 28, 36, 38, 39, 40, 43, 45, 50, 59, 63, 69, 70, 73, 75, 76, 80, 88, 109, 112, 113
Trichotria similis (Stenroos) 12, 73
Trichotria tetractis var tetractis (Ehrenberg) 33, 36, 40, 43, 89, 96, 108, 111
Trichotria truncata (Whitelegge) 4, 8, 25, 28, 36, 37, 38, 50, 90, 96, 106, 107

Cladocera
Acroperus harpae (Baird) 12, 24, 25, 28, 36, 39, 45, 59, 61, 64, 68, 69, 75, 76, 78, 79, 80, 82, 112
Alona affinis (Leydig) 23, 24, 25, 28, 36, 43, 61, 78, 80, 81, 94, 97
Alona costata Sars 24, 25, 78, 80, 81, 82, 112
Alona guttata Sars 24, 25, 36, 86, 108, 112
Alona guttata var. tuberculata Kurz 39, 80

Tab. 1: (continuation)

Alona quadrangularis (O.F. Müller) 2, 3, 4, 6, 8, 12, 13, 23, 24, 25, 28, 43, 70, 84, 88, 96, 97, 99, 111
Alona rectangula Stenroos 1, 2, 3, 4, 7, 8, 9, 10, 12, 13, 16, 23, 24, 25, 28, 33, 36, 39, 40, 46, 48, 59, 63, 66, 70, 72, 75, 76, 78, 80, 82, 83, 84, 86, 89, 90, 92, 94, 96, 97, 98, 99, 108, 112, 113
Alonella nana (Baird) 15, 24, 25, 28, 36, 37, 39, 42, 43, 45, 59, 61, 63, 68, 72, 76, 78, 80, 82, 87, 112
Alonella excisa (Fischer) 39, 40, 42, 44, 59, 60, 72, 75, 76, 80, 87
Alonella exigua (Lilljeborg) 40
Bosmina coregoni Baird 3, 81, 111
Bosmina longirostris var. typica O.F. Müller 1, 2, 3, 4, 6, 7, 8, 9, 10, 12, 13, 15, 23, 24, 25, 28, 31, 33, 36, 40, 45, 48, 50, 52, 61, 63, 66, 70, 72, 75, 76, 79, 82, 84, 85, 86, 88, 89, 90, 91, 92, 93, 94, 96, 101, 102, 103, 104, 106, 107, 108, 111, 113, 114
Bosmina longirostris var. cornuta (Jurine) 7, 12, 23, 24, 25, 28, 43, 45, 48, 70, 72, 75, 80, 85, 88, 90, 91, 93, 95, 111, 113
Bosmina longirostris var. pellucida Stingelin 7, 12, 23, 24, 25, 28, 31, 36, 45, 48, 63, 70, 80, 82, 85, 88, 93, 94, 96, 106, 107
Bunops serricaudata (Daday) 78
Camptocercus lilljeborgi Schoedler 28
Ceriodaphnia laticaudata P.E. Müller 1, 36, 37, 71, 78, 86, 87, 112
Ceriodaphnia megops Sars 39, 43, 69, 78, 80, 85
Ceriodaphnia quadragula (O.F. Müller) 1, 2, 3, 4, 9, 23, 25, 28, 36, 37, 39, 40, 40, 43, 48, 50, 61, 72, 75, 78, 80, 82, 83, 86, 87, 109, 112
Ceriodaphnia reticulata (Jurine) 39, 42, 75, 79, 87
Chydorus latus Sars 24, 25, 36, 39, 109
Chydorus sphaericus (O.F. Müller) 1, 2, 3, 4, 7, 8, 9, 10, 12, 13, 23, 24, 25, 28, 31, 32, 33, 34, 36, 37, 38, 39, 40, 42, 43, 45, 46, 47, 48, 50, 52, 59, 60, 63, 64, 66, 68, 69, 71, 72, 75, 76, 78, 80, 81, 82, 85, 86, 87, 88, 89, 91, 94, 95, 96, 97, 101, 104, 105, 109, 111, 112, 113
Daphnia cucullata Sars 3, 12, 13, 51, 81, 82, 86
Daphnia hyalina Leydig 1, 6, 12, 28, 33, 37, 41, 89
Daphnia longispina O.F. Müller 1, 2, 3, 6, 8, 13, 23, 24, 28, 32, 39, 40, 43, 44, 45, 50, 70, 81, 85, 89, 97, 98, 103, 108, 111
Daphnia obtusa Kurs 33
Daphnia similis Claus 37, 42, 43, 44
Daphnia pulex Leydig em. Scoufield 40, 44
Diaphanosoma brachyurum (Liévin) 1, 2, 3, 4, 8, 12, 13, 28, 33, 72, 81, 84, 86, 89, 91, 92, 93, 94, 95, 96, 97, 98, 99, 101, 102, 103, 104, 106, 108, 111
Disparalona rostrata (Koch) 2, 3, 4, 8, 9, 12, 13, 23, 24, 25, 28, 32, 33, 36, 50, 51, 61, 70, 76, 82, 86, 88, 89, 96, 97, 98, 106, 108
Dunhevedia crassa King 59, 87
Eurycercus lamellatus (O.F. Müller) 4, 28, 36, 37, 59, 68, 69, 80, 112
Graptoleberis testudinaria (Fischer) 25, 28, 59
Iliocryptus agilis Kurz 12, 28
Iliocryptus sordidus (Liévin) 37, 40, 41, 45, 46, 70, 84, 86, 89
Kurzia latissima (Kurz) 28
Leydigia leydigi (Schoedler) 1, 3, 12, 23, 28, 45, 63, 108
Macrothrix hirsuticornis Norman & Brady 1, 3, 13, 23, 70, 108
Macrothrix laticornis (Jurine) 2, 3, 4, 6, 12, 28, 53, 63, 70, 84, 98, 99
Moina macrocopa (Straus) 111
Moina micrura Kurz 3, 4, 12, 13, 32, 26, 82, 83, 84, 86, 89, 91, 92, 96, 98, 99, 101, 104, 108, 111
Moina rectirostris (Leydig) 13
Monospilus dispar Sars 25, 51
Oxyurella tenuicaudis (Sars) 2, 3, 13, 24, 36, 39, 45, 80
Peracantha truncata (O.F. Müller) 3, 4, 12, 23, 24, 25, 28, 36, 38, 40, 80, 94
Pleuroxus aduncus (Jurine) 1, 2, 3, 23, 24, 25, 28, 39, 40, 42, 52, 60, 63, 66, 69, 70, 72, 76, 80, 81, 87, 96, 112
Pleuroxus laevis Sars 39
Pleuroxus striatus 23
Pleuroxus uncinatus Baird 3, 7, 12
Polyphemus pediculus (Linné) 68, 75
Pseudochydorus globosus (Baird) 64, 70

Tab. 1: (continuation)

Scapholeberis aurita (Fischer) 40, 42, 44, 85
Scapholeberis mucronata (O.F. Müller) 2, 3, 4, 6, 9, 10, 13, 25, 28, 37, 39, 48, 61, 80, 81, 84, 85, 89, 91, 92, 93, 94, 96, 97, 99, 108, 109
Sida crystallina (O.F. Müller) 3, 4, 7, 9, 23, 24, 25, 52, 72, 91, 96
Simocephalus exspinosus (Koch) 7, 78
Simocephalus serrulatus (Koch) 80
Simocephalus vetulus (O.F. Müller) 1, 2, 3, 4, 12, 23, 24, 25, 28, 36, 37, 38, 39, 40, 41, 42, 43, 45, 48, 53, 59, 60, 61, 68, 69, 70, 71, 71, 72, 75, 76, 78, 80, 81, 83, 85, 87, 88, 89, 111, 112, 113
Tretocephala ambigua (Lilljeborg) 39, 87

Copepoda
Calanoida
Arctodiaptomus spinosus (Daday) 48
Diaptomus castor (Jurine) 39
Eudiaptomus coeruleus (Fischer) 39
Eudiaptomus gracilis (Sars) 1, 3, 4, 7, 12, 13, 28, 36, 61, 72, 76, 81, 82, 111
Eudiaptomus vulgaris (Schmeil) 3, 28, 31, 70, 96, 109
Eurytemora velox (Lilljeborg) 3, 25, 28, 76

Cyclopoida
Acanthocyclops robustus f. limnetica (Sars) 1, 2, 3, 4, 6, 7, 8, 9, 10, 12, 13, 24, 25, 28, 31, 33, 36, 37, 39, 40, 41, 43, 46, 47, 48, 51, 52, 59, 60, 66, 68, 69, 70, 72, 75, 76, 77, 78, 79, 80, 81, 82, 84, 85, 86, 87, 89, 90, 91, 92, 93, 94, 96, 97, 98, 99, 101, 102, 103, 104, 108, 111, 112, 113
Acanthocyclops vernalis (Fischer) 2, 3, 4, 8, 9, 10, 12, 13, 23, 24, 25, 28, 32, 39, 43, 45, 50, 63, 64, 88, 89, 108, 109, 113
Cyclops furcifer Claus 36, 39, 40, 41, 42, 44, 109
Cyclops strenuus strenuus Fischer 1, 3, 4, 8, 10, 12, 24, 37, 38
Cyclops vicinus vicinus Ulianine 1, 3, 8, 9, 12, 13, 23, 24, 25, 41, 51, 53, 70, 82, 97, 111
Cryptocyclops bicolor (Sars) 45, 80
Diacyclops bicuspidatus (Claus) 12, 13, 25, 31, 32, 41, 42, 44, 60, 64, 71
Diacyclops languidus (Sars) 71
Ectocyclops phaleratus (Koch) 28, 43, 80, 82, 85, 114
Eucyclops macruroides (Lilljeborg) 4, 36, 37, 40, 41, 45, 46, 48, 59, 96, 109, 112
Eucyclops macrurus (Sars) 23, 24, 25, 64, 78, 80, 90, 91, 112
Eucyclops serrulatus (Fischer) 2, 3, 4, 9, 13, 23, 24, 28, 33, 36, 37, 38, 39, 40, 41, 42, 43, 45, 46, 48, 51, 59, 63, 64, 68, 69, 70, 76, 77, 79, 80, 85, 87, 88, 89, 96, 108, 112
Eucyclops speratus (Lilljeborg) 2, 3, 4, 24, 40, 45, 48, 64, 69, 78, 80, 81, 108
Macrocyclops albidus (Jurine) 39, 40, 41, 43, 59, 61, 63, 68, 69, 70, 75, 76, 77, 78, 79, 80, 82, 85, 96, 112, 113
Macrocyclops distinctus Richard 24, 40, 48, 69, 76, 77
Macrocyclops fuscus (Jurine) 21, 41, 43, 68, 78, 80, 85
Megacyclops gigas (Claus) 39, 44, 68, 79, 87
Megacyclops viridis (Jurine) 2, 3, 4, 8, 10, 12, 25, 28, 39, 40, 41, 42, 50, 60, 64, 69, 72, 76, 78, 85, 109
Mesocyclops leuckarti (Claus) 1, 2, 3, 4, 6, 7, 9, 13, 24, 25, 28, 33, 36, 39, 40, 44, 45, 51, 60, 63, 68, 69, 70, 71, 76, 77, 78, 79, 80, 82, 84, 85, 87, 89, 94, 97, 98, 102, 108, 109, 111
Paracyclops affinis (Sars) 3, 28
Paracyclops fimbriatus (Fischer) 51
Thermocyclops crassus (Fischer) 3, 12, 28, 39, 80, 98
Thermocyclops oithonoides (Sars) 1, 2, 3, 4, 8, 9, 13, 16, 25, 28, 39, 50, 68, 69, 75, 76, 80, 81, 82, 86, 87, 89

2 Zoobenthon

Limnologie aktuell · Band/Vol. 2 · Kinzelbach (Hg.): Biologie der Donau
Gustav Fischer Verlag · Stuttgart · Jena · New York · 1994

Flora und Fauna der österreichischen Donau

Uwe H. Humpesch[1] & Otto Moog[2]

1 Institut für Limnologie der Österreichischen Akademie der Wissenschaften, Abteilung Mondsee, Gaisberg 116, A-5310 Mondsee
2 Institut für Wasservorsorge, Gewässergüte und Fischereiwirtschaft, Abteilung für Hydrobiologie, Fischereiwirtschaft und Aquakultur der Universität für Bodenkultur, Feistmantelstraße 4, A-1180 Wien

Keywords

Danube, Austria, river, flora, fauna

Abstract

The Austrian stretch of the Danube contains 414 species or subspecies of phytoplankton and phytobenthos, 6 species of macrophytes, 982 species or subspecies of zooplankton and zoobenthos and 56 species of fish, a total of 1458 species.

Kurzfassung

Die Flora und Fauna der österreichischen Donau besteht aus 1458 Taxa, letztere verteilen sich auf die einzelnen Großgruppen wie folgt: 414 Arten bzw. Unterarten in Phytoplankton und Phytobenthos, 6 Makrophytenarten, 982 Arten bzw. Unterarten in Zooplankton und Zoobenthos und 56 Fischarten.

1 Einleitung

Erst die Kenntnis des Bestandes an Arten erlaubt eine Beurteilung hinsichtlich der Diversität der Flora und Fauna, des Vorkommens seltener Arten und ermöglicht Maßnahmen, die beispielsweise in den «Roten Listen» Ausdruck finden.

Die Flora und Fauna der Donau ist in ihrer Gesamtheit das letzte Mal überblicksmäßig in der «Limnologie der Donau» (Liepolt 1967) dargestellt worden. Die Befunde, die die österreichische Strecke des Flusses betreffen sind in dieser Übersicht eher dürftig, was sich aus dem damaligen, relativ schlechten Untersuchungszustand des Gewässers zurückführen läßt. Obwohl in den entsprechenden Fachgruppen der «Internationalen Arbeitsgemeinschaft Donauforschung» der Erweiterung des Kenntnisstandes der Flora und Fauna des Flusses breiter Raum eingeräumt wurde, hat eine intensive Erforschung des Gewässers in Österreich erst mit der Gründung des «Österreichischen Nationalkomitees» der Internationalen Arbeitsgemeinschaft Donauforschung begonnen. Ausgangspunkt dieser Erforschung war das vom genannten Komitee initiierte und über das Programm «Der Mensch und die Biosphäre» geförderte Projekt «Ökosystemstudie Donaustau Altenwörth» (Grosina 1985; Hary & Nachtnebel 1989). Darüberhinaus hat die Diskussion über die Errichtung von Staustufen östlich der Staustufe Greifenstein (Strom-km 1949,18) zu einer Reihe von Untersuchungen geführt, deren Ergebnisse zum Teil in unveröffentlichten Berichten, Gutachten und Studien niedergelegt wurden. Im Zusammenhang mit der Herausgabe eines Bandes «Donau» im Rahmen der Schriftenreihe «Limnologie Aktuell» schien es nun interessant, diese Ergebnisse, zusammen mit den seit Liepolt (1967) veröffentlichten Einzelarbeiten zu sichten, um eine moderne Übersicht über die Flora und Fauna der Donau zu erhalten.

2 Ergebnisse

Die nachfolgende Artenübersicht berücksichtigt ausschließlich die Fließstrecke der österreichischen Donau (Stand Dezember 1992) und ist der zu jedem Kapitel angeführten Literatur entnommen. Als Abkürzungen wurden verwendet: St. = Stamm, Kl. = Klasse, O. = Ordnung, F. = Familie.

2.1 Flora

Phytoplankton, Phytobenthos

(Augustin et al. 1987; Biffl, Jungwirth & Moog 1988; Brunnthaler 1900; Bursik 1973; Claus & Reimer 1961; Czernin - Chudenitz 1966; Kann 1983; Nausch 1988; Saiz 1985; Schallgruber 1944; Stundl 1959; Weber 1960; Wirkner 1986; zusammengestellt von N. Gätz)

Kl. Cyanophyceae

O. Chroococcales
F. Chroococcaceae
Aphanothece stagnina (Spreng.) A. Braun, *Chroococcus limneticus* Lemm., *C. turgidus* Naeg., *Coelosphaerium kützingianum* Naeg., *Dactylococcopsis raphidioides* Hansg., *Gomphosphaeria lacustris* Chod., *Merismopedia minima* G. Beck, *Microcystis* (*Clathrocystis*) *aeruginosa* Kütz., *M. flos-aquae* (Wittr.) Kirchner, *M. marginata* (Menegh.) Kütz.
F. Entophysidalidaceae
Chlorogloea microcystoides Geitler
O. Chamaesiphonales
F. Pleurocapsaceae
Chroococcopsis gigantea Geitler, *Hyella fontana* var. *maxima* Geitler, *Oncobyrsa cesatiana* Rabenh., *O. rivularis* Kütz. emend. Geitler, *Pleurocapsa fluviatilis* Lagerh., *P. minor* Hansg. emend. Geitler, *Xenococcus kerneri* Hansg.
F. Chamaesiphonaceae
Chamaesiphon incrustans Grunow, *C. polonicus* (Rostaf.) Hansg., *C. polymorphus* Geitler

O. Hormogonales
F. Rivulariaceae
Calothrix braunii Born. et Flah., *C. fusca* Born. et Flah., *C. parietina* Thuret, *Homoeothrix varians* Geitler
F. Scytonemataceae
Plectonema boryanum Gom., *Tolypothrix byssoidea* (Hass.) Kirchn.
F. Nostocaceae
Anabaena affinis Lemm., *A. constricta* (Szafer) Geitler, *A. flos-aquae* (Lynggb.) Breb., *A. spiroides* Kleb., *Aphanizomenon flos-aquae* (L.) Ralfs, *A. elenkinii* Kissel., *Nostoc punctiforme* (Kütz.) Hariot, *N. verrucosum* Vaucher
F. Oscillatoriaceae
Lyngbia epiphytica Hieron., *L. martensiana* Menegh., *L. nigra* Agardh, *Microcoleus subtorulosus* (Breb.) Gomont, *Oscillatoria chlorina* Kütz., *O. froehlichii* Kütz., *O. lauterbornii* Schmidle, *O. limosa* Agardh, *O. minima* Gickl., *O. neglecta* Lemm., *O. nigra* Vauch., *O. princeps* Vaucher, *O. putrida* Schmidle, *O. rubescens* De Candolle, *O. tenuis* Agardh, *O. trichoides* Szafer, *Phormidium autumnale* (Agardh) Gomont, *P. corium* Gomont, *P. foveolarum* Gomont, *P. setchelianum* Gomont, *P. subfuscum* Kütz., *Pseudanabaena catenata* Laut., *Schizothrix fasciculata* (Naeg.) Gomont, *S. lacustris* A.Braun

Kl. Chrysophyceae

O. Ochromonadales
F. Ochromonadaceae
Anthophysa vegetans (Müller) Stein, *Syncrypta (Synuropsis) danubiensis* (Schiller) Bourr., *Uroglena volvox* Ehrb.
F. Dinobryonaceae
Dinobryon bavaricum Imhof (incl. *D. stipitatum* Stein), *Dinobryon divergens* Imhof, *Dinobryon sertularia* Ehrb., *Dinobryon sociale* Ehrb.
F. Synuraceae
Mallomonas elegans Lemm., *Synura uvella* Ehrb.

Kl. Xanthophyceae

O. Mischococcales
F. Pleurochloridaceae
Isthmochloron lobulatum (Naeg.) Skuja

Kl. Bacillariophyceae

O. Centrales
F. Thalassiosiraceae
Aulacoseira (Melosira) alpigena (Grunow) Krammer, *A. (M.) ambigua* (Grunow) Müller, *A. (M.) distans* (Ehrb.) Simonsen, *A. (M.) granulata* (Ehrb.) Simonsen (incl. var. *jonensis*), *A. (M.) granulata* var. *angustissima* (Müller) Simonsen, *A. (M.) islandica* (Müller) Simonsen (incl. ssp. *helvetica* Müller), *A. (M.) italica* (Ehrb.) Simonsen, *A. (M.) italica* var. *tenuissima* (Grunow) Simonsen, *Cyclostephanos dubius* (Fricke) Round, *Cyclotella atomus* Hust., *C. bodanica* Grunow, *C. caspia* Grunow, *C. comensis* Grunow in Van Heurck (incl. *C. melosiroides* (Kirch.) Lemm.), *C. cryptica* Reiman, *C. distinguenda* Hust. (incl. *C. operculata* (Agardh) Kütz.), *C. meneghiniana* Kütz. (incl. *C. kützingiana* Thwaites), *C. ocellata* Pantocsek, *C. planctonica* Brunnth., *C. pseudostelligera* Hust., *C. radiosa* (Grunow) Lemm. (incl. *C. comta* (Ehrb.) Kütz.), *C. rossii* Hakansson (incl. *C. comta* var. *oligactis* (Ehrb.) Grunow), *C. socialis* Schütt, *C. stelligera* Cleve et Grunow, *C. striata* (Kütz.) Grunow (incl. var. *ambigua*), *Skeletonema potamos* (Weber) Hasle, *Stephanodiscus astraea* (Ehrb.) Grunow, *S. (Melosira) binderanus* (Kütz.) Krieger, *S. hantzschii* Grunow (incl. var. *tenuis*), *S. minutulus* (Kütz.) Cleve & Möller (incl. *S. astraea* var. *minutula* Grun. und *S. perforatus* Genkal & Kuzmin), *S. neoastraea* Hakansson & Hickel, *S. parvus* Stoermer & Hakansson, *Thalassiosira guillardii* Hasle, *T. pseudonana* Hasle & Heimdal, *T. weissflogii* (Grunow) Fryxell & Hasle
F. Melosiraceae

Melosira varians Agardh
F. Coscinodiscaceae
Coscinodiscus lacustris Grunow
F. Biddulphiaceae
Acanthoceras (*Attheya*) *zachariasii* (Brun) Simonsen
O. Pennales
F. Fragilariaceae
Asterionella formosa Hassal (incl. var. *gracillima*), *Diatoma anceps* (Ehrb.) Kirchner, *D. ehrenbergii* Kütz. (incl. *D. vulgaris* var. *ehrenbergii* Kütz. und var. *grande* (W.Smith) Grunow), *D. hyemalis* (Roth) Heiberg, *D. mesodon* (Ehrb.) Kütz., *D. tenuis* Agardh (incl. *D. elongatum* Agardh), *D. vulgaris* Bory, *D. vulgaris* var. *brevis* Grunow, *D. vulgaris* var. *capitulata* Grunow, *D. vulgaris* var. *ovalis* (Fricke) Hustedt, *D. vulgaris* var. *producta* Grunow, *Fragilaria* (*Ceratoneis*) *arcus* (Ehrb.) Cleve, *F. brevistriata* Grunow, *F. capucina* Desm., *F. capucina* var. *amphicephala* (Grunow) Lange-B. (incl.*Synedra amphicephala* Kütz.), *F. capucina* var. *austriaca* (Grunow) Lange-B. (incl. *Synedra amphicephala* var. *austriaca* Hust.), *F. capucina* var. *capucina* Krammer & Lange-B. (incl. *Synedra rumpens* var. *familiaris* (Kütz.) Grunow und var. *fragilarioides* Grunow), *F. capucina* var. *rumpens* (Kütz.) Lange-B. (incl. *Synedra rumpens* Kütz.), *F. capucina* var. *vaucheriae* (Kütz.) Lange-B. (incl. *F. intermedia* Grunow, *Synedra vaucheriae* Kütz. und *Synedra rumpens* var. *meneghiniana* Grunow), *F. construens* (Ehrb.) Grunow, *F. construens* f. *venter* (Ehrb.) Hust., *F. crotonensis* Kitton, *F. dilatata* (Breb.) Lange-B. (incl. *S. capitata* Ehrb.), *F. fasciculata* (Agardh) Lange-B. (incl. *S. affinis* Kütz.), *F. leptostauron* (Ehrb.) Hust. (incl. *F. harrisonii* W. Smith), *F. magocsyi* Lacsny, *F.* (*Synedra*) *parasitica* var. *parasitica* Krammer & Lange-B., *F.* (*Synedra*) *parasitica* var. *subconstricta* Grunow, *F. pinnata* Ehrb. (incl. f. *lancettula* und *F. mutabilis* (W. Smith) Grunow), *F.* (*Synedra*) *ulna* (Nitzsch) Lange-B. (incl. var. *impressa* Hust., var. *oxyrhynchus* (Kütz.) Van Heurck, *S. acus* Kütz., *S. acus* f. *angustissima* Grunow, *S. acus* f. *radians* (Kütz.) Hust. und *S. delicatissima* W.Smith), *F. virescens* Ralfs (incl. var. *elliptica* Hust.), *Meridion circulare* var. *circulare* Krammer & Lange-B., *M. circulare* var. *constrictum* (Ralfs) Van Heurck, *Tabellaria fenestrata* (Lyngb.) Kütz., *T. flocculosa* (Roth) Kütz. (incl. var. *intermedia* Grunow, *T. asterionelloides* Grunow und *T. fenestrata* var. *asterionelloides* Grunow)
F. Eunotiaceae
Eunotia bilunaris (Ehrb.) Mills (incl. *E. lunaris* (Ehrb.) Grunow)
F. Achnanthaceae
Achnanthes exilis Kütz., *A. joursacense* Heribaud (incl. *A. lancoelata* var. *elliptica* Cleve), *A. lanceolata* (Brebisson), *A. lanceolata* ssp. *lanceolata* Krammer & Lange-B., *A. lanceolata* ssp. *rostrata* (Ostrup) Lange-B., *A. linearis* (W. Smith) Grunow, *A. minutissima* var. *affinis* (Grunow) Lange-B. (incl. *A. affinis* Grunow), *A. minutissima* Kützing, *A. minutissima* var. *minutissima* Krammer & Lange-B. (incl. *A. m.* var. *cryptocephala* Grunow), *Cocconeis pediculus* Ehrb., *C. placentula* Ehrb., *C. placentula* var. *euglypta* (Ehrb.) Grunow, *C. placentula* var. *klinographis* Geitler, *Eucocconeis lapponica* Hust.
F. Naviculaceae
Amphipleura pellucida (Kütz.) Kütz., *Amphora delicatissima* Krasske, *A. libyca* Ehrb. (incl. *A. ovalis* var. *libyca* (Ehrb.) Cleve und var. *pediculus*), *A. ovalis* (Kütz.) Kütz., *Anomoeoneis* (*Navicula*) *serians* (Breb.) Cleve, *A. sphaerophora* (Ehrb.) Pfitzer, *Caloneis amphisbaena* (Bory) Cleve, *C. bacillum* (Grunow) Cleve, *C.* (*Pinnularia*) *molaris* (Grunow) Krammer, *C. obtusa* (W. Smith) Cleve, *C. silicula* (Ehrb.) Cleve, *Cymbella affinis* Kütz., *C. amphicephala* Naeg. in Kütz., *C. aspera* (Ehrb.) Cleve, *C. austriaca* Grunow, *C. brehmii* Hust., *C. cistula* (Ehrb.) Kirchner, *C. cymbiformis* Agardh, *C. delicatula* Kütz., *C. ehrenbergii* Kütz., *C. helvetica* Kütz., *C. hustedtii* Krasske, *C. lanceolata* (Ehrb.) Kirchner, *C. minuta* Hilse, *C. naviculiformis* Auerswald, *C. prostrata* (Berkeley) Cleve, *C. silesiaca* Bleisch in Rabenh. (incl. *C. ventricosa* Agardh), *C. sinuata* Gregory (incl. f. *ovata* Hust.), *C. tumida* (Breb.) van Heurck, *C. tumidula* Grunow, *Diploneis ovalis* (Hilse) Cleve, *D. puella* (Schumann) Cleve, *Frustulia rhomboides* (Ehrb.) De Toni, *Gomphonema acuminatum* Ehrb. (incl. var. *coronatum* (Ehrb.) W.Smith), *G. angustatum* (Kütz.) Rabenh., *G. angustum* Agardh (incl. *G. intricatum* var. *pumilum* Grunow), *G. augur* Ehrb., *G. clavatum* Ehrb. (incl. *G. longiceps* var. *subclavata* Grunow), *G. gracile* Ehrb., *G. olivaceum* (Hornemann) Breb., *G. olivaceum* var. *calcareum* (Cleve) Cleve, *G. parvulum* (Kütz.) Kütz. (incl. var. *micropus* (Kütz.) Cleve), *G. tergestinum* (Grunow) Fricke, *G. truncatum* Ehrb. (incl. *G. constrictum* Ehrb.), *Gyrosigma acuminatum* (Kütz.) Rabenh., *G. attenuatum* (Kütz.) Rabenh., *G. nodiferum* (Grunow) Reimer, *G. scalproides*

(Rabenh.) Cleve (incl. var. *eximia* (Thwaites) Cleve), *Navicula bicapitellata* Hust., *N. cari* Ehrb., *N. capitata* var. *capitata* Krammer & Lange-B. (incl. *N. hungarica* var. *capitata* (Ehrb.) Cleve), *N. capitata* var. *hungarica* (Grunow) Ross (incl. *N. hungarica* Grunow), *N. capitatoradiata* Germain (incl. *N. cryptocephala* var. *intermedia* Grunow), *N. cincta* (Ehrb.) Ralfs, *N. cohnii* (Hilse) Lange-B. (incl. *N. mutica* var. *cohnii* (Hilse) Grunow), *N. cryptocephala* Kütz. (incl. *Anomoeoneis exilis* (Kütz.) Cleve), *N. cuspidata* (Kütz.) Kütz., *N. exigua* (Gregory) Grunow, *N. globulifera* Hust., *N. gregaria* Donkin, *N. halophila* (Grunow) Cleve (incl. f. *subcapitata* Ostrup), *N. menisculus* Schumann, *N. minima* (Grunow) Cleve, *N. minuscula* Grunow in Van Heurck, *N. mutica* Kütz., *N. pelliculosa* (Breb.) Hilse, *N. placentula* (Ehrb.) Kütz., *N. pupula* Kütz., *N. pygmaea* Kütz., *N. radiosa* Kütz., *N. reinhardtii* Grunow, *N. salinarum* Grunow, *N. tripunctata* (Müller) Bory (incl. *N. gracilis* Ehrb.), *N. tuscula* (Ehrb.) Grunow, *N. veneta* Kütz. (incl. *N. cryptocephala* f. *veneta* Grunow), *N. viridula* var. *viridula* Krammer & Lange-B. (incl. f. *capitatum* Mayer), *N. viridula* var. *rostellata* (Kütz.) Cleve (incl. *N. rostellata* Kütz.), *Neidium affine* (Ehrb.) Pfitzer, *N. iridis* (Ehrb.) Cleve, *N.* (*Navicula*) *productum* (W. Smith) Cleve, *Pinnularia borealis* Ehrb., *P. brevicostata* Cleve, *P. gibba* var. *mesogongyla* (Ehrb.) Hust., *P. globiceps* Ehrb., *P. interrupta* W. Smith, *P. microstauron* (Ehrb.) Cleve, *P. subcapitata* Gregory, *P. viridis* (Nitzsch) Ehrb., *Rhoicosphenia abbreviata* (Agardh) Lange-B. (incl. *R. curvata* (Kütz.) Grunow und *Gomphonema abbreviatum* (Agardh) Kütz.), *Stauroneis anceps* Ehrb., *S. phoenicenteron* (Nitzsch) Ehrb., *S. smithii* Grunow

F. Bacillariaceae

Hantzschia amphioxys (Ehrb.) Grunow, *H. spectabilis* (Ehrb.) Hust. (incl. *Nitzschia brebissonii* W. Smith), *Nitzschia acicularis* (Kütz.) W. Smith, *N. acula* Hantzsch, *N. amphibia* Grunow, *N. angustata* (W. Smith) Grunow (incl. var. *acuta* Grunow), *N. constricta* (Kütz.) Ralfs in Pritchard (incl. *N. apiculata* (Gregory) Grunow), *N. communis* Rabenh., *N. debilis* Arnott (incl. *N. tryblionella* var. *debilis* (Arnott) Hust.), *N. dissipata* (Kütz.) Grunow, *N. flexa* Schumann, *N. fonticola* Grunow (incl. *N. romana* Grunow), *N. fruticosa* Hust. (incl. *N. actinastroides* Lemm.), *N. gracilis* Hantzsch, *N. homburgiensis* Lange-B. (incl. *N. thermalis* (Kütz.) Auerswald), *N. hungarica* Grunow, *N. intermedia* Hantzsch (incl. *Synedra actinastroides* Lemm.), *N. levidensis* (W. Smith) Grunow (incl. *N. tryblionella* var. *victoriae* Grunow), *N. linearis* (Agardh) W. Smith, *N. microcephala* Grunow, *N. palea* (Kütz.) W. Smith, *N. paleacea* (Grunow) Grunow in Van Heurck, *N. pusilla* Grunow emend. Lange-B. (incl. *N. kützingiana* Hilse), *N. recta* Hantzsch, *N. salea*, *N. sigmoidea* (Nitzsch) W. Smith, *N. sinuata* Grunow, *N. sublinearis* Hust., *N. subtilis* Grunow, *N. tryblionella* Hantzsch, *N. vermicularis* (Kütz.) Grunow

F. Epithemiaceae

Epithemia turgida (Ehrb.) Kütz.

F. Surirellaceae

Campylodiscus noricus Ehrb., *Cymatopleura brunii* Petit & Brun, *C. solea* (Breb.) W. Smith, *C. elliptica* (Breb.) W. Smith, *Stenopterobia* (*Nitzschia*) *curvula* (W. Smith) Krammer, *S.* (*Surirella*) *delicatissima* (Lewis) Breb. ex Van Heurck, *Surirella angusta* Kütz., *S. biseriata* Breb., *S. brebissonii* Krammer & Lange-B. (incl. *S. ovata* Kütz.), *S. capronii* Breb., *S. constricta* W.Smith (incl. *S. smithii* Ralfs), *S. crumena* Breb. ex Kütz. (incl. *S. ovata* var. *crumena* (Breb.) Van Heurck), *S. elegans* Ehrb., *S. linearis* W. Smith, *S. linearis* var. *helvetica* (Brun) Meister, *S. minuta* Breb. in Kütz. (incl. *S. ovata* f. *pinnata* (W. Smith) Hust.), *S. ovalis* Breb., *S. robusta* Ehrb., *S. splendida* (Ehrb.) Kütz. (incl. *S. robusta* var. *splendida* Van Heurck), *S. tenera* Gregory (incl. var. *nervosa* A. Schmidt)

Kl. Rhodophyceae

O. Nemalionales

F. Acrochaetiaceae

Chantransia chalybea (Lyngb.) Fries

Kl. Cryptophyceae

O. Cryptomonadales

F. Cryptomonadaceae

Chroomonas acuta Utermöhl, *Cryptomonas erosa* Ehrb., *C. ovata* Ehrb.

Kl. Dinophyceae

O. Peridiniales
F. Peridiniaceae
Peridinium cinctum Ehrb.
F. Ceratiaceae
Ceratium hirundinella Müller

Kl. Euglenophyceae

O. Euglenales
F. Euglenaceae
Astasia klebsii Lemm., *Cryptoglena pigra* Ehrb., *Euglena acus* Ehrb., *E. oblonga* Schmitz, *E. viridis* Ehrb., *E. variabilis* Klebs, *Phacus acuminatus* Stokes, *P. caudatus* Hübner, *P. longicauda* (Ehrb.) Duj., *P. pyrum* Stein, *P. suecicus* Lemm., *Phacus tortus* (Lemm.) Skv., *Trachelomonas volvocina* Ehrb., *Trachelomonas hispida* (Perty) Stein emend. Defl.
F. Astasiaceae
Khawkinea ocellata (Khawk.) Jahn & McKibben
F. Peranemaceae
Anisonema striatum Klebs, *Petalomonas mediocanellata* Stein

Kl. Chlorophyceae

O. Volvocales
F. Chlamydomonadaceae
Polytoma uvella Ehrb.
F. Volvocaceae
Eudorina elegans Ehrb., *Gonium pectorale* Müller, *Pandorina morum* (Müller) Bory
O. Chlorococcales
F. Chlorococcaceae
Chlorococcum botryoides L.Moewus
F. Characiaceae
Ankyra (Lambertia) judayi (G.M.Smith) Korsch., *Schroederia setigera* (Schroed.) Lemm.
F. Golenkiniaceae
Acanthosphaera zachariasii Lemm.
F. Hydrodictyaceae
Pediastrum biradiatum Meyen, *P. boryanum* (Turp.) Menegh., *P. boryanum* var. *brevicorne* A. Br., *P. duplex* Meyen (incl. *P. pertusum* Kütz.), *P. integrum* Naeg., *P. simplex* Meyen, *P. tetras* (Ehrb.) Ralfs
F. Micractiniaceae
Micractinium bornhemiense (Conr.) Kors., *M. pusillum* Fres. (incl. *Richteriella botryoides* f. *tetraedrica* Lemm.)
F. Botryococcaceae
Botryococcus braunii Kütz., *Dictyosphaerium ehrenbergianum* Naeg., *D. pulchellum* Wood (incl. *D. globosum* P.Richt.), *Sphaerobotrys fluviatilis* Butcher
F. Radiococcaceae
Sporotetras pyriformis Butcher
F. Oocystaceae
Lagerheimia (Chodatella) ciliata (Lagerh.) Chod., *Oocystis pusilla* Hansg., *Oocystis marssonii* Lemm.
F. Chlorellaceae
Ankistrodesmus falcatus (Corda) Ralfs, *A. falcatus* var. *mirabile* W. & G.S.West, *Chlorella vulgaris* Beij., *Choricystis minor* (Skuja) Fott, *Closteriopsis acicularis* (G.M.Smith) Belch. & Swale (incl. *Ankistrodesmus longissimus* (Lemm.) Wille), *Kirchneriella contorta* (Schmidle) Bohlin, *K. obesa* (W.West) Schmidle, *Monoraphidium (Ankistrodesmus) arcuatum* (Korsch.) Hind., *Monoraphidium contortum* (Thur.) Kom.-Legn. (incl. *Ankistrodesmus angustus* Bern.), *M. griffithii* (Berk.) Kom.-Legn. (incl. *Ankistrodesmus acicularis* (A.Br.) Korsch.), *M. (Ankistrodesmus) mirabilis* (G. & W.S.West) Kom.-Legn., *Tetraedron*

caudatum (Corda) Hansg., *Tetraedron minimum* (A.Braun) Hansg., *Tetrastrum staurogeniaeforme* (Schroed.) Lemm.
F. Coelastraceae
Actinastrum hantzschii Lagerh., *A. hantzschii* var. *subtile* Wolosz., *Coelastrum microporum* Naeg. in A.Br., *C. sphaericum* Naeg.
F. Scenedesmaceae
Crucigenia quadrata Morren, *C. tetrapedia* (Kirchn.) W. & G. West, *Crucigeniella (Crucigenia) apiculata* (Lemm.) Kom., *C. (Crucigenia) rectangularis* (Naeg.) Kom., *Scenedesmus acuminatus* (Lagerh.) Chod. (incl. var. *biseriatus* Reinh. und var. *elongatus* Smith), *S. acutiformis* Schroed., *S. acutus* Meyen, *S. obliquus* (Turp.) Kütz. (incl. *S. bijugatus* (Turp.) Kütz.), *S. opoliensis* P.Richt., *S. obtusus* Meyen (incl. *S. arcuatus* Lemm. und *S. platydiscus* (G.M.Smith) Chod.), *S. quadricauda* (Turp.) Breb., *S. rostrato-spinosus* Chod. (incl. *S. opoliensis* var. *abundans* Printz.)
O. Ulotrichales
F. Ulotrichaceae
Hormidium rivulare Kütz., *Ulothrix moniliformis* Kütz., *U. oscillarina* Kütz., *U. tenerrima* Kütz., *U. tenuissima* Kütz., *U. zonata* Kütz.
O. Chaetophorales
F. Chaetophoraceae
Chaetophora elegans (Roth) Agardh (incl. *C. pisiformis* Agardh), *Stigeoclonium farctum* Berth., *S. tenue* Kütz.
F. Leptosiraceae
Gongrosira debaryana Rabenh., *G. incrustans* Schmidle
O. Cladophorales
F. Cladophoraceae
Cladophora fracta Kütz. ampl. Brand, *Cladophora glomerata* (L.) Kütz. ampl. Brand

Kl. Zygnemaphyceae

O. Desmidiales
F. Closteriaceae
Closterium acerosum (Schrank) Ehrb. ex Ralfs, *C. acutum* Breb. in Ralfs, *C. cornu* Ehrb., *C. decorum* Breb., *C. dianae* Ehrb., *C. gracile* Breb. ex Ralfs, *C. leiblenii* Kütz. ex Ralfs, *C. lineatum* Ehrb. ex Ralfs (incl. var. *angustatum* Reinsch), *C. lunula* (Müller) Nitzsch ex Ralfs, *C. moniliferum* (Bory) Ehrb., *C. pronum* Breb., *C. setaceum* Ehrb., *C. strigosum* Breb.
F. Desmidiaceae
Cosmarium granatum Breb. ex Ralfs, *C. impressulum* Elfving, *C. meneghinii* Breb. in Ralfs, *C. tinctum* Ralfs, *Staurastrum gracile* Ralfs, *S. hirsutum* Breb., *S. muticum* Breb., *S. paradoxum* Meyen, *S. polytrichum* Perty

Makrophyten

(Augustin et al. 1988; Wychera-Cenker 1989)

Kl. Musci

O. Neckerales
F. Fontinalaceae
Fontinalis antipyretica Hedw.

Kl. Monocotyledonae

O. Potamogetonales
F. Potamogetonaceae

Potamogeton crispus L., *P. lucens* L., *P. pectinatus* L.
O. Hydrocharitales
F. Hydrocharitaceae
Elodea canadensis Michx.

Dicotyledonae

O. Haloragales
F. Haloragaceae
Myriophyllum spicatum L.

2.2 Fauna

Zooplankton, Zoobenthos

Da dieses Kapitel auch eine größere Anzahl von Befunden enthält, die nicht veröffentlicht wurden, seien zunächst die Quellen dieser Befunde genannt:

Collembola	E. Christian
Hirudinea	H. Nesemann
Mollusca	Ch. Frank, H. Nesemann
Amphipoda	H. Nesemann, M. Pöckl
Isopoda	D.L. Danielopol
Ephemeroptera	U.H. Humpesch
Coleoptera	M. Jäch
Trichoptera	P.H. Anderwald
Simuliidae	M. Car
Chironomidae	B. Janecek, P. E. Schmid
Limoniidae	A. Waringer-Löschenkohl

Protozoa

(Aescht & Foissner 1989; Augustin et al. 1987; Bereczky 1986; Foissner & Foissner 1988; Kaltenbach 1960, 1962; Naidenow 1985; Schallgruber 1944; Stundl 1959)

St. Flagellata
F. Peranemidae
Peranema trichophorum (Ehrb.)
St. Rhizopoda
F. Arcellidae
Arcella artocrea Leidy, *A. discoides* Ehrb., *A. hemisphaerica* Perty, *A. hemisphaerica undulata* Deflandre, *A. megastomoides* Foissner, *A. vulgaris* Ehrb.
F. Centropyxidae
Centropyxis aculeata (Ehrb.), *C. aculeata oblonga* Deflandre, *C. constricta* (Ehrb.), *C. discoides* Penard, *C. orbicularis* Deflandre, *C. platystoma* (Penard)
F. Chlamydophryidae
Chlamydophrys schaudinni Schüssler
F. Cryptodifflugiidae
Cryptodifflugia oviformis Penard, *C. penardi* Grospietsch
F. Cyclopyxidae
Cyclopyxis arcelloides (Penard)
F. Cyphoderiidae
Campascus triqueter Penard, *Cyphoderia ampulla* (Ehrb.)
F. Difflugiidae

Difflugia elegans Penard, *D. globulosa* Dujardin, *D. lucida* Penard, *D. oblonga* Ehrb., *D. pyriformis lacustris* Penard, *D. sarissa* Tai, *D. urceolata* Carter
F. Euglyphidae
Euglypha acanthophora (Ehrb.), *E. alveolata* Dujardin, *E. brachiata* Leidy, *E. ciliata* (Ehrb.), *E. ciliata glabra* Wailes, *E. compressa* Carter, *E. laevis* Perty, *Tracheleuglypha acolla* Bonnet & Thomas, *T. dentata* (Penard), *Trinema enchelys* (Ehrb.), *T. lineare* Penard
F. Hyalospheniidae
Nebela collaris (Ehrb.), *N. lageniformis* Penard
F. Microchlamyidae
Microchlamys patella (Claparede & Lachmann)
F. Phryganellidae
Phryganella acropodia (Hertwig & Lesser)
F. Pseudodifflugiidae
Pseudodifflugia fascicularis Penard
St. Heliozoa
F. Actinophryidae
Actinophrys sol Ehrb.
St. Ciliata
F. Acinetidae
Acineta tuberosa (Pallas)
F. Actinobolinidae
Actinobolia radians (Stein)
F. Amphileptidae
Acineria incurvata Dujardin, *Amphileptus pleurosigma* (Stokes), *Litonotus anguilloides* Sramek-Husek, *L. cygnus* (Müller), *L. fusidens* (Kahl), *L. lamella* (Müller), *L. procerus* (Penard), *Loxophyllum helus* (Stokes), *L. meleagris* (Müller), *L. utriculariae* (Penard)
F. Aspidiscidae
Aspidisca cicada (Müller), *A. lynceus* (Müller)
F. Astylozoidae
Astylozoon enriquesi Foissner, *Hastatella radians* Erlanger
F. Bursariidae
Bursaria truncatella Müller
F. Caenomorphidae
Caenomorpha medusula Perty, *C. unserialis* Levander
F. Chilodonellidae
Chilodonella uncinata Ehrb., *Phascolodon vorticella* Stein, *Trithigmostoma cucullulus* (Müller), *T. marginatus* (Sramek - Husek)
F. Cinetochilidae
Cinetochilum margaritaceum (Ehrb.)
F. Codonellidae
Codonella cratera (Leidy)
F. Colepidae
Coleps hirtus Müller, *C. nolandi* Kahl
F. Colpodidae
Colpoda maupasi Enriques, *Paracolpoda steinii* (Maupas)
F. Cyclidiidae
Cyclidium citrullus (Cohn), *C. glaucoma* Müller
F. Dendrosomatidae
Tokophrya lemnarum (Stein)
F. Didiniidae
Didinium nasutum Müller
F. Dysteriidae
Trochilia minuta (Roux)
F. Epalxellidae

Saprodinium dentatum (Lauterborn)
F. Epistylididae
Campanella umbellaria (L.), *Epistylis nympharum* Engelmann, *E. plicatilis* Ehrb.
F. Euplotidae
Euplotes affinis (Dujardin), *E. charon* (Müller), *E. moebiusi* Kahl, *E. muscicola* Kahl, *E. novemcarinatus* Wang, *E. patella* (Müller)
F. Frontoniidae
Frontonia acuminata (Ehrb.)
F. Glaucomidae
Glaucoma macrostoma Schewiakoff, *G. scintillans* Ehrb.
F. Halteriidae
Halteria grandinella (Müller)
F. Lacrymariidae
Lacrimaria olor Müller
F. Loxodidae
Loxodes rostrum (Müller)
F. Nassulidae
Nassula ornata Ehrb.
F. Operculariidae
Opercularia articulata Goldfuß, *O. nutans* (Ehrb.)
F. Oxytrichidae
Oxytricha fallax Stein, *Steinia platystoma* Ehrb., *Stylonychia mytilus*-Komplex, *S. pustulata* (Müller), *Tachysoma pellionellum* (Müller)
F. Parameciidae
Paramecium aurelia-Komplex, *P. bursaria* (Ehrb.), *P. caudatum* Ehrb., *P. putrinum* Claparede
F. Pleuronematidae
Pleuronema crassum Dujardin
F. Podophryidae
Podophrya fixa (Müller), *P. libera* Perty
F. Prorodontidae
Prorodon luciae (Kahl), *P. teres* Ehrb., *Pseudoprorodon ellipticus* Kahl
F. Scaphidiodontidae
Chilodontopsis depressa (Perty)
F. Spathidiidae
Spathidium ampulliforme forma *minuta* Kaltenbach, *S. liepolti* Kaltenbach
F. Spirostomidae
Spirostomum ambiguum (Müller)
F. Spirozonidae
Spirozona caudata Kahl
F. Stentoridae
Stentor coeruleus (Pallas), *S. igneus* Ehrb., *S. muelleri* (Bory de St. Vincent), *S. polymorphus* (Müller), *S. roeselii* Ehrb.
F. Stokesiidae
Stokesia vernalis Wenrich
F. Strobilidiidae
Strobilidium caudatum (Fromentel), *S. humile* Penard
F. Strombidiidae
Strombidium viride Stein
F. Tetrahymenidae
Colpidium campylum (Stokes), *C. colpoda* (Losana)
F. Tintinnidiidae
Tintinnidium fluviatile (Stein)
F. Tracheliidae
Dileptus anser (Müller), *D. monilatus* (Stokes), *Trachelius ovum* (Ehrb.)

F. Trachelophyllidae
Trachelophyllum apiculatum (Perty),
F. Trichodinidae
Trichodina pediculus Ehrb.
F. Trimyemidae
Trimyema compressum Lackey
F. Uronematidae
Uronema marinum Dujardin
F. Urostylidae
Holosticha danubialis Kaltenbach, *H. similis* Stokes, *Pseudokeronopsis pseudorubra* (Ehrb.)
F. Vaginicolidae
Vaginicola crystallina Ehrb.
F. Vorticellidae
Carchesium polypinum (L.), *Pseudovorticella monilata* (Tatem), *Vorticella abbreviata* (Keiser), *V. campanula* Ehrb., *V. convallaria* (L.), *V. microstoma* Ehrb., *V. similis* Stokes, *V. striata* Dujardin, *V. utriculus* Stokes, *Zoothamnium arbuscula* (Ehrb.)

Porifera

(Waidbacher et al. 1991)
F. Spongillidae
Ephydatia fluviatilis (L.)

Turbellaria

(An der Lan 1962; Petto 1991; Russev 1985; Waidbacher et al. 1991; Weber 1967)

F. Dalyellidae
Castrella truncata (Abildgaard)
F. Dendrocoelidae
Dendrocoelum lacteum (Müller), *Neodendrocoelum maculatum* (St. & K.)
F. Dugesiidae
Dugesia gonocephala (Dugès), *D. lugubris* (Schmidt), *D. polychroa* (Schmidt)
F. Planariidae
Planaria torva (Müller)
F. Polycystidae
Gyratix hermaphroditus Ehrb.
F. Stenostomidae
Stenostomum constrictum Luther, *S. leucops* (Dugès)

Rotatoria

(Donner 1964, 1975, 1981; Jungwirth & Rehan 1986; Naidenow 1985; Schallgruber 1944; Stundl 1959; Zoufal 1990)
(Die Zusammenstellung gibt nur die in den Originalarbeiten angeführten systematischen Kategorien wieder. Daher bleiben die sich daraus ergebenden Überschneidungen unberücksichtigt.)

Adineta barbata Janson, *A. gracilis* Janson, *A. vaga* (Davis), *Anurea cochlearis* Gosse, *Anuraeopsis fissa* (Gosse), *Argonotholca foliacea* (Ehrb.), *Ascomorpha ecaudis* (Perty), *A. saltans* Bartsch, *Aspelta aper* (Harring), *A. circinator* (Gosse), *A. macra* Harring et Myers, *Asplanchna brightwelli* (Gosse), *A. priodonta* (Gosse), *Brachionus angularis* (Gosse), *B. angularis bidens* Plate, *B. bakeri* Müller, *B. budapestiensis* (Daday), *B. calyciflorus* Pallas, *B. calyciflorus* f. *amphiceros* (Ehrb.), *B. calyciflorus* f. *anuraeiformis* (Brehm), *B. calyciflorus* f. *typica*, *B. calyciflorus dorcas* (Gosse), *B. calyciflorus dorcas spinosa* (Wierzejski), *B. calyciflorus pala* (Ehrb.), *B. capsuliformis* Pall., *B. diversicornis* (Daday), *B. diversicornis diversicornis* (Daday), *B. falcatus*, *B. leydigi* f. *tridentatus* (Sernov), *B. quadridentatus* (Hermann), *B. quadridentatus brevispinus* (Ehrb.), *B. quadridentatus cluniorbicularis* Skorikov, *B. rubens* Ehrb., *B. urceolaris* (L.), *B. urceolaris* var. *rubens* (Ehrb.), *B. urceolaris sericus* Rousselet, *B.*

urceolaris urceolaris (Müller), *Cephalodella apocolea* Myers, *C. auriculata* (Müller), *C. biungulata* Wulfert, *C. catellina* (Müller), *C. clara* Wulfert, *C. deformis* (Donner), *C. delicata* Wulfert, *C. eva* (Gosse), *C. exigua* (Gosse), *C. fluviatilis minor*, *C. forceps* Donner, *C. forficata* (Ehrb.), *C. forficula* (Ehrb.), *C. gibba* (Ehrb.), *C. gobio* Wulfert, *C. gracilis* (Ehrb.), *C. incila* Wulfert, *C. megalocephala* (Glascott), *C. misgurnus* Wulfert, *C. remanei* Wiszniewski, *C. rigida* Donner, *C. rotunda* Wulfert, *C. sterea* (Gosse), *C. tenuior* (Gosse), *C. ventripes* (Dixon-Nutall), *Collotheca ornata* Ehrb., *Colurella adriatica* (Ehrb.), *C. angustata*, *C. colurus* (Ehrb.), *C. hindenburgi gastracantha* Hauer, *C. obtusa* (Gosse), *C. uncinata deflexa* (Ehrb.), *C. uncinata uncinata* (Müller), *Conochilus hippocrepis* Schrank, *Dicranophorus forcipatus* (Müller), *D. grandis* (Ehrb.), *D. secretus* Donner, *D. uncinatus* (Milne), *Dissotrocha macrostyla* (Ehrb.), *Encentrum incisum* Wulfert, *E. martes* Wulfert, *E. mucronatum* Wulfert, *E. mustela* (Milne), *E. oxyodon* Wulfert, *E. putorius armatum* Donner, *E. putorius putorius* (Wulfert), *E. semiplicatum* (Wulfert), *E. wiszniewski* (Wulfert), *Epiphanes senta* (Müller), *Euchlanis deflexa* (Gosse), *Euchlanis deflexa deflexa* (Gosse), *E. dilatata* (Ehrb.), *E. dilatata* f. *lucksiana* (Hauer), *E. oropha* Gosse, *Filinia cornuta cornuta* (Weisse), *F. longiseta* (Ehrb.), *F. longiseta longiseta* (Ehrb.), *F. longiseta passa* (Müller), *F. terminalis* (Plate), *Gastropus stylifer* (Imhof), *Habrotrocha bidens* (Gosse), *H. collaris* (Ehrb.), *H. constricta* (Dujardin), *H. elusa* Milne, *H. elusa vegeta* var. Milne, *H. flaviformis* de Koning, *H. rosa* Donner, *H. serpens* Donner, *H. tranquilla* Milne, *Hexarthra mira* (Hudson), *Kellicottia longispina* (Kellicott), *K. longispina longispina* (Kellicott), *Keratella cochlearis* (Gosse), *K. cochlearis cochlearis* (Gosse), *K. cochlearis hispida* (Lauterborn), *K. cochlearis hispida pust.*, *K. cochlearis irregularis* (Lauterborn), *K. cochlearis irregularis angulifera* (Lauterborn), *K. cochlearis irregularis connectens* (Lauterborn), *K. cochlearis leptacantha* (Lauterborn), *K. cochlearis leptacantha ecauda* (Lauterborn), *K. cochlearis irregul.* langst., *K. cochlearis irreg.* kurzst., *K. cochlearis wartm.*, *K. cochlearis macracantha* (Lauterborn), *K. cochlearis macracantha micracantha* (Lauterborn), *K. cochlearis micracacantha*, *K. cochlearis tubercul.*, *K. cochlearis tecta* (Gosse), *K. cochlearis* var. *irregularis* (Lauterborn), *K. cochlearis* var. *tecta*, *K. cochlearis* var. *tecta* f. *micracantha*, *K. cochlearis* f. *macracantha* (Lauterborn), *K. hiemalis* (Carlin), *K. quadrata* (Müller), *K. quadrata* cf. *araneoso* Ahlstrom, *K. quadrata quadrata* (Müller), *K. quadrata* var. *frenzeli* (Eckstein), *K. testudo* (Ehrb.), *K. testudo testudo* (Ehrb.), *K. valga* (Ehrb.), *Lecane arcuata* (Bryce), *L. bulla* (Gosse), *L. bulla bulla* (Gosse), *L. closterocerca* (Schmarda), *L. closterocerca closterocerca* (Schmarda), *L. flexilis* (Gosse), *L. hamata hamata* (Stokes), *L. inermis* (Bryce), *L. luna* (Müller), *L. lunaris* (Ehrb.), *L. lunaris lunaris* (Ehrb.), *L. mira* (Murray), *L. perplexa* (Ahlstrom), *L. quadridentata* (Ehrb.), *L. tudicola* Harring et Myers, *Lepadella acuminata* (Ehrb.), *L. ovalis* (Müller), *L. patella* (Müller), *L. patella patella* (Müller), *L. patella similis* Lucks, *L. quadricarinata* (Stenroos), *L. triptera* Ehrb., *L. rottenburgi* (Lucks), *Lindia torulosa* (Dujardin), *Lophocharis salpina* (Ehrb.), *Macrotrachela aliena* Donner, *M. brevilabis* var. 1 de Koning, *M. concinna* (Bryce), *M. ehrenbergi* (Janson), *M. habita* (Bryce), *M. induta* Donner, *M. inermis* Donner, *M. nana nana* (Bryce), *M. plicata* (Bryce), *M. quadricornifera quadricornifera* Milne, *M. quadricornifera quadricorniferoides* (Bryce), *M. timida inquies* Milne, *M. timida inquies* Milne forma, *Mniobia obtusicalcar* de Koning, *M. punctata* Haigh, *Monommata dentata* Wulfert, *Monostyla closterocerca* (Schmarda), *M. lunaris* (Ehrb.), *Mytilina bicarinata* (Perty), *M. mucronata* (Müller), *M. mucronata mucronata* (Müller), *Notholca acuminata* (Ehrb.), *N. foliacea* (Ehrb.), *N. labis* (Gosse), *N. longispina* Kellicott, *N. squamula* (Müller), *N. squamula squamula* (Müller), *N. striata* Ehrb., *Notommata* cf. *cerberus* (Gosse), *N. cyrtopus* Gosse, *N. glyphura* Wulfert, *N. pseudocerberus* de Beauchamp, *Otostephanos kostei* Donner, *Paradicranophorus hudsoni* (Glascott), *P. wockei* (Koste), *Parencentrum saundersiae* (Hudson), *Pleurotrocha petromyzon* Ehrb., *Ploesoma truncatum* (Levander), *Philodina acuticornis* Murray, *P. acuticornis odiosa* Milne, *P. calceata* Donner, *P. citrina* Ehrb., *P. flaviceps* Bryce, *P. megalotrocha* (Ehrb.), *P. nemoralis* Bryce, *P. plena* Bryce, *P. proterva* Milne, *P. vorax* (Janson), *Philodinavus paradoxus* (Murray), *Platyas quadricornis* (Ehrb.), *Pleurotrocha chalcoides* (Myers), *Polyarthra dolichoptera* (Idels.), *P. dolichoptera dolichoptera*, *P. dolichoptera diss.*, *P. longiremis* Carlin, *P. major* (Burckhardt), *P. minor* Voigt, *P. platyptera* Ehrb., *P. proloba* Wulfert, *P. remata* (Skorikov), *P. vulgaris* (Carlin), *P. vulgaris proloba* Wulfert, *P. vulgaris* var. *longiremis* (Carlin), *Pompholyx complanata* Gosse, *P. sulcata* (Hudson), *Proales decipiens* (Ehrb.), *P. fallaciosa* Wulfert, *P. globulifera* (Hauer), *P. minima minima* (Montet), *P. theodora* (Gosse), *Ptygura beauchampia* (Edmondson), *P. crystallina* (Ehrb.), *P. melicerta* Ehrb., *Resticula gelida* Harring et Myers, *Rotaria citrina* (Ehrb.), *R.* cf. *elongata* (Weber), *R. neptunia*, *R. rotatoria* (Pallas), *R. rotatoria granularis* (Zacharias), *R. socialis* (Kellicott), *R. sordida* Wohl, *R. tardigrada* (Ehrb.), *R. tridens* Montet, *Synchaeta kitina* Rouss., *S.*

lakowitziana (Lucks), *S. longipes* (Gosse), *S. oblonga* (Ehrb.), *S. pectinata* (Ehrb.), *S. stylata* (Wierz.), *S. tremula* (Müller), *Testudinella mucronata mucronata* (Gosse), *T. patina* (Hermann), *T. patina patina* (Hermann), *T. truncata truncata* (Gosse), *Tetramastix opoliensis* Zacharias, *Triarthra longiseta*, *Trichocerca cylindrica cylindrica* (Imhof), *T. elongata elongata* (Gosse), *T. gracilis* (Tessin), *T. iernis*, *T. musculus* (Hauer), *T. porcellus*, *T. pusilla* (Lauterborn), *T. rattus* (Müller), *T. rousseleti* (Voigt), *T. similis* (Wierzejski), *T. tenuior* (Gosse), *Trichotria pocillum* (Müller), *T. tetractis* (Ehrb.)

Nematoda

(Eder 1982, 1983)
Die Zusammenstellung berücksichtigt keine systematischen Kategorien.

Achromadora dubia (Bütschli), *A. terricola* (De Man), *Acrosticus nudicapitatus* (Steiner), *Anguillula silusiae* De Man, *Aphelenchoides parientinus* (Bastian), *Bastiana gracilis* De Man, *Cephalobus persegnis* Bastian, *Chromadorina bioculata* (Schultze), *Diplogaster rivalis* (Leydig), *Diploscapter coronatus* (Cobb), *Dorylaimus stagnalis* Duj., *Ethmolaimus pratensis* De Man, *Eudorylaimus carteri* (Bastian), *E. obtusicaudatus* (Bastian), *Gastromermis interstitialis* Kaiser & Kirchengast, *Goffartia variabilis* (Micoletzky), *Hemicycliophora thienemanni* (Schneider), *Hydromermis minutissima* Rubzov, *Ironus tenuicaudatus* De Man, *Koerneria fictor* (Bastian), *Mesorhabditis spiculigera* (Steiner), *Monhystera dispar* Bastian, *M. filiformis* Bastian, *M. paludicola* De Man, *M. similis* Bütschli, *M. simplex* De Man, *M. stefanskii* Andrassy, *M. vulgaris* De Man, *Mononchus truncatus* Bastian, *Odontolaimus chlorurus* De Man, *Parampidelus uniformis* (Thorne), *Paroiglaimella bernensis* (Stei.), *Plectus cirratus* Bastian, *Prismatolaimus dolichurus* De Man, *P. intermedius* (Bütschli), *Rhabditis intermedia* De Man, *Rhabdodontolaimus stigmatus* (Steiner), *Stenonchulus troglodytes* Schneider, *Theristus ruffoi* Andrassy, *Tobrilus diversipapillatus* (Daday), *T. gracilis* (Bastian), *T. husmanni* (Altherr), *T. pellucidus* (Bastian), *Trichodurus primitivus* (De Man), *Tripyla filicauda* De Man, *T. glomerans* Bastian, *Trischistoma monohystera* (De Man)

Mollusca

(Anderwald, Konar & Humpesch 1991; Augustin et al. 1987; Frank 1987, 1989, 1990a, 1990b; Humpesch 1989; Humpesch et al. 1988; Katzmann et al. 1991; Petto 1991; Reischütz 1983, 1988; Russev 1985; Stundl 1959; Tockner 1987; Tockner in Vorbereitung; Trauttmannsdorff 1988; Waidbacher et al. 1991; Weber 1967; Weigand 1990)
Eine kritische Durchsicht der Artenliste dieser Gruppe nahm Hr. H. Nesemann vor.

Gastropoda
F. Acroloxidae
Acroloxus lacustris L.
F. Ancylidae
Ancylus fluviatilis Müller, *Ferrissia wautieri* Mirolli
F. Bithyniidae
Bithynia tentaculata (L.)
F. Bythinellidae
Bythinella austriaca (Frauenfeld)
F. Hydrobiidae
Potamopyrgus antipodarum (Gray)
F. Lithoglyphidae
Lithoglyphus naticoides (Pfeiffer)
F. Lymnaeidae
Lymnea stagnalis (L.), *Radix auricularia* (L.), *R. peregra* Müller, *R. ovata* (Draparnaud)
F. Neritidae
Theodoxus danubialis (Pfeiffer)
F. Orientaliidae
Bythiospeum acicula geyeri (Fuchs), *Hauffenia kerschneri* (Zimmermann), *Horatia erythropomatia* Zimmermann, *Paladilhiopsis geyeri* (Fuchs)
F. Physidae

Physa fontinalis (L.), *Physella acuta* (Draparnaud), *P. heterostropha* (Say),
F. Planorbidae
Anisus vortex (L.), *Bathyomphalus contortus* (L.), *Gyraulus albus* (Müller), *G. crista* (L.), *G. laevis* (Alder), *Planorbis carinatus* Müller
F. Valvatidae
Valvata cristata Müller, *V. piscinalis* (Müller), *V. pulchella* Studer
F. Viviparidae
Viviparus acerosus (Bourguignat), *V. contectus* (Millet)

Bivalvia
F. Dreissenidae
Dreissena polymorpha (Pallas)
F. Sphaeriidae
Pisidium amnicum (Müller), *P. casertanum* (Poli), *P. casertanum ponderosum* Stelfox, *P. henslowanum* (Sheppard), *P. moitesseranum* Paladi., *P. nitidum* Jenyns, *P. personatum* Malm, *P.* cf. *pseudosphaerium* B., J. & K., *P. subtruncatum* Malm, *P. supinum* Schmidt, *Sphaerium corneum* (L.), *S. rivicola* (Lamarck), *S. lacustre* Müller
F. Unionidae
Anodonta anatina (L.), *A. cygnaea* (L.), *Pseudanodonta complanata complanata* (Rossmässler), *Unio crassus cytherea* (Küster), *U. pictorum latirostris* Küster

Polychaeta

(Augustin et al. 1987; Katzmann et al. 1991; Petto 1991; Russev 1985; Tockner in Vorbereitung; Waidbacher et al. 1991; Weber 1964, 1967, 1973)

F. Ampharetidae
Hypania invalida (Grb.)

Oligochaeta

(Anderwald, Konar & Humpesch 1991; Augustin et al. 1987; Gaviria 1987; Humpesch 1989; Humpesch et al. 1988; Katzmann et al. 1991; Petto 1991; Schallgruber 1944; Stundl 1959; Uzunov & Russev 1985; Tockner 1987; Tockner in Vorbereitung; Waidbacher et al. 1991; Weigand 1990)

F. Lumbricidae
Eiseniella tetraedra (Savigny)
F. Lumbriculidae
Lumbriculus variegatus (Müller), *Rhynchelmis* cf. *tetratheca* Michaelsen, *Stylodrilus heringianus* Claparede
F. Naididae
Chaetogaster diastrophus (Gruit.), *C. diaphanus* (Gruit.), *C. setosus* Svetl., *Dero digitata* (Müller), *Homochaeta naidina* Bret., *Nais alpina* Sperber, *N. barbata* (Müller), *N. behningi* Michaelsen, *N. bretscheri* Michaelsen, *N. communis* Piguet, *N. elinguis* Müller, *N. pardalis* Piguet, *N. variabilis* Piguet, *N. pseudobtusa* (Piguet), *N. simplex* Piguet, *Ophidonais serpentina* (Müller), *Paranais frici* Hrabe, *Pristinella rosea* (Piguet), *Slavina appendiculata* D'Udekem, *Specaria josinae* (Vejdovsky), *Stylaria lacustris* (L.), *Uncinais uncinata* (0rsted), *Vejdovskyella comata* (Vejdovsky)
F. Propappidae
Propappus volki (Michaelsen)
F. Tubificidae
Aulodrilus pluriseta (Piguet), *Ilyodrilus templetoni* (South.), *Isochaeta michaelseni* (Last.), *Limnodrilus claparedeianus* Ratzel, *L. hoffmeisteri* Claparede, *L. profundicola* (Verill), *L. udekemianus* Claparede, *Spirosperma ferox* (Eisen), *S. tenuis* Hrabe, *Potamothrix bavaricus* (Ösch.), *P. isochaetus* Hrabe, *P. hammoniensis* Michaelsen, *P. heuscheri* (Bret.), *P. moldaviensis* (Vejd. & Mraz.), *P. vejdovskyi* (Hrabe), *Psammoryctides albicola* (Michaelsen), *P. barbatus* (Grube), *P. moravicus* (Hrabe), *Tubifex ignotus* (Stolc), *T. tubifex* (Müller)

Hirudinea

(Augustin et al. 1987; Humpesch et al., 1988; Moog 1986; Nesemann 1989; Petto 1991; Russev 1985; Tockner 1987; Trauttmannsdorff 1988; Waidbacher et al. 1991; Weber 1967; Weigand 1990)
Eine kritische Durchsicht der Artenliste dieser Gruppe nahm Hr. H. Nesemann vor.

F. Erpobdellidae
Dina lineata (Johansson), *D. punctata* (Müller), *Erbobdella nigricollis* (Brandes), *E. octoculata* (L.), *Trocheta cylindrica* Örley
F. Glossiphoniidae
Alboglossiphonia heteroclita (L.), *Glossiphonia complanata* (L.), *G. nebulosa* Kalbe, *Helobdella stagnalis* (L.), *Hemiclepsis marginata* (Müller), *Theromyzon tessulatum* (Müller)
F. Piscicolidae
Cystobranchus respirans (Trosch.), *Piscicola geometra* (L.)

Tardigrada

(Schallgruber 1944)

Macrobiotus macronyx Duj.

Acari

(Anderwald, Konar & Humpesch 1991; Danielopol 1976)

F. Limnohalacaridae
Parasoldanellonyx parviscutatus (Walt.), *Porohalacarus weberi* (Romijn et Viets), *Soldanellonyx chappuisi* Walt.
F. Sperchonidae
Sperchonopsis verrucosa (Protz)

Crustacea

(Anderwald, Konar & Humpesch 1991; Augustin et al. 1987; Danielopol 1976a, 1976b, pers. Mitt.; Humpesch 1989; Humpesch et al. 1988; Jersabek 1989; Jungwirth & Rehan 1986; Katzmann et al. 1991; Moog 1986; Naidenow 1985; Petto 1991; Russev 1985; Schallgruber 1944; Stundl 1959; Tockner 1987; Tockner in Vorbereitung; Waidbacher et al. 1991; Weber 1967; Weigand 1990; Weish & Türkay 1975; Wittmann pers. Mitt.)

Ostracoda
F. Cyprididae
Candona cf. *protzi* (Hartwig) *Cryptocandona kieferi* Klie, *Crypria ophthalmica* (Jur.), *Cypridosis vidua* (Müller), *Fabaeformiscandona wegelini* Perk., *Mixtacandona laisi vindobonensis* Löff., *M. transleithanica* Löff., *Pseudocandona albicans* (Brady), *P. szösci* Fark.
F. Cytheridae
Limnocythere inopinata (Baird)
Copepoda
F. Canthocamptidae
Attheyella crassa (Sars), *Bryocamptus minutus* (Claus), *Canthocamptus staphylinus* Westwood
F. Cyclopidae
Acanthocyclops robustus (Sars), *A. vernalis* (Fischer), *C. strenuus* Fischer, *C. vicinus* Uljanin, *Diacyclops bicuspidatus* (Claus), *Eucyclops macrurus* (Sars), *E. macruroides* (Lilljeborg), *E. serrulatus* (Fischer), *Macrocyclops albidus* (Jurine), *Megacyclops viridis* (Jurine), *Mesocyclops leuckarti* (Claus), *Paracyclops fimbriatus* (Fischer)
F. Diaptomidae
Eudiaptomus gracilis (Sars)
Cladocera
F. Bosminidae

B. longirostris (Müller), *B. longispina* Leydig, *Eubosmina coregoni* Baird
F. Chydoridae
Alona affinis (Leydig), *A. costata* Sars, *A. guttata* Sars, *A. quadrangularis* (Müller), *Chydorus sphaericus* (Müller), *Disparalona rostrata* (Koch), *Leydigia acanthocercoides* (Fischer), *L. leydigii* (Schoedler), *Pseudochydorus globosus* Baird, *Pleuroxus uncinatus* Baird, *Rhynchotalona falcata* (Sars)
F. Daphnidae
Ceriodaphnia pulchella Sars, *C. quadrangulata* (Müller), *Daphnia cucullata* Sars, *D. hyalina* Leydig, *D. longispina* (Müller), *D. pulex* (De Geer), *Scapholeberis mucronata* (Müller), *Simocephalus vetulus* Müller
F. Macrothricidae
Iliocryptus agilis Kurz, *I. sordidus* (Liéven), *Macrothrix laticornis* Fischer, *M. hirsuticornis* Norman et Brady
F. Moinidae
Moina brachiata (Jurine), *M. micrura* Kurz
F. Sididae
Diaphanosoma brachyurum (Liévin), *Sida crystallina* (Müller)
Mysidacea
F. Mysidae
Limnomysis benedeni Czerniavsky
Amphipoda
F. Corophiidae
Corophium curvispinum Sars
F. Gammaridae
Chaetogammarus ischnus (Stebbing), *Dikerogammarus villosus* Sovinski., *D. haemobaphes* (Eichwald), *Gammarus fossarum* Koch, *G. roeseli* Gervais, *Niphargosis casparyi* (Pratz)
Isopoda
F. Asellidae
Asellus aquaticus (L.), *Proasellus slavus* (Remy)
F. Janiridae
Jaera istri Vieuille

Insecta

Collembola

(Christian 1986; Christian pers. Mitt.)

Isotomurus palustris (Müller), *Onychiurus* cf. *groenlandicus* (Tullberg)

Ephemeroptera

(Anderwald, Konar & Humpesch 1991; Bauernfeind 1990, pers. Mitt.; Bauernfeind & Weichselbaumer 1991; Brauer & Löw 1857; Dudich 1967; Humpesch 1989; Humpesch & Anderwald 1988; Humpesch et al. 1988; Katzmann et al. 1991; Petto 1991; Pleskot 1954; Strobl 1906; Tockner 1987; Tockner in Vorbereitung; Waidbacher et al. 1991; Weber 1967; Weichselbaumer & Sowa 1990)

F. Baetidae
Baetis fuscatus L., *B. pentaphlebodes* Ujhelyi *B. rhodani* Pictet, *Cloeon dipterum* (L.)
F. Caenidae
Caenis horaria (L.), *C. luctuosa* (Burmeister), *C. macrura* Steph., *C. rivulorum* Eaton
F. Ephemerellidae
Ephemerella ignita (Poda), ? *E. mesoleuca* (Brauer) (Vorkommen möglicherweise schon erloschen), ? *E. mucronata* (Bengtsson) (Vorkommen möglicherweise schon erloschen)
F. Ephemeridae
Ephemera vulgata L.
F. Leptophlebiidae
Habroleptoides confusa Sart & Jakob

F. Heptageniidae
? *Ecdyonurus aurantiacus* (Burmeister) (Vorkommen möglicherweise schon erloschen), *E. ruffi* Grandi, *Epeorus sylvicola* (Pictet), *Heptagenia coerulans* Rost., ? *H. flava* Rostock (Vorkommen möglicherweise schon erloschen), *H. fuscogrisea* Retz., ? *H. longicauda* (Stephens) (Vorkommen möglicherweise schon erloschen), *H. sulphurea* (Müller), ? *R. germanica* Eaton (Vorkommen möglicherweise schon erloschen), *R. landai* Sowa & Soldan
F. Oligoneuriidae
Oligoneuriella rhenana (Imh.)
F. Polymitarcidae
Ephoron virgo Olivier
F. Potamanthidae
Potamanthus luteus (L.)
F. Siphlonuridae
? *Siphlonurus alternatus* (Say) (Vorkommen möglicherweise schon erloschen)

Odonata

(Waringer 1989a)

F. Calopterygidae
Calopteryx splendens (Harris)

Heteroptera

(Waidbacher et al. 1991)

F. Veliidae
Velia currens (F.)

Megaloptera

(Waidbacher et al. 1991)

F. Sialidae
Sialis lutaria (L.)

Coleoptera

Eine kritische Durchsicht der Artenliste dieser Gruppe nahm Hr. Dr. M. Jäch vor.
(Hebauer 1983; Petto 1991; Waidbacher et al. 1991)

F. Dytiscidae
Platambus maculatus (L.)
F. Elmidae
Oulimnius tuberculatus Ph. Müller
F. Hydraenidae
Hydraena saga D'Orchymont

Trichoptera

(Anderwald 1991; Anderwald, Konar & Humpesch 1991; Augustin et al. 1987; Humpesch 1989; Humpesch et al. 1988; Katzmann et al. 1991; Kumanski 1985; Malicky 1978; Petto 1991; Waidbacher et al. 1991; Tockner 1987; Tockner in Vorbereitung; Waringer 1989b, 1991; Weber 1967; Weigand 1990)

F. Brachycentridae
Brachycentrus subnubilus Curtis, *Oligoplectrum maculatum* Fourcroy
F. Ecnomidae
Ecnomus tenellus Ramb.
F. Glossosomatidae

Agapetus laniger Pictet, *A. ochripes* Curtis, *Glossosoma boltoni* Curtis
F. Goeridae
Goera pilosa Fabr., *Silo piceus* Brauer
F. Hydropsychidae
Cheumatopsyche lepida Pictet, *Hydropsyche angustipennis* Curtis, *H. bulbifera* McL., *H. bulgaromanorum* Mal., *H. contubernalis* McL., *H. guttata* Pictet, *H. modesta* Navas, *H. pellucidula* Curtis, *H. siltalai* Döhler
F. Hydroptilidae
Agraylea sexmaculata Curtis, *Allotrichia pallicornis* Eaton, *Hydroptila angulata* Mosely, *H. emarginata* Morton, *H. forcipata* Eaton, *H. pulchricornis* Pictet, *H. sparsa* Curtis, *H. vectis* Curtis, *Ithytrichia lamellaris* Eaton, *Orthotrichia costalis* Curtis, *Oxyethira flavicornis* Pictet
F. Lepidostomatidae
Lasiocephala basalis Kol., *Lepidostoma hirtum* Fbr.
F. Leptoceridae
Athripsodes albifrons L., *A. aterrimus* Steph., *A. bilineatus* L., *A. cinereus* Curtis, *Ceraclea alboguttata* Hagen, *C. annulicornis* Steph., *C. dissimilis* Steph., *C. nigronervosa* Retz., *C. fulva* Rambur, *Leptocerus tineiformis* Curtis, *Mystacides azurea* L., *M. longicornis* L., *Oecetis furva* Ramb., *O. lacustris* Pictet, *O. notata* Ramb., *O. ochracea* Curtis, *Setodes punctatus* Fabr., *Triaenodes bicolor* Curtis
F. Limnephilidae
Anabolia furcata Brauer, *A. laevis* (Zetterstedt), *Annitella obscurata* McL., *Apatania muliebris* McL., *Chaetopteryx fusca* Brauer, *C. major* McL., *Glyphotaelius pellucidus* Retz., *Halesus digitatus* Schrank, *H. radiatus* Curtis, *H. tesselatus* Ramb., *Limnephilus affinis* Curtis, *L. auricula* Curtis, *L. binotatus* Curtis, *L. decipiens* Kol, *L. extricatus* Mc. L., *L. flavicornis* Fabr., *L. griseus* L., *L. hirsutus* Pictet, *L. ignavus* McL., *L. lunatus* Curtis, *L. rhombicus* L., *L. sparsus* Curtis, *L. vittatus* Fabr., *Potamophylax cingulatus* Steph., *P. rotundipennis* Brauer, *Stenophylax permistus* McL., *S. vibex* Curtis
F. Molannidae
Molanna angustata Curtis
F. Phryganeidae
Agrypnia pagetana Curtis, *A. varia* Fabr., *Phryganea grandis* L.
F. Polycentropidae
Cyrnus flavidus McL., *C. trimaculatus* Curtis, *Neureclipsis bimaculata* L., *Plectrocnemia conspersa* Curt., *Polycentropus flavomaculatus* Pictet
F. Psychomyidae
Psychomyia pusilla Fbr., *Tinodes waeneri* L.
F. Rhyacophilidae
Rhyacophila dorsalis Curtis, *R. fasciata* Hagen, *R. pascoei* McL., *R.* gr. *tristis*

Diptera

F. Simuliidae
(Car pers. Mitt.; Humpesch 1989; Humpesch et al. 1988; Moog 1986; Petto 1991; Waidbacher et al. 1991)
Prosimulium tomosvaryi (End.), *Simulium colombaschense* (Fabr.), *S. (Eusimulium) angustipes* Edwards, *S. (Boophthora) erythrocephalum* (de Geer), *S. (Wilhelmia) equinum* (L.), *S. (W.) lineatum* (Mg.), *S. reptans*
F. Limoniidae
(Katzmann et al. 1991; Petto 1991)
Antocha vitripennis Meigen
F. Chironomidae
Eine kritische Durchsicht der Artenliste dieser Gruppe nahm Hr. Dr. B. Janecek vor.
(Anderwald, Konar & Humpesch 1991; Augustin et al. 1987; Bretschko & Tockner 1989; Janecek pers. Mitt.; Katzmann et al. 1991; Moog 1986; Petto 1991; Schmid pers. Mitt.; Schmid 1992; Tockner 1987; Tockner in Vorbereitung; Waidbacher et al. 1991; Weber 1967; Weigand 1990)
Acricotopus lucens (Zetterstedt), *Anatopynia plumipes* Fries., *Apsectrotanypus trifacscipennis* (Zetterstedt), *Brillia flavifrons* Johannsen, *Bryophaenocladius* sp. cf. *xanthogyne* (Edwards), *Chaetocladius dentiforceps* gr., *Chironomus acutiventris* Wülker, Ryser & Scholl, *Ch. bernensis* Klötzli, *Ch. nudiventris* Ryser,

Scholl & Wülker, *Ch. obdusidens* Goetghebuer, *Ch. obtusidens* gr., *Ch. plumosus* (L.), *Ch. reductus* gr., *Ch. riparius* Meigen, *Cladopelma virescens* (Meigen), *Cladotanytarsus mancus* (Walker), *C.* cf. *vanderwulpi* (Edwards) *C.* sp. 1, *Clinotanypus nervosus* (Meigen), *Conchapelopia melanops* (Meigen), *C. pallidula* (Meigen), *C.* sp. 1, *Corynoneura lacustris* Edwards, *C. lobata* Edwards, ? *C. scutellata* Winnertz, *Cricotopus albiforceps* (Kieffer), *C. annulator* Goetghebuer, *C. bicinctus* (Meigen), *C. (Isocladius) brevipalpis* Kieffer, *C. curtus* Hirvenoja, *C.* cf. *festivellus* (Kieffer), *C. festivellus* gr., *C. festivellus* gr. I/ II, *C. flavocinctus* (Kieffer), *C. (Isocladius) intersectus* (Staeger), *C. larmacollis* Edwards, *C. laricomalis* gr., *C. (Nostococladius) lygropis* Edwards, *C.* cf. *patens* Hirvenoja, *C. (Isocladius) reversus* gr., *C. (Isocladius) reversus* Hirvenoja, *C. similis* Goetghebuer, *C.* sp. 1, *C. (Isocladius) sylvestris* gr., *C. tremulus* (L.), *C. tremulus* gr., *C. triannulatus* Macquart, *C. (Isocladius) tricinctus* (Meigen), *C. trifascia* Edwards, *C. (Isocladius) trifasciatus* Meigen, *Cryptochironomus defectus* (Kieffer), *Cr.* sp. cf. *obreptans* (Walker), *Cr. rostratus* Kieffer, *Cryptotendipes* sp. cf. *pseudotener* (Goetghebuer), *Demeijerea rufipes* (L.), *Diamesa ciner. zernyi* gr., *Dicrotendipes nervosus* (Staeger), *D. tritomus* (Kieffer), *D. modestus* Say, *Eukiefferiella brevicalcar* (Kieffer), *E. claripennis* (Lundbeck), *E. claripennis* gr., *E. clypeata* (Kieffer), *E. devonica* Edwards, *E. gracei* Edwards, *E. lobifera* Goetghebuer, *E. minor* Edwards, *E. tirolensis* Goetghebuer, *Glyptotendipes pallens* (Meigen), *G. paripes* (Edwards), *G. varipes* gr. *Harnischia curtilamellata* (Malloch), *H. fuscimana* Kieffer, *Heleniella ornaticollis* (Edwards), *Metriocnemus fuscipes* (Meigen), *M. hygropetricus* agg., *Microchironomus tener* (Kieffer), *Micropsectra* cf. *atrofasciata* (Kieffer), *M. atrofasciata* agg., *M.* cf. *notescens* agg., *M.* sp. 1, *M.* sp. 2, *Microtendipes chloris* (Meigen), *M. pedellus* (de Geer), *M. pedellus* gr., *Monodiamesa bathyphila* (Kieffer), *Nanocladius bicolor* (Zetterstedt), *N. rectinervis* (Kieffer), *Neozavrelia luteola* Goethgebuer, *Odontomesa fulva* (Kieffer), *O. (Eu.) ashei* Soponis, *Orthocladius excavatus* Brundin, *O. frigidus* (Zetterstedt), *O. (Eudactylocladius) fuscimanus* (Kieffer), *O. (Euorthocladius) luteipes* Goetghebuer, *O. (Eudactylocladius) olivaceus* (Kieffer), *O. (Eu.) rivulorum* Kieffer, *O.* s. str. cf. *rubicundus* (Meigen), *O.* cf. *saxicola* Kieffer, *O. saxicola* gr., *O. (Eu.) thienemanni* Kieffer, *O. wetterensis* Brundin, *O.* sp. A sensu Schmid, *O.* sp. B sensu Schmid, *O.* sp. C sensu Schmid, *O.* sp. D sensu Schmid, *O.* sp. 1 sensu Schmid, *O.* sp. 1a sensu Schmid, *O.* sp. 1c sensu Schmid, *O.* sp. 1d sensu Schmid, *O.* sp. 2 sensu Schmid, *O.* sp. 3b sensu Schmid, *Parachironomus arcuatus* gr., *P. frequens* (Johannsen), *P.* sp. 1, *P.* sp. 2, *Paracladopelma nigritula* (Goetghebuer), *P. camptolabis* (Kieffer), *Paracladius conversus* (Walker), *Parametriocnemus stylatus* (Kieffer), *Paratendipes albimanus* (Meigen), *Paratrichocladius rufiventris* (Meigen), *P. skirwithensis* (Edwards), *Parakiefferiella bathophila* (Kieffer), *P.* sp. 1, *Paratanytarsus austriacus* (Kieffer), *P. dissimilis* Johannsen, *P. inopertus* (Walker), *P. natvigi* (Goetghebuer), *P.* sp. 2, *Phaenopsectra flavipes* (Meigen), *Polypedilum bicrenatum* Kieffer, *P. cultellatum* Goetghebuer, *P. convictum* (Walker), *P. laetum* (Meigen), *P. laetum* gr., *P. laetum* I, *P. laetum* I gr., *P. laetum* II gr., *P. nubeculosum* (Meigen), *P. nubeculosum* gr., *P. nubifer* (Skuse), *P. pedestre* gr., *P. (Tripodura) scalaenum* (Schrank), *P. (Pentapedilum) sordens* (van der Wulp), ? *P.* cf. *tuberculatum* (Tokunaga), *Potthastia gaedii* (Meigen), *P. gaedii* gr., *P. longimanus* (Kieffer), *P. longimanus* gr., *P.* cf. *pastoris* (Edwards), ? *Procladius (Psilotanypus) bellus* (Loew), *P. (Psilotanypus)* cf. *rufovittatus* (van der Wulp), *Prodiamesa olivacea* (Meigen), *Psectrocladius limbatellus* (Holmgr.), *P. sordidellus* (Zetterstedt), *Psectrotanypus varius* (Fabr.), *Pseudosmittia* cf. *ruttneri* Strenzke & Thienemann, *Rheocricotopus atripes* (Kieffer), *R. (Psilocricotopus) chalybeatus* (Edwards), *R. fuscipes* (Kieffer), *Rheopelopia ornata* (Meigen), *Rheosmittia spinicornis* (Brundin), *Rheotanytarsus* cf. *curtistylus* (Goetghebuer), *R. muscicola* (Thienemann), *R.* cf. *photophilus* Goetghebuer, *R.* sp. 1, *Smittia edwardsi* Goetghebuer, *S.* sp. 1, *Stilocladius* cf. *montanus* Rossaro, *Stictochironomus* sp. cf. *sticticus* (Fabr.), *Synorthocladius semivirens* (Kieffer), *Tanytarsus brundini* Lindeberg, *T.* cf. *curticornis* Kieffer, *T. lestagei* Goetghebuer, *T.* sp. 1, *T.* sp. forma I, *T. sylvaticus* (van der Wulp), *Thienemannimyia* sp. cf. *laeta* (Meigen), *Tvetenia calvescens* (Edwards), *Tv.* cf. *discoloripes* (Goetghebuer), *Tv. verralli* (Edwards), *Tv.* sp. A sensu Cranston, *Trissopelopia* sp. 1

F. Lonchopteridae (Franz 1989)

Lonchoptera lutea Panzer

F. Scatophagidae (Franz 1989)

Cleigastra brevifrons Zetterstedt

Bryozoa

(Petto 1991; Tockner 1987; Waidbacher et al. 1991)

F. Fredericellidae
Fredericella sultana (Blumenbach)
F. Cristatellidae
Cristatella mucedo Cuvier

Pisces

(Schiemer & Jungwirth 1991)

F. Acipenseridae
Acipenser ruthenus L.
F. Anguillidae
Anguilla anguilla (L.)
F. Centrarchidae
Lepomis gibbosus (L.)
F. Cobitidae
Cobitis taenia (L.), *Misgurnus fossilis* (L.), *Noemacheilus barbatulus* (L.)
F. Cottidae
Cottus gobio L.
F. Cyprinidae
Abramis ballerus (L.), *A. brama* (L.), *A. sapa* (Pallas), *Alburnoides bipunctatus* (Bloch), *Alburnus alburnus* (L.), *Aspius aspius* (L.), *Barbus barbus* (L.), *Blicca björkna* (L.), *Carassius auratus gibelio* (Bloch), *C. carassius* (L.), *Chondrostoma nasus* (L.), *Ctenopharyngodon idella* (Val.), *Cyprinus carpio carpio* L., *Gobio albipinnatus* Lukasch, *G. gobio* (L.), *G. kessleri* Dybowski, *G. uranoscopus* (Agassiz), *Hyphophthalmichthys molitrix* (Val.), *Leucaspius delineatus* (Heckel), *Leuciscus cephalus* (L.), *L. idus* (L.), *L. leuciscus* (L.), *Pelecus cultratus* (L.), *Phoxinus phoxinus* (L.), *Rhodeus sericeus amarus* (Bloch), *Rutilus frisii meidingeri* (Heckel), *R. pigus virgo* (Heckel), *R. rutilus* (L.), *Scardinius erythrophtalmus* (L.), *Tinca tinca* (L.), *Vimba vimba* (L.)
F. Esocidae
Esox lucius L.
F. Gasterosteidae
Gasterosteus aculeatus L.
F. Gobiidae
Proterorhinus marmoratus (Pallas)
F. Percidae
Gymnocephalus baloni (Holcik & Hensel), *G. cernua* (L.), *G. schraetser* (L.), *Perca fluviatilis* L., *Stizostedion lucioperca* (L.), *S. volgensis* Gmelin, *Zingel streber* (Siebold), Z. zingel L.
F. Salmonidae
Hucho hucho (L.), *Oncorhynchus mykiss* (Waldbaum), *Salmo trutta* f. *fario* L., *S. trutta* f. *lacustris* L., *Salvelinus fontinalis* (Mitchell)
F. Siluridae
Silurus glanis L.
F. Thymallidae
Thymallus thymallus (L.)

3 Diskussion und Zusammenfassung

Aus dem vorliegenden Datenmaterial (Stand: Dezember 1992) wurden nur die als Art ausgewiesenen Organismen der Fließstrecke der österreichischen Donau berücksichtigt. Da dieses

Material aber eine Reihe von Organismen nur als «Taxa auf höherem Niveau» ausweist, ist mit einer Zunahme der Artenzahl auch in Zukunft zu rechnen. Darüberhinaus wird auch die weitere Beprobung des Flusses, nicht zuletzt stimuliert durch den vorliegenden Beitrag, eine weitere Komplettierung des Wissens über den Artenbestand der österreichischen Donau bringen. Aus heutiger Sicht ist die Flora und Fauna der Donau in Österreich aus 420 bzw. 1038 Arten bzw. Unterarten zusammengesetzt (Tab. 1). Die vorliegende Übersicht ermöglicht nun einen Floren- und Faunenvergleich mit anderen Abschnitten der Donau bzw. anderen großen Fließgewässern. Allerdings gibt die vorliegende Zusammenstellung nur einen allgemeinen Überblick über den Organismenbestand wieder. Erst eine ins Detail gehende, d.h. auf Biotope oder Flußregionen und -zonen, wie freie Fließstrecke, Augewässer, gestaute Flußstrecke etc., aufgegliederte Beschreibung wird ein besseres Verständnis über die Verbreitung der Organismen und ihrer ökologischen Ansprüche bringen.

Tab. 1: Überblick über die Artenzahl der Flora und Fauna in der Fließstrecke der östereichischen Donau. 1: Flora; 2: Fauna

1. Flora	Artenzahl	2. Fauna	Artenzahl
Cyanophyceae	59	Protozoa	148
Chrysophyceae	9	Porifera	1
Xanthophyceae	1	Turbellaria	10
Bacillariophyceae	232	Rotatoria	272
Dinophyceae	2	Nematoda	47
Cryptophyceae	3	Mollusca	49
Rhodophyceae	1	Polychaeta	1
Euglenophyceae	17	Oligochaeta	48
Chlorophyceae	68	Hirudinea	13
Zygnemaphyceae	22	Tardigrada	1
Musci	1	Acarina	4
Monocotyledonae	4	Crustacea	67
Dicotyledonae	1	Collembola	2
		Ephemeroptera	27
		Odonata	1
		Heteroptera	1
		Megaloptera	1
		Coleoptera	3
		Trichoptera	90
		Diptera	194
		Bryozoa	2
		Pisces	56
gesamt	420		1038

Danksagung

Die redaktionelle Betreuung oblag Mag. M. Konar, der bei seiner Arbeit auf eine faunistische Zusammenfassung von Fr. Dr. V. Kowarc zurückgreifen konnte. Weiters wäre die Zusammenstellung ohne die Mithilfe der Kollegen, die sowohl bei der Sichtung des Materials geholfen, als auch noch unveröffentlichtes Material zur Verfügung gestellt haben, nicht möglich gewesen. Den Kollegen Prof. Dr. W. Foissner, Dr. Hoerner, Dr. B. Janecek, Dr. M. Jäch, C. Jersabek, Dr. M. Pöckl, Dr. P. E. Schmid, Doz. Dr. R. Wagner, Weigand und Dr. W. Zoufal sowie cand. phil. Tockner und Hrn. Nesemann sei für ihre vielfachen Hinweise herzlichst gedankt.

Literatur

Die mit * versehenden Arbeiten stellen weiterführende Literatur zum Kapitel Phytoplankton, Phytobenthos dar.

Aescht, E. & Foissner, W. (1989): Catalogus Faunae Austriae. Teil Ia: Stamm: Rhizopoda. – Verlag der Österreichischen Akademie der Wissenschaften, Wien. 80 pp.

An der Lan, H. (1962): Zur Turbellarien-Fauna der Donau. Arch. Hydrobiol. Suppl. 28: 3-27

Anderwald, P.H. (1991): Quantitative Analyse der Entwicklung und Mobilität ausgewählter Trichopterenpopulationen der Donau und deren Abhängigkeit von Umweltvariablen. – Dissertation an der Formal- und Naturwissenschaftlichen Fakultät der Universität Wien. 147 pp

Anderwald, P.H., Konar, M. & Humpesch, U.H. (1991): Continuous drift samples of macroinvertebrates in a large river, the Danube in Austria. – Freshw. Biol. 25: 461-476

Augustin, H., Moog, O., Unterweger, A. & Wiener, W. (1987): Die Gewässergüte der Fließgewässer der Stadt Linz und Umgebung. – Naturkundl. Jahrb. der Stadt Linz 31/32: 149-363

Bauernfeind, E. (1990): Der derzeitige Stand der Eintagsfliegen-Faunistik in Österreich (Insecta: Ephemeroptera). – Verh. zool. - bot. Ges. Österreich 127: 61-82

Bauernfeind, E. pers. Mitt.

Bauernfeind, E. & Weichselbaumer, P. (1991): Eintagsfliegen-Nachweise aus Österreich. (Insecta: Ephemeroptera). – Verh. zool. - bot. Ges. Österreich 128: 47-66

Bereczky, M. (1986): Artenliste der Protozoen im Donaustau Altenwörth. – Ungarische Donauforschungsstation der Ungarischen Akademie der Wissenschaften. 2 pp.

Biffl, W., Jungwirth, M. & Moog, O. (1988): Beurteilung der limnologischen, insbesondere trophischen und saprobiellen Entwicklung des Ausystems zwischen Fischamend und Bad Deutsch Altenburg. – Studie im Auftrag des österreichischen Wasserwirtschaftverbandes. Angefertigt am Institut für Wasserwirtschaft der Universität für Bodenkultur. Wien. Teil 1: 368 pp. (unveröffentlicht)

Brauer, F. & Löw, F. (1857): Neuroptera austriaca. – Gerold, Wien. 80 pp.

Bretschko, G. & Tockner, K. (1989): Endbericht der Fachgruppe Limnologie Core. – In: Interdisziplinäre Studie Donau (Ed. N. Hary & G.A. Janauer) Im Auftrag des Österreichischen Wasserwirtschaftverbandes, Wien: 233 - 260

Brunnthaler, J. (1900): Das Phytoplankton des Donaustromes bei Wien. – Verh. zool.-bot. Ges. Wien 53: 561-569

Bursik, H. (1973): Aufwuchsbiozönosen auf Pontons in der Donau bei Wien. – Dissertation an der Formal- und Naturwissenschaftlichen Fakultät der Universität Wien. 203 pp.

Car, M. pers. Mitt.

* Cholnoky, B.J. (1955): Diatomeengesellschaften aus den Donauauen oberhalb von Wien. – Verh. zool. - bot. Ges. Wien 95: 76-87

Christian, E. (1986): Apterygota from terrestrial sand, gravel and debris accumulations in Austria. – II. int. Sem. Apterygota, Siena: 139-141

Christian, E. pers. Mitt.

* Claus, G. (1961): Monthly ecological studies on the flora of the Danube at Vienna in 1957-58. – Verh. Internat. Ver. Limnol. 14: 459-465

Claus, G. & Reimer, C. W. (1961): A qualitative and quantitative study of the phytoplankton of the Danube river at Vienna. – Revista de Biologia 2: 261-275

* Czernin - Chudenitz, C. W. (1963): Das Plankton der österreichischen Donau und seine Bedeutung für

die Selbstreinigung. – Internationale Arbeitsgemeinschaft Donauforschung, 8. Arbeitstagung, Wissenschaftliche Kurzreferate: 57-60

Czernin - Chudenitz, C.W. (1966): Das Plankton der österreichischen Donau und seine Bedeutung für die Selbstreinigung. – Arch. Hydrobiol. Suppl. 30: 194-217

Danielopol, D.L. (1976a): The distribution of the fauna in the interstitial habitats of the riverine sediments of the Danube and the Piesting (Austria). – Int. J. Speleol. 8: 23-51

Danielopol, D.L. (1976b): Sur la distribution geographigue de la faune interstitielle du Danube et des certaine des ses affluents en Basse-Autrche. – Int. J. Speleol. 8: 323-329

Donner, J. (1964): Die Rotatorien-Synusien submerser Makrophyten der Donau bei Wien und mehrerer Alpenbäche. – Arch. Hydrobiol. Suppl. 27: 227-324

Donner, J. (1975): Die Rädertierbestände submerser Moose und weiterer Merotope im Bereich der Stauräume der Donau an der deutsch-österreichischen Landesgrenze. – Arch. Hydrobiol. Suppl. 44: 49-114

Donner, J. (1981): Material zur saprobiologischen Beurteilung mehrerer Gewässer des Donau-Systems bei Wallsee und in der Lobau, Österreich, mit besonderer Berücksichtigung der litoralen Rotatorien. – Arch. Hydrobiol. Suppl. 52: 117-228

Dudich, E. (1967): Systematisches Verzeichnis der Tierwelt der Donau mit einer zusammenfassenden Erläuterung. – In: Limnologie der Donau (Ed. R. Liepolt). – E. Schweizerbart'sche Verlagsbuchhandlung, Stuttgart

Eder, R. (1982): Über die Verwendung von Nematoden als Bioindikatoren. – Internationale Arbeitsgemeinschaft Donauforschung, 23. Arbeitstagung, Wissenschaftliche Kurzreferate: 147b-149

Eder, R. (1983): Nematoden aus dem Interstitial der Donau bei Fischamend (Niederösterreich). – Arch. Hydrobiol. Suppl. 68: 100-113

* Ettl, H. (1978): Xanthophyceae (1. Teil). – In: Süßwasserflora von Mitteleuropa, Band 3 (Eds. H. Ettl, J. Gerloff, H. Heynig & D. Mollenhauer). – G. Fischer Verlag, Stuttgart, New York

* Ettl, H. (1983): Chlorophyta I (Phytomonadina). – In: Süßwasserflora von Mitteleuropa, Band 9 (Eds. H. Ettl, J. Gerloff, H. Heynig & D. Mollenhauer). – G. Fischer Verlag, Stuttgart, New York

* Ettl, H. & Gärtner, G. (1988): Chlorophyta II (Tetrasporales, Chlorococcales, Gloeodendrales). – In: Süßwasserflora von Mitteleuropa, Band 10 (Eds. H. Ettl, J. Gerloff, H. Heynig & D. Mollenhauer). – G. Fischer Verlag, Stuttgart, New York

* Fetzmann, E. (1963): Studien zur Algenvegetation der Donauauen. – Arch Hydrobiol. Suppl. 27: 183-225

Foissner, W. & Foissner, I. (1988): Catalogus Faunae Austriae. Teil Ic: Stamm: Ciliophora. – Verlag der Österreichischen Akademie der Wissenschaften, Wien. 150 pp

* Förster, K. (1982): Conjugatophyceae. – In: Das Phytoplankton des Süßwassers (Systematik und Biologie), 8. Teil, 1. Hälfte (Ed. G. Huber - Pestalozzi). Schweizerbart'sche Verlagsbuchgesellschaft, Stuttgart

Frank, C. (1987): Die Mollusken des österreichischen Donautales. Supplement III des Catalogus Faunae Austriae. – Soosiana 16: 69-182

Frank, C. (1989): Die Mollusken (Gastropoda et Bivalvia) des österreichischen Donautales. Supplement III des Catalogus Faunae Austriae. – Soosiana 17: 3-99

Frank, C. (1990a): Ein Lebendnachweis von *Lithoglyphius naticoides* (C.Pfeiffer 1828) in der österreichisch-bayrischen Donau (Gastropoda: Prosobranchia: Hydrobiidae). – Arch. Hydrobiol. Suppl. 84: 95-98

Frank, C. (1990b): Zur Expansion von *Potamopyrgus jenkinsi* (E.A.Smith 1889) (Gastropoda: Prosobranchia: Hydrobiidae) im österreichischen Donauraum. – Arch. Hydrobiol. Suppl. 84: 99-100

Franz, H. (1989): Die Nordostalpen im Spegel ihrer Landtierwelt. Eine Gebietsmonographie. Band IV/2. Diptera Cyclorapa. – Universitätsverlag Wagner, Innsbruck. 455 pp.

* Fux, S. (1991): Die qualitative und quantitative Phytoplanktonzusammensetzung der Neuen Donau bei Wien. – Diplomarbeit an der Formal- und Naturwissenschaftlichen Fakultät der Universität Wien. 129 pp.

Gaviria, E. (1987): Untersuchung der Oligochaeten im Stauraum Altenwörth. – Internationale Arbeitsgemeinschaft Donauforschung, 26. Arbeitstagung, Wissenschaftliche Kurzreferate: 432-438

* Geitler, L. (1925): Cyanophyceae. – In: Die Süßwasserflora Deutschlands, Österreichs und der Schweiz,

Heft 12 (Ed. A. Pascher). G. Fischer Verlag, Jena
Grosina, H. (1985): Vorstudie für das Forschungsobjekt «Ökosystemstudie Donaustau». – Veröffentlichungen des Österreichischen MaB-Programms Band 11. Universitätsverlag Wagner, Innsbruck. 240 pp.
* Gunselius, B. & Rodinger, W. (1983): Die saisonale Entwicklung des Phytoplanktons der österreichischen Donau im Jahre 1983. – Internationale Arbeitsgemeinschaft Donauforschung, 24. Arbeitstagung, Wissenschaftliche Kurzreferate: 93-96
Haberlehner, E. (1986): Zweiter Wiederfund von Lithoglyphus naticoides (C. Pfeiffer 1828) in Österreich (Gastropoda: Prosobranchia). – Heldia 1: 139-142
Hary, N. & Nachtnebel, H.P. (1989): Ökosystemstudie Donaustau Altenwörth, Veränderungen durch das Donaukraftwerk Altenwörth. – Veröffentlichungen des österreichischen MaB-Programms Band 14. Universitätsverlag Wagner, Innsbruck
Hebauer, F. (1983): Corrigula et Addenda zum Beitrag zur Faunistik und Ökologie der Elminthidae und Hydraenidae in Ostbayern. – Mitt. Münch. Ent. Ges. 72: 1-8
* Heering, W. (1921): Chlorophyceae IV. – In: Die Süßwasserflora Deutschlands, Österreichs und der Schweiz, Heft 7 (Ed. A. Pascher). G. Fischer Verlag, Jena
* Hindak, F. & Zahumensky, L. (1983): Algenverzeichnis im tschechoslowakischen Donauabschnitt. – Arch. Hydrobiol. Suppl. 68: 114-133
* Hofmann, J. et al. (1981): Ergebnisse über qualitative und quantitative Veränderungen des Phytoplanktons im Lauf der Donau von Österreich bis Jugoslawien. – Internationale Arbeitsgemeinschaft Donauforschung, 22. Arbeitstagung, Wissenschaftliche Kurzreferate: 117-120
* Huber - Pestalozzi, G. (1950): Cryptophyceae. – In: Das Phytoplankton des Süßwassers (Systematik und Biologie), 3. Teil (Ed. G. Huber - Pestalozzi). E. Schweizerbart'sche Verlagsbuchgesellschaft, Stuttgart
* Huber - Pestalozzi, G. (1955): Euglenophyceae. – In: Das Phytoplankton des Süßwassers (Systematik und Biologie), 4. Teil (Ed. G. Huber - Pestalozzi). E. Schweizerbart'sche Verlagsbuchgesellschaft, Stuttgart
Humpesch, U.H. (1989): Quantitative Analyse der biologischen, chemischen und mikrobiologischen Güte der Donausohle bei Wien – Stromkilometer 1934, 1921 und 1907). – Studie im Auftrag des Magistrates der Stadt Wien, Magistratsabteilung 45 – Wasserbau: 56 pp. (unveröffentlicht)
Humpesch, U.H. & Anderwald, P. (1988): Beitrag zur Faunistik der österreichischen Donau – das Makrozoobenthos bei Stromkilometer 2005. – Wasser und Abwasser 32: 41-55
Humpesch, U.H., Anderwald, P., Eisel, L., Leichtfried, M. & Petto, H. (1988): Wassergüte der Donau im Raum Wien. – Perspektiven 9/10: 66-72
Janecek, B. pers. Mitt.
Jersabek, C. (1989): Bestimmungsliste: Crustacea/Benthos. – Endbericht Ökosystemstudie Stauraum Altenwörth. (unveröffentlicht)
Jungwirth, M. & Rehan, T. (1986): Untersuchungen über die limnologischen und fischereibiologischen Verhältnisse im Stauwurzelbereich des künftigen Kraftwerkes Wien. – Studie im Auftrag der MA 18. In Eigenverlag der Abteilung für Hydrobiologie, Fischereiwirtschaft und Aquakultur des Instituts für Wasserwirtschaft der Universität für Bodenkultur, Wien. 243 pp.
Kaltenbach, A. (1960): Ökologische Untersuchungen an Donauciliaten. – Wasser und Abwasser: 1-24
Kaltenbach, A. (1962): Nahrungswahl und Nahrungsaufnahme holotricher Ziliaten der Donaulitoralzone und im Myriophyllumaufwuchs des Donaualtwassers Gänsehäufel. – Wasser und Abwasser: 3-31
Kann, E. (1983): Die benthischen Algen der Donau im Raum von Wien. – Arch. Hydrobiol. Suppl. 68: 15-36
Katzmann, M., Hadl, G., Tockner, K. & Spindler, T. (1991): Ökologische Begleituntersuchung bezüglich der baulichen Veränderungen unter der Wasserschlagslinie im Donaukanal. – Zwischenbericht. Ökologische Beweissicherung im Auftrag der Wasserstraßendirektion. (unveröffentlicht)
* Kiss, K.T. & Nausch, M. (1987): Phytoplanktonuntersuchungen an ausgewählten Querprofilen der Donau bei Klosterneuburg und Göd. – Internationale Arbeitsgemeinschaft Donauforschung, 26. Arbeitstagung, Wissenschaftliche Kurzreferate: 379-383
* Komarek, J. & Fott, B. (1983): Chlorophyceae (Grünalgen) – Ordnung: Chlorococcales. – In: Das Phytoplankton des Süßwassers (Systematik und Biologie), 7(1) (Ed. G. Huber - Pestalozzi). Schweizerbart'sche

Verlagsbuchgesellschaft, Stuttgart
* Krammer, K. & Lange - Bertalot, H. (1986): Bacillariophyceae, 1. Teil: Naviculaceae. – In: Süßwasserflora von Mitteleuropa, Band 2(1) (Eds. H. Ettl, J. Gerloff, H. Heynig & D. Mollenhauer). G. Fischer Verlag, Stuttgart, New York
* Krammer, K. & Lange - Bertalot, H. (1988): Bacillariophyceae, 2. Teil: Bacillariaceae, Epithemiaceae, Surirellaceae. – In: Süßwasserflora von Mitteleuropa, Band 2(2) (Eds. H. Ettl, J. Gerloff, H. Heynig & D. Mollenhauer). G. Fischer Verlag, Stuttgart, New York
* Krammer, K. & Lange - Bertalot, H. (1991a): Bacillariophyceae, 3. Teil: Centrales, Fragilariaceae, Eunotiaceae. – In: Süßwasserflora von Mitteleuropa, Band 2(3) (Eds. H. Ettl, J. Gerloff, H. Heynig & D. Mollenhauer). G. Fischer Verlag, Stuttgart, New York
* Krammer, K. & Lange - Bertalot, H. (1991b): Bacillariophyceae, 4. Teil: Achnanthaceae. – In: Süßwasserflora von Mitteleuropa, Band 2(4) (Eds. H. Ettl, J. Gerloff, H. Heynig & D. Mollenhauer). G. Fischer Verlag, Stuttgart, New York
Kumanski, K. (1985): Zur Kenntnis der Köcherfliegen (Trichoptera) aus dem Österreichischen Donauabschnitt. – In: Die Auswirkungen der wasserbaulichen Maßnahmen und der Belastung auf das Plankton und das Benthos der Donau. (Ed. W. Naidenow). Verlag der Bulgarischen Akademie der Wissenschaften Sofia. 151 pp
Liepolt, R. (Ed.) (1967): Limnologie der Donau. – E. Schweizerbart'sche Verlagsbuchhandlung, Stuttgart
Malicky, H. (1978): Köcherfliegen-Lichtfallenfang am Donauufer in Linz (Trichoptera). – Linzer biol. Beitr. 10: 135-140
Moog, O. (1986): Makrozoobenthos. – In: Untersuchungen über die limnologischen und fischereibiologischen Verhältnisse im Stauwurzelbereich des künftigen Kraftwerkes Wien. (Eds. M. Jungwirth & T. Rehan). – Studie im Auftrag der MA 18. In Eigenverlag der Abteilung für Hydrobiologie, Fischereiwirtschaft und Aquakultur des Instituts für Wasserwirtschaft der Universität für Bodenkultur, Wien. 243 pp.
Naidenow, W. (1985): Die Auswirkungen der Wasserbauten auf das Zooplankton im österreichischen Donauabschnitt. – In: Die Auswirkungen der wasserbaulichen Maßnahmen und der Belastung auf das Plankton und das Benthos der Donau. (Ed. W. Naidenow). Verlag der Bulgarischen Akademie der Wissenschaften Sofia, 151 pp.
* Nausch, M. (1987a): Qualitative und quantitative Analyse des Phytoplanktons der Donau im Stauraum Altenwörth. – Internationale Arbeitsgemeinschaft Donauforschung, 26. Arbeitstagung, Wissenschaftliche Kurzreferate: 161-163
* Nausch, M. (1987b): Phytoplanktonuntersuchungen in der Donau und den bedeutensten Zuflüssen des oberösterreichischen Abschnittes. – Internationale Arbeitsgemeinschaft Donauforschung, 26. Arbeitstagung, Wissenschaftliche Kurzreferate: 232-236
Nausch, M. (1988): Räumliche und zeitliche Verteilung des Phytoplanktons in der österreichischen Donaustrecke. – Dissertation an der Formal- und Naturwissenschaftlichen Fakultät der Universität Wien. 325 pp.
* Nausch, M. & Kiss, K.T. (1985): Quantitative Phytoplanktonuntersuchungen an der Donau oberhalb Wiens bei Klosterneuburg und in Göd in Ungarn. – Internationale Arbeitsgemeinschaft Donauforschung, 25. Arbeitstagung, Wissenschaftliche Kurzreferate: 232-236
Nesemann, H. (1989): Die Egelfauna der Niederösterreichischen Donau (Hirudinea) zwischen Wolfsthal und Stockerau. – Lauterbornia 2: 35-51
Nesemann, H. (1991): Zoogeography and composition of Danubian leech fauna of lowland-rivers of the Kis föld compared with some Molluscs (Hirudinea, Gastropoda). – Miscellanea zool. Hung. 6: 35-51
Nesemann, H. mündl. Mitt.
* Pascher, A. & Schiller, J. (1925): Rhodophyta. – In: Die Süßwasserflora Deutschlands, Österreichs und der Schweiz. Heft 11, (Ed. A. Pascher). G. Fischer Verlag, Jena
Petto, H. (1991): Quantitative Charakterisierung des Makrozoobenthos der Donau und seine Abhängigkeit von Umweltvariable (mit besonderer Berücksichtigung der Oligochaeta). – Dissertation an der Formal- und Naturwissenschaftlichen Fakultät der Universität Wien. 190 pp.
Pleskot, G. (1954): Ephemeroptera. – In: Die Nordostalpen im Spiegel ihrer Landtierwelt 1 (Ed. H. Franz). – Universitätsverlag Wagner, Innsbruck. 664 pp.
* Popovsky, J. & Pfiester, L.A. (1990): Dinophyceae (Dinoflagellida). – In: Süßwasserflora von Mitteleuropa, Band 6. (Eds. H. Ettl, J. Gerloff, H. Heynig & D. Mollenhauer). G. Fischer Verlag, Stuttgart, New

York
Reischütz, P.L. (1983): Die Gattung *Ferissia* (Pulmonata-Basommatophora) in Österreich. – Ann. Naturhistor. Mus. Wien 84/B: 251-254
Reischütz, P.L. (1988): Contribution of the mollusc fauna of Lower Austria, VII. The distribution of the Hydrobiidae of Lower Austria, Vienna and Burgenland. – De Kreukel, Jubiläumnummer: 67-87
Russev, B. (1985): Das Zoobenthos im österreichischen Donauabschnitt unter dem Einfluß der Stauanlagen. – In: Die Auswirkungen der wasserbaulichen Maßnahmen und der Belastung auf das Plankton und das Benthos der Donau (Ed. W. Naidenow). Verlag der Bulgarischen Akademie der Wissenschaften, Sofia. 151 pp.
* Saiz, D. (1982): Einfluß des regulierten Abflusses auf das Phytoplankton des österreichischen Donauabschnittes. – Internationale Arbeitsgemeinschaft Donauforschung, 23. Arbeitstagung, Wissenschaftliche Kurzreferate: 87-88
Saiz, D. (1985): Das Phytoplankton des österreichischen Donauabschnittes unter dem Einfluß der Wasserbauten. – In: Die Auswirkungen der wasserbaulichen Maßnahmen und der Belastung auf das Plankton und das Benthos der Donau (Ed. W. Naidenow). Verlag der Bulgarischen Akademie der Wissenschaften, Sofia, 151 pp.
* Saiz, D. (1988): Das Phytoplankton der Donau von Str.-km 20 bis Str.-km 1928 im März 1988. – In: Ergebnisse der Donauexpedition 1988. Eigenverlag der Internationalen Arbeitsgemeinschaft Donauforschung: 221-228
Schallgruber, F. (1944): Das Plankton des Donaustromes bei Wien in qualitativer und quantitativer Hinsicht. – Arch. Hydrobiol. 39: 655-689
Schiemer, F. & Jungwirth, M. (1991): Status der Fischfauna der Donau in Österreich. – Studie des Nationalpark-Instituts Donau-Auen im Auftrag des Bundesministeriums für Umwelt, Jugend und Familie. 127 pp.
* Schiller, J. (1929): Neue Chryso- und Cryptomonaden in den Altwässern der Donau bei Wien. – Arch. Protistenk. 66: 436-458
Schmid, P.E. (1992): Community structure and population dynamics of larval chironomidae (Diptera) in a backwater area of the Danube. – Freshw. Biol. (in press)
Schmid, P.E. pers. Mitt.
* Starmach, K. (1985): Chrysophyceae und Haptophyceae. – In: Süßwasserflora von Mitteleuropa, Band 1 (Eds. H. Ettl, J. Gerloff, H. Heynig & D. Mollenhauer). G. Fischer Verlag, Stuttgart, New York
Strobl, G. (1906): Neuropteroiden (Netzflügler) Steiermarks (und Niederösterreichs). – Mitt. Naturw. Ver. Steiermark 42: 225-266
Stundl, K. (1959): Zur Hydrographie und Biologie der österrreichischen Donau. – Schweizer Z. Hydrol. 13: 36-53
* Szemes, G. (1967): Systematisches Verzeichnis der Pflanzenwelt der Donau mit einer zusammenfassenden Erläuterung. – In: Limnologie der Donau (Ed. R. Liepolt). Schweizerbart'sche Verlagsbuchhandlung, Stuttgart. Lieferung 3: 70-131
Tockner, K. (1987): Der Biotop «Blockwurf» im Staubereich Altenwörth (Donau) – Methodenproblematik und erste Ergebnisse. – Jahresb. Biol. Stn. 10: 113-120
Tockner, K. (199): Entwicklung und Strukturierung der epilithischen Biozönosen im Blockwurf der Donau (Altenwörth), mit besonderer Berücksichtigung der Chironomiden, Trichopteren und Amphipoden. Dissertation an der Formal- und Naturwissenschaftlichen Fakultät der Universität Wien. (In Vorbereitung)
Trauttmansdorff, J. (1988): Stauraum Greifenstein – Untersuchungen der Biozönosen in Flachwasserbereichen. – Im Auftrag des Vereins f. Ökologie und Umweltforschung: 71 pp. (unveröffentlicht)
Uzunov, J. & Russev, B. (1985): Die Wasseroligochaeten im österreichischen Donauabschnitt bei Aufstauung des Stromes. – In: Die Auswirkungen der wasserbaulichen Maßnahmen und der Belastung auf das Plankton und das Benthos der Donau (Ed. W. Naidenow). Verlag der Bulgarischen Akademie der Wissenschaften, Sofia. 151 pp.
Waidbacher, H., Zauner, G., Kovacek, H. & Moog, O. (1991): Fischökologische Studie Oberes Donautal. Studie im Auftrag der Wasserstraßendirektion. Beham Druck, Engelhartszell. 172 pp.
Waringer, J.A. (1989a): Gewässertypisierung anhand der Libellenfauna am Beispies der Altenwörther Donauau (Niederösterreich). – Natur und Landschaft 64: 389-392

Waringer, J.A. (1989b): The abundance and temporal distribution of caddisflies (Insecta: Trichoptera) caught by light traps on the Austrian Danube from 1986 to 1987. – Freshw. Biol. 21: 387-399

Waringer, J.A. (1991): Phenology and the influence of meteorological parameters on the catching succes of light-trapping for Trichoptera. – Freshw. Biol. 25: 307-319

* Wawrik, F. (1962): Zur Frage: Führt der Donaustrom autochthones Plankton ? – Arch. Hydrobiol. Suppl. 27: 28-35

* Wawrik, F. (1968): Zur Frage: Führt der Donaustrom autochthones Plankton ? II – Arch. Hydrobiol. Suppl. 34: 339-363

Weber, E. (1960): Über die Diatomeen im litoralen Benthos der österreichischen Donau. – Wasser und Abwasser 2: 1-19

Weber, E. (1964): Süßwasserpolychaeten in der österreichischen Donau. – Arch. Hydrobiol. Suppl. 27: 381-385

Weber, E. (1967): Stauregion 273-283. – In: Limnologie der Donau (Ed. R. Liepolt). E. Schweizerbart'sche Verlagsbuchhandlung, Stuttgart

Weber, E. (1973): Auswirkungen der Stauhaltungen und sonstiger technischer Eingriffe auf den Gewässerhaushalt. – Arch. Hydrobiol. Suppl. 44: 184-198

Weichselbaumer, P. & Sowa, R. (1990): Beitrag zur Kenntnis der Eintagsfliegenfauna Österreichs. – Ber. nat. - med. Verein Innsbruck 77: 113-122

Weigand, E. (1990): Sukzession der epiphytischen Lebensgemeinschaft im Stauraum Altenwörth. – Endbericht der Ökosystemstudie Stauraum Altenwörth

Weish, P. & Turkay, M. (1975): *Limnomysis benedeni* in Österreich mit Betrachtungen zur Besiedlungsgeschichte (Crustacea: Mysidacea). – Arch. Hydrobiol. Suppl. 44: 480-491

* West, W. & West, G.S. (1912): A Monograph of the British Desmidiaceae. – Pub. Roy. Soc., Volume I-IV. London

* West, W. & Carter, N. (1923): A Monograph of the British Desmidiaceae. – Pub. Roy. Soc., Volume V. London

Wirkner, W. (1988): Phytobenthos. – In: Beurteilung der limnologischen, insbesondere trophischen und saprobiellen Entwicklung des Ausystems zwischen Fischamend und Bad Deutsch Altenburg (Eds. W. Biffl, M. Jungwirth & O. Moog). – Studie im Auftrag des österreichischen Wasserwirtschaftverbands. Angefertigt am Institut für Wasserwirtschaft der Universität für Bodenkultur. Wien. Teil 1. 368 pp. (unveröffentlicht)

Wittmann, E. pers. Mitt.

Wychera - Cenker, U. (1989): Biomasse, Licht und Struktur der Makrophytenbestände im Stauraum Altenwörth. – Dissertation an der Formal- und Naturwissenschaftlichen Fakultät der Universität Wien. 268 pp.

Zoufal, W. (1990): Taxonomische und ökologische Aspekte des Zooplanktons im Donaustauraum Altenwörth. – Dissertation an der Formal- und Naturwissenschaftlichen Fakultät der Universität Wien. 111 pp.

Limnologie aktuell · Band/Vol. 2 · Kinzelbach (Hg.): Biologie der Donau
Gustav Fischer Verlag · Stuttgart · Jena · New York · 1994

Quantitative Erfassung des Makrozoobenthos der Stromsohle in der freien Fließstrecke der österreichischen Donau – Bodenstruktur, Besiedlungsdichte und Besiedlungsstruktur

Uwe H. Humpesch

Institut für Limnologie der Österreichischen Akademie der Wissenschaften, Abteilung Mondsee, Gaisberg 116, A-5310 Mondsee

Keywords

Danube, Austria, free-flowing river, macrozoobenthos, structure of the bottom substrate, density of the biocoenosis, structure of the biocoenosis

Abstract

The relationship between the structure of the bottom substrate and that of the macrozoobenthos was examined quantitatively for the first time in the free-flowing section of the River Danube in Austria. One series of quantitative bottom samples was taken by a modified Petersen – grab at four sampling sites in the Vienna district (Nußdorf, river kilometre 1934.65; Freudenau, km 1921.30; Haslau, km 1899.70; Wildungsmauer, km 1895.30).

The river bed is composed of rocks, stones and gravel, with occasional patches of sand and silt, related to hydrological variables such as velocity and depth of the water, width of the river and energy gradient. From sediment analysis, values for the degree of scatter (So ≥1.4) characterize the sediments as being poorly sorted or heterogeneous; values for the degree of asymmetry indicate that coarse sediment is predominant at three sites (km 1934.65, 1921.30 and 1899.70) but not at km 1895.30. The decrease in diameter of the first, second and third quartiles for particle sizes between the four sampling sites is the result of their different transport lengths and abrasion.

The density of macroinvertebrates at the four sampling sites ranged from 17 to 515 individuals per square metre and the index of precision for these results ranged from 15 to 29%. The increase in numbers per m^2 is thought to be associated with regions of the river where the main river is still connected with parts of its old branches, oxbows and stillwaters of the riverside forests, as represented by the area downstream from Vienna. The macroinvertebrates were represented by six major groups, Mollusca, Oligochaeta, Hirudinea, Crustacea (Isopoda, Gammaridae), Trichoptera (*Hydropsyche, Brachycentrus*), Diptera (Simuliidae, Chironomidae), with Hirudinea absent at km 1921.30 and 1895.30, and the latter together with Trichoptera absent at km 1899.70. The structure of the fauna, expressed by the percentages of the six groups at each site, changed significantly, and these changes were related to the changes of the bottom substrate between km 1934.65 and km 1895.30.

Gradients similar to those described for the longitudinal axis of the river were detected when cross-sections at each site were examined.

Kurzfassung

In der vorliegenden Studie wird die Beziehung zwischen der Struktur der Stromsohle und der des Makrozoobenthos der freie Fließstrecke der Donau in Österreich erstmals beschrieben. Bei einer einmaligen Beprobung mittels eines modifizierten Petersen-Greifers wurden im Raum Wien an vier Stellen (Stromkilometer 1934,65, 1921,30, 1899,70 und 1895,30) im Querprofil an fünf Stellen jeweils 6, pro Probenstelle also insgesamt 30, quantitative Bodenproben genommen. Das Flußbett setzt sich je nach der Strömungsgeschwindigkeit und der Tiefe des Wasser, der Breite des Stromes und der Größe anderer hydrologischer Variabler, aus Steinen verschiedener Größe zusammen. Während die Sortierungskoeffizienten das Sediment als schlecht sortiert und heterogen charakterisieren, weisen die Schiefekoeffizienten daraufhin, daß an drei Stellen, nämlich bei Strkm. 1934,65, 1921,30 und 1899,70, das gröbere Sediment gegenüber dem feineren vorherrscht. Bei Strkm. 1895,30 überwiegen die kleineren Korngrößen gegenüber den größeren. Die Abnahme der Korndurchmesser zwischen Strkm. 1934,65 und 1895,30, dargestellt an den Quartilen 1, 3 und am Median der Korngrößenverteilung, ist das Ergebnis des unterschiedlich langen Transportweges für das Geschiebe an den einzelnen Probestellen.
Die absolute Dichte der Makroinvertebraten schwankt an den Probestellen im Bereich von 17 bis 515 Individuen pro Quadratmeter. Diese Ergebnisse sind je nach Probestelle mit einer Genauigkeit von 15 bis 29% vom Mittelwert (bei 70%iger Sicherheit) behafet. Die Zunahme der Individuenzahl pro m^2 zwischen Strkm. 1934,65 und 1895,30 wird deshalb mit der geänderten Struktur der Strombettes bei Strkm. 1899,70 und 1895,30 in Beziehung gebracht, weil in diesem Bereich der Hauptstrom zum Teil noch mit seinen Seitengewässern verbunden und über diese noch mit den Augewässern in Verbindung steht. Den Hauptanteil an den Makroinvertebraten haben folgende sechs Großgruppen, Mollusca, Oligochaeta, Hirudinea, Crustacea (Isopoda, Gammaridae), Trichoptera (*Hydropsyche*, *Brachycentrus*), Diptera (Simuliidae, Chironomidae). Während bei den Strkm. 1921,30 und 1895,30 nur die Hirudinea fehlen, fehlen bei Strkm. 1899,70 zusätzlich noch die Trichoptera. Zwischen der Struktur der Tiergemeinschaft, ausgedrückt als prozentuelle Verteilung der Großgruppen an den einzelnen Probestellen, und der Bodenstruktur, ausgedrückt über die Korngrößenverteilung an den einzelnen Probestellen, besteht eine signifikante Beziehung. Ähnliche Zusammenhänge wie für den Gewässerlängsschnitt konnten für die Querprofile an den einzelnen Probestellen aufgedeckt werden.

1 Einleitung

Die österreichische Donau hat eine Länge von ungefähr 351 km und ein durchschnittliches Gefälle von 40 cm pro Kilometer. Wie alle Gebirgsflüsse, so hat auch die Donau in der österreichischen Stromstrecke im Verlauf der Geschichte mannigfaltige Änderungen des Längs- und Querprofiles erfahren. Die systematische Regulierungstätigkeit begann im letzten Jahrhundert und hatte einen schrittweisen Übergang vom Naturstrom zum gebändigten, schiffbaren Fluß zur Folge. Insgesamt gesehen können drei Phasen in der Entwicklungsgeschichte der Donau in Österreich im Laufe des letzten Jahrtausends unterschieden werden: die frühen Jahrhunderte bis zum Beginn der großen Regulierungen um 1850 (Abb. 1), die Zeit danach bis zum Bau der ersten Staustufen in den 50er Jahren unseres Jahrhunderts (Abb. 2), und die vergangenen Jahrzehnte des Stromausbaues zur Kraftwasserstraße (Abb. 3). Heute ist die freie Fließstrecke der Donau in der Wachau, zwischen der Wehranlage der Staustufe Melk (Strkm. 2038,16) und des Endes des Rückstauraumes der Staustufe Altenwörth bei Strkm. 2014, und östlich der Wehranlage der Staustufe Greifenstein (Strkm. 1949,18) erhalten. Letztere wird durch den Bau der Staustufe Wien-Freudenau (Strkm. 1921,05) auf den Bereich östlich dieser

Staustufe beschränkt werden (Abb. 3). Somit bietet sich für die Beschreibung der Strukturen der freien Fließstrecke hinsichtlich ihres Lebensraumes und ihrer Tiergemeinschaft anhand des Makrozoobenthos die Strecke im Großraum von Wien an.

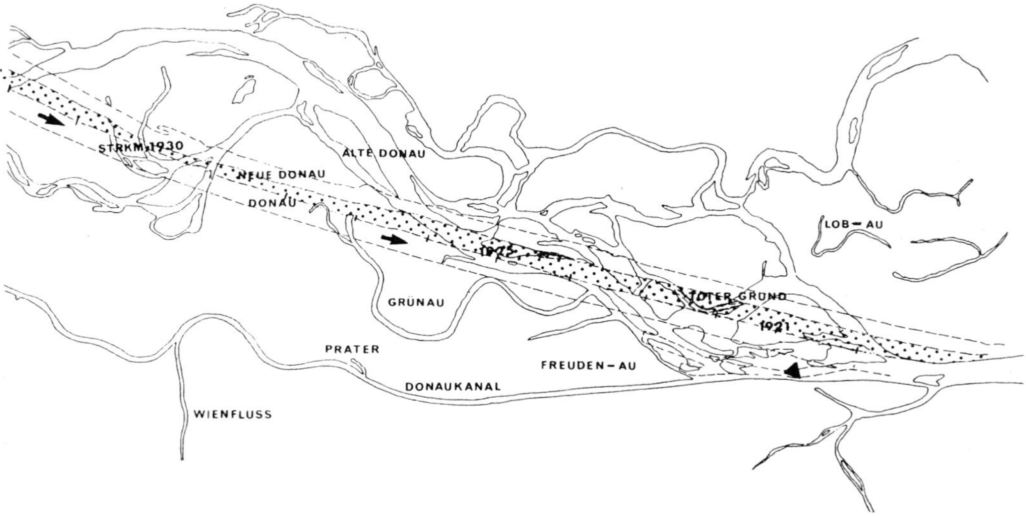

Abb. 1: Die regulierte Donau im Raum Wien. (1) Ursprüngliche Furkatur der Donau aus: «Karte des Donau - Stromes innerhalb der Gränzen des österreichischen Kaiserstaates» (1859), II.Lieferung, Blatt 13, Teil von Blatt 12 und strichliert der heutige Verlauf der Donau und der Neue Donau, dazwischen die Donauinsel ( ); STRKM. = Stromkilometer; ➜ = Fließrichtung; ▲= Bereich der Abb.1(2).
(2) Die regulierte Donau stromaufwärts von Stromkilometer 1918 gesehen. Linke Bildseite (von unten nach oben): Albener Hafen mit blauem Wasser, Donaukanalmündung und Winter-(Freudenauer-) Hafen; in der Bildmitte der Donaustrom, die Donauinsel und die Neue Donau (im Ausbau); rechte Bildseite: Öltanklager. ➜ = Fließrichtung. (Copyright: «Luftbildreportagen Hausmann» - Wien, 1987).

2 Untersuchungsgebiet

Untersucht wurde im April 1988 je ein Querprofil bei Nußdorf (Strkm. 1934,65), Freudenau (Strkm. 1921,30), Haslau (Strkm. 1899,70) und Wildungsmauer (Strkm. 1895,30) (Abb. 4, 5). Bezogen auf das Regulierungsniederwasser vom Jahr 1976 schwankt die Breite der Donau in diesem Bereich zwischen 264 m (Freudenau) und 330 m (Wildungsmauer) und die größte Wassertiefe zwischen 2,3 m (Nußdorf) und 4,8 m (Wildungsmauer). Bei Pegel «Wien-Reichsbrücke» (Strkm. 1929,09) schwankt der Durchfluß der Donau bezogen auf das Jahr 1985 zwischen 830 m^3 sec^{-1} (Regulierungsniederwasserabfluß) und 10400 m^3 sec^{-1} (Abfluß des 100jährlichen Hochwassers), der Mittelwasserabfluß beträgt 1700 m^3 sec^{-1}. Demnach herrschte im Untersuchungszeitraum ein über dem Mittelwasserabfluß liegender Abfluß. Bei diesen Abflußverhältnissen wurden in Oberflächennähe höchste Strömungsgeschwindigkeiten zwi-

Abb. 2: Erstes Donaukraftwerk «Ybbs-Persenbeug» (Stromkilometer 2060,42) erbaut in den Jahren 1954-1959. Linke Bildseite: Südkraftwerk mit 3 Maschinensätzen, anschließend die Wehranlage mit 5 Wehrfeldern, dann das Nordkraftwerk mit ebenfalls 3 Maschinensätzen und die Schleusenanlage. (Am linken Ufer nächst der Schleusenanlage das Schloß Persenbeug). ➔ = Fließrichtung (Aufnahme vom 4.10.1991; Werkphoto: Österreichische Donaukraftwerke Aktiengesellschaft; freigegeben vom Bundesministerium für Landesverteidigung mit Zl. 13088/603 - 1,6/91)

schen 1,6 m sec^{-1} (Wildungsmauer) und 2,8 m sec^{-1} (Nußdorf, Freudenau, Haslau) und solche zwischen 1,0 m sec^{-1} (Wildungsmauer) und 2,7 m sec^{-1} (Haslau) in 0,5 m über Grund gemessen. Diese Werte ändern sich in den einzelnen Querprofilen entsprechend der Profilbeschaffenheit [Abb. 4(2)].

Die Wassertemperatur der Donau schwankt zwischen 0 und 20°C, der Fluß ist daher nach Pleskot (1951) als «sommerkühl» zu bezeichnen.

3 Material und Methoden

An jeder Probestelle wurden an jeder der 5 Entnahmestellen, beginnend in 30 m Entfernung vom rechten Ufer, alle 60 m je 6 Einzelproben entnommen. Demnach liegen den Analysen für die Entnahmestellen je 6, den für die Probestellen je 30 und den für die gesamte Untersuchung 120 Einzelproben zugrunde. Da das Untersuchungsboot, das Aufsammlungsgerät und das Aufsammlungsprogrammm in Humpesch & Elliott (1990) bzw. von Petto & Humpesch (1991) ausführlich beschrieben sind, kann hier auf eine weitere Darstellung verzichtet werden.

Die zur Beschreibung der Bodenstruktur notwendigen Korngrößenanalysen erfolgten durch Trockensiebung. Im Bereich der Korndurchmesser von <0,25 mm und >100 mm wurden 16

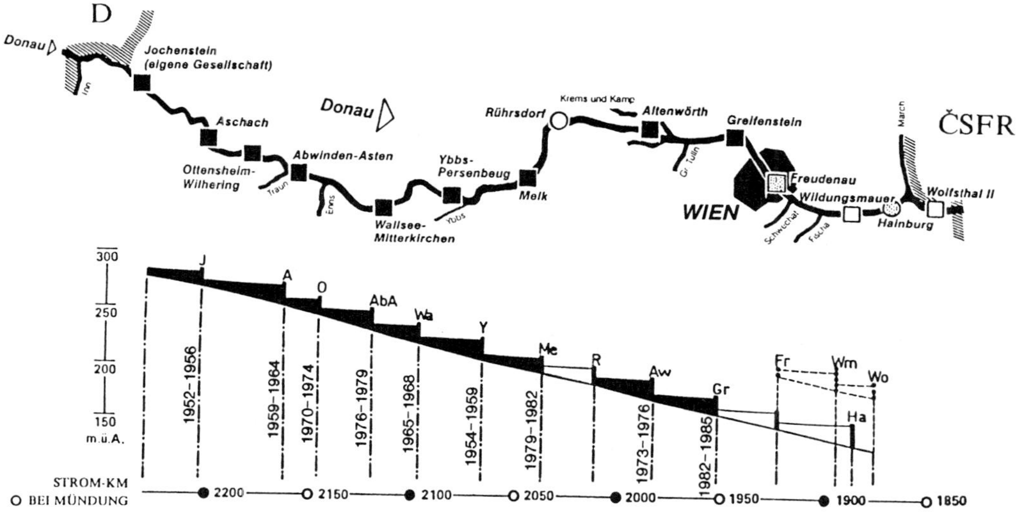

Abb. 3: Stufenplan der Österreichischen Donaukraftwerke AG (Stand: März 1991). Dargestellt sind die Donau und ihre hauptsächlichen Nebengewässer, weiters ■ Kraftwerke in Betrieb und ihr Errichtungszeitraum; ▨ Kraftwerke in Projektierung (□ Freudenau, ○ Hainburg); □ Varianten laut Regierungsbeschluß (Wildungsmauer, Wolfsthal II); ○ Kraftwerk in Planung (Rührsdorf). ➔ = Fließrichtung ; m.ü.A. = Meter über Adria

Größenklassen unterschieden. Über die Gewichte der einzelnen Größenklassen wurde die Summengewichtsprozentkurve ermittelt und die dazugehörigen Lageparameter (Quartil 1, Median, Quartil 3), sowie der Sortierungs-(SO) und Schiefekoeffizient (SK) nach Müller (1964) bzw. Mangelsdorf & Scheurmann (1980) berechnet.

Für die Beschreibung der Besiedlungsstruktur anhand des Makrozoobenthos (Definition siehe Weber 1973) wurden die formolfixierten Tiere auf dem Niveau höherer Taxa sortiert (Gesamtindividuenzahl; Mollusca, Oligochaeta, Hirudinea, Isopoda, Gammaridae, Trichoptera gesamt, *Hydropsyche, Brachycentrus*, Trichoptera sonstige, Simuliidae, Chironomidae, Diptera sonstige) und ausgezählt. Die Genauigkeit und Sicherheit bei der gegebenen Probenzahl, sowie die Bestimmung der benötigten Probenzahl bei vorgegebener Genauigkeit und Sicherheit wurde auf die in Humpesch & Elliott (1990) angegebene Weise berechnet.

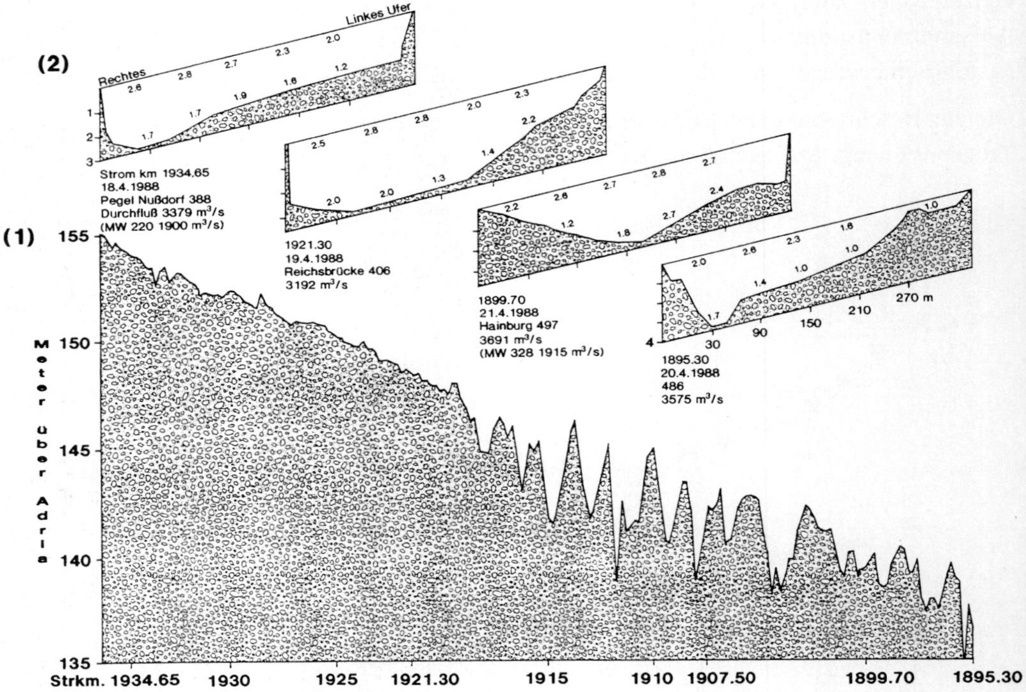

Abb. 4: Untersuchungsgebiet zwischen Stromkilometer 1934,65 (Nußdorf) und Stromkilometer 1895,30 (Wildungsmauer). (1) Längsprofil der Stromsohle [zusammengestellt aus Plan Nr. WI-12/243a (1986) und H-12/100 (1983); 1:50000:50 (verkleinert)]. (2) Querprofile der Probestellen (entnommen der Stromgrundaufnahmen von Juli 1985, April 1985 und September, Oktober 1982). Angegeben sind die Tage der Probenahmen, die Breiten des Flußes, die Wassertiefen, die Pegelstände und Durchflüße bei Pegel Nußdorf (Strkm. 1934,05), Reichsbrücke (Strkm. 1929,09), Hainburg (Strkm. 1883,92), gemessen um 07.00 Uhr (zum Vergleich ist der Pegelstand und der Durchfluß bei «Nußdorf» und «Hainburg» für Mittelwasserverhältnisse angegeben) und die aktuellen Strömungsgeschwindigkeiten (in m sec^{-1}) in 0,5 m sowohl unter der Wasseroberfläche als auch über Grund

4 Datenanalyse

1 Bodenstruktur: Mittlere Korngrößenverteilung (arithmetisches Mittel der Einzelproben); Null-Hypothese: alle (1) Probestellen (je n = 30) bzw. (2) Entnahmestellen (je n = 6) haben gleichen mittleren Korndurchmesser. (2) Besiedlungsstruktur: (1) Gesamtindividuenzahl;

Abb. 5: Die Donau (1) der Bereich der Probestelle «Nußdorf» stromabwärts von Stromkilometer 1934 gesehen. Linke Bildseite: Teile der Neuen Donau und die Donauinsel; in der Bildmitte die Donau; rechte Bildseite: der beginnende Donaukanal und Teile der Stadt Wien. ➔ = Fließrichtung. (2) Im Raum der Probestelle «Haslau» stromaufwärts von Stromkilometer 1906 gesehen. Linke Bildseite: Hauptstrom mit Seitenarmen in der Schüttlau; rechte Bildseite: Marchfelddamm und landwirtschaftlich genutzte Flächen des Marchfeldes ➔ = Fließrichtung. (Copyright: «Luftreportagen Hausmann» - Wien).

2 Relative Zusammensetzung der Großgruppen (Mollusca, Oligochaeta, Hirudinea, Crustacea, Trichoptera, Diptera).
Null-Hypothese: alle (1) Probestellen bzw. (2) Entnahmestellen haben gleiche Besiedlungsstruktur.
3 Zusammenhang zwischen Struktur des Bodens und der der Besiedlung: Korrelation zwischen der mittleren Korngröße und der Gesamtindividuenzahl.

Folgende statistische Tests kamen zur Anwendung: H-Test von Kruskal und Wallis; Nemenyi-Vergleiche (Homogene Gruppen; Rangdifferenzmatrix); *k*·2-Felder-Chi^2-Test nach Brandt und Snedecor; Friedman-Test; Dunn-Rankin Test (Homogene Gruppen; Rangdifferenzmatrix); Spearman-Rangkorrelation. Die Testverfahren sind Sachs (1984) und Lienert (1986) zu entnehmen.

5 Ergebnisse

5.1 Längsprofil (Vergleich der Probestellen)

Die Ergebnisse der Korngrößenanalysen von den insgesamt 120 Einzelproben der vier Stromkilometer sind in Abbildung 6 (1) zusammengefaßt. Summarisch betrachtet besteht die Stromsohle an den vier Probestellen aus Korngrößen mit einem Durchmesser von 2-100 mm (Strkm. 1934,65), 0,6 bzw. 0,75-100 mm (Strkm. 1921,30 und 1899,70) und 0,25-80 mm (Strkm. 1895,30). Die an den vier Probestellen unterschiedlichen Korndurchmesser, dargestellt an den Quartilen 1 bzw. 3 und dem Median [Abb. 6(1)], geben die Abriebslinie wieder und erklären sich aus dem unterschiedlich langen Transportweg des Geschiebes. Allerdings unterscheidet sich nur die Probestelle Strkm. 1934,65 (Nußdorf) hinsichtlich des mittleren Korndurchmessers signifikant von allen anderen Probestellen, und für die Probestelle Strkm. 1921,30 (Freudenau) kann nur ein signifikanter Unterschied zur Probestelle Strkm. 1895,30 (Wildungsmauer) nachgewiesen werden. Letztere ist zur Probestelle Strkm. 1899,70 (Haslau) nicht verschieden (Tab. 1) . Die Probestellen «Freudenau» und «Haslau» bzw. «Haslau» und «Wildungsmauer» können als homogene Gruppen ausgewiesen werden.

Von den Sortierungskoeffizienten (SO) läßt sich ablesen, daß sich die Stromsohle an den vier Probestellen aus Korngrößen unterschiedlicher Durchmesser zusammensetzt, also heterogen, ist. Die Schiefekoeffizienten (SK) weisen darauf hin, daß die Korngrößenklassen mit größerem Durchmesser an den Probestellen Strkm. 1934,65, 1921,30 und 1899,70, und die mit kleinerem Durchmesser an der Probestelle 1895,30 überwiegen.

Die absoluten Dichten des Makrozoobenthos (arithmetisches Mittel mit 95%igem Vertrauensbereich) liegen bei Strkm. 1934,65 bei 47 (32-62), bei Strkm. 1921,30 bei 28 (17-40), bei Strkm. 1899,70 bei 45 (30-59) und bei Strkm. 1895,30 bei 340 (176-515) Individuen pro Quadratmeter [Abb. 6(2)]. Ein signifikanter Unterschied zwischen diesen Gesamtindividuenzahlen besteht nur zwischen der Probestelle Strkm. 1895,30 (Wildungsmauer) und den Probestellen Strkm. 1934,65 (Nußdorf) bzw. Strkm. 1921,30 (Freudenau) (Tab. 2). Der Genauigkeitsindex (in Prozent vom Mittelwert) für die angeführten Dichten schwankt zwischen den vier Probestellen zwischen 15 und 29% [Tab. 3(1)]. Die Beziehung zwischen einer Genauigkeit von 20 bzw. 50%, bei einer Sicherheit von 70 bzw. 95%, zur Anzahl der zu nehmenden Proben ist in Tabelle 3(2) wiedergegeben. Je nach dem Prozentsatz der vorgegebenen Genauigkeit und Sicherheit müssen an den verschiedenen Probestellen zwischen 3 und 272 Einzelproben genommen werden [Tab. 3(2)].

Von den sechs Großgruppen fehlen bei Strkm. 1921,30 und 1895,30 die Hirudinea, darüberhinaus bei Strkm. 1899,70 noch die Trichoptera. Während bei Strkm. 1934,65 und Strkm. 1921,30 zwischen 40-50% der Makroinvertebraten der Großgruppe «Diptera» zuzuordnen sind, dominieren bei Strkm. 1899,70 die Oligochaeta mit ungefähr 70% und bei Strkm. 1895,30 die Oligochaeta mit ungefähr 50% bzw. die Diptera mit ungefähr 40% [Abb. 6(2)]. Der Vergleich der Besiedlungsstrukturen der vier Probestellen zeigt,daß die Probestellen Strkm. 1934,65 und

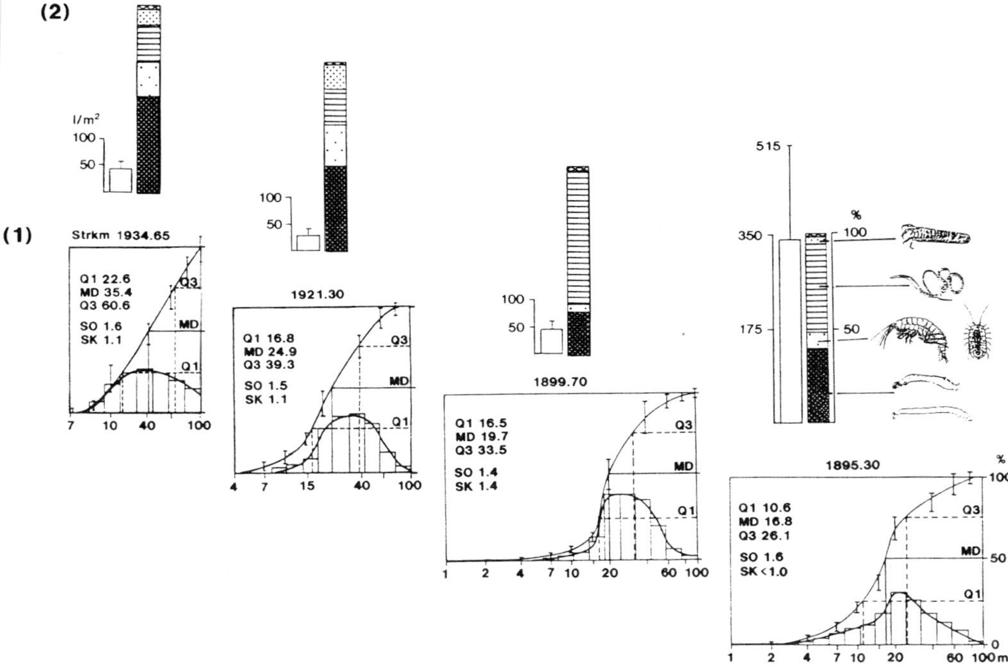

Abb. 6: Übersicht über die (1) Bodenstruktur an den vier Probestellen (n = 30), dargestellt anhand der Summenprozentkurven der mittleren Korngrößenverteilung (in mm; arithmetisches Mittel mit 95%igem Vertrauensbereich). Q1 bzw. 3 = Quartil 1 bzw. 3; MD = Median; SO = Sortierungs-, SK = Schiefekoeffizient; Strkm. = Stromkilometer. (2) Besiedlungsstruktur des Makrozoobenthos, dargestellt anhand der absoluten Abundanzen (arithmetisches Mittel der Individuenzahlen pro m² mit 95%igem Vertrauensbereich) und der relativen Abundanzen (Taxa auf höherem Niveau in %) an den vier Probestellen (n = 30). ▤= Oligochaeta; ☐= Crustacea; ▒= Trichoptera; ▩= Diptera; ⊞= Sonstige

Tab. 1: Signifikante Unterschiede in der Bodenstruktur der vier Probestellen (je n = 30). Kruskal & Wallis und Nemenyi-Vergleiche: Prüfstatistik: Q95% = 691,608; Q99% = 838,313. Strkm. = Stromkilometer

Strkm.	1934,65	1921,30	1899,70	1895,30
1934,65	–	$714{,}5^{*}$	$1145{,}5^{**}$	$1664{,}0^{**}$
1921,30	"	–	431,0	$949{,}5^{**}$
1899,70	"	"	–	518,5
1895,30	"	"	"	–

Tab. 2: Signifikante Unterschiede in den Gesamtindividuenzahlen der vier Probestellen (je n = 30). (Teststatistik siehe Tab.1). Strkm. = Stromkilometer

Strkm.	1934,65	1921,30	1899,70	1895,30
1934,65	–	295,0	109,0	$756{,}0^{*}$
1921,30	"	–	404,0	$1051{,}0^{**}$
1899,70	"	"	–	647,0
1895,30	"	"	"	–

Tab. 3: Genauigkeit (GI in Prozent vom Mittelwert) der Ergebnisse bezüglich der Gesamtindividuenzahl an jeder der vier Probestellen (n = 30). (1) Bei einer Sicherheit von 70%; (2) Benötigte Probenzahl (n) bei einer vorgegebenen Genauigkeit (GI) von 20 bzw. 50% und einer vorgegebenen Sicherheit (VB) von 70 bzw.95% (Grundlage der Berechnung sind die Ergebnisse aus (1). Strkm. = Stromkilometer

(1) Strkm.	1934,65	1921,30	1899,70	1895,30
GI (%)	15	20	16	29
(2) Strkm.	1934,65	1921,30	1899,70	1895,30
GI 20%: VB 70%	18	30	19	65
GI 50%: VB 70%	3	5	3	10
GI 20%: VB 95%	75	124	78	272
GI 50%: VB 95%	12	20	13	44

Strkm. 1921,30 sowohl von der Probestelle Strkm. 1899,70 als auch von der von Strkm. 1895,30 verschieden sind. Die Probestellen Strkm. 1934,65 und Strkm. 1921,30 bzw. Strkm. 1899,70 und Strkm. 1895,30 unterscheiden sich nicht hinsichtlich ihrer Besiedlungsstruktur [Abb. 6(2); $k{\cdot}2$-Felder-Chi^2-Test]. Alle sechs Großgruppen (Mollusca, Oligochaeta, Hirudinea, Crustacea, Trichoptera, Diptera) zeigen, sofern an den vier Probestellen vorhanden, eine gleiche Verteilung ihrer Individuendichte (Friedmann – und Dunn-Rankin Test).

5.2 Querprofile (Vergleich der Entnahmestellen)

Die Ergebnisse der Korngrößenanalysen der 20 Entnahmestellen (je n = 6) sind in Abbildung 7(1) zusammengefaßt. Letztere zeigt, daß die Korndurchmesser im Querprofil erheblich schwanken, was durch lokale Unterschiede in der Schleppkraft des Wasser und durch sie bedingte unterschiedliche Sedimentations- und Erosionsprozesse im Querprofil zurückzuführen ist. Allerdings lassen sich signifikante Unterschiede nur für die Profile bei Strkm. 1899,70 und Strkm. 1895,30 nachweisen (Tab. 4). Bei beiden Stromkilometern sind die Korndurchmesser linksufrig signifikant größer als rechtsufrig. Während bei Strkm. 1895,30 dieser Unterschied alle drei Entnahmestellen, 150 m, 210 m und 270 m (vom rechten Ufer), betrifft, beschränkt sich dieser Unterschied bei Strkm. 1899,70 nur auf die Stelle 270 m [vergl. Abb. 7(1) mit Tab. 4]. Demnach können an diesen zwei Stromkilometern als homogene Gruppen nur folgende Entnahmestellen angesehen werden: bei Strkm. 1899,70 die 30, 90, 150 und 210 m bzw. 150, 210 und 270 m, bei Strkm. 1895,30 die 30, 90 m bzw. 90, 210, 270 m und 150, 210 und 270 m. Alle Entnahmestellen sind hinsichtlich der Sortierung ihrer Korngrößen als heterogen einzustufen, an den Stellen mit einem Schiefekoeffizienten von < 1 überwiegen die kleineren Korngrößenklassen gegenüber den größeren [Abb. 7(1)].

(2)

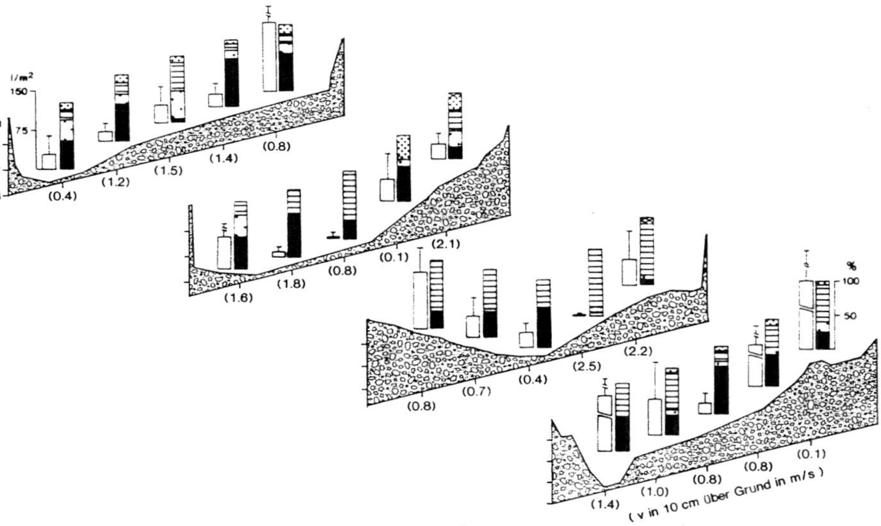

(1)

	Strkm.				1934.65					1921.30					1899.70					1895.30
m	30	90	150	210	270	30	90	150	210	270	30	90	150	210	270	30	90	150	210	270
Q1	21.4	20.0	17.1	40.7	26.0	22.9	16.2	15.7	18.3	14.6	13.1	15.9	15.9	17.3	23.8	7.2	8.8	15.3	15.0	15.0
Md	32.9	35.9	31.5	62.2	42.8	32.5	19.9	20.7	28.1	21.1	17.2	18.8	18.8	22.3	36.1	11.6	13.5	19.7	18.0	18.0
Q3	51.1	67.0	55.3	81.0	58.6	44.9	39.9	35.9	40.2	37.2	19.9	27.6	27.6	35.6	54.3	16.8	17.5	42.0	27.9	27.9
So	1.6	1.8	1.8	1.4	1.5	1.4	1.6	1.5	1.5	1.6	1.2	1.3	1.3	1.4	1.5	1.5	1.4	1.7	1.4	1.4
Sk	1.0	1.0	<1.0	<1.0	<1.0	<1.0	1.6	1.3	<1.0	1.2	<1.0	1.2	1.2	1.2	<1.0	<1.0	<1.0	1.7	1.3	1.3

Abb. 7: Übersicht über die (1) Bodenstruktur, wiedergegeben als Quartil 1 und 3 (Q1, Q3), Median (Md) in mm, Sortierungs- (So) und Schiefekoeffizient (Sk) der Korngrößenverteilung und (2) Besiedlungsstruktur des Makrozoobenthos, dargestellt anhand der absoluten Abundanzen (Individuenzahl pro m² mit 95% VB) und den relativen Abundanzen (in %) an den fünf Entnahmestellen (n = 6) jeder der vier Probestellen. ▤ = Oligochaeta; □ = Crustcea; ▨ = Trichoptera; ▩ = Diptera; ⊞ = Sonstige. Strkm. = Stromkilometer; m = Meter vom rechten Ufer; v = Strömungsgeschwindigkeit in m sec^{-1}

Tab. 4: Signifikante Unterschiede in der Bodenstruktur der fünf Entnahmestellen (je n = 6). Nemenyi-Vergleiche: Prüfstatistik: Q95% = 83,236; Q99% = 99,194. Strkm. = Stromkilometer; Meter = Entfernung vom rechten Ufer in Meter

1. Strkm. 1899,70 (Haslau)

Meter	30	90	150	210	270
30	–	18,0	31,0	55,0	106,0**
90	„	–	13,0	37,0	88,0*
150	„	„	–	24,0	75,0
210	„	„	„	–	51,0
270	„	„	„	„	–

2. Strkm. 1895,30 (Wildungsmauer)

Meter	30	90	150	210	270
30	–	16,0	105,0**	85,0*	94,0*
90	„	–	89,0*	69,0	78,0
150	„	„	–	20,0	11,0
210	„	„	„	–	9,0
270	„	„	„	„	–

Die Zahl der Individuen scheint an den Entnahmestellen im Stromstrich am geringsten [Abb. 7(2)] zu sein, allerdings lassen sich bis auf den Unterschied zwischen 30 und 210 m bei Strkm. 1899,70 für die übrigen Entnahmestellen keine signifikanten Unterschiede feststellen. Der Genauigkeitsindex für die gefundenen Dichten schwankt an den Entnahmestellen zwischen Werten von 16 bis 141%, liegt aber größtenteils bei 30 und 50% (Tab. 5). Diese, zum Teil relativ hohen, Werte sind auf die großen Streuungen bei den geringen Individuenzahlen und auf die geringe Anzahl von Einzelproben je Entnahmestelle (n = 6) zurückzuführen. Die weiterhin in Tabelle 5 angegebene Beziehung zwischen Genauigkeit bzw. Sicherheit der Ergebnisse und Probenzahl macht deutlich, welche Probenzahl für genauere und sichere Daten erforderlich ist.

Die relative Zusammensetzung der Großgruppen an den Entnahmestellen ist in Abbildung 7 wiedergegeben. Letztere zeigt, daß bis auf die Probestelle bei Strkm. 1899,70 die linken Strombereiche am taxareichsten sind. Die Besiedlungsstrukturen an den einzelnen Entnahmestellen unterscheiden sich erheblich, die signifikanten Unterschiede betreffen, außer bei Strkm. 1895,30, die Proben vom rechten und linken Ufer (Tab. 6). Alle Großgruppen zeigen, sofern an den Entnahmestellen vorhanden, eine gleiche Verteilung ihrer Individuendichten.

5.3 Beziehung zwischen mittlerem Korndurchmesser und der Gesamtindividuenzahl

Gemessen an dem Spearmanschen Rang-Korrelationskoeffizienten ist die Beziehung zwischen der mittleren Korngröße und der Gesamtindividuenzahl hoch signifikant.

Tab. 5: Genauigkeit (GI in Prozent) der Ergebnisse bezüglich der Gesamtindividuenzahl an jeder der fünf Entnahmestellen (n = 6). (1) Bei einer Sicherheit von 70%; (2) Benötigte Probenzahl (n) bei einer vorgegebenen Genauigkeit (GI) von 20 bzw. 50% und einer vorgegebenen Sicherheit (VB) von 70 bzw. 95% (Grundlage der Berechnung sind die Ergebnisse aus (1). Strkm. = Stromkilometer; Meter = Entfernung vom rechten Ufer in Meter

1. Strkm. 1934,65 (Nußdorf)					
(1)					
Meter	30	90	150	210	270
GI (%)	49	33	41	33	38
(2)					
Meter	30	90	150	210	270
GI 20%: VB 70%	36	17	26	16	22
GI 50%: VB 70%	6	3	4	3	4
GI 20%: VB 95%	240	110	169	107	145
GI 50%: VB 95%	38	18	27	17	23
2. Strkm. 1921,30 (Freudenau)					
(1)					
Meter	30	90	150	210	270
GI (%)	30	37	141	44	30
(2)					
Meter	30	90	150	210	270
GI 20%: VB 70%	14	20	300	29	13
GI 50%: VB 70%	2	3	48	5	2
GI 20%: VB 95%	94	135	1983	193	87
GI 50%: VB 95%	15	22	317	31	14
3. Strkm. 1899,70 (Haslau)					
(1)					
Meter	30	90	150	210	270
GI (%)	16	36	22	45	46
(2)					
Meter	30	90	150	210	270
GI 20%: VB 70%	4	19	7	30	32
GI 50%: VB 70%	1	3	1	5	5
GI 20%: VB 95%	25	126	48	199	210
GI 50%: VB 95%	4	20	8	32	34
4. Strkm. 1895,30 (Wildungsmauer)					
(1)					
Meter	30	90	150	210	270
GI (%)	48	40	40	59	44
(2)					
Meter	30	90	150	210	270
GI 20%: VB 70%	34	24	24	54	29
GI 50%: VB 70%	6	4	4	9	5
GI 20%: VB 95%	227	156	157	360	189
GI 50%: VB 95%	36	25	25	58	30

6 Diskussion

Sowohl in qualitativer wie in quantitativer Hinsicht ist das Makrozoobenthos der freie Fließstrecke der Donau in Österreich wenig untersucht. In der vorliegenden Arbeit werden erstmals die Strukturen der Stromsohle und die der Tiergemeinschaften eines Längsprofils zwischen

Tab. 6: Signifikante Unterschiede in der Besiedlungsstruktur der fünf Entnahmestellen (je n = 6). (*k*2-Felder-Chi²-Test). Strkm. = Stromkilometer; Meter = Entfernung vom rechten Ufer in Meter. · = $P < 0{,}05$; ·· = $P < 0{,}01$; ··· = $P < 0{,}001$; – = nicht signifikant

1. Strkm. 1934,65 (Nußdorf)					
Meter	30	90	150	210	270
30	x	–	··	–	–
90	"	x	···	–	–
150	"	"	x	···	···
210	"	"	"	x	–
270	"	"	"	"	x
2. Strkm. 1921,30 (Freudenau)					
Meter	30	90	150	210	270
30	x	–	–	···	···
90	"	x	–	·	–
150	"	"	x	··	–
210	"	"	"	x	··
270	"	"	"	"	x
3. Strkm. 1899,70 (Haslau)					
Meter	30	90	150	210	270
30	x	–	··	–	··
90	"	x	–	–	··
150	"	"	x	–	···
210	"	"	"	x	–
270	"	"	"	"	x
4. Strkm. 1895,30 (Wildungsmauer)					
Meter	30	90	150	210	270
30	x	···	·	···	···
90	"	x	·	·	–
150	"	"	x	–	···
210	"	"	"	x	···
270	"	"	"	"	x

Strkm. 1934,65 und Strkm. 1895,30 quantitativ beschrieben und zueinander in Beziehung gesetzt.

Die Zusammensetzung der Stromsohle zwischen Strkm. 1934,65 und Strkm. 1895,30 stimmt im wesentlichen mit den Ergebnissen von Humpesch et al. (1988) für die Strecke zwischen Strkm. 1934,65 und 1907,50 aus August 1987 bzw. von Zottl (1988) für die Strecke von Strkm. 1939,5 bis Strkm. 1981,3 überein. Für letztere wird ein Abriebswert «*c*» von 0,0137 angegeben (Zottl 1988). Die Unterschiede der maßgeblichen Korndurchmesser zwischen den oben angeführten Untersuchungen können in der Art der Entnahme (z.B. Baggerung, Elevation) und der gezielten Entnahme von vermuteten Deckschichtmaterial begründet sein. Die im Stromquerschnitt variierenden Korndurchmesser sind durch die unterschiedliche Lage der Entnahmestellen im Außenbogen (Kolk) oder Innenbogen (Schotterbank) bedingt.

Die für die einzelnen Probestellen angegebenen absoluten Dichten der Individuen des Makrozoobenthos pro Quadratmeter sind verglichen mit anderen Untersuchungen gering. Im August 1987 lag die absolute Dichte (arithmetisches Mittel mit 95%igem Vertrauensbereich) bei Strkm. 1921,30 bei 825 (581-1388), bei Strkm. 1907.50 bei 418 (200-636) (Humpesch et al. 1988) und im Juni 1989 bei Strkm. 1895,30 bei 2303 (1194-4443) (Konar et al. 1989) Individuen pro m^2. Diese Unterschiede dürfte im wesentlichen artifizieller Natur und auf das zum Untersuchungszeitpunkt herrschende Hochwasser zurückzuführen sein. Trotzdem sind alle angeführten absoluten Dichten pro Quadratmeter freier Fließstrecke verglichen mit denen des Stauwurzelbereiches der Staustufe Altenwörth bei Strkm. 2005 (Abb. 3) gering. Letzterer wies zwischen August 1986 und Dezember 1987 im Mittel 8992 (August 1987 2805, März 1986 17133) Individuen pro m^2 auf (Petto 1991). Die beobachtete Zunahme der Zahl der Individuen von Strkm. 1934,65 nach Strkm. 1895,30 läßt sich auch in der vergleichbaren Untersuchung verfolgen (Humpesch et al. 1988) und ist wahrscheinlich vom Übergang des kanalartigen Gerinnes bei Strkm. 1934,65 bzw. 1921,30 zu einem reicher strukturierten Fließgewässer bestimmt [vergleiche Abb. 1(2) und 5(1) mit Abb. 5(2)]. Letzteres bietet den Organismen u.a. mehr Schutz bei, für diese, negativen Ereignissen, wie z.B. Hochwasser, und ermöglicht damit größere Überlebenschancen.

Die vorliegenden Organismen konnten nur auf dem Niveau höherer Taxa bestimmt werden, sodaß über die Artenzusammensetzung keine Aussage gemacht werden kann. Aus anderen Untersuchungen werden für die Strecken von Strkm. 1950 bis Strkm.1921 38 und von Strkm.1921 bis Strkm. 1873 226 Arten angegeben (Moog & Humpesch in Vorbereitung). Im Vergleich dazu konnten allein bei Strkm. 2005, Stauwurzelbereich der Staustufe Altenwörth, im Zeitraum 1986/87 127 Taxa identifiziert werden (Petto, Humpesch & Anderwald 1991). Für letztere konnte über die Beziehung zwischen Arten- und Individuenzahl erstmals für einen Donauabschnitt gezeigt werden, daß sich die Artenzahl dort dem Sättigungsbereich nähert. Die Artenzahl aus dem Wiener Raum aufgeteilt auf einzelne Stromkilometer zeigt den bereits für die Individuenzahlen dargestellten Zusammenhang: mehr Arten im reicher strukturierten Gewässerabschnitt (Abb. 5). Derselbe Zusammenhang wird auch für die Artenvielfalt der Fischfauna im Bereich von Strkm.1900 mit 41 Arten, gegenüber der von 17-18 Arten im Bereich von Strkm. 1934 angeführt (Schiemer et al. 1991).

Die hier dargestellte räumliche Heterogenität der Tiergemeinschaft im Querprofil ist sowohl für die Strecke zwischen Strkm. 2401 und 2393 (Petran & Kothe 1975), als auch für den Strkm. 2005 (Petto 1991) beschrieben worden. Petto & Humpesch (1992) konnte die räumliche Heterogenität der Tiergemeinschaft mit der räumlichen Verteilung verschieden grober Sedimente, der Strömungsgeschwindigkeit und der sich daraus ergebenden Umlagerungshäufigkeit des Sediments quantitativ in Beziehung setzen. Darüberhinaus ist für diese Heterogenität sicher auch die Futterqualität des Substrates mitbestimmend. Letztere wird durch das Verhältnis zwischen organischem Kohlenstoff (TOC) zu organischem Stickstoff (TON) bestimmt. Nach Iversen (1973) zeigen hohe TON-Gehalte hohe Proteingehalte an und drücken damit eine gute Futterqualität aus. An den in der vorliegenden Studie untersuchten Probestellen ist sowohl der organische Kohlenstoff wie der organische Stickstoff ausschließlich an Korngrößen der Größenklasse <1 mm Durchmesser gebunden. Dementsprechend müssen die Entnahmestellen mit einem höheren Anteil an feinerem Material eine bessere Futterqualität haben, als solche mit einem geringeren Feinanteil. Bei Strkm. 1921,30 (Humpesch et al. 1988) und bei Strkm. 1895,30 (Humpesch 1989) nimmt sowohl der TON- wie TOC-Gehalt vom rechten zum linken Ufer hin zu. Im Gegensatz dazu wurden bei Strkm. 1899,70 rechtsufrig die höchsten Werte gefunden.

Eine genauere Analyse über die Beziehung zwischen der Bodenstruktur und der Struktur der Tiergemeinschaft wird erst möglich sein, bis der Artenbestand an den Stromkilometern bekannt ist und über die hier dargestellte «status quo»-Erhebung zeitliche Abfolgen erhoben wurden. Für diese Untersuchungen sind die hier berechneten Probenzahlen für vorgegebene Genauigkeiten und Sicherheiten ein Maßstab. Bei aus finaziell und/oder organisatorisch bedingten Beschränkungen in der Probenzahl, sollte der Sicherheit des Ergebnisses gegenüber seiner Genauigkeit der Vorzug gegeben werden.

Danksagung

Die Studie entstand im Auftrag der Stadt Wien, Magistratsabteilung 45 – Wasserbau, und des Österreichischen Wasserwirtschaftsverbandes. Die Untersuchung wäre ohne den selbstlosen Einsatz der Kollegen von der Wasserstraßendirektion nicht möglich gewesen. Insbesondere das Entgegenkommen von Oberrat DIng. G. Fischer hat wesentlich zur Verwirklichung des Untersuchungsprogrammes beigetragen. Folgenden KollegenInnen sei für ihre Mitarbeit herzlichst gedankt: N. & Dr. P. Anderwald, E. Atzmüller (Kapitän), DIng. W. Fahrner, F. Grill (Maschinist), I. Kopriwa, V. Kowarc, D. Kozak, I. Leeb, A. & Dr. M. Leichtfried, I. Meister, E. & R. Niederreiter, Dr. H. Petto, H. Ployer, Dr. M. Pöckl, I. Robesser, C. Tockner.

Literatur

Humpesch, U.H. (1989): Endbericht der Fachgruppe Limnologie Transekt. – In: Interdisziplinäre Studie Donau (Ed. N. Hary & G.A.Janauer): 95-148. Österreichischer Wasserwirtschaftsverband, Wien

Humpesch, U.H. & Elliott, J.M. (Ed.) (1990): Methods of biological sampling in a large deep river – the Danube in Austria. – Wasser und Abwasser Suppl. 2

Humpesch, U.H. et al. (1988): Wassergüte der Donau im Raum Wien. – Perspektiven 9/10: 66-72

Iversen, T.M. (1973): Decomposition of autmn-shed beech leaves in a springbrook and its significance for the fauna. – Archiv für Hydrobiologie 72: 305-312

Konar, M. et al. (1989): Arbeitsgruppe Makrozoobenthos Strkm. 1895.30. – In: Limnologischer Spezialkurs Fließgewässer I «Donau» (unveröffentlicht)

Lienert, G.A. (1986): Verteilungsfreie Methoden der Biostatistik. Bd.1. Verlag Anton Hein, Königstein

Mangelsdorf, J. & Scheurmann, K. (1980): Flußmorphologie: Ein Leitfaden für Naturwissenschaftler und Ingenieure. – R. Oldenburg Verlag, München – Wien

Müller, G. (1964): Sediment-Petrologie I. – Methoden der Sedimentuntersuchung. Schweizerbart'sche Verlagsbuchandlung, Stuttgart

Petran, M. & Kothe, P. (1975): Zusammenhänge zwischen Geschiebetrieb und Benthos in Fließgewässern. – Internationale Arbeitsgemeinschaft Donauforschung, 18. Arbeitstagung, Wissenschaftliche Kurzreferte 1: 153-162

Petto, H. (1991): Quantitative Charakterisierung des Makrozoobenthos der Donau und seine Abhängigkeit von Umweltvariable (mit besonderer Berücksichtigung der Oligochaeta). – Dissertation an der Formal- und Naturwissenschaftlichen Fakultät der Universität Wien

Petto, H. & Humpesch, U.H. (1992): Time series analysis of developmental cycles of oligochaetes in relation to environmental factors in the River Danube. – Archiv für Hydrobiologie 124: 53-67

Petto, H., Humpesch, U.H. & Anderwald, P.H. (1991): Güte des Wassers der Donau im Bereich der Staustufe Altenwörth (Stromkilometer 1980-2007). 1.Teil: Ist-Zustand im Stauwurzelbereich in den Jahren 1986 und 1987. – Österreichische Wasserwirtschaft 43: 19-23

Pleskot, G. (1951): Wassertemperatur und Leben im Bach. – Wetter und Leben 3: 129-143

Sachs, L. (1984): Angewandte Statistik. Springer-Verlag, Berlin, Heidelberg,New York,Tokyo

Schiemer, F. et al. (1991): Status der Fischfauna der Donau in Österreich. – Studie des Nationalpark-Institutes Donau-Auen, im Auftrag des Bundesministeriums für Umwelt, Jugend und Familie

Weber, C.I. (Ed) (1973): Biological field and laboratory methods for measuring the quality of surface waters and effluents. – Environmental Monitoring Series. EPA-670/4-73-001

Zottl, H. (1988): Staustufe Wien-Freudenau, Sohlstabilität im Raum Wien bis Bad Deutsch Altenburg. – Perspektiven 9/10: 46-51

Limnologie aktuell · Band/Vol. 2 · Kinzelbach (Hg.): Biologie der Donau
Gustav Fischer Verlag · Stuttgart · Jena · New York · 1994

Redeskription wenig bekannter Egel aus der ungarischen Tiefebene (Hirudinea: Glossiphoniidae, Erpobdellidae)

Hasko Nesemann

Schopenhauer Straße 60/16, A-1180 Wien

Keywords

Danube, Hirudinea, morphology, identification, distribution

Abstract

The morphology, occurence and distribution of seven species of leech from the Great Hungarian Plain in Austria and Hungary are described. *Trocheta cylindrica*, *Dina apathyi*, *Erpobdella testacea* and *Batracobdella algira* are recorded for the first time from Central Europe.

Kurzfassung

Aus dem pannonischen Tiefland im Osten Österreichs und Ungarns werden sieben Egelarten in ihrer Morphologie, ihrem Vorkommen und ihrer Verbreitung beschrieben. Davon sind *Trocheta cylindrica*, *Dina apathyi*, *Erpobdella testacea* und *Batracobdella algira* Neunachweise für Mitteleuropa.

1 Einleitung

Die folgende Präsentation der Ergebnisse soll vor allem eine Hilfestellung zur Bestimmung darstellen. Es werden bereits beschriebene, jedoch nicht allgemein bekannte Taxa vorgestellt und Merkmale zur sicheren Unterscheidung von ähnlichen, nahe verwandten Arten angeführt.

2 *Batracobdella algira* (Moquin-Tandon 1846)

Der pontomediterrane Egel *Batracobdella algira* wurde erstmalig in Mitteleuropa nachgewiesen. Die Art wurde in einem Altwasser der österreichischen Donau bei Wien gefunden. Morphologie und Ökologie werden beschrieben.

Aus der niederösterreichischen Donau waren bisher 13 Arten der Euhirudinea bekannt (Nesemann 1989a). Ein neuer Egel dieses Stromabschnittes ist *Batracobdella algira*. Die Zuordnung dieser Art erfolgte durch Vergleich mit nordafrikanischem Material, mit der Sammlung des Ungarischen Naturhistorischen Museums Budapest (Material zu Soós 1967b) und nach Literaturangaben.

Synonymie: 1846 *Glossiphonia algira* Moquin-Tandon, Monogr. Fam. Hirudinees, Paris: 364, Pl. 13, Figs. 10-15.
1879 *Batracobdella latasi* Virguier, C.R., Acad. Sci. Paris, 89: 110.
1900 *Helobdella algira*, – Kovalevsky, Mem. Soc. zool. France, 13: 66.
1926 *Batrachobdella algira*, – Johansson, Mitt. zool. Mus. Berlin, 12.
1967 *Batracobdella algira*, – Soós, Ann. Hist.-nat. Mus. nat. Hung. Budapest, 13 (3/4): 248, 251, Figs. 4, 22, 27.

Material: Wien-Leopoldstadt, Tümpel im Schilfgebiet eines verlandeten Donauarmes zwischen dem Lusthauswasser/Mauthnerwasser und dem Hauptstrom, 12.11.1989, 31.3.1990 leg. H. Nesemann, 7 Expl., Sammlung des Ungarischen Naturhistorischen Museums Budapest und Sammlung des Verfassers.

Habitus: Kleine, längliche Egel mit auffällig großem Endsaugnapf und breitem Mundsaugnapf. Aktive Tiere sehr lebhaft und formveränderlich je nach Kontraktionszustand. Die Art ähnelt in ihrem weichen Körper und im Bewegungsverhalten Jungtieren von *Theromyzon tessulatum* (O.F. Müller). Körper abgeflacht, lateral gerundet.

Größe: Lebende Tiere bei starker Extension bis 18 mm lang. Die Längen- und Breitenmaße des untersuchten Materials in mm: 13 x 6; 10 x 4,5; 9 x 3; 8 x 3,5; 7 x 2,5; 6 x 2,5; 6 x 2.

Färbung: Einfarbig, Dorsalseite dunkler als Ventralseite. Lebende Tiere sind dunkel weinrot-grünlich. Konservierte Exemplare verlieren die rote Färbung und sind graugrün. Die dunkle Pigmentierung ist dorsal nicht vollkommen gleichmäßig ausgebildet. Am Kopf fehlt sie am ersten Somit. Auf dem dritten Somit fehlt sie lateral, wodurch zwei helle Flecken beiderseits der Augen entstehen. Der Augenbereich des dritten Somits ist ebenfalls frei von dunkler Pigmentierung. Die Papillen sind schwächer pigmentiert und treten dorsal als hellere Flecken in Erscheinung. Die dunkle Pigmentierung auf der Dorsalseite tendiert zur Ausbildung longitudinaler Streifen. Der Endsaugnapf besitzt am Rand kleine helle Flecken in regelmäßiger Anordnung.

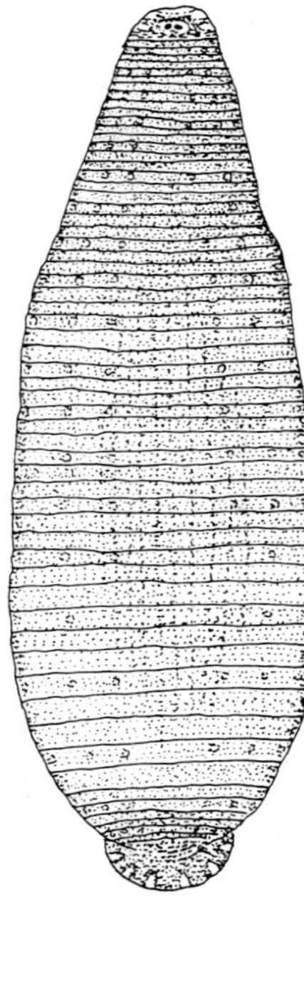

Abb. 1: *Batracobdella algira*, Mauthner Wasser an der Donau (Wien)

Papillen: Dorsal sind drei Paar Reihen sehr kleiner Papillen auf dem Annulus a2 entwickelt (äußere und innere Medianpapillen, innere Paramedianpapillen), die farblich als helle Flecken deutlich in Erscheinung treten.

Augen: Auf dem ungeteilten dritten Somit befinden sich zwei große, im Umriß rundliche, Augen. Ein Paar kleiner und eng zusammenliegender, akzessorischer Augen kann auf dem zweiten Somit vorhanden sein. Dieses Augenpaar wird von dunkler Pigmentierung überdeckt. Es ist bei lebenden und frisch konservierten Exemplaren nicht sichtbar.

Annulation und Genitalöffnungen: Eine ausführliche Beschreibung liefert bereits Soós (1967b). Die untersuchte Donaupopulation unterscheidet sich von mediterranen Formen durch die Entwicklung (Einschnürung) eines weiteren Annulus am vierten Somit. Dieses ist bei den bisher beschriebenen Stücken in zwei Annuli geteilt. Der craniale Annulus bei den österreichischen Exemplaren ist durch Einschnürung (besonders bei den Adulti) in a1, a2 geteilt.

Die männliche Gonopore liegt in der Furche XI-XII a3/a1, die weibliche in XII a2/a3 oder auf a2. Der Abstand beträgt eineinhalb bis zwei Annuli.

Habitat: *B. algira* besiedelt einen temporären Tümpel in einem schilfbewachsenen Altlauf der Donau. Das unbeschattete Gewässer liegt im Hartholzauwald des unteren Praters. Während der Sommermonate erweitert sich die Wasserfläche durch einströmendes Uferfiltrat auf mehrere hundert Quadratmeter bei maximal 0,3 m Tiefe. Im Winterhalbjahr trocknet bzw. friert das Gewässer als Folge des Niedrigwassers vollständig aus. *B. algira* wurde in einem Restwassertümpel in großer Anzahl an der Unterseite von Holzstücken gefunden. Sie ist hier vergesellschaftet mit *Dina lineata* (O.F. Müller), *Erpobdella octoculata* (Linnaeus), *Haemopis sanguisuga* (Linnaeus), *Helobdella stagnalis* (Linnaeus), *Theromyzon tessulatum* (O.F. Müller) und *Glossiphonia concolor*. In einer 50 m östlich gelegenen Pfütze fand ich nur *D. lineata* und *H. stagnalis*.

Geographische Verbreitung: Zusammenstellung nach Lukin (1976) und unpublizierten Funden: Balearen, Iberische Halbinsel, Nordafrika (Marokko, Algerien), Mittelmeerinseln (Korsika, Sardinien), Türkei (Bosporusgegend), Südbalkan (Bulgarien), Ukraine (Krim) und Ungarische Tiefebene (Österreich, Donau; Ungarn, Strém, Balatonbecken). Möglicherweise wurde die Art bereits einmal an der serbischen Donau gefunden (Sket 1968: 134) und könnte auch Epure (1947) aus Temesvár (Banat, Rumänien) vorgelegen haben. Dieser Autor fand einige Egel, deren Beschreibung sehr gut zu *B. algira* paßt, stellte diese aber selbst zu *G. paludosa*.

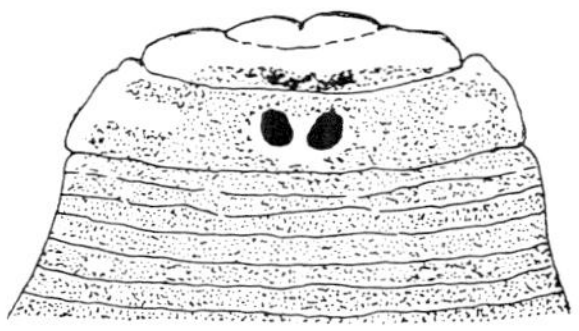

Abb. 2: *Batracobdella algira*, Kopfregion mit Augenstellung vergrößert

Taxonomische Bewertung: Die beschriebene Population von *B. algira* unterscheidet sich morphlogisch geringfügig von den mediterranen Formen, nach denen das Taxon beschrieben wurde, durch die Tendenz zur Entwicklung eines akzessorischen Augenpaares und die Ausbildung eines dritten Annulus am vierten Somit. Sie ähnelt besonders den Formen der Krim (Lukin 1962, 1976). Da *B. algira* ein sehr großes Areal besiedelt und innerhalb dieses in mehreren isolierten Populationsgruppen auftritt, sind morphologische Differenzen durch deren längere eigenständige Entwicklung interpretierbar.

3 *Dina punctata* Johansson 1927 und *Dina apathyi* Gedroyc 1916

Die Areale der semiaquatischen westeuropäischen Egel *Dina punctata* und der westpontischen *Dina apathyi* überschneiden sich in der ungarischen Donau. Beide Taxa verhalten sich zueinander als vollständig getrennte Arten und unterscheiden sich in Habitus, Annulation, Färbung und Bau der Geschlechtsorgane.

Die Egel der Familie Erpobdellidae sind in Europa mit 26 Arten vertreten. Bei den Arten der Gattung *Dina* (*Dina*) R. Blanchard ist der fünfte Annulus (b6) breiter, während bei *Erpobdella* De Blainville alle fünf Ringe eines Segments gleichartig entwickelt sind. Die drei Taxa *Dina apathyi*, *D. punctata* und *D. stschegolewi* (Lukin & Epshtein 1960) sind mehr oder weniger dunkel pigmentiert und besitzen auf jedem Annulus helle Flecken. In diesen gemeinsamen Mermal unterscheiden sie sich sowohl von *D. lineata* (O.F. Müller), der Flecken immer fehlen, wie auch von der in Höhlengewässern lebenden *D. absoloni* Johansson. Sie mußten bisher vorläufig als *Dina-apathyi*-Komplex zusammengefaßt werden, da noch nicht nachgewiesen wurde, ob es Übergangsformen gibt.

Nach Bestandsaufnahmen der Egelfaunen in mitteleuropäischen Flußsystemen ergab sich folgende Ausgangssituation.

Im Einzugsgebiet des Rheins, der oberen Donau und angrenzender Flußgebiete wurden Vertreter eines Taxons nachgewiesen, das nach Überprüfung mit dem Holotypus mit *Dina lineata* var. punctata Johansson 1927, identisch ist und, wie vom Erstbeschreiber vermutet, eine selbstständige Art neben *D. lineata* darstellt. Der Name dieser neuen Art ist entsprechend der ältesten gültigen Beschreibung *D. punctata* (vgl. Nesemann 1990b).

In der mittleren (ungarischen) Donau wurden Vertreter eines Taxons nachgewiesen, das nach Überprüfung mit der Originalbeschreibung, den Angaben Pawlowskis (1936a) und Sanders (1951) als *Dina apathyi* Gedroyc identifiziert wurde.

Um zu klären, ob es sich bei beiden Taxa um getrennte Arten oder nur um Varietäten einer einzigen Art, wie von Lukin (1976: 432) angenommen, handelt, wurden gezielte Untersuchungen durchgeführt. Im ungarischen Donauabschnitt konnte mit dem Auftreten beider Taxa gerechnet werden (westlichster Nachweis von *D. apathyi*).

3.1 *Dina punctata* Johansson 1927

Synonymie: 1927 *Dina lineata* var. punctata et var. notata Johansson, Abh. Senckenberg. naturf. Ges., Frankfurt a. M., 39 (3): 229, Figs. 5-6.
1963 *Dina lineata* var. punctata et var. notata, – Soós, Acta Un. Szegediensis, Acta biol. (N.S.), Budapest, 9: 260.
1967 *Dina apathyi*, – Soós, Opusc. Zool. Budapest, 7: 249-250.
1989 *Dina punctata*, – Nesemann, Hess. faun. Briefe, Darmstadt, 9 (2): 29, Fig. 13.

Material: Die Art wurde im Zeitraum 1989 bis 1991 an zahlreichen Fundorten der ungarischen Lajta gesammelt. Ihre von der oberen Donau ausstrahlende Verbreitung endet in der mittleren Donau unterhalb Budapest. Die untersten Fundorte sind Érd-Ófalu und Dunaújváros.

Habitus: Mittelgroße Egel, lebend bis 70 mm lang. Größtes konserviertes Exemplar 46 mm. Körper abgeplattet zylindrisch mit gekielten Lateralsäumen, die im hintersten Drittel der Postclitellarregion hervorspringen.

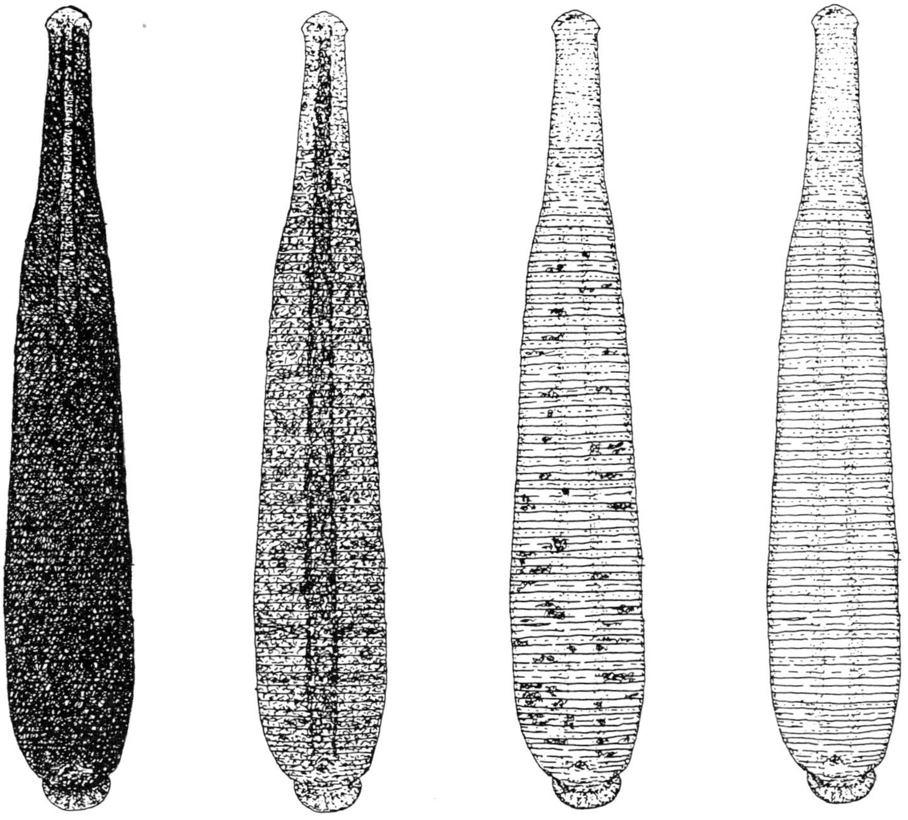

Abb. 3: *Dina punctata*, Donau bei Vác (Ungarn, Komitat Pest)

Annulation: Normalsegment ursprünglich quinqueannulat. juvenil b1, b2, a2, b5, c11, c12. Adult werden alle Annuli durch seichte Furchen geteilt, die auf b1 und b5 deutlich, auf a2 dagegen nur schwach entwickelt sind. Auch auf c11, c12 sind bei sehr großen Individuen (Schwechat in Niederösterreich) weitere Furchen erkennbar. Hierdurch ergibt sich folgende ausdifferenzierte Annulation: c1, c2, c3, c4, b3, b4, c9, c10, d21, d22, d23, d24. Bei den ungarischen Exemplaren ist die quartäre Annulation auf b6 kaum entwickelt.

Färbung: Lebende Tiere sind rötlich braun bis schwarz. Dorsalseite stets viel dunkler als Ventralseite und gegenüber dieser an den Lateralsäumen scharf abgegrenzt. Ein Paar unsauberer dunkler Paramedianstreifen ist besonders auf dem Vorderkörper entwickelt. Helle Flecken auf jedem Annulus versetzt, nur auf a2 (Sinnesring) mehr oder weniger linear angeordnet. Die dunkle Pigmentierung kann flächenhaft oder vollständig fehlen. Dunkel pigmentierte Individuen fanden sich überall. Bei Szob kommen häufig heller gefärbte, und solche, bei denen die dunkle Pigmentierung nur zwischen den beiden Paramedianstreifen entwickelt ist, vor. Ein gesprenkeltes Einzeltier fand sich bei Vác. Extrem auffällige Farbvarianten, wie sie innerhalb des Rhitrocoens der oberen Donau gefunden wurden (weißgraue bis smaragdgrüne Formen),

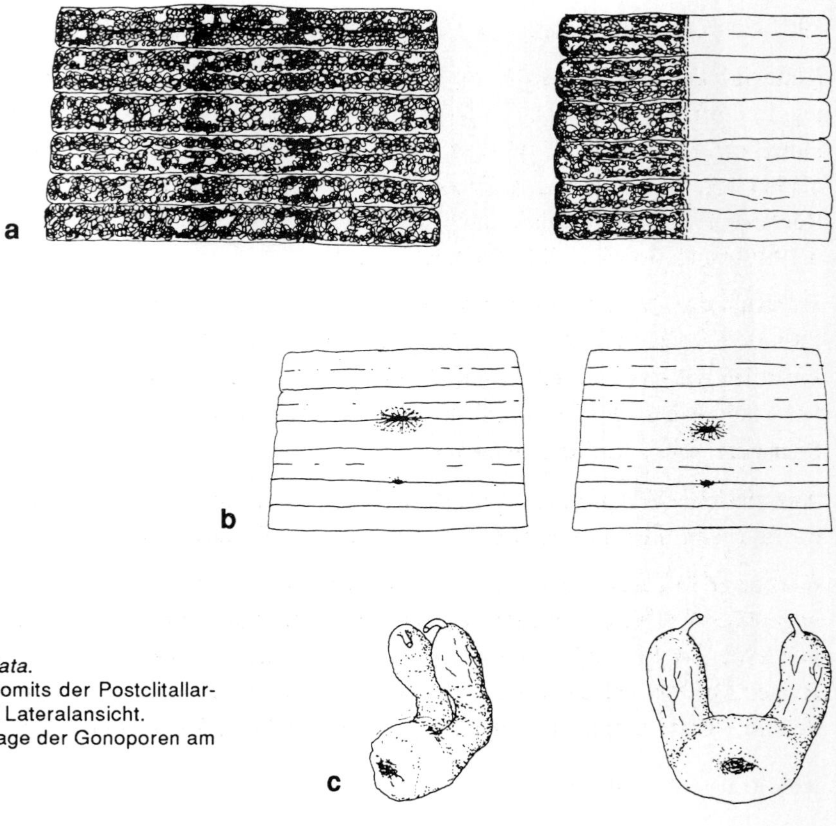

Abb. 4: *Dina punctata.*
a: Färbung eines Somits der Postclitallarregion, Dorsal- und Lateralansicht.
b: Variabilität der Lage der Gonoporen am Somit XII.
c: Atrium.

kommen in der ungarischen Donau nicht vor. Die Farbvarietäten besitzen keinerlei morphologische Unterschiede und sind in ihrer Vielfalt den bekannten Formen von *Erpobdella octoculata* (Linnaeus) vergleichbar.

Genitalöffnungen: Abstand 1 1/2 bis 2 Annuli. Männliche Gonopore variabel auf XII a2 oder in der Furche XII b2/a2, weibliche konstant in XII b5/b6. Beide Varianten sind häufig. Bei 19% der ungarischen Egel beträgt der Abstand 1,5 Annuli, bei 81% 2 Annuli. Möglicherweise findet im Laufe des Wachstums eine Verschiebung der männlichen Gonopore auf a2 statt. Beide Varianten sind durch alle Übergänge verbunden. Eine in der Mitte von a2 befindliche Gonopore fand sich fast ausschließlich bei großen Individuen.

Bau des Atriums: Atriumkörper groß, Cornua dick und kurz. Sie reichen bis zum Annulus b2. Cornua dorsoventral scharf geknickt.

3.2 *Dina apathyi* Gedroyc 1916

Synonymie: 1916 *Dina apathyi* Gedroyc, Rozpr. Wiad. Muz. Dzied. Lwow 2: 82-85, Fig. 23.
1936 *Herpobdella lineata* f. apathyi, – Pawlowski, Ann. Mus. Zool. Polon., Warszawa, 11(19): 353-355, Fig. 4.
1951 *Herpobdella lineata* f. apathyi, – Sander, Acta Zool. Oecol. Un. Lodz., 4: 37-38, Fig. 3.

Material: Donaunebenarm Ráckevei oder Soroksari Duna bei Dunaharaszti, 1 Expl. 20.1.1989 leg. L. Forró & H. Nesemann; 10 Expl. 6.-9.11.1989 leg. M. Puky & H. Nesemann; Ráckevei Duna bei Szigethalom, 1 Expl. 6.1991 leg. H. Nesemann; Ráckevei Duna bei Szigetcsép, 1 Expl. 6.1991 leg. H. Nesemann; Ráckevei Duna bei Ráckeve, 2 Expl. 6.1991 leg. H. Nesemann; Ráckevei Duna bei Dömsöd, 1 Expl. 6.1991 leg. H. Nesemann; Zagyva bei Jászberény, 1 Expl. 6.1991 leg. L. Forró, E. Rössler & H. Nesemann.

Habitus: Egel lebend bis 100 mm lang, das größte konservierte Exemplar aus der Donau mißt 59 mm. Körper schlank, leicht abgeplattet zylindrisch, Kopfregion abgestumpft. Gerundete Lateralsäume sind im hintersten Drittel der Postclitellarregion entwickelt und verbreitern diese flossenähnlich. Lebende Tiere in Habitus und Verhalten sehr ähnlich *Trocheta cylindrica* Örley. Sehr guter und schneller Schwimmer.

Annulation: Quinqueannulat: b1, b2, a2, b5, c11, c12. Annulus b6 bereits juvenil geteilt, Furche c11/c12 aber immer seichter und undeutlicher als die übrigen Einschnürungen.

Färbung: Lebende Tiere dunkel rotbraun bis tief schwarz. Ventralseite etwas heller und gegenüber der Dorsalseite nicht scharf abgegrenzt, Übergang der Färbung kontinuierlich. Helle, gelbliche Flecken auf jedem Annulus mehr oder weniger linear angeordnet, nur auf b6 in zwei Reihen. Die Furchen zwischen den einzelnen Annuli sind deutlich entwickelt und werden durch dunkle Pigmentierung optisch hervorgehoben, wodurch der gesamte Körper gerippt erscheint.

Genitalöffnungen: Männliche Gonopore in der Furche XII b2/a2, weibliche in XII b5/b6. Keine Variabilität.

Bau des Atriums: Atriumkörper verhältnismäßig klein, Cornua lang und gerade, sie reichen bis zum Annulus b1. Enden der Cornua zugespitzt und hornförmig gebogen.

3.3 Variable morphologische Merkmale der untersuchten Arten

Bei *D. punctata* sind Färbung und Lage der männlichen Geschlechtsöffnung individuell variabel. Die Annulation durchläuft während der ontogenetischen Entwicklung eine fortschreitende Differenzierung bis hin zum *Trocheta*-artigem Habitus. Eine ausführliche Beschreibung ist Nesemann (1990b) zu entnehmen.

Bei *D. apathyi* konnten keine variablen Mermale festgestellt werden. Bei Juvenilen sind bereits Färbung und Annulation wie bei den Adulti entwickelt. Vergleicht man die Befunde an der ungarischen Donaupopulation mit den sicher auf diese Art beziehbaren Angaben in der Literatur (z.B. Sander 1951: 38, Fig. 3), so dürfte es sich um eine Art mit sehr geringer individueller und populationsspezifischer Variabilität handeln.

3.4 Habitate der untersuchten Arten

Über die Verbreitung von *D. punctata* und ihre Lebensräume in mitteleuropäischen Fließgewässern liegt bereits eine Fülle von Daten vor. Die Art besiedelt bevorzugt schnell fließende Gewässer mit kiesigem bis steinigem Grund und ist daher als lithorheophil einzustufen. Sie kommt vom Krenal bis Potamal in Quellbächen, Bächen, Flüssen und Strömen, vereinzelt auch in Altwässern vor, sofern geeignete Mikrohabitate vorhanden sind. In der ungarischen Donau konnte sie individuenreich nur im Hauptstrom nachgewiesen werden und lebt hier aquatisch und

Abb. 5: *Dina apathyi*, Sorosari Duna bei Dunaharaszti (Ungarn, Komitat Pest).

semiaquatisch. Sie ist im semiaquatischen Bereich stellenweise mit *Trocheta cylindrica* (z.B. bei Vác) vergesellschaftet. Beide Arten bilden im Untersuchungsgebiet mit Sicherheit keine konkurrierenden Populationen.

Über die Verbreitung von *D. apathyi* und ihre Habitatansprüche liegen kaum brauchbare Angaben vor. Nach Überprüfung von Belegmaterial müssen viele auf *D. apathyi* bezogene Literaturangaben zu *D. punctata* gestellt werden. Insbesondere für Soós (1967a) und Sket (1968) läßt sich belegen, daß hier *D. punctata* vorlag. Folgende Information ist für *D. apathyi* gesichert. Gedroyc (1916) lag die Art aus zwei Seen der Polesje vor. Sander (1951) fand sie besonders individuenreich in Stillgewässern eines Torfstiches. In der ungarischen Donau lebt sie in einem großen Flußarm, der sich durch geringe Strömungsgeschwindigkeit, gleichmäßige Wasserführung im Jahresverlauf und die Ausbildung eines schmalen Schilfgürtels auszeichnet. *D. apathyi* wurde an und oberhalb der Wasserlinie angetroffen. Sie kommt vergesellschaftet mit den semiaquatischen Egeln *Trocheta cylindrica* und *Haemopis sanguisuga* vor. Weitere Populationen wurden in Nebenflüssen der Rába und Tisza innerhalb ähnlicher Potamalbereiche entdeckt.

4 *Trocheta cylindrica* Örley 1886

Die Gattung *Trocheta* Dutrochet 1817, wird in Europa durch mindestens fünf gut gegeneinander abgrenzbare Taxa repräsentiert, deren Status als eigenständige Arten gesichert ist. Die west-

a
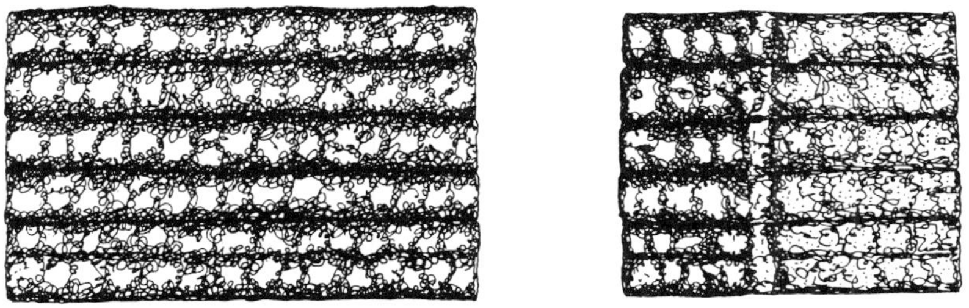

b
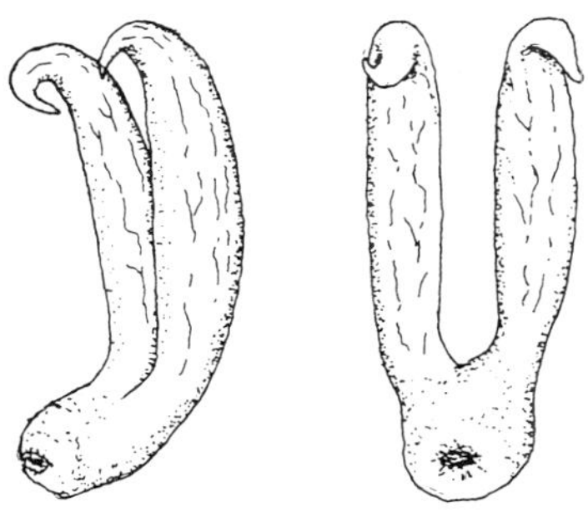

Abb. 6: *Dina apathyi*
a: Färbung eines Somits der Postclitellarregion, Dorsal- und Lateralansicht
b: Atrium

europäische *T. pseudodina* Nesemann, 1990, und die westeuropäisch – westmediterrane *T. subviridis* Dutrochet 1817, kommen nicht in den Gewässersystemen des Schwarzmeereinzugsgebietes vor. Allein die hyporheisch lebende *T. bykowskii* Gedroyc ist in Mitteleuropa weiter verbreitet und besiedelt die von Grundwasseraustritten beeinflußten Bereiche schnell fließender Gewässer. Eine bisher unbekannte Art ist *T. cylindrica* Örley 1886, die im Einzugsgebiet des Schwarzen Meeres weit verbreitet ist. Vertreter dieses Taxons wurden bisher teilweise als *T. bykowskii* determiniert, teilweise aber auch als *T. subviridis* bezeichnet oder als besondere Formen zu dieser Art gestellt. Die eigenen Untersuchungen zeigen gemeinsam mit der Überprüfung von Sammlungsmaterial und Beschreibungen in der Literatur, daß es sich bei sämtlichen Angaben von *T. subviridis* um Fehlbestimmungen handelt und es keine Nachweise dieser Art aus der pontokaspischen Faunenregion gibt. In Ungarn und Österreich kommen *T. bykowskii* und *T. cylindrica* allopatrisch vor.

Egel des Genus *Trocheta* besitzen, wie Angehörige der Gattung *Dina*, einen verbreiterten fünften Annulus jedes Normalsegments. Die ürsprünglich fünf Ringe eines Somits sind durch weitere Einschnürungen differenziert, sodaß bis zu neun Annuli entstehen. Eine ausführliche Darstellung ist Nesemann (1990b) zu entnehmen. Die fünf unterscheidbaren *Trocheta*-Arten besitzen sehr ähnliche Annulationstypen. Sie unterscheiden sich dagegen deutlich in Größe, Längen-Breitenverhältnis, Habitus und Körperform, Färbung, Farbzeichnung und Körperoberflächenstruktur. Bei *T. pseudodina* und *T. cylindrica* ist eine artspezifische Papillierung entwickelt.

In der mittleren Donausystem konnten bei den Aufsammlungen 1989/90 vom Verfasser verschiedene morphologisch unterscheidbare Populationen untersucht werden. Es wurde bereits diskutiert, ob es sich hierbei um Vertreter eines einzigen Taxons oder um zwei getrennte Arten handelt (Nesemann 1990b). Auch in der Sammlung des Ungarischen Naturhistorischen Museums, die Material zu Örley (1886), Pawlowski (1973) und Soós (1958) aus Ungarn, Rumänien und der Slowakei enthält, konnten zwei unterscheidbare Morphotypen der als *Trocheta bykowskii* bestimmten Egel gefunden werden. In beiden Fällen liegen *T. bykowskii* und *T. cylindrica* vor. Örley (1886) lag zur Beschreibung letzterer Art ein juveniles Exemplar vor. Bei dem von diesem Autor als *T. subviridis* bezeichneten Egel (1886: 90-91) aus dem Fluß Váh bei Trencin handelt es sich um *T. bykowskii.* Diese falsche Angabe wurde wiederholt in der Literatur berücksichtigt, z.B. bei Pawlowski (1973: 12, 20-21, Fig. 3), weshalb sie hiermit berichtigt wird.

Synonymie: 1886 *Trocheta cylindrica* Örley, M. T. Ak. Math. S. Természettud. Közlemenyek. 12. K. 2 Sz.: 91-92, (Rumänien, Besztercze).
1888 *Nephelis octoculata*, – Ápathy, Zool. Jb. Syst., Jena, 3: 752 -753.
1938 *Trocheta subviridis* f. *danastrica* Stschegolew, Rab. Lab. Obsc. Biol. Zool. 3-go Mosk. Med. Inst., Moskwa, 1.: (Sowjetunion, Georgien).
1962 *Trocheta subviridis* f. danastrica, – Lukin, Fauna Ukraini, Kiev, Tom 30: 180-184, Figs. 117-119.

Material: Donau (Soroksari Duna) bei Dunaharaszti, 1 Expl. 20.1.1989, 1 Expl. 31.5.1989; Szentendre Duna bei Szentendre, 2 Expl. 31.5.1989; Donau bei Alsogöd, 2 Expl. 5.3.1989, 2 Expl. 6.-9.11.1989, alle leg. M. Puky & H. Nesemann, Cúhai-Bakony-er 800 m oberhalb der Mündung in die Donau bei Gönyü, 1 Expl. 3.4.1990, leg. H. Nesemann, March bei Markthof, 1 Expl., 24.3.1990, leg. H. Nesemann, March im Bereich Markthof-Drösing, zahlreiche Funde, 1990-1991, leg. H. Nesemann, Thaya bei Hohenau, 1 Expl., 8.1990, 1. expl., 8.1991, leg. H. Nesemann, Zala bei Fenékpuszta, 2 Expl., 8.1991, leg. H. Nesemann.

Habitus: Große Egel, lebend bis 250 mm Länge. Das größte konservierte Exemplar mißt 90 mm aus der Donau und 140 mm aus dem Tisza-System. Vorderkörper mehr oder weniger zylindrisch. Körper caudal zunehmend abgeplattet mit fast ebener Dorsalseite in der hinteren Hälfte der Postclitellarregion. Körperbreite kaum merklich caudal zunehmend, kein Clitellum sichtbar. Mundsaugnaupf und Kopfregion nicht gegenüber der Präclitellarregion abgehoben, habitueller Eindruck daher stärker wurmförmig, als bei den übrigen *Trocheta*-Taxa. Juvenil ist der gesamte Körper stärker abgeplattet, als bei den Adulti. Die Jungtiere sind durch ihren extrem abgeflachten Körper, den zylindrischen Vorderkörper und das weitgehende Fehlen der äußerlich sichtbaren Annulation gekennzeichnet (vgl. Originalbeschreibung).

Annulation: Juvenil ist oft noch keine Annulation sichtbar bei bis zu 20-45 mm langen Individuen. Adult wird ein Normalsegment in neun deutlich erkennbare Annuli (sieben schmale und zwei breite Ringe) geteilt (c1, c2, c3, c4, a2, b5, c11, d23, d24), wobei auf a2 und b5 ebenfalls seichte Fur-

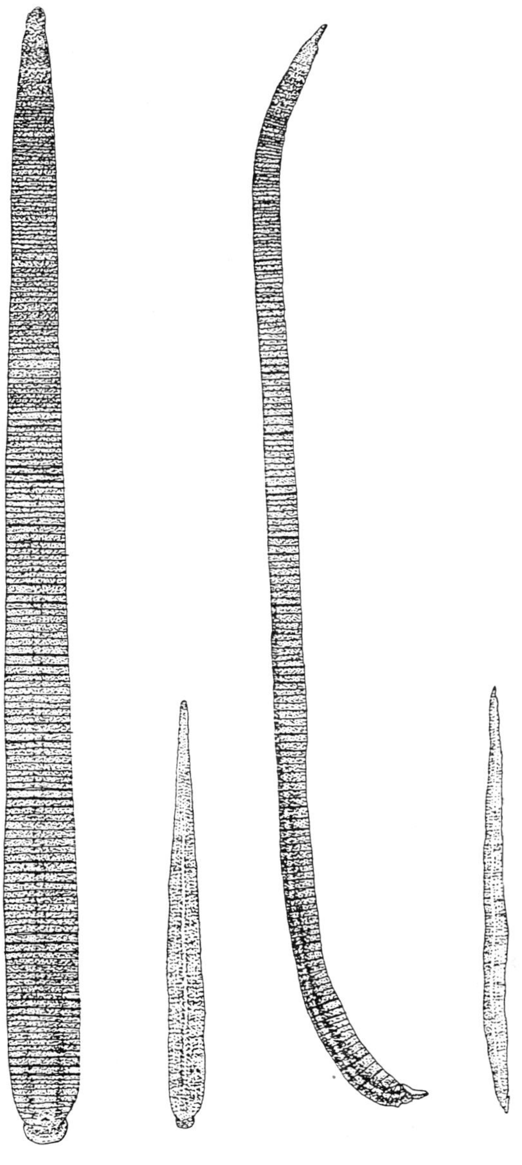

Abb. 7: *Trocheta cylindrica*, Donau bei Álsogöd (Ungarn, Komitat Pest) Dorsal- und Lateralansicht eines juvenilen und adulten Individuums

chen ausgebildet sind. Im Gegensatz zu den übrigen Arten der Gattung ist bei *T. cylindrica* die ursprüngliche Gliederung in fünf Annuli kaum mehr erkennbar, alle Furchen sind gleichartig ausgebildet.

Färbung und Körperoberfläche: Juvenile Exemplare fleischfarben und rötlich-braun. Adult ist die Färbung schwarz mit rotbrauner Tönung (vgl. hierzu auch Lukin 1962, Fig. 117). Es können dorsal bis zu 50 kleine Warzen auf jedem Annulus entwickelt sein, die als unscheinbare helle Flecken am konservierten Tier sichtbar sind.

Genitalöffnungen: Männliche und weibliche Gonopore in der Lage variabel, der Abstand beträgt 2 - 3 Annuli. In der Regel beträgt er 2 1/4 - 2 1/2 Annuli. Männliche Gonopore in der Furche XII b2/a2 oder auf a2, weibliche in XII b5/b6 oder auf b6 (c11). Da die Gonoporen weiter auseinander gerückt sind, als bei *T. bykowskii* und in vielen Fällen scheinbar durch drei Ringe getrennt werden, wurden Vertreter dieses Taxons in der Literatur häufig mit *T. subviridis* in Verbindung gebracht (vgl. Pawlowski 1973: 7, Fig. 1).

Habitate: Semiaquatisch auf Weichsubstraten (Pelal) größerer Tieflandflüsse. Die Art bevorzugt nach der bisher vorliegenden Funden das Metapotamon.

Geographische Verbreitung: Zuflüsse des Schwarzen Meeres von der Morava-March im Westen (Österreich) bis zum Kaukasus (Georgien) einschließlich Griechenland und der Türkei

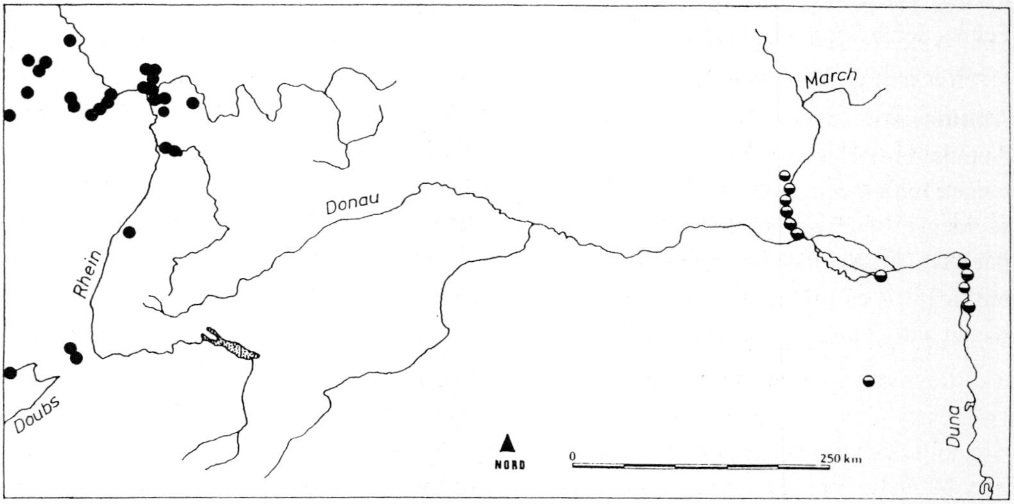

Abb. 8: Verbreitung von *Trocheta cylindrica* (◒) im Donaueinzugsgebiet und *Trocheta pseudodina* (●) im Rheineinzugsgebiet

(Dardanellenstromgebiet). *T. cylindrica* stellt die Donauvikariante zur westeuropäischen *T. pseudodina* dar. Am Westrand des Verbreitungsgebietes tritt *T. cylindrica* als stenöke Potamalart auf. In der ungarischen Donau ist sie häufig, überschreitet hier aber nicht Györ. In der österreichischen Donau wurde die Art nicht nachgewiesen (Nesemann 1989a). Dagegen wird die untere March, die dem Metapotamal der ungarischen Donau sehr ähnlich ist, besiedelt. Hierbei handelt es sich, äquivalent zu den für Mollusca vielfach belegten Verbreitungsbildern, um ein Relikt ursprünglich weiterer Verbreitung in Niederösterreich während der postglazialen Wärmezeit. *T. cylindrica* ist weit verbreitet im Tisza-Einzugsgebiet.

Differenzialdiagnose: *T. cylindrica* unterscheidet sich morphologisch nur geringfügig von *T. bykowskii*. Beide Taxa sind jedoch in ihrer Färbung und im Längen-Breitenverhältnis lebend leicht bestimmbar. Darüberhinaus besiedeln sie sehr unterschiedliche Gewässertypen und wurden nicht vergesellschaftet angetroffen. *T. bykowskii* ist eine kaltstenotherme, hyporheische und im Substrat grabende Art. Sie besiedelt Gebirgsbäche, Bergbäche und seltener auch damit in Verbindung stehende Höhlengewässer. Es ist keine dunkle Pigmentierung entwickelt, lebende Tiere sind daher weisgrau mit zarter rosa oder rötlicher Tönung.

Eine Bestimmung konservierter und entfärbter Exemplare beider Taxa ist im Einzelfall schwierig. Für eine Zuordnung sollte daher stets größeres Material, die Kenntnis des Lebensraumes und die Färbung lebender oder frisch konservierter Tiere berücksichtigt werden.

5 *Erpobdella testacea* (Savigny 1822) und *Erpobdella nigricollis* (Brandes 1900)

Die beiden nahe stehenden Taxa wurden bisher von vielen Autoren nicht getrennt, sondern unter dem Namen *testacea* beschrieben. Lange Zeit wurde *E. nigricollis* als Form oder Subspezies von *E. testacea* angesehen. Hierdurch ging in der Vergangenheit eine Fülle von Information über die geographische Verbreitung und Autökologie beider Taxa verloren. Die Angaben älterer Autoren können nur nach kritischer Überprüfung berücksichtigt werden. Als erste beschäftigten sich Lukin (1962) und Soós (1963) mit dem taxonomischen Status des von Brandes (1900) unter dem Namen *Nephelis nigricollis* beschriebenen Egels und erkannten diesen als selbstständige Art neben *E. testacea* an. Später fanden beide Taxa getrennte Berücksichtigung (Sladecek & Kosel 1984; Sawyer 1986), haben sich aber in der Praxis noch nicht durchgesetzt.

Vom Verfasser wurde versucht, anhand der Literaturangaben am Material aus der ungarischen, oberrheinischen Tiefebene und dem Tessin die Artmerkmale nachzuvollziehen. Der Nachweis individuenreicher Populationen beider Arten im westlichen pannonischen Tiefland bot die einmalige Gelegenheit einer vergleichenden Gegenüberstellung, die der bisherigen deutschsprachigen Literatur noch immer fehlt. Hierdurch wurde eine sichere Determination erschwert.

5.1 *Erpobdella testacea* (Savigny 1822)

Synonymie: 1822 *Nephelis testacea* Savigny, Syst. Annal., Paris: 107.
1893 *Nephelis octoculata*, – Blanchard, Boll. Mus. Zool. Anat. comp. Torino, 8 (146).
1916 *Herpobdella octoculata*, – Gedroyc, Rozpr. Wiad. Muz. Dzied., Lwow, 2: 87-90, Figs. 25, 26.
1925 *Herpobdella testacea*, – Liskiewicz, Arch. Naturgesch. Ser. A, 91(12): 279.
1936 *Herpobdella testacea*, – Pawlowski, Arch. Hydrobiol. Rybact., Suwalki, 10: 25-26.
1962 *Herpobdella testacea*, – Lukin, Fauna Ukraini, Kiew, Tom 30: 151-154, Figs. 94, 95.
1968 *Erpobdella testacea*, – Sket, Razprave SAZU, CL.IV. 11(4): 19, 42, Figs. 26-28, 70-71, Plate VI.
1988 *Erpobdella testacea*, – Mildner & Kofler, Carinthia II, Klagenfurt, 178: 521.
1989 *Erpobdella testacea*, – Nesemann, Hess. faun. Briefe, Darmstadt, 9(2): 28, Fig. 12.

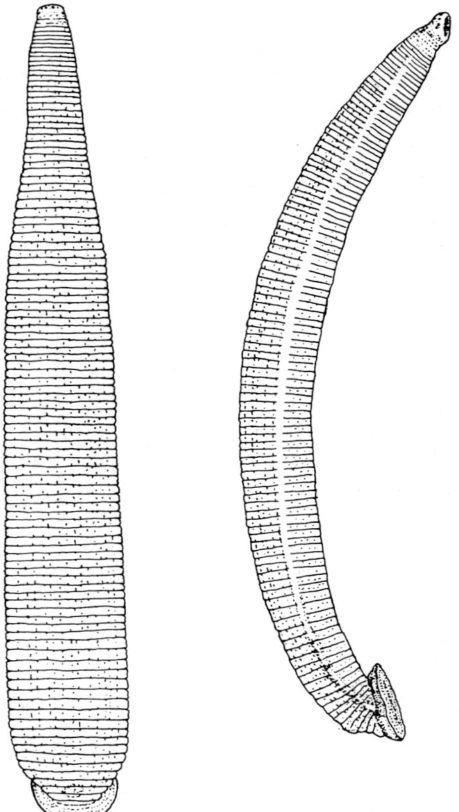

Abb. 9: *Erpobdella testacea*, Loimersdorfer Graben (Niederösterreich)

Material: Loimersdorfer Graben vor der Mündung in den Rußbach östlich Engelhardtstetten (Niederösterreich, Marchfeld), 16 Expl. 11.10.1989, March, Tümpelbereiche der Altarme bei Schloßhof, zahlreich, 21.-22.4.1990, alle leg. H. Nesemann, March Nebenarm in der Gegend von Dürnkrut, 1 Expl. 5.1990, leg. H. Nesemann, Ráckevei Duna bei Szigetcsép, 2 Expl., 6.1991, leg. H. Nesemann, Zala im Kis-Balaton-Gebiet, zahlreich, 6.1990, leg. L. Forró & H. Nesemann, Zala bei Fenékpuszta, zahlreich, 6.1991, leg. L. Forró & H. Nesemann.

Habitus: Kleine Egel bis zu 25 mm Länge, das größte konservierte Exemplar mißt 18 mm. Körper gerundet mit abgeplatteter Ventralseite und konvexer Dorsalseite. Der Endsaugnapf mißt etwa die Hälfte der maximalen Körperbreite. Der Mundsaugnapf ist im Gegensatz zu *E. nigricollis* klein und ähnelt dem von *E. octoculata*.

Annulation und Genitalöffnungen: Gattungstypische Ringelung, ein Somit wird in fünf gleichartige Annuli geteilt. Männliche Gonopore in der Furche XII b1/b2, weibliche in XII/XIII b6/b1 oder etwas auf b1 verrückt. Der Abstand beträgt vier Annuli.

Färbung und Körperoberfläche: Lebende Tiere rötlich bis hell rotbraun, in der Färbung mehr an *Dina lineata* erinnernd und rötlicher als *E. nigricollis*. Ventralseite stets heller als Dorsalseite.

Habitate: Die Art wurde in einem langsam fließenden Tieflandbach mit starker Entwicklung submerser Makrophyten zahlreich angetroffen. Sie lebt hier mit *Erpobdella octoculata*, *Dina lineata*, *D. punctata*, *Helobdella stagnalis*, *Theromyzon tessulatum*, *Glossiphonia verrucata* und *G. concolor* vergesellschaftet. *G. concolor* ist der häufigste Egel dieses Baches. In seichten Restwassertümpeln der Marcharme ist *E. testacea* sehr häufig. Sie lebt hier mit *E. octoculata*, *D. lineata*, *Haemopis sanguisuga*, *H. stagnalis*, *G. concolor*, *Glossiphonia paludosa* und *Alboglossiphonia heteroclita* zusammen. In ähnlichen Habitaten konnte *E. testacea* im Röhrichtgürtel der Flußufer von Donau und Zala gesammelt werden.

Geographische Verbreitung: *E. testacea* fehlt im gesamten oberen Donaueinzugsgebiet. Entlang der Alpen ist *E. testacea* stellenweise bis in die südlichen Kalkalpen hinein vertreten. Im Rheineinzugsgebiet dringt sie aufwärts bis in das Flußsystem der Aare (Perret 1952). Im Donausystem ist die Art über Ungarn hinaus nur wenig westwärts verbreitet und erreicht hier mit den beschriebenen Populationen noch den östlichen Teil Österreichs. Ähnliche Besiedlungsverhältnisse liegen am südlichen und südöstlichen Alpenrand vor. Hier dringt *E. testacea* über das Posystem bis in den Tessin ein und bildet große Vorkommen im Lago di Lugano und Fluß Tresa aus (eigene Aufsammlungen 1989). Über die Donaunebenflüsse Save und Drau ist die Art bis in die südöstlichen Kalkalpen verbreitet (Sket 1968) und erreicht hier wiederum Österreich mit einigen Vorkommen in Seen, Teichen und Sumpfgräben des Klagenfurter Beckens (Mildner & Kofler 1988).

5.2 *Erpobdella nigricollis* (Brandes 1900)

Synonymie: 1900 *Nephelis nigricollis* Brandes, Z. Naturwiss., 72: 451.
1916 *Herpobdella nigricollis*, – Gedroyc, Rozpr. Wiad. Muz. Dzied., Lwow, 2: 90-91, Fig. 27.
1929 *Herpobdella testacea* var. nigricollis, – Johansson, in Dahl, F.: Tierwelt Deutschlands, Teil 15: 152, Fig. 52.
1936 *Herpobdella testacea* f. nigricollis, – Pawlowski, Arch. Hydrobiol. Rybact., Suwalki, 10: 25-26.
1943 *Herpobdella testacea* ssp. *nigricollis*, – Bennike, Folia. Limnol. Scand., Kobenhavn, 2: 91-92, Fig. 29.
1957 *Herpobdella testacea* var. nigricollis, – Stadler, Nachr. naturwiss. Mus. Aschaffenburg, 54: 10.
1962 *Herpobdella nigricollis*, – Lukin, Fauna Ukraini, Kiew, 30: 154-156, Figs. 96-97.
1963 *Erpobdella nigricollis*, – Soós, Ann. hist.-nat. Mus. Nat. Hung., Budapest, 55: 285-288, Figs. 1-2.
1963 ? *Herpobdella testacea*, – Mauch, Mitt. Zool. Mus. Berlin 39: 116.

1968 *Erpobdella nigricollis*, – Sket, Razprave SAZU CL.IV. 11(4): 45-146, 168.
1987 ? *Erpobdella testacea*, – Ziese, Mainzer naturwiss. Arch., Beihft. 7: 66-72.
1989 *Erpobdella nigricollis*, – Nesemann, Hess. faun. Briefe, Darmstadt, 9(2): 28, Fig. 11.

Material: Die Art wurde im Zeitraum 1989-1991 in zahlreichen Flüssen des ungarischen Tieflandes gesammelt. Es liegt umfangreiches Material vor aus der Donau mit Ráckevei Duna und Mosoni Duna sowie aus Nebenflüssen March, Thaya, Leitha mit Rét-árok und Lajta megyei csatorna, Rába, Rábca, Zala, Berettyó und Hortobágy mit Fekete-rét, Tisza, Sajó und Bodva.

Habitus: Mittelgroße Egel, lebend bis zu 40 mm Länge, das größte konservierte Exemplar mißt 28 mm. Körper abgerundet zylindrisch, Ventralseite im Gegensatz zu *E. testacea* nicht stark abgeflacht. Mundsaugnapf groß, die Kopfregion erscheint daher stumpf abgerundet. Endsaugnapf groß und vom Körper deutlicher abgesetzt, als bei den übrigen Arten dieser Gattung. Der Endsaugnapf mißt mindestens zwei Drittel der maximalen Körperbreite. Annulation und Genitalöffnungen sind wie bei *E. testacea* entwickelt, der Abstand zwischen den Geschlechtsöffnungen beträgt vier Annuli. Eine ausführliche Beschreibung der Donaupopulation gab bereits Soós (1963, 1967a).

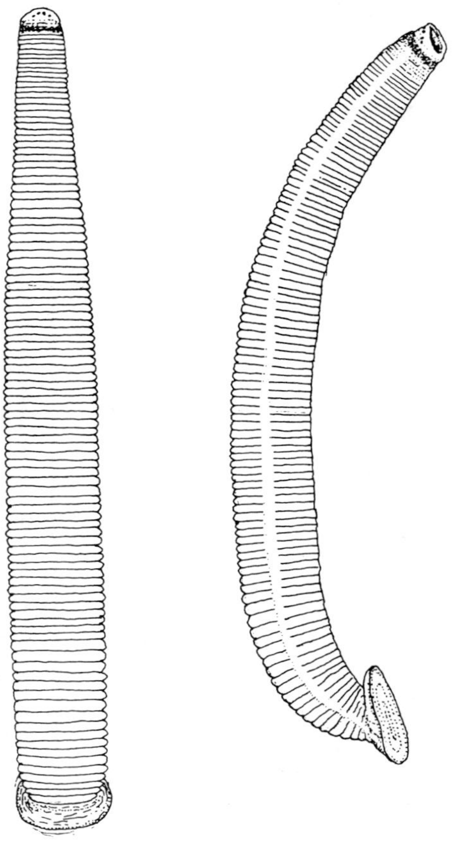

Abb. 10: *Erpobdella nigricollis*, Main bei Zeil (Unterfranken)

Färbung und Körperoberfläche: Körperoberfläche glatt, lebende Tiere einfarbig bernsteinfarben, orange-rotbraun transparent. in der Kopfregion ist immer ein dunkles «Halsband» sichtbar. Dieses wird aus den durchschimmernden Lateralcunae gebildet. Konservierte Exemplare verlieren ihre Transparenz und das charakteristische Halsband.

Habitate: Die Art ist im pannonischen Raum wie im Einzugsgebiet des Rheins ein charakteristischer Faunenbestandteil des Potamocoens größerer Flüsse und Ströme des Tieflandes.

Geographische Verbreitung: In Mitteleuropa ist *E. nigricollis* weit verbreitet und aus den Einzugsgebieten fast aller großen Flußsysteme nachgewiesen. Sie besitzt jedoch große Verbreitungslücken und fehlt in den Gebirgsregionen der Alpen und Karpaten. Im Rheinsystem dringt die Art aufwärts mindestens bis in den Hochrhein oberhalb Basel und ostwärts bis in die Niederung der unteren Regnitz. Im Einzugsgebiet der Donau wird die pannonische Ebene nur wenig westwärts überschritten. Die Donau wird aufwärts bis in die Mosoni Duna besiedelt (Soós 1967a). Weitere Vorkommen sind aus dem Mittellauf der Save bekannt (Sket 1968). Wie *E. testacea* kommt *E. nigricollis* mit Ausläufern des ungarischen Verbreitungsgebietes bis in die untere March hinein vor. Reliktvorkommen im oberen Donausystem wurden in Bayern nachgewiesen.

5.3 Hinweise zur Bestimmung

Eine sichere Determination von *E. nigricollis* und *E. testacea* kann nur am lebenden Material erfolgen. Beide Arten sind unter Beachtung der geschilderten Umstände immer leicht und zweifelsfrei lebend determinierbar. Der Verfasser empfielt deshalb (dringend!), entweder eine Bestimmung mit der Untersuchung lebender Tiere am Gewässer durchzuführen, oder auf die Zuordnung zu einer der beiden Arten zu verzichten. Andernfalls würde die Literatur durch weitere Fehlbestimmungen belastet.

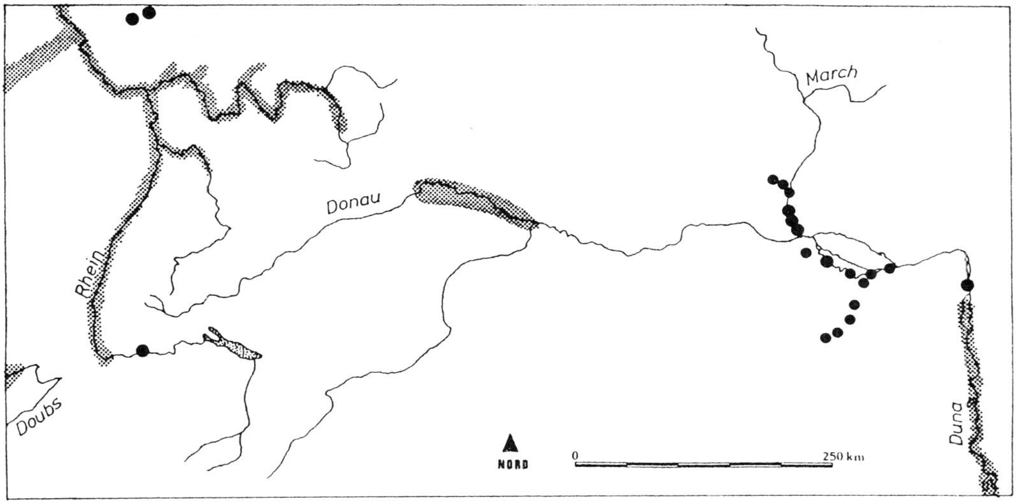

Abb. 11: Verbreitung von *Erpobdella nigricollis* im oberen Donau- und Rheineinzugsgebiet (gerastert und Punktsignatur)

Literatur

Apáthy, I. (1888): Süßwasser-Hirudineen. Ein systematischer Essay. – Zool. Jb. Syst. 3: 725-794, Jena

Autrum, H. (1958): Hirudinea. – In: Brohmer: Die Tierwelt Mitteleuropas. Bd. 1, Lief. 7b, Leipzig

Bennike, S.A.B. (1943): Contributions to the Ecology and Biology of the Danish freshwater leeches. – Fol. Limnol. Scand. 2: 1-109, Kobenhavn

Brandes, G. (1900): Zwei neue *Nephelis*-Arten aus der Umgebung von Halle a. S. – Z. Naturwiss. 72: 450-452

Dall, P. C. (1982): Diversity in Reproduction and general Morphlogy between two *Glossiphonia* species (Hirudinea) in Lake Esrom, Denmark. – Zoologica Scripta 11: 127-133

Gedroyc, M. (1916): Pijawki (Hirudinea) Polski. – Rozpr. Wiad. Muz. Dzied. Lwow 2: 1-101, Lwow

Kalbe, L. (1964): *Glossiphonia complanata nebulosa* nov. subspec., eine neue Hirudinee aus den Fließgewässern des Havelgebietes. – Mitt. zool. Mus. Berlin 40: 141-144, Berlin

Kinzelbach, R. (1985): Zur Entstehung der Zoozönose des Rheins. – Mainzer naturwiss. Arch., Beihft. 5: 5-49, Mainz

Kühnel, F. (1983): Faunistisch-ökologische Untersuchungen über die Egel (Hirudinea) des Vogelsberges. – Beitr. Naturkde. Osthessen 19: 29-73, Fulda

Lindenfeld, H. & J. Pietruszynski (1890): Przyczynek do Fauny Pijawek Krajowych (Hirudinei). – Pamiet. Fizjograf. 10: 399-439, Warszawa

Lukin, E.I. (1962): Fauna Ukraini. Pijavki. – Int. Zool. Akad. Nauk Ukr. RSR. Kiev 30: 1-196, Kiev

Lukin, E.I. (1976): Fauna SSSR. Pijavki. – Academy of Science of the USSR, Vol. 1: 1-484, Moskwa

Mauch, E. (1963): Untersuchungen über das Benthos der deutschen Mosel unter besonderer Berücksichtigung der Wassergüte. – Mitt. zool. Mus. Berlin 39: 1-176, Berlin

Nesemann, H. (1989a): Die Egelfauna (Hirudinea der niederösterreichischen Donau zwischen Stockerau und Wolfsthal. – Lauterbornia 2: 35-51, Dinkelscherben

Nesemann, H. (1989b): Die Egel (Hirudinea) der Fließgewässer des Main- und Lahngebietes (Hessen). – Hess. faun. Briefe 9(2): 20-36, Darmstadt

Nesemann, H. (1990a): Investigations on two *Glossiphonia* species (Hirudinea) from running waters of Central Europe with a redescription of *Glossiphonia concolor* (Apáthy, 1888). – Annls. hist.-nat. Mus. natn. hung. 82: 65-74

Nesemann, H. (1990b): Die semiaquatischen Egel mitteleuropäischer Fließgewässer (Hirudinea: Erpobdellidae, Hirudinidae). – Z. angewandt. Zool., 77 (2): 219-252, Berlin

Nesemann, H. (1990c): Die Egelfauna (Hirudinea) des Nahe-Einzugsgebietes (Rheinsystem: Rheinland-Pfalz, Saarland). – Mainzer naturw. Arch

Nesemann, H. (1991a): Erstnachweis des Fischegels *Piscicola haranti* Jarry, 1960 (Hirudinea, Piscicolidae) im Donautiefland in Ungarn. – Fischökologie aktuell 4: 14-16

Nesemann, H. (1991b): Zoogeography and composition of Danubian leech fauna of lowland rivers of the Kisalföld, compared with some Molluscs (Hirudinea, Gastropoda). – Miscnea. zool. hung. 6

Örley, L. (1886): A magyarorszagi Pioczak Faunaja. – M. T. Ak. Math. Termeszettud. Közlem. XII. K. 2. SZ.: 63-115, Budapest

Pawlowski, L. (1936a): Über die äußere Morphologie und systematische Stellung des Egels *Blanchardia bykowskii* (Gedroyc), nebst Bemerkungen über einige Arten der Gattung *Herpobdella* Blainv. – Ann. Mus. Zool. Polonici 19: 347-358, Warszawa

Pawlowski, L.K. (1936b): Zur Ökologie der Hirudineenfauna der Wigryseen. – Arch. Hydrobiol. Ichtyol. 10: 1-51, Suwalki

Pawlowski, L.K. (1973): Repartition Geographique des Sangsues du Genre *Trocheta* Dutrochet et les Glaciations du Pleistoceine. – Lodz. Tow. Nauk. Prace Wydz. III, Nauk. Mat. Przyr. 114: 1-35. Lodz

Perret, J.L. (1952): Les Hirudinees de la Region Neuchateloise. – Bull. soc. neuchateloise Sci. nat. 75: 89-138, Neuchatel

Sander, H. (1951): Badnia nad fauna Pijakew. – Acta Zool. Oecol. Un. Lodz 4: 5-50, Lodz

Sapkarev, J.A. (1970): The Fauna of Hirudinea of Macadonia. The Taxonomy and Distribution of Leeches of Aegean Lakes. – Int. Rev. ges. Hydrobiol. 55: 317-324, Stuttgart

Sawyer, R.T. (1986): Leech Biology and Behaviour, Oxford, pp 1-1065

Sket, B. (1968): K Poznavanju Favne Pijavk (Hirudinea). – Acad. Sci. Art. Slov. Cl. IV Pars Historiconaturalis,

Diss. 9: 127-178, Ljubljana
Sladecek, V. & Kosel, V. (1984): Indicator Value of Freshwater Leeches (Hirudinea) with a Key to the Determination of European Species. – Acta Hydrochim. Hydrobiol. 12: 451-461
Soós, Á. (1958): New Data to the Ecology and Distribution in the Carpathian Basin of *Trocheta bykowskii* Gedr. (Hirudinea). – Ann. hist.-nat. Mus. nat. Hung. 50: 173-177, Budapest
Soós, Á. (1963): New Leeches (Hirudinea) from the Fauna of Hungary. – Ann. hist.-nat. Mus. nat. Hung. 55: 285-292, Budapest
Soós, Á. (1967a): On the Genus *Batracobdella* Viguier, 1879, with a Key and Catalogue to the Species (Hirudinoidea: Glossiphoniidae). – Ann. hist.-nat. Mus. nat. Hung. 59: 243-257, Budapest
Soós, Á. (1967b): On the leech fauna of the Hungarian reach of the Danube (Danubialia Hungarica XLII). – Opusc. Zool. Budapest 7(2): 241-257, Budapest
Stadler, H. (1957): Die Verbreitung der wasserbewohnenden Würmer (Vermes) in Unterfranken. – Nachr. naturwiss. Mus. Aschaffenburg 54: 1-26, Aschaffenburg
Verriest, G. (1950): Contribution a l'etude des Hirudinees des eaux douces de la Belgique. – Biol. Jaarb. Dodoneae Gent 17: 200-243, Gent

Limnologie aktuell · Band/Vol. 2 · Kinzelbach (Hg.): Biologie der Donau
Gustav Fischer Verlag · Stuttgart · Jena · New York · 1994

Wärme- und Kaltzeitliche Relikte der Süßwassertierwelt des oberen Donaugebietes

Hasko Nesemann

Schopenhauer Straße 60/16, A-1180 Wien

Keywords

Upper Danube, fauna, glacial and postglacial relicts

Abstract

The Danube river has a number of sharply defined biological zones, caused by the confluence of the alpine mountain rivers. There are several upper, middle and lower reaches along the whole course of the river. The most important faunal boundaries of the upper Danubian river basin are of pleistocene or postpleistocene origin and are considerably younger than those of the Rhine. The presentday distribution patterns of living aquatic animals are palaeoclimatic not palaeogeographic origin. Some examples of freshwater animals with a disjunct distribution are given. They were able to extend their range upstream towards the Bavarian Danube during the postglacial warm period. The exceptional quality of the faunal composition of the upper Danube is the coexistence of the glacial and postglacial relicts.

Kurzfassung

Die Donau weist in der longitudinalen Gliederung ihrer Zoozönose eine besonders scharfe Zonierung und Mehrfachgliederung in Ober-, Mittel- und Unterläufe auf. Diese wird entlang der oberen Donau von dem Zufluß der Alpenflüsse verursacht. Die wichtigsten Faunengrenzen der oberen Donau sind erheblich jünger als die des Rheins. Für die Zonierung der oberen Donau sind nicht paläogeographische, sondern paläoklimatische Ereignisse verantwortlich. Dies wird am Beispiel der Arealdisjunktion von Mitgliedern des Potamocoen aufgezeigt, die in der postglazialen Wärmezeit einwandern konnten. Als Einmaligkeit beherbergt die obere Donau aufgrund ihrer Höhenlage gleichzeitig aber auch echte Glazialrelikte.

1 Einleitung

Die Süßwasserfauna der Donau ist noch immer ungenügend bekannt. Erst in den letzten Jahrzehnten konnte für Teilbereiche des zweitgrößten europäischen Stromes geklärt werden, wie die Zoozönose zusammengesetzt ist und wie die an ihr beteiligten Organismen im

Einzugsgebiet verbreitet sind. Hierdurch entstehen zahlreiche Fragen nach den Ursachen und der Entwicklungsgeschichte der Lebensgemeinschaften. Sie sind Gegenstand der Faunengeschichte und Zoogeographie.

Neben Tieren, die sich der ökologisch bedingten Zonierung der Donau anschließen, kommen inhomogen oder disjunkt verbreitete Arten vor. Hieraus resultiert eine besonders ausgeprägte longitudinale Inhomogenität der Zoozönose (Kinzelbach 1990), wie sie in der Donau auftritt.

Während die obere Donau (vom Ursprung bis zum Wiener Becken) den Ostalpenraum entwässert und von pleistozänen Klimaveränderungen besonders stark überformt wurde, stellen die mittlere (Wiener Becken bis Eisernes Tor) und untere Donau (Eisernes Tor bis Mündung) Refugiale für Organismen des Potamocoen und der pontokaspischen Faunenregion dar.

Viele im mitteleuropäischen Raum weit verbreitete Tierarten der Tieflandflüsse fehlen im Einzugsgebiet der oberen Donau weiträumig. Einige Arten besitzen Isolate innerhalb des oberen Donausystems, die gegenüber den geschlossenen Arealen weiträumig isoliert sind. Die inhomogene longitudinale Besiedlung entlang der oberen und mittleren Donau ist, wie auch beim Rhein (Kinzelbach 1990), überwiegend ökologisch bedingt. Ihre gegenwärtigen Arealgrenzen gehen auf Sprünge im Gefälleprofil, auf die Abfolge von Engtälern (Durchbruchstrecken), Beckenlandschaften (Furkationsstrecken) und Ebenen (Mäanderstrecken) zurück. Ihre gegenwärtigen Areale sind jedoch rezent-ökologisch nicht plausibel erklärbar. Hierfür sind allein paläoklimatische und heute nicht mehr gegebene Zustände verantwortlich, die eine Ausbreitung und Einwanderung in jene Teile des Sytems erlaubt haben, die heute durch Ausbreitungsbarrieren wirksam «verschlossen» werden.

Die Faunengrenzen der oberen Donau sind nicht paläogeographisch bedingt, wie viele für den Rhein angeführte Beispiele (Kinzelbach 1985, 1990), sondern vielmehr ökologisch aktuell und höchst wirksam. Hierbei handelt es sich um junge postglaziale Veränderungen, die zur Durchtrennung oder Abschneidung der westwärts gerichteten Ausläufer einzelner Tierareale geführt haben. Dadurch entstanden in jüngerer Zeit Isolate und Reliktverbreitungen.

1.1 «Inn-Donau»

Unter den hierfür kausal verantwortlichen Faktoren tritt der Einfluß des Inn immer deutlicher hervor. Dieser Zufluß entwässert große Teile der Ostalpen und Hochgebirge und reagiert sensibel auf geringfügige Klimaveränderungen. Zu- oder Abnahme der alpinen Vereisung werden über das Abflußregime des Inn an die Donau weitergeleitet und sind hier direkt wirksam auf Verbreitungsgebiete und Ausbreitung der Organismen.

Die abiotischen Veränderungen der Donau durch den Inn können nach Zauner (1990) folgendermaßen charakterisiert werden:

- Zunahme der Wasserführung von 660 auf 1430 m^3/sec bei mittlerem Abfluß (MQ). Der Inn bringt mit 770 m^3/sec. mehr Wasser als die Donau selbst!
- Zunahme der Schwebstoffe um das Zehnfache. An den in der österreichischen Donau mitgeführten Schwebstoffen ist der Inn im Verhältnis von neun zu eins beteiligt.
- Verdopplung des Gefälles (Abb.1). Das Gefälleprofil wird der oberen Donau vom Inn «aufgezwungen». Hierdurch ergibt sich im Längsschnitt Inn-Österreichische Donau ein gereiftes und ausgeglichenes Profil. Im Längsschnitt Deutsche-Österreichische Donau treten hingegen markante Sprünge (Stufen) auf.
- Zunahme der Korngrößen des Geschiebes und bedeutende Erhöhung von Fließgeschwindigkeit, Wassermenge und Gefälle vor Anfang der Donaukanalisierung (1927 Wehr bei Kachlet, 1956 Wehr bei Aschach).
- Abkühlung des Wassers. Die Kurve der sommerlichen Erwärmung der Donau wird durch den Inneinfluß drastisch um 4°C verflacht. Die Maxima werden unter 19°C gesenkt. Dieser Umstand bleibt auch nach dem Donauausbau von größter Bedeutung für die Biologie des Stromes, weil die Stauhaltungen nicht das Temperaturregime beeinflussen (sehr schneller Wasseraustausch der Staue).

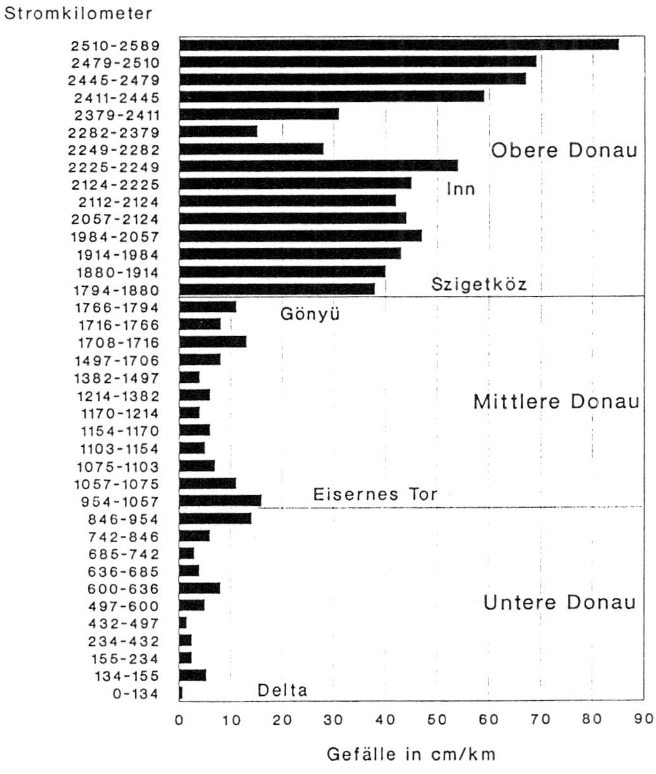

Abb. 1: Gefälleverhältnisse der Donau von Ulm bis zur Mündung

Der bedeutende Einfluß der aufgeführten Änderungen von Strom und Bett zusammen mit den topographischen Gegebenheiten (Durchbruchstrecken der österreichischen Donau) auf das Potamocoen wurde bisher wenig berücksichtigt und vielfach unterschätzt.

1.2 «Donau-Tieflandflüsse»

Die Donau ist ein zusammengesetztes Flußsystem, was schon Orghidan (1966) treffend als «polygenetisches Tal» (im geologischen Sinne!) bezeichnet hat. Tieflandflußabschnitte mit geringem Gefälle, Mäanderbildung, aktiver Aue und vielfältigen kommunizierenden Altarmen treten in unterschiedlichen und weiträumig getrennten Ebenen auf (Abb. 1). Besonders hervorzuheben sind die bayerische Donau Regensburg und Pleinting im Gauböden, die Strecken im Tullner Feld, Wiener Becken, in der Kleinen und Großen Ungarischen Tiefebene und in der Walachischen Tiefebene. Sie sind räumliche Mittelpunkte der Sukzessionsmosaike des Potamocoen, die hier in mehr oder weniger ausgedehnten und andauernden «Zellen» (Kinzelbach 1990) konzentriert ist. Unter den Tieflandflußabschnitten der Donau tritt die biologische Bedeutung des oben genannten bayerischen Abschnittes besonders hervor. Diese Strecke gleicht in abiotischen Merkmalen sehr der weit entfernten mittleren Donau und bietet zahlreichen Tierarten des Potamocoen Lebensräume die hier als Potamonrelikte isoliert sind.

Selbst auf den unvoreingenommenen Besucher wirkt der spätsommerliche Eindruck von Strom und Tierwelt überraschend. Unverhofft findet man hier nicht erwartungsgemäß den Oberlauf, sondern glaubt gar ein verkleinertes Abbild der Ungarischen Donau vor Augen zu haben. Daß dieser Eindruck nicht trügerisch ist, kann allmählich mit immer mehr hinreichend genauen Befunden von biologischer Seite her untermauert werden.

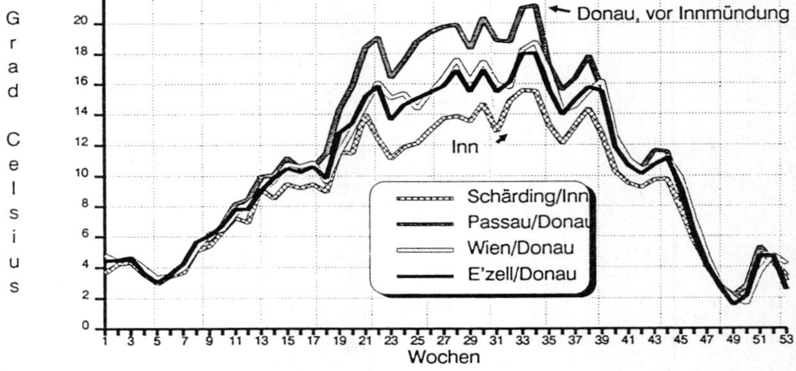

Abb. 2: Temperaturverhältnisse von Donau und Inn. Jahresgang der Wassertemperatur angegeben in Wochenmittelwerten

2 Erforschung der Donaufauna

Im Gegensatz zur weitgehend unerforschten oberen Donau war die mittlere Donau, ausgehend von den «Budapester Schulen», schon seit Ende des vorigen Jahrhunderts Gegenstand lebhafter biologischer, flußgeologischer und faunengeschichtlicher Pionierarbeit. Hier erfolgte schon früh intensive zoologische und paläontologische Forschung mit heute nur noch zum Teil erhaltenen Sammlungen von Örley (1886), Apáthy (1888), Hazay (1881), Entz (1909), Dudich (1927, 1967), Szárdeczky-Kardoss (1938), L. Soós (1943) und A. Soós (1967) um nur wenige Beispiele anzuführen.

Die biologische Erforschung der oberen Donau setzte eigentlich erst richtig in der Mitte dieses Jahrhunderts ein. Eine Einbindung der mehr lokalen Untersuchungen der Süßwasserfauna in einen Gesamtzusammenhang und Interpretationsversuche der Verbreitungsmuster im Sinne der modernen Zoogeographie werden hier erst mit Kothé (1959) und An der Lan (1967) eingeleitet. Innerhalb der letzten zehn Jahre wurden auch für die obere Donau zahlreiche neue Ergebnisse bekannt und überraschende Befunde publiziert. Erst jetzt kann das noch spekulative Stadium der sechziger Jahre überwunden werden.

Die Fundorte der vorgestellten Relikte der oberen Donau gehen deshalb fast ausschließlich auf neue Befunde zurück. Die im Rahmen eigener Untersuchungen gewonnenen Ergebnisse wurden bereits in anderem Zusammenhang publiziert, weshalb auf eine zusammenzählende Auflistung der einzelnen Nachweise verzichtet wird.

3 Arealdisjunktionen

Bei den diskontinuierlichen Artarealen der hinreichend abgesicherten folgenden Süßwassertiere liegen disjunkt verbreitete Populationen vor. Die Entstehung der trennenden Zwischengebiete erfolgt in erster Linie aus ökologischen Gründen, hat aber kausal historische Ursachen (Klimaentwicklung). Die Relikte der oberen Donau sind deshalb mit vielen aus dem benachbarten Rheinsystem bekannten Beispielen nicht vollständig analogisierbar.

Es liegen hingegen eine Anzahl von Kriterien vor, die eine beispielhafte Zuordnung der in Mitteleuropa wichtigsten Gruppen in Xerothermrelikte und Glazialrelikte zulassen. Diese von Müller (1980) vorgenommene grobe Unterscheidung von Reliktverbreitungen ist zwar viel zu wenig feingliedrig, um zoogeographische Eigenheiten historisch zu erklären, eignet sich besonders aber am gegebenen Beispiel der oberen Donau gut zur Arealanalyse der Süßwasserfauna.

Als Xerothermrelikte gelten Isolate von Tierarten, die sich durch wärmeres Klima begünstigt weit ausbreiten konnten. Mit einsetzender Abkühlung des Klimas starben sie in weiten Gebieten wieder aus, konnten aber im Bereich einzelner Wärmeinseln überdauern. Wie der Name andeutet, handelt es sich um terrestrische Besiedler trockenwarmer Standorte.

Für die thermophile Süßwasserfauna, die besonders zur Fortpflanzung längere Phasen ausreichender Erwärmung des Wassers auf 20°C oder mehr benötigt, z.B. *Dreissena polymorpha* (Pallas 1771), wird deshalb der analoge Begriff «Potamonrelikt» vorgeschlagen und verwendet. Als Potamonrelikte kann man Isolate von Tierarten ansehen, die nur in Unterläufen größerer Flüsse und Ströme vorkommen. In Warmzeiten, konnte sich das vollständige Potamocoen begünstigt durch stärkere sommerliche Wassererwärmung um mehrere hundert Kilometer stromaufwärts ausbreiten. Als Überreste dieser ehemals stark verschobenen Stromzonierung blieben in einzelnen klimatisch begünstigten Flußabschnitten Restvorkommen oder Isolate als Potamonrelikte erhalten. Sie geben uns heute Hinweise auf eine früher zumindestens zeitweise vorhandene durchgehende Besiedlung des Flußlaufes. Bei allen hier behandelten Potamonrelikten liegen Isolate aus der postglazialen Wärmezeit, dem Atlantikum, vor.

Als Glazialrelikte gelten hingegen Isolate jener Tierarten, die ein Gebiet begünstigt durch die glaziale Abkühlung besiedeln konnten und hier mit zunehmend wärmerem Klima auf einzelne Vorkommen isoliert wurden.

Es muß aber bewertend darauf hingewiesen werden, daß die beiden Relikttypen in Wirklichkeit keinesfalls Rückschlüsse auf autökologische Präferenzen und Temperaturansprüche der Arten zulassen. Im Einzelfall kann die Zuordnung eines isolierten Verbreitungsgebietes von einem bekannten Taxon zum einen oder anderem Typ gar nicht eindeutig sein. Die unterschiedlichen Klimaentwicklungen im Jungpleistozän haben häufig sogar zu gegensätzlich gerichteter Ausbreitung sowohl eurosibirischer (nördlicher) wie auch euromediterraner (paläoeuropäischer) Faunenelemente geführt und sind zeitlich nicht exakt fassbar. Die simple Einteilung in Potamon- und Glazialrelikte stellt lediglich ein bescheidenes Hilfmittel dar, Isolate einzelner Organismen im Hinblick auf bekannte (pleistozäne oder) rezente Areale zu deuten oder besser die mosaikähnlichen (als Folge der pleistozänen und holozänen Veränderungen entstandenen) Areale plausibel zu verknüpfen, um ein in sich logisches und vor allem arbeitsfähiges Ganzes zu erhalten.

3.1 Potamonrelikte

Diese Gruppe umfaßt junge Einwanderer in die obere Donau, die von dem Karpatenbecken aus während der postglazialen Warmzeit in einem gemeinsamen Besiedlungschub vordringen konnten. Dieser ist zeitlich bekannt und setzte mit dem Atlantikum vor etwa 7000 Jahren ein. Er wurde vor etwa 3000 Jahren mit merklicher Klimaverschlechterung und dem Beginn der Rotbuchenzeit unterbrochen. Faktisch bedeutete dies die sommerliche Zunahme der Schmelzwasser-, Schwebstoff- und Geschiebeführung von Iller, Lech, Isar, Inn und Enns und die Herabsetzung der sommerlichen Wassertemperatur der Donau auf weiten Strecken unterhalb der Einmündung dieser Alpenflüsse. Hierdurch wurde die Einwanderung weiterer Arten unterbunden. Die zumindestens zeitweise zusammenhängenden Areale der genannten Tierarten wurden in einigen Fällen stark zerschnitten oder wenigstens vom den geographischen Zentren vollständig abgetrennt.

Vergleichbar im Einzugsgebiet des Rheins ist die postglaziale Einwanderung der Muschel *Pseudunio auricularius* (Spengler 1793), nicht ganz aber deren Bestandseinbrüche und Erlöschen in historischer Zeit (Kinzelbach 1985).

1. *Borysthenia naticina* (Menke 1845): Diese Schnecke besiedelt Weichböden im gleichmäßig bewegten Wasser großer Tieflandflüsse. Sie ist pontisch-baltisch verbreitet und kommt neben den großen Schwarzmeerzuflüssen auch im Einzugsgebiet von Weichsel und Oder vor. Sie gehört zusammen mit *Viviparus acerosus* wohl zu den prominentesten Vertretern der Faunengruppe pontokaspischer Herkunft, die interglazial mehrfach unter Benutzung unterschiedlicher Ausbreitungswege weit nach Westen bis in das Rheinsystem gelangte. Durch den jüngsten postglazialen Besiedlungsschub gelangte sie wiederum nach Westen, jedoch nur noch bis in die Oder. Die weitere Arealerweiterung, wie in früheren Interglazialphasen, wurde hier gestoppt, was mit der nach dem postglazialen Wärmeoptimum einsetzenden Klimaverschlechterung in Zusammenhang steht (Abb. 3).

Im Donausystem ist *B. naticina* auf den Strom selbst beschränkt und hier vom Delta aufwärts bis Gönyü (Gefälleknick, Zufluß der Mosoni Duna und mehrerer Nebenflüsse) verbreitet. Daneben besiedelt sie im Alföld auch die Tisza (Theiß) und konnte große Zuflüsse über den

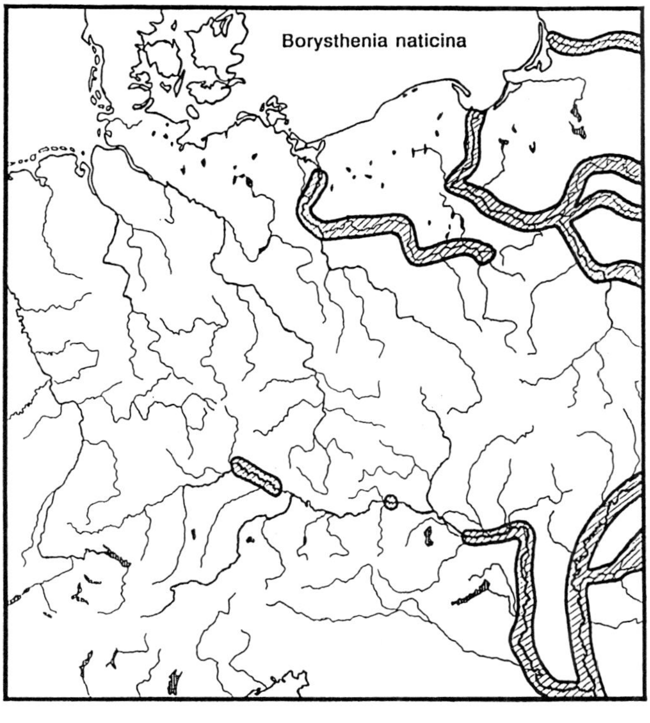

Abb. 3: Mitteleuropäische Verbreitung der pontisch-baltischen Federkiemenschnecke *Borysthenia naticina*

Körös-Unterlauf besetzten. Hier wurde ein gut erhaltenes Gehäuse im unteren Berettyó bei Darvas vom Verfasser am 22.3.1991 gesammelt. Hier im Verbreitungszentrum des Areales dieser Art ist *B. naticina* sehr häufig. Sie gehört in der Tisza zusammen mit *Lithoglyphus naticoides* (C. Pfeiffer 1828) zu den dominierenden Faunenbestandteilen auf schlammigen bis tonigen Flußböden mit sehr hohen Individuendichten (Tisza bei Tiszaúg, 15.10.1991). In der Donau liegen an geeigneten Stellen ganz ähnliche Verhältnisse vor. Auch hier repräsentiert *B. naticina* einen der dominanten Faunenbestandteile, gemeinsam mit *L. naticoides, Esperiana esperi* (A. Férussac 1823), *Theodoxus danubialis* (C. Pfeiffer 1828) und *T. fluviatilis* (Linnaeus 1758).

Das rezente Vorkommen von *B. naticina* in der oberen Donau war lange Zeit umstritten oder wurde in Zweifel gestellt, da erst alluviale Funde bekannt waren (Clessin 1912). Der sensationelle Nachweis lebender Reliktpopulationen gelang Schmalz & Grünberg (1989) im Tieflandflußabschnitt Regensburg-Passau. Für den österreichischen Stromabschnitt konnte Reischütz (1991) das Vorkommen einer Reliktpopulation im Tullner Becken belegen. Die Funde lassen sich plausibel als Reste einer ehemals geschlossenen Verbreitung deuten, die im Atlantikum erfolgt sein muß (Schmalz & Grünberg 1989; Falkner 1989). In dieser Zeitspanne erfolgten räumlich getrennte Besiedlungsschübe nach Westen, die *B. naticina* das Eindringen in Weichsel, Memel, Oder im Norden und auch in die obere Donau im Süden ermöglichten.

2. *Bithynia leachii* (Sheppard 1823): Die Art lebt in Sumpfgewässern, Flußaltarmen und auch im Pflanzengürtel sehr langsam strömender Tieflandflüsse. Sie ist zwar weit verbreitet von Nordafrika bis Sibirien (Jaeckel 1962; Falkner 1989), bleibt aber in Mitteleuropa auf ausgesprochen sommerwarme Gewässer der Seenlandschaften und Flußauen großer Niederungen beschränkt. Ihre Verbreitung ist hier ausgesprochen disjunkt mit mit mehreren räumlichen Zentren und großen Lücken. In Mittelgebirgslandschaften und den bedeutenden Gebirgszügen fehlt *B. leachii* vollständig. Zentren sind besonders der südliche Oberrheingraben (Kinzelbach 1990), sowie die Große und Kleine Ungarische Tiefebene (Pintér, Richnovszki & Szigethy 1979). Hier kann die Art in flußbegleitenden Altläufen lokal sogar sehr häufig sein, wie zum Beispiel für Mosoni Duna, Rábca und Zala (eigene Funde 1991) bekannt.

Im mittleren Donausystem dringt *B. leachii* bis zur Szigetköz (Kleine Schüttinsel) aufwärts. Sie ist hier in der oberen Zátonyi Duna noch häufig und ihre Verbreitung endet dort schlagartig. Etwas isolierte nordwestliche Vorkommen, die sich fossil vom Postglazial an verfolgen lassen, konnte Frank (1990) am Unterlauf der March-Morava feststellen.

Für das obere Donausystem wurde bisher das Fehlen dieser Schnecke angenommen (Jaeckel 1962). Überraschend war deshalb ein Nachweis im Chiemseegebiet (Seidl jun. & Seidl III 1983) und dessen weitere Bestätigung durch M. Colling im Jahre 1988 (Falkner 1991). Bei dieser weiträumig isolierten Population handelt es sich zweifellos um «das Relikt einer postglazialen Ausbreitung über das Donautal», was bereits Falkner (1991: 81) für möglich hielt. *B. leachii* gehört nämlich, im Gegensatz zu zahlreichen Neozoa (Kinzelbach 1985), zusammen mit vielen autochtonen Prosobranchia zu jenen Mitgliedern der Süßwasserfauna, die vollständig stabilisierte (historisch gereifte) Verbreitungsmuster besitzen, keine Ausbreitungstendenzen (Neubesiedlung künstlicher Gewässer) erkennen lassen und darum zoogeographisch eine gute Indikatorfunktion besitzen.

Das Vorkommen gerade im Gebiet des Chiemsees ist keineswegs überraschend. Dieser See wirkt postglazial als «Wärmespeicher», wie Falkner & Müller (1983) beispielhaft anhand der regionalen Arealdisjunktion von *Theodoxus transversalis* (C. Pfeiffer 1828) zeigen konnten.

3. *Viviparus acerosus* (Bourguignat 1863): Die Donau-Sumpfdeckelschnecke besiedelt schlammigen bis feinsandigen Grund langsam fließender Flüsse sowie besonders Nebenarme, Altwässer und mit diesen kommunizierende Seitengewässer, deren frei fließender Wasserkörper im Sommer über längere Zeiträume auf 23°C oder mehr erwärmt wird. Man beachte hierzu den Jahresgang der Wassertemperatur im Randgebiet der Verbreitung von *V. acerosus* für die deutsche Donau (oberhalb Innzufluss) bei Passau, für die österreichische Donau, die sich bis Wien nicht erwärmt und für die untere Thaya-Dyje bei Bernhardsthal.

Die Art ist Endemit des Donausystems. Ihr Ursprungsgebiet und zugleich Verbreitungszentrum ist das Karpatenbecken. Hier ist sie im Potamon der Großen und Kleinen Ungarischen Tiefebene beinahe flächendeckend vertreten. Von hier strahlt das Vorkommen in zwei Richtungen aus.

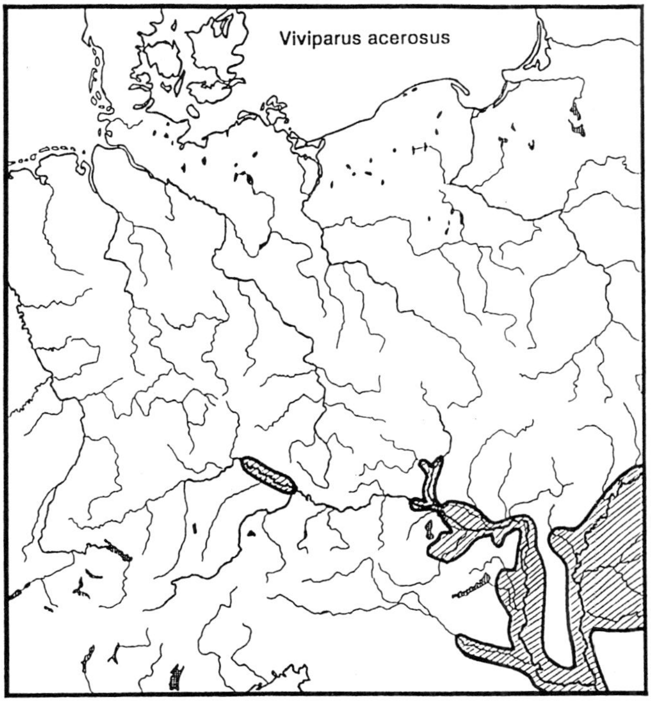

Abb. 4: Mitteleuropäische Verbreitung der Donau-endemischen Sumpfdekkelschnecke *Viviparus acerosus*

Nach Osten erstreckt sich das Areal in den Donau-Unterlauf (Grossu 1986), wo *V. acerosus* unterhalb des Eisernen Tores mit der pontisch-anatolischen *V. viviparus costae* (Mousson 1863) zusammentrifft. Nach Westen reicht das Areal bis in die obere Donau und Unterläufe von March-Morava, sowie Thaya-Dyje, ist aber diskontinuierlich zertrennt (Abb. 4).

In der oberen Donau besiedelt *V. acerosus* den Abschnitt Regensburg-Passau. Fossile postglaziale Nachweise stammen aus Donauablagerungen von Regensburg und Günzburg als *Melantho ratisbonnensis* Clessin 1987. Sie wurde lebend bereits durch Hässlein (1966) bekannt und später auch von Schulte & Weinzierl (1989) gemeldet. Beide Angaben wurden im Sommer 1991 vom Verfasser überprüft. Die untere Population bei Passau ist sehr individuenreich und lässt aufgrund der beachtlichen Gehäusegröße (wie sonst nur in der Tisza) auf optimale Lebensbedingungen schließen. Die obere Population bei Pfatter, die bereits als erloschen galt (Falkner 1991), wurde mit regelmäßigen Funden frischer Gehäuse wieder bestätigt. Das Vorkommen in Passau ist gegenüber der Verbreitung in der mittleren Donau, die bei Wien (Klosterneuburg) endet, weiträumig getrennt. Es liegt Reliktverbreitung vor, die auf einen postglazialen Vorstoß stromaufwärts zurückgeht.

4. *Sphaerium nucleus* (Studer 1820): Diese erst wenig bekannte und seltene Muschel besiedelt temporäre Sümpfe und schwach dystrophe Kleingewässer der Altauen großer Flußniederungen. Bereits Jaeckel (1962) weist auf den Reliktcharakter dieser Art (dort noch als Subspezies angeführt) hin. Vom Verfasser wurde sie 1991 in verschiedenen Wald- und Waldsteppensümpfen in der Oberrheinniederung, in der bayerischen Donauniederung und im Karpatenbecken gesammelt. Eine genauere Darstellung ist in Vorbereitung. Die Vorkommen in den bayerischen Donauauen lassen sich zwanglos mit dem offenbar dicht besiedelten pannonischen Tiefland in Verbindung bringen. Erstere sind geographisch isoliert und stellen deshalb Relikte dar. Die gesamte Verbreitung von *S. nucleus* ist zur Zeit noch nicht ausreichend genau umgrenzbar, es kann aber aufgrund verschiedener Vorkommen im ungarischen Tiefland ausgeschlossen werden, daß Glazialrelikte vorliegen. Das Vorkommen echter Glazialrelikte in der ungarischen Tiefebene wird neuerdings wieder lebhaft diskutiert und auch von botanischer Seite in Frage gestellt (Mahunka 1991).

5. *Erpobdella nigricollis* (Brandes 1900): Dieser auffällige, zylindrisch geformte Egel ist im lebenden Zustand braunorange bis bernsteinfarben transparent mit schwarzem «Halsband» (durchschimmernde Ganglienkonzentration am Kopf) und lebhafter, schlängelnder Fortbewegung. Die Art ist in den größeren Flüssen und Strömen Mittel-, Ost- und Südosteuropas verbreitet und an mäßige Strömung, wie *Viviparus acerosus* und *Borysthenia naticina* gebunden. Sie ist, wo sie vorkommt, häufig und gehört deshalb zu den Leitorganismen des Potamocoen mit besonders scharf abgrenzbaren Verbreitungsmustern und bedeutendem zoogeographischen Indikatorwert (Abb. 5).

Im mittleren Donausystem ist *E. nigricollis* weit verbreitet in den Unterläufen von Tisza, Beretttyó, Hortobágy, Zala, Rába, Rábca, Leitha-Lajta, sowie in der Donau selbst aufwärts bis

Dunaremete (Szigetköz-Kleine Schüttinsel). Das große Areal in March-Morava und Thaya-Dyje ist gegenüber den vorher genannten Vorkommen bereits etwas isoliert, wie im Falle von *Bithynia leachii*.

Bisher mußte mit dem Fehlen von *E. nigricollis* im System der oberen Donau gerechnet werden (Nesemann 1989), da keine Fundorte bekannt wurden (Dudich 1967). Umso überraschender war deshalb der unerwartete Nachweis am 1.7.1990 bei Barbing unterhalb Regensburg durch den Verfasser und die danach anschließende gezielte Aufklärung des isolierten Verbreitungsgebietes.

Die Art ist in der bayerischen Donau häufig und besiedelt lückenlos den Abschnitt Kehlheim-Passau. Das Areal wird stromauf durch die Weltenburger Enge, stromab dagegen durch den Inn in seinen Grenzen wirkungsvoll stabilisiert. Es kommt im Hinblick auf die Gesamtverbreitung im Einzugsgebiet dem Idealtyp eines Potamonreliktes nahe und gibt uns ein Musterbeispiel für die biologische Bedeutung von Mäanderstrecken, Engtälern und dem Einfluß der großen Nebenflüsse Altmühl und Inn auf die Lebensgemeinschaft in der Donau.

6. *Glossiphonia concolor* (Apáthy 1888): Die Art besiedelt Flüsse, Altwässer, pflanzenreiche Sümpfe und Tieflandbäche. Sie ist häufig im Tiefland der mittleren Donau und nördlich vom Schwarzen Meer, verbreitet in den Niederungen von Polen, Norddeutschland und Dänemark

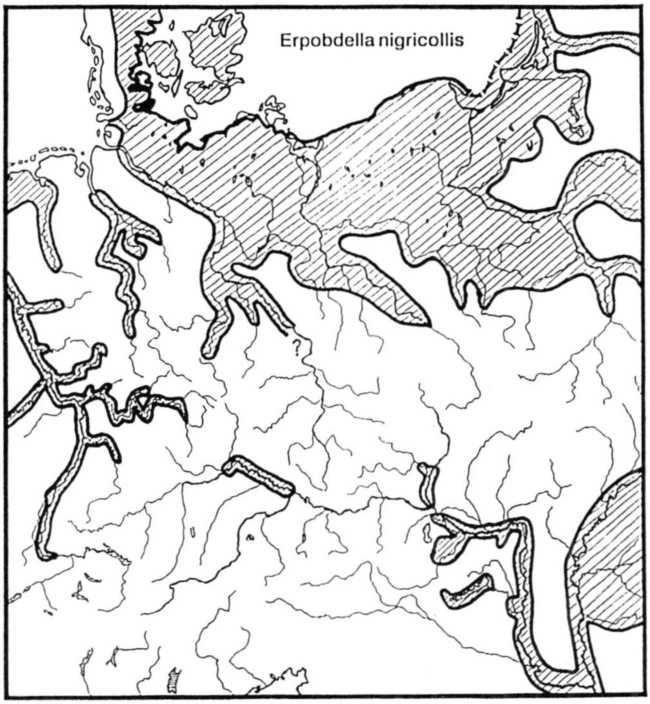

Abb. 5: Mitteleuropäische Verbreitung des mittel-osteuropäischen Flußegels *Erpobdella nigricollis*

(Nesemann 1990a), verstreut und selten dagegen im Oberrheingraben (Elsaß-Untermainebene), im Inselgebiet zahlreicher Xerothermrelikte der unteren Nahe (Nesemann 1990b) und findet sich (möglicherweise isoliert) auch in der mittelfränkischen Regnitz (bei Neuses, Febr. 1990). In den Donauauen ist die Art stromauf bis Stockerau in Niederösterreich verbreitet. Für das Gebiet der oberen Donau sind mehrere isolierte Vorkommen, teilweise in erwärmten Abflüssen flacher Voralpenseen (Analogie zu *Theodoxus transversalis*, vgl. Falkner & Müller 1983), entdeckt worden: Mattig (Oberösterreich), Unterlauf der Traun des Linzer Becken (Oberösterreich), Unterlauf der Vils (Bayern: Bezirk Oberpfalz). Hierbei handelt es sich unbestreitbar um Reste eines zusammenhängenden Verbreitungsgebietes, das *G. concolor* mehr oder weniger geschlossen zur postglazialen Wärmezeit einnehmen konnte. Es liegt also ein Potamonrelikt vor, das über das Donautal eingewandert ist.

7. *Piscicola haranti* Jarry 1960: Diese Egelart parasitiert Fische, am Locus typicus (Fließgewässer um Montpellier, Frankreich) z. B. *Cottus gobio* (Linnaeus 1758). Die seltene Art wurde erst in jüngster Zeit auch aus weiteren europäischen Stromsystemen bekannt (Nesemann 1991a). Die bis heute erbrachten Nachweise stammen alle aus Tiefebenen und großen Flußniederungen. Sie lassen auf ein mehr oder weniger geschlossenes Teilareal im Karpatenbecken und ein weiteres isoliertes Verbreitungsgebiet in den bayerischen Donauauen schließen (Abb. 6).

Die Art, die durch eindeutige Merkmale charakterisiert und leicht von *Piscicola geometra* (Linnaeus 1758) unterscheidbar ist, wird vom Verfasser deswegen als Potamonrelikt diskutiert, weil sie in unmittelbar benachbarten Flußsystemen mutmaßlich fehlt.

So konnte sie nie im gut erforschten südlichen Teil des Rheinsystems gefunden werden. Besonders hervorgehoben werden muß, daß trotz gezielter Nachsuche keine Nachweise aus der österreichischen Donau erbracht werden konnten und auch die Aufsammlungen in potentiell besonders geeigneten Lebensräumen der Tieflandflüsse Leitha-Lajta, March-Morava und Thaya-Dyje ergebnislos verliefen.

Die Annahme abgeschnittener Verbreitungsgebiete von Fischegeln, deren Areale eng mit den Wirtstieren in Verbindung stehen, muß hier gestellt und mit gebotener Vorsicht diskutiert werden. Nach Zauner (pers. Mitt.) sind Vermutungen über Reliktverbreitungen bei Stromfischen der oberen Donau, wie man sie z. B. nach den wenigen zuverlässigen Quellen für *Gymnocephalus baloni* Holcik & Hensel 1974, annehmen könnte, überaus fraglich (vgl. Ladiges & Vogt 1979; Balon, Crawford & Lelek 1986). Ebenso konnten die zu Beginn der Erforschung der oberen Donau aufgestellten Relikthypothesen von Kothé (1959) für einige strömungsangepasste pontokaspische Faunenelemente widerlegt werden. Stromfische besitzen einen gewaltigen Aktionradius, vor allem wenn man die heute weitgehend vernichteten anadromen und katadromen Wanderformen berücksichtigt, mit denen Fischegel leicht über größere Entfernungen passiv transportiert werden können. Es bleibt also der Zukunft vorbehalten, zu klären ob in *Piscicola haranti* für die obere Donau ein echtes Potamonrelikt vorliegt.

3.2 Glazialrelikte

Mit Glazialrelikten liegen im oberen Donaugebiet Restvorkommen jener Tierarten vor, die hier bereits früher als die Potamonrelikte einwandern konnten. Die Glazialrelikte sind daher älter. Die Zeitspanne ihrer Einwanderung ist aber nicht genau faßbar, da für einzelne Taxa unbekannt ist, ob sie das Würmglazial im Gebiet überdauern konnten. Es handelt sich jedoch immer um solche Taxa, die sich in Mitteleuropa, begünstigt durch den Gewässerzustand der kühleren Klimaperioden, verbreiten konnten. Hierbei kann nicht ausgeschlossen werden, daß manche Tiere erst mit den Lebensbedingungen, wie sie im ausgehenden Spätwürm herrschten, in das obere Donaugebiet gelangten, also nicht wesentlich älter als die Potamonrelikte sind.

8. *Valvata macrostoma* Mörch 1864: Die Bedeutung des Verbreitungsmusters dieser selbstständigen, bisher aber überwiegend mit *Valvata pulchella* Studer 1820 zusammengeworfenen Art, wurde erst von Falkner (1989, 1990) vollständig erkannt und hervorgehoben.

V. macrostoma besiedelt Temporärgewässser und Sumpfzonen der Auen größerer Flüsse und Seen. Sie ist in Nord- und Mitteleuropa zerstreut verbreitet, ähnlich *Sphaerium nucleus*. Entlang der oberen Donau ist die Art in den Niederungen in zwei Verbreitungsgebieten vertreten, die sich eng an die Mäanderstrecken Dillingen-Donauwörth und Regensburg-Vilshofen anlehnen. Da es sich um eine Art mit nördlichem Areal handelt, kann man auf größere zusammenhängende

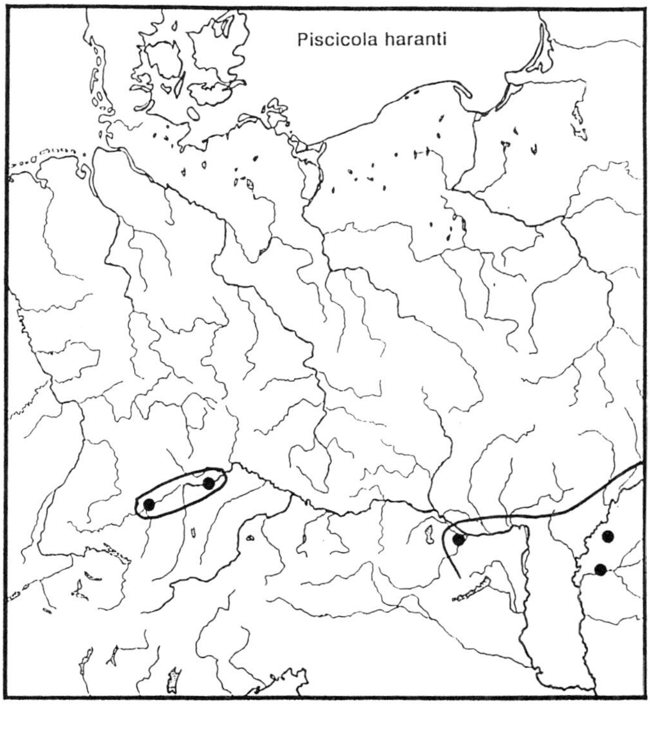

Abb. 6: Mitteleuropäische Verbreitung des potomediterranen (?) Fischegels *Piscicola haranti*

Verbreitung in Verbindung mit den pleistozänen Kaltzeiten schließen. Die isolierten Areale der oberen Donauauen sind deshalb Glazialrelikte.

9. *Myxas glutinosa* (O.F. Müller 1774): Die Schlammschnecke ist ein innerhalb der letzten dreißig Jahre äußerst selten gewordener Besiedler größerer nicht eutrophierter Seen der Niederungen. Die ungewöhnliche Lebensweise auf festem Sandboden oder totem Pflanzenmaterial in tieferem Wasser und der das Gehäuse weit verdeckende Mantel kennzeichnen diese Art. Angaben in der Literatur sind nicht grundsätzlich sicher auf sie zu beziehen, da sie wegen ihrem Gehäuse mit leicht gedrungenen Strömungsformen von *Radix ovata* (O.F. Müller 1774) vertauscht wird (Erfahrungen des Verfassers!). Sie ist boreal verbreitet und wurde nie aus dem Gebiet der mittleren und unteren Donau bekannt (Abb.7).

Die wenigen Reliktpopulationen am Oberrhein und an der oberen Donau waren Musterbeispiele für Glazialrelikte, sind heute allerdings durchwegs verschollen.

Seit den letzten Lebendnachweisen aus den frühen sechziger und vierziger Jahren, die noch R. Kinzelbach (Altwassersee des Rheins bei Sondernheim) und L. Hässlein (Altwassersee der Donau bei Tapfheim) erbringen konnten, gibt es für die ehemals südlichsten Teilareale keine weiteren Hinweise mehr.

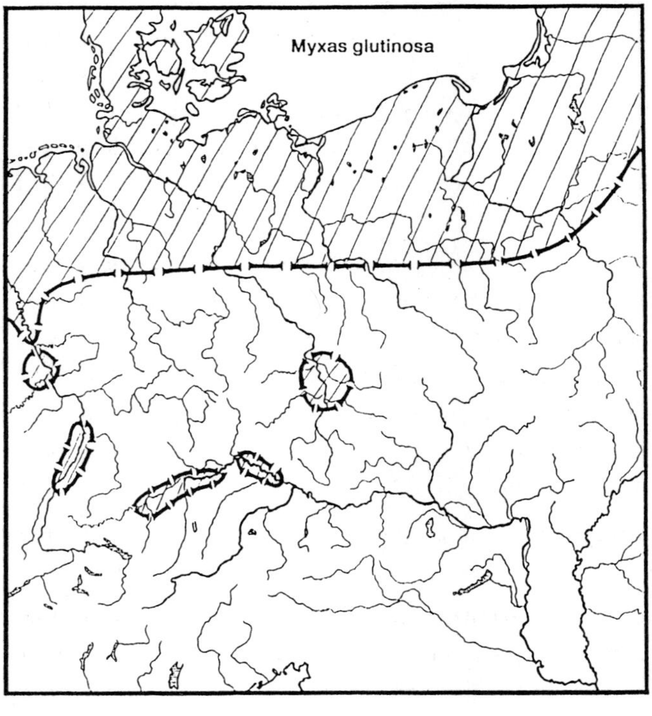

Abb. 7: Ungefähre ursprüngliche Verbreitung der borealen Schlammschnecke *Myxas glutinosa* in Mitteleuropa

10. *Gyraulus rossmaessleri* (Auerswald 1852): Die Verbreitung dieser Art schließt Mittel- und Osteuropa ein. Falkner (1991) charakterisiert die Lebensräume als pflanzenreiche stehende Gewässer und periodische Sümpfe. *G. rossmaessleri* bleibt auf größere Flußniederungen beschränkt und weist großräumige Arealdisjunktionen auf. Vorkommem an der oberen Donau bleiben auf den mäandrierenden Tiefelandflußabschnitt Regensburg-Pleinting begrenzt. Hier wurden intakte, allerdings hochgradig bedrohte Vorkommen von K. Schmalz 1987-1988 (Falkner 1991) nachgewiesen. Infolge des Verbreitungstyps dieser Art ist eine Zuordnung der Isolate im oberen Donaugebiet nicht ganz eindeutig und nur unter Vorbehalten zur Gruppe der Glazialrelikte möglich. Die Begründung liefert hier allein das rezente Areal, wonach ein Eindringen über das Donautal vom mittleren Stromgebiet her unwahrscheinlich ist und sich schlecht mit dem eher nordöstlichen Verbreitungsgebiet in Verbindung bringen läßt. Hingegen ist das Vorkommen der boreoalpinen Tellerschnecke *Gyraulus acronicus* (A. Férussac 1807) eindeutig glazialen Ursprungs. Diese Art kommt allerdings in näherer Umgebung der Donau selbst nicht vor, sondern besiedelt das nördliche Alpenvorland (Falkner 1991) einschließlich des hier vorhandenen Rheinsystemanteils (Bodensee).

11. *Gyraulus riparius* (Westerlund 1865): Diese Tellerschnecke ist nordosteuropäisch verbreitet (Abb. 8). Sie besiedelt an der oberen Donau den Reibersdorfer See, ein verlandendes Altwasser mit Riedzonen (Hässlein 1966). Weitere isolierte Vorkommen sind von der Großen Schüttinsel am slowakisch-ungarischen Stromabschnitt der mittleren Donau bekannt. Am bayerischen Fundort wurde am 1.11.1991 von G. Falkner, K. Kittel und dem Verfasser gesammelt, konnte aber kein Nachweis mehr erbracht werden, weil der See selbst bereits zugefroren war. Die Fauna dieses Altwassers ist jedoch bemerkenswert, da hier Arten unterschiedlicher Verbreitungstypen als Relikte im selben Lebensraum zusammentreffen, hierunter z. B. auch der Egel *Erpobdella nigricollis*. Im Hinblick auf die Gesamtverbreitung und die wenigen isolierten Vorkommen im Donausystem steht die Besiedlung dieser Standorte zweifellos in Zusammenhang mit der pleistozänen Abkühlung. Es liegt daher mit *G. riparius* für die Donau ein Glazialrelikt vor.

12. *Glossiphonia verrucata* (Fr. Müller 1844): Die Taxonomie der *Glossiphonia verrucata*-Gruppe konnte erst mit Hilfe des Donaumaterials hinreichend geklärt werden. In Mitteleuropa leben zwei vollständig getrennte Arten, die bereits den von Nesemann (1990a) angegebenen zwei Formen entsprechen. Eine ist mehr mittel- und südosteuropäisch verbreitet und lebt in schnell fließenden Bächen und Flüssen. Eine weitere besiedelt pflanzenreiche Gewässer und Seen im Gebiet der nordeuropäischen Vereisung, sie allein repräsentiert *Glossiphonia verrucata* s. str. Eine genaue Darstellung und Auftrennung ist in Arbeit.

Beide Arten treffen im oberen Donausystem zusammen, als Glazialrelikt intressiert an dieser Stelle aber nur *G. verrucata* s. str.

Am 26.9.1991 konnte der Verfasser gemeinsam mit G. Falkner in einem sehr reich besiedeltem Altarm bei Neuburg in Bayern neben *Glossiphonia complanata* (Linnaeus 1758) noch eine zweite habituell sehr ähnliche Art antreffen (Abb. 9a, b). Wie der Vergleich mit Sammlungsmaterial aus Südschweden (Coll. L. Johansson) und Polen (Coll. L. Pawlowski) gezeigt hat, handelt es sich hierbei um die erste und bislang einzige gesicherte Population von *G. verrucata* s. str. aus dem Donausystem und süddeutschen Raum.

Da bereits 1989 der Locus typicus von *G. verrucata* erfolglos abgesucht wurde und Tiere der «nordeuropäischen Form» (*G. verrucata* s. str.) in dem umfangreichen, bestimmten, zum großen Teil selbst gesammelten Material aus dem Rhein- und Donaugebiet nie gefunden wurden, kann die Einzigartigkeit der Donauvorkommen als gesichert gelten. Möglicherweise gehört auch ein unter dem Namen *Boreobdella verrucata* angegebener Fund (Weinzierl 1989) zu dieser Art, leider gibt der Autor keine Abbildung oder Hinweise auf Vergleichsmaterial.

Wegen des in den letzten fünfzehn Jahren erreichten guten Untersuchungszustandes weiter Teile von Rhein- und Donaugebiet, kann die Möglichkeit, daß es sich bei der borealen *G. verrucata* s. str. um eine häufigere und bisher nur übersehene Art handelt, mit Sicherheit ausgeschlossen werden. Die Feststellung, daß es sich bei den bisher in der Literatur unter dem Namen *verrucata* Fr. Müller 1844 angeführten Egeln in Wirklichkeit um zwei morphologisch und reproduktiv vollständig getrennte Arten handelt, wurde überhaupt erst durch den Neuburger Fundort ermöglicht. Da beide «Formen» merkmalskonstant in der oberen Donau sympatrisch vorkommen, liegen in den «Formen» verständlicherweise Arten vor.

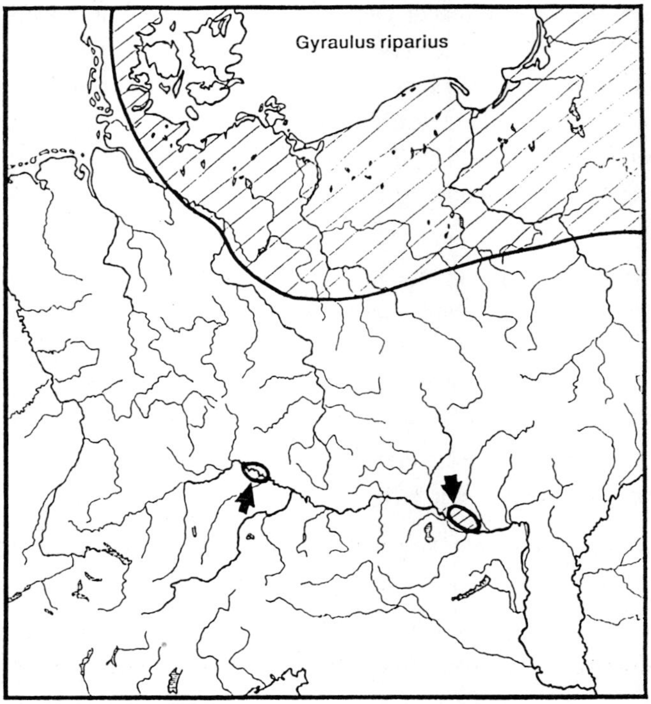

Abb. 8: Mitteleuropäiche Verbreitung der nordosteuropäischen Tellerschnecke *Gyraulus riparius*

Glossiphonia verrucata s. str. erreicht, bezogen auf das ganze Areal, im oberen Donautal ihre südlichste Verbreitung. Die Vorkommen sind Isolate und lassen sich als Glazialrelikte interpretieren. Hierin besteht eine überraschende Parallelität zu *Myxas glutinosa* und *Gyraulus riparius*.

3.3 Endemismus als Folge der wiederholten lang andauernden Isolation

13. *Pseudanodonta complanata* (Rossmässler 1835): Flußmuscheln sind in Mitteleuropa in mehreren gut unterscheidbaren Subspecies vertreten. Ihre Entstehung geht von pleistozäner, in einzelnen Fällen bis in das Pliozän zurückreichender Isolation in Zusammenhang mit der Flußgeschichte aus. Sie sind auch wegen ihrer fossilen Überlieferung besonders geeignete Indikatoren bei der Paläogeographie (Kobelt 1908; Haas & Schwarz 1913; Zwiesele 1914; Modell 1941, 1966).

P. complanata besitzt ein sehr ähnliches Verbreitungsmuster wie *Unio tumidus*. Ihr Areal erstreckt sich über Europa einschließlich der nördlichen pontokaspischen Zuflüsse (Abb. 10). Im Unterschied zu *U. tumidus* ist *P. complanata* jedoch nicht im oberen Rhonegebiet vertreten, besiedelt aber alle westfranzösischen Atlantikzuflüsse (Nesemann & Nagel 1989). Die Unterarten unterscheiden sich in der Gehäuseform zum Teil so erheblich, daß manche Autoren (Haas 1969) auf deren Artselbständigkeit beharrten und drei Arten unterschieden. Zuletzt hat sich aber das Festhalten an der Arteinheit der Pseudanodonten durchgesetzt (Modell 1966; Falkner 1991), was auch durch vergleichende biochemische Untersuchungen unterstützt werden kann (Nagel 1988).

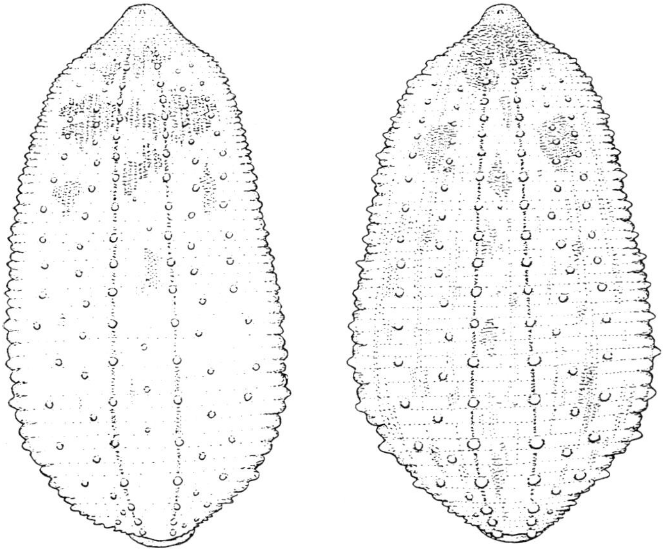

Abb. 9a, b: *Glossiphonia verrucata* sensu Müller (1844) und Johansson (1929) aus einem Donau-Altarm bei Neuburg, 26.9.1991

Pseudanodonta complanata complanata **(Rossmässler 1835):** Die Unterart besiedelt das Einzugsgebiet der mittleren Donau und ihrer Nebenfüsse einschließlich des Tisza-Systems. Sie dringt im Nordwesten in die Unterläufe von March-Morava und Thaya-Dyje ein und fehlt in der zoogeographisch dem oberen Donaugebiet angehörenden Leitha-Lajta (Abb. 10). In der Donau selbst erstreckt sich ihr Verbreitungsgebiet stromaufwärts bis zur Wachau. Hier wurde sie von Mikula in einem Nebenarm unterhalb der Einmündung der Pielach gesammelt (Material des Naturhistorischen Museums Wien).

Die Subspecies (Abb. 11a) besiedelt größere Flüsse des Karpatenbeckens im weiteren Sinne. Sie bevorzugt permanent durchströmte Gewässer mit mäßiger Fließgeschwindigkeit und sandig-lehmigem Untergrund. Besonders günstige Bedingungen bietet die mittlere Donau von Vác abwärts. Hier ist *P. complanata complanata* stellenweise die häufigste Flußmuschel und erreicht ihre maximale Gehäuselänge von 90 bis 100 mm. Ihre gegenwärtige westliche Verbreitungsgrenze befindet sich im Wiener Becken, wo die Unterart nur in Altarmen der Donau lebt und den geschiebeführenden Hauptstrom meidet. *P. complanata complanata* besiedelt ausnahmsweise auch kleinere Altläufe und Gräben des Hortobágysystems (Kunmadarasi puszta, Sáros-ér bei Nagyiván), die den Charakter stehender potamaler Gewässer tragen. Sie ist nur in den Tiefebenen verbreitet und überschreitet nur ausnahmsweise 200 m über dem Meer.

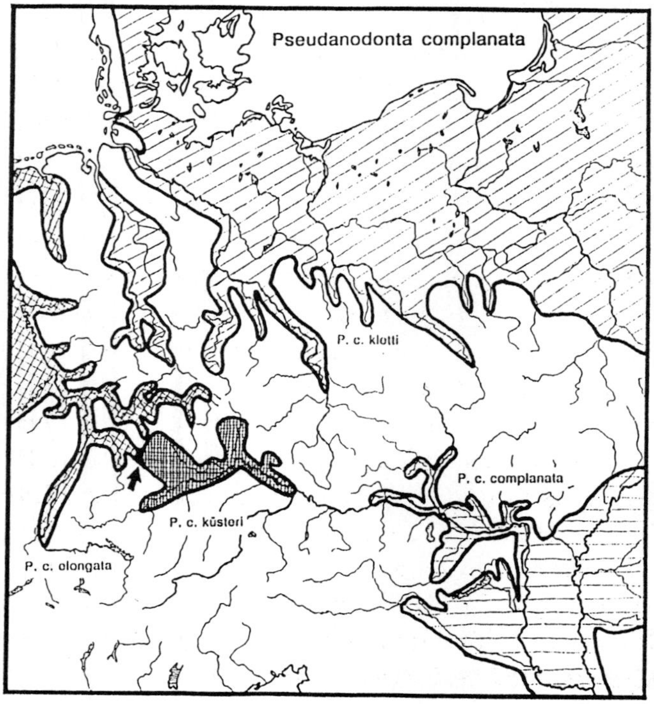

Abb. 10: Mitteleuropäische Verbreitung der Unterarten der Stromteichmuschel *Pseudanodonta complanata*

Rossmässler (1835) bezieht sich mit seiner Beschreibung ausdrücklich auf den Typus aus der Donau bei Wien und nicht, wie von Haas (1969) behauptet, auf ein Exemplar aus der Elster bei Leipzig. Die von Haas vorgenommene Festlegung eines Lectotypus aus dem Elbesystem ist deshalb falsch und ohnehin überflüssig. Die Terra typica von *P. complanata* ist die Donau des Wiener Beckens.

Bisher wurde bereits von Modell (1924: 183) richtig erkannt, daß innerhalb des Donausystems zwei Unterarten auftreten. Diesem Umstand trug er später Rechnung (1941, 1966) und unterschied eine Subspecies des oberen und eine des mittleren Stromgebietes.

Modell (1965) mißachtete dabei aber die natürlichen Verbreitungsgebiete von *Pseudanodonta* und legte eine künstliche Grenze bei der Einmündung der March fest. Deshalb gehört hiernach die Subspecies der oberen Donau noch zu *complanata* s. str., die des Karpatenbeckens hingegen zu *compacta* Zelebor 1851.

In Wirklichkeit ist das Verbreitungsgebiet in der oberen Donau geographisch isoliert. Die hier vorkommende Unterart hat den Namen *kuesteri* Haas 1913 zu führen.

Die beiden eng benachbarten Typuslokalitäten von *complanata* Rossmässler (Wien) und *compacta* Zelebor (Marchegg) gehören zum westlichen Ausläufer eines geschlossenen Areales der Unterart der mittleren Donau. Für diese gilt daher der Name *P. complanata complanata.*

Die später aus der March (Morava) beschriebene *Anodonta complanata* var. compacta Zelebor ist folglich synonym zu *complanata* Rossmässler.

Die Verbreitungsgrenzen von *P. complanata complanata* der mittleren und *P. complanata kuesteri* der oberen Donau liegen nicht in der Donau unterhalb Wien, wie von Modell (1966) angenommen. In Wirklichkeit stellt die Donaustrecke zwischen der Einmündung des Inn und dem Austritt aus dem Engtal der Wachau, innerhalb derer *Pseudanodonta* fehlt (!), die natürliche Grenze und zugleich Verbreitungslücke zwischen den beiden besprochenen Subspecies dar.

***Pseudanodonta complanata kuesteri* Haas 1913:** *P. complanata kuesteri* besitzt ein zusammenhängendes Areal im Gebiet der oberen Donau, das allerdings gegen die Verbreitungsgebiete benachbarter Subspecies geographisch isoliert ist. Es umschließt die in Glazialepochen nicht vergletscherten, eisrandfernen Gebiete größerer Flüsse. Die Verbreitung reicht in der Donau von Ulm abwärts bis oberhalb der Inn-Mündung und umfasst auch die Unter- und Mittelläufe der nördlichen Nebenflüsse Wörnitz, Altmühl, Naab mit Heidenaab und Regen. Im Oberlauf der heute zum Rheinsystem gehörenden Jagst ist *Pseudanodonta complanata kuesteri* ebenfalls nachgewiesen (Zwiesele 1914). Dieser Fluß wird von Donaufauna besiedelt und ging dem Einzugsgebiet der oberen Donau erst im Pleistozän durch rheinische Flußanzapfung verloren (Abb. 10, Pfeil). Aus der Donau zwischen der Zufluß des Inn und der Wachau liegen keine Funde von *Pseudanodonta* vor. Hier besteht zweifellos die ausgedehnte Verbreitungslücke zwischen den Arealen der beiden Donau-Subspecies von *Pseudanodonta complanata.*

Die Subspecies (Abb. 11b, c) lebt in langsam strömenden Flüssen des oberen Donaugebietes, in denen die Auswirkungen der alpinen Gletscher nicht mehr prägend wirksam werden. Es handelt sich um große Fließgewässer mit verhältnismäßig starker sommerlicher Erwärmung und geringer oder fehlender Geschiebeführung. Als Folge der speziellen Habitatansprüche fehlt *Pseudanodonta complanata kuesteri* in den südlichen, aus den Alpen kommenden, Zuflüssen der Donau. Lediglich zwei Funde in kleinen Flüssen nahe dem Donautal sind bekannt geworden (Modell 1966). Die Unterart ist endemisch für die obere Donau und bleibt auf Höhenlagen von 300 bis 400 m über dem Meeresspiegel beschränkt.

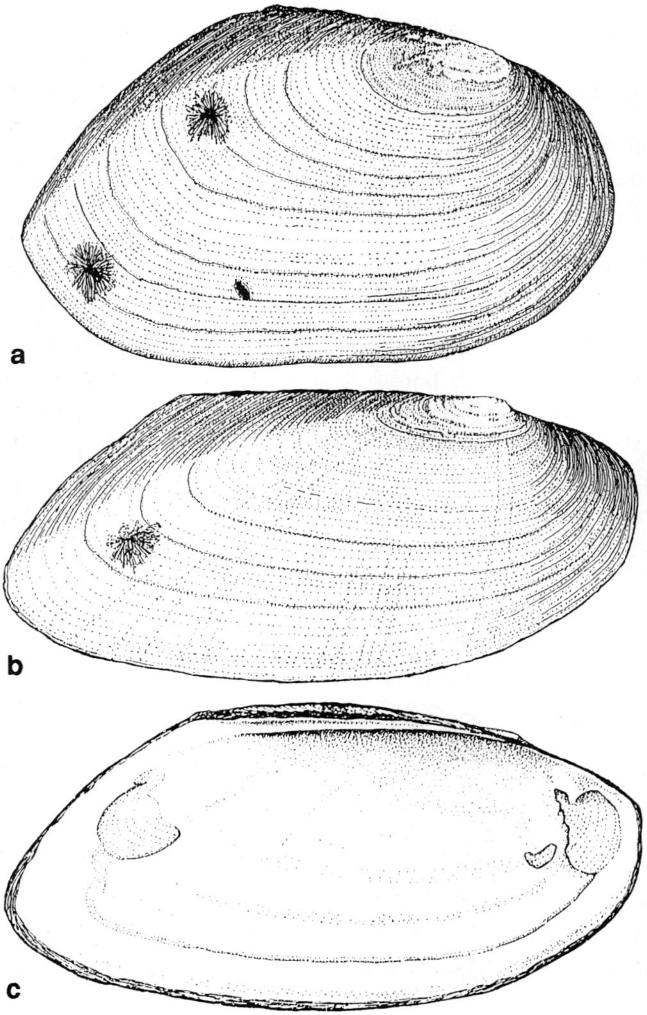

Abb. 11: *Pseudanodonta complanata* aus der Donau
a: *P. c. complanata*, Harta unterhalb Dunaföldvár, 5.9.1991
b, c: *P. c. kuesteri*, Irlbach unterhalb Straubing, 1.8.1991

Diese Subspecies unterscheidet sich in Form, Bauchigkeit und Größe von *P. complanata complanata*. Ihre Differenzierung kann durch die glaziale Isolation der *Pseudanodonta*-Areale erklärt werden. Die Existenz einer endemischen Subspecies belegt, wie schon Modell (1966) annahm, daß die Muschel im oberen Donaugebiet während der pleistozänen Kaltzeiten nie vollständig erloschen ist, sondern hier in einigen nördlichen Nebenflüssen isoliert wurde und heute noch ist.

Fälschlich wurden der Name *compacta* Zelebor verwendet, die sich auf Beschreibungen aus dem mittleren Donaugebiet bezieht (Jungbluth, Gerber & Leuchs 1988; Frank, Jungbluth & Richnowsky 1990). Als ältester verfügbarer Name für die Unterart des oberen Donaugebietes darf aber nur *kuesteri* Haas verwendet werden.

3.4 Mögliche Potamonrelikte mit noch nicht hinreichend geklärtem Status

14. *Sphaerium rivicola* (Lamarck 1818): Diese im Potamon mittel- und osteuropäischer Flüsse verbreitete Kugelmuschel besiedelt die obere Donau von knapp oberhalb der Weltenburger Enge bis in die oberösterreichische Strecke hinein. Ihr verbreitungsbegrenzender Faktor kann also nicht der Inn sein, da auch unterhalb seiner Mündung im Abschnitt Passau-Aschach am 13.11.1989 individuenreiche Bestände vorgefunden wurden. Sie tritt aber dann erst wieder unterhalb Wien (Nesemann 1988) auf und kommt im Hauptstrom der Donau erst von der Szigetköz an abwärts vor. Die Arealdisjunktion ist daher weniger ausgeprägt, als bei allen anderen Tierarten und wird hauptsächlich von der Struktur des Donaubettes beeinflußt, offenbar weil *S. rivicola* in den Durchbruchstrecken keine besiedelbaren Sandböden vorfindet. Nach einer ursprünglich von Haas & Schwarz (1913) aufgestellten Hypothese, die in der späteren Literatur häufig übernommen wurde, soll diese Muschel erst durch den alten Main-Donau-Kanal in die obere Donau eingedrungen sein. Diese Annahme ist aber, in Anbetracht der vorgestellten Beispiele von Relikten, gar nicht mehr plausibel zu begründen. Es könnten hier postglaziale Donauablagerungen Aufschluß geben, ob die Art bereits in vorhistorischer Zeit in der oberen Donau vorhanden war.

4 Diskussion

Die obere Donau nimmt unter den großen Flußläufen Mitteleuropas in gleich mehrfacher Hinsicht eine bedeutende Sonderstellung ein.

- Der Lauf nimmt in seiner Erstreckung von West nach Ost die Funktion einer Ausbreitungsstraße ein. Pontokaspische Faunenelemente konnten unter Benutzung der Donau bereits seit dem Jungtertiär weit nach Westen vorstoßen und in übrige Flußsysteme gelangen. Die wohl bekanntesten Beispiele liefern die Fische der Gattung *Zingel* mit Streber und Rhonestreber.

Innerhalb der letzten 200 Jahre gewann die Donau wiederum an Bedeutung bei der vom Menschen unbeabsichtigt geförderten Ausbreitung pontokaspischer Süßwasserfauna.

- Das obere Donautal ist durch seine artenreiche und eigenständige Molluskenfauna charakterisiert. Es liegt die einzige Flußniederung vor, wo aufgrund der Höhenlage und Anbindung an die Alpen nördliche Faunenelemente erhalten blieben und gleichzeit wärmeliebende Arten aus dem Süden und kontinentale Arten aus dem Osten über das Donautal eindringen konnten. Diese Konstellation ist einzigartig, die Möglichkeiten sind bei anderen Strömen von der Topographie her nicht vorhanden.
- Die aquatische Besiedlung der Donau ist durch longitudinale Inhomogenität gekennzeichnet. Diese ist hier um ein vielfaches stärker ausgeprägt und wesentlich offensichtlicher als bei benachbarten Strömen.
- Die obere Donau allein betrachtet ist kein junges zusammengesetztes Flußsystem, wie der Rhein, sondern stellt das älteste Stromgebiet Mitteleuropas, gemessen an räumlichen und zeitlichen Dimensionen, dar. Dies muß wesentliche Konsequenzen bei der Erklärung der Faunengrenzen haben und Berücksichtigung in der historischen Zoogeographie finden.
- Wie die bereits am Anfang erwähnten Fragen zeigen, sind Methoden der Erklärung von Tierarealen zusammengesetzter («polygenetischer») Flußsysteme für die Donau in ihrer gesamten Erstreckung gültig. Dies gilt jedoch keinesfalls für die kausalen Ursachen von Verbreitungsmustern innerhalb der oberen Donau. Hier nämlich sind es nicht paläogeographische, sondern in erster Linie paläoklimatische Ereignisse, die Areale der rezenten Süßwasserfauna geformt haben.
- Das Ausmaß der alpinen Vergletscherung, die vom Klima abhängt, wird über die zur Donau gerichtete Entwässerung geographisch wirksam an die Donau weitergegeben, z.B. sogar im Gefälleprofil. Entsprechend kann abgeleitet werden, daß in der oberen Donau (nicht aber im Alpengebiet!) keine einzige paläogeographisch bedingte Faunengrenze im Sinne von Kinzelbach (1990) existiert, weil die Teilflußsysteme schon über lange Zeiträume in annähernd der heutigen Entwässerungsrichtung existieren und trennende Wasserscheiden fehlen.
- Die für die obere Donau stark ausgeprägten Faunengrenzen, wie sie am Beispiel der Arealdisjunktion vorgestellt wurden, sind nicht vergleichbar mit einigen der bekanntesten Faunengrenzen des Rheins, die sekundär durch ökologische Faktoren über sehr lange Zeiträume anhaltend stabilisiert werden.
- Die wichtigen Arealgrenzen der Stromfauna in der oberen Donau sind indessen rezentökologisch aktuell und höchst wirksam. Sie sind bedingt reversibel und können zum Teil vollständig aufgehoben werden, wie Nathan (1958) mit interglazialen Vorkommen von *Microcolpia acicularis* (A. Férussac 1823) aus der Isar eindrucksvoll belegt.
- Die Arealgrenzen werden von Vergletscherungzuständen über deren Abflüsse aufrechterhalten. Die reale Süßwasserfauna weiter Stromabschnitte entspricht also nicht der potentiell erwarteten Tierwelt, die Biozönose ist ungesättigt. Nur ein Beispiel hierfür liefert die belegte stürmische Invasion der Gattung *Dikerogammarus* (vgl. Kothé 1959; Nesemann & Pöckl 1992).

Dank

Der Verfasser dankt Gehard Falkner (Hörlkofen) für wichtige Literaturhinweise und Gerald Zauner (Wien), der die Abb. 2 zur Verfügung gestellt hat. Letzterer unternahm eine persönliche Einschulung in die hydrologischen Eigenheiten der Donau. Hierfür und für entgegengebrachte besonders hilfreiche Kritik, ebenso für die vielen inhaltlichen Diskussionen der Auswirkungen vom Inn auf die Donau, wird ihm besonders gedankt.

Literatur

An der Lan, H. (1968): Tiergeographie der Donau. – In: Liepolt, R.(ed.): Limnologie der Donau, Liefg. 3: 316-326, Stuttgart

Apáthy, I. (1888): Süßwasser-Hirudineen. Ein systematischer Essay. – Zool. Jahrb. syst. 3: 725-794

Balon, E.K., Crawford, S.S. & Lelek, A. (1986): Fish communities of the upper Danube River (Germany, Austria) prior to the Rhein-Main-Donau connection. – Environmental Biol. Fish. 15 (4): 243-271

Clessin, S. (1878): Eine neue diluviale Paludine. – Malakozool. Blätter 25: 89-92

Clessin, S. (1912): Die Molluskenfauna der Umgebung Regensburgs. – Ber. naturwiss. Ver. Regensb. 11 (1910/11): 65-100

Dudich, E. (1927): Uj rákfajok magyarország faunájában. Neue Krebstiere in der Fauna Ungarns. – Arch. Balatonicum 1: 343-387

Dudich, E. (1968): Systematisches Verzeichnis der Tierwelt der Donau. – In: Liepolt, R.(ed.): Limnologie der Donau, Liefg. 3: 4-69, Stuttgart

Entz, G. (1909): A magyarországi folyami rákokról. – Allatt. Közl. 8: 37-52, 97-110, 149-163

Falkner, G. (1989): Binnenmollusken. – In: Steinbach, G. (ed.): Weichtiere, pp. 112-280, München

Falkner, G. (1991): Vorschlag für eine Neufassung der Roten Liste der in Bayern vorkommenden Mollusken (Weichtiere) mit einem revidierten systematischen Verzeichnis der in Bayern nachgewiesenen Molluskenarten. – Schriftenreihe Bayer. Landesamt Umweltschutz 97: 61-112

Falkner, G. & Müller, E.-D. (1983): *Theodoxus transversalis* lebend in der oberen Alz. – Inf. Club Conchylia 15 (6): 45-52

Frank, C. (1990): Pleistozäne und holozäne Molluskenfaunen aus Stillfried an der March. Ein Beitrag zur Ausgrabungsgeschichte von Stillfried und des Buhuberges nördlich von Stillfried. – Wiss. Mitt. Niederösterr. Landesmuseum 7: 7-272

Frank, C., Jungbluth, J. & Richnovszky, A. (1990): Die Mollusken der Donau vom Schwarzwald bis zum Schwarzen Meer (Eine monographische Darstellung). Budapest, pp. 1-142

Grossu, A.V. (1986): Gastropoda Romaniae 1. I Caractere generale, istoricul si biologia gastropodelor. II Subclasa Prosobranchia si Opistobranchia. Bucuresti, pp. 1-524

Haas, F. (1969): Superfamilia Unionacea. – Das Tierreich 88 (10): 1-663

Haas, F. & Schwarz, W. (1913): Die Unioniden des Gebietes zwischen Main und deutscher Donau in tiergeographischer und biologischer Hinsicht. – Abh. Königlich Bayer. Akad. Wiss. Math.-Phys. Kl. 36 (7): 1-24, Taf. 1-4

Hässlein, L. (1966): Die Molluskengesellschaften des Bayerischen Waldes und des anliegenden Donautales. – Ber. naturf. Ges. Augsburg 20 (110), 6: 1-177

Hazay, G. (1881): Die Molluskenfauna von Budapest. – Malakozool. Blätt. 3: 1-69, 160-183, 4: 43-224

Jaeckel, S. (1962): Mollusken, Ergänzungen. – In: Brohmer, P., Ehrmann, P. & Ulmer, G. (ed.): Die Tierwelt Mitteleuropas 2 (Liefg. 1): 1-294, Leipzig

Jungbluth, J.H., Gerber, J. & Leuchs, H. (1988): Beiträge zur Molluskenfauna der Donau I. Zur Kenntnis der Molluskenfauna großer Fließgewässer in Deutschland. 1. Donau. – Mitt. dtsch. malakozool. Ges. 43: 1-18

Johansson, L. (1929): Hirudinea (Egel). – In: Brohmer, P. (ed.): Die Tierwelt Mitteleuropas und der angrenzenden Meeresteile. 7, Liefg. 1

Kinzelbach, R. (1985): Die Entstehung der Zoozönose des Rheins. – Mainzer Naturwiss. Arch., Beiheft 5: 5-49

Kinzelbach, R. (1990): Besiedlungsgeschichtlich bedingte longitudinale Faunen-Inhomogenitäten am Beispiel des Rheins. – Limnologie aktuell 1: 41-58

Kobelt, W. (1908): Die erdgeschichtliche Bedeutung der lebenden Najaden. – Verh. naturf. Ver. Rheinl. Westfalen 1908: 151-162

Kothé, P. (1959): *Hypania invalida* (Polychaeta, Sedentaria) und *Jaera sarsi* (Isopoda) erstmals in der deutschen Donau. Ein Beitrag zur Verbreitungsgeschichte des pontokaspischen Faunenelements im Donaubecken. – Arch. Hydrbiol., Suppl. 34 (1/2): 88-114

Ladiges, W. & Vogt, D. (1979): Die Süßwasserfische Europas bis zum Ural und Kaspischen Meer. – Paul Rarey, Hamburg-Berlin, pp. 1-299

Mahunka, S. (1991): The Bátorliget Nature Reserves and the Hungarian Zoology (An Introduction). – In: Mahunka, S. (ed.): The Bátorliget Nature Reserves – after forty years. Hungarian Natural History Museum, Budapest, pp. 13-18

Modell, H. (1924): Die Najaden Ungarns, – Annls. hist.-nat. Mus. natn. hung. 12: 199-209

Modell, H. (1941): Die Rassen der mittel- und osteuropäischen Najaden. – Arch. Molluskenk. 75: 161-177

Modell, H. (1965): Die Najaden-Fauna der oberen Donau. – Veröff. zool. Staatsslg. München 9: 159-304

Müller, P. (1980): Biogeographie. – Ulmer Verlag, pp. 1-414, Stuttgart

Nagel, K.-O. (1988): Anatomische, morphologische und biochemische Untersuchungen zur Taxonomie und Systematik der europäischen Unionacea (Mollusca: Bivalvia). – Diss. pp. 1-100, Kassel

Nathan (1953): Ein interglacialer Schotter südlich Moosburg in Oberbayern mit *Fagotia acicularis* Férrusac (Melanopsenkies). – Geol. bavarica 19: 315-334

Nesemann, H. (1988): Die Kugelmuschel *Sphaerium rivicola* (Lamarck 1818) in der niederösterreichischen Donau. – Mitt. dtsch. malakozool. Ges. 42: 33-34

Nesemann, H. (1989): Die Egelfauna (Hirudinea) der niederösterreichischen Donau zwischen Stockerau und Wolfsthal. – Lauterbornia 2: 35-51

Nesemann, H. (1990a): Investigations on two *Glossiphonia* species (Hirudinea) from running waters of Central Europe with a redescription of *Glossiphonia concolor* (Apáthy, 1888). – Annls. hist.-nat. Mus. natn. hung. 82: 65-74

Nesemann, H. (1990b): Die Egelfauna (Hirudinea) des Nahe-Einzugsgebietes (Rheinsystem: Rheinland-Pfalz, Saarland). – Mainzer naturw. Arch.

Nesemann, H. (1991a): Erstnachweis des Fischegels *Piscicola haranti* Jarry, 1960 (Hirudinea, Piscicolidae) im Donautiefland in Ungarn. – Fischökologie aktuell 4: 14-16

Nesemann, H. (1991b): Zoogeography and composition of Danubian leech fauna of lowland rivers of the Kisalföld, compared with some Molluscs (Hirudinea, Gastropoda). – Miscnea. zool. hung. 6

Nesemann, H. (im Druck): Zoogeography and composition of Invertebrate fauna (Hirudinea, Gastropoda, Bivalvia, Crustacea) of the lower reach of the Lajta river. – Miscnea. zool. hung. 7

Nesemann, H. & Nagel, K.-O. (1989): Die Flußmuscheln (Bivalvia: Unionacea) im Einzugsgebiet der Loire (Zentralfrankreich) – eine erste Bestandserfassung. – Mitt. dtsch. malakozool. Ges. 44/45: 1-15

Örley, L. (1886): A magyarorszagi Pioczak Faunaja. – M. T. Ak. Math. Termeszettud. Közlem. XII. K. 2. SZ.: 63-115

Orghidan, N. (1966): Die Donau und das Eiserne Tor. – Rev. Roumaine, Ser. Géogr. 10 (1): 29-37

Pintér, L., Richnovszky, A. & Szigethy, A. (1979): A magyarországi recens puhatestüek elterjedése. – Soosiana, Suppl. 1: 1-351

Reischütz, P. (1990): Zum Vorkommen von *Valvata naticina* Menke 1845 in Österreich. – De Kreukel 26e (1): 3

Schmalz, K.V. & Grünberg, S. (1989): *Valvata naticina* lebend aus der bayerischen Donau. – Heldia 1 (5/6): 190-192

Schulte, H. & Weinzierl, A. (1989): *Viviparus acerosus* (Bourguignat) in der bayerischen Donau. – Heldia 1 (5/6): 192-193

Seidl, F. jun. & Seidl, F. III (1983): *Bithynia leachi* (Sheppard) und andere Mollusken aus dem Chiemsee. – Mitt. zool. Ges. Braunau 4 (7/9): 195-196

Soós, A. (1967): On the leech fauna of the Hungarian reach of the Danube (Danubialia Hungarica XLII). – Opusc. zool. Budapest 7: 241-257

Soós, L. (1943): A Kárpát-medence Mollusca faunája. pp. 1-478, Budapest

Szádeczky-Kardoss, E. (1938): Geologie der rumpfungarländischen Kleinen Tiefebene. – Mitt. berg.-hüttenmänn. Abt. 10: 1-444, Sopron

Weinzierl, A. (1989): *Boreobdella verrucata* (Fr. Müller) in der niederbayerischen Donau (Hirudinea: Glossiphonidae). – Lauterbornia 1: 60

Zauner, G. (1990): Abiotische Gewässercharakteristik. – In: Waidbacher, H.; Zauner, G.; Kovacek, H. & Moog, O.: Fischökologische Studie oberes Donautal. – pp. 1-125, Wien

Zwiesele, H. (1914): Die Verbreitung von Neckar- und Donaumuscheln im Kocher- und Jagstgebiet

Limnologie aktuell · Band/Vol. 2 · Kinzelbach (Hg.): Biologie der Donau
Gustav Fischer Verlag · Stuttgart · Jena · New York · 1994

Das Makrozoobenthos der Donau im Abschnitt Kehlheim - Jochenstein (Donau-km 2414-2202)

Thomas Tittizer, Heiko Leuchs & Mechthild Banning

Bundesanstalt für Gewässerkunde, Kaiserin-Augusta-Anlagen 15-17, D-56068 Koblenz

Keywords

Danube, endangered species (listed in the German Red Book), constancy, diversity, evenness, macrobenthic community, species composition, substrate/biocoenosis-correlation

Abstract

With 144 taxa of the macrozoobenthos, the Danube between Kelheim and Jochenstein has a high species diversity. The macrobenthic community is dominated by Chironomids and Crustaceans, which make up 82 percent of total abundance.
Species with highest constancies are the caseless caddisfly *Hydropsyche contubernalis* and the crustaceans *Corophium curvispinum* and *Dikerogammarus haemobaphes*.
The macrozoobenthos has a mosaic-like distribution pattern in both transverse and longitudinal sections. Differences in the species composition and abundance are generally related to substrate composition and current conditions.

Kurzfassung

Die Donau von Kelheim bis Jochenstein weist mit 144 Makrozoobenthos-Taxa eine artenreiche Besiedlung auf. Chironomiden und Crustaceen stellen 82% der Besiedlungsdichte und prägen somit das Besiedlungsbild. Die Arten mit der höchsten Konstanz sind *Hydropsyche contubernalis*, *Corophium curvispinum* und *Dikerogammarus haemobaphes*. Das Makrozoobenthos weist eine sowohl im Quer- als auch im Längsprofil mosaikartige Verteilung auf. Unterschiede hinsichtlich arten- und mengenmäßiger Zusammensetzung sind im wesentlichen auf unterschiedliche Substratzusammensetzung und Fließgeschwindigkeit zurückzuführen.

1 Einleitung

Im Zuge der Anpassung des westdeutschen Wasserstraßennetzes an die Erfordernisse der modernen Schiffahrt werden seit 1976 auch an der Donau umfangreiche Ausbauarbeiten durchgeführt. Ziel dieser Arbeiten ist die Schaffung einer 3,10 m tiefen und 40 m breiten Fahrrinne, die einen reibungslosen Verkehr von Euro-II-Leichtern (L = 180 m, B = 11 m) ermöglicht.

In den Donauabschnitten Kelheim-Regensburg und Regensburg-Geisling (siehe Abb. 1) sind diese Arbeiten bereits in den Jahren 1978 bzw. 1985 abgeschlossen worden. Im Abschnitt Geisling-Straubing werden sie voraussichtlich 1991 zum Abschluß gebracht. Die unterhalb gelegene Strecke befindet sich in der Phase der Ausbauplanung.

Die hier vorliegende Arbeit beschreibt das Makrozoobenthos der Donau in den Jahren 1987 und 1988. Die Besiedlung ist somit im Abschnitt Kelheim-Geisling nach erfolgtem Ausbau und Aufstau, im Abschnitt Geisling-Straubing während des Ausbaus um im Abschnitt Straubing-Vilshofen vor dem Ausbau dokumentiert.

2 Untersuchungsmethodik

Die faunistischen Bestandserhebungen erfolgten unter Zuhilfenahme moderner Untersuchungstechniken (Tittizer & Schleuter 1986) sowohl aus dem Ufer- als auch aus dem Sohlenbereich der Donau. Für die Entnahme der Substratproben diente ein Schwimmbagger mit Polyp- oder Zwischenschalengreifer. Aus den an Deck eines Beibootes gehobenen Proben (1,5 m^2 Grundfläche) wurden mit einem Stechrahmen Teilproben von 1500 cm^2 abgestochen, ausgehoben und wie folgt aufgearbeitet: Steine und Kies wurden in einen mit Wasser gefüllten Behälter gegeben und mit einer weichen Bürste abgebürstet. Das so gewonnene, suspendierte Material wurde zusammen mit dem feinkörnigen Anteil der Proben (Sand, Schluff) in Sieben von 2,0, 0,6 und 0,2 mm Maschenweite durch mehrmaliges Waschen von Trübstoffen befreit und anschließend in weiße Schalen überführt. Hier erfolgte zuerst eine Durchmusterung des gesamten biologischen Materials nach Rote-Liste-Arten und danach eine Konservierung in 80%-igem Äthanol. Die weitere Aufarbeitung des biologischen Materials (Artdiagnose, Ermittlung der Artenzahl und der Besiedlungsdichte etc.) wurde im Labor vorgenommen.

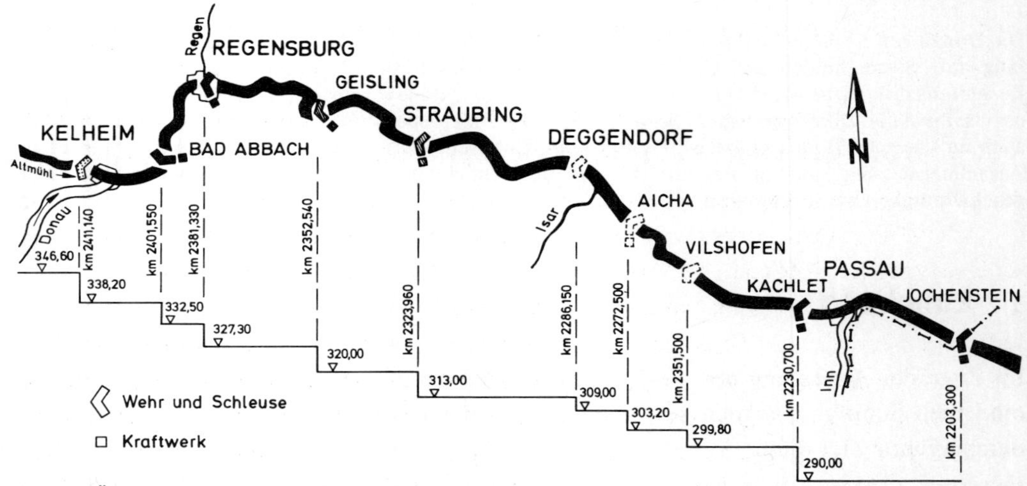

Abb. 1: Übersichtsplan zum Donauausbau

3 Ergebnisse

3.1 Struktur der Zoozönose

Die faunistischen Erhebungen an der Donau zwischen Kelheim und Jochenstein ergaben insgesamt 144 Arten und höhere Taxa (siehe Tab. 1); davon sind 25 (= 17%) in der Roten Liste der gefährdeten Tiere in der Bundesrepublik (Blab et al. 1984) und 11 (= 8%) in der Roten Liste bedrohter Tiere in Bayern (Bayer. LA Umweltschutz 1988) verzeichnet. Die meisten von ihnen (55%) sind Ubiquisten und vermögen die unterschiedlichsten Lebensräume zu besiedeln. Einige sind stenöke Organismen, die an ganz bestimmte Habitatsstrukturen gebunden sind (litho-, psammo-, pelo- und phytophile Arten) oder in der Bundesrepublik Deutschland nur in der Donau vorkommen (endemische Arten). Zu den letzteren gehören: *Theodoxus danubialis*, *T. transversalis*, *Viviparus acerosus*, *Hypania invalida*, *Dikerogammarus haemobaphes* und *Jaera sarsi* (Kothé 1968a). Die obere Verbreitungsgrenze dieser Arten in der Donau liegt derzeit für *Theodoxus danubialis* bei km 2400,5 und für *T. transversalis* bei km 2229,5 (Leuchs & Tittizer 1989), für *Viviparus acerosus* bei km 2232,5, für *Hypania invalida* bei km 2305,5, für *Dikerogammarus haemobaphes* bei km 2414,5 (= obere Untersuchungsgrenze) und für *Jaera sarsi* bei km 2396,4 (Tittizer & Leuchs 1988; Tittizer, Leuchs & Banning 1989a,b).

Das Besiedlungsbild wird von der Gruppe der Crustaceen und der Chironomiden geprägt. Diese treten stets in allen Untersuchungsbereichen auf (100%), oft in hohen Dichten (siehe Tab. 2). Sehr häufig kommt die Gruppe der Trichoptera (94 %), und häufig die der Hirudinea (84%), Lamellibranchia (81%), Ephemeroptera (78%), Nematoda (72%), Tricladida (72%) und Coleoptera (47%) vor. Selten oder sporadisch sind die Polychaeta (22%), Acarina (19%), Heteroptera (16%) und Neuroptera (9%) in der Lebensgemeinschaft vertreten.

Von den einzelnen Arten der Makrozoozönose weisen die Köcherfliege *Hydropsyche contubernalis* (68%) und der Krebs *Corophium curvispinum* (66%) die höchste Konstanz auf (siehe Abb. 2), die der übrigen Arten liegt unter 50%. 52% der Arten weisen eine Konstanz von weniger als 4% auf.

Die Artenvielfalt in den einzelnen Untersuchungsbereichen ist i.d.R. hoch. Im Uferbereich konnten im Mittel 21 und an der Stromsohle 11 Arten nachgewiesen werden (siehe Tab. 3).

Die Artenzahl schwankt in den einzelnen Untersuchungsbereichen zwischen 4 und 41. Auch die ermittelten Diversitätsindices variieren stark und liegen zwischen 0,23 und 2,32. Betrachtet man die dazugehörigen Artenzahlen (29 für H = 0,23 und 41 für H = 2,32), so scheint, zumindest auf den ersten Blick, eine Abhängigkeit zwischen den beiden Kenngrößen zu existieren. Die weitere Analyse der Tabelle 3 ergibt jedoch, daß hohe Diversitätsindices auch bei wesentlich niedrigeren Artenzahlen errechnet wurden (H = 2,60 bei 27 Arten und H = 2,13 bei nur 18 Arten). Aus Abb. 3, in der die Diversität gegen den Logarithmus der Artenzahl aufgetragen ist, ist die oben erwähnte große Streuung deutlich erkennbar. Darin zeigt sich der Einfluß einzelner, stellenweise in hoher Populationsdichte auftretender Arten (z.B. *Corophium curvispinum* mit bis zu

Tab 1: Gesamtartenliste der Donau von km 2414,5 bis 2202,5 über die Untersuchungsjahre 1987 und 1988

Taxa	Substrat	Typ	GG	GG-B	1987	1988
TRICLADIDA						
Dendrocoelum lacteum	l				x	x
Dugesia lugubris	l				x	x
Dugesia tigrina	l				x	x
Polycelis nigra	l				x	—
Polycelis sp.	l				—	x
NEMATODA						
Nematoda	ps/pe				x	x
GASTROPODA						
Acroloxus lacustris	l/ph	S	4		x	x
Ancylus fluviatilis	l		4	2b	x	x
Anisus contortus	l/ph				x	x
Anisus vortex	l/ph			1b	x	—
Bithynia tentaculata	l				x	x
Gyraulus albus	l/ph				x	x
Gyraulus sp.	l/ph				x	x
Lithoglyphus naticoides	pe		3	0	x	x
Lymnea auricularia	l/ph		3		x	x
Lymnea peregra	l/ph				x	x
Physa fontinalis	l/ph			2a	x	x
Planorbarius corneus	l/ph				x	x
Segmentina sp.	l/ph				x	—
Theodoxus danubialis	l		1		—	x
Theodoxus transversalis	l	F	1		x	x
Valvata cristata	l/ph				x	x
Valvata piscinalis	l/ph				x	x
Valvata sp.	l(ph				—	x
Viviparus acerosus	l/pe	F	2	1a	x	x
Viviparus contectus	l/pe	F	3		x	—
LAMELLIBRANCHIATA						
Anodonta anatina	pe			2a	—	x
Anodonta sp.	pe		2a		x	—
Dreissena polymorpha	l				x	x
Pisidium amnicum	pe/ps		3		x	—
Pisidium nitidum	pe/ps				x	—
Pisidium supinum	pe/ps		4		x	—
Pisidium sp.	pe/ps				x	x
Pseudanodonta complanata	pe		1		x	—
Sphaerium corneum	ps			2b	x	x
Sphaerium rivicola	ps	F	2	1a	x	—
Sphaerium sp.	ps				x	x
Unio pictorum	pe	F	2	2a	x	x
POLYCHAETA						
Hypania invalida	l/pe	F			x	x
OLIGOCHAETA						
Criodrilus lacuum	ps				x	x
Eiseniella tetraeda	ps				x	x
Oligochaeta	l/pe				x	x
Stylaria lacustris	l/pe				x	x
HIRUDINEA						
Dina lineata	l	S			x	x
Erpobdella octoculata	l				x	x
Glossiphonia complanata	l				x	x
Glossiphonia heteroclita	l				x	x
Hemiclepsis marginata	l				—	x
Helobdella stagnalis	l				x	x

Tab 1: Fortsetzung

Taxa	Substrat	Typ	GG	GG-B	1987	1988
Piscicola geometra	i/par				x	x
ACARINA						
Hydrachnidae					x	—
CRUSTACEA						
Asellus aquaticus					x	x
Asellus meridianus					x	—
Corophium curvispinum	l/pe				x	x
Dikerogammarus haemobaphes					x	x
Gammarus fossarum		F			x	x
Gammarus roeseli					x	x
Jaera sarsi	l/pe	F			x	x
Niphargus sp.	ps				x	x
EPHEMEROPTERA						
Baetis sp.	l	F			—	x
Caenis luctuosa	l/ph	F			x	x
Caenis sp.	l/ph				x	x
Ephemera vulgata	ps		2		x	—
Ephemerella ignita	l/ph	F			x	—
Heptagenia flava	l	F	1		x	—
Heptagenia sulphurea	l	F			x	x
Paraleptophlebia submarg.	l/ph				x	—
Potamanthus luteus	l/pe	F	2		—	x
PLECOPTERA						
Taeniopteryx nebulosa	l/ph	F	0		x	—
ODONATA						
Platycnemis pennipes	l/ph			2b	x	x
Gomphus vulgatissimus	l/ph		1		x	—
HETEROPTERA						
Aphelocheirus aestivalis	ps	F	2-4		x	x
COLEOPTERA						
Brychius elevatus	ph	F			—	x
Dytiscidae cf. Colymbetinae					x	—
Dryopidae	l/ph				—	x
Dryops sp.	l/ph	F			x	—
Elmis aenea	l/ph	F			x	—
Elmis cf. *rietscheli*	l/ph	F			—	x
Elmis sp.	l/ph	F			x	x
Haliplus sp. (l)	ph				x	x
Hydraena sp.	l/ph	F			—	x
Laccophilus hyalinus	ph	S			—	x
Limnius sp.	l/ph	F			x	x
Limnius volckmari	l/ph	F			x	—
Oulimnius sp.	l/ph				x	x
Oulimnius tuberculatus	l/ph				x	—
Orectochilus villosus	l/ph				x	x
Platambus maculatus	l/ph				x	—
Stictotarsus 12-pustulatus	l/ph	F			—	x
NEUROPTERA						
Sisyra sp.	spong.				x	x
TRICHOPTERA						
Agraylea sp.	l/ph				_	x
Athripsodes sp.	l				x	x
Brachycentrus subnubilus	l	F	3		x	x
Ceraclea annulicornis	l				—	x
Ceraclea cf. *fulva*	l	S	3		—	x
Ceraclea sp.	l				x	x

Tab. 1: Fortsetzung

Taxa	Substrat	Typ	GG	GG-B	1987	1988
Cheumatopsyche lepida	I	F	3		x	—
Cyrnus flavidus	I	s			x	x
Cyrnus trimaculatus	I				x	x
Ecnomus tenellus	I	S			x	x
Hydropsyche bulgaromanorum	I	F			x	x
Hydropsyche contubernalis	I	F			x	x
Hydropsyche exocellata	I	F	4		x	x
Hydropsyche pellucidula	I	F			x	x
Hydropsyche siltalai	I	F			x	—
Hydropsyche sp.	I	F			x	x
Lepidostoma hirtum	I				x	—
Hydroptila sp.	l/ph				x	—
Hydroptilidae	l/ph				—	x
Leptoceridae	I				x	x
Limnephilidae					—	x
Mystacides sp.	l/ph	S			—	x
Mystacides cf. *nigra*	l/ph	S			x	—
Neureclipsis bimaculata	I		4		x	x
Oecetis sp.	l/ph	S			x	x
Oligoplectrum maculatum	l/ph	F	3		x	—
Polycentropus flavomac.	I				x	x
Polycentropus sp.	I				x	x
Psychomyidae	l/ph				—	x
Psychomyia pusilla	l/ph				x	x
Rhyacophila nubila	I	F			x	—
Sericostoma cf. *personatum*	I	F			x	—
Tinodes waeneri	l/ph				x	x
DIPTERA						
Anthomyidae	l/ph				x	x
Atherix ibis	l/pe	F			x	—
Ceratopogonidae	l/pe				x	x
Chironomidae	l/pe				x	x
Empididae	l/pe				x	x
Limoniidae	l/pe				x	x
Limnophora sp.					x	—
Psychodidae	l/ph				x	—
Rheotanytarsus sp.	I	F			—	x
Simuliidae	I	F			x	x
Simulium sp.	I	F			x	—
Tipulidae	l/pe				x	x
BRYOZOA						
Bryozoa n. det.	I				x	x
Cristatella mucedo	I				x	x
Fredericella australiensis	I				x	—
Fredericella sultana	I				x	—
Paludicella articulata	I				x	—
Plumatella emarginata	I				x	x
Plumatella repens	I				x	—
SPONGILLIDAE						
Spongilla fragilis	I				x	—
Spongilla sp.	I				x	x
Anzahl Taxa					124	103

60.000 Ind./m^2) auf die Kenngröße Diversität. Auch wenn andere Arten in hoher Zahl und relativ hohen Dichten (um 1.000 Ind./m^2) auftreten, wird sich für diese Stelle ein niedriger Diversitätsindex errechnen.

Den Hauptanteil der Besiedlung bildet die Gruppe der Crustacea und die der Chironomidae (siehe Tab. 4). Diese zwei Gruppen stellen mit 50% bzw. 32% insgesamt 82% der Besiedlungsdichte. Aspektbildend sind auch die Gruppe der Trichoptera (9%) und die der Oligochaeta (4%). Alle anderen Gruppen sind jeweils mit weniger als 1% an der Besiedlungsdichte beteiligt.

Der größte Anteil der Zoozönose (39%) wird von lithophilen Arten gestellt (siehe Tab. 1). Die Gruppe der Litho-phytophilen ist mit 34% an der Besiedlung beteiligt. Litho-pelopohile Arten bilden 11% und die psammophilen Organismen 6% der Zoozönose. Mit nur 4% bzw. 2% sind die pelophilen und phytophilen Arten an der Besiedlung beteiligt. Die restlichen 4% sind Ectoparasiten (wie z.B. *Piscicola geometra*), leben in Süßwasserschwämmen (wie z.B. *Sisyra* sp.) oder weisen keine ausgeprägten Substratpräferenzen auf (wie z.B. *Gammarus* spp.). Rund ein Viertel (26%) aller Arten ist rheophil, 6% der Makrozoen gehört der Gruppe der Limnophilen an, der Rest besiedelt sowohl lotische als auch lenitische Gewässerbereiche.

3.2 Verteilung des Makrozoobenthos im Quer- und Längsprofil der Donau

Die qualitative und quantitative Zusammensetzung des Makrozoobenthos wird von den in den einzelnen Abschnitten der Donau vorherrschenden hydrologischen und morphologischen Gegebenheiten geprägt. So ist in der Regel im Uferbereich sowohl die Artenzahl (im Mittel 23 Taxa) als auch die Besiedlungsdichte (im Mittel 24.000 Ind./m^2) größer als an der Gewässersohle (mittlere Artenzahl: 15 Taxa, mittlere Besiedlungsdichte: 9.000 Ind./m^2). Während die im Uferbereich vorkommenden großen und lagerungsstabilen Bruchsteine für eine Vielzahl von Makrozoen günstige Ansiedlungsmöglichkeiten bieten, sind die meist feinkörnigeren Sedimente an der Gewässersohle nur von einigen wenigen Arten besiedelt (siehe Abb. 4). Durch die ständige oder zeitweilige Umlagerung und den Transport der feinkörnigen Sedimente sind die Ansiedlungsmöglichkeiten für die Mehrzahl der Makrozoen in diesen Sohlenbereichen stark eingeschränkt (Kothé 1968b).

←

Erläuterungen der in Tabelle 1 verwendeten Abkürzungen
F = Fließwasserart; S = Stillwasserart; GG-D = Gefährdungsgrad bezogen auf die Rote Liste der Bundesrepublik Deutschland; GG-B = Gefährdungsgrad bezogen auf die Rote Liste von Bayern; 0/0 = ausgestorben oder verschollen; 1/1a = vom Aussterben bedroht; 2/1b = stark gefährdet; 3/2a = gefährdet; 4/2b = potentiell gefährdet
Substrat: l = lithophil; l/ph = bewachsenes Hartsubstrat; l/pe = verschlammtes Hartsubstrat; ph = phytophil; pe = pelophil; ps = psammophil; pe/ps = schlammig-sandiges Substrat; par = parasitierend; spong = Spongillidae besiedelnd

Tab. 2: Besiedlungsdichte der Makrozoen in der Donau im Abschnitt Kelheim-Jochenstein – Jahresmittelwerte 1987/88 [Ind./m²]

Lage im Längsprofil	oh. Kehlheim		Bad Abbach				Regensburg				Geisling				Obermotzing	
			OW		UW		OW		UW		OW		UW			
Donau-km	2414,5		2402,1		2396,4		2382,3		2376,2		2355,0		2350,0		2335,0	
Lage im Querprofil	Ufer	Mitte	Ufer	Mitte	Ufer	Mitte	Ufer	Mitte	Ufer	Mitte	Ufer	Mitte	Ufer	Mitte	Ufer	Mitte
Tricladida	—	—	40	140	50	140	170	20	50	—	90	—	70	180	90	10
Nematoda	160	—	—	20	80	30	30	—	70	330	10	—	140	70	90	210
Gastropoda	30	10	370	10	120	80	280	—	310	380	120	40	220	30	290	70
Lamellibranchiata	80	50	20	—	30	70	80	50	190	50	40	680	200	400	100	20
Polychaeta	—	—	—	—	—	—	—	—	—	—	30	—	10	—	—	—
Oligochaeta	100	1010	130	200	850	160	1580	260	620	50	—	20	600	1130	1840	150
Hirudinea	—	60	220	70	30	150	180	—	80	20	70	120	50	50	10	10
Acarina	50	—	—	—	130	—	—	—	—	—	—	—	—	—	10	10
Crustacea	680	270	600	240	680	4050	160	140	3200	10	3050	1130	20800	2480	15810	3390
Ephemeroptera	180	90	—	50	10	40	10	30	20	30	10	—	40	—	50	20
Coleoptera	140	—	—	—	20	—	80	—	60	—	10	—	10	—	10	—
Heteroptera	—	—	—	—	—	—	—	—	10	10	—	—	—	—	10	—
Neuroptera	20	—	—	—	10	—	—	—	10	—	—	—	—	—	—	—
Trichoptera	8260	100	380	270	1660	1610	1220	860	2030	1980	80	—	2140	180	2980	2470
Chironomidae	43000	830	950	1250	10950	4830	6280	4820	3040	7400	2380	5450	9450	2025	8680	8740
Diptera div.	1750	10	10	—	400	10	40	20	150	60	10	50	50	—	190	80
Artenzahl	31	19	18	13	27	27	35	14	27	16	18	8	31	13	25	18
Gesamtbesiedlungsdichte [Ind./m2]	54000	2400	2700	2300	15000	11200	10100	6200	9800	10300	5900	7500	33800	6600	30200	15200

Tab. 2: Fortsetzung

Lage im Längsprofil	Straubing				oh. Irlbach		oh. Vilshofen		Kachlet				Jochenstein			
	OW		UW						OW		UW		OW		UW	
Donau-km	2325,0		2323,0		2300,0		2250,5		2231,5		2229,5		2204,5		2202,5	
Lage im Querprofil	Ufer	Mitte	Ufer	Mitte	Ufer	Mitte	Ufer	Mitte	Ufer	Mitte	Ufer	Mitte	Ufer	Mitte	Ufer	Mitte
Tricladida	20	20	30	—	40	30	100	—	10	—	70	60	50	—	120	—
Nematoda	—	30	170	200	30	300	40	180	—	—	80	30	—	—	10	40
Gastropoda	20	80	200	30	250	190	190	—	130	130	210	150	60	—	150	70
Lamellibranchiata	—	30	440	—	170	200	40	—	90	90	70	40	170	—	50	—
Polychaeta	—	—	—	—	30	—	—	—	10	330	—	—	1170	130	—	—
Oligochaeta	—	140	30	630	80	240	120	1820	30	680	50	10	4710	140	510	1250
Hirudinea	—	10	20	—	30	20	20	—	30	90	40	40	30	20	10	30
Acarina	—	—	20	—	—	20	—	—	—	—	—	—	—	—	—	—
Crustacea	10350	2010	4150	360	1900	640	27500	200	3940	25720	22730	28450	8620	220	45470	90
Ephemeroptera	—	20	20	—	20	40	50	10	10	30	90	70	—	—	20	10
Coleoptera	70	—	30	30	20	10	10	—	—	—	10	—	—	—	10	—
Heteroptera	—	—	10	—	—	—	—	—	—	—	—	—	—	—	10	—
Neuroptera	—	—	—	—	—	—	—	—	—	—	—	—	—	—	—	—
Trichoptera	670	460	2390	130	1060	790	1320	40	890	20	2390	2250	2210	—	240	350
Chironomidae	880	150	5500	300	5600	3890	3280	700	2260	1310	3040	2200	920	90	580	580
Diptera div.	20	800	300	50	170	10	150	70	—	—	20	40	50	—	310	440
Artenzahl	19	20	26	8	30	17	25	8	14	16	23	23	12	6	13	15
Gesamtbesiedlungsdichte [Ind./m2]	12000	5100	13200	1700	9400	6400	32800	3000	7400	28400	28800	33300	18000	600	47500	3400

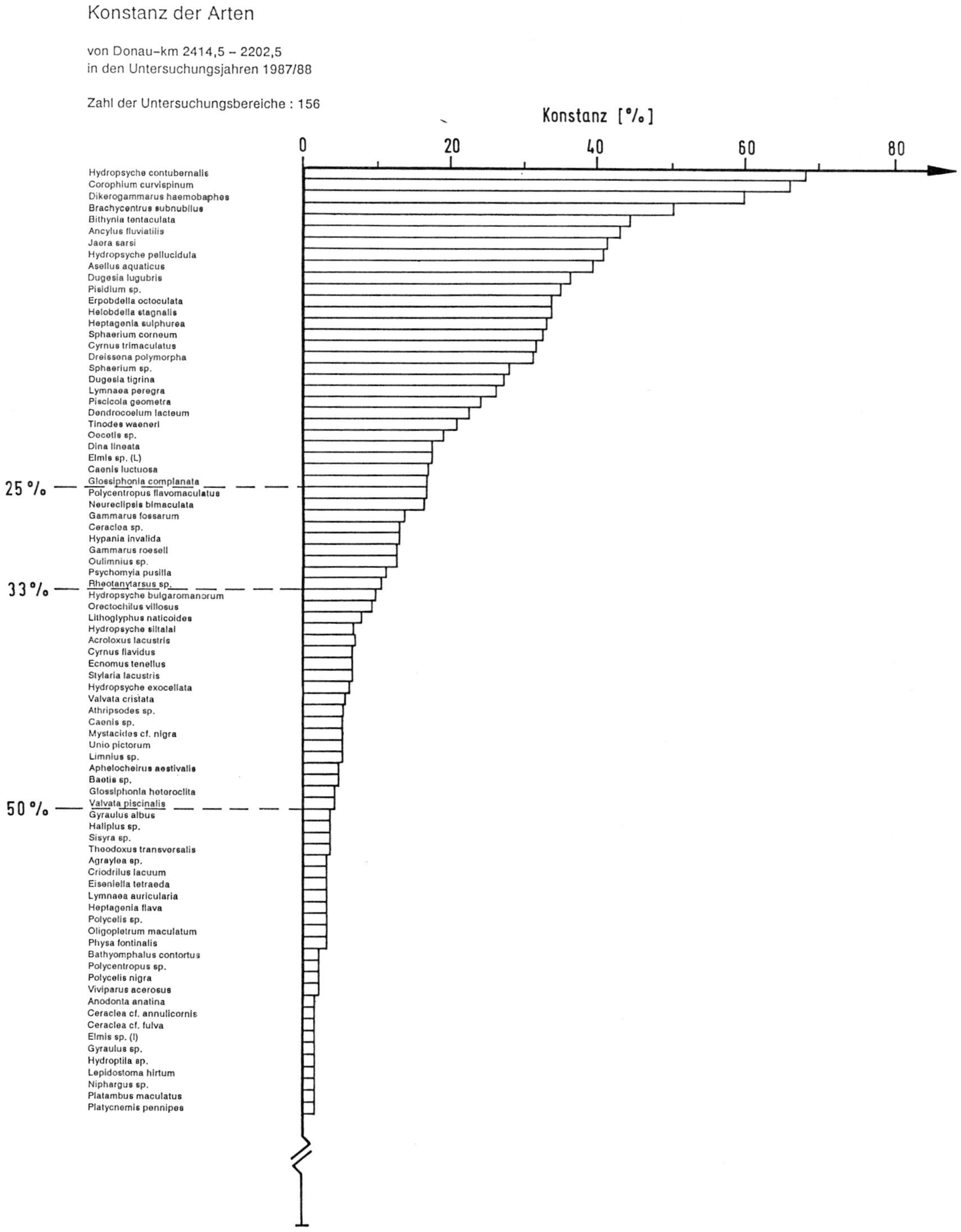

Abb. 2: Konstanz der Arten im Abschnitt Kelheim-Jochenstein (Donau-km 2414-2202) in den Jahren 1987/88

Unterschiede im Besiedlungsbild der Makrozoen sind auch im Längsprofil der Donau zu erkennen (siehe Abb. 5). Während im Unterwasser der Stauwehre und im Bereich der noch freifließenden Flußabschnitte die litho-rheophilen Organismen, wie z.B. die Gruppen der Hydropsychidae, Rheotanytarsinae, Simuliidae das Besiedlungsbild prägen, setzt sich die Zoozönose im Oberwasser der Stauwehre hauptsächlich aus pelo- und psammophilen Taxa, wie z.B. Chironomidae, *Sphaerium corneum*, *Lithoglyphus naticoides*, *Anodonta anatina*, *Viviparus acerosus*, zusammen.

Lage im Querprofil	Ufer links		Mitte		Ufer rechts	
Donau-km	Diversität	Artenzahl	Diversität	Artenzahl	Diversität	Artenzahl
2.414,5	0,97	31	1,56	19		
2.396,4	1,42	20	1,52	8	0,92	23
2.382,3	2,32	41	1,57	7	0,96	9
2.376,2	2,00	27	0,99	16	1,37	27
2.355,0	1,35	15	0,47	6	1,14	14
2.350,5	1,55	27	1,74	13	1,27	35
2.335,0	0,39	6	1,31	21	1,49	27
2.323,0	1,69	32	1,54	8	1,32	14
2.300,0	1,30	6			1,63	30
2.250,5	0,68	21	0,83	4	0,36	19
2.231,5	1,19	16	1,13	8	1,57	11
2.229,5	0,23	29	1,21	18	1,07	23
2.204,5	1,01	12	0,78	5	2,13	18
2.202,5	1,58	7	0,51	5	1,41	20
Mittelwert	1,26	20,74	1,17	10,62	1,28	20,82

Tab. 3: Artenzahl und Diversität getrennt für die Ufer und die Strohmsohle im Jahre 1987

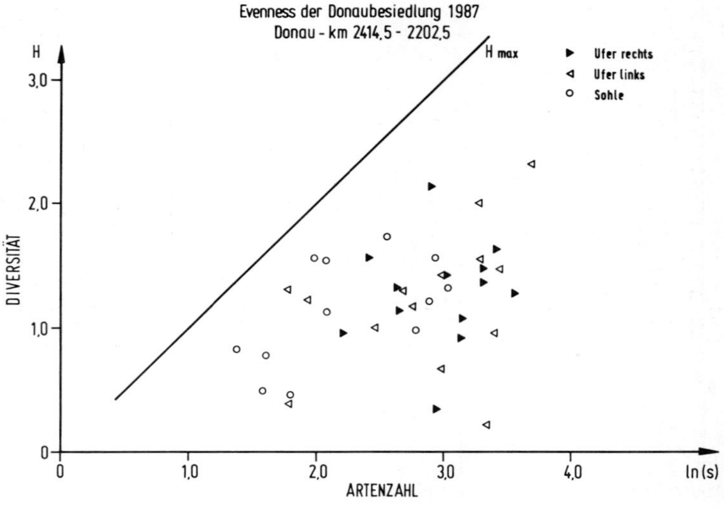

Abb. 3: Evenness des Makrozoobenthos im Abschnitt Kelheim-Jochenstein (Donau-km 2414-2202) im Jahre 1987

Tab. 4: Prozentanteile der Tiergruppen an der Gesamtbesiedelungsdichte – Jahresmittelwerte 1987/88 [%]

Lage im Längsprofil	oh. Kehlheim		Bad Abbach				Regensburg				Geisling				Obermotzing	
			OW		UW		OW		UW		OW		UW			
Donau-km	2414,5		2402,1		2396,4		2382,3		2376,2		2355,0		2350,0		2335,0	
Lage im Querprofil	Ufer	Mitte	Ufer	Mitte	Ufer	Mitte	Ufer	Mitte	Ufer	Mitte	Ufer	Mitte	Ufer	Mitte	Ufer	Mitte
Tricladida	—	—	1,5	6,1	0,3	1,25	1,7	0,3	0,5	—	1,5	—	0,2	2,7	0,3	0,1
Nematoda	0,3	—	—	0,1	0,5	0,3	0,3	—	0,7	3,2	0,2	—	0,4	1,1	0,3	1,4
Gastropoda	0,055	0,42	13,7	0,4	0,8	0,7	2,8	—	3,2	3,7	2,0	0,5	0,7	0,5	1,0	0,5
Lamellibranchiata	0,15	2,08	0,7	—	0,2	0,6	0,8	0,8	1,9	0,5	0,7	9,1	0,6	6,1	0,3	0,1
Polychaeta	—	—	—	—	—	—	—	—	—	—	0,3	—	0,03	—	—	—
Oligochaeta	0,19	42,1	4,8	8,7	5,7	1,4	15,6	4,2	6,3	0,5	—	0,3	1,8	17,1	6,1	1,0
Hirudinea	—	2,5	8,1	3,0	0,2	1,3	1,8	—	0,8	0,2	1,2	1,6	1,5	0,8	0,03	0,1
Acarina	0,09	—	—	—	0,9	—	—	—	—	—	—	—	—	—	0,03	0,1
Crustacea	1,26	11,3	22,2	10,4	4,5	36,2	1,6	2,3	32,7	0,1	51,7	15,1	61,5	37,6	52,4	22,3
Ephemeroptera	0,33	3,75	—	2,2	0,1	0,4	0,1	0,5	0,2	0,3	0,2	—	0,1	—	0,2	0,1
Coleoptera	0,26	—	—	—	0,1	—	0,8	—	0,6	—	0,2	—	0,03	—	0.03	—
Heteroptera	—	—	—	—	—	—	—	—	0,1	0,1	—	—	—	—	0,03	—
Neuroptera	0,04	—	—	—	0,1	—	—	—	0,1	—	—	—	—	—	—	—
Trichoptera	15,3	4,2	14,1	11,7	11,1	14,4	12,1	13,9	20,7	19,2	1,4	—	6,3	2,7	9,9	16,3
Chironomidae	79,6	34,6	35,2	54,3	73,0	97,8	62,2	77,7	31,0	71,8	40,3	72,7	28,0	30,7	28,7	57,5
Diptera div.	3,2	0,4	0,4	—	2,7	3,4	0,4	0,3	1,5	0,6	0,2	0,7	0,1	—	0,5	0,5
Gesamtbesiedlungsdichte [Ind./m2]	54000	2400	2700	2300	15000	11200	10100	6200	9800	10300	5900	7500	33800	6600	30200	15200

Tab. 4: Fortsetzung

Lage im Längsprofil	Straubing				oh. Irlbach		oh. Vilshofen		Kachlet				Jochenstein				Gesamtbereich
	OW		UW						OW		UW		OW		UW		
Donau-km	2325,0		2323,0		2300,0		2250,5		2231,5		2229,5		2204,5		2202,5		
Lage im Querprofil	Ufer	Mitte	Ufer	Mitte	Ufer	Mitte	Ufer	Mitte	Ufer	Mitte	Ufer	Mitte	Ufer	Mitte	Ufer	Mitte	
Tricladida	0,2	0,4	0,2	—	0,4	0,5	0,3	—	0,1	—	0,2	0,2	0,3	—	0,3	—	0,3
Nematoda	—	0,6	1,3	11,8	0,3	4,7	0,1	6,0	—	—	0,3	0,1	—	—	0,02	1,2	0,5
Gastropoda	0,2	1,6	1,5	1,8	2,7	3,0	0,6	—	1,8	0,5	0,7	0,5	0,3	—	0,3	2,1	0,9
Lamellibranchiata	—	0,6	3,3	—	1,8	3,1	0,1	—	1,2	0,3	0,2	0,1	0,9	—	0,1	—	0,7
Polychaeta	—	—	—	—	0,3	—	—	—	0,1	1,2	—	—	6,5	21,7	—	—	0,4
Oligochaeta	—	2,7	0,2	37,1	0,9	3,8	0,4	60,7	0,4	2,4	0,2	0,03	26,2	23,3	1,1	36,8	4,0
Hirudinea	—	0,2	0,2	—	0,3	0,3	0,1	—	0,4	1,2	0,1	0,1	0,2	3,3	0,02	0,9	0,3
Acarina	—	—	0,2	—	—	0,3	—	—	—	—	—	—	—	—	—	—	0,05
Crustacea	86,3	39,4	31,4	21,2	20,2	10,0	83,8	6,7	53,2	90,6	78,9	85,4	47,9	35,7	95,7	2,6	50,4
Ephemeroptera	—	0,4	0,2	—	0,2	0,6	0,2	0,3	0,1	0,1	0,3	0,2	—	—	0,04	0,3	0,2
Coleoptera	0,6	—	0,2	1,8	0,2	0,2	0,03	—	—	—	0,03	—	—	—	0,02	—	0,1
Heteroptera	—	—	0,1	—	—	—	—	—	—	—	—	—	—	—	0,02	—	0,01
Neuroptera	—	—	—	—	—	—	—	—	—	—	—	—	—	—	—	—	0,01
Trichoptera	5,6	9,0	18,1	7,6	11,3	12,3	4,0	1,3	12,0	0,1	8,3	6,8	12,3	—	0,5	25,0	8,8
Chironomidae	7,3	29,4	41,7	17,6	59,6	60,8	10,0	23,3	30,5	4,6	10,6	6,6	5,1	15,0	1,2	17,1	32,2
Diptera div.	0,2	0,4	2,3	2,9	1,8	1,6	0,5	2,3	—	—	0,1	0,1	0,3	—	0,7	12,9	1,1
Gesamtbesiedlungsdichte [Ind./m2]	12000	5100	13200	1700	9400	6400	32800	3000	7400	28400	28800	33300	18000	600	47500	3400	

3.3 Auswirkung ökologischer Faktoren auf die Zoozönosen der Donau

Für zahlreiche Makrozoen der Donau konnten deutliche Präferenzen für bestimmte Substratarten nachgewiesen werden. So z.B. zeigen die *Theodoxus*-Arten eine Vorliebe für freie Steinflächen mit Aufwuchsalgen, die *Caenis*-Arten bevorzugen Pflanzenpolster (Algen, Moose), *Ephemera vulgata* wurde nur im sandigen und *Lithoglyphus naticoides* nur in schlammigen Substraten gefunden. Da die Korngröße der Sedimente in enger Beziehung zur Strömungsgeschwindigkeit, Geschiebeführung, Sauerstoffversorgung, Gehalt an organischem Material und pflanzlichem Bewuchs steht, ist eine differenzierte Darstellung der Wirkungsweisen dieser Faktoren kaum möglich. Trotz alledem konnte eine deutliche Abhängigkeit der Artenzahl und der Besiedlungsdichte der Zoozönosen von der Korngröße des Besiedlungssubstrates festgestellt werden (Schleuter, A. & Tittizer 1988; Tittizer 1990). Große Steine weisen die höchsten Besiedlungswerte auf. Mit zunehmendem Anteil an feinkörnigem Substrat nimmt die Besiedlungsdichte ab, während die Artenzahl zunächst infolge der höheren Substratdiversität ansteigt. Erst Anteile von mehr als 30% feinkörnigem Material wirken, besonders in Form von Sandablagerungen, auf

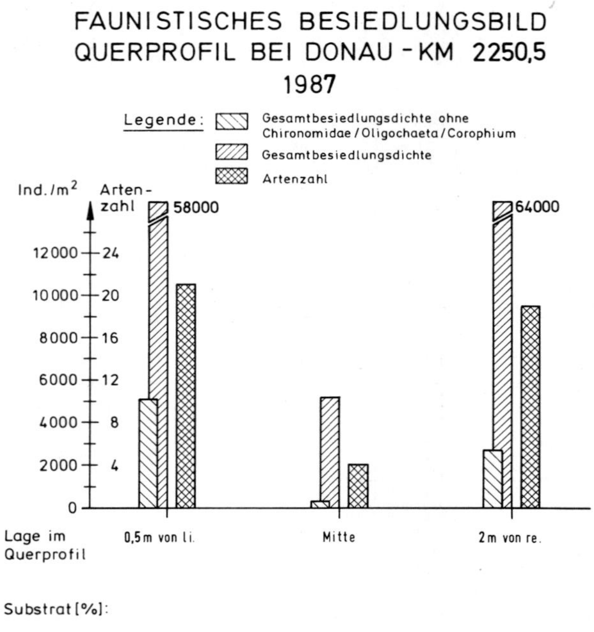

Substrat [%]:

Grobstein	90	-	-
Mittelstein	10	-	20
Feinstein	-	-	30
Kies	-	60	30
Sand	-	40	20
Schluff	-	-	-

Abb. 4: Faunistisches Besiedlungsbild im Querprofil der Donau bei km 2250,5

die meisten Arten besiedlungshemmend. Die geringste Besiedlungsdichte konnte in Sedimenten mit mehr als 50% Sandanteil festgestellt werden. Noch kleinere Korngrößen bieten durch vielfach höhere Anteile anorganischem Material vor allem einigen Tubificiden- und Chironomidenarten wiederum bessere Lebensbedingungen.

3.4 Anthropogene Beeinflussung der Zoozönosen

Die im Zuge der Anpassung der Donau an die Erfordernisse der modernen Schiffahrt durchgeführten Vertiefungen und Verbreiterungen der Fahrrinnne führten auch zu Beeinträchtigungen der Benthalfauna der Donau. Durch Untersuchungen konnte festgestellt werden, daß eine enge Korrelation zwischen der Art und dem Ausmaß der Beeinträchtigungen und der Intensität der Veränderungen der morpho-hydrologischen Gegebenheiten besteht. Bleiben die morphologischen und hydrologischen Verhältnisse weitgehend unverändert, so treten auch keine dauerhaften Beeinträchtigungen auf (Tittizer 1985, 1990). Durch die Baggerarbeiten wurde zwar ein Teil der Lebensgemeinschaft der Gewässersohle vernichtet, Dauerschäden sind jedoch nicht eingetreten, da nach Abschluß der Ausbauarbeiten das Substrat in den neu geschaffenen Lebensräumen wieder besiedelt wurde. Die in diesem Zusammenhang durchgeführten Untersuchungen haben ergeben, daß sich in den neu gestalteten Ufer- und Sohlenbereichen in etwa zwei bis drei Jahren die typische Besiedlungsstruktur wieder einstellt (Tittizer, Schleuter, A. & Schleuter, M. 1988).

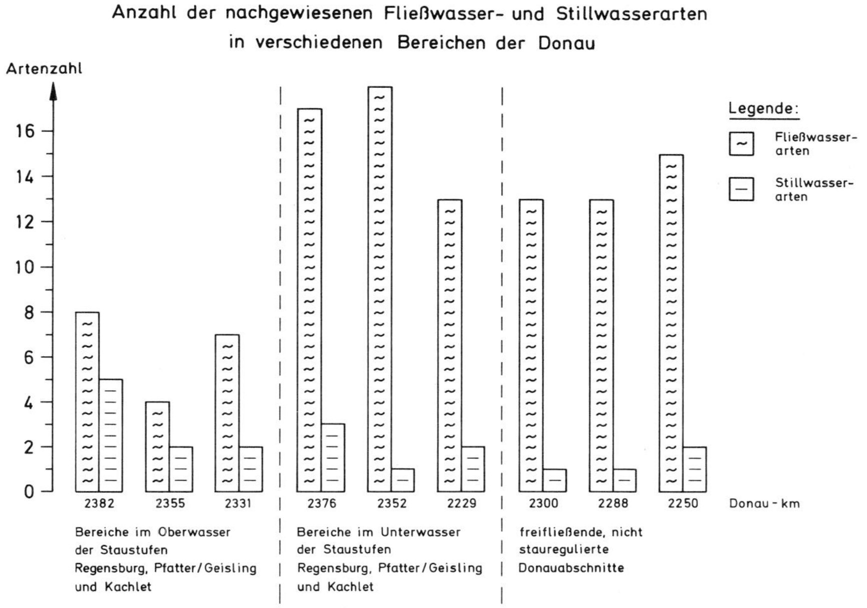

Abb. 5: Anzahl der nachgewiesenen Fließwasser- und Stillwasserarten in verschiedenen Bereichen der Donau in den Jahren 1987/88

Eine rasche Neubesiedlung der durch Ausbaumaßnahmen betroffenen Gewässerbereiche wird dadurch gefördert, daß man umgrenzte, zusammenhängende Besiedlungsflächen von baulichen Eingriffen freihält. Aus diesen inselartig erhalten gebliebenen Lebensräumen heraus vermögen sich die Arten die neu geschaffenen Habitate zurückzuerobern.

Auch der Aufstau der Donau ist mit Folgen für die Flußbettlebensgemeinschaft verbunden. Bedingt durch die Herabsetzung der Fließgeschwindigkeit (stellenweisevon 0,8m/s auf 0,1m/s) und die dadurch hervorgerufene intensive Sedimentablagerung sowie weitgehende Beruhigung der Gewässersohle fand in dem staugeregelten Abschnitt der Donau (Kelheim-Geisling) eine Umstrukturierung der Benthalfauna statt. Dabei wurden viele rheophile Arten (z.B. *Gammarus fossarum*, *Caenis luctuosa*, *Ephemerella ignita*, *Heptagenia flava*, *Potamanthus luteus*, *Aphelocheirus aestivalis*, *Elmis* spp., *Brachycentrus subnubilus*, *Hydropsyche contubernalis*, *Rhyacophila nubila*, *Atherix ibis*, *Rheotanytarsus* sp., *Simulium* sp.) durch limnophile Organismen (z.B. *Acroloxus lacustris*, *Dina lineata*, *Laccophilus hyalinus*, *Ceraclea fulva*, *Cyrnus flavidus*, *Mystacides nigra*) verdrängt. In Bereichen mit erheblicher Sedimentation (z.B. Oberwasser des Stauwehres Geisling) sind die für das Fließgewässer charakteristischen Hohlräume im Gewässerboden mit feinkörnigem Sediment zugesetzt und überlagert. Die für die freifließende Donau typische lithophile Fauna verschwand somit und an ihre Stelle traten psammo- und pelophile Arten. Die Befunde der benthosbiologischen Untersuchungen an der Donau zeigen, daß bei Beibehaltung einer mittleren Mindeströmungsgeschwindigkeit, errechnet für MNQ, von über 0,4m/s keine bedeutsame Umstrukturierung der Benthalbiozönose stattfindet (Tittizer, Leuchs & Banning 1990). Sinkt die Strömungsgeschwindigkeit jedoch unter 0,4 m/s, so bewirkt dies eine Verdrängung der rheobionten Arten.

4 Zusammenfassung

Im Vergleich zu anderen Bundeswasserstraßen weist die Donau im Abschnitt Kelheim-Jochenstein (km 2414 - 2202) eine artenreiche Zoozönose auf. Von den insgesamt 144 nachgewiesenen Taxa sind 25 (= 17%) unter Schutz gestellt. Auch kommen endemische Arten, wie: *Theodoxus danubialis*, *T. transversalis*, *Viviparus acerosus*, *Hypania invalida*, *Dikerogammarus haemobaphes* und *Jaera sarsi*, in der Lebensgemeinschaft vor.

Das Besiedlungsbild ist von der Gruppe der Crustaceen und Chironomiden geprägt. Diese zwei Gruppen bilden mit 50% bzw. 32% insgesamt 82% der Besiedlungsdichte.

Die Zoozönosen weisen in den einzelnen Untersuchungsbereichen in der Regel eine hohe Artenvielfalt auf. Generell konnten im Uferbereich mehr Arten nachgewiesen werden als an der Stromsohle. Die Unterschiede in der Besiedlung dieser Zonen sind auf die Korngröße und somit Mobilität des Besiedlungssubstrats zurückzuführen.

Zu den meist verbreiteten Arten gehören die Köcherfliege *Hydropsyche contubernalis* und die Krebse *Corophium curvispinum* sowie *Dikerogammarus heamobaphes*. Während *Hydropsyche contubernalis* und *Dikerogammarus haemobaphes* in den einzelnen Untersuchungsbereichen mittlere Populationsdichten (bis zu 1.000 Ind./m^2) erreichen, weist *Corophium curvispinum* stellenweise Dichten von bis zu 60.000 Ind./m^2 auf.

Dreiviertel der Zoozönose wird von lithophilen (39%) und litho-phytophilen (34%) Arten gestellt. Litho-pelophile und psammaphile Organismen sind nur mit 11% bzw. 6% an der Besiedlung beteiligt.

Das Makrozoobenthos der Donau weist eine mosaikartige Verteilung auf. Sowohl im Quer- als auch im Längsprofil sind Unterschiede in der arten- und mengenmäßigen Zusammensetzung der Zoozönose festzustellen. Hierbei spielt die Schleppkraft des Wassers eine entscheidende Rolle. Die Herabsetzung der Fließgeschwindigkeit durch die Stauregulierung bewirkt eine Umstrukturierung der Lebensgemeinschaft. In Abschnitten, in denen die mittlere Mindestströmungsgeschwindigkeit (errechnet für MNQ) unter 0,4 m/s gesenkt wurde, erfolgte eine Verdrängung der Rheobionten durch limnophile Arten.

Literatur

Bayerisches Landesamt für Umweltschutz (Hrsg.) (1988): Rote Liste bedrohter Tiere in Bayern. – Schriftenreihe Bayerisches Landesamt für Umweltschutz 7

Blab et al. (Hrsg.) (1984): Rote Liste der gefährdeten Tiere und Pflanzen in der Bundesrepublik Deutschland (4. Auflage), Kilda Verlag

Banning, M., Leuchs, H., Rütten, M., Schleuter, M., Schöll, F. & Tittizer, T. (1990): Die Bundeswasserstraßen als Lebensraum für Tiere. – In: Jahresbericht der Bundesanstalt für Gewässerkunde Koblenz, Teil 1: 1-25

Haendel, D., Ackermann, F., Müller, D. & Tittizer, T. (1990): Einfluß der Nutzung eines Gewässers als Wasserstraße auf die Qualität seines Wassers und der Sedimente. – In: Deutsche Berichte zum XXVII. Internat. Schiffahrtskongreß, Osaka 1990; Hrsg. Bundesminister für Verkehr Bonn: 69-82

Kothé, P. (1968a): *Hypania invalida* (Polychaeta, Sedentaria) und *Jaera sarsi* (Isopoda) erstmals in der Donau. – Arch. Hydrobiol., Suppl. 34: 88-114

Kothé, P. (1968b): Über die Anwendung biologischer Methoden bei der Ermittlung von Geschiebetransport und Flußbettänderungen. – Symposium „Aktuelle Fragen der Flußregulierung und der Feststofführung“ I: 1-8, Ungar. Akad.d.Wiss. Budapest

Leuchs, H. & Tittizer, T. (1989): Wiederfund von *Theodoxus danubialis* in der Donau. – Heldia 1, 5/6: 194-195

Jungbluth, J.H., Gerber, J. & Leuchs, H. (1988): Beiträge zur Molluskenfauna der Donau I. – Mitt. dtsch. malakozool. Ges. 43: 1-18

Schleuter, A. & Tittizer, T. (1988): Die Makroinvertebratenbesiedlung des Mains in Abhängigkeit von der Gewässertiefe und der Korngröße des Substrates. – Arch. Hydrobiol. 113: 133-151

Tittizer, T. (1985): Die Auswirkung wasserbaulicher Maßnahmen auf den biologischen Zustand von Fließgewässern, erläutert am Beispiel der Donau. – Internationale Arbeitsgemeinschaft Donauforschung (IOAD), 24. Arbeitstagung, Szentendre/Ungarn: 143-144

Tittizer, T. (1990): Über den Einfluß hydrodynamischer und gewässermorphologischer Faktoren auf das Makrozoobenthos der Donau und ihrer Nebenflüsse. – In: Limnologische Berichte der 28. Tagung der IAD; Verlag der Bulg. Akad. d. Wiss., Sofia: 79-90

Tittizer, T. & Kothé, P. (1983): Zum Besiedlungsverhalten von im Wasserbau verwendeten

Verklammerungssubstanzen. – Deutsche Gewässerkundliche Mitteilungen, H. 4: 110-113

Tittizer, T. & Leuchs, H. (1988): Biologisch-ökologische Untersuchungen im Rahmen der Beweissicherungsmaßnahmen für den Ausbau der Donau in den Staustufen Bad Abbach und Regensburg (Donau-km 2451,5-2380). BfG-0452. – Bundesanstalt für Gewässerkunde, Koblenz

Tittizer, T., Leuchs, H. & Banning, M. (1989a): Biologisch-ökologische Untersuchungen im Rahmen der Beweissicherungsmaßnahmen für den Ausbau der Donau in den Staustufen Geisling und Straubing (Donau-km 2382,30-2319,00). BfG-0485. – Bundesanstalt für Gewässerkunde, Koblenz

Tittizer, T., Leuchs, H. & Banning, M. (1989b): Biologisch-ökologische Untersuchungen zum Ausbau der Donau zwischen Straubing und Vilshofen (Donau-km 2324,0-2248,0). BfG-0491. – Bundesanstalt für Gewässerkunde, Koblenz

Tittizer, T., Leuchs, H. & Banning, M. (1989c): Faunistisches Gutachten zum Massenvorkommen von Zuckmücken im Bereich der Donaustauhaltung Geisling. BfG-0517. – Bundesanstalt für Gewässerkunde, Koblenz

Tittizer, T., Leuchs, H. & Banning, M. (1990): Einfluß der Mindestströmungsgeschwindigkeit auf das Makrozoobenthos der Donau. – In: Limnologische Berichte der 28. Tagung der IAD; Verlag der Bulg. Akad. d. Wiss., Sofia: 140-144

Tittizer, T. & Schleuter, A. (1986): Eine neue Technik zur Entnahme quantitativer Makrozoobenthosproben aus Sedimenten größerer Flüsse und Ströme – erläutert am Beispiel einer faunistischen Bestandsaufnahme am Main. – Deutsche Gewässerkundliche Mitteilungen, 30, H. 5/6: 147-1439

Tittizer, T., Schleuter, A. & Schleuter, M. (1988): Untersuchung zur Wiederbesiedlung vertiefter Sohlenbereiche der Rhein-Main-Donau-Wasserstraße. – Internationale Arbeitsgemeinschaft Donauforschung (IAD), 27. Arbeitstagung, Constanta (Mamaia, Rumänien)

Limnologie aktuell · Band/Vol. 2 · Kinzelbach (Hg.): Biologie der Donau
Gustav Fischer Verlag · Stuttgart · Jena · New York · 1994

Ein Verbreitungsbild der *Gammarus*-Arten im Einzugsgebiet der oberen Donau (Crustacea: Amphipoda) aus dem Jahr 1979

Thomas Instinsky & Ragnar Kinzelbach

Institut für Zoologie, Schnittspahnstraße 3, Technische Hochschule Darmstadt, D-64287 Darmstadt

Keywords

Danube, *Gammarus*, Amphipoda, running water, zoogeography, ecology

Abstract

An inventory of the occurrence of *Gammarus* species in the Danube within the drainage-area of Baden-Württemberg is given. Samples were taken over a short period of time (28.08.-10.09.1979) and by using a very close network of 250 collecting sites. Reasons for differences in the distribution of the genus and of the three species recorded (*G. fossarum, G. pulex, G. roeselii*) are discussed.

Kurzfassung

Vorgestellt wird eine Bestandsaufnahme des Vorkommens der *Gammarus*-Arten im baden-württembergischen Einzugsgebiet der Donau, die innerhalb eines engen Zeitraums (28.08.-10.09.1979) und unter Verwendung eines möglichst engmaschigen Rasters von 250 Sammelstellen gewonnen wurde. Ursachen für Verteilungsunterschiede der Gattung und der drei vorgefundenen Arten (*G. fossarum, G. pulex, G. roeselii*) werden diskutiert.

1 Einleitung

Flächendeckende Untersuchungen über die Verbreitung der Arten der Gattung *Gammarus* in Mitteleuropa gibt es vergleichsweise wenige (z.B. Meijering 1971; Kinzelbach & Claus 1977; Besch 1968; Schrimpf & Foeckler 1985). Ältere Darstellungen leiden unter dem Mangel, daß die beteiligten Arten noch unrichtig getrennt wurden oder daß die Auswertung eher im Sinne der traditionellen Zoogeographie vorgenommen wurde, für deren Absichten ein großes, allenfalls Flußsysteme unterscheidendes Raster zu genügen schien.

Die moderne, sowohl phylogenetisch als auch autökologisch arbeitende geographische Zoologie bedarf dagegen sehr engmaschiger Aufsammlungen, um einerseits die Dynamik der beteiligten Arten erfassen zu können, andererseits aus dem Verbreitungsmuster sowohl Inhomogenitäten des besiedelten Raumes hinsichtlich seiner Standortbedingungen als auch Informationen über die Ansprüche der betrachteten Arten selbst ableiten zu können: je enger das Raster, desto eher schlägt die Faunistik in Phylogenetik bzw. Ökologie um (Kinzelbach 1987). Ohne diesem Ansatz hier ausführlich gerecht werden zu können, wird ein älteres Material vorgestellt, das im Vergleich mit anderen Regionen und mit zukünftigen Untersuchungen im gleichen Gebiet zur Kenntnis der Dynamik der Gammaridae beitragen soll. Die Befunde stammen aus einer Zeit, in der die Versauerung der Oberläufe wahrscheinlich noch geringer war als heute und bieten sich auch in dieser Hinsicht als Vergleichsbasis an.

2 Material und Methode

Aus dem baden-württembergischen Donau-Einzugsgebiet sind nur die drei nachstehend behandelten Arten nachgewiesen. Der in Bayern nachgewiesene *Dikerogammarus haemobaphes* Eichwald ist (noch) nicht in den obersten Flußabschnitt eingedrungen (Russev 1980; Foeckler 1987). Neben allgemeinen Angaben von Schellenberg (1934, 1942) und der Mitteilung über das bedeutsame Vorkommen von *G. roeselii* in Federsee und Kanzach (Baur in Zimmermann 1961), ist nur die Arbeit von Besch (1968) hervorzuheben, die mit 75 positiven *Gammarus*-Feststellungen in einem ähnlichen Bereich an unsere Aufsammlungen heranreicht und wichtige Vergleiche zuläßt.

Das Material wurde bei einer Besammlung von 250 Stellen in Baden-Württemberg gewonnen. Es stammt aus dem kurzen Zeitraum zwischen 28.08.1979 und 10.09.1979. Die Sammelstellen schließen die von Besch angegebenen ein.

Für die Unterstützung der Untersuchungen sei dem Landesamt für Umweltschutz in Karlsruhe gedankt, ebenso unseren damaligen studentischen Mitarbeitern.

3 Befunde

3.1 Die Arten

Vertreter der Gattung *Gammarus* wurden an 184 (=73,6 %) von 250 Sammelstellen angetroffen (Abb. 1). Sie fehlten, wo

- das Substrat zur Besiedlung ungeeignet ist (z.B. Betonrinnen);
- Fluß-Oberläufe zeitweilig trockenfallen;
- starke Hochwasser-Wellen den Bestand vorübergehend extrem ausdünnten;
- eine starke Belastung durch Rohabwässer erfolgte.

Gammarus fossarum **Koch 1835:** Art der Oberläufe und daher flächenmäßig am weitesten verbreitet. Der Donau selbst fehlt sie unterhalb von Sigmaringen. Sie kommt nicht in der träge fließenden, sauren Kanzach vor, auch nicht in den Unterläufen aller anderen südlichen Zuflüsse der Donau. Ausfälle in den nördlichen Zuflüssen sind auf die eingangs erwähnten Störungen zurückzuführen.

Gammarus pulex **L. 1758:** Der Verbreitungsschwerpunkt liegt unterhalb dem von *G. fossarum*. In der Donau selbst von Immendingen abwärts gefunden, ebenso in den Unterläufen der südlichen Zuflüsse in donauabwärts zunehmenden Maße. Als donautypisch (vgl. Besch 1968; Mauch in Besch 1968) kann die Art im untersuchten Gebiet nur noch schwerlich gelten.

Gammarus roeselii **Gervais 1835:** Das Verbreitungsgebiet deckt sich vielfach mit dem von *G. pulex*. Die Art kommt erst unterhalb von Beuron vereinzelt vor, wird flußabwärts zunehmend häufiger und besiedelt die Unterläufe besonders der träge fließenden südlichen Nebenflüsse unterhalb von Riedlingen.

3.2 Beziehungen zwischen Verbreitung und abiotischen Standortfaktoren

Wie von anderen Untersuchungen geläufig, läßt sich keine direkte Beziehungen zwischen der Verteilung abiotischer Faktoren und der *Gammarus*-Verbreitung herstellen (Jahr et al. 1980; Kinzelbach & Claus 1977; Meijering 1971; Steusloff 1943).

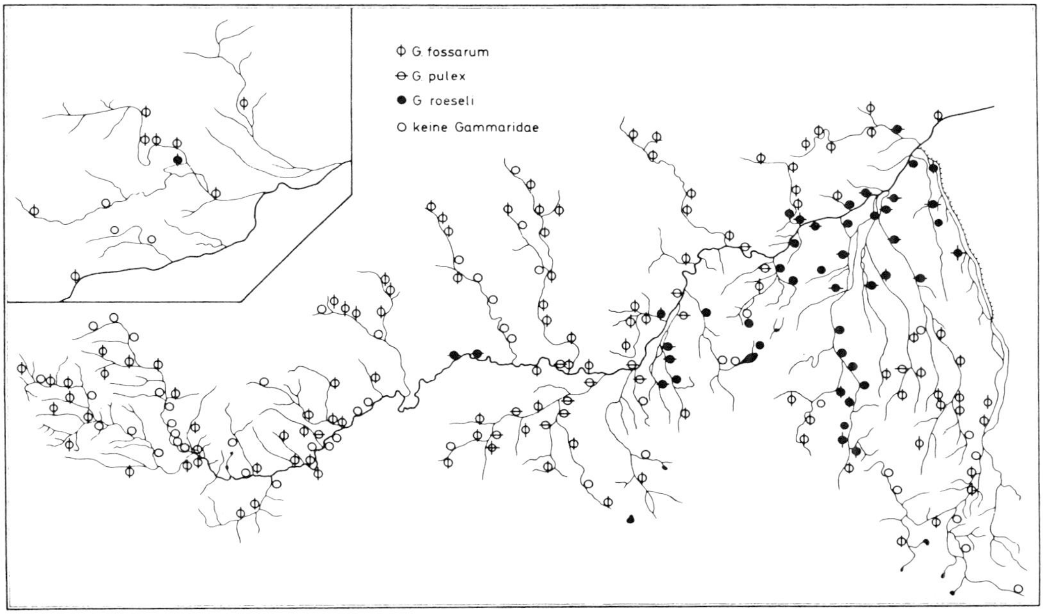

Abb. 1: Verbreitung der *Gammarus*-Arten im Einzugsbereich der Donau in Württemberg. Der Einsatz schließt rechts oben an die Hauptkarte an

Allein der Komplex O_2/Strömung/Temperatur bietet sich auch hier zumindest zur Erklärung der Bindung von *G. fossarum* an Oberlaufverhältnisse in den Wohngewässern an. Wie die Abbildungen 2 und 3 zeigen wird *G. fossarum* tendenziell eher an Sammelstellen mit einem hohen aktuellen O_2-Wert angetroffen (gegenläufig dazu *Asellus aquaticus*). Hinsichtlich einer Zuordnung zu geringen BSB_5-Werten besteht keine ähnlich deutliche Beziehung; dies ist insofern kein Widerspruch, als hohe O_2-Zehrung durch lokale Einflüsse anderer Art (z.B.

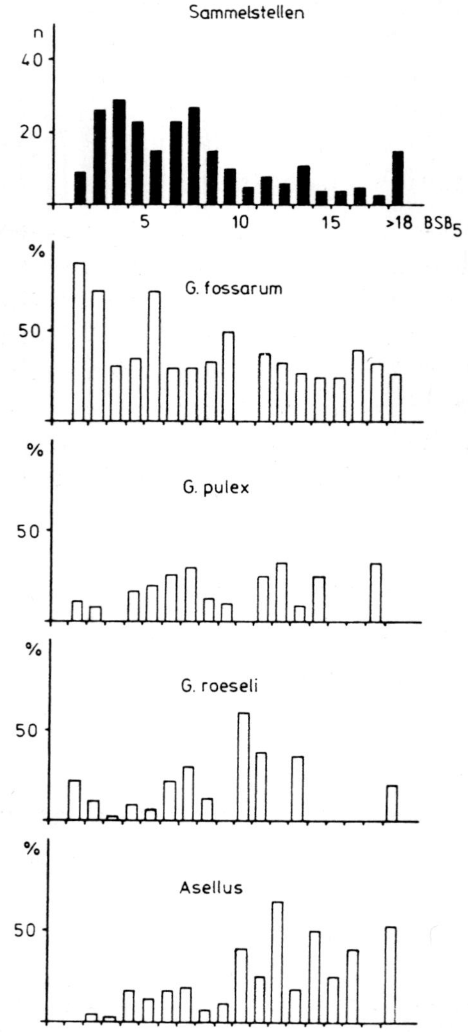

Abb. 2: Verteilung von *Gammarus*-Arten und *Asellus aquaticus* in Abhängigkeit von BSB_5

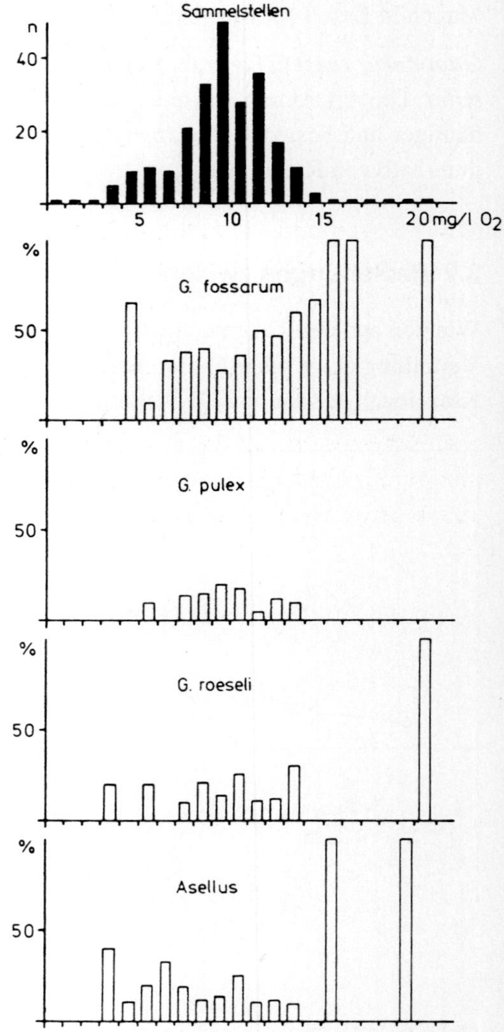

Abb. 3: Verteilung von *Gammarus*-Arten und *Asellus aquaticus* in Abhängigkeit vom Aktuellen O_2-Gehalt des Wohngewässers

Turbulenz, Wasserblüte, geringe Temperatur) kompensiert werden kann. Eine Trennung des obengenannten «rhithralen» Faktorenkomplexes ist durch Freilanduntersuchungen der vorliegenden Art nicht zu leisten. Dazu bedarf es experimenteller Ansätze (Instinsky 1983).

Die Befunde bei *C. pulex* und *G. roeselii* ähneln einander in ihrer geringeren Abhängigkeit von hohen O_2-Werten. Am vorliegenden Material fällt bei dem sonst weitgehend übereinstimmenden Verbreitungsgebiet ein Unterschied im Bereich der südlichen Donauzuflüsse auf: Die Kanzach beherbergt nur *G. roeselii*, ebenso die Riß in ihrem Unterlauf. Dagegen ist die untere Ablach ein *G. pulex*-Gewässer. Im Wasserchemismus ließ sich als einziger Unterschied für die *G. roeselii*-Gewässer ein an allen Stellen um 50 µS erhöhter Leitfähigkeitswert nachweisen. Die Untersuchungen von Schrimpf & Foeckler (1985), Foeckler & Schrimpf (1985) sowie Meinel Matthias, Zimmermann (1985) über die Steuerung der Verbreitung von *G. roeselii* und *G. fossarum* legen nahe, daß *G. roeselii* höhere Kalium-Gehalte bevorzugt. Leider liegen keine gleichzeitigen Messungen über die Ionengehalte vor. Nach Foeckler (1987) meidet *G. roeselii* auch im Donaugebiet zwischen Geisling und Straubing ionenarmes Wasser.

Der Abbildung 4 ist zu entnehmen, daß die drei *Gammarus*-Arten in unterschiedlichem Maße miteinander vergesellschaftet vorkommen. *G. fossarum* tritt überwiegend allein auf (91%) während *G. pulex* und *G. roeselii* in etwa fast der Hälfte ihrer Vorkommen vergesellschaftet sind (57% bzw. 43%). In einem mit 1% geringen Teil der Fundstellen treten, wie auch bei den oben zitierten Untersuchungen aus anderen Regionen, alle drei Arten gleichzeitig auf. Diese Unterschiede manifestieren sich bei der Kartierung (Abb. 1) als regionale Vikarianzen, wie sie in weniger ausgeprägter Weise auch in Rheinland-Pfalz angetroffen wurden. Wahrscheinlich ist die Ursache für diese Verteilung weniger in abiotischen Faktoren als in einer partiellen Konkurrenz der Arten zu suchen.

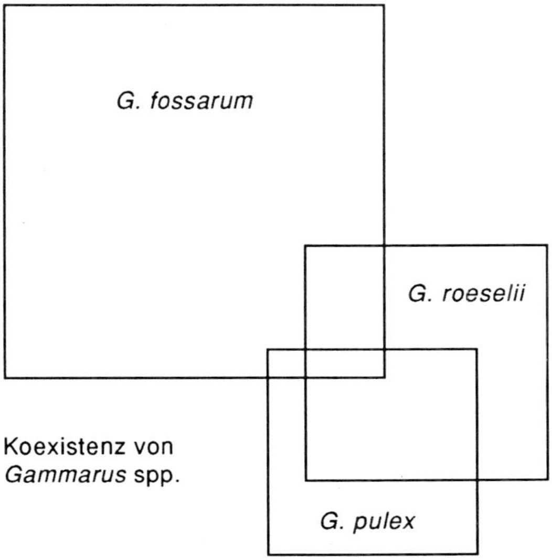

Abb. 4: Getrenntes bzw. gemeinsames Auftreten der drei *Gammarus*-Arten im Einzugsbereich der oberen Donau

3.4 Das Verhältnis zu *Asellus aquaticus* (L. 1758)

Aufgrund der von Besch (1962) aufgegriffenen Feststellung, daß sich bei Gewässerbelastung *Asellus aquaticus* zu Ungunsten von *Gammarus* ausbreiten könne, wurde auf gemeinsames Auftreten geprüft (Abb. 5). Es zeigte sich, daß in 46% seiner Vorkommen *A. aquaticus* mit *G. fossarum* vergesellschaftet ist, in geringerem Umfang (12%) auch mit *G. pulex* und *G. roeselii.* Dies widerspricht der Erwartungshaltung, da gerade der als eher β-mesosaprob geltende *G. fossarum* für *Asellus* stärker vikariieren sollte.

4 Diskussion

Das vorliegende Befundbild erhärtet die allgemeine Erfahrung, daß grundsätzlich die drei behandelten *Gammarus*-Arten in ihren Wohngewässern von oben nach unten in der Reihenfolge *fossarum-pulex-roeselii* auftraten. Die letztgenannten kommen häufiger vergesellschaftet vor als jede von ihnen mit *G. fossarum.*

Zur Erklärung dieser Verteilung bietet sich plausibel allein die Übereinstimmung des Vorkommens von *G. fossarum* mit der aufgrund der geomorphologischen Verhältnisse auf die oberen Flußabschnitte beschränkten rhithralen Faktorenkombination (hoher O_2-Gehalt, geringe Temperatur, rasche Strömung) an, in der sich *G. fossarum* halten kann, während die beiden anderen Arten ihr nicht im gleichen Maße gewachsen zu sein scheinen. Gefällestrecken, die in *pulex/roselii*-Gewässer eingeschaltet sind, weisen dementsprechend auch weit unterhalb der Oberläufe wieder *G. fossarum*-Populationen auf, z.B. der Appelbach in der Rheinhessischen Schweiz (Kinzelbach & Claus 1977) und der Rhein unterhalb des Binger Lochs (nach Befunden 1983).

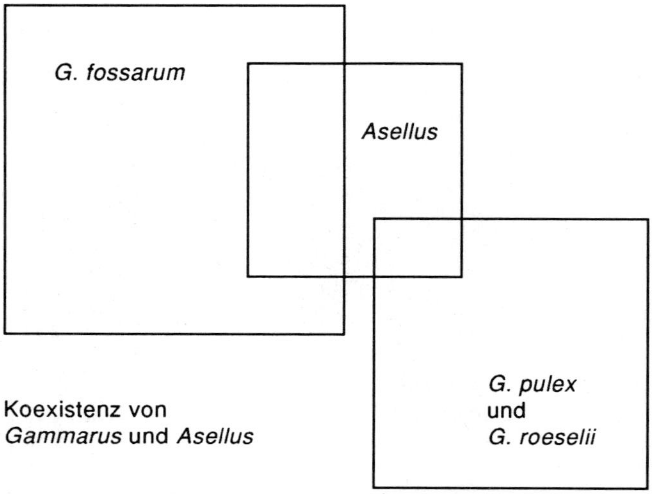

Abb. 5: Gemeinsames Auftreten von *Asellus aquaticus* mit *Gammarus*-Arten

Die differierende Verteilung von *G. pulex* und *G. roeselii* in einem Teil ihrer Wohngewässer könnte auf eine höhere Toleranz von *G. roeselii* gegenüber der Gesamt-Ionenfracht oder gegenüber bestimmten, noch nicht sicher identifizierten Ionen (NO_3^-; Jahr et al. 1980) zurückzuführen sein.

Eine Ausbreitung von *G. pulex*, wie sie Besch (1962) zu erkennen glaubte, kann nicht bestätigt werden. Eher umgekehrt dürfte auch an der Donau, wie an vielen Rhein-Nebenflüssen (Kinzelbach & Claus 1977) *G. pulex* am stärksten durch die anthropogenen Einflüsse geschädigt werden. Auf Erholungsstrecken ist ihm *G. fossarum*, der sich durch Drift leicht von oben ausbreiten kann, zumindest zeitweilig durch seine Besiedlungsgeschwindigkeit überlegen. In sehr langsam fließend und vielleicht in salzbefrachteten (s.o.) Gewässern ist ihm *G. roeselii* überlegen, der allein auch in stehenden Gewässern des Gebietes angetroffen wurde (Federsee).

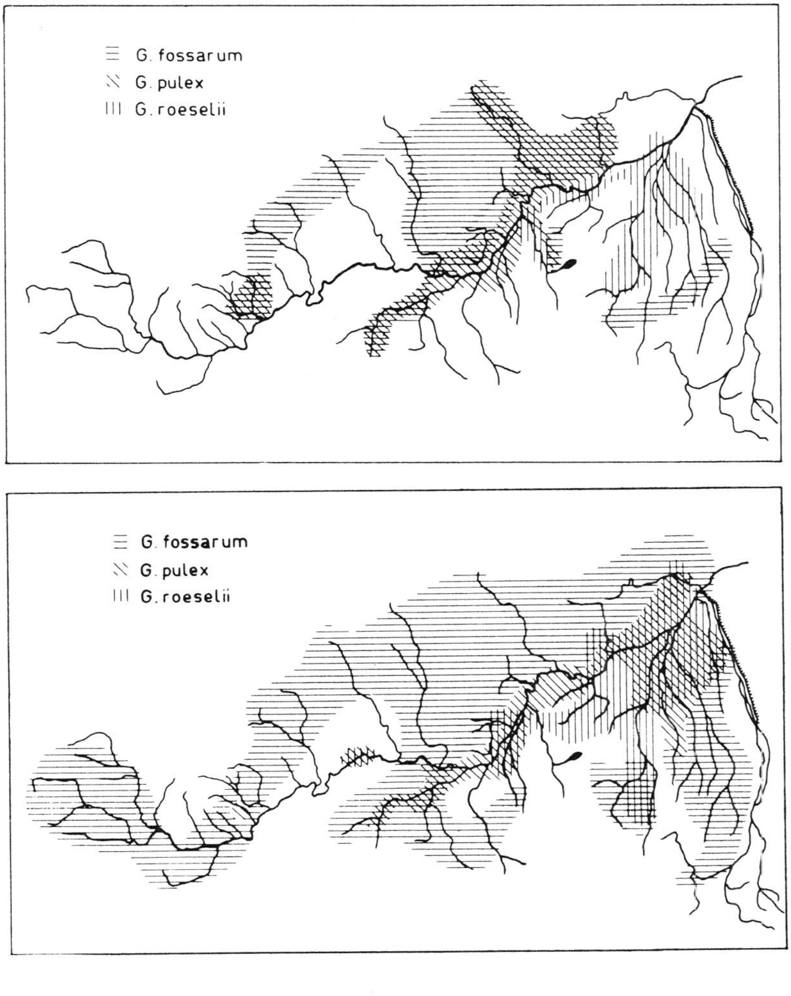

Abb. 6: Vergleich der Erhebung von 1965-67 (Besch 1968) (a) und von 1979 (b). In den Jahren 1965-67 wurden die wesentlichen Teile des Einzugsbereichs nur unvollständig besammelt; daher ist *G. fossarum* scheinbar weniger weit verbreitet. In (a) sind die angezeigten starken Überschneidungen des Vorkommens von *G. pulex* und *G. fossarum* überwiegend nur durch ungenaue Determination vorgetäuscht. Die Unterläufe von Bära und Schmeie sind anhaltend durch Verschmutzung frei von *Gammarus*

Ob die «Aufwärtstendenz» von *G. roeselii* in der Donau selbst gegenüber den Funden von Besch nur auf genauere Erhebungen oder auf eine anhaltende Ausbreitung flußaufwärts zurückzuführen (Thienemann 1950; Roux 1967) ist, können spätere Untersuchungen klären.

Ohnehin findet die vorliegende Darstellung in erster Linie als Vergleichsbasis zur Verfolgung der weiteren Entwicklung ihre Berechtigung.

Literatur

Baur, O (1961): Gammaridae in Zimmermann, W., Der Federsee. – Stuttgart 411 S.

Besch, W. (1968): Zur Verbreitung der Arten des Genus *Rivulogammarus* in Fließgewässern Nordbadens und Südwürttembergs. – Beitr. naturk. Forsch. Südw.-Dtl. 27: 27-33, Karlsruhe

Foeckler, F. (1987): Das Vorkommen von Gammariden im Donauraum zwischen Geisling und Straubing. – 26. Arbeitstagung der internationalen Arbeitsgemeinschaft Donauforschung IAD der SIL in Passau 14. - 18.09.1987, 1-14 Abb.

Jahr, W., M. Meijering & W. Wüstendörfer (1980): Zur Situation der Gattung *Gammarus* (Flohkrebse) im Vogelsberg. – Beitr. Naturkde. Osthessen 16: 3-12, Fulda

Instinsky, Th. (1983): Zur Bindung von *Gammarus fossarum* Koch, 1835 (Crustacea, Amphipoda) an den Umweltfaktor Strömung. – Verh. Ges. Ökol. (Mainz 1981) 10: 589-573, Göttingen

Kinzelbach, R. & W. Claus (1977): Die Verbreitung von *Gammarus fossarum, G. pulex* und *G. roeselii* in den linken Nebenflüssen des Rheins zwischen Wieslauter und Nahe. – Crustaceana, Suppl. 4: 164-172, Leiden

Meijering, M.P.d. (1971). Die *Gammarus*-Fauna der Schlitzerländer Fließgewässer. – Arch. Hydrobiol. 68 (4): 575-608, Stuttgart

Meinel, W., Matthias, U. & Zimmermann, S. (1985): Ökophysiologische Untersuchungen zur Säuretoleranz von *Gammarus fossarum* (Koch). – Arch. Hydrobiol. 104 (2): 187-302, Stuttgart

Roux, A.L. (1969): L'extension de l'aire de répartition géographique de *Gammarus roeselii* en France. Nouvelles données. – Ann. Limnol. 5 (2): 123-127, Paris

Schellenberg, A. (1934): Der *Gammarus* des deutschen Süßwassers. – Zool. Anz. 108 (9/10): 209-217, Leipzig

Schellenberg, A. (1942): Krebstiere oder Crustacea. IV. Flohkrebse oder Amphipoda. – In: Die Tierwelt Deutschlands, 40: 1-252, Jena

Schrimpf, E. & Foeckler, F. (1985): Gammarids in streams of northeastern Bavaria, F.R.G. I. Prediction of their general occurence by selected hydrochemical variables. – Arch. Hydrobiol. 103 (4): 479-495, Stuttgart

Steusloff, U. (1943): Ein Beitrag zur Kenntnis der Verbreitung und der Lebensräume von *Gammarus*-Arten in Nordwest-Deutschland. – Arch. Hydrobiol. 40: 79-97, Stuttgart

Thienemann, A. (1950): Verbreitungsgeschichte der Süßwassertierwelt Europas. – 809 S., Stuttgart

Russev, B. (1980): Gegenwärtige Kenntnisse über die Artenzusammensetzung des Zooplanktons der Donau. – XIX. Tagung der Internationalen Arbeitsgemeinschaft Donauforschung (Sofia 1979): 306-339, Sofia

Limnologie aktuell · Band/Vol. 2 · Kinzelbach (Hg.): Biologie der Donau
Gustav Fischer Verlag · Stuttgart · Jena · New York · 1994

Mobilität des Makrozoobenthos in der österreichischen Donau, unter besonderer Berücksichtigung von *Brachycentrus subnubilus* Curtis (Trichoptera)

Peter H. Anderwald[1] & Martin Konar[2]

1 Pillergasse 15/99, A-1150 Wien
2 Keilgasse 6/16, A-1030 Wien

Keywords

Danube, Drift, large river, Trichoptera, *Brachycentrus subnubilus*, aggregation

Abstract

For the first time, the drift of the macrozoobenthos has been studied continuously in a large river, the Danube in Austria. For *Brachycentrus subnubilus*, the aggregation of larval instars and pupae was analyzed and related to their occurrence in the drift. During five sampling periods, which were equivalent to a total sampling time of 790 h and 2937 m^3 of water filtered, 527 drifting macroinvertebrates in forty-nine taxa were collected. The drift densities varied from 12 to 31 individuals per 100 m^3 for the fauna as a whole, showing a significant seasonal pattern in the composition of major faunal groups. No obvious consistent diel pattern could be established from the continuous samples. The proportion of total benthos animals drifting at any moment in time ranged only from 0.0026 to 0.0064%. Aggregation of *B. subnubilus*, was highest for instars 1 and 2 (b of «Taylor's Power Law» = 1.79) and lowest for instar 5 (b = 1.51). The drift showed a clear seasonal pattern, with highest densities of 2.42 individuals·100 m^{-3} for instars 2 and 3 and instar 5 being absent from all samples. Reflecting the observed pattern of aggregation, the drift was strongly influenced by the development of the larvae, but independent of benthic densities.

Kurzfassung

Die Drift des Makrozoobenthos wurde im österreichischen Donauabschnitt, als Beispiel für ein großes Fließgewässer, erstmals kontinuierlich untersucht. Für die Köcherfliege *Brachycentrus subnubilus* wurde die Aggregation der Larvenstadien und der Puppen analysiert und mit ihrem Auftreten in der Drift in Beziehung gesetzt. In fünf kontinuierlichen Aufsammlungen, die einer Dauer von 790 Stunden und einem Volumen von 2937 m^3 entsprachen, wurden 527 Individuen aus 49 Taxa festgestellt. Die Driftdichten schwankten zwischen 12 und 31 Ind·100 m^{-3}. Die Großgruppenzusammensetzung änderte sich im Jahresverlauf signifikant. Die kontinuierlich erfaßte Drift zeigte kein tageszeitliches Muster. Der driftende Anteil des gesamten Makrozoobenthos betrug zu einem beliebigen Zeitpunkt 0,0026 bis 0,0064%. Die ersten beiden Larvenstadien von *B. subnubilus* waren am stärksten aggregiert (b des «Taylor Power Law»= 1,79), das fünfte Stadium am geringsten (b = 1,51). Die Drift zeigte ein ausgeprägtes saisonales Muster mit Dichten von 2,42 Ind·100 m^{-3} für die Stadien 2 und 3, während das fünfte Stadium in der Drift fehlte. Demzufolge wurde die Drift vorwiegend über die Entwicklung reguliert und war unabhängig von der arteigenen Dichte.

1 Einleitung

Die Drift von Fließwasserorganismen wurde in den Zwanziger-Jahren dieses Jahrhunderts erstmals beschrieben (z.B. McAtee 1925; Needham 1928) und war in den letzten 25 Jahren Gegenstand zahlreicher Untersuchungen. Neben rein beschreibenden Arbeiten wurde in vielen Untersuchungen auch der Einfluß von driftauslösenden Faktoren und die populationsökologische Bedeutung des Phänomens Drift untersucht (siehe Zusammenfassungen von Waters 1972; Müller 1974, 1982; Adamus & Gaufin 1976; Williams 1981; Wiley & Kohler 1984; Statzner, Dejoux & Elouard 1984; Brittain & Eikeland 1988). Die Durchsicht der Driftliteratur zeigt, daß über größere Fließgewässer kaum Information vorliegt. Ausnahmen sind hier Wolga, Amur, Mississippi, Missouri und die obere Rhône (zusammengefaßt von Cellot 1989). Ein Grund für das Fehlen solcher Information ist, daß die meisten Methoden, die für Driftbesammlungen angewandt werden, nur in kleineren Fließgewässern durchführbar sind (Elliott 1970). Weiterhin basieren viele Ergebnisse nur auf Untersuchungsperioden von einigen Minuten bis zu wenigen Stunden, so daß über eine kontinuierliche Messung der Drift keine Berichte vorliegen.

Durch die Ökosystemstudie Donaustau Altenwörth, die im Rahmen des österreichischen «Man and Biosphere» Programms durchgeführt wurde (MaB 5/9 und 20; Grosina 1985; Hary & Nachtnebel 1989), war es möglich, ein kontinuierliches Driftsammelgerät für den Einsatz in großen Fließgewässern zu konstruieren und in der Donau einzusetzen. Dieses Gerät stellt eine Adaptation des von Hardy (1936) verwendeten marinen Zooplanktonsammelgerätes dar.

Ziel der vorliegenden Untersuchung war die qualitative und quantitative Beschreibung der Makroinvertebratendrift in einem größerem Fließgewässer, der österreichischen Donau. Dieses Datenmaterial sollte in Hinblick auf die zeitlichen Mobilitätsmuster weiter analysiert und mit vorhandenen Daten über die Besiedelung der Stromsohle in Beziehung gesetzt werden, um die Bedeutung der Drift für die Besiedelung abschätzen zu können. An einem speziellen Fallbeispiel, der Trichopterenart *Brachycentrus subnubilus*, wurde untersucht, welche Rolle die Mobilität und insbesondere die Drift innerhalb des Lebensgeschichte eines typischen Vertreters der Fauna eines großen europäischen Flusses spielt.

2 Untersuchungsgebiet

Das Besammlungsareal liegt 25 km oberhalb der Staustufe Altenwörth (Strkm 1980,4; 48 23 N; 15 51' O; Seehöhe 186 m). Die Probenstelle bei Strkm. 2005 entspricht dem Stauwurzelbereich, so daß der Charakter der freien Fließstrecke noch weitgehend erhalten ist, d.h. der Fluß ist bei

Mittelwasserführung (= 1836 $m^3 \cdot s^{-1}$) 330 m breit und etwa 3 bis 3,5 m tief und zeigt Strömungsgeschwindigkeiten von ca. 1,5 $m \cdot s^{-1}$ und grobkörnige Sedimente mit mittleren Korngrößen von etwa 25 mm Durchmesser. Die Spannweite der Abflußmengen reicht von etwa 600 bis zu 10000 $m^3 \cdot s^{-1}$, typische Abflußmuster sind durch längere Niederwasserperioden im Spätherbst und Winter und durch höhere Wasserstände im Frühjahr und Sommer gekennzeichnet, allerdings können auch im Winter kurzzeitig Hochwässer auftreten. Thermisch ist die Donau mit einem Jahresmittelwert von 9,5°C und einer Spannweite von 0 bis 20°C nach Pleskot (1951) in diesem Abschnitt als «sommer- kühl» einzustufen. Eine detaillierte Darstellung des Untersuchungsgebietes und der Probenstelle ist auch Humpesch & Elliott (1990) zu entnehmen.

Die Driftmessungen erfolgten 30 m vom rechten Ufer, da in diesem Bereich, verglichen mit anderen Entnahmestellen im Querprofil, einerseits konstantere hydrologische Bedingungen herrschten, und andererseits das Makrozoobenthos (bezogen auf Großgruppen) seine höchste Diversität zeigte (Petto 1991). Die Untersuchung der benthischen Larven erfolgte an zwei Entnahmestellen, 30 und 90 m vom rechten Ufer.

3 Material und Methoden

Basierend auf dem im Meer eingesetzten kontinuierlichen Planktonsampler (Hardy 1936), wurde von Herrn R. Niederreiter ein Driftbesammlungsgerät konstruiert, das erstmals kontinuierliche Driftmessungen in großen Fließgewässern ermöglicht. Eine detaillierte Beschreibung dieses Sammelgerätes ist Anderwald, Konar & Humpesch (1991) zu entnehmen. Die Aufsammlung umfaßte fünf Perioden zwischen April und November 1989 und Vorversuche im Winter und Frühjahr 1989. Die Dauer der einzelnen Sammelperioden variierte zwischen sechs und elf Tagen, so daß die Drift insgesamt während fast 800 Stunden kontinuierlich besammelt wurde. Dabei wurde das Sammelgerät so exponiert, daß sich die Einströmöffnung 50 cm über der Stromsohle befand. Für eine Periode im Mai wurde zusätzlich die oberflächennahe Drift (in 50 cm Tiefe) untersucht.

Die quantitative Aufsammlung der Larven wurde mit einem Petersen-Greifer, der von R. Niederreiter für die Aufsammlungsbedingungen der Donau modifiziert worden war, durchgeführt. Das Sammelprogramm, mit 25 Aufsammlungsterminen zwischen Oktober 1986 und April 1989, wurde an die Entwicklung der Tiere angepaßt. Für jeden dieser Termine standen je 10 Einzelproben pro Entnahmestelle zur Verfügung, die so gewonnen wurden, daß auf einer Strecke von 100 m (Strkm. 2005,5 bis 2005,6) alle 20 m stromauf je 2 Benthosproben genommen wurden (sog. «random stratified sampling», Elliott 1977). Die aus den einzelnen Schotterproben gewonnenen Individuenzahlen wurden auf ein konstantes Entnahmevolumen von 1000 ml standardisiert. Aus den so erhaltenen Individuenzahlen der Einzelproben wurden Mittelwerte und Varianzen berechnet.

3.1 Datenanalyse

Eine Chi²-Kontingenztafel wurde verwendet, um die Unterschiede in der Driftzusammensetzung der Taxa auf höheren Niveau zwischen den einzelnen Aufsammlungen zu analysieren (Elliott 1977). Die Unterschiede zwischen der Tag- und Nachtdrift und zwischen oberflächen- und bodennaher Drift wurden mit Hilfe eines Mann-Whitney U-Tests geprüft. Der Anteil des Benthos in der Drift (P%) wurde nach Elliott (1967) berechnet.

Für *Brachycentrus subnubilus* wurde die Aggregation der verschiedenen am Gewässerboden lebenden Larvenstadien und der Puppen analysiert, um aus Änderungen der Aggregation Hinweise auf Mobilitäten zu erhalten. Dazu wurden die Gesamtindividuendichten auf die jeweiligen Entwicklungsstadien aufgeteilt und für diese Dichten das «Taylor Power Law» (Taylor 1961) berechnet, das eine Potenzfunktion, $\ln S^2 = \ln a + b \cdot \ln X_m$ zwischen der Varianz (S^2) und dem arithmetischen Mittelwert (X_m) ist. Die Prüfung auf signifikante Unterschiede zwischen den Regressionskoeffizienten erfolgte nach Sachs (1972) über die Student-Verteilung.

Tab. 1: Taxa der benthischen Makroinvertebraten, die in der Drift auftraten, verglichen mit den Taxa in den Benthosproben zwischen Oktober 1986 und Dezember 1987 und den Taxa, die bereits in anderen Arbeiten auf europäischem Gebiet in der Drift gefunden wurden

Taxa	in der Drift der Donau	im Benthos der Donau	in der Drift vorhergehender Studien
COELENTERATA			
Hydrozoa	*Hydra* sp.	nein	ja
PLATHELMINTHES			
	Tricladida	ja	ja
MOLLUSCA			
Gastropoda	*Ancylus fluviatilis* Müller	ja	ja
	Potamopyrgus jenkinsi (Smith)	ja	ja
	Valvata sp.cf. *piscinalis* Müller	nein	ja
ANNELIDA			
Oligochaeta	*Chaetogaster diastrophus* (Gruithausen)	ja	ja
	Nais barbata (Müller)	nein	nein
	N. bretscheri Michaelsen	ja	nein
	N. elinguis Müller	ja	ja
	Tubificidae	ja	ja
ARACHNIDA			
Acari	*Sperchonopsis verrucosa* (Protz)	nein	nein
CRUSTACEA			
Isopoda	*Jaera istri* Vieuille	ja	nein
Amphipoda	*Chaetogammarus tenellus* Sowinskyi	ja	nein
	Dikerogammarus haemobaphes fluviatilis Martinov	ja	ja
	Corophium curvispinum Sars	ja	ja
INSECTA			
Ephemeroptera	*Baetis* spp.	ja	ja
	Caenis luctuosa (Burmeister)	nein	ja
	C. rivulorum Eaton	nein	ja
	Heptagenia sp.	ja	ja
Plecoptera	Nemouridae	nein	ja
	Leuctra sp.	nein	ja

4 Ergebnisse

4.1 Allgemeiner Teil

Fauna in der Drift: Eine Übersicht über die in fünf Driftaufsammlungen festgestellten 49 Taxa gibt Tabelle 1. Ein Vergleich zwischen jenen Taxa, die in der Drift auftraten und denjenigen, die im Benthos des Vorjahres an diesem Sammelpunkt gefunden wurden, zeigt, daß die Lamellibranchiata, Polychaeta und Hirudinea in der Drift fehlen. Andererseits wurden aber, trotz der wesentlich höheren Zahl von untersuchten Individuen in der Benthosstudie, 21 Taxa in der Drift nachgewiesen, die im Benthos nicht festgestellt werden konnten (Petto, Humpesch & Anderwald 1991).

Saisonale Fluktuationen in der Drift: Im Untersuchungszeitraum von April bis November 1989, der einer Zeit von 794,3 Stunden kontinuierlicher Aufsammlung und einem besammelten Wasservolumen von 2937,6 m^3 entspricht, wurden 527 Makroinvertebraten gesammelt. Die

Tab. 1: Fortsetzung

Taxa	in der Drift der Donau	im Benthos der Donau	in der Drift vorhergehender Studien
Coleoptera	*Elmis* sp.	ja	ja
Trichoptera	*Brachycentrus subnubilus* Curtis	ja	ja
	Hydropsyche bulgaromanorum Malicky	nein	nein
	H. contubernalis McLachlan	nein	ja
	Lepidostoma hirtum Fabricius	ja	ja
	Hydroptila sp.	nein	ja
	Oligoplectrum maculatum Fourcroy	ja	nein
	Psychomyia pusilla Fabricius	ja	ja
	Rhyacophila sp.	nein	ja
	Tinodes sp.	nein	nein
Diptera	*Brillia longifurca* Kieffer	ja	nein
	Cricotopus bicinctus (Meigen)	ja	nein
	Eukiefferiella gracei (Edwards)	ja	nein
	E. lobifera Goetghebuer	ja	nein
	E. minor (Edwards)	nein	nein
	Micropsectra atrofasciata-agg. Kieffer	nein	nein
	Odontomesa fulva (Kieffer)	nein	nein
	Orthocladius (*Euorthocladius*) *rivicola* (Kieffer)	ja	nein
	O. sp.cf.*excavatus* (Brundin)	ja	nein
	O. s.str.*saxicola* (Kieffer)	ja	nein
	O. (*Eu.*) *thienemanni* (Kieffer)	ja	nein
	Paratanytarsus sp.cf.*inopertus* (Walker)	nein	nein
	Paratrichocladius rufiventris (Meigen)	ja	nein
	Polypedilum convictum (Walker)	nein	nein
	Rheotanytarsus sp.cf.*muscicola* Kieffer	nein	nein
	Thienemannimyia sp.cf.*laeta* (Meigen)	nein	nein
	Simulium galeratum Edwards	ja	nein
	Antocha sp.	nein	ja

Tab. 2: Saisonale Unterschiede in der Makroinvertebratendrift, 30 m vom rechten Ufer (Stromkilometer 2005); aufgelistet sind das Datum der Besammlungsperioden, der zugehörige mittlere Durchfluß (mit Schwankungsbereich) in $m^3 \cdot s^{-1}$, die Dauer in h einer kontinuierlichen Besammlung und das filtrierte Wasservolumen (m^3). (a) Totale Anzahl von Individuen; (b) Driftdichten: Angegeben als Individuen (n) pro 100 m^3 für jede Gruppe und als Prozentsatz der totalen Anzahl (die Kategorie «Andere» umfaßt Gruppen, welche nur selten gefunden wurden) für alle Tiere in jeder Besammlungsperiode und total; (c) Driftraten: Angegeben als arithmetisches Mittel (mit Schwankungsbereich) der pro Tag gesammelten Individuen für den originalen Anteil des besammelten Durchflusses und auf einen Standardanteil von 10^{-4}% des totalen Durchflusses kalibriert; (d) Anteil des Makrozoobenthos in der Wassersäule über 1 m^2 angegeben als Prozentsatz des arithmetischen Mittels der Bodenfauna von Dezember 1986 bis Dezember 1987 [19360 ± 3170 Individuen pro m^2 (Petto 1991)]

Periode (1989)	Apr (20 - 26)	Mai (2 - 8)	Jun (22 - 27)	Aug (11 - 16)	Nov (10 - 21)	Total
Mittlerer Durchfluß $m^3 \cdot s^{-1}$ (Schwankungsbereich)	1921 (1776-2146)	1947 (1838-2236)	2437 (2211-2873)	2072 (1854-2310)	1434 (1100-2074)	1962 (1100-2873)
Besammlungsdauer (h)	144,3	143,5	121,3	121,9	263,3	794,3
besammeltes Volumen (m^3)	638,3	542,4	660,6	742,4	353,9	2937,6
a) gesammelte Individuen	81	170	120	93	63	527
b) Driftdichten	n %	n %	n %	n %	n %	%
Oligochaeta	6,7 53,1	15,7 50,0	3,0 16,7	0,7 5,4	0,9 4,8	29,1
Mollusca	0,3 2,4	0,2 0,6	0,3 1,7	0,1 1,0	0,3 1,6	1,3
Crustacea	1,4 11,1	1,8 5,9	8,2 45,0	7,5 60,2	15,3 85,7	37,0
Ephemeroptera (Larven)	0,2 1,3	0,6 1,8	0,5 2,5	0 0	0,3 1,6	1,6
Trichoptera (Larven)	0,3 2,4	1,5 4,7	3,2 17,5	2,0 16,1	0 0	7,5
Diptera (Larven)	3,5 27,2	11,4 36,5	3,0 16,7	1,9 15,1	0,6 3,2	22,0
Andere	0,3 2,4	0,2 0,6	0 0	0,3 2,2	0,6 3,2	1,4
Total	12,7 100	31,3 100	18,2 100	12,5 100	17,8 100	100
c) besammelter Prozentsatz des totalen Durchflusses (%)	$6,4 \times 10^{-5}$	$5,4 \times 10^{-5}$	$6,2 \times 10^{-5}$	$8,4 \times 10^{-5}$	$2,6 \times 10^{-5}$	
Driftrate (no.Tag^{-1}) Mittel (Bereich)	13,5 (7-20)	28,3 (5-60)	24,0 (14-30)	18,6 (6-50)	5,7 (1-13)	
Standardisierte Driftrate (no.Tag^{-1}) für 10^{-4} % des totalen Durchflusses Mittel (Bereich) kalibriert	21,1 (11-31)	52,5 (9-111)	38,7 (23-48)	22,1 (7-60)	22,0 (4-50)	
d) Anteil des Benthos in der Drift (%)	0,0026	0,0064	0,0041	0,0026	0,0033	

Driftdichten der einzelnen Aufsammlungsperioden schwankten gering und betrugen zwischen 12 und 18 Individuen pro 100 m^3, lediglich im Mai konnte mit 31 Individuen pro 100 m^3 eine wesentlich höhere Driftdichte festgestellt werden (Tab. 2), obwohl der Durchfluß während der Aufsammlungsperioden zwischen 1100 und 2873 $m^3 \cdot s^{-1}$ schwankte. Die höhere Dichte im Mai trat nicht zusammen mit einem höheren Durchfluß auf (Tab. 2).

Die Zusammensetzung der driftenden Taxa änderte sich hingegen signifikant mit der Saison ($P < 0{,}001$): Oligochaeta und Dipterenlarven dominierten im Frühling, Crustacea und Insektenlarven im Sommer und nur Crustacea im Herbst. Für unterrepräsentierte Gruppen konnte solch ein saisonales Muster nicht gefunden werden (Tab. 2).

Für eine Aufsammlungsperiode, im Mai 1989, wurde ein Vergleich zwischen bodennaher und oberflächennaher Drift durchgeführt: Die beiden erhaltenen Driftdichten waren mit 31,3 Ind 100 m^{-3} in Bodennähe und 23,2 Ind 100 m^{-3} nahe der Oberfläche gerade noch signifikant verschieden ($P < 0{,}05$).

Die Driftrate zeigte starke jahreszeitliche Schwankungen, sie war hoch im Mai und niedrig im November (Tab. 2). Die Beziehung zwischen der Driftrate und dem Durchfluß wird durch eine Potenzfunktion beschrieben ($\log N = \log a + b \log Q$; N= Anzahl der Tiere pro Tag, Q= mittlerer täglicher Durchfluß; Konstante $\log a = -9{,}27$, Konstante $b = 3{,}15$, $P < 0{,}001$, $r^2 = 0{,}51$). Da während der Untersuchungsperioden ein jeweils unterschiedlicher Anteil des totalen Durchflusses besammelt wurde (Schwankungsbereich 2,6 bis 8,4 x 10^{-5} %), wurden die Daten auf einen Standardanteil von 10^{-4} % des Gesamtdurchflusses kalibriert. Diese Transformation vermindert die Unterschiede, aber der Spitzenwert im Mai bleibt weiterhin erhalten (Tab. 2). Die oben genannte Beziehung ist weiterhin gültig, das Bestimmtheitsmaß sinkt allerdings von $r^2 = 0{,}51$ auf 0,21 ($\log a = -4{,}05$, $b = 1{,}65$, $P < 0{,}01$).

Zusammenhang zwischen Drift und Benthos: Von den am Boden lebenden Makroinvertebraten befand sich zu einem beliebigen Zeitpunkt nur ein minimaler Anteil und zwar zwischen 0,0026 und 0,0064% in der Drift (Tab. 2).

Tagesvariationen in der Drift: Die Anzahl der in 24 Stunden driftenden Organismen differiert innerhalb und zwischen den Untersuchungsperioden. Tag- und Nachtdriftraten aller Besammlungsperioden waren aber nicht signifikant verschieden ($P > 0{,}05$). Bei der Darstellung der Fänge in ihrem tageszeitlichen Auftreten wurde kein wiederkehrendes Muster festgestellt (Abb. 1). Das Auftreten in der Drift scheint durch den Durchfluß nur gering beeinflußt zu werden, z.B. wurde im Juni, beim Anstieg des Durchflusses, kein vermehrtes Auftreten von driftenden Organismen festgestellt und auch dem Sinken des Durchflusses im November folgten die Tiere nicht (Abb. 1).

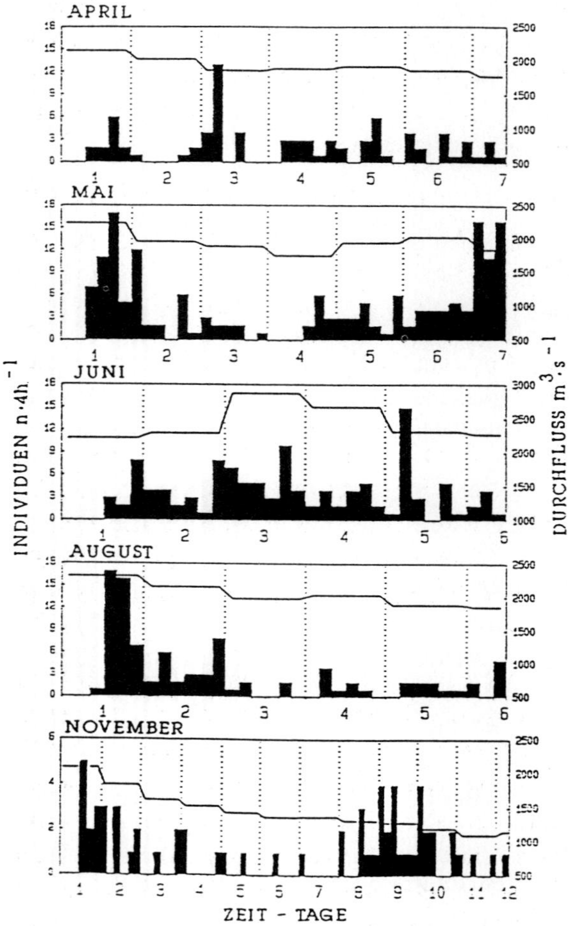

Abb. 1: Zeitliches Auftreten der Organismen in der Drift während der kontinuierlichen Aufsammlungsperioden; angegeben sind die Individuen pro 4 – Stunden Intervall über mehrere Tage und der mittlere tägliche Durchfluß (—); ····· = Mitternacht

4.2 Fallbeispiel *B. subnubilus*

Für diese Trichopterenart sollten über die Analyse der entwicklungsspezifischen Aggregation der benthischen Stadien Hinweise auf Lebensabschnitte mit erhöhter Mobilität erhalten werden. Diese Ergebnisse werden mit jenen der Driftuntersuchung verglichen.

B. subnubilus lebt als aktiver Filtrierer an der Sedimentoberfläche. Die Individuen sind in ihrer Entwicklung in allen Stadien synchronisiert, die Primärlarven schlüpfen überwiegend Ende Mai bis Anfang Juni und entwickeln sich sehr rasch, so daß alle Individuen Ende August im vierten und im Oktober im fünften (letzten) Larvenstadium sind. Mitte April beginnt das Puppenstadium, das mit dem Schlüpfen der Imagines Anfang bis Mitte Mai endet.

Aggregationsanalyse: Die Analyse der entwicklungsspezifischen Aggregation erfolgte über die Beziehung zwischen dem Mittelwert und der Varianz der Besiedlungsdichten der einzelnen Entwicklungsstadien, deren Anstieg (Konstante b) als Aggregationsmaß dient. Da an den Entnahmestellen 30 und 90 m die Konstante b mit 1,57 bzw. 1,54 nicht signifikant verschieden war ($P \geq 0{,}05$), wurden die Daten für die weiteren Analysen gepoolt.

Die Larvenstadien L1+L2, die wegen der geringen Häufigkeit zusammengefaßt wurden, waren am stärksten aggregiert, b betrug 1,79. Die geringere Aggregation der Stadien L3 bis L5 ist durch die Abnahme der Werte der Konstanten b auf 1,59 bis 1,51 charakterisiert. Zu den Praepuppen und Puppen, die wieder zusammengefaßt wurden, nahm die Aggregation geringfügig zu (b = 1,62). Für alle Entwicklungsstadien war die angeführte Beziehung signifikant ($P < 0{,}001$, $r^2 > 94\%$), die Konstanten b der verschiedenen Entwicklungsstadien waren allerdings nicht signifikant verschieden ($P \geq 0{,}05$) (Abb. 2).

Die Ergebnisse der angeführten Analyse zeigen, daß die jungen Entwicklungsstadien, L1+L2, am stärksten und das älteste Entwicklungsstadium, L5, am geringsten aggregiert sind. Zur Verpuppung hin nimmt der Aggregationsgrad wieder zu. Diese Änderungen der Aggregation könnten als Hinweis für die unterschiedlichen Mobilitäten der Entwicklungsstadien angesehen werden. Demnach sollten vorwiegend junge Entwicklungsstadien und in geringerem Maß solche vor der Verpuppung verstärkt mobil sein.

Drift: *B. subnubilus* wurde Anfang Mai 1989 als Nymphe (das sind Puppen, die zum Schlüpfen zur Wasseroberfläche aufsteigen), Exuvie und Primärlarve in der Drift festgestellt. Die Nymphen und Exuvien dominierten mit jeweils 0,37 Ind·100 m^{-3} gegenüber den Primärlarven, mit 0,18 Ind·100 m^{-3}. Ende Juni 1989 wurden Larven im zweiten und dritten Stadium mit einer Dichte von insgesamt 2,4 Ind·100 m^{-3} festgestellt, dem höchsten Wert im Untersuchungszeitraum. Mitte August 1989 waren die Larven im dritten und vierten Larvenstadium und drifteten mit einer Dichte von insgesamt 1,35 Ind·100 m^{-3}. Das anschließende (letzte) Entwicklungsstadium (L5) konnte sowohl im Winter, als auch im April in der Drift nicht nachgewiesen werden (Tab. 3).

Tab. 3: Übersicht über die Ergebnisse der Driftuntersuchnungen für *B. subnubilus* aus fünf Untersuchungsperioden des Jahres 1989. Angegeben sind der mittlere Durchfluß ($m^3 \cdot s^{-1}$) und das besammelte Wasservolumen (m^3) der Aufsammlungsperioden, die Driftdichten ($I_D \cdot 100\ m^{-3}$) der Entwicklungsstadien und das Verhältnis der Driftdichte zur Besiedlungsdichte des Benthos, P_D

Periode	Durchfluß	Volumen	Larve	Nymphe	Exuvie
20.-26. 4.	1921	638,3	0,00	0,00	0,00
2.- 8. 5.	1947	542,4	0,18	0,37	0,37
22.-27. 6.	2437	660,6	2,42	0,00	0,00
11.-16. 8.	2072	742,4	1,35	0,00	0,00
10.-21.11.	1434	353,9	0,00	0,00	0,00
Verhältnis P_D (%)	0 - 0,0082				

Für *B. subnubilus* konnten also driftende und nicht driftende Entwicklungsstadien, mit einer maximalen Driftdichte für die zweiten und dritten Larvenstadien, festgestellt werden. Anders ausgedrückt zeigt die Driftaktivität in den Sommermonaten ihr Maximum, während im Herbst und Winter keine Driftaktivität festgestellt wurde.

Aus dem Vergleich der Driftdichten mit den Besiedelungsdichten am Boden (Anderwald 1991) ergibt sich auf Grund der fehlenden Übereinstimmung, daß die Drift nicht über die Besiedelungsdichte reguliert ist. Ebenso können die jahreszeitlichen Schwankungen der Driftdichte, wie im allgemeinen Teil gezeigt wurde, nicht auf die Wasserführung zurückgeführt werden. Daraus kann geschlossen werden, daß die Drift vorwiegend über die Entwicklung reguliert wird.

5 Diskussion

Der Quantifizierung der Drift in größeren Fließgewässern wurde bisher wenig Beachtung geschenkt, da die Besammlung hier ein großes methodisches Problem darstellt. Bisher wurden Driftproben in großen Fließgewässern mit Netzen oder Kolonisationssubstraten (z.B. Berner 1951; Obi & Conner 1986; Cellot 1989) genommen, nur Liakhov & Zhidkov (1953) verwendeten ein Bodenfallenaufsammlungsgerät um die Drift in der Wolga zu erforschen. Diese Methoden sind selektiv und erlauben das Besammeln nur unter bestimmten Umweltbedingungen. Das in dieser Arbeit verwendete Gerät erlaubt eine kontinuierliche Besammlung der Drift bis zu 14 Tagen und ist von den Umweltbedingungen weitgehend unabhängig. Die qualitative und quantitative Beschreibung der Drift des Makrozoobenthos unter Verwendung eines einzigen Sammelgerätes an nur einer Stelle, wie in der vorliegenden Arbeit, kann von der horizontalen und vertikalen Verteilung der Organismen im Fluß beeinflußt werden (z.B. Matter & Hopwood 1980; Statzner, Dejoux & Elouard 1984). Der Vergleich zwischen bodennaher und oberflächennaher Drift, die bei einer Probennahme im Mai besammelt wurde, zeigt einen schwach signifikanten Unterschied. In kleinen Fließgewässern folgt hingegen die räumliche Verteilung der driftenden Organismen oft einer Poissonverteilung, mit im Horizontal- und Vertikalprofil quantitativ ähnlichen Proben (Elliott 1970; Hemsworth 1979).

Benthosuntersuchungen in der Donau ergaben an der Untersuchungsstelle 92 Taxa (Petto 1991). 57% dieser Taxa wurden auch in der Drift gefunden. Andererseits wurden 21 Taxa (insbesondere der Chironomiden), die in der Drift nachgewiesen werden konnten, nicht im Benthos gefunden. Fast 50% der in der Drift gefundenen Taxa sind aus anderen Arbeiten bekannt und 25 Taxa wurden zum ersten Mal in der Drift gefunden (vergleiche Tab. 1).

Die Drift der Makroinvertebraten war nicht konstant, sondern variierte saisonal, von Tag zu Tag und im Lauf eines Tages. Übereinstimmend mit anderen Resultaten aus vergleichbaren Klimaregionen (Waters 1962; McLay 1968; Clifford 1972a,b; Hemsworth & Brooker 1981; Koetsier & Bryan 1989), war die Drift gegen den Winter hin geringer. Trotz der Variabilität der Drift in den 4-Stundenintervallen der kontinuierlichen Proben von bis zu 12 Tagen, konnte aber für die Makroinvertebraten als Ganzes, kein wiederkehrendes zeitliches Muster festgestellt werden, ebenso waren die Unterschiede zwischen Tages- und Nachtdrift nicht signifikant. Zwar zeigte sich für die Driftrate insgesamt eine geringe Abhängigkeit von der Wasserführung, das zeitliche bzw. saisonale Muster folgte dieser Variablen aber nicht. Dies steht im Gegensatz zu anderen Ergebnissen, wo saisonale Unterschiede hauptsächlich über unterschiedliche Wasserführungen erklärt werden (z.B. Radford & Hartland-Rowe 1971; Irvine 1985). Allerdings wurde die Drift während Niedrig- und Hochwasser in der vorliegenden Arbeit nicht untersucht.

Die große tageszeitliche Variation der Zahl der Organismen, die durch kontinuierliche Aufsammlung erhalten wurden, zeigt, daß Ergebnisse über die Anzahl von Tieren in der Drift, die aus kurzzeitigen Besammlungen erhalten wurden, irreführend sein können.

Einen Schlüsselfaktor für einen Tag- Nachtrhythmus stellt die Lichtintensität dar. In der Donau werden aber in einer Tiefe von 3,5 m, durch Schwebstoffgehalte von 10 bis 20 $mg \cdot l^{-1}$; 99,5 bis 99,9% des einfallenden Lichtes in der Wassersäule absorbiert (Dokulil pers. Mitt.). Diese geringe Lichtintensität auf der Stromsohle könnte einen Rhythmus in der Drift der Makroinvertebraten eliminieren, da das Fehlen eines Tag-Nachtrhythmus in der Drift verschiedentlich für Makroinvertebraten unter andauerndem Lichtentzug berichtet wurde (z.B. Elliott 1965; Haney et al. 1983).

Die über die Drift in großen Fließgewässern erhältlichen Informationen sind in Tabelle 4 zusammengefaßt. Obwohl eine detaillierte Gegenüberstellung der verschiedenen Arbeiten infolge der unterschiedlichen Methoden, Analysen und der Berücksichtigung von unterschiedlichen Gruppen der Invertebratenfauna schwierig ist, zeigt der Vergleich, daß Driftdichten von Ort zu Ort sehr variieren können. Hohe Driftdichten gibt es in Fließgewässern mit einem Durchfluß < 100 $m^3 \cdot s^{-1}$ und niedrigere Werte vor allem in großen Fließgewässern (z.B. Donau). Eine mögliche Ursache für diese Unterschiede könnte in dem unterschiedlichen Verhältnis der Bodenfläche zum Wasservolumen in kleinen und großen Fließgewässern liegen. Weiters wurden von verschiedenen Autoren sowohl dichteabhängige, als auch dichteunabhängige Faktoren für die Erklärung der Unterschiede in den Driftdichten herangezogen (zusammengefaßt von Statzner, Dejoux & Elouard 1984; Brittain & Eikeland 1988).

Da die mittlere Benthosdichte in Tabelle 4 von 19,7 bis 349247 Individuen pro m^2 schwankt, und das mittlere Verhältnis des Benthos in der Drift zu einem beliebigen Zeitpunkt zwischen 0,00118 und 2,4% liegt, passen die aus der Donau erhaltenen Daten in diesen Bereich. Für die Bedeutung der Drift ist aber vor allem die Häufigkeit des Drifteintrittes und die jeweils zurückgelegte Distanz entscheidend. Elliott (1971b) bzw. Townsend & Hildrew (1976) errechneten, daß bis zu 4,3 bzw. 3,6% einer gesamten Population pro Tag in die Drift eintreten, Hemsworth & Brooker (1979) berechneten sogar Werte von 12-204%.

Die mittlere Driftdistanz und die von 1%, 10% und 50% der driftenden Tiere zurückgelegten Distanzen wurden als grobe Schätzung über die von Elliott (1971b) angegebenen Konstanten, die allerdings von kleinen Fließgewässern stammen, für die Flußabwärtsbewegung berechnet

Tab. 4: Zusammenfassung der Information über das Drift-Benthosverhältnis in Fließgewässern mit unterschiedlichen Durchflüssen (erhältliche Information über große Fließgewässer miteingeschlossen): Dargestellt sind Lokalität, Staat und Untersuchungsperiode, mittlerer Durchfluß (mit Schwankungsbereich), Breite und Tiefe des Gewässers (mit Schwankungsbereich); die Methode, mit welcher die Drift besammelt wurde und die Maschenweite des Driftnetzes in µm; die in die Driftfänge inkludierten Organismen (total = keine Differenzierung in faunistische Gruppen); mittlere Driftdichte pro 100 m^3 (mit Schwankungsbereich; berechnet aus Driftrate und Durchfluß mit entsprechendem Zeitintervall); mittlere Benthosdichte (mit Schwankungsbereich) in Individuen pro m^2; Driftrate in Individuen pro Tag und Flußquerschnitt in Millionen (mit Schwankungsbereich; berechnet aus dem Schwankungsbereich von Durchfluß oder Driftdichte); mittleres Drift-Benthosverhältnis in % [berechnet nach Elliott (1967); Schwankungsbereich berechnet aus dem Schwankungsbereich von Benthos oder Driftdichte]. Die Gewässer sind nach ihren mittleren Durchflüssen ($m^3 s^{-1}$) geordnet. (A) Österreich, (AUS) Australien, (CDN) Kanada, (CSFR) Tschecho-Slowakische Föderative Republik, (GB) Großbritannien, (F) Frankreich, (ML) Malaysia, (NZ) Neuseeland, (PL) Polen; (S) Schweden; (USA) Vereinigte Staaten von Amerika, (UdSSR) ehemalige Union der Sozialistischen Sowjetrepubliken. * Berechnungen aus Publikationen mit angegebenen Flußtiefen

Gewässer (Staat)	Untersuchungsperiode	mittlerer Durchfluß in $m^3 \cdot s^{-1}$ (mit Schwankungsbereich)	Breite in m (mit Schwankungsbereich)	Tiefe in m (mit Schwankungsbereich)	Methode	Maschenweite (µm)	Fauna a)	Driftdichte ($no. 100 \cdot m^{-3}$)	Benthosdichte ($no. m^{-2}$)	Driftrate b) (Ind./Tag) in Millionen	Drift-Benthos Verhältnis (%)	Literatur
Walla Brook (GB)	Juni 63- Okt 64	– (1,1-4)	1,96 (0,18-0,5)	0,29	Netz	440	Benthos	45,6* (22,1-86)*	6327 (2330-10815)	0,0007 (0,0002-0,002)	0,0018 (0,0002-0,0086)	(1)
Jetty Noone Mapourika (NZ)	Nov 84- März 86	0,019 0,045 0,083	0,8 1,2 2,3	–	Netz	250	Benthos	–	500 1300 650	–	(<0,001-0,009)	(2)
Loucka Creek (CSFR)	Mai 65- Dez 66	–	–	0,15	Tube	–	Benthos	30350 c) (1000-122000)	max 3162	–	2,4 (0-41,2)	(3)
Waitaki (NZ)	März 83- Apr 83	0,075	3	0,19 (0,1-0,3)	Netz	425	Benthos	1280 (860-1520)	11182,5 (4300-22450)	0,083* (0,056-0,098)*	0,014 (0,011-0,019)	(4)
Dale Park Beck (GB)	April 70- Mai 71	0,34 (0,06-0,72)	(3-3,5)	0,19 (0,14-0,25)	Netz	440	Benthos	27,6* (4-62,5)*	2278* d) (2196-2360)*	0,008* (0,001-0,017)*	0,0023* (0,0022-0,00239)*	(5)
Yuccabine Creek (AUS)	April 83- Juni 84	–	(3-8)	0,3 (0,1-0,5)	Netz	500	total	126 (36-398)	2403 (830-4478)	–	0,0157* (0,0084-0,0456)*	(6)
Bere stream (GB)	Juli 66	0,42	8	0,3	Siphon	500	Benthos	191,7	4711	0,070	0,0122*	(7)
Island (NZ)	Dez 64- Dez 65	–	9	0,2 (0,1-0,3)	Netz	–	Benthos	549,2 (141-857)	11327	–	0,01* (0,0025-0,0151)*	(8)
Mill stream (GB)	Okt 65- Mai 66	0,71 (0,46-5,8)	8	0,7	Siphon	500	Benthos	91,2	11850 (5500-27000)	0,056 (0,036-0,458)*	0,0054* (0,0024-0,0116)*	(7)
Gombak (ML)	Okt 68- Nov 69	1,0 (0,04-3,16)	6 (2-12)	0,18 (0,1-0,3)	Netz	165x 560	Benthos	134,4 (47,9-701)	2753 (980-5130)	0,119 (0,007-0,35)	0,01595 (0,0038-0,0405)	(9)

Tab. 4: (Fortsetzung)

Gewässer (Staat)	Unter- suchungs- periode	mittlerer Durchfluß in $m^3 \cdot s^{-1}$ (mit Schwankungsbereich)	Breite in m	Tiefe	Methode	Maschen- weite (µm)	Fauna a)	Drift- dichte (no.100·m^{-3})	Benthos- dichte (no.m^{-2})	Driftrate b) (Ind./Tag) in Millionen	Drift-Benthos Verhältnis (%)	Literatur
Tees (GB)	Juli 70- Sept 73	1,29* (0,45-3,98)	(20-30)	<1	Pumpe Netz	275 440	Benthos exc.Hydra, Nais	393,6 49	2186 e) (950-6260)	0,439* 0,055*	(0,0315-0,2076)* f) (0,0039-0,0258)* f)	(10)
Speed (CDN)	Juli 66- Dez 66	(0,1-20)	(5-10)	(0,08-0,15)	Netz	167x 560	Insekten	(5,8-1161,4)*	349247 (76198-950992)	0,10 (0,0204-0,257)	0,00118 (0,00021-0,0037)	(11)
Wye (GB)	März 75- Feb 76	–	(8,2-17,6)	(0,25-0,54)	Netz	440	Benthos	–	max 3057	(0,034-0,798)	0,03434 g) (0,006-0,1096)	(12)
Blackwater Creek (USA)	Dez 71- Dez 72	2,86 (0,02-32,5)	(8-10)	0,25	Netz	470	total	16,0 (3 - 49)	435,5	0,04* (0,0003-0,449)*	0,00919* (0,00172-0,0281)*	(13)
Widawka (PL)	März 83- März 84	5 (-8,5)	(24-29)	0,85 (0,8 -0,9)	Netz	120- 1000	total	234 (36-522,3)	7364 (2836-17303)	1,01* (0,16-2,3)*	0,027* (0,011-0,07)*	(14)
Tjulån (S)	Juli 61- Okt 66	27,6 (6,9-55,6)	20 (15-25)	0,3 (0,1-0,5)	Netz	145	Benthos	599 (358 -913)	667 (91-1289)	5,899 (2,63-9,05)	0,2701* (0,1396-2,0150)*	(15)
Satilla (USA)	1. Proben- stelle 2. Proben- stelle	Dez 74- Dez 75	44,7 (2,9-280) – 87,2 (6,9-504)	(1 ->4)	Netz	400	total		335,3 30000 238,7	(0,84-81,12)*	12,9* – 17,98* (1,42-103,94)*	(16)
Obere Rhône (F)	Dez 78- März 80	510 (250-2000)	150	4 (3-5)	Netz, sas h)	500	Benthos exc.Hydra	100 (2,7-197)	(1700-9200)	44,1 (21,6-172,8)*	(0,0435-0,236)*	(17)
Oberer Mississippi (USA)	Juni- Juli 81	892,5	–	(3,5-7)	Netz	595	total exc.Plankton	71,3	–	55,0*	–	(18)
Mittlerer Missouri (USA)	Apr 76- Nov 76	909,4 (704-1259)	–	–	Netz	571	total	41,4 (7-395)	1705,8* (6-14496)	32,509* (5,5-310,36)*	-	(19)
Unterer Missouri (USA)	Mai- Okt 45 (? 46)	1671	(457-1609)	–	Netz	–	total	44,3*	19,7	64,0	–	(20)
Donau (A)	April- Nov 89	1846 (723-6949)	330	(1,9-4,0)	kontinuierl. Netz	400	Benthos	18,5 (12,5-31,3)	19360	13,6	0,0038 (0,0026 0,0064)	(21)

Tab. 4: (Fortsetzung)

Gewässer (Staat)	Unter-suchungs-periode	mittlerer Durchfluß in $m^3 \cdot s^{-1}$ (mit Schwankungsbereich)	Breite in m	Tiefe in m	Methode	Maschen-weite (μm)	Fauna a)	Drift-dichte ($no.100 \cdot m^{-3}$)	Benthos-dichte ($no.m^{-2}$)	Driftrate b) (Ind./Tag) in Millionen	Drift-Benthos Verhältnis (%)	Literatur
Unterer Mississippi (USA)	April-Aug 77	4500 i)	900	(2,1-20,4)	Netz	505	total	83,3 (64-112)	-	323,9* (248,8-435,5)*	-	(22)
Wolga (USSR)	Juli 52	-	-	-	j)	-	Benthos	(400-7700) ?	-	49,9	-	(23)
Wolga k) (USSR)	Mai 53-Juni 54	17620 (5860-30100)	-	-	j)	-	Benthos exc.Hydra	219,8 (70,3-463,6)	-	2999,9* (907-7873,6)*	-	(24)

Fußnoten: a) Fauna in der Drift, die auf die Benthosfauna bezogen wird; b) bezogen auf den gesamten Flußquerschnitt; c) Mikrodrift eingeschlossen ?; d) berechnet aus dem geometrischen Mittel; e) Daten nur für die Benthosdichten von 1972 und 1973; f) Annahme für die Berechnung: eine mittlere Tiefe von 0,5 m; g) berechnet nach Hemsworth & Brooker (1979): P%= xd/X .100 (x..Individuen pro 100 m^3, d..Gewässertiefe, X..Individuen pro m^2); h) flottierendes künstliches Substrat; i) Wert angegeben bei Cellot (1989); Apparat für die Besammlung der Drift in Bodennähe; k) Besammlung während Hochwasser.

Literatur: (1) Elliott (1967); (2) Graesser (1988); (3) Kubicek (1969); (4) Irvine (1985); (5) Elliott & Bagenal (1972); (6) Benson & Pearson (1987a,b); (7) Crisp & Gledhill (1970); (8) McLay (1968); (9) Bishop (1973); (10) Armitage (1977); (11) Bishop & Hynes (1969a); (12) Hemsworth & Brooker (1979); (13) Cowell & Carew (1976); (14) Grzybkowska, Pakulska & Jakubowski (1987); (15) Ulfstrand (1968); (16) Benke, Hunter & Parrish (1986); (17) Cellot (1989); (18) Eckblad, Volden & Weilgart (1984); (19) Carter, Bazata & Andersen (1982); (20) Berner (1951); (21) vorliegende Studie; (22) Obi & Conner (1986); (23) Liakhov & Zhidkov (1953); (24) Liakhov (1961)

Tab. 5: Berechnungen für die mittlere Driftdistanzen und die Distanzen, die von 1%, 10% und 50% der Makroinvertebraten zurückgelegt wurde. Berechnet durch $X = a\,V^{b_1}$ und $X_p = A_p\,V^{b_2}$, wobei X = mittlere Driftdistanz in m und X_p = Distanz, die von einem bestimmten Prozentsatz der Tiere zurückgelegt wird, V = mittlere Strömungsgeschwindigkeit in cm s^{-1}, unter Verwendung der Konstanten a, A_p, b_1, b_2 von Tabelle 6 in Elliott (1971a) für Gruppe 1 (kein Unterschied zu toten Tieren, z.B. Oligochaeta, Mollusca, Dipterenlarven) und für Gruppe 3 (verschieden von toten Tieren, z.B. *Hydropsyche, Gammarus*)

	Konstanten		Mittlere Driftdistanz (in m) bei einer Strömungsgeschwindigkeit von			Konstanten				zurückgelegte Distanz (in m) bei einer Strömungsgeschwindigkeit von								
										40			70			90 cm s^{-1}		
	a	b_1	40	70	90 cm s^{-1}	A_{p1}	A_{p10}	A_{p50}	b_2	1%	10%	50%	1%	10%	50%	1%	10%	50%
Gruppe 1	0,3098	1,0174	13,75	24,30	31,39	1,4267	0,7134	0,2148	1,0174	60,85	30,43	9,16	107,53	53,77	16,19	138,86	69,44	20,91
Hydropsyche	0,1815	1,0625	9,14	16,57	21,64	0,8358	0,4179	0,1258	1,0625	42,10	21,05	6,34	76,30	38,15	11,48	99,65	49,83	15,00
Gammarus	0,1015	0,9770	3,73	6,44	8,24	0,4674	0,2337	0,0704	0,9770	17,18	8,59	2,59	29,67	14,84	4,47	37,93	18,97	5,71

(Tab. 5). Für aktiv und passiv driftende Invertebraten betrug die mittlere Driftdistanz in Abhängigkeit von der Strömungsgeschwindigkeit 4 bis 31m und die Distanz, die 1%, 10% und 50% der driftenden Tiere zurücklegen 3 m bis 139 m. Die Flußabwärtsverschiebung der Population während der aquatischen Phase im Lebenszyklus wurde aber nicht berechnet. Hemsworth & Brooker (1979) errechneten dafür eine Distanz von 10 km.

Die geschätzte totale Driftrate in der Donau war über 13 600 000 Individuen pro 24 Stunden, und dieser Wert lag im dem Bereich, der auch für andere große Fließgewässer angegeben wird. Im Vergleich zu kleineren Fließgewässern zeigt dies den Zusammenhang zwischen Driftrate und Durchfluß. Dieser Zusammenhang kann mit einer Potenzfunktion in Übereinstimmung mit Elliott (1971b), Zelinka (1976) beschrieben werden.

Die benthische Lebensgemeinschaft kann durch die Bewegung einer Makroinvertebratenpopulation flußabwärts in zweierlei Weise beeinflußt werden: erstens reduziert der kontinuierliche Verlust von Organismen in die Wassersäule die benthische Dichte und ändert die Struktur der Benthospopulationen, da manche Arten und Größenklassen mehr driften als andere und zweitens spielt der kontinuierliche Driftaustritt eine bedeutende Rolle in der Kolonisation. Somit sind diese zwei Einflüsse wichtig für die kontinuierliche Verteilung des Benthos im Lebensraum (Townsend & Hildrew 1976). Wenn man bedenkt, daß die Donau bei Altenwörth zur Energiegewinnung aufgestaut ist, und bei der Annahme, daß 4% der Population pro Tag in die Drift eintreten können und die Driftdistanz 4 bis 31 m beträgt, scheint es wahrscheinlich zu sein, daß die Drift eine wichtige Rolle bei der Kolonisation des Areals oberhalb der Staustufe spielt, da Kolonisation von unterhalb nur durch die Schiffsschleuse und durch den Kompensationsflug von adulten Weibchen aquatischer Insekten möglich ist. Da die hauptsächlich in der Drift vorhandenen Arten, wie Oligochaeta und Dipterenlarven, nicht dafür bekannt sind, eine Flußaufwärtswanderung auf der Stromsohle durchzuführen (Söderström 1987), und eine Aufwärtswanderung nur 2 bis 39% der Drift kompensiert (Bishop & Hynes 1969b; Elliott 1971c; Williams & Moore 1982), kann also die hohe Dichte von Makroinvertebraten, z.B. Oligochaeta und Chironomidenlarven, im Areal oberhalb der Staustufe (Humpesch 1989) zu einem gewissen Teil auf die Drift derselben zurückzuführen sein. Um diese theoretischen Betrachtungen zu untermauern, ist mehr detaillierte Arbeit über Drift in aufgestauten großen Flüssen, wie der Donau, notwendig.

5.1 Fallbeispiel

In der vorliegenden Arbeit erfolgte die Untersuchung der Mobilität der Lebensstadien von *B. subnubilus* direkt, über die Erfassung der Drift und indirekt, über die Analyse der Aggregation der Entwicklungsstadien.

Die Drift von *B. subnubilus* zeigte, entsprechend den aufeinanderfolgenden Entwicklungsstadien, eine klare saisonale Abfolge, mit driftenden Larvenstadien L1- L4 von Mai bis Mitte August und nicht driftenden Larvenstadien L5 von September bis April. Dieses Ergebnis kann dahingehend interpretiert werden, daß sich die jungen Larvenstadien dieser Art über die Drift im Gewässer verbreiten. Die Eiablage erfolgt nämlich direkt im Uferbereich, und die jungen Larven, vor allem L1 und L2, sind dort stark aggregiert. Über die Drift haben die Tiere die Möglichkeit, über das gesamte Besiedelungsareal verteilt zu werden. In zwei kleinen englischen Fließgewässern wurde *B. subnubilus* nur in etwa 20% der Driftbesammlungen gefunden (Armitage 1977), daher ist dort die Drift möglicherweise ebenfalls auf die Verteilung der Junglarven nach der Reproduktion beschränkt; allerdings fehlen Angaben darüber, in welchen Monaten die Larven driften bzw. welchen Entwicklungsstadien sie zuzuordnen sind. Das völlige Fehlen der älteren Larvenstadien in der Drift bedeutet, daß diese Art nicht «zufällig» passiv driftet. Eine mögliche Erklärung dafür liefert die Lebensweise dieser Art, da die Larven in Köchern leben, die fest mit dem Substrat verbunden sind (Gallepp 1974); genaue experimentelle Untersuchungen zu diesem Thema stehen noch aus.

Eine Beschränkung der Driftaktivität auf einzelne Entwicklungsstadien wurde auch für *Chaetopteryx villosa* bzw. *Anabolia nervosa* festgestellt. Bei diesen beiden Arten driften nur jene Stadien (L1-L3 bzw. L2-L3), die Köcher aus Pflanzenmaterial bauen, die Stadien L4-L5, die in Steingehäusen leben, fehlen in der Drift (Elliott 1971a). Ergänzend sei darauf hingewiesen, daß z.B. Otto (1971), Fjellheim (1980) und Elliott (1981) in der Drift einen überproportional hohen Anteil von Junglarven feststellten, der mit der Verbreitung der aggregierten Larven nach Schlüpfen aus den Eiballen erklärt wird.

Die größte mittlere Driftdichte von *B. subnubilus*, gewonnen aus der kontinuierlichen Besammlung, betrug in der Donau, interpoliert über einen sechstägigen Entnahmezeitraum,

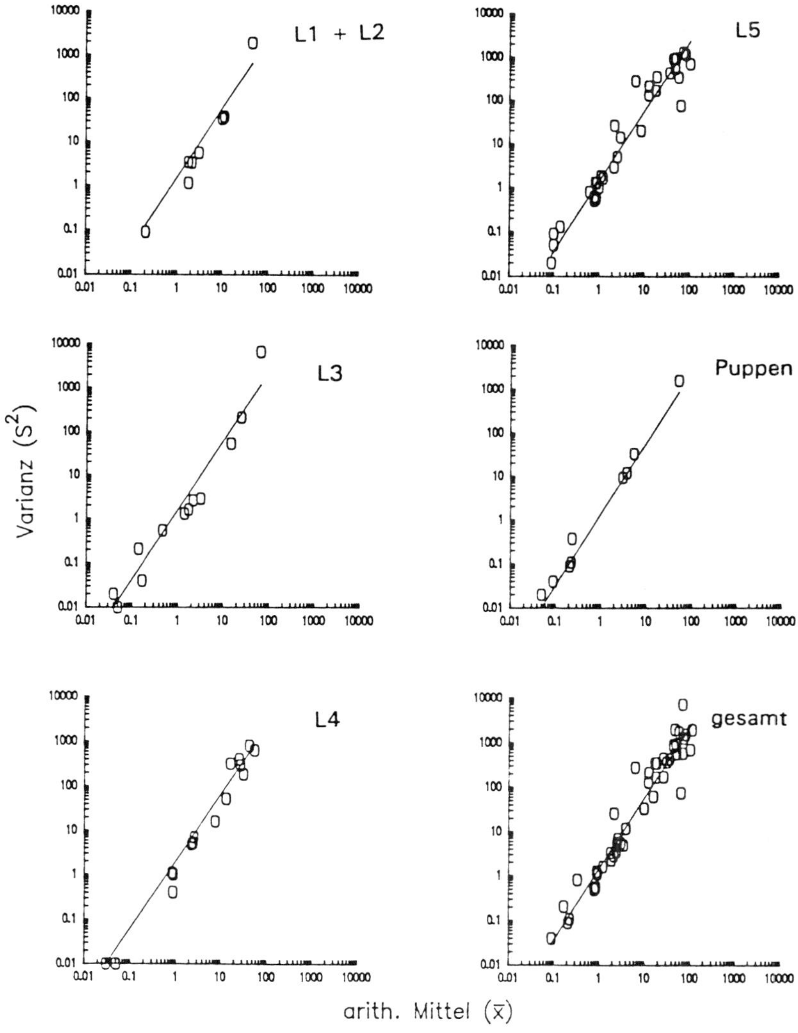

Abb. 2: Darstellung der Aggregation der einzelnen Entwicklungstadien von *B. subnubilus* anhand der Beziehung log S^2 = log a + b log X_m; dargestellt sind die Larvenstadien 1 bis 5 (L1-L5), die Präpuppen und Puppen und die Aggregation aller Entwicklungsstadien (gesamt)

2,4 Ind·100 m^{-3}. Höhere maximale Driftdichten von 5,3 bzw. 7,4 Ind·100 m^{-3} wurden für *B. subnubilus* in Großbritannien festgestellt (Armitage 1977). Andere Trichopterenarten zeigten in kleinen Fließgewässern sowohl ähnliche, als auch wesentlich höhere maximale Driftdichten [z.B. *Drusus annulatus*: 3,6 Ind·100 m^{-3} (Elliott 1971a); *Rhyacophila nubila*: 3,1 Ind·100 m^{-3} (Fjellheim 1980); *Potamophylax cingulatus*: 300 Ind·100 m^{-3} (Otto 1971)]. Diese großen Unterschiede in den Driftdichten lassen sich jedoch dadurch erklären, daß die Ergebnisse nicht aus kontinuierlichen Besammlungen stammen, was insbesonders wenn die Organismen starke Aktivitätsunterschiede zeigen und der Besammlungszeitpunkt und die -dauer nicht bekannt sind, wesentlich das Ergebnis beeinflussen kann (Elliott 1968), was in der vorliegenden Untersuchung wegfällt.

Für die Larven insgesamt konnte keine Dichteabhängigkeit der Drift festgestellt werden. Diese Ergebnisse stehen in Übereinstimmung mit Statzner & Mogel (1984), die für *Micrasema longulum* ebenfalls dichteunabhängige Drift feststellten und mit Statzner, Elouard & Dejoux (1987), die in Freilandexperimenten interspezifische Abhängigkeiten zwischen den Driftdichten und den Benthosdichten, nicht aber zwischen den Driftdichten und Benthosdichten der gleichen Arten feststellten. Im Gegensatz dazu ist die Drift von *Plectrocnemia conspersa* dichteabhängig (Hildrew & Townsend 1980).

Einen indirekten Hinweis auf die Mobilität der Larvenstadien geben die unterschiedlichen Aggregationsgrade der Entwicklungsstadien. Diese Unterschiede, obwohl nicht signifikant, waren in der vorliegenden Untersuchung während des Überganges vom Larvenstadium L2 zu L3 am größten. Diese Phase des Entwicklungszyklus fällt auf Ende Juni, auf einen Zeitraum, in dem auch die höchsten Driftdichten nachgewiesen werden konnten. Dieser Zusammenhang dürfte einerseits durch die stadienspezifische Verbreitung der Larven nach der Eiablage im Gewässer, andererseits durch das für *Brachycentrus* festgestellte territoriale Verhalten zu erklären sein (Gallepp 1974), da bei territorialen Arten eine Attacke häufig zum Abdriften einer der beiden beteiligten Larven führt (Hildrew & Townsend 1980). Die über das Taylor-Power Law festgestellte höhere Aggregation der jüngsten Stadien bedeutet daher, daß, bei angenommener gleicher absoluter Dichte und bei ähnlich großen Territorien, die Wahrscheinlichkeit für möglicherweise driftauslösende Interaktionen zwischen den stärker aggregierten jüngsten Larvenstadien größer ist als für die älteren, geringer aggregierten Stadien. Das letzte Larvenstadium, L5, in dem sich die Larven über fast die Hälfte des gesamten Entwicklungszyklus von Oktober bis April befinden, zeigte die geringste Aggregation und fehlte völlig in der Drift.

Kurz vor der Verpuppung wurde keine Drift festgestellt, die Puppen waren auch nur geringfügig stärker aggregiert als das L5-Stadium insgesamt (letzteres konnte indirekt auch dadurch bestätigt werden, daß nach einem Hochwasser im Frühjahr 1988 die Population, die im fünften Larvenstadium war, an einer Entnahmestelle nahe der Flußmitte eliminiert wurde und an dieser Entnahmestelle bis zum Beginn der nächsten Generation keine Wiederbesiedelung erfolgte).

Im Gegensatz dazu konnte z.B. von Campbell & Meadows (1972) und Elliott (1981) ein signifikanter Anstieg der Aggregation zwischen den L5-Stadien und den Puppen und damit verbundene Driftaktivität festgestellt werden, was mit dem Aufsuchen geeigneter Verpuppungsorte erklärt wird.

Ungeachtet der Tatsache, daß sich maximal 0,008% der Larven in der darüberliegenden Wassersäule befinden, ist das Potential der Wieder- und Neubesiedelung in der Donau über die Drift – driftaktive Entwicklungsstadien vorausgesetzt – hoch. Die Drift stellt ein Kontinuum von in die Wassersäule eintretenden und wiederausscheidenden Organismen dar, für die Mobilität der Population ist daher vor allem die Häufigkeit des Eintritts in die Drift und die dabei zurückgelegte Driftdistanz von Bedeutung. Stellt man der Driftdichte der Larven von *B. subnubilus* von 2,4 Ind·100 m^{-3} im Juni 1989 die Besiedelungsdichte am Boden von 726 Ind· m^{-2} im Juni 1988 gegenüber, dann ergibt sich bei einer angenommenen Wassertiefe von Z = 3,5 m und einer Strömungsgeschwindigkeit von V = 1 m·s^{-1}, daß pro Tag etwa zehnmal soviele Tiere über einen Quadratmeter des Gewässerbodens driften, als auf diesem leben. Diese Abschätzung bedeutet, daß, wenn das Driftkontinuum unterbrochen wäre, ein unbesiedelter Quadratmeter dann theoretisch nach ca. 2.5 Stunden (wieder-) besiedelt werden könnte, vorausgesetzt, daß alle Individuen, die diese Fläche in der Drift passieren, sich auf dieser Fläche niederlassen würden.

Eine vollständige Wiederbesiedelung über die Drift konnte z.B. für *Baetis vagans* bzw. Gammarus *linnaeus* in einem Freilandexperiment bereits nach nur ca. fünf Stunden bzw. 7 Tagen festgestellt werden (Waters 1964).

Über die Drift ist demnach ein enormes Besiedelungspotential gegeben, das aber für *B. subnubilus* in der Donau nur auf die driftaktive Periode von Mai bis August beschränkt ist.

Danksagung

Herrn Univ.-Doz. Dr. Mag. U.H. Humpesch möchten wir für die umfassende wissenschaftliche Betreuung unseren ganz besonderen Dank aussprechen. Ebenso gilt unser besonderer Dank Herrn Hofrat Univ.-Prof. Dr. W. Kohl, Leiter der Bundesanstalt für Wassergüte und Herrn Univ.-Doz. Dr. A. Nauwerck, Leiter des Instituts für Limnologie der ÖAW für die weitreichende Unterstützung durch ihre Institute. Herr R. Niederreiter hat durch die Weiterentwicklung der Sammelgeräte wesentlich zum Erfolg der Arbeit beigetragen. Danken möchten wir auch den Mitarbeitern der Strombauleitung Krems, insbesondere Herrn Oberrat Dipl.-Ing. G. Fischer und Herrn E. Atzmüller, sowie allen anderen Kollegen, die am Zustandekommen dieser Arbeit beteiligt waren, vor allem E. Niederreiter, H. Ployer und Dr. M. Pöckl.

Literatur

Adamus, P.R. & Gaufin, A.R. (1976): A synopsis of Nearctic taxa found in aquatic drift. – American Midland Naturalist 95: 198-204

Anderwald, P.H. (1991): Quantitative Analyse der Entwicklung und Mobilität ausgewählter Trichopteren-populationen der Donau und deren Abhängigkeit von Umweltvariablen. – Dissertation an der Formal- und Naturwissenschaftlichen Fakultät der Universität Wien

Anderwald, P.H, Konar, M. & Humpesch, U.H. (1991): Continuous drift samples of macroinvertebrates in a large river, the Danube in Austria. – Freshwater Biology 25: 461-476

Armitage, P.D. (1977): Invertebrate drift in the regulated River Tees, and an unregulated tributary Maize Beck, below Cow Green dam. – Freshwater Biology 7: 167-183

Benke, A.C., Hunter, R.J. & Parrish, F.K. (1986): Invertebrate drift dynamics in a subtropical blackwater river. – Journal of the North American Benthological Society 5: 173-190

Benson, L.J. & Pearson, R.G. (1987a): Drift and upstream movement in Yuccabine Creek, an Australian tropical stream. – Hydrobiologia 153: 225-239

Benson, L.J. & Pearson, R.G. (1987b): The role of drift and effect of season on macroinvertebrate

colonization of implanted substrata in a tropical Australian stream. – Freshwater Biology 18: 109-116
Berner, L.M. (1951): Limnology of the Lower Missouri River. – Ecology 32: 1-12
Bishop, J.E. (1973): Limnology of a small Malayan river, Sungai Gombak. – Monographiae Biologicae 22: 1-485
Bishop, J.E. & Hynes, H.B.N. (1969a): Downstream drift of the invertebrate fauna in a stream ecosystem. – Archiv für Hydrobiologie 66: 56-90
Bishop, J.E. & Hynes, H.B.N. (1969b): Upstream movement of the benthic invertebrates in the Speed River, Ontario. – Journal of the Fisheries Research Board of Canada 26: 279-298
Brittain, J.E. & Eikeland, T.J. (1988): Invertebrate drift: A review. – Hydrobiologia 166: 77-93
Campbell, J.I. & Meadows, P.S. (1972): An analysis of aggregations formed by the caddis fly larva *Potamophylax latipennis* in its natural habitat. – Journal of Zoology London 167: 133-141
Carter, S.R., Bazata, K.R. & Andersen, D.L. (1982): Macroinvertebrate communities of the channalized Missouri River near to nuclear power stations. – In: Hesse, L.W. et al.(eds.): The Middle Missouri River, pp. 147-182. – The Missouri River Study Group, Norfolk, Nebraska
Cellot, B. (1989): Macroinvertebrate movements in a large European river. – Freshwater Biology 22: 45-55
Clifford, H.F. (1972a): A year's study of the drifting organisms in a brown-water stream of Alberta, Canada. – Canadian Journal of Zoology 50: 975-983
Clifford, H.F. (1972b): Drift of invertebrates in an intermittent stream draining marshy terrain of westcentral Alberta. – Canadian Journal of Zoology 50: 985-991
Crisp, D.T. & Gledhill, T. (1970): A quantitative description of the recovery of the bottom fauna in a muddy reach of a mill stream in Southern England after draining and dredging. – Archiv für Hydrobiologie 67: 502-541
Cowell, B.C. & Carew, W.C. (1976): Seasonal and diel periodicity in the drift of aquatic insects in a subtropical Florida stream. – Freshwater Biology 6: 587-594
Eckblad, J.W., Volden, C.S. & Weilgart, L.S. (1984): Allochtonous drift from backwaters to the main channel of the Mississippi River. – American Midland Naturalist 111: 16-22
Elliott, J.M. (1965): Daily fluctuations of drift in a Dartmoor stream. – Nature, London 205: 1127-1129
Elliott, J.M. (1967): Invertebrate drift in a Dartmoore stream. – Archiv für Hydrobiologie 63: 202-237
Elliott, J.M. (1968): The life histories and drifting of Trichoptera in a Dartmoore stream. – Journal of Animal Ecology 37: 615-625
Elliott, J.M. (1970): Methods of sampling invertebrate drift in running water. – Annales de Limnologie 6: 133-159
Elliott, J.M. (1971a): Life histories an drifting of three species of Limnephilidae (Trichoptera). – Oikos 22: 56-61
Elliott, J.M. (1971b): The distances travelled by drifting invertebrates in a Lake District stream. – Oecologia 6: 350-379
Elliott, J.M. (1971c): Upstream movements of benthic invertebrates in a Lake District stream. – Journal of Animal Ecology 40: 235-252
Elliott, J.M. (1977): Some Methods for the statistical analysis of samples of benthic macroinvertebrates. – Scientific Publications of the Freshwater Biological Association No 25 (2nd ed.)
Elliott, J.M. (1981): A quantitative study of the life cycle of the net-spinning caddis *Philopotamus montanus* (Trichoptera: Philopotamidae) in a Lake District stream. – Journal of Animal Ecology 50: 867-883
Elliott, J.M. & Bagenal, T.B. (1972): The effects of electrofishing on the invertebrates of a Lake District stream. – Oecologia 9: 1-11
Fjellheim, A. (1980): Differences in drifting of larval stages of *Rhyacophila nubila* (Trichoptera). – Holarctic Ecology 3: 99-103
Gallepp, G.W. (1974): Diel periodicity in the behaviour of the caddisfly, *Brachycentrus americanus* (Banks). – Freshwater Biology 4: 193-204
Graesser, A.K. (1988): Invertebrate drift in three flood prone streams in South Westland, New Zealand. – Verhandlungen der Internationalen Vereinigung für Theoretische und Angewandte Limnologie 23: 1422-1426
Grosina, H. (1985): Vorstudien für das Forschungsprojekt «Ökosystemstudie Donaustau». – Veröffent-

lichungen des Österreichischen MaB-Programmes, Bd. 11, Universitätsverlag Wagner, Innsbruck
Grzybkowska, M., Pakulska, D. & Jakubowski, H. (1987): Benthos and drift of invertebrates, particularly Chironomidae, in a selected cross-section profile of the River Widawka (Central Poland). – Acta Hydrobiologica 29: 89-109
Haney, J.F., Beaulieu, T.R., Berry, R.P., Mason, D.P., Miner, C.R., McLean, E.S., Price, K.L., Trout, M.A., Vinton, R.A. & Weiss, S.J. (1983): Light intensity and relative light change as factors regulating stream drift. – Archiv für Hydrobiologie 97: 73-88
Hardy, A.C. (1936): The continuous plancton recorder. – Discovery Reports 11: 457-510
Hary, N. & Nachtnebel, H.P. (Ed.) (1989): Ökosystemstudie Donaustau Altenwörth: Veränderungen durch das Donaukraftwerk Altenwörth. – Veröffentlichungen des österreichischen MaB-Programmes, Bd. 14, Universitätsverlag Wagner Innsbruck
Hemsworth, R.J. (1979): Invertebrate drift in the upper Wye catchment. – Dissertation, University of Wales
Hemsworth, R.J. & Brooker, M.P. (1981): Macroinvertebrate drift in the upper Wye catchment, Wales. – Hydrobiologia 85: 145-155
Hemsworth, R.J. & Brooker, M.P. (1979): The rate of downstream displacement of macroinvertebrates in the upper Wye, Wales. – Holarctic Ecology 2: 130-136
Hildrew, A.G. & Townsend, C.R. (1980): Aggregation, interference and foraging by larvae of *Plectrocnemia conspersa* (Trichoptera: Polycentropidae). – Animal Behaviour 28: 553-560
Humpesch, U.H. (1989): Veränderungen im Fließgewässer mit Stauerrichtung. – Perspektiven Spezial: 5-9
Humpesch, U.H. & Elliott, J.M. (Eds.) (1990): Methods of biological sampling in a large deep river: the Danube in Austria. – Wasser und Abwasser, Suppl. 2: 1-83
Irvine, J.B. (1985): Effects of succesive flow perturbations on stream invertebrates. – Canadian Journal of Fisheries and Aquatic Sciencies 42: 1922-1927
Koetsier, P. & Bryan, C.F. (1989): Winter and spring macroinvertebrate drift in an outpocketing of the lower Mississippi River, Louisiana (U.S.A.). – Hydrobiologia 185: 205-209
Kubicek, F. (1969): On the drift in the Loucka Creek (Czechoslovakia). – Folia Facultatis Scientiarum Naturalium Universitatis Purkynianae Brunensis 10: 45-53
Liakhov, S.M. (1961): Benthos runoff in the Volga near Kuibyshev prior to the regulation of the river runoff. – Trudy Vsesoyuznogo Gidrobioloichskogo obshchestva 11: 150-161
Liakhov, S.M. & Zhidkov, L.P. (1953): Bottom tray sampler: an apparatus for studying the benthal organisms, carried down by the river current. [In Russian]. – Zoologicky Zhurnal 32: 1020-1024
Matter, W.J. & Hopwood, A.J. (1980): Vertical distribution of invertebrate drift in a large river. – Limnology and Oceanographie 25: 1117-1121
McAtee, W.L. (1925): Notes on the drift, vegetable balls and aquatic insects as a food product of inland waters. – Ecology 6: 288-302
McLay, C.L. (1968): A study of drift in the Kakanui River, New Zealand. – Australian Journal of Marine and Freshwater Research 19: 139-149
Müller, K. (1974): Stream drift as a chronobiological phenomenon in running water ecosystems. – Annual Review of Ecology and Systematics 5: 309-323
Müller, K. (1982): The colonisation cycle of of freshwater insects. – Oecologia 52: 202-207
Needham, P.R. (1928): A net for the capture of stream drift organisms. – Ecology 9: 339-342
Obi, A. & Conner, J.V. (1986): Spring and summer macroinvertebrate drift in the Lower Mississippi River, Louisiana. – Hydrobiologia 139: 167-175
Otto, C. (1971): Growth and population movements of *Potamophylax cingulatus* (Trichoptera) larvae in a South Swedish stream. – Oikos 22: 292-301
Petto, H. (1991): Quantitative Charakterisierung des Makrozoobenthos der Donau und seine Abhängigkeit von Umweltvariablen (mit besonderer Berücksichtigung der Oligochaeta). – Dissertation an der Formal- und Naturwissenschaftlichen Fakultät der Universität Wien
Petto, H., Humpesch, U.H. & Anderwald, P.H. (1991): The water quality of the River Danube in the backwater area above the Altenwörth power station (kilometre 1980-2007 from the river mouth). 1. Conditions in the years 1986 and 1987. – Österreichische Wasserwirtschaft 43: 17-23
Pleskot, G. (1951): Wassertemperatur und Leben im Bach. – Wetter und Leben 3: 129-143

Radford, D.S & Hartland-Rowe, R. (1971): A preliminary investigation of bottom fauna and invertebrate drift in an unregulated and a regulated stream in Alberta. – Journal of Applied Ecology 8: 883-903
Sachs, L. (1972): Statistische Auswertungsmethoden. (3. Auflage) Springer, Berlin
Söderström, O. (1987): Upstream movements of invertebrates in running waters: a review. – Archiv für Hydrobiologie 111: 197-208
Statzner, B. & Mogel, R. (1984): No relationship between the substrate surface densities and drift of the stream caddisfly *Micrasema longulum* (Brachycentridae, Trichoptera). – Series Entomologica 30: 383-389
Statzner, B., Dejoux, C. & Elouard, J.M. (1984): Field experiments on the relationship between drift and benthic densities of aquatic insects in tropical streams (Ivory Coast). Part 1: Introduction: review of drift literature, methods and experimental conditions. – Revue d' Hydrobiologie Tropical 17(4): 319-334
Statzner, B., Elouard, J.M. & Dejoux, C. (1987): Field experiments on the relationship between drift and benthic densities of aquatic insects in tropical streams (Ivory Coast). III. Trichoptera. – Freshwater Biology 17: 391-404
Taylor, L.R. (1961): Aggregation, variance and the mean. – Nature 189: 732-735
Townsend, C.R. & Hildrew, A.G. (1976): Field experiments on the drifting, colonization and continuous redistribution of stream benthos. – Journal of Animal Ecology 45: 759-772
Ulfstrand, S. (1968): Benthic animal communities in Lapland streams. – Oikos Suppl. 10: 120 pp.
Waters, T.F. (1962): Diurnal periodicity in the drift of stream invertebrates. – Ecology 43: 316-320
Waters, T.F. (1964): Recolonisation of denuded stream bottom areas by drift. – Transactions of the American Fisheries Society 93: 311-315
Waters, T.F. (1972): The drift of stream insects. – Annual Review of Entomology 17: 253-272
Wiley, M.J. & Kohler, S.L. (1984): Behavioral adaptions of aquatic insects. – In: Resh, V.H. & Rosenberg, D.M. (Eds.): The Ecology of Aquatic Insects, pp. 101-133. – Praeger, New York
Williams, D.D. (1981): Migrations and distributions of stream benthos. In: Lock, M.A. & Williams, D.D. (Eds.): Perspectives in Running Water Ecology, pp. 155-207. – Plenum Press, New York
Williams, D.D. & Moore, K.A. (1982): The effect of environmental factors on the activity of *Gammarus pseudolimnaeus* (Amphipoda). – Hydrobiologia 96: 137-147
Zelinka, M. (1976): Mayflies (Ephemeroptera) in the drift of trout streams in the Beskydy Mountains. – Acta entomologica bohemoslovaca 73: 94-101

Limnologie aktuell · Band/Vol. 2 · Kinzelbach (Hg.): Biologie der Donau
Gustav Fischer Verlag · Stuttgart · Jena · New York · 1994

Lebenszyklusstrategien und deren Beziehung zu steuernden Umweltfaktoren am Beispiel ausgewählter Trichopterenpopulationen der Donau

Peter H. Anderwald

Pillergasse 15/99, A-1150 Wien

Keywords

Trichoptera, *Brachycentrus subnubilus*, *Psychomyia pusilla*, development, growth, substrate stability, large river

Abstract

The development and the relationship to environmental variables were studied quantitatively for two caddisfly populations (*Brachycentrus subnubilus* and *Psychomyia pusilla*) in a large river, the Danube in Austria. *B. subnubilus* showed a univoltine and *P. pusilla* a bivoltine lifecycle, representing different lifecycle strategies. The overall mean density of Trichoptera was 1580 individuals·m^{-2}, showing significant differences in the cross-section of the river. The growth of *B. subnubilus* was described by the logistic growth model; the final weight of three consecutive generations increased significantly, and growth was thus able to compensate for 30% of the losses in biomass which were caused by a significant decrease in density. Using factor analysis, 14 environmental variables could be reduced to three, which explained 56 and 54% of the variability of the densities of the two species in a multiple regression analysis. The highest densities of both species were found in sediments with a median diameter of grain size-distribution of 35-45 mm and at a mean water velocity between 0.7 and 1.4 m·s^{-1}, when no sediment movement occurred.

Kurzfassung

Die Lebenszyklen und die Beziehung zu steuernden Umweltfaktoren wurden für zwei Trichopterenpopulationen, *Brachycentrus subnubilus* und *Psychomyia pusilla*, des österreichischen Donauabschnittes quantitativ untersucht. Mit einer univoltinen Entwicklung für *B. subnubilus* und einer bivoltinen Entwicklung für *P. pusilla* wurden unterschiedliche Lebenszyklusstrategien festgestellt. Die mittlere Besiedelungsdichte der Trichopteren betrug, bei signifikanten Dichteunterschieden im Flußquerschnitt, 1580 Ind·m^{-2}. Das Wachstum von *B. subnubilus* wurde mit einem logistischen Modell beschrieben, die Maximalgewichte der Larven zeigten in drei aufeinanderfolgenden Generationen einen signifikanten Anstieg. Dadurch konnten 30% der durch eine signifikante Abnahme der Besiedelungsdichten verursachten Biomasseverluste kompensiert werden. Über eine Faktorenanalyse wurden 14 Umweltvariable auf drei Schlüsselvariable reduziert, die in einem multiplen Regressionsmodell 56 bzw. 54% der Dichtevariabilität der beiden Arten erklären konnten. Die höchsten Dichten wurden für beide Arten bei einem Median der Korngrößenverteilung zwischen 35-45 mm, einer mittleren Strömungsgeschwindigkeit von 0,7 bis 1,4·m·s^{-1} und fehlender Sedimentumlagerung festgestellt.

1 Einleitung

Die Trichopteren stellen neben den Dipteren die artenreichste Ordnung unter den aquatischen Insekten dar (Mackay & Wiggins 1979). Obwohl diese Ordnung in Europa mit insgesamt 895 Arten in den unterschiedlichsten Lebensräumen vertreten ist, liegt ihr Verbreitungsschwerpunkt mit ungefähr 570 Arten in den Fließgewässern (Illies 1978). Dort besiedeln sie einerseits als hoch spezialisierte stenöke Arten nur eng abgegrenzte Gewässerabschnitte, wie z.B. den Quellbereich, andererseits kommen sie auch als eher euryöke Arten in größeren Abschnitten im Längsverlauf der Fließgewässer vor.

Die Anzahl der n-dimensionalen ökologischen Nischen in einem Lebensraum, die letztlich die Zahl der potentiell vorkommenden Arten bestimmt, hängt einerseits von den Gradienten der steuernden Faktoren und andererseits von ihrer Aufteilung ab. Die Fähigkeit zur effizienten Nischenaufteilung der Trichopterenarten wird als ein Grund für die hohe Diversität der Trichopteren genannt. Beispielsweise wird diese Nischenaufteilung durch spezielle physiologische Leistungen, wie die des Spinnvermögens, erreicht, das eine hohe Spezialisierung hinsichtlich der Nahrung erlaubt (Wallace, Webster & Woodall 1977), oder aber auch über speziell adaptierte Entwicklungszyklen, die dann zu einer zeitlichen Nischenaufteilung führen können (Mackay & Wiggins 1979; Petersen 1989).

In Fließgewässern werden als steuernde Faktoren für das Vorkommen und die Dichteentwicklung von Arten einerseits Umweltvariablen, insbesondere die Wassertemperatur, hydrologische Variablen und die Verfügbarkeit von Nahrung genannt, andererseits aber auch biologische Variablen, insbesondere jene der Lebensgeschichte, wie z.B. Dichte, Größe, Entwicklungsstadium und Verhalten (zusammengefaßt von Sweeney 1984). Während die Wassertemperatur und die Nahrung als entwicklungsbedingende Variablen eher das Vorkommen an sich und die Entwicklung im Lebensraum bestimmen, steuern die hydrologischen Variablen die räumliche Heterogenität und die zeitliche Instabilität der Tiergemeinschaften, ausgedrückt in der Dichte und in der Diversität (zusammengefaßt in Hynes 1970; Resh & Rosenberg 1984; Resh et al. 1988; Petto 1991). Häufige Störungen der Besiedelung durch kritische Werte der Umweltvariablen, z.B. der Sedimentumlagerung, können dabei zu einer Reduktion sowohl der Dichten, als auch der Artenzahl führen (Robinson & Minshall 1986). Der Einfluß dieser Variablen auf die Trichopteren wurde bisher größtenteils an kleinen Fließgewässern in zahlreichen, vorwiegend qualitativen Arbeiten dargestellt. Biologische Variablen, wie z.B. Dichte und Größe, wirken meist dämpfend auf die Instabilität der Besiedelung und führen die Populationen in Richtung eines Gleichgewichtszustandes (Elliott 1982; Feminella & Resh 1990). Die regulative Wirkung biologischer Variablen ist vor allem dann erfolgreich, wenn ihr Effekt nicht durch die Wirkung der Umweltvariablen überlagert wird (Elliott 1981, 1982).

Daher kann für Fließgewässer, die hinsichtlich ihrer Umweltvariablen sehr dynamische Lebensräume sind, die Frage gestellt werden, ob, bzw. unter welchen Bedingungen, biologische Regulationsmechanismen effektiv genug sind, um die durch die Umweltvariablen verursachte Dynamik der Populationen zu kompensieren. Alle genannten Problemkreise sind bisher, wie zum Teil bereits erwähnt, vor allem in kleinen Fließgewässern untersucht worden (z.B. Edington 1968; Hynes 1970; Elliott 1981, 1982; Minshall 1984) und die Übertragbarkeit auf große Fließgewässer scheint fraglich.

Für die Trichopteren der österreichischen Donau liegen bisher keine ökologischen Untersuchungen vor, der faunistische Kenntnisstand ist auf Lichtfallenuntersuchungen beschränkt (Malicky 1978; Waringer 1989, 1991). Im Zusammenhang mit dem Forschungsprojekt «Ökosystemstudie Donaustau Altenwörth» (MaB 5/9 und 5/20; Grosina 1985; Hary & Nachtnebel 1989) des österreichischen Man and Biosphere-Programmes war es möglich, Untersuchungen zu diesen Fragestellungen an der Donau, als Beispiel für ein großes Fließgewässer, durchzuführen und so einen Vergleich mit den Ergebnissen aus kleinen Fließgewässern zu ermöglichen.

Ausgangspunkt der vorliegenden Untersuchung war die Beschreibung der Entwicklungszyklen für charakteristische Vertreter der Großgruppe. Letzteres mit dem Ziel, diesen Zyklen bestimmte Grundmuster zuzuordnen, die im Vergleich der Arten untereinander und in Abstimmung mit den Umweltvariablen eigenständige Strategien darstellen können. Die quantitative Analyse der Abhängigkeit zwischen den Besiedelungsdichten und den Umweltvariablen sollte Zugang zu Schlüsselvariablen für die Besiedelung der Trichopteren in großen Flüssen bringen. Die weitere Analyse der Individuendichten, des Wachstums und der Produktion wurden zur Nachweisbarkeit biologischer Regulationsmechanismen durchgeführt, und zwar als Abschätzung, wieweit diese Faktoren unter den herrschenden Umweltbedingungen die Populationen regulieren können.

Die Ergebnisse dieser allgemein ökologisch relevanten Fragen der Populationsregulation können, entsprechende Modelle vorausgesetzt, die angewandte Forschung dahingehend motivieren, daß, z.B. für die ökologische Bewertung und Abschätzung wasserbaulicher Maßnahmen, erstmals quantitative Zusammenhänge zur Anwendung kommen, die eine notwendige Basis für wissenschaftliches Management sind.

2 Untersuchungsgebiet

Das Untersuchungsgebiet liegt am Ende der freien Fließstrecke durch die Wachau, im Stauwurzelbereich des Donaukraftwerks Altenwörth (Strkm 1980.4; 48° 23' N; 15° 51' E). Im Bereich der Probenstelle, bei Strkm. 2005, beträgt die Spannweite der Abflußmengen ca. 600 bis 10000 $m^3 \cdot s^{-1}$. Typische Abflußmuster sind durch längere Niederwasserperioden im Spätherbst und Winter und durch höhere Wasserstände im Frühjahr und Sommer charakterisiert, allerdings können auch im Winter kurzzeitig Hochwässer auftreten. Thermisch ist die Donau mit einem Jahresmittelwert von 9,5°C und einer Spannweite von etwa 0 bis 20°C nach Pleskot

(1951) in diesem Abschnitt als «sommer-kühl» zu charakterisieren. Für eine detaillierte Beschreibung des Untersuchungsgebietes siehe auch Anderwald (1991).

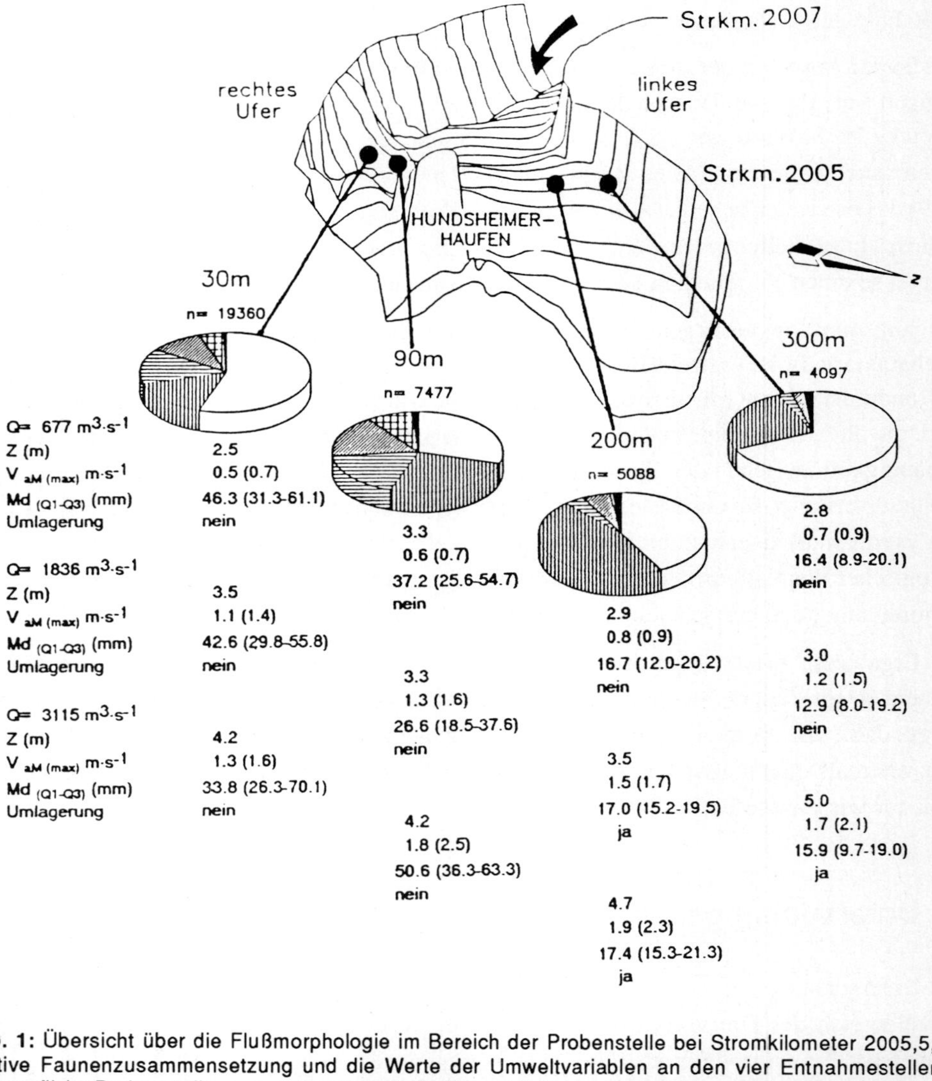

Abb. 1: Übersicht über die Flußmorphologie im Bereich der Probenstelle bei Stromkilometer 2005,5, die relative Faunenzusammensetzung und die Werte der Umweltvariablen an den vier Entnahmestellen im Querprofil der Probenstelle; angegeben sind die Entfernung (m) vom rechten Ufer und die Gesamtindividuendichte des Makrozoobenthos (n) pro m². ❑ = Oligochaeta, ▥ = Chironomidae, ▤ = Trichoptera, ▨ = Crustacea, ▦ = Mollusca, ■ = Sonstige. Die Umweltvariablen sind für drei unterschiedliche Wasserführungen (Q) angegeben: Z = Wassertiefe (m), $V_{aM(max)}$ = mittlere und (maximale) Strömungsgeschwindigkeit (ms^{-1}), $Md_{(Q1-Q3)}$ = Median und (erstes und drittes Quartil) der Korngrößenverteilung (mm). Der Pfeil markiert die Fließrichtung.

Die Probenstelle für die Besammlung der benthisch lebenden Larven liegt am Stromkilometer 2005,5 (Abb. 1), im Bereich der Stauwurzel, so daß der Charakter der freien Fließstrecke weitgehend erhalten ist.

Die Donau ist an diesem Stromkilometer bei Mittelwasser (= 1836 $m^3 \cdot s^{-1}$) etwa 330 m breit und hat eine mittlere Tiefe von ungefähr 3,3 m. Bei diesem Wasserstand schwanken die mittleren Strömungsgeschwindigkeiten an einem aus vier Entnahmestellen bestehenden Querprofil zwischen 1,1 und 1,5 $m \cdot s^{-1}$, die höchsten Werte wurden 200 m vom rechten Ufer im Bereich der Schiffahrtsrinne gemessen, die geringsten 30 m vom rechten Ufer (Abb. 1).

Vom rechten zum linken Ufer konnte auch ein deutlicher Gradient in der Sedimentzusammensetzung festgestellt werden: der Median der Korngrößendurchmesser betrug bei Mittelwasser am rechten Ufer 43 mm und nahm zum linken Ufer auf 13 mm ab. Diesem Gradienten folgend, nimmt auch die Stabilität des Substrates vom rechten zum linken Ufer ab. Mit der Wasserführung erfolgt eine weitere Änderung der Variablenwerte, die gegenseitigen Unterschiede bleiben jedoch erhalten (Abb. 1).

Auf Grund der im Querprofil unterschiedlichen Faunenzusammensetzung wurden zwei Entnahmestellen, 30 und 90 m vom rechten Ufer, für die vorliegende Arbeit ausgewählt, da 30 und 90 m vom rechten Ufer Oligochaeten, Chironomiden, Trichopteren und Crustaceen dominieren, sich die Fauna 200 und 300 m vom rechten Ufer aber vor allem aus Oligochaeten und Chironomiden zusammensetzt (Abb. 1; Petto 1991). Demnach ist das Vorkommen der Trichopteren auf den rechtsufrigen Bereich des Flusses beschränkt.

3 Material und Methoden

Eine detaillierte Beschreibung der Aufsammlungsmethoden ist Humpesch, Anderwald & Petto (1990) zu entnehmen, jene weiterer Methoden, insbesondere jene der Datenanalyse, Anderwald (1991), so daß die Methodik in wesentlich verkürzter Form dargestellt werden kann:

3.1 Biologische Variable

Die quantitative Aufsammlung der Larven wurde mit einem Petersen-Greifer, der von R. Niederreiter für die Aufsammlungsbedingungen der Donau modifiziert worden war, durchgeführt. Das Sammelprogramm umfaßte 25 Aufsammlungstermine zwischen Oktober 1986 und April 1989, wobei die Termine so ausgewählt wurden, daß die Entwicklung der Tiere verfolgt und ihre Häufigkeit bei Nieder- Mittel- und Hochwasser erfaßt werden konnte. Für jeden dieser Termine standen je 10 Einzelproben pro Entnahmestelle zur Verfügung, die nach dem sog. «random stratified sampling»-Prinzip entnommen wurden (Elliott 1977). Die aus den einzelnen Schotterproben gewonnenen Individuenzahlen wurden auf ein konstantes Entnahmevolumen von 1000 ml standardisiert und dienten der Berechnung von Mittelwerten und Streuungsmaßen (der entsprechende Umrechnungsfaktor für die Dichten pro m^2 beträgt 27,5 mal Dichte pro 1000 ml).

Für *Brachycentrus subnubilus* und *Psychomyia pusilla* wurden die Entwicklungsstadien über die Kopfkapselbreite aufgetrennt und das Trockengewicht fixierter Larven, W_T, über die Beziehung zwischen der Kopfkapselbreite und dem Gewicht bestimmt (Fixierung: 80-90% Ethanol). Dazu wurde die Potenzfunktion

$$\ln L_G = \ln a + b \ln K \qquad (1)$$

zwischen dem Larvengewicht L_G (mg) und der Kopfkapselbreite K (mm) berechnet und die mittlere Kopfkapselbreite jedes Entnahmetermines in die bekannte Beziehung eingesetzt. Die Konstanten lauten für *B. subnubilus* ln a = 0,247, b = 3,258; $r^2 = 0{,}91$, n = 389 und für *P. pusilla* ln a = –0,318, b = 2,949; $r^2 = 0{,}93$, n = 235. Das Trockengewicht fixierter Larven entspricht dabei im Mittel 13,7% (Spannweite 9,6-16,2%) des Frischgewichtes (frisch getöteter, mit Filterpapier abgetrockneter Larven).

Das Wachstum wurde für Entnahmeintervalle über die spezifische Wachstumsrate g (% $W_T \cdot Tag^{-1}$) und für gesamte Generationen über ein logistisches Modell beschrieben:

$$g = (\ln (W_t / W_0)) / t * 100 \qquad (2)$$

logistisches Modell:

$$W_T = \frac{c}{1 + b * e^{-a*t}} \qquad (3)$$

für g ist W_t bzw. W_0 das Gewicht (mg) am Ende bzw. am Beginn des Entnahmeintervalls der Dauer von t (Tage). Im logistischen Modell sind a, b und c Konstante, wobei a die exponentielle Wachstumsrate und c das Sättigungsgewicht (W_{max}) der Funktion sind und b (W_{max}/W_{0-1}) entspricht; e ist die Basis des natürlichen Logarithmus und t die Generationendauer.

Die Biomasse, B (mg), stellt das Produkt der Individuendichte (I) und des Gewichtes (W_T) dar. Die Produktion, P (mg), wurde über die Wachstumsrate (g), nach der «instantaneous growth»-Methode (Ricker 1946) berechnet.

3.2 Umweltvariable

Um die festgestellten Individuendichten mit wichtigen Umweltvariablen in Beziehung setzen zu können, wurde an den beiden Entnahmestellen, 30 und 90 m vom rechten Ufer, für jeden Aufsammlungstermin je ein Tiefenprofil der Strömungsgeschwindigkeit und die Wassertiefe gemessen und die Bodenstruktur (Korngrößenzusammensetzung) analysiert. Zusätzlich standen Tagesmittelwerte des Durchflusses und tägliche Temperaturmessungen (7 Uhr-Werte) zur Verfügung.

Ausgehend von diesen Meßwerten wurden 14 Umweltvariablen jeweils für das Intervall zwischen zwei Aufsammlungsterminen berechnet: Temperatur: T_{min}, T_{max} und T_{aM}; Durchfluß: Q_{min}, Q_{max}, Q_{aM} und CVQ; Strömungsgeschwindigkeit: V_{aM}; Bodenstruktur: $Q_{1\varnothing}$, Md, $Q_{3\varnothing}$, So und Sk; Sedimentumlagerung: U. Dabei beziehen sich min, max, aM und CV (die Minima, die Maxima, die arithmetischen Mittel und der Variationskoeffizient) auf die täglichen Werte eines Entnahmeintervalls; $Q_{1\varnothing}$, Md, $Q_{3\varnothing}$ So und Sk sind die Mittelwerte der 25%, der 50% und der 75% Quantile der Korngrößenverteilung sowie des Sortierungs- und Schiefekoeffizienten von zwei aufeinanderfolgenden Entnahmeterminen (siehe Mangelsdorf & Scheurmann 1980); U stellt einen Summenindex der Sedimentumlagerung dar, der sowohl die Stärke eines Umlagerungsereignisses, als auch den zeitlichen Abstand zum nächsten Entnahmetermin gewichtet.

3.3 Datenanalyse

Alle verwendeten statistischen Verfahren sind in Hartung & Elpelt (1986) bzw. Hartung, Elpelt & Klösener (1987) und in Sachs (1972) beschrieben. Für die Vergleiche unabhängiger Stichproben wurde der nichtparametrische U-Test nach Mann und Whitney verwendet. Die Prüfung auf Trend wurde mit dem Einstichproben-Trendtest nach Mann durchgeführt. Die Prüfung der Regressionskoeffizienten gegen Null erfolgte nach Sachs (1972) über die Student-Verteilung.

Die 14 Umweltvariablen konnten für die weitere Analyse über eine Faktorenanalyse ohne wesentlichen Informationsverlust auf drei aussagekräftige Variablen reduziert werden (Anderwald 1991). Diese drei Variablen (Md, V_{aM} und T_{min}) dienten der Beschreibung der Abhängigkeit der Individuendichten von den Umweltvariablen über ein multiples Regressionsmodell, in dem zusätzlich die Zeit, t, als Trendfaktor berücksichtigt wurde:

$$\ln (Y + 1) = \ln a + \sum_{i=1}^{4} b_i X_i \qquad (4)$$

Dabei wurde die Individuendichte (I_m) aller Entnahmetermine der beiden Entnahmestellen als abhängige Variable (Y) definiert. Md, V_{aM}, T_{min} und t waren die unabhängigen Variablen (X_i; $i = 1,..,4$). Als Maß für die Güte der Modellanpassung diente das multiple Bestimmtheitsmaß (R^2).

4 Ergebnisse

4.1 Lebenszyklus

B. subnubilus und *P. pusilla* zeigen fünf Larvenstadien, ein Puppen- und ein Adultstadium. Von *B. subnubilus* ist zudem ein Praepuppenstadium bekannt.

B. subnubilus ist univoltin, die Individuen sind in ihrer Entwicklung untereinander synchronisiert. Die Primärlarven (L1) schlüpfen Ende Mai bis Anfang Juni und entwickeln sich bis Ende

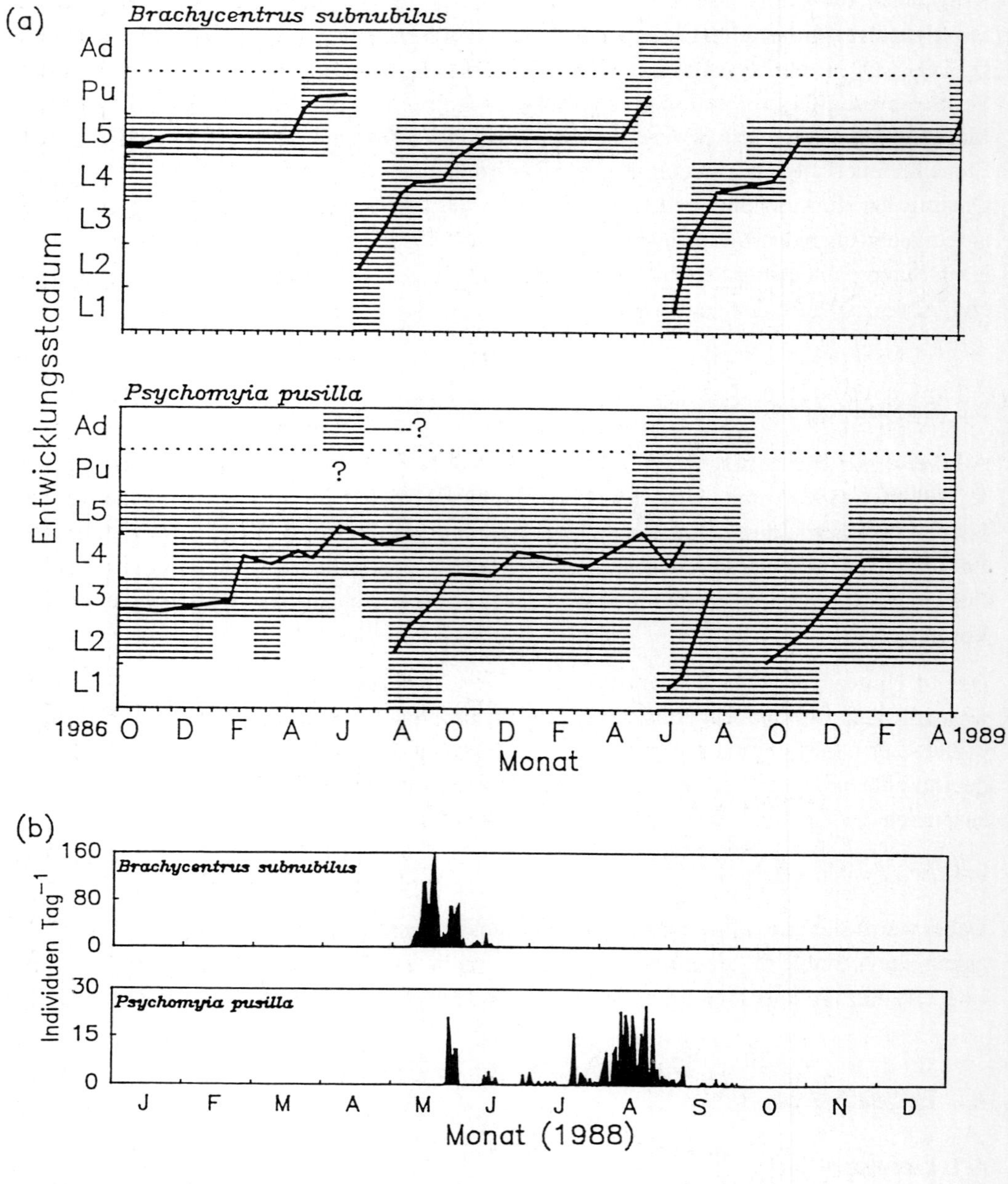

Abb. 2: Übersicht über die Lebenszyklen von *B. subnubilus* und *P. pusilla*. (a) aquatische Stadien: die schraffierten Flächen verdeutlichen das Vorhandensein der Entwicklungsstadien, die ausgezogenen Linien stellen das gewichtete mittlere Larvenstadium dar. L1-L5 = Larvenstadien, Pu = Puppen und Ad = Adulte. Ein ? bedeutet ein vermutetes, aber nicht nachgewiesenes Vorkommen. (b) Imagines: dargestellt sind die über Lichtfallen im Jahr 1988 gefangenen Individuen pro Tag aus Anderwald (1991)

August zum vierten (L4) und bis Mitte November zum fünften Larvenstadium (L5). In diesem Stadium überwintert die Larve. Nach einem wenige Tage dauernden Praepuppenstadium beginnt die Verpuppung Mitte April. Die eigentliche Metamorphose dauert etwa zwei Wochen, so daß Anfang Mai die Emergenzperiode beginnt, die bis Mitte Juni dauert. Ende Mai sind aber bereits mehr als 95% aller Imagines geschlüpft (Abb. 2a, b).

P. pusilla ist bivoltin, da die Entwicklung aber sehr flexibel verläuft, tritt eine zweite Generation möglicherweise nicht in jedem Jahr auf. 1988 schlüpften die Primärlarven (L1) der Sommergeneration ab Anfang Juni, das Maximum der L1 war Ende Juni. Ende Juli waren 28% der Larven bereits wieder im fünften Entwicklungsstadium (L5), so daß Mitte September das Maximum der Primärlarven der nächsten (überwinternden) Generation festgestellt werden konnte. Die Larven überwintern in den Stadien L2 bis L5, wobei sich die mittleren Stadien von 1.5 im September bis 4 im April weiterentwickeln. Durch die zeitliche Überlappung der beiden Generationen war eine exakte Auftrennung, außer in den Stadien L1 und L2, nicht möglich, so daß nicht sicher ist, ob alle Individuen der Sommergeneration ihren Zyklus im selben Jahr vollendeten oder nicht. Puppen konnten von Ende April bis Ende Juni festgestellt werden, die Dauer des Puppenstadiums ist nicht bekannt. Innerhalb der Emergenzperiode, von Mitte Mai bis Ende September, konnten zumindest für die Weibchen zwei getrennte Flugperioden unterschieden werden: die erste begann Mitte Mai und dauerte nur etwa eine Woche, während der zweiten Periode, die Mitte Juli begann, war das Emergenzmaximum Anfang August. 1987 konnte nur eine Generation festgestellt werden, eine zweite konnte aber auch nicht ausgeschlossen werden, da für den fraglichen Zeitraum Daten fehlen (Abb. 2a, b).

4.2 Besiedelungsdichten

Für beide Arten war die Individuendichte an der Entnahmestelle 30 m signifikant höher ($P < 0,001$) als an der Entnahmestelle 90 m.

B. subnubilus zeigte an der Entnahmestelle 30 m im Untersuchungszeitraum eine mittlere Dichte von 38 (Schwankungsbreite 0,1 bis 110,8) Ind·1000 ml^{-1}. Der Generationenwechsel führt zu einem deutlichen saisonalen Dichtemuster: nach dem Schlüpfen der Primärlarven, Anfang Juni, nimmt die Dichte der Larven zunächst bis Anfang August zu und erreicht dann entweder, wie bei der Generation 87/88, im Spätherbst ihren höchsten Wert von 101 Ind·1000 ml^{-1}, oder bleibt, wie bei der Generation 88/89, annähernd auf ihrem Augustniveau von ca. 30 Ind·1000 ml^{-1}. Allerdings wurden für die Generation 87/88 von August bis Dezember 1987 starke Schwankungen der Dichte zwischen 16 und 101 Ind·1000 ml^{-1} festgestellt, während hingegen im Sommer und Herbst 1988 die Schwankungsbreite lediglich 12 bis 31 Ind·1000 ml^{-1} betrug. Über den Winter nehmen die Dichten ab, so daß im Frühjahr, vor der Verpuppung, die geringsten Dichten festgestellt werden können (Abb. 3). An der Entnahmestelle 90 m, wo die mittlere Dichte im Untersuchungszeitraum 6,7 (0 bis 69,6) Ind·1000 ml^{-1} betrug, war das saisonale Muster nur noch schwach erkennbar: nachdem die Dichte im Herbst 1986 ca. 70

Ind·1000 ml^{-1} betrug, konnten nach dem Ende dieser Generation nur mehr Werte bis zu 3,5 Ind·1000 ml^{-1} festgestellt werden, im März 1988 wurde die Population an dieser Stelle sogar bis zum Ende der Generation 87/88 eliminiert.

Die Dichten wurden über den gesamten Untersuchungszeitraum auf monotonen Trend getestet, der die langfristigen Populationsänderungen widerspiegelt. *B. subnubilus* zeigte an der Entnahmestelle 30 m einen signifikanten Abwärtstrend ($P < 0{,}05$), an der Entnahmestelle 90 m konnte kein Trend nachgewiesen werden ($P \geq 0{,}05$). Demnach zeigten die Dichten neben den absoluten Unterschieden an den beiden Entnahmestellen auch einen unterschiedlichen zeitlichen Verlauf (Abb. 3).

P. pusilla zeigte an der Entnahmestelle 30 m im Untersuchungszeitraum eine mittlere Dichte von 2,5 (0,1 bis 10,6) Ind·1000 ml^{-1}, an der Entnahmestelle 90 m betrug die mittlere Dichte 1,0 (0,1 bis 3,5) Ind·1000 ml^{-1}. An beiden Entnahmestellen konnten für diese Art charakteristische saisonale Dichtemuster festgestellt werden: mit der jeweils neuen Generation, das war 1987 Anfang August und 1988 Ende Juni, beginnen die Dichten anzusteigen und erreichen im Herbst ihr Maximum von 8,1 und 3,2 (1987) bzw. 10,6 und 3,5 (1988) an den beiden Entnahmestellen. Danach erfolgt innerhalb eines Entnahmeintervalls ein Absinken der Dichten auf etwa ein Zehntel des Maximalwertes. Über den Winter bleiben die Dichten annähernd gleich (Abb. 3). Ein signifikanter Aufwärtstrend der Dichten über den gesamten Untersuchungszeitraum konnte an der Entnahmestelle 30 m festgestellt werden ($P < 0{,}05$), an der Entnahmestelle 90 m war kein Trend nachweisbar ($P \geq 0{,}05$). Demnach sind die Dichten an den beiden Entnahmestellen zwar absolut verschieden und zeigen unterschiedliche Trends, die zeitlichen Muster sind aber ähnlich.

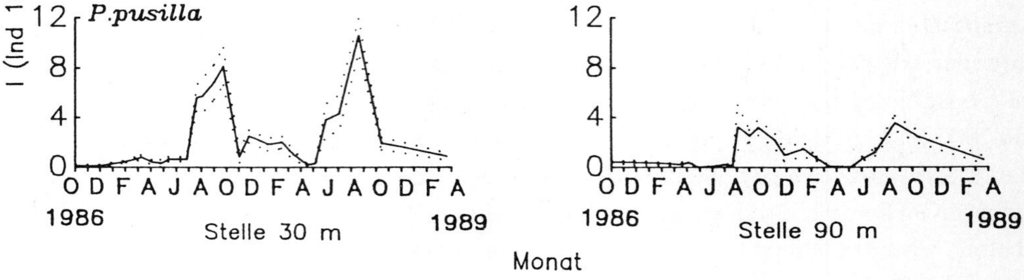

Abb. 3: Übersicht über die Individuendichten der aquatischen Stadien von *B. subnubilus* und *P. pusilla* an den Entnahmenstellen 30 und 90 m vom rechten Ufer. Dargestellt sind die mittlere Dichte pro 1000 ml (ausgezogene Linie) ± Standardfehler (punktierte Linien)

4.3 Wachstum

Da eine vollständige Auftrennung der unterschiedlichen Generationen nur für *B. subnubilus* möglich war, wurde die Analyse des Wachstums auf diese Art beschränkt.

Der zeitliche Verlauf des Wachstums war bei allen drei Generationen ähnlich, die höchsten spezifischen Wachstumsraten wurden jeweils am Beginn des Lebenszyklus, während des ersten Beobachtungsintervalls nach dem Schlüpfen der Junglarven berechnet: g_{max} = 5,3; 7,7 und 7,2% $W_T \cdot Tag^{-1}$ für die Generationen 86/87, 87/88 und 88/89. Bis September sanken die Wachstumsraten auf 0,01 und 0,25% $W_T \cdot Tag^{-1}$ (87/88 und 88/89, für die Generation 86/87 liegen für diesen Zeitraum keine Daten vor), im Herbst stieg die Rate wiederum auf 1,3; 1,6 und 2,1% $W_T \cdot Tag^{-1}$

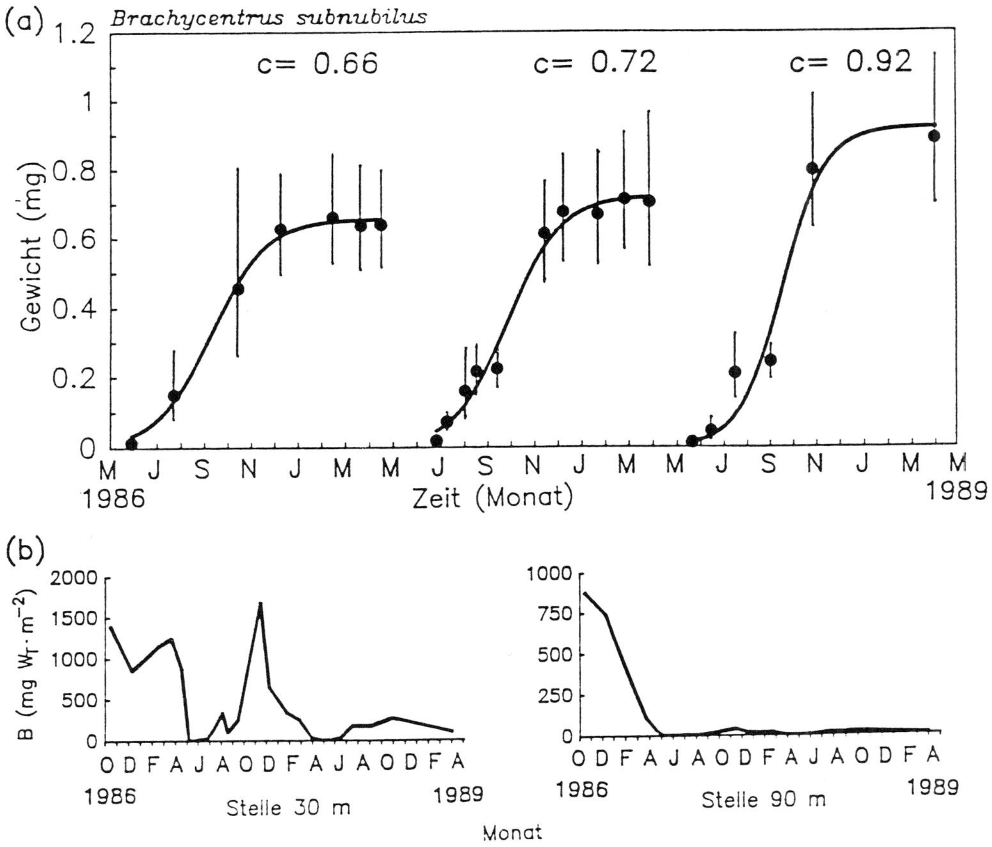

Abb. 4: Übersicht über das Wachstum und die Biomasseentwicklung von *B. subnubilus*; (a) Wachstum: dargestellt sind die geometrischen Mittel ± Standardfehler der Gewichte (W_T) und die Modellabschätzung über das logistische Wachstumsmodell (3), c = Sättigungskonstante; (b) Biomasse: dargestelt sind die mittleren Biomassen an den Entnahmestellen 30 und 90 m

(86/87, 87/88 und 88/89). Im Winter und Frühjahr stagniert das Wachstum, das heißt, die Raten schwanken um Null.

Dieses Wachstum zeigt, mit Bestimmtheitsmaßen von 99,5%, 98,4% und 96,1% für die aufeinanderfolgenden Generationen, eine hohe Anpassung an das logistische Wachstumsmodell. Dabei wurde neben geringeren Unterschieden im Wachstumsverlauf der Generationen, ausgedrückt in der Konstanten a, ein Anstieg der Konstanten c, die die Sättigungsgrenze und somit das Gewicht der Larven am Ende der Generation darstellt, festgestellt: die Werte für die aufeinanderfolgenden Generationen waren: c = 0,657 (SE = 0,013), 0,722 (SE = 0,029) und 0,921 (SE = 0,097) (Abb. 4a). [Die Anfangsgewichte waren für die Generationen 86/87 und 88/89 mit 0,007 mg gleich, für die Generation 87/88 betrug das Anfangsgewicht 0,021 mg, da die erste Aufsammlung nicht exakt mit dem Schlüpfen der Junglarven erfolgte.]

Demnach stiegen die Endgewichte der Larven in den aufeinanderfolgenden Generationen, bei gleichzeitig abnehmenden Individuendichten, signifikant an ($P < 0,001$), was als Hinweis auf eine Dichteabhängigkeit des Wachstums interpretiert wird.

4.4 Biomasse und Produktion

Mit einer mittleren Biomasse im Untersuchungszeitraum von 481 und 109 mg $W_T \cdot m^{-2}$ an den Entnahmestellen 30 und 90 m zeigte *B. subnubilus*, ebenso wie bei den Individuendichten, Unterschiede an den beiden Entnahmestellen.

Das zeitliche Muster der Biomasse ist für die verschiedenen Generationen ähnlich: die geringste Biomasse ist jeweils am Beginn einer neuen Generation festzustellen, sie betrug an der Entnahmestelle 30 m für die Generationen 87/88 und 88/89 26,1 und 31,6 mg $W_T \cdot m^{-2}$ und an der Entnahmestelle 90 m 1,1 und 4,1 mg $W_T \cdot m^{-2}$. Danach steigen die Biomassen jeweils bis zu ihren Maxima im Herbst an und sinken dann wieder bis zum Frühjahr. Diese Maxima waren für die Generationen 86/87, 87/88 und 88/89 an der Entnahmestelle 30 m 1400, 1683 und 273 mg $W_T \cdot m^{-2}$ und an der Entnahmestelle 90 m 880, 42 und 20 mg $W_T \cdot m^{-2}$ (Abb. 4b).

Der Vergleich der Biomassen mit den Dichten (siehe Abb. 3) zeigt, daß bei den kleinen Larven wegen ihres geringen Körpergewichtes der Biomasseaufbau hinter der Dichteentwicklung zurückbleibt, daß aber die Biomasseentwicklung etwa ab dem vierten Larvenstadium großteils der Dichte folgt. Die Biomasse nimmt, wie die Dichten, in den aufeinanderfolgenden Generationen ab.

Die Produktion betrug an der Entnahmestelle 30 m für die (unvollständig untersuchte) Generation 86/87 373 mg$\cdot m^{-2}$, für die Generationen 87/88 und 88/89 1488 und 510 mg$\cdot m^{-2}$. Die entsprechenden Werte für die Entnahmestelle 90 m lauten 279, 41 und 45 mg$\cdot m^{-2}$ (Tab. 1). Das heißt, daß die Produktion mit einem Verhältnis von 1 : 1.3 für die Generation 86/87 nur geringe Unterschiede an den Entnahmestellen zeigt, die anderen beiden Generationen mit Verhältnissen von 1 : 36,3 und 1 : 11,4 aber an den Entnahmestellen deutlich unterschieden sind.

Tab. 1: Übersicht über die mittlere Biomasse (B_m, arithmetisches Mittel in mg pro m²), die Produktion (P in mg pro m²) und das Verhältnis von Produktion und Biomasse (P/B) für drei Generationen von *B. subnubilus*. *Für die Generation 86/87 wurde nur die Periode Oktober bis April berücksichtigt

Generation	86/87*		87/88		88/89	
Entnahmestelle	30 m	90 m	30 m	90 m	30 m	90 m
B_m	1103	419	382	14	127	10
P	373	279	1488	41	510	45
P/B	–	–	3,90	2,93	4,02	4,50

4.5 Das Verhältnis der Produktion zur Biomasse

Ein absoluter Vergleich des P/B-Verhältnisses wird nur für die vollständig erfaßten Generationen 87/88 und 88/89 durchgeführt. Für die Generation 87/88 war die Produktion an der Entnahmestelle 30 m 3,9 mal so hoch wie die Biomasse, an der Entnahmestelle 90 m war sie 2,9 mal so hoch. Für die Generation 88/89 war das Verhältnis höher und betrug an der Entnahmestelle 30 m 4,0 und an der Entnahmestelle 90 m 4,5. Demnach zeigte die Generation 87/88 an der Entnahmestelle 30 m – im Verhältnis zur Biomasse – eine höhere Produktion als an der Entnahmestelle 90 m, bei der Generation 88/89 war es umgekehrt und die Produktion war – im Verhältnis zur Biomasse – insgesamt höher als die der Generation 87/88 (Tab. 1).

4.6 Umweltvariable

Der zeitliche Verlauf von Durchfluß und Temperatur ist in Abb. 5 dargestellt. Für den Vergleich der einzelnen Saisonen wurden jeweils die für die Entwicklung maßgeblichen Perioden Mai bis April gewählt. In der Saison 1986/87 betrug der mittlere Durchfluß 1771 $m^3 \cdot s^{-1}$ (Schwankungsbreite 569-5291). In der Saison 1987/88 war der Durchfluß mit 2306 $m^3 \cdot s^{-1}$ (876-6463) etwa um ein Viertel höher als zuvor, die Saison 1988/89 lag mit 2005 $m^3 \cdot s^{-1}$ (921-4828) zwischen den beiden anderen Saisonen. Die mittlere Temperatur betrug in der Saison 1986/87 10,0°C (Schwankungsbreite 0,6 bis 21,3), in der Saison 1987/88 9,8°C (1,8 bis 18,9) und in der Saison 1988/89 10,5°C (2,9 bis 19,8).

Die Strömungsgeschwindigkeit, V_{aM}, betrug im Untersuchungszeitraum an der Stelle 30 m im Mittel 1,1 $m \cdot s^{-1}$ (Schwankungsbreite 0,5-2,3) und an der Stelle 90 m 1,4 $m \cdot s^{-1}$ (0,6-2,7). Die zeitliche Variabilität ist in Abb. 5 dargestellt.

Der Median der Korngrößenverteilung des Sediments, Md, betrug, über den Untersuchungszeitraum gemittelt, an der Entnahmestelle 30 m 42 mm (Schwankungsbreite 34-52 mm) und an der Entnahmestelle 90 m 36 mm (26-46 mm). Die Schwankungsbreite für das 1. und 3. Quartil, Q_1 und Q_3, betrug an der Entnahmestelle 30 m 23-37 und 47-78 mm. An der Entnahmestelle 90 m betrugen die entsprechenden Werte 18-34 und 38-67 mm (Abb. 5). Für kein Quartil konnte an den beiden Entnahmestellen ein signifikanter monotoner zeitlicher Trend über den Untersuchungszeitraum nachgewiesen werden ($P \geq 0.05$).

Der Geschiebeumlagerungsindex, U, betrug, über den Untersuchungszeitraum gemittelt, an der Entnahmestelle 30 m 0,8 und an der Entnahmestelle 90 m 5,4. Abb. 5 zeigt, daß sowohl die Häufigkeit, als auch die Intensität der Umlagerung an der Entnahmestelle 90 m wesentlich höher als an der Entnahmestelle 30 m ist.

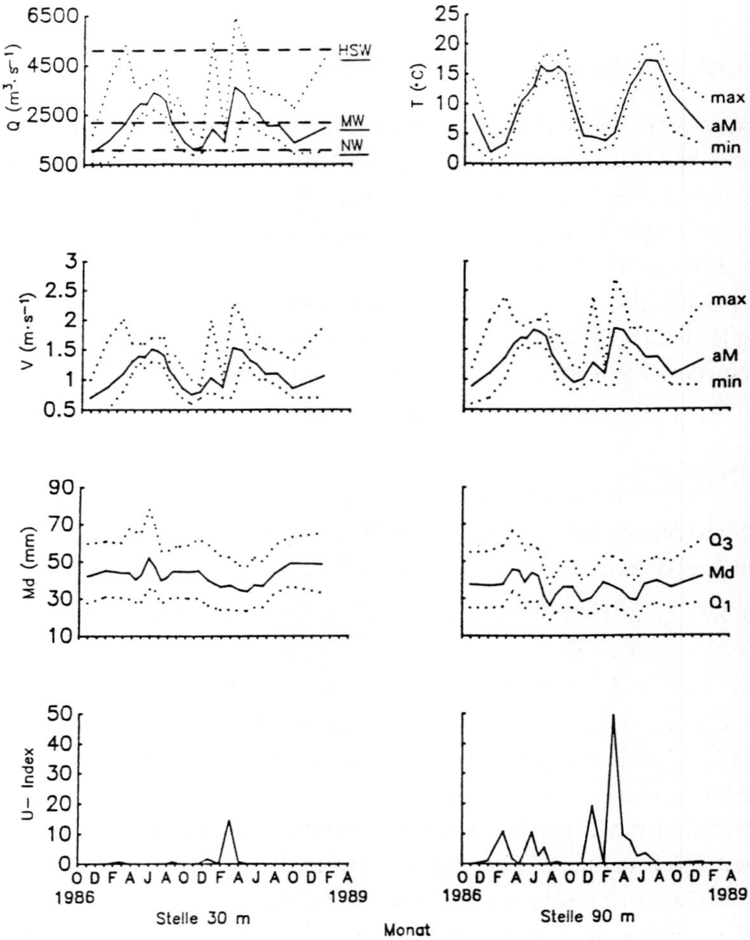

Abb. 5: Übersicht über den jahreszeitlichen Verlauf der Umweltvariablen. Dargestellt sind der Durchfluß (Q) und die Temperatur (T) für den Bereich der Probenstelle und die mittlere Strömungsgeschwindigkeit im Tiefenprofil (V), Kennwerte der Korngrößenverteilung und ein Index der Sedimentumlagerung (U) für die Entnahmestellen 30 und 90 m vom rechten Ufer; NW, MW bzw, HSW = Mittel-, Nieder-, bzw. höchster schiffbarer Wasserstand; aM, min bzw. max = arithmetische Mittelwerte, Minima bzw. Maxima der Entnahmeintervalle; Q1, Md, Q3 = 1., 2., 3. Quartil der Korngrößenverteilung

Tab. 2: Abhängigkeit der Individuendichten von *B. subnubilus* und *P. pusilla* von drei Umweltvariablen unter Einbeziehung der Zeit als Trendkomponente, dargestellt über das multiple lineare Regressionsmodell (4). Angegeben sind die Konstanten a, b_0-b_3, die Signifikanzen und das Bestimmtheitsmaß (R^2); (N = 48)

	Variable	Korngröße (Median)	Fließgeschw. (mitlere)	Temperatur (minimale)	Zeit	Bestimtheits-maß (R^2)
Konstante	a	b_0	b_1	b_2	b_3	
B. subnubilus	2,444	0,086	-2,701	0,071	-0,002	0,56
Signifikanz	0,074	0,001	0,000	0,021	0,003	0,000
P. pusilla	1,633	0,001	-1,385	0,077	0,001	0,54
Signifikanz	0,018	0,967	0,000	0,000	0,042	0,000

Die verschiedenen Umweltvariablen wurden mittels der Faktorenanalyse reduziert und deren gemeinsame Wirkung auf die Individuendichten der beiden Arten über ein multiples lineares Regressionsmodell (4) mit den Regressoren, Md, V_{aM}, T_{min} und der Zeit als Trendvariablen analysiert: für *B. subnubilus* und *P. pusilla* konnten über dieses Modell 56 und 54% der Variabilität der Individuendichten erklärt werden (Tab. 2). Die mittlere Strömungsgeschwindigkeit, V_{aM}, wirkte auf beide Arten hochsignifikant, der Korngrößenmedian, Md, war nur für *B. subnubilus* signifikant, die Temperatur, T_{min}, wirkte auf *B. subnubilus* schwach signifikant, auf *P. pusilla* aber hochsignifikant. Die Variable Zeit zeigte für *B. subnubilus* eine signifikante Abnahme und für *P. pusilla* eine schwach signifikante Zunahme der Individuendichte an (Tab. 2).

Die Beziehung zwischen einzelnen Umweltvariablen und den Individuendichten wurde auch graphisch dargestellt, um die unterschiedliche Wirkung der Variablen und die kritischen Werte für die Veränderung der Individuendichte ablesen zu können:

1. Geschiebeumlagerung: diese Variable wird hier zusätzlich dargestellt, da sie wegen ihrer «Alles- oder Nichts»-Wirkung nicht in das Regressionsmodell aufgenommen werden konnte. Sie wirkt auf beide Arten stark dichteregulierend, d.h. höhere Individuendichten werden nur dann erreicht, wenn keine Umlagerung stattfindet. *B. subnubilus* scheint gegenüber der Geschiebeumlagerung, ausgedrückt über die geringere Streuung der Werte, noch empfindlicher als *P. pusilla* (Abb. 6)
2. Korngröße: bei einem Korngrößenmedian zwischen 35 und 45 mm erlangen beide Arten ihre größten Individuendichten, dieser Korndurchmesser stellt offenbar einen Optimalbereich dar. Die Larven von *B. subnubilus* werden auf kleinerem Substrat (Md < 35 mm) nur noch vereinzelt gefunden, während *P. pusilla* auch auf diesem Substrat noch ca. 25% der maximalen Dichte erreichen kann. Bei einem Korngrößenmedian > 45 mm nehmen die Dichten ebenfalls ab (Abb. 6).
3. Strömungsgeschwindigkeit: ab einer mittleren Strömungsgeschwindigkeit von etwa 1,6 $m \cdot s^{-1}$ nehmen die Individuendichten beider Arten stark ab. Die Ursache für diese Abnahme wurde

nicht untersucht, kann aber in der direkten Wirkung der Strömung auf die Tiere, oder in der Auslösung der Geschiebeumlagerung liegen. Unterhalb dieser Grenze können sich die Individuendichten gut entwickeln. Der Einfluß von Geschwindigkeiten < 0,6 $m \cdot s^{-1}$ wurde nicht untersucht (Abb. 6).

4. Wassertemperatur: ausgeprägt ist die Wirkung der Wassertemperatur nur bei *P. pusilla*, wo nur bei Temperaturen über 12°C hohe Individuendichten festgestellt werden können. *B. subnubilus* kann im gesamten untersuchten Temperaturbereich hohe Dichten erreichen (Abb. 6).

5 Diskussion

5.1 Entwicklungszyklus von *B. subnubilus* und *P. pusilla*

Auf Grund der vorliegenden Untersuchung ist *B. subnubilus* univoltin, *P. pusilla* ist bivoltin.

Die für *B. subnubilus* festgestellte Entwicklung, mit einer raschen Entwicklung der Junglarven und einer Überwinterung der Larven im letzten Stadium, L5, stimmt, ebenso wie die Emergenzperiode, abgesehen von einer Verschiebung von ein bis zwei Wochen, mit der in England festgestellten grundsätzlich überein (Gunn 1985). Charakteristisch sind die zeitliche Synchronisation der Individuen in den einzelnen Entwicklungsstadien und die geringe Variabilität in den verschiedenen Untersuchungsjahren (Abb. 2). Die Entwicklung von *P. pusilla* ist zeitlich wenig synchronisiert und somit sehr flexibel, die Überwinterung erfolgte in den Larvenstadien L2-L5, wobei die Weiterentwicklung im Winter gering war und ältere Stadien dominierten. Die Flexibilität der Entwicklung zeigt sich einerseits an der Probenstelle – durch die hohe Variabilität sowohl innerhalb, als auch zwischen den einzelnen Jahren (Abb. 2) – und kommt andererseits auch in univoltinen und bivoltinen Populationen in Wales zum Ausdruck

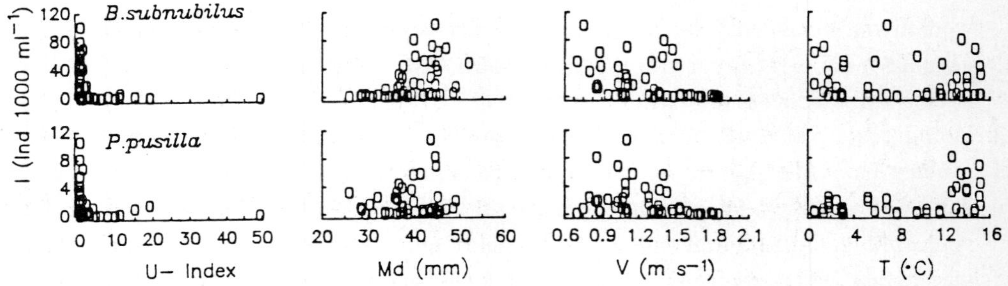

Abb. 6: Beziehung zwischen den Individuendichten von *B. subnubilus* und *P. pusilla* und einzelnen ausgewählten Umweltvariablen. Dargestellt sind die mittleren Individuendichten pro 1000 ml in ihrer Abhängigkeit von der Sedimentumlagerung (U - Index), vom Korngrößenmedian (Md), von der mittleren Strömungsgeschwindigkeit (V) und der minimalen Temperatur eines Entnahmeintervalls

(Alderson 1969; Crichton, Fischer & Woiwood 1978). Diese Flexibilität zeigt auch die Emergenzperiode, die an der Probenstelle sechs Wochen länger als in Wales und 8 Wochen länger als in Schottland dauerte, wo diese Art nur mehr univoltin war (Crichton, Fischer & Woiwood 1978). Die festgestellten Entwicklungszyklen stellen unterschiedliche Entwicklungsstrategien dar:

1. die Entwicklung erfolgt bei einer Generation pro Jahr in allen Stadien sehr synchron und praktisch unabhängig von den am Fundort wirkenden Faktoren, ein Beispiel dafür ist *B. subnubilus*, so daß der Einfluß von entwicklungsbedingenden Faktoren, z.B. der Temperatur oder der Photoperiode, eher gering ist. Diese Strategie bedeutet, daß sich diese Art bei günstigen Entwicklungsbedingungen gut entwickeln kann, aber auf ungünstige Entwicklungsbedingungen kaum reagieren kann. Bei den Imagines führt die Synchronisation zu einer Verringerung der Mortalität durch Räuber (Corbet 1957) und erleichtert die Auffindung der Geschlechtspartner (Welch 1973; Gibbs 1977). Die Verlagerung der Emergenzperiode ins Frühjahr bedeutet zusätzlich, daß die Reproduktion vor allen anderen Arten abgeschlossen ist. Durch eine solche zeitliche Abstimmung des Lebenszyklus kann die Konkurrenz zwischen Arten mit ähnlichen ökologischen Ansprüchen reduziert werden (z.B. Hildrew & Edington 1979).
2. die Entwicklung ist bei einer oder zwei Generationen pro Jahr nur gering synchronisiert und generell flexibel, ein Beispiel dafür ist *P. pusilla*. Auf Grund der hohen Variabilität der Entwicklung wird eine starke Abhängigkeit gegenüber einem oder mehreren entwicklungsbedingenden Faktoren angenommen. Diese Strategie ermöglicht – bei geringen Dichten unter ungünstiger Bedingungen – den raschen Aufbau hoher Individuendichten, sobald die Entwicklungsbedingungen günstig sind, und erlaubt sowohl univoltine (Alderson 1969), als auch bivoltine Populationen (siehe auch Dall, Heegaard & Fullerton 1984 für *Tinodes waeneri*, eine nahe verwandte Art).

5.2 Wachstum, Biomasse und Produktion von *B. subnubilus*

Die maximalen relativen Wachstumsraten von *B. subnubilus* betrugen in der Donau 7,2 bis 7,7% $W_T \cdot Tag^{-1}$. Für zwei englische Populationen dieser Art konnte das Wachstum über eine Längen-Gewichtsregression der Larven aus der Donau ($n = 389$, $\ln W = -5{,}321 + 2{,}644 * \ln L$, $r^2 = 0{,}92$) grob rückgerechnet werden: Im Whitewater River betrug die spezifische maximale relative Wachstumsrate 9,8 bis 11,9% $W_T \cdot Tag^{-1}$ und im River Frome 13,3% $W_T \cdot Tag^{-1}$ (Tab. 3). Ähnliche maximale Wachstumsraten wie in der Donau wurden auch für andere univoltine Arten festgestellt: bei *Philopotamus montanus* schwankten diese Raten in einer englischen Population zwischen 6,0 und 7,5% $W_T \cdot Tag^{-1}$ und bei *Odontocerum albicorne*, ebenfalls in England, zwischen 3,9 und 8,0% $W_T \cdot Tag^{-1}$ (Tab. 3)

Das Wachstum von *B. subnubilus* konnte in der Donau über ein logistisches Modell beschrieben werden. Demnach ist die Wachstumsrate nach dem Schlüpfen der Larven maximal, gefolgt von

Tab. 3: Übersicht über das Wachstum unterschiedlicher Generationen von europäischen Trichopterenarten mit univoltinem Entwicklungszyklus. Angegeben sind drei unterschiedliche Wachstumsperioden, das maximale Gewicht, W_{max}, und die maximale relative Wachstumsrate, g_{max}, der Larven einer Generation; für die Arbeiten 1-3 beziehen sich die angegebenen Beriche auf die Raten zwischen einzelnen Entnahmeterminen, für 4 und 5 gelten die Raten (±95% Vertrauensbereich) für die gesamte angegebene Periode; die Werte für 2 und 3 wurden aus den Körperlängen rückgerechnet. (A) = Österreich, (GB) = Großbritannien

Art	Generation	Fundort (Land)	W_{max} (mg)	g_{max} (%)	Periode 1 $\%W_T \cdot Tag^{-1}$	Periode 2 $\%W_T \cdot Tag^{-1}$	Periode 3 $\%W_T \cdot Tag^{-1}$	Quelle
Brachycentrus subnubilus	1986/87	Donau (A)	0,67	–	Juni-Aug.	Aug./Nov.	Nov.-April	1
					–	0.55-1.33	-0.10-0.55	
	1987/88		0,72	7,72	2,12-7,72	0,07-1,64	-0,04-0,42	
	1988/89		0,89	7,16	4,95-7,16	0,25-2,12	0,07	
Brachycentrus subnubilus	1955/56	Whitewater River (GB)	1,78	9,80	Mai-Aug.	Aug.-Nov.	Nov.-März	2
					0,66-11,90	0,22-1,52	-0,44-0,72	
	1956/57		–	11,90	–	–	–	
Brachycentrus subnubilus	1981/82	River Frome (GB)	2,10	13,25	Mai-Aug.	Sept.-Nov.	Nov.-März	3
					1,60-13,25	-1,07-1,03	-0,30-0,89	
Philopotamus montanus	1966/67	Bellman Ground Beck (GB)	–	7,49	Mai-Juli	Juli-Aug.	Aug.-Mai	4
					1,35±0,97	7,49±1,33	0,62±0,15	
	1967/68		–	6,03	0,62±1,28	6,03±1,17	–	
Odontocerum albicorne	1966/67	Black Brows Beck (GB)	–	–	Aug.-Okt.	Okt.-März	März-Aug.	5
					–	–	1,45±0,28	
	1967/68		–	4,51	4,51±1,30	≈0	1,08±0,27	
	1968/69		–	3,94	3,94±1,40	≈0	1,68±0,21	
	1969/70		–	7,96	7,96±1,95	–	–	

Quellen: 1 = vorliegende Arbeit, 2 = Hanna(1959), 3 = Gunn (1985), 4 = Eliott (1981), 5 = Eliott (1982).

mittleren Wachstumsraten vom Spätsommer bis zum Spätherbst und einer Periode mit geringem oder stagnierendem Wachstum im Winter und Frühjahr. Dieses Grundmuster des Wachstums ist dem der beiden englischen Populationen ähnlich, allerdings konnte kein Wachstumsmodell angepaßt werden. Bei den übrigen Arten wurden die Daten an exponentielle Wachstumsphasen angepaßt (Tab. 3). *O. albicorne* zeigt einen ähnlichen Wachstumsverlauf, wie *B. subnubilus*, aber vom Frühjahr bis zum Ende der Generation im Sommer kann mit Raten von 1,08 bis 1,68% $W_T \cdot Tag^{-1}$ eine weitere Wachstumsperiode festgestellt werden. *P. montanus* wächst hingegen mit einer Rate von 0,62% $W_T \cdot Tag^{-1}$ auch im Winter. Die Variabilität der Wachstumsraten vergleichbarer Perioden der verschiedenen Generationen ist einerseits Ausdruck der Empfindlichkeit gegenüber entwicklungsbedingenden Faktoren, andererseits zeigt sie das Regulationspotential der verschiedenen Arten an (Tab. 3).

Die Maximalgewichte der drei Larvengenerationen aus der Donau zeigen in den aufeinanderfolgenden Jahren mit abnehmender Individuendichte einen signifikanten Anstieg von 0,64 auf 0,72 und 0,89mg W_T. Dieser Anstieg kann als ein Hinweis auf eine Dichteabhängigkeit des Wachstums gewertet werden. Ebensolche Abhängigkeiten konnten für die Trichopteren auch andernorts festgestellt werden (Hart 1987; Feminella & Resh 1990); bei der territorialen Art *Helicopsyche borealis* bewirken hohe Dichten von 510 $Ind \cdot m^{-2}$ gegenüber geringen Dichten von

Tab. 4: Übersicht über die mittlere Biomasse, die Produktion und das Verhältnis der Produktion zur Biomasse von unterschiedlichen Generationen europäischer und nordamerikanischer Trichopterenarten mit univoltinem Entwicklungszyklus. Angegeben sind die Werte (mg $W_T \cdot m^{-2}$) für vollständige Generationen, berechnet nach der «Instantaneous growth rate»- Methode (beschrieben in Waters 1977); (A) = Österreich, (GB) = Großbritannien, (USA) = Vereinigte Staaten von Nordamerika, (CAN) = Canada

Art	Generation	Fundort (Land)	Biomasse (mg $W_T \cdot m^{-2}$)	Produktion (mg $W_T \cdot m^{-2}$)	P/B-Verh.	Quelle
Brachycentrus	1987/88	Donau (a)	382	1488	3,90	(1)
subnubilus	1988/89	(A)	127	510	4,02	
	1987/88	Donau (b)	14	41	2,93	
	1988/89		10	45	4,50	
Philopotamus	1966/67	Bellman Ground	319	1276	4,00	(2)
montanus		Beck (GB)				
Odontocerum	1967/68	Black Brows	51	118	3,70	(3)
albicorne	1968/69	Beck (GB)	54	249	4,60	
Ceraclea	1971/72	Brasheers	173	986	5,70	(4)
ancylus		Creek (USA)				
Oligophlebodes	1984/85	Dead Horse	32,5	116	3,57	(5)
zelti		Creek (CAN)				

Quellen: 1 = vorliegende Arbeit (a) Entnamestelle 30 m, (b) Entnahmestelle 90 m, 2 = Elliott (1981), 3 = Elliott (1982), 4 = Resh (1977), 5 = Ogilvie & Clifford (1986)

140 Ind·m^{-2} eine Reduktion der Größe der adulten Weibchen um ca. 20% und damit der Fekundität um 46%. Für *B. subnubilus* bedeutet das, daß dem festgestellten negativen Dichtetrend, der Ausdruck der längerfristigen Populationsschwankungen sein kann, besseres Wachstum und somit eine potentiell höhere Fekundität als Regulationsmechanismus gegenübersteht. Letzteres bedeutet, daß sich die Populationen in ihrer Größe zum Teil selbst regulieren.

Die Biomasse zeigte Maximalwerte von bis zu 1683 mg $W_T \cdot m^{-2}$ im Herbst und in Ufernähe und Minimalwerte von bis zu 5 mg $W_T \cdot m^{-2}$ im Frühjahr nahe der Strommitte. Ungefähr zehnmal so hohe Maximalwerte, nämlich bis zu 15100 mg $W_T \cdot m^{-2}$ wurden für *Hydropsyche contubernalis* aus dem Rhein festgestellt (Becker 1987), für *H. instabilis* aus einem kleinen Fließgewässer wurden ähnliche Werte wie für *B. subnubilus* in der Donau errechnet, nämlich 2000 mg $W_T \cdot m^{-2}$ (Caspers 1978).

Die mittleren Biomassen der Generationen 87/88 und 88/89 betrugen an der Entnahmestelle 30 m 382 bzw. 127 mg $W_T \cdot m^{-2}$ und an der Entnahmestelle 90 m 14 bzw. 10 mg $W_T \cdot m^{-2}$ und liegen damit ungefähr im Bereich der für europäische und nordamerikanische univoltine Arten angegebenen Werte (Tab. 4). Im zeitlichen Verlauf zeigte sich, wie bei den Individuendichten, eine Abnahme im Untersuchungszeitraum. Im Gegensatz dazu wurden für *O. albicorne* in einer dreijährigen Untersuchung konstante mittlere Biomassen der verschiedenen Generationen festgestellt, obwohl die Dichte im Untersuchungszeitraum um 50% abnahm (Elliott 1982). Die Kompensation erfolgte über höhere Wachstumsraten (siehe Tab. 3 und 4). Dieser Regulationsmechanismus wird durch das Verhältnis der Produktion zur Biomasse noch anschaulicher, da dieses für *B. subnubilus* an den beiden Entnahmestellen für die aufeinanderfolgenden Generationen von 3,9 auf 4,02 bzw. von 2,93 auf 4,50 angestiegen ist. Für *O. albicorne* konnte für aufeinanderfolgende Generationen ein Anstieg des P/B Verhältnisses von 3,7 auf 4,6 festgestellt werden (Elliott 1982). Dieser Anstieg ist Ausdruck des besseren Wachstums in den aufeinanderfolgenden Generationen, das der Abnahme der Individuendichten entgegenwirkt. Daraus ergibt sich, daß die Aufrechterhaltung konstanter Biomassen über das Wachstum reguliert werden kann. Bei *B. subnubilus* wurde ebenfalls ein solcher Regulationsmechanismus festgestellt, da die Dichte aber um ca. 90% abnahm, wurde die Erhaltung konstanter Biomassen damit dennoch nicht erreicht. Eine mögliche Erklärung dafür wäre, daß kleinere Fließgewässer meist konstantere Lebensräume darstellen als große Flüsse, die sehr dynamische Lebensräume sind, sodaß in kleinen Fließgewässern ökologische Regulationsmechanismen stärker als in großen Flüssen wirken können.

5.3 Bedeutung der Umweltvariablen

Die Analyse der gemeinsamen Wirkung von drei Variablen auf die Besiedelungsdichten von *B. subnubilus* und *P. pusilla* über das multiple Regressionsmodell zeigte unter Einbeziehung der Trendkomponente zusammenfassend folgendes Ergebnis: Die stärkste Wirkung zeigte die Strömungsgeschwindigkeit, die auf die Individuendichten beider Arten hoch signifikant wirkte; der Korngrößenmedian zeigte nur für *B. subnubilus* eine signifikante Wirkung; die Temperatur wirkte auf *P. pusilla* hoch signifikant und auf *B. subnubilus* schwach signifikant.

Die festgestellte Wirkung der Variablen auf die Individuendichten ergibt sich aus dem Zusammenhang zwischen der Strömungsgeschwindigkeit, der Sedimentumlagerung und den Korngrößen, da für eine bestimmte Korngröße ab einer gewissen kritischen Geschwindigkeit das Sediment umzulagern beginnt, unterhalb dieser Geschwindigkeit aber nicht (Mangelsdorf & Scheurmann 1980). Die Korngröße wiederum bestimmt die Wahrscheinlichkeit, daß das Sediment umgelagert wird, da die kritische Geschwindigkeit für kleinere Korngrößen häufiger überschritten wird als für größere.

Nach Abb. 6 konnte an der Probenstelle ab einer Strömungsgeschwindigkeit von 1,6 $m \cdot s^{-1}$ ein markanter Einfluß auf die Individuendichten beider Arten festgestellt werden. Die Berechnung der Grenzgeschwindigkeit für die Sedimentumlagerung zeigte, daß das Sediment im Größenbereich des ersten Quartiles, je nach Entnahmestelle, tatsächlich bei 1,6-1,7 $m \cdot s^{-1}$ umzulagern beginnt. Das bedeutet, daß der dichtebeschränkende Einfluß hoher Strömungsgeschwindigkeiten indirekt über die Auslösung der Sedimentumlagerung erfolgt. Der stärkere Einfluß auf *B. subnubilus*, der als aktiver Filtrierer an die oberste Sedimentschicht gebunden ist, ergibt sich aus der starken Bindung der Filtrierer an stabile Substrate (Mackay & Wiggins 1979; Wallace & Merrit 1980). Petran (1977) stellte in der Donau etwa 400 km stromauf der Probenstelle eine ähnlich starke Wirkung der Sedimentumlagerung auf die Trichopteren fest, allerdings ohne eine direkte Quantifizierung durchzuführen. Auch für kleine Fließgewässer gibt es kaum vergleichbare Untersuchungen (z.B. Cobb & Flannagan 1990: 40%-ige Reduktion der Zahl der schlüpfenden Trichopterenimagines infolge starker Sedimentumlagerung; Culp, Wrona & Davies 1986: Reduktion der Gesamtindividuenzahl des Makrozoobenthos von > 50% innerhalb von 24 Stunden infolge künstlichen Geschiebetriebes).

Die Beziehung zwischen den Korngrößen und den Individuendichten zeigte artspezifische Unterschiede (vgl. Abb. 6): Für beide Arten wurden die höchsten Dichten bei einem Median von ca. 45 mm festgestellt. Bei einem Median von ca. 50 mm erreicht *B. subnubilus* noch ca. 50%, *P. pusilla* aber nur mehr ca. 25% der maximalen Dichte. Auf Korngrößen von Md < 35 mm wurde *B. subnubilus* nur mehr vereinzelt festgestellt, während *P. pusilla* auf diesen Korngrößen noch immer ca. 25% der Maximaldichte erreichte. Für die kleinen Korngrößen ergibt sich diese Abhängigkeit aus dem Zusammenhang mit der Sedimentumlagerung, die Dichteabnahme auf gröberem Sediment (Md > 50 mm) kann durch die – bei gleichem Volumen – kleinere Oberfläche von größeren Korndurchmessern begründet sein, allerdings sind weitere Untersuchungen notwendig, um diese Hypothese zu überprüfen.

Wegen der unterschiedlichen Klassifizierungssysteme für Sedimente sind Vergleiche mit anderen Untersuchungen kaum möglich, artspezifische Präferenzen von Trichopteren für bestimmte Sedimenttypen wurden aber mehrfach nachgewiesen (siehe z.B. Cummins & Lauff 1969; die Zusammenfassung von Minshall 1984; Gurtz & Wallace 1986; Schleuter & Tittizer 1988).

Der unterschiedliche Einfluß der entwicklungsbedingenden Wassertemperatur spiegelt die verschiedenen Entwicklungsstrategien wider: der starre Entwicklungszyklus von *B. subnubilus* zeigt sich in der nur schwach signifikanten Abhängigkeit der Individuendichte gegenüber der Wassertemperatur, während *P. pusilla* mit einer sehr flexiblen Entwicklung auch eine hoch signifikante Abhängigkeit gegenüber dieser Variablen zeigt. Für die Hydropsychiden konnte gezeigt werden, daß die unterschiedlichen Temperaturansprüche der Arten zu einer Längszonierung im Flußverlauf führen (z.B. Hildrew & Edington 1979), in dem sich auch die Entwicklung mit der Temperatur ändert (Boon 1979).

5.4 Dichteregulation

Ausgangspunkt für die Dichteregulation ist, daß die Dichte einerseits über Umweltfaktoren, andererseits über dichteabhängige Faktoren selbst reguliert werden kann. An der Probenstelle werden jene Werte der Umweltvariablen, ab denen ein markanter Einfluß auf die Individuendichte festgestellt wurde (vgl. Abb. 6), an vier Entnahmestellen vom rechten zum linken Ufer bei folgenden Durchflüssen erreicht: 5400, 3400, 2000, 2000 $m^3 \cdot s^{-1}$. Aus dieser Verteilung der Werte folgt, daß an der Entnahmestelle 30 m eine Störung der Besiedelung erst bei Hochwasser erfolgt, während an der Entnahmestelle 90 m Perioden, in denen die Besiedelung gestört ist, mit solchen ohne Störung einander abwechseln. An den Entnahmestellen 200 und 300 m (siehe Abb.

Tab. 5: Übersicht über das Auftreten von *B. subnubilus* und *P. pusilla* an verschiedenen Untersuchungsstellen im Längsverlauf der österreichischen Donau; angegeben sind die relativen Häufigkeiten aus Lichtfallenbesammlungen in % der gesamten Trichopteren (Quellen): 1 = Malicky (1978), 2 = Anderwald (1991), 3 = Waringer (1989), 4 = Waringer (1991)

Probenstelle (Quelle) Stromkilometer	Linz (1) 2135	Hundsheim (2) 2005	Altenwörth (3) 1985	Altenburg (4) 1880
B. subnubilus (%)	0,01	16,72	27,86	0,40
P. pusilla (%)	26,04	4,84	0,70	42,35

1), wo die Trichopteren nur bei langanhaltenden Niederwasserperioden 5% der rechtsufrigen Dichten übersteigen können (Petto 1991), tritt eine solche Störung bereits bei Mittelwasser auf.

Das Artenpaar *B. subnubilus* und *P. pusilla* veranschaulicht die artspezifische Empfindlichkeit gegenüber Umweltfaktoren und die daraus resultierenden biologischen Interaktionen. Ausgangspunkt dafür sind die unterschiedlichen Dichtetrends von *B. subnubilus* und *P. pusilla* sowie eine signifikante negative Korrelation zwischen den Dichten der beiden Arten. Lichtfallenuntersuchungen an der österreichischen Donau bestätigen, daß diese beiden Arten vikariierend auftreten (Tab. 5). [Ein direkter Rückschluß von Lichtfallenergebnissen auf die Benthoszusammensetzung ist zwar problematisch, der Vergleich der Lichtfallen- und der Benthoszusammensetzung an der Probenstelle zeigte aber für diese beiden Arten eine gute Übereinstimmung der Ergebnisse (Anderwald 1991)].

Die signifikante Abnahme der Dichten von *B. subnubilus* wurde über die Umweltvariablen erklärt, da die aus Abb. 6 abgelesenen «kritischen» Variablenwerte der Strömungsgeschwindigkeit und der Sedimentumlagerung an den beiden Entnahmestellen für die Generation 1986/87 nur an 7 bzw. 38 Tagen überschritten wurden, für die Generation 1987/88 wurden diese Werte an 35 bzw. 113 Tagen überschritten und für die Generation 1988/89 lauten die entsprechenden Werte 4 und 39 Tage. Zusätzlich wurde im Frühjahr 1988 ein Teil der Population, im Bereich der Entnahmestelle 90 m, durch ein Hochwasser eliminiert. Für die festgestellte Mortalität waren diese ungünstigen Bedingungen maßgeblich, da andere Faktoren, wie z.B. dichteabhängige Mortalität, nicht signifikant waren.

Der signifikante Anstieg der Dichten von *P. pusilla* ist einerseits auf die erwähnte geringere Dichtebeeinflussung durch die Umweltfaktoren zurückzuführen und wird, da *Brachycentrus* territoriales Verhalten zeigt (Gallepp 1974), andererseits als Ergebnis der geringeren Konkurrenzierung infolge der Dichteabnahme von *B. subnubilus* interpretiert.

Aus diesem Ergebnis lassen sich hypothetisch zwei unterschiedliche Besiedelungsstrategien ableiten: der starre Entwicklungszyklus und die engere ökologische Nische bezüglich der Umweltfaktoren von *B. subnubilus* erlauben eine optimale Entwicklung der Dichte unter günstigen, nicht limitierenden Bedingungen, wie sie für die Generation 1986/87 vorhanden waren. Wird die Besiedelung durch Änderungen der Umweltvariablen gestört, wie bei der

Generation 1987/88, gibt es für diese Art nur wenige Möglichkeiten, auf diese Störungen zu reagieren. *P. pusilla* hingegen ist wegen der breiteren ökologischen Nische hinsichtlich der Umweltfaktoren von Störungen geringer betroffen als *B. subnubilus*, kann diesen Vorteil wegen der Abhängigkeit ihrer Dichte von jener von *B. subnubilus* aber erst dann nützen, wenn die Dichten von *B. subnubilus* gering sind. Unter solchen Bedingungen erlaubt der flexible Lebenszyklus aber eine rasche Dichteentwicklung.

Um diese Hypothese endgültig zu überprüfen, sind jedoch experimentelle Untersuchungen, insbesondere zur interspezifischen Konkurrenz dieser beiden Arten, notwendig.

Die längerfristige Dichteentwicklung der Populationen wird, wie das Beispiel von *B. subnubilus* zeigt, über dichteabhängige Faktoren, wie z.B. das Wachstum, teilweise reguliert. Unter den herrschenden Bedingungen konnte der aus der Abnahme der Individuendichte entstandene Verlust an Biomasse zu etwa einem Drittel über das Wachstum kompensiert werden.

5.5 Beitrag zur angewandten Ökologie

Wasserbauliche Maßnahmen verändern ein Gewässer auf mannigfaltige Weise. Wenn es zu einer Veränderung der Strömungsverhältnisse kommt, ist wegen der Beziehung zwischen den hydrologischen Variablen immer auch die Struktur des Lebensraumes betroffen (siehe z.B. Nachtnebel 1989; Herzig, Weigand & Zoufal 1989). Auf Basis der hier vorgelegten quantitativen Analyse kann empfohlen werden, daß bei wasserbaulichen Maßnahmen für den Erhalt der Arten und der Dichten in der österreichischen Donau das Flußbett so geplant werden sollte, daß zumindest in Teilbereichen der Erhalt von Korngrößen > 40 mm gewährleistet ist. Bei unterschiedlichen Abflußverhältnissen sollte die mittlere Strömungsgeschwindigkeit Werte erreichen, die, zumindest in großen Bereichen der Stromsohle, eine Minimierung der Sedimentumlagerung gewährleisten. Bedingungen, die zu einer Ablagerung von Feinsedimenten führen, sollten vermieden werden. Durch diese Maßnahmen können die Voraussetzungen für eine auch quantitativ günstige Entwicklung eines donautypischen Artenspektrums geschaffen werden. Trotzdem können solche Maßnahmen zu einer Verschiebung der quantitativen Faunenzusammensetzung führen, da die Arten teilweise unterschiedliche Empfindlichkeiten gegenüber den Umweltfaktoren zeigen und eine Veränderung letzterer immer einzelne Arten fördert und andere zurückdrängt.

Die Trichopteren stellen auf Grund ihrer Biomasse eine wichtige Nahrungsquelle für die Fische dar; einzelne Arten, wie z.B. *B. subnubilus* können im ufernahen Bereich maximale Biomassen bis zu 1,6 g Trockensubstanz pro m^2 erreichen. Zur Strommitte hin zeigte sich eine Abnahme der Biomasse auf ein Drittel bis ein Dreißigstel der ufernah festgestellten Werte. Im Rahmen wasserbaulicher Maßnahmen könnte durch Herstellung der oben angeführten Sediment- und Strömungsverhältnisse für größere Bereiche der Stromsohle, die zur Verfügung stehende Biomasse vervielfacht werden.

Danksagung

Herrn Univ.-Doz. Dr. Mag. U.H. Humpesch und Herrn Univ.-Prof. Dr. Dipl.Ing. W. Timischl möchte ich für die umfassende wissenschaftliche Betreuung meinen ganz besonderen Dank aussprechen. Ebenso gilt mein besonderer Dank Herrn Hofrat Univ.-Prof. Dr. W. Kohl, Leiter der Bundesanstalt für Wassergüte und Herrn Univ.-Doz. Dr. A. Nauwerck, Leiter des Instituts für Limnologie der ÖAW für die weitreichende Unterstützung durch ihre Institute. Herr R. Niederreiter hat durch die Weiterentwicklung der Sammelgeräte wesentlich zum Erfolg der Arbeit beigetragen. Danken möchte ich auch den Mitarbeitern der Strombauleitung Krems, insbesondere Herrn Oberrat Dipl.-Ing. G. Fischer und Herrn E. Atzmüller, sowie allen anderen Kollegen, die am Zustandekommen dieser Arbeit beteiligt waren, vor allem N. Anderwald, M. Konar, E. Niederreiter, Dr. H. Petto, H. Ployer und Dr. M. Pöckl.

Literatur

Alderson, R. (1969): Studies on the larval biology of caddis flies of the family Psychomyiidae. – Dissertation, University of Wales

Anderwald, P.H. (1991): Quantitative Analyse der Entwicklung und Mobilität ausgewählter Trichopterenpopulationen der Donau und deren Abhängigkeit von Umweltvariablen. – Dissertation an der Formal- und Naturwissenschaftlichen Fakultät der Universität Wien

Becker, G. (1987): Lebenszyklus, Reproduktion und ökophysiologische Anpassungen von *Hydropsyche contubernalis*, einer Köcherfliege mit Massenvorkommen im Rhein. – Unveröffentlichte Dissertation, Universität Köln

Boon, P.J. (1979): Studies on the spatial and temporal distribution of larval Hydropsychidae in the North Tyne river system (Northern England). – Archiv für Hydrobiologie, 85: 336-359

Caspers, N. (1978): Life history and dynamics of a *Hydropsyche instabilis* Curtis (Trichoptera, Hydropsychidae) population in a West German woodland brooklet. – Verhandlungen der Internationalen Vereinigung für Theoretische und Angewandte Limnologie, 20: 2617-2621

Cobb, D.G. & Flannagan, J.F. (1990): Trichoptera and substrate stability in the Ochre River, Mantobia. – Hydrobiologia, 206: 29-38

Corbet, P.S. (1957): The life-history of the emperor dragonfly *Anax imperator* Leach (Odonata: Aeshnidae). – Journal of Animal Ecology, 26: 1-69

Crichton, M.I., Fisher, D. & Woiwood, I.P. (1978): Life histories and distribution of British Trichoptera, excluding Limnephilidae and Hydroptilidae, based on the Rothamsted Insect Survey. – Holarctic Ecology, 1: 31-45

Culp, J.M., Wrona, F.J. & Davies, R.W. (1986): Response of stream benthos and drift to fine sediment deposition versus transport. – Canadian Journal of Zoology, 64: 1345-1351

Cummins, K.W. & Lauff, G.H. (1969): The influence of substrate particle size on the microdistribution of stream macrobenthos. – Hydrobiologia, 34: 145-181

Dall, P.C., Heegaard, H. & Fullerton, A.F. (1984): Life-history stategies and production of *Tinodes waeneri* (L.) (Trichoptera) in Lake Esrom, Denmark. – Hydrobiologia, 112: 93-104

Edington, J.M. (1968): Habitat preferences in net- spinning caddis larvae with special reference to the influence of water velocity. – Journal of Animal Ecology, 37: 675-692

Elliott, J.M. (1977): Some Methods for the statistical analysis of samples of benthic macroinvertebrates. – Freshwater Biological Association Scientific Pubilication 25 (2nd ed.)

Elliott, J.M. (1981): A quantitative study of the life cycle of the net- spinning caddis *Philopotamus montanus* (Trichoptera: Philopotamidae) in a Lake District stream. – Journal of Animal Ecology, 50: 867-883

Elliot, J.M. (1982): A quantitative study of the life cycle of the case building caddis *Odontocerum albicorne* (Trichoptera: Odontoceridae) in a Lake District stream. – Freshwater Biology, 12: 241-255

Feminella, J.W. & Resh, V.H. (1990): Hydrologic influences, disturbance and intraspecific competition in a stream caddisfly population. – Ecology, 71: 2083-2094

Gallepp, G.W. (1974): Diel periodicity in the behaviour of the caddisfly, *Brachycentrus americanus* (Banks). – Freshwater Biology, 4: 193-204

Gibbs, K.E. (1977): Evidence for obligatory parthenogenesis and its possible effect on the emergence period of *Cloen triangulifer* (Ephemeroptera: Baetidae). – The Canadian Entomologist, 109: 337-340

Gunn, R.J.M. (1985): The biology of *Brachycentrus subnubilus* Curtis (Trichoptera) in the River Frome, Dorset. – Hydrobiologia, 120: 133-140

Grosina, H. (1985): Vorstudien für das Forschungsprojekt «Ökosystemstudie Donaustau». – Veröffentlichungen des Österreichischen MaB-Programmes, Bd.11, Universitätsverlag Wagner, Innsbruck

Gurtz, M.E. & Wallace, J.B. (1986): Substratum-production relationships in net- spinning caddisflies (Trichoptera) in disturbed and undisturbed hardwood catchments. – Journal of the North American Benthological Society, 5: 230-236

Hanna, H.M. (1959): The growth of larvae and their cases and the life cycles of five species of caddis flies (Trichoptera). – Proceedings of the Royal Entomological Society London, (A)34: 121-129

Hart, D.D. (1987): Experimental studies of exploitative competition in a grazing stream insect. – Oecologia, 73: 41-47

Hartung, J. & Elpelt, B. (1986): Multivariate Statistik – Lehr und Handbuch der angewandten Statistik. (2. Auflage) Oldenburg, München

Hartung, J., Elpelt, B. & Klösener, K.H. (1987): Statistik – Lehr und Handbuch der angewandten Statistik. (6. Auflage) Oldenburg, München

Hary, N. & Nachtnebel, H.P. (ed.) (1989): Ökosystemstudie Donaustau Altenwörth: Veränderungen durch das Donaukraftwerk Altenwörth. – Veröffentlichungen des österreichischen MaB-Programmes Bd. 14, Universitätsverlag Wagner Innsbruck

Herzig, A., Weigand, E. & Zoufal, W. (1989): Stauräume: Strukturvielfalt kontra Monotonie (Beispiel Altenwörth). – Österreichische Wasserwirtschaft, 41: 158-166

Hildrew, A.G. & Edington, J.M. (1979): Factors facilitating the coexistence of Hydropsychid caddis larvae (Trichoptera) in the same river system. – Journal of Animal Ecology, 48: 557-576

Humpesch, U.H., Anderwald, P.H. & Petto, H. (1990): Macroinvertebrates of the stony bottom. In: Methods of Biological Sampling in a Large Deep River - the Danube in Austria. (Eds. Humpesch, U.H. & Elliott, J.M.) – Wasser und Abwasser Supplement, 2: 37-48

Hynes, H.B.N. (1970): The Ecology of Running Waters. – University of Toronto Press, Toronto

Illies, J. (1978): Limnofauna Europaea. – Gustav Fischer Verlag, Stuttgart, New York

Mackay, R.J. & Wiggins, G.B. (1979): Ecological diversity in Trichoptera. – Annual Review of Entomology, 24: 185-208

Malicky, H. (1978): Köcherfliegen - Lichtfallenfang am Donauufer in Linz. – Linzer biologische Beiträge, 10: 135-140

Mangelsdorf, J. & Scheurmann, K. (1980): Flußmorphologie. – R. Oldenburg, München

Minshall, G.W. (1984): Aquatic insect-substratum relationships. In: The Ecology of Aquatic Insects, (Eds. Resh V.H. & Rosenberg D.M.) – Praeger Publishers, New York

Nachtnebel, H.P. (1989): Ökosystemstudie Donaustau Altenwörth. – Österreichische Wasserwirtschaft, 41: 153-157

Ogilvie, G.A. & Clifford, H.F. (1986): Life histories, production and microdistribution of two caddisflies (Trichoptera) in a Rocky Mountain stream. – Canadian Journal of Zoology, 64: 2706-2716.

Petersen, L.B.M. (1989): Resource utilization of coexisting species of Hydropsychidae (Trichoptera). – Archiv für Hydrobiologie/Supplement, 83: 83-119

Petran, M. (1977): Ökologische Untersuchungen an Fließgewässern über die Beziehungen zwischen Makrobenthos, Substrat und Geschiebetrieb. – Unveröffentlichte Dissertation, Universität Bonn

Petto, H. (1991): Quantitative Charakterisierung des Makrozoobenthos der Donau und seine Abhängigkeit von Umweltvariablen (mit besonderer Berücksichtigung der Oligochaeta). – Unveröffentlichte Dissertation, Universität Wien

Pleskot, G. (1951): Wassertemperatur und Leben im Bach. – Wetter und Leben, 3: 129-143

Resh, V.H. (1977): Habitat and substrate influences on population and production dynamics of a stream

caddisfly, *Ceraclea ancylus* (Leptoceridae). – Freshwater Biology, 7: 261-277
Resh, V.H. & Rosenberg D.M. (1984): The Ecology of Aquatic Insects, (Eds. Resh V.H. & Rosenberg D.M.) – Praeger Publishers, New York
Resh, V.H., Brown, A.V., Covich, A.P., Gurtz, M.E., Li, H.W., Minshall, G.W., Reice, S.R., Sheldon, A.L., Wallace, J.B. & Wissmar, R. (1988): The role of disturbance in stream ecology. – Journal of the North American Benthological Society, 7(4): 433-455
Ricker, W.E. (1946): Production and utilization of fish populations. – Ecological Monographs, 16: 373-391
Robinson, C.T. & Minshall, G.W. (1986): Effects of disturbance frequency on stream benthic community structure in relation to canopy cover and season. – Journal of the North American Benthological Society, 5: 237-248
Sachs, L. (1972): Statistische Auswertungsmethoden. (3. Auflage) – Springer, Berlin
Schleuter, A. & Tittizer, T. (1988): Die Makroinvertebratenbesiedelung des Mains in Abhängigkeit von der Gewässertiefe und der Korngröße des Substrates. – Archiv für Hydrobiologie, 113: 133-151
Sweeney, B.W. (1984): Factors influencing life-history patterns of aquatic insects. The Ecology of Aquatic Insects, (Eds. Resh V.H. & Rosenberg D.M.). – Praeger Publishers, New York
Wallace, J.B., Webster, J.R. & Woodall, W.R. (1977): The role of filter feeders in flowing waters. – Archiv für Hydrobiologie, 79: 506-532
Wallace, J.B. & Merritt, R.W. (1980): Filter feeding ecology of aquatic insects. – Annual Review of Entomology, 25: 103-132
Waringer, J.A. (1989): The abundance and temporal distribution of caddisflies (Insecta: Trichoptera) caught by light traps on the Austrian Danube from 1986 to 1987. – Freshwater Biology, 21: 387-399
Waringer, J.A. (1991): Phenology and the influence of meteorological parameters on the catching success of light-trapping for Trichoptera. – Freshwater Biology, 25: 307-319
Waters, T.F. (1977): Secondary production in inland waters. – Advances in Ecological Research, 10: 91-164
Welch, H.E. (1973): Emergence of Chironomidae (Diptera) from Char Lake, Resolute, Northwest Territories. – Canadian Journal of Zoology, 51: 1113-1123

3 Nekton

Limnologie aktuell · Band/Vol. 2 · Kinzelbach (Hg.): Biologie der Donau
Gustav Fischer Verlag · Stuttgart · Jena · New York · 1994

Naturschutzerfordernisse zur Erhaltung einer typischen Donau-Fischfauna

Fritz Schiemer[1] & Herwig Waidbacher[2]

1 Institut für Zoologie, Abteilung Limnologie, Universität Wien, Althanstraße 14, A-1090 Wien
2 Abteilung für Hydrobiologie, Fischereiwirtschft und Aquakultur, Universität für Bodenkultur, Feistmantelstraße 4, A-1180 Wien

Keywords

Fish communities, riverine fish, *Chondrostoma*, *Barbus*, *Zingel*, ecological indicators, fish fry, river engineering, hydro-electric dams, nature conservation

Abstract

The Austrian part of the Danube (350 km in length) has undergone two fundamental environmental changes: one in the second half of the last century following the water regulation scheme for flood control and for the improvement of navigation, and the second in the last 35 years resulting from the construction of hydro-electric power dams. The deterioration of characteristic riverine habitats as a result of these changes as well as from pollution is reflected by the high number of endangered fish species. The rheophilic guild is the most threatened, and population densities of even the most common species, e.g. *Chondrostoma nasus*, are declining.
Recent studies have shown that river fish communities are good indicators of habitat quality, particularly of habitat structure and the connections between rivers and their backwaters and tributaries, because of the complex habitat requirements of many fish species in the course of their life cycles.
Based on a detailed analysis of the autecology of characteristic species, strategies for the improvement of habitat quality in the Danube, especially in the few remaining un-dammed sections with their high conservation potential, are discussed.

Kurzfassung

Der österreichische Teil der Donau unterlag zwei wesentlichen wasserbaulichen Eingriffen: erstens der großen Donauregulierung, die in der zweiten Hälfte des letzten Jahrhunderts zum Hochwasserschutz und zur Verbesserung der Schiffahrt durchgeführt wurde und zweitens der Errichtung von Staukraftwerken in den letzten 35 Jahren. Durch diese Eingriffe haben sich die Lebensverhältnisse der charakteristischen Lebensgemeinschaften drastisch verschlechtert. Dies zeigt sich z.B. in der großen Zahl gefährdeter Fischarten. Die ökologische Gruppe der Flußfische ist am stärksten betroffen.
Neuere Befunde haben ergeben, daß die Fischfauna, insbesondere die ökologische Gruppe der Flußfische, gute Zeigerarten für die Lebensraumqualität, vor allem im Hinblick auf Strukturreichtum und die Vernetzung zwischen Fluß und Nebengewässer darstellen.

An Hand eingehender Analysen der ökologischen Ansprüche charakteristischer Arten werden die erforderlichen Maßnahmen für eine Verbesserung der derzeitigen Situation, vor allem der freien Fließstrecken, die das größte Potential aufweisen, diskutiert.

1 Einleitung

Die öffentliche Diskussion über ökologische Auswirkungen geplanter Laufkraftwerke in den wenigen unverbauten Abschnitten der österreichischen Donau, bewirkte, daß umfangreiche Untersuchungen zur Ökologie von Aulandschaften in Angriff genommen wurden. Daraus entstand u.a. die Idee, einen Auennationalpark im Gebiet östlich von Wien zu gründen.

Für die Erstellung von Naturschutzkriterien und für die Beurteilung geplanter Managementmaßnahmen für Flußauen sind 2 Gesichtspunkte maßgeblich: Einerseits ein Verständnis der wesentlichen funktionellen Zusammenhänge, z.B. der hydrologischen Vernetzung von Fluß und Nebengewässer, Erosions- und Verlandungsprozessen usw. Andererseits ist ein Indikatorsystem erforderlich, das die Habitatbedingungen für auentypische Lebensgemeinschaften anzeigt. Diese Indikatorsysteme müssen auf die ursprünglichen ökologischen Bedingungen von Flußauen Bezug nehmen.

Es ist augenscheinlich, daß Flußfischvergesellschaftungen als guter Indikator für habitatbezogene Strukturen, wie auch für die ökologische Integrität großer Flußsysteme herangezogen werden können, da komplexe Habitatansprüche vieler Fischarten in ihrem gesamten Lebenszyklus bestehen.

Seit etwa 10 Jahren finden eingehende Untersuchungen über die Fischfauna der Donau statt. Diese Untersuchungen hatten zunächst den Charakter von faunistischen Erhebungen im Rahmen von Kraftwerksbeweissicherungen, um mögliche Auswirkungen von Veränderungen durch die Errichtung von Stauhaltungen abschätzen zu können. Die Ergebnisse wiesen auf eine gravierende Gefährdung einer typischen Donaufischfauna hin.

Im Rahmen der Nationalparkplanung waren neben faunistischen Erhebungen, umfangreiche ökologische Untersuchungen erforderlich, um Naturschutz- und Managementkriterien, zu entwickeln.

2 Charakteristik des österreichischen Donauabschnittes

Die hydrographischen, flußmorphologischen und limnologischen Verhältnisse der Donau wurden in zahlreichen Schriften in jüngster Zeit behandelt. Die letzte umfassende Darstellung über die gesamte Donau findet sich in der von Liepolt (1967) herausgegebenen Monographie.

Der österreichische Donauabschnitt von ca. 350 km Länge gehört zum Flußoberlauf, der sich von der Quellregion in Südwestdeutschland bis zur österreichisch - slowakischen Grenze

(Thebener Pforte) erstreckt. Er ist topographisch durch ein mittleres Sohlgefälle von 0,43 ‰ und durch hohen Geschiebetransport charakterisiert. Der Abfluß wird durch wenige größere Zubringer aus den Alpen, vor allem durch Inn, Traun und Enns bestimmt; die flußmorphologischen Gegebenheiten wechseln zwischen a) Durchbruchstälern mit schmalen Uferzonen und b) Beckenlandschaften mit ausgedehnten Inundationsflächen, mächtigen Geschiebeablagerungen und einem ursprünglich stark verzweigten Flußlauf ab. Abb. 1 zeigt den breiten, ursprünglichen Flußverlauf im Wiener Raum im letzten Jahrhundert. Kennzeichnend ist die starke Furkation der Haupt- und Nebengewässer, die dem Fluß eine reiche Struktur mit kleinräumigen Gradienten in Strömungsgeschwindigkeit, Substrat und Temperatur gab und in einer hohen Mannigfaltigkeit an Habitattypen resultierte.

Bereits im Zeitraum von 1770 bis 1889 kam es durch lokale Uferbefestigungen und Leitwerke zu einer merklichen Verringerung der Gesamtwasserfläche im Wiener Raum (Stummer 1986). Wirklich einschneidende ökologische Veränderungen brachte allerdings erst die «Große Donauregulierung», die 1870 in Angriff genommen wurde. Sie resultierte in einer Begradigung des Flußlaufes, einer Befestigung des Hauptgerinnes und in einer Abtrennung von Seiten- und Nebenarmen.

Dies hatte gravierende Auswirkungen auf

1. die ökologischen Bedingungen im Fluß selbst (Zunahme der Strömungsgeschwindigkeit, Zunahme der Geschiebeerosion, Eintiefung des Flußbettes),
2. die Austauschbedingungen zwischen dem Fluß und der Aulandschaft und
3. die Anteile unterschiedlicher Augewässertypen.

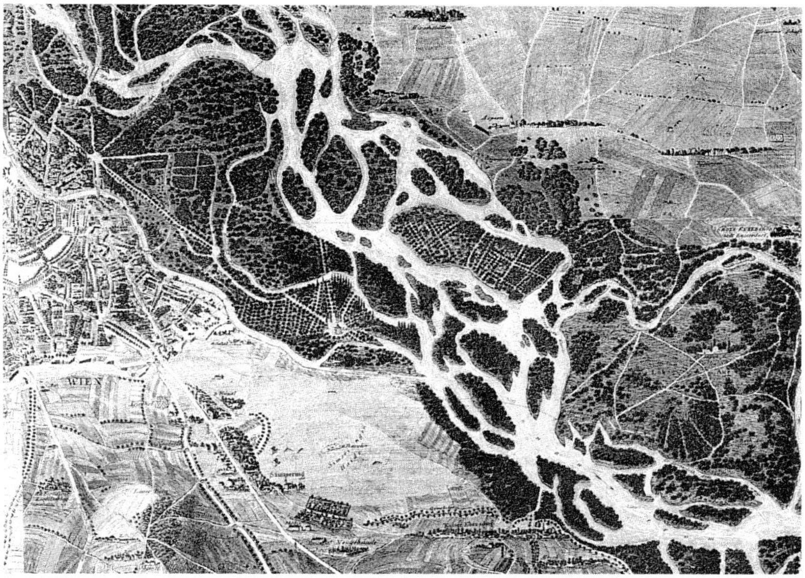

Abb. 1: Die Donau bei Wien vor der Regulierung (1830-1846, Schweikhardt Ritter von Sikkingen)

Nach Angaben von Weber (1989) reduzierte sich die aquatische Gesamtfläche im Gebiet zwischen Wien und der Marchmündung (slowakische Grenze) von 23,7 km^2 auf 13,1 km^2, d.h. um 45%. Dabei hat sich die Fläche der ständig durchströmten Arme um 33% und die der zeitweilig durchströmten Arme um 61% verringert. Neben einer Umwandlung durchströmter Flußarme in stagnierende Altarme, die durch die Regulierung kurzfristig erfolgte, ist die Verringerung der Gesamtwasserfläche ein längerfristiger und nach wie vor anhaltender Prozeß. Er wird bewirkt durch die langsame Eintiefung des laufverkürzten Stromes und des begleitenden Grundwasserniveaus sowie durch kontinuierliche Verlandung.

Wesentlich einschneidendere Veränderungen als durch die Donauregulierung erfolgten allerdings durch die Stauhaltungen. Die österreichische Donaustrecke stellt wegen der hohen Wasserführung und dem hohen Gefälle ein großes Potential für Elektrizitätsgewinnung dar. Nach 1950 begann die Errichtung großer Laufkraftwerke mit dem Ziel, eine geschlossene Staukette auf österreichischem Staatsgebiet zu errichten. Zur Zeit sind 8 von 11 geplanten Kraftwerken fertiggestellt. Nur 2 Abschnitte liegen noch als freie Fließstrecke vor (Abb. 2).

Der Bau von Stauräumen verursachte für die Fischfauna schwerwiegende Veränderungen, vor allem durch die über lange Strecken vollständige Abtrennung der Nebengewässer vom Hauptstrom, durch uferparallele Rückstaudämme sowie durch ihre monotone Gestaltung und durch die Stabilisierung des Wasserstandes. Die charakteristischen limnologischen Verhältnisse im Stauraum sind:

- eine relativ kurze Retentionszeit,
- niedrige Wassertemperaturen,
- eine Sedimentation von feinpartikulärem Material im zentralen Stauraum,
- die Verkleinerung litoraler Schotterbänke im Stauwurzelbereich,

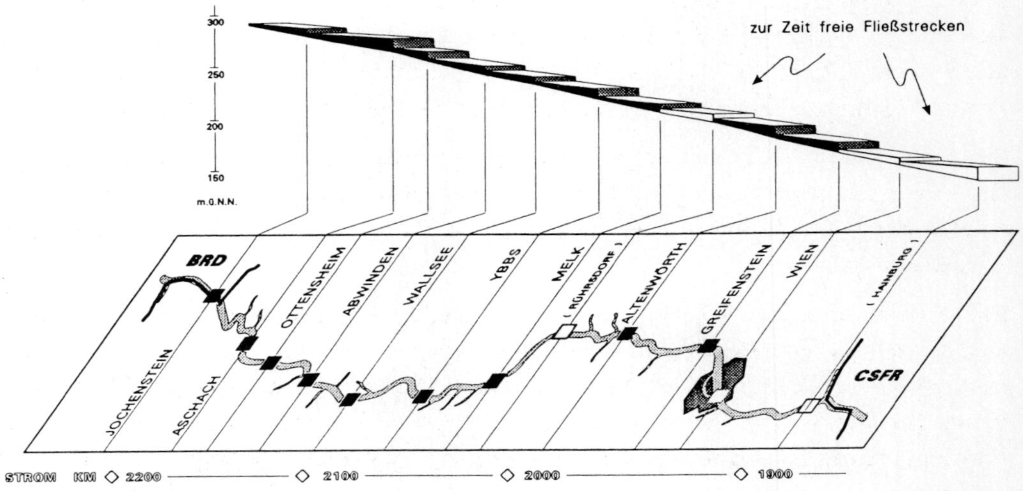

Abb. 2: Kraftwerksbauten an der österreichischen Donau; ■ KW in Betrieb, □ KW Projekt

– geringe Planktondichten und
– hohe Konzentrationen von Zoobenthos in den Weichsedimentablagerungen (s. Herzig 1989).

Der zentrale Stauraumbereich entspricht hinsichtlich der Strömungsverhältnisse und der Beschaffenheit des Stromgrundes eher dem Lebensraum stagnophiler und strömungsindifferenter Fischarten als dem der Rheophilen. Infolge der kurzen Verweildauer des Wassers bei gleichzeitiger Durchmischung des gesamten Wasserkörpers werden aber – im Gegensatz zu den Altarmen – fast nie die für die Fortpflanzung der stillwasserliebenden Fischarten nötigen Temperaturen erreicht. Das Fortkommen dieser Arten ist deshalb, trotz guter Nahrungsversorgung, sehr eingeschränkt. Nur in den Stauwurzeln entsprechen die Verhältnisse noch stellenweise den Gegebenheiten der freien Fließstrecke.

Eine weitere langfristige ökologische Veränderung der Donau bestand in der Verschmutzung, die seit etwa 1950 stark zunahm, in den 80-er Jahren jedoch durch Abwasserreinigungsanlagen verstärkt unter Kontrolle gebracht werden konnte. Es gibt gute Hinweise dafür, daß die Struktur des Lebensraumes eine größere Auswirkung auf die Fischfauna der Donau hat als der gegenwärtige Verschmutzungszustand. Aus diesem Grund wurde dieser Aspekt in der vorliegenden Darstellung nicht berücksichtigt.

3 Fischfauna

Die Fischfauna der österreichischen Donau ist durch ihre hohe Artenanzahl gekennzeichnet (Jungwirth 1984; Schiemer & Spindler 1989; Balon et al. 1986; Waidbacher et al. 1991). Im Verlauf der faunistischen Erhebungen, die in den letzten Jahren durchgeführt wurden, konnten 57 Fischarten festgestellt werden. Von diesen sind 52 autochthon bzw. langfristig von der Donau bekannt. Dieser Artenreichtum ist auf die tiergeographische Funktion der Donau als Einwanderungsroute für eine ponto-kaspische und innerasiatische Fauna, und als Entstehungsgebiet neuer Formen zurückzuführen (Banarescu 1960): Einige Arten (z.B. Frauennerfling, Zingel, Weißflossen-Gründling) sind ausschließlich im Donaugebiet heimisch (Abb. 3).

Die Mannigfaltigkeit entspricht andererseits der reichen ökologischen Strukturierung des Gebietes durch den Übergang von rithralen Bedingungen (Salmonidenzone) in den Durchbruchsstrecken und epipotamalen Bedingungen (Barbenzone) in den Furkations- und Anschotterungszonen.

Einige Arten werden durch Besatzmaßnahmen beeinflußt (z.B. *Esox lucius*, *Stizostedion lucioperca, Cyprinus carpio*); die Mehrheit der nachgewiesenen Arten beruht jedoch auf natürlicher Reproduktion. Die Fauna in den flußauf gelegenen Talabschnitten beinhaltet noch immer charakteristische rithrale Elemente wie *Salmo trutta fario*, *Thymallus thymallus* und *Phoxinus phoxinus*, obwohl die Populationsstärken genannter Arten vorallem durch die anthropogenen Beeinträchtigungen der Zubringer (Regulierung, Stauhaltung etc.) stark zurückgegangen sind.

Vergleicht man die gegenwärtige Artenliste mit historischen Befunden, so ergibt sich, daß ein Großteil der ursprünglichen Fauna noch immer vorkommt. Nur die großen anadromen Acipenseriden, die als saisonale Einwanderer aus dem Schwarzen Meer im österreichischen Donauabschnitt auftraten (*Huso huso*, *Acipenser gueldenstaedti*, *Acipenser stellatus*, *Acipenser nudiventris*), haben bereits seit dem letzten Jahrhundert infolge der Überfischung sehr stark abgenommen. Seitdem ihre Wanderroute durch die großen Staudämme am «Eisernen Tor» (Jugoslawien/Rumänien) unterbrochen wurde, sind sie aus unserem Gebiet völlig verschwunden.

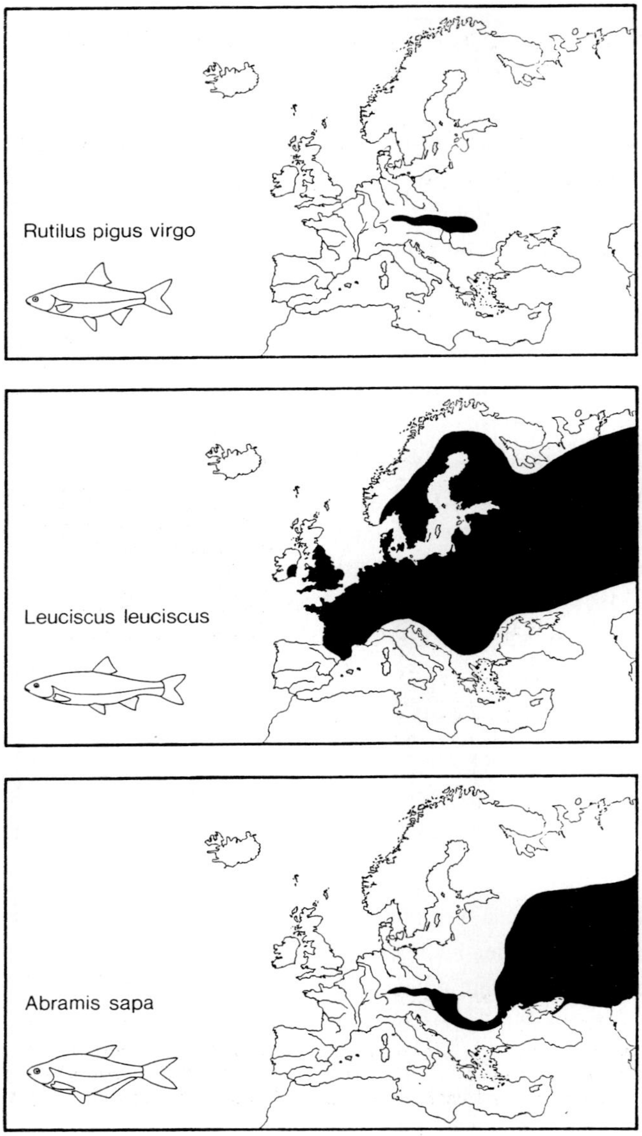

Abb. 3: Beispiele der geographischen Verbreitung einiger charakteristischer Arten der Donau

Es gibt keine älteren Aufzeichnungen über die Populationszusammensetzung der Fischfauna. Wir können aber annehmen, daß durch die Donauregulierung die Rheophilen stärker betroffen wurden als die indifferenten und limnophilen Arten. Ein Hinweis dafür ist auch die Tatsache, daß die meisten typischen Flußfische der Donau in der «Roten Liste» gefährdeter Arten geführt werden (siehe Tab. 1) (Lelek 1980). Eine nach wie vor abnehmende Tendenz einstmals häufiger Arten weist darauf hin, daß der Zustand der typischen rheophilen Fischvergesellschaftungen in der österreichischen Donau kritisch ist.

4 Die Struktur von Fischgesellschaften in der freien Fließstrecke flußab von Wien

Abb. 4 kennzeichnet die Zusammensetzung der Fischfauna an acht Standorten unter Berücksichtigung der ökologischen Gruppierung, die in Tab. 1 vorgenommen wurde. Es sind 3 Habitattypen unterschieden:

Rheophil A	Rheophil B	Euryök	Limnophil
▲ *Acipenser ruthenus*	▲ *Leuciscus idus*	■ *Anguilla anguilla***	▲ *Leucaspius delineatus*
● *Salmo trutta* f.f.*	▲ *Abramis sapa*	■ *Esox lucius*	■ *Scardinus erythrophthalmus*
▲ *Hucho hucho*	▲ *Abramis ballerus*	■ *Rutilus rutilus*	▲ *Rhodeus sericeus amarus*
■ *Oncorhynchus mykiss***	■ *Pelecus cultratus*	■ *Alburnus alburnus*	■ *Carassius carassius*
■ *Thymallus thymallus*	● *Aspius aspius*	■ *Blica bjoerkna*	■ *Tinca tinca*
● *Chondrostoma nasus*	▲ *Cobitis taenia*	■ *Abramis brama*	▲ *Misgurnus fossilis*
● *Barbus barbus*	■ *Gobio gobio*	■ *Carassius auratus gibelio*	● *Stizostedion volgense*
▲ *Rutilus pigus virgo*	▲ *Lota lota*	■ *Perca fluviatilis*	■ *Gasterosteus aculeatus***
▲ *Rutilus frisii meidingeri*		■ *Stizostedion lucioperca*	
● *Leuciscus leuciscus*		■ *Proterorhinus marmoratus*	
■ *Leuciscus cephalus*		▲ *Silurus glanis*	
▲ *Vimba vimba*		■ *Gymnocephalus cernua*	
▲ *Phoxinus phoxinus*		▲ *Cyprinus carpio****	
▲ *Gobio kessleri*			
■ *Gobio albipinnatus*			
▲ *Gobio uranoscopus*			
● *Noemacheilus barbatulus*			
▲ *Alburnoides bipunctatus*			
■ *Cottus gobio*			
▲ *Gymnocephalus baloni*			
● *Gymnocephalus schraetzer*			
● *Zingel zingel*			
▲ *Zingel streber*			
31 Arten, 24 gefährdet		13 Arten, 2 gefährdet	8 Arten, 4 gefährdet

Tab. 1: Populationszusammensetzung der Fischfauna; ▲ gefährdete Art, ● potentiell gefährdete Art, ■ zur Zeit nicht gefährdet, A alle Entwicklungsstadien im Hauptarm des Flusses, B einige Entwicklungsstadien mit Ansprüchen an Altarme oder Zubringer, * autochthone Bestände gefährdet, ** vor 1900 besetzt, *** Wildkarpfen

1) die Uferzone des Flusses selbst,
2) Altarme mit offener Verbindung zum Fluß,
3) abgeschlossene Altarme, die nur selten – etwa 5- bis 10-jährig – vom Hochwasser überflutet werden.

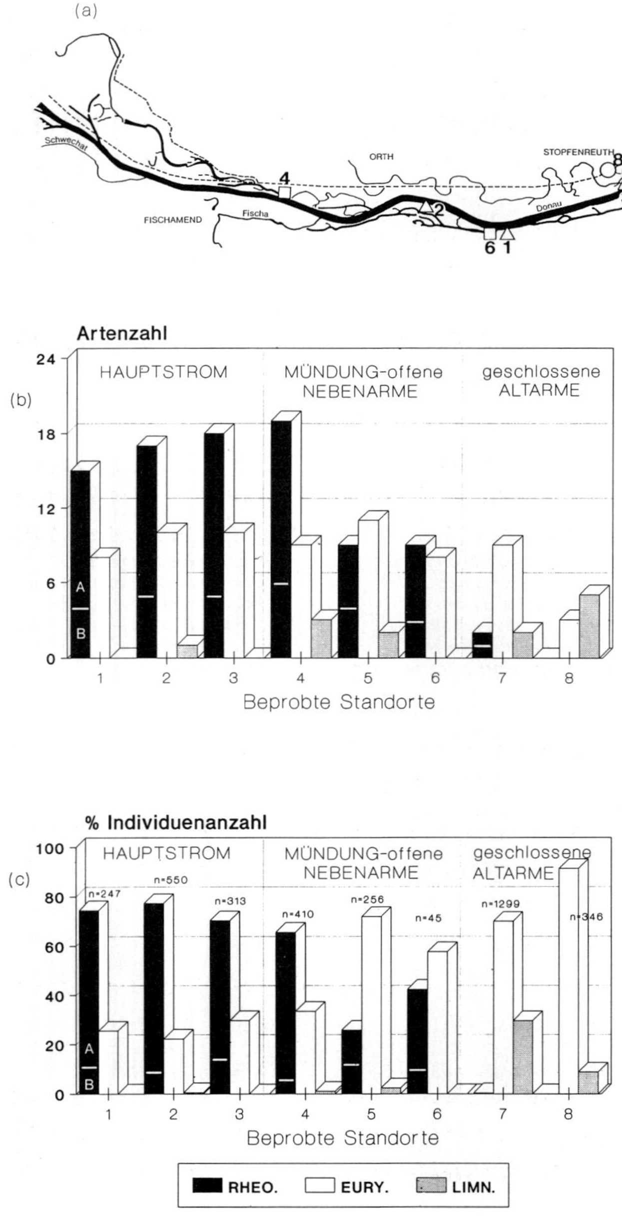

Abb. 4: Zusammensetzung der Fischfauna an acht Standorten der freifließenden Donau zwischen Wien und der slowakischen Staatsgrenze. a) Untersuchungsgebiet mit den beprobten Standorten. Dreiecke (1, 2, 3): Probenpunkte im Hauptstrom. Quadrate (4, 5, 6): Mündungsbereiche von offenen Nebenarmen. Kreise (7, 8): geschlossene Altarme. Strichliert: Hochwasserschutzdamm. b) Artenzahl, nach ökologischen Gruppen zusammengefaßt (vergl. Tab. 1). c) Prozentuelle Zusammensetzung der Fischfauna, nach ökologischen Gruppen zusammengefaßt (Ergebnisse von Befischungen mit E-Boot und Langleinen)

Die Fischfauna im Hauptfluß wird bezüglich Artenzahl und Häufigkeit von den Rheophilen dominiert. Kennzeichnend ist die hohe Dominanz von *Chondrostoma nasus* und *Barbus barbus*. *Leuciscus cephalus* und *Vimba vimba* treten ebenfalls häufig auf. Der prozentmäßige Anzahl der indifferenten Arten, wie z.B. *Rutilus rutilus* und *Abramis brama* liegt zwischen 20 und 30%.

Auch offene, mit der Donau in Verbindung stehende Altarme zeigen eine sehr diverse Fauna mit einer großen Zahl von rheophilen Formen. Die Standorte 4, 5 und 6 in Abb. 4 sind nach der abnehmenden Verbindung zum Hauptstrom gereiht. Standort 4 stellt einen Altarm mit konstant breiter und tiefer Öffnung zum Hauptstrom dar. In den weiteren Altarmen (5 und 6) ist die Einwanderung von Fischen durch Sohlschwellen oder enge Öffnungen bei Niederwasser eingeschränkt. In Übereinstimmung mit diesen Austauschmöglichkeiten, zeigt sich ein deutlich größerer Anteil von Flußfischen in Standort 4. Detaillierte Untersuchungen zum saisonalen Auftreten von einzelnen Arten in offenen Nebenarmen der Donau haben gezeigt, daß diese seitlichen Verbindungen für eine Reihe von Flußfischen, die Nebenarme als Nahrungszonen bzw. als Winter- und Hochwasserrefugialräume benötigen, von besonderer Wichtigkeit sind. Für die Erhaltung einer donautypischen Fischfauna ist es sicher unzureichend, daß in der ca. 50 km langen freifließenden Donaustrecke östlich von Wien gegenwärtig nur 6 Altarme vorhanden sind, die eine Öffnung zum Hauptstrom aufweisen.

In den abgetrennten Altarmen (Abb. 4) mit einer grundsätzlich höheren Makrophytenbedeckung und Feinsedimentablagerung, sind vor allem die indifferenten Arten, wie *R. rutilus, A. brama* und *Blicca bjoerkna* dominant. Daneben kommen aber auch limnophile und polytherme Formen, z.B. *Tinca tinca, Scardinius erythrophthalmus* und *Carassius carassius,* häufig vor (Schiemer 1985).

5 Auswirkungen von Stauhaltungen auf die Fischfauna

Vergleicht man die Fischfauna in der frei-fließenden Strecke unterhalb Wiens mit der in Stauräumen, so zeigen sich erwartungsgemäß deutliche Unterschiede.

Abb. 5 stellt gewichtete Mittelwerte der Artenzusammensetzung (%) von Elektrobefischungen in den zwei vorherrschenden Typen des Flußufers, in Schotterbänken und Blockwürfen, dar. Die kleineren Arten (z.B. *A. alburnus* und *Gobio* spp.) wurden nicht miteinbezogen, da sie mit der Elektrofangtechnik nicht adäquat erfaßbar sind.

Ein Vergleich der Fangstatistiken im Stauraum Melk vor Stauerrichtung und 5 Jahre nach dem Einstau zeigt, daß die typischen Flußfischarten (z.B. *C. nasus* und *B. barbus*) in ihrer Abundanz bereits nach wenigen Jahren stark abnahm und der Faunenanteil der euryöken Formen, v.a. *A. brama*, *R. rutilus* und *B. bjoerkna* anstieg. Ein ähnliches Muster der Populationsveränderung geht aus einer Langzeitstudie über die Fischverteilung in einem etwa 35 km langen Längsprofil von der freien Fließstrecke, zum Staubereich im Stauraum Altenwörth (Abb. 6) hervor. Die dargestellten Ergebnisse basieren ebenfalls auf Elektrobootbefischungen entlang der Uferzone (System Coffelt, Fangbereich ca. 6 m breit und 2 bis 2,5 m tief). Die Ergebnisse von Langleinenbefischungen (durchschnittliche Leinenlänge 50 m, rechtwinkelig zur Fließrichtung gesetzt) sind dabei mit berücksichtigt.

Es zeigt sich ein ausgeprägter Längsgradient in der Faunenzusammensetzung: *B. barbus* und *C. nasus* dominieren in der freien Fließstrecke, während in den gestauten Flußabschnitten Habitatgeneralisten, wie *R. rutilus* (und *A. alburnus*) überwiegen und die Dichte typischer Flußfischarten sehr stark zurückgeht. Die Unterschiede in den Populationsvergesellschaftungen der Stauwurzel und des zentralen Staues sind vergleichsweise gering. Eine Analyse der Größenstruktur von Barbe und Nase zeigt, daß in der Nähe des Wehres nur ältere Klassen anzutreffen sind, welche offenkundig in den benthosreichen Sedimentablagerungen günstige Nahrungsbedingungen vorfinden.

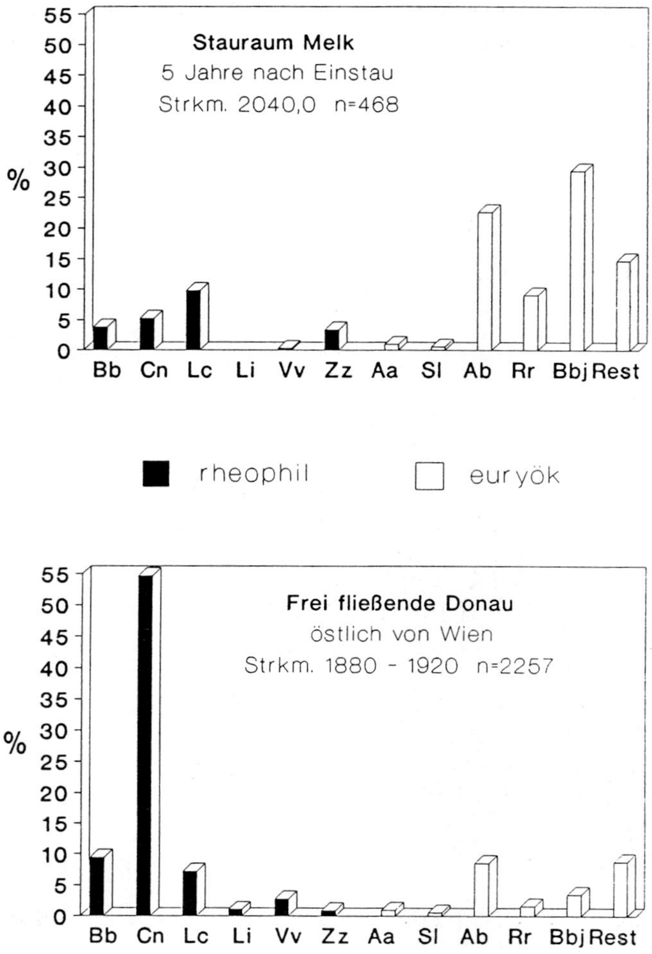

Abb. 5: Zusammensetzung der Fischfauna (in %) in einem Stauraum und in der freifließenden Donau flußab von Wien. Ergebnisse von E - Boot Befischungen. Bb = *Barbus barbus*, Cn = *Chondrostoma nasus*, Lc = *Leuciscus cephalus*, Li = *Leuciscus idus*, Vv = *Vimba vimba*, Zz = *Zingel zingel*, Aa = *Aspius aspius*, Sl = *Stizostedion lucioperca*, Ab = *Abramis brama*, Rr = *Rutilus rutilus*, Bbj = *Blicca bjoerkna*

Nach der Errichtung einer Staustufe dauert es offenkundig mehrere Jahre, bis sich die Fischfauna entsprechend den geänderten Lebensbedingungen gewandelt hat. Die Erklärung dafür sind die lange Lebensdauer sowie die Anpassungsfähigkeit der Adultfische rheophiler Arten an geänderte Milieeubedingungen.

Jungfischerhebungen mit Uferzugnetzen zeigen den raschen Rückgang im Fortpflanzungserfolg dieser und ökologisch ähnlicher Arten an. Die Fließgeschwindigkeit und die Substratbeschaffenheit entlang der Ufer entsprechen offensichtlich nicht den Anforderungen als geeignete Reproduktionszonen und Aufwuchsgebiete (Waidbacher 1989).

Die Entwicklung der limnophilen und polythermen Elemente, wie z.B. Schleie (*Tinca tinca*), Wels (*Silurus glanis*) oder Karpfen (*Cyprinus carpio*) ist im Stau durch die relativ niedere Wassertemperatur, die unwesentliche Makrophytenbedeckung im Uferbereich und die geringe Zooplanktonentwicklung eingeschränkt.

Einige wenige rheophile Arten wie *Leuciscus idus*, *Vimba vimba*, sowie die endemischen Donauperciden scheinen sich, zumindest als Adultfische, mit den geänderten Umweltbedingungen im Stauraum besser zurechtzufinden.

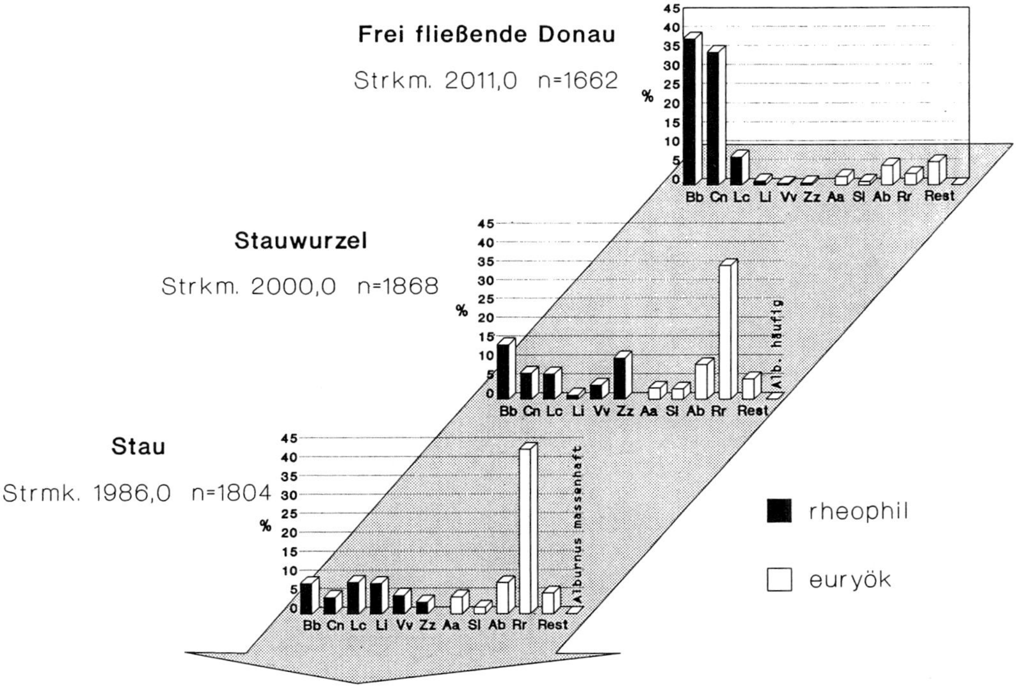

Abb. 6: Zusammensetzung der Fischfauna (in %) in einem Längsschnitt des Stauraumes Altenwörth und der flußauf gelegenen freien Fließstrecke. Abkürzungen wie in Abb. 5

Eine Freilandstudie über *Zingel streber, Zingel zingel* und *Gymnocephalus schraetzer* hat gezeigt, daß diese Arten in der österreichischen Donau häufiger sind als dies ursprünglich angenommen wurde. Sie treten ausschließlich im Hauptstrom auf und bevölkern deutlich getrennte Mikrohabitate der Flußsohle. *Zingel streber* zeigt eine enge Einnischung bei hoher Strömungsgeschwindigkeit mit einem optimalen Bereich von ca. 60 cm s^{-1} (6 cm über dem Flußboden gemessen). Die bevorzugten Strömungsverhältnisse für *Gymnocephalus schraetzer*

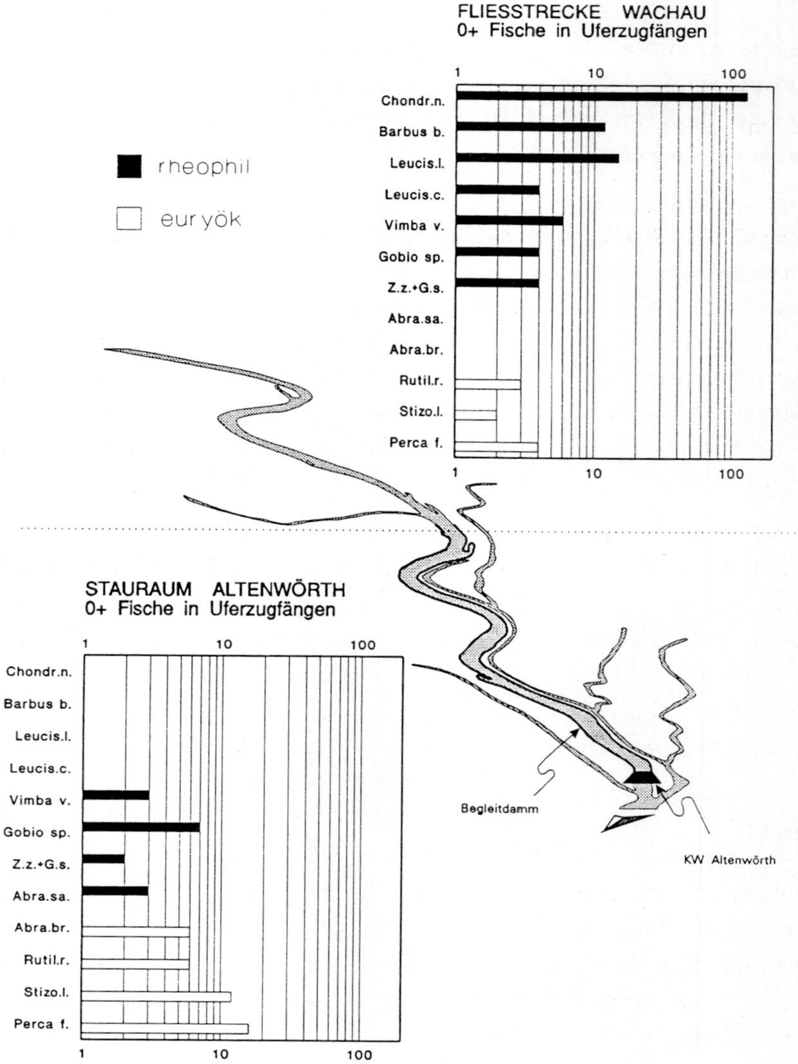

Abb. 7: Zusammensetzung von 0+ Fängen (in Individuenzahlen) in der freien Fließstrecke und im Staubereich Altenwörth

liegen in einem Bereich von 10-30 cm^{-1}, während *Zingel zingel* eine mittlere Position zwischen den genannten Arten einnimmt. Man kann davon ausgehen, daß die Strömungspräferenzen der drei Arten in den lateralen Gradienten, die in der Furkationszone ausreichend bestanden, ursprünglich sehr gut abgedeckt waren, und somit alle drei Arten im selben Flußabschnitt auftraten. Wie die Studie zum Stauraum «Altenwörth» zeigt, spiegeln sich die Strömungspräferenzen genannter Arten in einer longitudinal deutlich getrennten Abfolge der einzelnen Populationsmaxima wieder; *Z. streber* bevölkert ausschließlich die Fließstrecke bis zur Stauwurzel, *G. schrätzer* besiedelt mit erstaunlichen Abundanzen den zentralen Stauraum und *Zingel zingel* entwickelt sein Populationsmaximum im Stauwurzelbereich (Zauner 1991). Zur Zeit sind die spezifischen Erfordernisse im Reproduktions- und Jugendstadium dieser Arten unzureichend bekannt, um beurteilen zu können, ob die gegenwärtigen Bedingungen für eine langzeitige Erhaltung von lebensfähigen und großen Populationen ausreichen.

6 Zusammenfassung der wesentlichen Lebensraumerfordernisse

Für den Naturschutz aber auch aus der Sicht des Wasserbaues ist es wichtig, die ökologischen Erfordernisse charakteristischer Arten im Detail zu erfassen, um entsprechende Maßnahmen ableiten zu können. Abbildung 8 faßt jene Lebensraumerfordernisse der Fischfauna zusammen, auf die bei weiteren Naturschutzüberlegungen besonders Rücksicht zu nehmen sein wird. Im Hinblick auf die bevorzugten Vorkommensbereiche der Adultfische (Kreis) bzw. den jeweiligen Reproduktions- und Brutzonen (Pfeile) wurden 5 ökologische Gruppen unterschieden:

1. Flußfische, die eine durchgehende Verbindung der Donau zu ihren Zuflüssen benötigen, da Rhithralbedingungen für die Reproduktion und die Jugendentwicklung erforderlich sind (z.B. *Hucho hucho, Lota lota*). Die Aalrutte zum Beispiel zeigt eine deutliche Populationsabnahme in Stauräumen, in denen die winterliche Migration in die Zuflüsse unterbrochen wurde.
2. Flußfische, die im Uferbereich der Donau selbst laichen und ihre Jugendentwicklung hier vollziehen (klassische Flußfischarten wie z.B. *C. nasus*, *B. barbus*, *Gobio* spp., Spindelbarsche etc.)
3. Arten, die phasenweise in Nebengewässern vorkommen, aber zur Fortpflanzung und im Brutfischstadium an die Uferzonen des Flusses gebunden sind (z.B. als Nahrungszone oder Wintereinstand, z.B. *Abramis ballerus*, *Aspius aspius*). Solche Arten sind wichtige Zeiger für die Vernetzung von Fluß und seitlichen Nebengewässern.
4. Eurytope Arten – Lebensraumgeneralisten – die sowohl im Fluß und in verschiedenen Typen der stehenden Gewässer gefunden werden. Neben Massenformen, wie Lauben, Rotaugen, Güster und Brachsen, zählen zu dieser Gruppe einige Arten, die in der Laichphase an Überschwemmungswiesen angewiesen sind, wie z.B. die Wildform des Karpfen (*Cyprinus carpio*) und der Hecht (*Esox lucius*).

5. Stillwasserformen (limnophile), die bevorzugt in den verschiedenen Typen von verlandeten Altarmen anzutreffen sind. Zu dieser Gruppe gehören häufigere Arten wie Rotfeder (*Scardinius erythrophthalmus*), Schleie (*Tinca tinca*) und Karausche (*Carassius carassius*) aber auch Fische mit spezifischeren Lebensraumansprüchen wie der Schlammpeitzger (*Misgurnus fossilis*).

Eine umfassende faunistische Untersuchung der Donaualtarme konnte die Bedeutung von Augewässern als Schutzzonen für die Fischfauna aufzeigen (Schiemer 1985): Gemessen an der großen Zahl gefährdeter Arten, weisen jene Nebenarme, die mit der Donau langfristig in Verbindung stehen, den höchsten Schutzwert auf. In den stärker vom Hauptstrom isolierten Augewässern geht die Gesamtzahl und die Zahl gefährdeter Arten deutlich zurück und es kommt zur Dominanz einiger unspezialisierter Formen, wie *R. rutilus* und *A. brama*. Im Gesamtspektrum der verschiedenen Augewässertypen sind natürlich auch solche Standorte wertvoll, da hier die

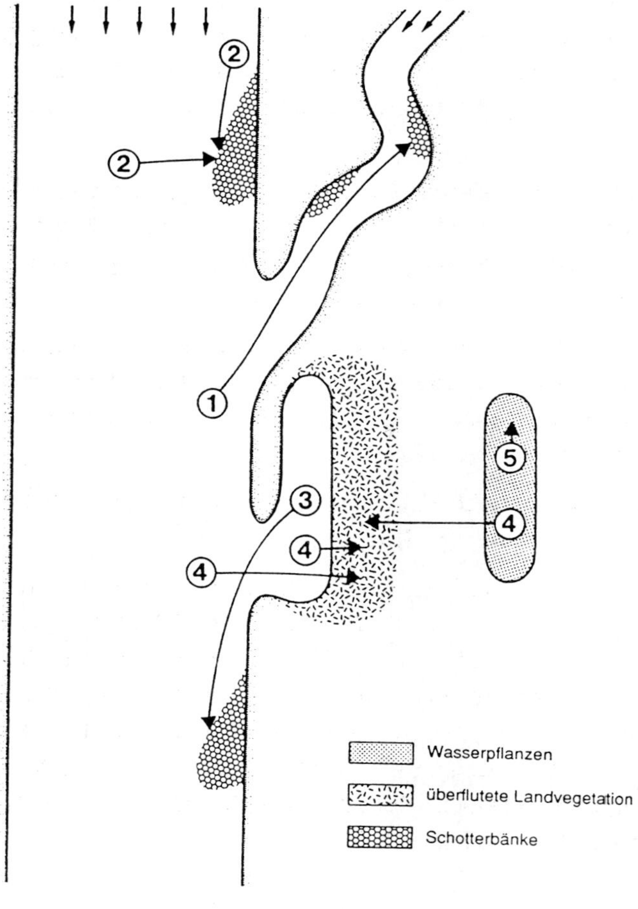

Abb. 8: Schematische Darstellung der wichtigsten Habitaterfordernisse von 5 Artengruppen von Fischen. Die Kreise geben die bevorzugten Aufenthaltszonen der Adultfische an, die Pfeile die Laich- und Brutzonen (nach Schiemer und Waidbacher 1992)

Stillwasserformen einen geeigneten Lebensraum und alle Krautlaicher günstige Laichbedingungen vorfinden. Eine weitere Arealsvergößerung dieses Gewässertypes durch zusätzliche Abdämmungen ist jedoch nicht wünschenswert.

Die wichtigsten und sensibelsten ökologischen Anforderungen an die Habitatgegebenheiten bestehen im Laval- und Jungfischstadium. Es ist gut bekannt, daß für die Krautlaicher Augewässer und die anschließenden Überschwemmungsflächen bei Frühjahrshochwässern günstige Laichreviere darstellen. Es wurde bisher angenommen, daß offene Nebengewässer auch für rheophile Arten wichtige Brutzonen bilden. Eingehende Untersuchungen über das Verteilungsmuster der Fischbrut in verschiedenen Uferbereichen der Donau und der Augewässer flußab von Wien haben klar ergeben, daß die meisten der rheophilen Arten in ihren Jugendphase an die Uferregionen des Flusses gebunden sind (Schiemer & Spindler 1989; Spindler 1988). Unsere Untersuchungen haben gezeigt, daß sich die ökologische Ansprüche im Verlauf der ersten Lebensmonate drastisch verändern.

Dies gilt v.a. für die rheophilen Arten: Sind für die Larvalphase strömungsarme, geschützte Uferbereiche erforderlich, so verschiebt sich mit zunehmendem Lebensalter der bevorzugte Aufenthaltsbereich in Richtung strömungsexponierter flacher Schotterbänke. Die jeweiligen Präferenzbereiche sind aber nicht nur altersmäßig, sondern auch artenmäßig sehr unterschiedlich. Parallel dazu verändern sich die Strömungspräferenzen und z.T. die Nahrungsansprüche (Schiemer & Spindler 1989).

Wichtig für das Aufkommen einer gefährdeten rheophilen Donaufischfauna sind reich strukturierte Uferabschnitte, die bei wechselnden Wasserständen einen Gradienten von Strömungsgeschwindigkeit und Nahrungsangebot darbieten und damit die wechselnden Ansprüche der einzelnen Arten im Verlauf der Jugendentwicklung abdecken können.

Die geringste Populationsdichte der 0+ Altersklasse und die geringste Diversität findet man entlang der Blockwürfe. Eine höhere Diversität und eine größere Populationsdichte von Jugendstadien – vor allem gefährdeter Arten – kommt in geschützten kleinen Buchten und auf flachen Schotterbänken des Flußufers vor.

Es ist offenkundig, daß die Ausbildung des Flußufers einen ganz entscheidenden Parameter für das Vorkommen bzw. für das Verschwinden einer spezifischen Donaufischfauna darstellt.

Die Qualität der Uferzonen kann sehr gut nach den Erfordernissen der rheophilen Arten in der Larval- und Jugendentwicklung beurteilt werden. Eine Studie über die frei fließende Donau zwischen Wien und der slowakischen Grenze ergab, daß nur 18 Zonen von jeweils 1 bis 2 km Länge als Brutzonen in Frage kommen. Die strukturellen Verhältnisse dieser 18 Zonen (z.B. die Ausbildung der Uferlinie zum Mittelwasserstand) korrelieren sehr gut mit der Diversität und der Populationsdichte der Brutfische. Nur 6 der 18 Zonen sind als hochwertig zu beurteilen. 60% der Uferlänge sind durch Blockwürfe und monotone Einfassungen charakterisiert, welche praktisch Jungfischaufkommen ermöglichen (Schiemer et al. 1991).

Es ist sehr wahrscheinlich, daß das derzeitige Ausmaß an Uferstrukturierung nicht ausreicht, um eine charakteristische Donaufischassoziation zu erhalten.

Der kontinuierliche Rückgang vieler, einstmals häufiger Arten (wie z.B. Nerfling, Frauennerfling und Barben) weist darauf hin, daß die Situation kritisch ist, und daß die derzeitigen Gegebenheiten selbst in der freien Fließstrecke unzureichend sind, um den hohen Artenbestand langfristig zu gewährleisten.

Jede weitere Kraftwerks-Errichtung würde die Situation drastisch verschlechtern. Es geht aber aus ökologischer Sicht nicht nur darum keine weiteren Kraftwerke zu bauen, sondern es muß darüberhinaus eine Verbesserung der derzeitigen Situation in der freien Fließstrecke angestrebt werden.

7 Naturschutzmaßnahmen

Naturschutzmaßnahmen müssen sich an den ursprünglichen ökologischen Bedingungen in den Aulandschaften vor der Donauregulierung orientieren. Das Hauptziel des Naturschutzes muß daher die Erhaltung und/oder Verbesserung der ökologischen Zustände in den wenigen verbliebenen frei fließenden Abschnitten der österreichischen Donau sein.

Unsere Ergebnisse zeigen, daß die Verringerung der Uferstruktur und die seit der Donauregulierung reduzierte hydrologische Vernetzung von Fluß und Aulandschaft bei Mittelwasserständen, die schwerwiegendsten ökologischen Beeinträchtigungen darstellen. Folgende Maßnahmen, die für die Verbesserung der gegenwärtigen ökologischen Situation erforderlich sind, lassen sich auf Grund unserer Befunde formulieren:

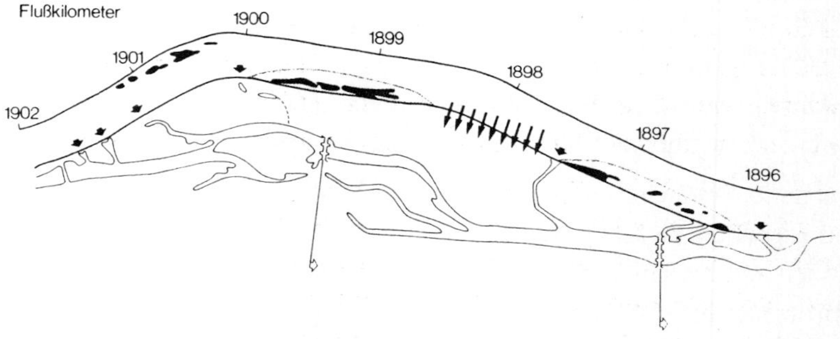

Abb. 9: Vorschläge zur Fließstreckengestaltung und Altarmreaktivierung in einem Abschnitt des geplanten Nationalparks «Donau-March-Thaya-Auen». Dicke schwarze Pfeile: Anbindung der Nebenarme an den Hauptstrom (ab Mittelwasserführung); Dünne schwarze Pfeile: Absenkung der Uferkante, um häufigere Ausuferungen zu ermöglichen; Weiße Pfeile: Absenkung von Traversen in den Nebenarmen. Schwarze Flächen: bestehende Schotterinseln; Schattierte Flächen: empfohlene Vergrößerung der Schotterbereiche im Hauptstrom

1. Verbesserung der Uferstrukturierung durch den Abbau/Umbau der monotonen, steilen Blockwürfe sowie Flächenvergrößerung von Gebieten mit hoher Bettsedimentdynamik in flachen/seichten Uferbereichen. Damit könnte die Qualität der Laichsubstrate und der Aufwuchshabitate für rheophile Arten verbessert werden.
2. Schaffung von seitlichen Überflutungsmöglichkeiten bei erhöhten Mittelwasserführungen durch eine streckenweise Absenkung der Uferkanten. Damit sollen Schutzräume für Fische bei erhöhten Wasserführungen geschaffen werden (Verminderung von Populationsverlusten und erhöhten Stoffwechselkosten durch hohe und uniforme Fließgeschwindigkeiten in der kanalisierten Donau). Zusätzlich würden vergrößerte Überflutungsräume Arten, die in Überschwemmungsbereichen ablaichen, als Laichbiotop dienen.
3. Reaktivierung der seitlichen Verbindungen des Hauptstromes zu den abgetrennten Altarmen durch eine Oberwasseröffnung bei Mittelwasserständen. Solche Mittelwasserverbindungen würden das Ausmaß der Uferstruktur und der Habitatvielfalt – in Hinblick auf Fließgeschwindigkeit und Sedimenttypus – für Flußfische steigern. Daneben werden durch die stärkere Anbindung von Altarmsystemen auch die Lebensmöglichkeiten für jene Flußfische verbessert, die phasenweise Ruhigwasserbedingungen benötigen. Ganz generell kommt es durch eine erhöhte Vernetzung zu einer Erhöhung des Produktionspotentiales der Fischfauna in Flußauen (Antipa 1928). In Abb. 9 sind einige der geplanten Maßnahmen am Beispiel eines Auengebietes östlich von Wien dargestellt.

In den bestehenden Stauräumen, die zwar ein niedrigeres Schutzpotential aufweisen, können grundsätzlich jedoch ebenfalls Strukturierungen und Einbindungen von Seitenarmen und Zubringern die ökologische Funktionsfähigkeit erhöhen. Die wichtigsten Maßnahmen in diesem Zusammenhang wären:

1. Restrukturierung der einheitlichen Uferzone durch Kurzbuhnen, Holzstrukturen und Einzelblöcke sowie die Verwendung eines grobporigen Blockwurfes; damit könnte die Mikrohabitatstruktur verbessert, der Jungfischlebensraum etwas vergrößert und die Refugialmöglichkeit für Fische während eines Hochwasserereignisses erhöht werden.
2. Restrukturierungen an der Flußsohle durch «artificial reefs» würden die Schutzkapazität für Fische während der Winterhochwasserabflüsse verstärken.
3. Die Errichtung von seitlichen Stillwasserräumen durch großzügige Dammverschwänkungen könnten limnophilen/eurytopen Arten verbesserte Lebensbedingungen bringen (z.B. Temperaturerhöhung, Ausbildung submerser Vegetation, Planktonentwicklung etc.)
4. Die Errichtung und Ausdehnung von seicht gelegenen Schotterbänken im Stauwurzelbereich würde die Laich- und Aufwuchsbedingungen für typische Flußfischarten erhöhen.
5. Die sohlgleiche, unverbaute Einmündung von Zubringern würde Rithrallaichern die Migration ermöglichen und einen Populationsaustausch fördern.
6. Die Anbindung der seitlichen Altarme im Stauwurzelbereich (nur bedingt möglich) könnte zu wesentlichen Habitatverbesserungen führen.

Die meisten dieser Managementempfehlungen, vor allem jene für die freifließenden Abschnitte, erfordern umfangreiche flußbautechnische Maßnahmen. Aus ökologischer Sicht werden großflächige Langzeituntersuchungen notwendig sein, um die Vorschläge in ihrer Wirkung abschätzen und verbessern zu können.

Jüngste politische Entscheidungen garantieren die Errichtung eines Auennationalparkes entlang der frei-fließenden Donau zwischen Wien und der slowakischen Grenze. Diese Entscheidung respektiert die internationale Bedeutung des Gebietes als einen charakteristischen Teil der mitteleuropäischen Landschaft und ihrer kulturellen Tradition. Der Status eines Nationalparks wird den gesetzlichen Rahmen bilden, die ökonomisch orientierte Nutzung des Gebietes hintanzuhalten (z.B. durch Einschränkung der Forst- und Wasserwirtschaft) und die ökologischen Bedingungen soweit zu verbessern, daß die Lebensräume dem ursprünglichen, unverbauten Fluß möglichst nahe kommen.

Danksagung

Die Freilandergebnisse zur vorliegenden Arbeit wurden mit Hilfe unserer Kollegen des Inst. f. Zoologie, Univ. Wien und der Abt. Hydrobiologie, Fischereiwirtschaft und Aquakultur, Univ. f. Bodenkultur gewonnen. Ihnen gebührt unser besonderer Dank. Weiters danken wir Dipl. Ing. R. Janisch und der «Donaukraft AG», die uns freundlicherweise Unterlagen über den Stauraum Melk zur Verfügung gestellt haben. Detailstudien wurden vom «Fonds zur Förderung der wissenschaftlichen Forschung» (Proj. Nr. S-35), vom MaB-Proj. «Ökosystemstudie Donaustau Altenwörth» und vom Österr. Wasserwirtschaftsverband (Proj. «Interdisziplinäre Studie Donau») finanziert.

Literatur

Antipa, G. P. (1928): Die biologischen Grundlagen und der Mechanismus der Fischproduktion in den Gewässern der Unteren Donau. – Academie Roumaine, Bull. de la Section Scientifique 11: 1-20

Balon, E.K., Crawford S.S. & Lelek, A. (1986): Fish communities of the upper Danube River (Germany, Austria) prior to the new Rhein-Main-Donau connection. – Env. Biol. Fish. 4: 243-271

Banarescu, P. (1960): Einige Fragen zur Herkunft der Süßwasserfischfauna der europäisch-mediterranen Unterregion. – Arch. Hydrobiol. 57: 16-134

Herzig, A. (1989): Limnologische Veränderungen im Ökosystem Donau durch das Donaukraftwerk Altenwörth. – In: Ökosystemstudie Donaustau Altenwörth. Österr. Akademie der Wissenschaften, Veröffentlichungen des österreichischen MaB.Programms, Bd 14: 95-121

Lelek, A., (1980): Threatened fresh water fishes of Europe. – Counc. Eur. Nat. Environ. Ser. 18, 269 pp

Liepolt R. (Hrsg.) (1967): Limnologie der Donau. – Schweizerbart, Stuttgart

Jungwirth, M. (1984): Die fischereilichen Verhältnisse in Laufstauen alpiner Flüsse, aufgezeigt am Beispiel der österreichischen Donau. – Österr. Wasserwirtschaft 36: 103-110

Schiemer, F. (1985): Die Bedeutung von Augewässern als Schutzzonen für die Fischfauna. – Österr. Wasserwirtschaft 37: 239-245

Schiemer, F. (1988): Gefährdete Cypriniden – Indikatoren für die ökologische Intaktheit von Flußsystemen. – Natur und Landschaft 63: 370-373

Schiemer, F. & Spindler, T. (1989): Endangered fish species of the Danube river in Austria. – Regulated rivers: Research and Management 4: 397-407

Schiemer, F., Spindler, T., Wintersperger, H., Schneider, A. & Chovanec, A. (1991): Fish fry associations: Important indicators for the ecological status of large rivers. – Verh. Internat. Verein. Limnol. 24: 2497-2500

Schiemer, F., & Waidbacher, H. (1992): Strategies of conservation of a Danubian Fish Fauna. – In: «River conservation and management» (Eds. P.J. Boon, P.Calow & G.E. Petts), John Wiley & Sons: 363-382

Spindler, T. (1988): Ökologie der Brutfische der Donau bei Wien. – Diss. Univ. Wien, 129 pp

Stummer, D. (1986): Veränderung der Stromlandschaft im Stadtbereich von Wien seit 1780 an ausgewählten Kartenbeispielen. – Hausarbeit Univ. Wien, 55 pp

Waidbacher, H. (1989): Zum Einfluß der Uferstruktur auf Fischbestände – Stauraumgestaltung Altenwörth, Österr. Wasserwirtschaft 41: 172-178

Waidbacher, H. (1989): Veränderungen der Fischfauna durch Errichtung des Donaukraftwerkes Altenwörth. – In: Ökosystemstudie Donaustau Altenwörth. Österr. Akademie der Wissenschaften, Veröffentlichungen des österreichischen MaB.Programms, Bd 14: 123-161

Waidbacher, H., Zauner, G., Kovacek, H. & Moog, O. (1991): Fischökologische Studie Oberes Donautal. – Projektstudie im Auftrag der Österr. Wasserstrassendirektion, 175 pp

Weber, E. (1989): Studie über die Entwicklung der Donaufischerei von Wien bis zur Marchmündung vor und nach der Donauregulierung in den Jahren von 1880 bis 1900 – (unpubl. Manuskript)

Zauner, G., (1991). Vergleichende Untersuchungen zur Ökologie der drei Donauperciden Schraetzer (*G. schraetzer*), Zingel (*Z. zingel*) und Streber (*Z. streber*) in gestauten und ungestauten Donauabschnitten. – Diplomarbeit, Univ. f. Bodenkultur, Wien, 110 pp

Limnologie aktuell · Band/Vol. 2 · Kinzelbach (Hg.): Biologie der Donau
Gustav Fischer Verlag · Stuttgart · Jena · New York · 1994

Protected Fish Species in the Danube in Hungary

Katalin Kereszteszy

Institute of Animal Husbandry, University of Agricultural Sciences, H-2103 Gödöllo

Keywords

Danube, Hungary, fish, protection

Abstract

A review is given of the species composition, the status, the level of threat, and legal protection of the fish in the Hungarian part of the Danube. 27 of the 79 recorded Hungarian species are protected; only 19 of these protected species were still found in the years 1988 to 1991.

Kurzfassung

Eine Übersicht über die Artenspektrum, Status, Gefährdungsgrad und Schutzstatus der Fische des ungarischen Donauabschnitts. Von 79 nachgewiesenen Arten genießen 27 Arten besonderen Schutz; von ihnen wurden zwischen 1988 und 1991 nur noch 19 nachgewiesen.

1 Introduction

79 species of fish are known from Hungary, and 27 of these are protected. Between 1988 and 1991, only 19 of the protected species were collected from the Danube and from its watershed area in the course of our research work on protected fishes.

2 Materials and methods

In researching the faunistics of fish, several types of fishing nets and electric fishing appliances were used. At each sampling station, the age of every fish was determined according to the annual scale rings and the otoliths.The physical-chemical data of the water were also recorded, such as temperature, conductivity, pH and the quantity of dissolved oxygen.

3 Results

The table summarizes the results of this research into the occurrence of the protected fish species, together with the principal data from the water samples.

To estimate the population of the species the following three categories were used.

1. Species of which only 1-3 specimens could be caught within a 100 m stretch of water.
2. Species of which 3-10 specimens could be caught within a 100 m stretch.
3. Species of which more than 10 samples could be collected within the same distance.

4 Discussion

***Eudontomyzon vladikovi* Olivia & Zanandrea 1959:** This is a retiring species which is difficult to find and catch. We found it in an affluent of the Danube – it is very rare in the Danube itself (Tyahun pers. comm.)

***Huso huso* (Linnaeus 1758):** In 1987 fishermen caught this fish in the Danube, near the town of Paks. I measured the specimen, which was 3 m long and 181 kg in weight. It is very rare in the Hungarian part of the Danube (Khin 1957).

***Acipenser nudiventris* Lovetzky 1828 – *Acipenser guldenstaedti* Brandt 1833 – *Hucho hucho* (Linnaeus 1758):** These occur extremely rarely. Fishermen and anglers sometimes catch them in the Danube (Pénzes 1970).

***Umbra krameri* Walbaum 1792:** This lives in backwaters and in the affluents of the Danube.

***Leuciscus leuciscus* (Linnaeus 1758):** This is a species with a narrow ecological spectrum, and is rather rare.

***Leuciscus souffia* Risso 1826:** The occurrence of this species in Hungary is doubtful.

***Leucaspius delineatus* (Heckel 1843):** This lives in small streams and should therefore be assigned to the first or second categories of population status.

***Alburnoides bipunctatus* (Bloch 1782) – *Barbus meridionalis* Risso 1826:** These two species live in rivers where the bottoms are stony and they can remain in such rivers where there is no disturbing human activity. They prefer fast waters, where the quantity of the dissolved oxygen is high.

***Gobio uranoscopus* (Agassiz 1828):** The occurrence of this species in Hungary is doubtful.

***Gobio albipinnatus* Lukasch 1933 – *Gobio kessleri* Dybowski 1862:** These live in small streams and in the littoral region of the rivers.

***Noemacheilus barbatulus* (Linnaeus 1758):** This lives in small streams and in the littoral region of the rivers. It has a narrow ecological spectrum, preferring fast waters, but it appears in large numbers at some localities.

***Misgurnus fossilis* (Linnaeus 1758):** This species has a wide ecological tolerance.

***Cobitis taenia* (Linnaeus 1758):** This is commonly found in large numbers.

***Sabanejewia aurata* Filippi 1865:** This species has wide ecological spectrum but it is rather rare.

***Gasterosteus aculeatus* Linnaeus 1758:** The first capture which established the existence of this species in the river Danube was caught in 1956 in the river at Budapest (Sterbetz 1957), and since 1981 some specimen have been found each year in the Danube.

***Gymnocephalus schraetser* (Linnaeus 1758):** This species can live in rivers where the bottom is stony and the quantity of the dissolved oxygen is high.

***Zingel zingel* (Linnaeus 1766):** This prefers deep waters.

***Zingel streber* (Siebold 1863):** This is a rare and endangered species. It lives in rivers and streams where the bottom is stony, and can survive in such streams when there is no disturbing human activity.

***Proterorhinus marmoratus* (Pallas 1811):** The living conditions of this species are similar to those of *Misgurnus fossilis* but it is a solitary species and each individual territory is maintained and protected from other fish, a characteristic feature that appears as early as the first year.

***Gobius (Neogobius) fluviatilis* (Pallas 1811):** This has a wide ecological spectrum. It is a rare species in the Danube, but is of frequent occurrence in Lake Balaton.

***Cottus gobio* Linnaeus 1758:** This species is very rare.

***Cottus poecilopus* Heckel 1836:** The occurrence of this species in Hungary is doubtful.

The protected fish species are the indicators of the ecosystem. Examining changes in the size of their populations is a way of obtaining information about changes in the water environment.

References

Botta, I., Keresztessy, K. & Nemenyi, I. (1981): Faunisztikai es akvarisztikai tapasztalatok az edesvizi akvarium üzembehelyezesevel kapcsolatban. – Allattani Közlemenyek 68: 33-42

Botta, I. & Keresztessy, K. (1992): A hazai ingolafajok attekintese. – Halaszat 85: 137-140

Keresztessy, K. (1992): Védett halfajok elöfordulása Szigetközben. – Szigetközi Tudományos Napok, Mosonmagyaróvár 1992 VI: 25-27

Khin, A. (1957): A magyar vizák története. – Mezögazdasági Muzeumi Fuzetek, Budapest, 2. sz.

Penzes, B. (1979): Vágótok a paksi Duna-szakaszrol. – Buvár 12: 440

Sterbetz, I. (1957): Tüskes piko a Dunaban. – Halaszat 4: 75

Tab. 1: The occurrence of fish species, with estimate of the fish population and the age of the specimens examined

	locality	population estimate (category)	age of the samples (year)	ecological characteristics	conductivity ($\mu S \cdot cm^{-1}$)	pH	dissolved oxygen (mg/l)
Eudontomyzon vlaykovi				narrow ecol.	495	7,14	10,60
	Kerka	I	larvae	spectrum			
	Duna			rare			
				endangered			
Umbra krameri	Szödi-streams	I	1,2,3	narrow ecol. spectrum	753	6,24	13,82
	Ócsa	I	1, 2, 3	rare	738	6,32	3,40
	Hanság	I, II	1, 2, 3, 4	endangered	489	5,44	6,44
Leuciscus leuciscus	Répce	I	3	rare	415	7,45	7,58
	Duna	I	4		371	6,99	8,20
	Kemence	I	3		462	7,56	11,53
	Ipoly	I	3,4		490	7,29	8,91
Leucaspius delineatus	Duna	II	1, 2	wide ecol.	422	6,93	7,56
	Répce	I	2	spectrum	415	7,40	7,52
	Hansági föcsatorna	II	1, 2, 3	rare	2920	8,34	5,94
Alburnoides bipunctatus	Kemence	III	1, 2, 3, 4	narrow ecol.	462	7,56	11,63
	Ipoly	II	2, 3,	spectrum	490	7,29	8,91
	Duna	I	3	endangered	638	7,16	7,01
Barbus meridionalis	Kemence	II	1, 2, 3, 4	narrow ecol.	471	7,24	10,82
	Ipoly	I	3	spectrum	490	7,30	8,95
	Apátkúti stream	II	3, 4	endangered	711	4,84	9,80
Gobio albipinnatus	Ipoly	II	2	in large numbers	490	7,29	8,91
	Duna	III	1, 2, 3	in some places	422	6,93	7,56
	Répce	II	2, 3, 4		415	7,45	7,58
	Kemence	II	1, 2		471	7,24	10,82

Tab. 1: (continuation)

	locality	population estimate (category)	age of the samples (year)	ecological characteristics	conductivity (µS·cm^{-1})	pH	dissolved oxygen (mg/l)
Gobio kessleri	Duna	I	2	narrow ecol.	371	6,99	8,20
	Ipoly	II	2, 3	spectrum	457	7,32	9,34
	Kemence	I	1, 2		471	7,24	10,82
Noemacheilus barbatulus	Duna	I	3	in large numbers	371	6,99	8,20
	Ipoly	I	2	in some places	457	7,32	9,34
	Kemence	II	1, 2		471	7,24	10,82
	Apátkúti stream	II	1, 2		711	4,83	9,80
	Malom stream	II	1, 2		379	5,42	9,38
	Pilismaróti stream	II	2		381	6,24	9,20
Misgurnus fossilis	Szödi-stream	III	1, 2, 3, 4	narrow ecol.	753	6,24	13,82
	Ipoly	I	3	spectrum	457	7,32	9,34
	Duna	I	2	in large numbers in some places	371	6,99	8,20
Cobitis taenia	Ipoly	II	2, 3, 4	wide ecol. spectr.	457	7,32	9,34
	Duna	II	2, 3, 4	in large numbers	371	6,99	8,20
	Szödi-stream	II	1, 2, 3	in some places	753	6,24	13,82
	Keskenybükki	III	1, 2, 3		487	7,64	12,98
	Cuha	II	1, 2		604	7,20	7,32
	Fényes	III	1, 2, 3		560	7,56	12,04
	Dabas-Sári stream	III	1, 2, 3		706	7,03	11,83
Sabanejewia aurata	Ipoly	I	2, 3	wide ecol. spectr.	457	7,32	9,34
	Duna	I	3	rare	371	6,99	8,20
Gasterosteus aculatus	Duna	I	2	rare	411	7,41	8,58

Tab. 1: (continuation)

	locality	population estimate (category)	age of the samples (year)	ecological characteristics	conductivity ($\mu S \cdot cm^{-1}$)	pH	dissolved oxygen (mg/l)
Gymnocephalus schraetzer	Duna	II	2, 3, 4	rare narrow ecol. spectr.	638	7,16	7,01
Zingel zingel	Duna	I	4	narrow ecol. spectr.	379	6,72	7,62
	Rába	II	3, 4		354	6,80	4,61
Zingel streber	Rába	II	2, 3, 4	narrow ecol. spectr.	381	6,80	7,42
	Ipoly	I	3	rare	457	7,32	9,34
Proterorhinus marmoratus	Répce	II	1, 2, 3	wide ecol. spectr.	437	7,15	9,11
	Duna	II	2, 3, 4	frequent occurence	490	7,29	8,91
	Ipoly	I	2		457	7,32	9,34
	Hanság	II	1, 2		2920	8,34	5,94
Neogobius fluviatilis	Sió	II	3	wide ecol. spectr. rare	379	6,72	7,60
Cottus gobio	Duna	I	3	wide ecol. spectr.	379	6,72	7,60

Limnologie aktuell · Band/Vol. 2 · Kinzelbach (Hg.): Biologie der Donau
Gustav Fischer Verlag · Stuttgart · Jena · New York · 1994

Auswirkungen veränderter Hydrologie und des Chemismus auf die Fischfauna

Nicolae Bacalbaşa-Dobrovici

Galatz Universität, Labor Fishing Technology, 6200 Galatz, Rumänien

Keywords

Danube, Romania, migratory fish, river barrages

Abstract

The Danube flows mostly through a densely populated agricultural landscape with industrial developments, and the anthropogenic impact on the fish fauna of the river is very great. Hydrological construction works were carried out firstly to facilitate navigation and then to expand the area of cultivated land. The Upper and Middle Danube were the sections to be modified first, followed by the Lower Danube. The activities that had most impact on the fish fauna were the dredging and other river work for navigation and the dams, as well as the huge quantities of water pumped out of the river for irrigation. In Germany and Austria the river has been more or less transformed into a series of river-lakes, and some dams have also been built on the Middle and Lower Danube. The hydrological changes have been variable in their influence on the fish fauna.

At the same the inflow of chemicals into the Danube has a profound effect on its water. These are mostly organic compounds, but various inorganic compounds are included too: a high percentage come through agricultural run-off.

All these activities have a negative influence, not only on the migratory and semi-migratory species but also on the typically riverine species by enforcing changes in migration, spawning, fry survival etc. Sturgeons are most endangered.

Kurzfassung

Weil die Donau größtenteils durch dicht besiedelte Landwirtschaftszonen fließt, die zudem industrialisiert sind, kommt es zu einem hohen anthropogenen Einfluß auf ihre Fischfauna. Die Bauten zur Veränderung der Hydrologie wurden erst für die Schiffahrt, später für die Gewinnung von Ackerland ausgeführt. Begradigungen, Baggerarbeiten, Uferbefestigungen sind die wichtigsten Bauarbeiten für die Schiffahrt. Für die Landwirtschaft am wichtigsten sind die Eindeichungen und das Abpumpen von großen Wassermengen für die Berieselung. In den letzten 50 Jahren ist die Zahl und die Größe der hydroelektrischen Bauten immer wichtiger geworden. Die obere Donau ist praktisch in eine Reihe von Fließ-Stauseen aufgeteilt; dasselbe ist auch in der Mittel- und Nieder-Donau allmählich verwirklicht. Deswegen zeigen sich starke Auswirkungen auf die Fischfauna.

In der gleichen Zeit wurde ein starker Einfluß durch chemische Einleitungen auf das Donauwasser ausgeübt. Es sind meistens organische, aber auch anorganische Einträge, von denen ein hoher Prozentsatz vom Ackerland abfließt. Die Wirkung all dieser Veränderungen auf die einzelnen Arten ist unterschiedlich.

Diverse Nutzungsansprüche wirken sich auch in bakteriologischer Hinsicht auf die Donau aus. Der Aufstau des Flusses zur Energiegewinnung führt zu einer erhöhten Sedimentation von Bakterien, insbesondere von Salmonellen. Aus den Sedimentproben konnten mehr als zehnmal so oft Salmonellen nachgewiesen werden als aus den Wasserproben.

Die ökonomische Entwicklung im ganzen Donaueinzugsgebiet hat wichtige hydrographische und hydrochemische Veränderungen hervorgerufen, welche die Fischfauna in der Donau und ihren Nebenflüssen beeinflußt hat. Die größten Veränderungen erfolgten im 19. Jh., an der oberen und mittleren und in den letzten 30 Jahren an der unteren Donau.

Chronologisch zuerst wurden die technischen Arbeiten für die Schiffahrt ausgeführt; im allgemeinen hatten sie keinen großen negativen Einfluß auf die Fischfauna. Dagegen haben die Eindämmungs- und Trockenlegungs-Arbeiten, die am Ende des 19. Jh. an der mittleren Donau und ihren wichtigeren Nebenflüssen ausgeführt worden sind, zu einer Verminderung der Fischerei geführt; dabei wurden fast 40000 km^2 Überschwemmungsgebiete trocken gelegt; mehr als 7000 km^2 an der unteren Donau, meistens nach 1965 eingedeicht, haben einen sehr negativen Einfluß auf die Fischfauna der Gewässer gehabt.

Der Bau von Stauseen an der Donau hat kaum eine Steigerung der Fischproduktion erbracht, wie es einige Spezialisten erhofft haben; die Fischfauna verarmte vielmehr.

Einzugsgebiet der Donau	Bewohner pro km^2
Süddeutschland	100
Ungarn	115
Rumänien	95
Czechoslowakei	120
Jugoslawien	89
Bulgarien	83
UDSSR	100

Im 19. Jh. ist im Einzugsgebiet der Donau die Bevölkerung stark gewachsen, besonders längs der Donau. In der gleichen Zeit, fand im Donautal eine rasche Entwicklung der Industrie und der Schiffahrt statt; so sind die Voraussetzungen für die Flußverunreinigung gegeben. Die vereinigten Bemühungen der Donaustaaten um Verbesserung der Wasserqualität (Declaratia 1986), haben bis heute wenigstens dazu geführt, diese auf β-mesosaprob zu halten. Einleitungen aus Industrie, Landwirtschaft und Bergbau verursachen seit einigen Jahren große Fischsterben, die bisher zwar nur eine örtliche Bedeutung haben, jedoch viel mehr offenbar werden als die stetige Flußverunreinigung.

In Flußabschnitten, die industrialisierte Zonen durchfließen, wurde eine Sauerstoffverarmung beobachtet; so zwischen Kehlheim und Regensburg, doch nach der Errichtung mehrerer Dämme und Stauseen wurde der Sauerstoffgehalt leicht verbessert. Im österreichischen Flußabschnitt ist der Sauerstoffgehalt der Donau Fließ-Stauseen im allgemeinen genügend (Herzig

1984), aber in einigen Nebenflüssen wurde eine verschlechterte Lage infolge von Abwässern festgestellt. Im Traun ist z.B. die Regenbogenforelle, mit der man den Fluß besiedelt hatte, sehr schnell wieder abgewandert (Kainz 1984).

In den Fließ-Stauseen der oberen Donau kommt es zu einer paradoxen Lage. Die Planktonentwicklung wurde schon lange Zeit durch den Bau der Stauseen günstig beeinflußt (Naidenov & Saiz 1975), auch das Benthos ist reicher geworden (Russev 1982). Doch die vollständige Abtrennung der wenigen vorhandenen Überschwemmungszonen und der Altarme sowie die niedrige Wassertemperatur des Flusses, haben zu einer qualitativen und quantitativen Verminderung der Fischproduktion geführt, mit Ausnahme der anspruchlosen und wirtschaftlich minderwertigen Arten (Jungwirth 1984). Die hydrotechnischen Arbeiten zur Verbesserung der Schiffahrtsbedingungen, haben Steinböschungsdecken und dadurch eine Vergrößerung der Strömungsgeschwindigkeit mitgebracht. In den Strecken wo die Böschungsdecken aus losen Bruchsteinen gebaut wurden, haben sich allerdings gute Bedingungen für die Fischpopulation entwickelt.

Im oberen Abschnitt der mittleren Donau ist der Fluß 200-300 m breit. Die Durchflußmenge ist verschieden; der spezifische Abfluß liegt zwischen 2000 m^3 s^{-1} bei einer Strömungsgeschwindigkeit von 1,73 m s^{-1}, er kann aber 8000 m^3 s^{-1} und 3,13 m s^{-1} erreichen (Holčik et. al. 1981). Die Wassertrübung ist hoch, die maximale Wassertemperatur ereicht 17,5°C. Das Hochwasser kommt im Mai-Juni, wenn die Schneeschmelze noch einen Einfluß hat; in den anderen Monaten geht die Durchflußmenge drastisch zurück. Hier war das Dammflußsystem Gabčikovo-Nagymaros im Bau. Längs einer Flußstrecke von ungefähr 200 km sollte eine einträgliche Fischerei beeinträchtigt werden, wo allein für das ungarische Ufer ein jährlicher Fischertrag von 500 t eingebracht wurde (Toth 1983).

Im pannonischen Flußabschnitt sind die Verbindungen zwischen den Altarmen, dem Überschwemmungsgebiet und dem Hauptstrom immer schlechter geworden, in erster Linie infolge der Bauten zur Wasserstandskontrolle; deswegen sinkt die Fischproduktion in den isolierten Wasserflächen ab (Djisalov & Tóth 1978-1979).

Im unteren Abschnitt der mittleren Donau steigt der spezifische Abfluß bis 6000 m^3 s^{-1}, die Flußbreite gelangt zu 600-1200 m und das Wasser ist viel wärmer und durchsichtiger als in seinem oberen Abschnitt. Der ganze untere Abschnitt der Mitteldonau wird vom Fließ-Stausee «Eisernes Tor I» eingenommen. Während des Dammbaues wurden die Fische in ihren anadromen Wanderungen gehemmt und später gänzlich zurückgehalten. Es waren Wassertrübungen, Lärm und Vibrationen bei dem Hilfsperrbau und eine viel höhere Strömungsgeschwindigkeit im verengten Flusse, die sofort nach Baubeginn eine Schranke für die Fische wurde. Strömungsmessungen, die am Anfang der Bautätigkeit im März 1967 ausgeführt wurden, zeigten ein Maximum von 1,14-1,37 m s^{-1} am Ufer, die bis zu 2,13-2,75 m s^{-1} bei 78-515 m vom Ufer anwuchsen (Bacalbaşa & Petcu 1969).

Nach der Füllung des Stausees, konnten aktive Fischfangmethoden nur noch in der pelagischen Zone und an einigen alten, stromaufwärts sich befindenden Fangstellen angewendet werden, weil der alte Stromboden und das überschwemmte Gelände mit Bäumen und Steinen bestreut waren (Bacalbaşa 1972). Im ersten Jahr nach der Aufstauung hat man nachts am Boden in Stellnetzen gefangene Barsche und Zander, die unter Sauerstoffmangel litten, am folgenden Morgen tot herausgenommen. Die rheophilen Benthalfische (Sterlet und Barbe) wuchsen während der ersten Nachstauungsjahre infolge eines größeren Nahrungsangebotes gut, später sind sie jedoch stromaufwärts ausgewandert, wo der Stausee mehr Flußcharakter behalten hat.

Im allgemeinen veränderte sich die Zusammensetzung der Fischarten. Im rumänischen Teil des Flußes stellten vor der Stauung über zwei Drittel der gefangenen Fische die Arten Barbe, Wels und Zährte. Der Sterlet machte weniger als 6% des Gesamtfanges aus. Prognosen, daß nach der Stauung im Stausee 25mal mehr Fische als vorher vorhanden seien, sind unrealistisch geblieben. Die prozentuale Artenzusammensetzung hat sich jedoch geändert. Der Brachsen und kleinere Cypriniden werden jetzt am häufigsten gefangen. Der Zander, der Wels und der Schied (Rapfen) sind erhalten; aber andere Fischarten, unter diesen auch einige rheophile, sind zurückgegangen, z.B. Barbe, Zährte, Nase, Karpfen und Sterlet (Bacalbaşa 1981). In den letzten Jahren hat man jedoch wieder zahlreiche Jungfische vom Sterlet gesehen.

Obwohl die Benthosfauna des Stausees als reich bezeichnet wurde, blieb sein Fischertrag in den ersten Jahren nach der Stauung niedriger als im ungestauten Fluß. Später, während der Jahre 1973-1978 ging der mittlere Fischertrag des jugoslawischen Seeteiles auf 63% zurück gegenüber dem Ertrag für den gleichen Flußabschnitt vor der Stauung (Holčik et al. 1981). Für den Fischertrag des rumänischen Teiles liegt eine gleichartige Situation vor. Von 1980-1985 wurde der Fischertrag jedoch dreimal größer als vor der Stauung (1959-1966). Der mittlere Fischertrag pro Hektar ist ungefähr wie vor der Stauung geblieben, aber die ergiebigsten Fischereizonen sind heute andere als vorher. Ab 1986 ging der Fischfang im Fließ-Stausee wieder zurück.

Eine der wichtigsten Ursachen der beobachteten Fischbestandverminderungen ist die Verkleinerung und Verschlechterung der Laichplätze für phytophile Fischarten, meistens im unteren Teil des Stausees, wo die Wasserstandschwankungen größer sind. Die Vernichtung des abgelaichten Rogens durch Austrocknung der Flachwasserzone, wo die Wasserpflanzen einen halben Tag auf dem Trockenen bleiben, führt zum gleichen Resultat (Bacalbaşa 1977). Weil in den nächsten Jahrzehnten der größte Teil der unteren Donau in Stauseen umwandelt wird, hat die bisher erworbene Erfahrung eine beträchtliche Bedeutung für Prognosen.

Im Fließ-Stausee «Eisernes Tor II» wurden im ersten Jahr nach der Stauung (1985) wenig Brut und Jungfische gefunden. Im folgenden Jahre sind Jungfische mehrerer Arten erschienen (Zander, Wels, Plötze u.a.). Man kann behaupten, daß die Vermehrungsbedingungen in diesem Stausee etwas besser als im «Eisernen Tor I» sind.

Zwischen Ostrovul Mare und dem Donaudelta wurde die Einschränkung der Fischerei hauptsächlich durch die Eindämmungen hervorgerufen. Im Flußabschnitte von Corabia bis Călăraşi ist fast das ganze Überschwemmungsgebiet derzeit eingedämmt; es gibt da viele überschwemmbare kleine Inseln, deren Oberfläche etwas weniger als 4000 ha groß ist, doch haben sie im allgemeinen schlechte Bedingungen zum Ablaichen und zur Brutentwicklung. Die zwei großen Inseln zwischen Călăraşi und Brăila, früher ein Binnen-Delta von fast 150000 ha, wo die meisten sog. Delta-Halbwanderer laichten, sind heute durch Eindeichung meistens Ackerland geworden. In den Einzugsgebieten der Nebenflüsse lagen ebenfalls wichtige Laichzonen für die phytophilen Fischarten, doch auch sie wurden eingedeicht. Im Jahre 1921 entsprach zwischen Drobetaiurnu-Severin und dem Donaudelta einem Kilometer der Flußlänge eine 612 ha große Fläche Überschwemmungsgebiet; bis 1976 wurde sie auf 118 ha reduziert. Im selben Zeitraum ist das Verhältnis zwischen den Flußbett- und Überschwemmungsgebiet-Flächen von 1 : 9,6 zu 1 : 1,68 gesunken (Bacalbaşa 1978). In der gleichen Zeitspanne kam es zur Intensivierung von Sand- und Kies-Gewinnung aus dem Flußbett, die eine vergrößerte Trübe des Wassers verursachte. Der rege Schiffverkehr hat die gleichen Folgen. Es sind schlechte Bedingungen für das Überleben von Störbrut, aber auch für die Nutzung der wenigen verbleibenden Wasserpflanzen zum Laichen. Die Wellen, die durch die stärkeren Schiffmotoren hervorgebracht werden, haben eine negative Wirkung auf die am Ufer sich befindende Fischbrut.

An der unteren Donau liegen die meisten und die größten Wasserpumpstationen zur Berieselung. Das Wasser wird während der Monate Mai bis Juli gepumpt, wenn noch Fischlarven da sind; zur Zeit kennt man noch keine Methode, die diese frühen Entwicklungsstadien vor dem Auspumpen schützen kann. Alles Leben, das mit dem Wasser auf die Berieselungsfelder gebracht wurde, geht dort zugrunde. Nur die Donauhydrobionten, die mit dem Wasser erst in die Berieselungsspeicherseen gepumpt werden, entgehen dem Tode. So findet man z.B. im Rasastausee, der meistens mit Donauwasser versorgt wird, einen größeren Prozentsatz von Donaufischen als im Mostişteastausee, dessen Wasser größtenteils aus seinem Einzugsgebiet stammt (Bacalbaşa 1982). Der Sasik-See, im Nord-Osten des Donaudeltas, wurde fast völlig mit durch das eingebrachte Wasser eingeschleppten Fischen besetzt (Tkatchenko & Voloshkevich 1984; Mogiltchenko & Suchojwan 1985).

Frühere Halbwanderfische des Donaudeltas (Karpfen, Zander, Aland, Wels), die vor der Eindämmung meistens zwischen Galati und Călăraşi ihre Laichplätze hatten, machen in den letzten Jahren solche Wanderungen nicht mehr (Bacalbaşa 1980).

Der Einfluß der Tätigkeit des Menschen auf die Wanderfische ist verschieden. Die Donauwanderstöre sind schon seit Anfang des 20. Jh. in einem stetigen Rückgang begriffen, in den letzten Jahrzehnten wurden immer kleinere Zahlen von Jungfischen dieser Arten beobachtet. Der Donauhering aber wurde besonders in den siebziger Jahren in größeren Mengen als früher gefischt. Das kann man durch einen Rückgang von Raubfischen und Delphinen im Schwarzen Meer erklären. Eine große Rolle hat die Vermehrung des Meeresplanktons durch ansehnliche Eutrophierung gespielt; es kann sein, daß das starke Absinken der Donauheringsfischerei im Jahre 1989 auch diesem Prozeß zuzuschreiben ist.

Während des Hochwassers war im Donaudelta in der ersten Hälfte des 20. Jh. der Längswasserdurchfluß vorherrschend. Wegen der zahlreichen alten Grabenauswürfe zur Rohrgewinnung, ist in den letzten Jahren der Seitenwasserdurchfluß am meisten verbreitet, was zu Verlandungen geführt hat; die landwirtschaftliche Eindämmungen des oberen Deltas haben diese Lage noch mehr verschlechtert. Die ehemaligen Halbwanderfische, in erster Linie der Karpfen, sind im Vergleich mit 1960-1965 weniger zahlreich und schnellwüchsig geworden. In den letzten 15 Jahren wurden fast 2/3 der Fischproduktion der offenen Gewässer durch Plötze und Silberkarausche gestellt.

Gleichzeitig gestattet zur Zeit die Abrasion südlich der Sulina-Dämme, die stark ausgeprägt in der Imputita-Kanalzone ist (Spătaru 1979), während östlicher Winde das Eindringen von Meerwasser in das Flußdelta bis zu den Roşu und Roşuleţ Seen und verursacht die Verarmung der dortigen Biozönosen.

Die Donauarme haben einen verschiedenen fischereilichen Wert. Der Sulina-Arm, der durch Bauarbeiten zu einem geraden und stark befahrenen Kanal gestaltet wurde, hat seine frühere Bedeutung für die Fischerei verloren. Der größte und schnell fließende Kilia-Arm, mit zahlreichen Inseln, ist für die Fischerei viel wichtiger. Für Rumänien war der Sf. Gheorghe-Arm mit großen und zahlreichen Mäandern und langsamem Abfluß der ergiebigste, vor allem durch die größte Stör- und Donauhering-Fischerei des Landes: über 90% der anadromen Fischarten wurden dort gefischt (Leonte & Teodorescu-Leonte 1965). Nach der Begradigung von 1988 ist seine Fisch-Produktion im Rückgang.

Im Süden und im Norden des Donaudeltas waren große Lagunen. Der Razim-Komplex im Süden, mit 76000 ha freiem Wasser ist heute der größte Deltasee. Am Anfang des 20. Jh. war er mit Fischen aus dem Schwarzen Meer besiedelt. Gemäß den Ideen von Grigore Antipa (1905) wurde der Razim durch Kanäle mit frischem Donauwasser gespeist, dadurch konnte man eine zehnfache Süßwasserfischproduktion erhalten, (fast 3000 t jährlich). Zur Zeit ist der Razim, mittels hydrotechnischer Bauten in einen Speichersee für die Bewässerung der nord-östlichen Dobrudscha umgewandelt, mit einer gleichen hohen Fischproduktion. Zander und Brachsen sind die Hauptfische.

Im Norden des Deltas befindet sich neben dem Kilia-Armdelta, der 20000 ha große Sasik-See. Er war eine Lagune die keine unmittelbare Verbindung mit der Donau hatte. Durch den Kanal, der das Donauwasser bis zu den Limanen von Dniester und Dniepr führen sollte, wurde die Sasik-Lagune nach der Trennung vom Schwarzen Meer in den Süßwasser führenden Sasik-See umgewandelt. Die Fischarten sind meist eingewanderte Donaufische.

Zur Zeit sind echte Lagunen im Donaudelta nur südlich des Sf. Gheorghe-Arms erhalten. Dort im Zatonul Mare und Zatonul Mic, kann man noch typische Brackwasser-Fische fangen: Meeräschen, Flunder (*Platichthys flesus luscus*) und verschiedene Gobiidae.

In den letzten 5-7 Jahren spielte die Eutrophierung des Donauwassers eine immer wichtigere Rolle für die Fischfauna des Deltas und Vordeltas; die weitere Entwicklung ist zur Zeit noch nicht vorhersagbar. Nur die enge Zusammenarbeit der Staaten des Donaueinzugsgebietes könnte einiges zur Lösung dieses dornigen Problems beitragen.

Literatur

Antipa, Gr. (1905): Exploatarea în regie a pescăriilor statului. – Imprimeria Statului, Bucureşti: 25 S.

Bacalbaşa, N. (1972): Consideraţii asupra dinamicii schimbărilor zonelor şi locurilor de pescuit (toanelor) în lacul de acumulare de la Porţile de Fier. – Hidrobiologia 13, Bucureşti: 161-170

Bacalbaşa, N. (1977): Posibilităţi de valorificare raţională a zonelor de mică adîncime a lacului de acumulare «Porţile de Pier». – Universit. din Galaţi. Facult. TCPATP, Vol. V, Tehn. pisc.: 129-136

Bacalbaşa, N. (1978): Die Benützung von quantitativen Indikatoren für die Ausnützung der Fischerei von Zentralflußzonen, in deren Hochwasser- und Flußbett-Wasserbautechnische Arbeiten ausgeführt wurden. – Bul. Universit. Galaţi. Facult. An.I.Fasc. VII tehn. piscic.: 25-35; Galaţi

Bacalbaşa, N. (1980): Influenţa utilizării economice a apei fluviilor asupra biotopilor şi biocenozelor. Pontus Euxinus, Studii şi cercetări, I: 321-324, Complexul muzeal de ştiinţe ale naturii, Constanţa

Bacalbaşa, N. (1981): Stauwerke und Stauseen und ihre Einwirkungen. – Bul. Universit. Galaţi, Fasc. VII Tehn.piscic. An. IV: 11-21

Bacalbaşa, N. (1982): Anthropogene Einwirkungen auf Fischbestände. – Schweiz. Z. Hydrol. 44/2: 243-251

Bacalbaşa, N. & Petcu, A. (1969): O rybolovstve v rumynskom sektore Dunaja na utshstke Turnu Severin-Baziasch (Russisch). – Limnologische Donauforschungen: 394-399; Naukowa Dumka, Kiev

Bacalbaşa, N. & Petcu, A. (1986): Declaraţia privind colaborarea statelor cunărene în probleme de gospodarire a apelor Dunării şi în special, de protecţie a apalor fluviului împortriva poluării, adoptată la Bucureşti. – Hidrotehnica, Bucureşti, 31: 1-2

Djisalov, N. & Tóth, J. (1978-1979): Development of stock of some major predatory fish species on the Pannonian basin Hungaro-Yugoslav sector of the Danube. – Annal. Universit. Budapestiensis de Rolando Eötvös nominatae, X XX-XXI, Sect. Biol.: 261-264; Budapest

Herzig, A. (1984): Zur Limnologie von Laufstauen alpiner Flüsse – Die Donau Österreich. – Österreichische Wasserwirtschaft 36 (5/6): 95-103

Holčik, J., Bastl, I., Ertl, M. & Vranowsky, M. (1981): Hydrobiology and ichthyology of the Czechoslovak Danube in relation to predicted changes after the construction of the Gabčikovo-Nagymaros river barrage system. – Práce labor. rybarstva a hydrobiologie, 3: 19-158

Jungwirth, M. (1984): Die Fischereilichen Verhältnisse in Laufstauen alpiner Flüsse, aufgezeigt am Beispiel der österreichischen Donau. – ÖWW 36, H.5/6: 103-111

Kainz, E. (1984): Fischereiliche Untersuchungen an der Traun bei Marchtrenk vor und nach dem Einstau des Kraftwerkes. – ÖWW 36, H.5/6: 123-126

Leonte, V. & Teodorescu-Leonte, R. (1965): Certecări hidrobiologice şi ihtiologice pe praţul Sf. Gheorghe. – Bulet. Instit. Cercet. Piscicole, 24 (3/4): 49-58

Mogiltschenko, W.I. & Suchojwan, P.G. (1985): Ein neuer Typ der Formierung von Ichthyofauna und Fischereiergiebigkeit des Gewässers am Beispiel des Sassyk-Stausees, der mit Donauwasser gespeist wird. – 25. Arbeitstagung der IAD, Bratislava, CSSR: 385-388

Naidenov, W. & Saiz, D. (1975): Der Einfluß des regulierten Abflusses auf das Plankton der oberen Donau. – 18. Arbeitstagung der IAD, Regensburg-W Deutschland, 1.Teil: 239-243

Russev, B. (1982): Einfluss der Stauanlagen auf die Entwicklung des Zoobenthos im österreichischen Donauabschnitt. – 23. Arbeitstagung der IAD, Wien. Wissenschaftliche Kurzreferate: 139-141

Spataru, A. (1979): Tarmuri şi procese de eroziune. – Hidrotehnica, XXIV, Bucureşti: 51-54

Tkachenko, V.A. & Volkohkevich, A.N. (1984): Formation of Ichthyofauna in the Sasyk Reservoir under conditions of Freshening (Russian). – Hydrobiological journal, Kiev, «Naukova Dumka», T.XX,2: 47-50

Tóth, J. (1983): About some predictable ecological problems and environmental impacts of the Bös (Gabčikovo)-Nagymaros barrage system. – Földrajzi közlemenyek, XXXI(CVII) 1: 1-11

Limnologie aktuell · Band/Vol. 2 · Kinzelbach (Hg.): Biologie der Donau
Gustav Fischer Verlag · Stuttgart · Jena · New York · 1994

Ein weiterer alter Nachweis des Sterlets, *Acipenser ruthenus*, in der württembergischen Donau

Ragnar Kinzelbach

Institut für Zoologie, Schnittspahnstraße 3, Technische Hochschule Darmstadt,
D-64287 Darmstadt

Keywords

Acipenseridae, *Acipenser ruthenus*, Danube, original fauna, migration

Abstract

An occurrence of the Ruthenian sturgeon in the Upper Danube river near Ulm (FRG, Baden-Württemberg) is identified from several historical sources, discussed, and dated to the year 1430. A survey is given of published records of *Acipenser ruthenus* in the Danube catchment area upstream of Passau. A synopsis of all the available information suggests that there was formerly an autochthonous population of considerable size in the Danube between Regensburg and Passau. It is evident that the specimens caught there during the 19th century were not accidental migrants, as has generally been thought, but were the last remnants of a dying population.

Kurzfassung

Ein Vorkommen des Sterlets in der Donau bei Ulm wird nach mehreren historischen Quellen rekonstruiert, kommentiert und auf das Jahr 1430 datiert. Die bisherigen Nachweise der Art im Einzugsbereich der Donau oberhalb von Passau werden zum Vergleich zusammengestellt. Die Synopse zeigt, daß der Sterlet ursprünglich eine autochthone Population größeren Umfangs zwischen Regensburg und Passau besaß. Die im 19. Jh. dort gefangenen Stücke waren somit keine Irrgäste, als welche sie bisher überwiegend interpretiert wurden, sondern letzte Vertreter eines aussterbenden Bestandes.

1 Einleitung

Der Sterlet, *Acipenser ruthenus* Linnaeus 1758, ist die häufigste Art der Störfische (Acipenseridae) in den nördlichen und westlichen Zuflüssen des Schwarzen Meeres. In der Donau ist dieser Binnenstör bis heute ein regelmäßiger Bewohner des Unterlaufs, besonders unterhalb von Braila, der bei seinen Laichwanderungen kleinere Strecken flußaufwärts zieht. Dabei werden auch die Nebenfüsse Drau (mit Mur), Save, Theiß, Maros, Szamos, Alt und Salzach erreicht. Zur Biologie vgl. Antipa (1906), Sokolov & Vasilev (1989), zur Morphologie Marinelli & Strenger (1973). An einigen Plätzen im Donau-Einzugsgebiet, z.B. in Százhalombatta (Ungarn) und in Wielenbach (Bayern), gibt es Bestrebungen, den Sterlet zu züchten und als Teichfisch zu nutzen (Reichle 1989) und ggf. bei dieser Gelegenheit den natürlichen Bestand im Einzugsbereich der Donau zu stützen oder wieder aufzubauen (Abb.1). In Bayern wurden seit 1978 Jungsterlete in die Donau eingesetzt (s.u.). In Österreich erfolgte dies schon 1964 beim Stau Ybbs-Persenburg (Terofal 1977), seit 1982 auch in der Drau (Honsig-Erlenburg & Schulz 1989).

Als am weitesten flußaufwärts gelegener Nachweis in der Donau gilt bisher der Fang eines Sterlets zwischen Günzburg und Ulm im Jahre 1822. Dieses Stück wird immer wieder zitiert und war der bisher einzige Beleg dafür, daß die Art gelegentlich auch Ulm und damit den württembergischen Donau-Abschnitt erreichen konnte. Daß Sterlete selten «selbst jetzt noch» (Mohr 1962) bis Ulm kommen, ist nicht belegt.

Nachstehend wird ein weit älterer Nachweis bekannt gemacht und in den Rahmen der wenigen derzeit verfügbaren Funde des Sterlets in der Donau oberhalb von Passau gestellt. Er soll dazu anregen, weiteres unveröffentlichtes Material aus Archivalien und ggf. Bodenfunden zusammenzutragen. Dies nicht nur zum Zweck eines nostalgisches Erinnerns, sondern

- als Beitrag zur Rekonstruktion der ursprünglichen Biozönose unserer Flüsse, um ihren jetztigen und künftigen Zustand besser beurteilen zu können (Fittkau & Reiss 1983; Kinzelbach 1987, 1988);
- als Beitrag zur Ökologie des «Aussterbens» (vgl. Frank 1986), aus dem Erkenntnisse über Populationsökologie sowie für einen gezielten Artenschutz gewonnen werden können.

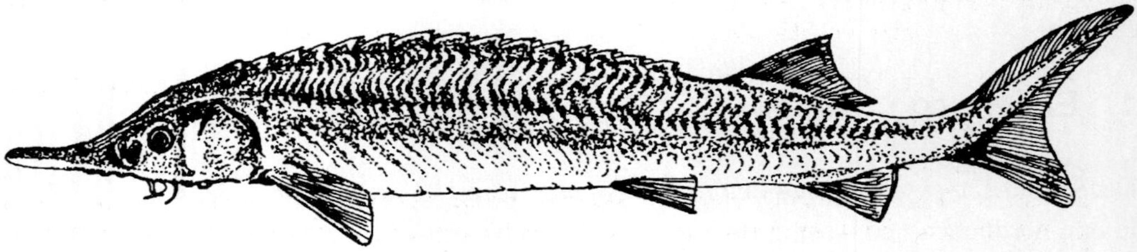

Abb. 1: Sterlet aus der Bayerischen Landesanstalt für Wasserforschung, Teichwirtschaftliche Versuchsanlage Wielenbach, 1989. Gesamtlänge 0,4 m. Orig. Iris Kinzelbach

2 Sterlete in Ulm im 15. Jh.

2.1 Quellen

a. In der Schwäbischen Chronik des Martin Crusius (1596) findet sich nachstehende Notiz aus der Zeit Kaiser Sigismunds (1368-1437), zitiert nach der deutschen Ausgabe von 1733:

«Von dem Tod dieses Kaysers schreibt Felix Malleolus also: da er A. 1437 nach Ulm gekommen, wurden in der Donau solche Fische gefangen, dergleichen man sonst nur in den ungarischen Flüssen findet, und zu Ulm biß dato unbekannt gewesen. Als man sie den Kayser sehen liesse, sprach er: Das sind Inwohner unseres edlen Ungarischen Reichs, die uns hauffenweis entgegen kommen, und anzeigen, wir sollen wieder in dieses Reich zurückkehren; so will ich mich dann aufmachen und dasselbige wiederum besuchen. Nachdem er weggezogen, liesse sich kein dergleichen Fisch mehr sehen.»

b. Die zitierte Originalstelle findet sich in den «Opuscula et Tractatus» des Felix Hämmerlin, gen. Malleolus, in seiner Abhandlung über den Adel, im Capitulum Vicesimumsextum S. XCV, wo Beispiele für wunderbare Vorbedeutungen gegeben werden. Sie lautet nach Auflösung der Ligaturen, in mäßigem Latein:

«Item notandum dux imperator Sigismundus de anno domini MCCCCXXXVII svevorum terram perambulaverat: et dux oppidum Ulmensium imperio nunc subjectum atque danubii fluvii navigabilis intentat: cum ea que decuit solemnitate patent intraverat: ecce eadem die quoddam genus piscium copiosissime de regni finibus ungarie: et ubi nascuntur illic. tunc penitus incognitum per piscatores ibidem recenter illico prensurum: et ad imperatoris praesentia delatum apparebat. cum imperator non sine grandis admiratione mysterii perspiciebat. Hii sunt inquens in effectu nobiles ungarie regni veri regnicole nobis obviando catervati occurrentes: et nos in regnum nostrum reversurum requirendo nunciantes. Eamus igitur visuri terram nostram remeantes. Igitur ipsius recedente magnificentia / pisces homini disparuerunt. Et eadem continuatione per Moraviam progrediens. Eodem anno die lune nona mensis decembris: et inibi in oppido Snayme Olmaceni diocesis defunctus.»

Übersetzung:
«Ebenso ist bemerkenswert: Der Fürst und Kaiser Sigismund durchzog im Jahre 1437 das Land der Schwaben und der Fürst strebte nach der Stadt Ulm, die dem Reich jetzt unterworfen war, und zum schiffbaren Donaufluß. Als er in selbige mit der gebührenden Feierlichkeit einzog, siehe da war am gleichen Tage eine bestimmte Art von Fischen in großer Menge vorhanden aus dem Gebiet des Königreichs Ungarn, woselbst sie geboren wird. Damals völlig unbekannt, wurde sie von den Fischern jetzt daselbst gefangen und sie schien zur Anwesenheit des Kaisers entsandt. Als der Kaiser nicht ohne großes Erstaunen des Wunders gewahr wurde, sprach er: Diese sind in Wirklichkeit des edlen Königreichs Ungarn wahre Untertanen die sich geschart haben Uns entgegen zu kommen und Uns mitteilen, daß es erforderlich sei in Unser Königreich zurückzukehren. Laßt Uns also aufbrechen und zurückgehen um Unser Land zu sehen. Als also seine Majestät abzog verschwanden zugleich die menschlichen Fische. Auf diesem Weg durch Mähren fortschreitend, starb er im gleichen Jahr am Montag den 9. Dezember dort in der Stadt Znaim in der Diözese Olmütz.»

c. Die Ulmer Chronik von 1790 bezieht sich auf S. 70 sub 1437 (s.u.) mit nachfolgendem Text auf den gleichen Fall:

«Anno 1431, alii 1437, ist Kayßer Sigismundus anhero gen Ulm kommen, an welchem Tag ein unbekandter Fisch dergleichen in hiesiger refier nit gespürt worden, in großer anzahl in der Dhonau gefangen worden, welchs sich der Kayßer mit Verwunderung besehen, und geurtheilt, es müße etwas besonders bedeuten, dann sagte Er: dieses seyen die rechte Einwohner des König Reichs Ungarn, die kommen uns entgegen mit Hauffen, und wollen unser Land wiederum einnehmen, darum wohlauf laßt uns von hinnen ziehen; Wie Er dann auch also bald aufgebrochen, und den andern Tag hinweg gezogen; Ihro Kayserliche Mayestät haben die Herren von Ulm, mit Wein, Haber und einem herrlichen Trinkgeschirr beschenkt, und das geleith bis nach Geißling gegeben. Sieben Jahr hernach, als Anno 1438 an Unser Frauen Lichtmeß Tag kam höchstgnediger Kayßer Sigismundus wieder nach Ulm, ließ Lands Knecht werben, die Er in das Böhmerland legte, ist 13 Wochen allhier gewesen, ging täglich zur Meß, hatten bey 80 Pferdt bey sich, und stelleten allerhand Lustbarkeit an, deßen die Bürger viel genoßen, Ihr Mayestät ließen auch denn Kindern auf der gaßen öffters geldt austheilen.»

2.2 Interpretation

Zunächst stellt sich die Frage nach der historischen Wahrheit der Begebenheit. Diese kann durch Textkritik, Untersuchung der Angaben auf Bündigkeit, schließlich durch Vergleich des Inhalts mit Informationen aus unabhängigen historischen oder naturwissenschaftlichen Quellen geprüft werden. Dies kann hier selbstverständlich nur in einem beschränkten, der vergleichsweise geringen Bedeutung des Falles angemessenen Umfang geschehen; prinzipiell stünden weitere als die verwendeten Mittel zur Verfügung.

Die Datierung: Wahrscheinlich geht die Ulmer Chronik (c) auf Abschrift eines zeitgenössischen Berichts zurück und ist daher das authentischste Dokument. Auffallend ist jedoch ihre Unsicherheit über das Jahr des geschilderten Ereignisses. Statt der urkundlich verbürgten Jahre des Aufenthalts von Sigismund in Ulm, nämlich 1418, 1430 und 1434 (v. Aschbach 1843; Heinig 1983) sind nur die zwei späteren Aufenthalte erwähnt, allerdings für die Jahre 1431 und 1437 bzw. 1438, welche durch andere Quellen entweder nicht belegt sind (1431) oder nach der Biographie des Kaisers überhaupt nicht in Frage kommen (1437, 1438).

- Um mit dem letzteren zu beginnen: Für 1437, das Todesjahr des Kaisers sind als Aufenthaltsorte nach v. Aschbach (1845) nur Prag, Eger und Znaim verbürgt; und dies in so dichter Folge von Urkunden, daß auch für eine noch so kurze Reise nach Ulm kein Raum bleibt. Im Jahre 1438 war Sigismund schon tot.
- Im Jahre 1431 hielt sich Sigismund nach den datierten Urkunden nacheinander an folgenden Orten auf: Konstanz, Rottweil, Tübingen, Nürnberg, Eger, Bamberg, Nürnberg, Donauwörth, Augsburg, Lindau, Feldkirch, Como, Mailand. Ein Aufenthalt in Ulm ist nicht belegt, wäre jedoch vom Itinerar her auf dem Weg von Augsburg (mindestens bis 8. September) nach Lindau (spätestens am 20. September) nicht völlig ausgeschlossen. Üblicher war jedoch der direkte Weg von Augsburg nach Lindau durch das Allgäu.

  Für eine Datierung auf 1431 könnte der in der Quelle (b) angeführte Sachverhalt einer Bereisung Schwabens angeführt werden, welche tatsächlich im Frühjahr des genannten Jahres stattfand, jedoch nicht ein zweites Mal im vom Itinerar her einzig möglichen September.

  Weit weniger unbewiesene Annahmen und Widersprüche erfordert die These, daß der Ulmer Chronist unter 1431 den tatsächlich verbürgten kurzen Aufenthalt ohne Hoftag von 1430 führte. Im Jahre 1430 urkundete Sigismund zwischen dem 9. und 14. November in Ulm und zog anschließend über Überlingen nach Konstanz. Die Richtung des Abzugs des Kaisers nach (Nord-)Westen ist in der Ulmer Chronik durch das Geleit durch die Ulmer Ratsherren bis nach Geißlingen angegeben.

- Der in der Ulmer Chronik erwähnte zweite Aufenthalt Sigismunds mit der falschen Jahresangabe 1438 entspricht dem für 1434 zwischen Mitte Mai bzw. 4. Juni und 13. August urkundlich belegten langen Aufenthalt des Kaisers in Ulm. Dies bestätigt die Chronik durch die Erwähnung der korrekten Aufenthaltsdauer von 13 Wochen.
  Der Ulmer Chronik zufolge traf der Kaiser jedoch bei diesem zweiten Aufenthalt an Unser Frauen Lichtmeß-Tag ein. Lichtmeß ist am 2. Februar, ein Datum, das nicht zum beurkundeten Itinerar passen will. Auch die Substitution anderer Marienfeste, etwa Unserer lieben Frauen Laternentag am 8. September oder Mariae Himmelfahrt am 15. August ist nicht schlüssig. Letztgenanntes Datum ließe sich bei Zugeständnis einiger Ungenauigkeiten der Überlieferung ohne Zwang nur mit dem urkundlich bezeugten Abzug von 1434 vereinbaren. Von Ulm zog Sigismund 1434 – der Anekdote entsprechend – donauabwärts weiter und gelangte im März 1435 nach Preßburg bzw. Buda.
  Wie kommt es jedoch zu der offensichtlich falschen Jahresangabe 1438, die an zwei anderen Stellen in das plausiblere, jedoch ebenfalls unzutreffende Sterbejahr Sigismunds 1437 «berichtigt» wurde? Der Fehler rührt daher, daß die Ulmer Chronik nicht von erster, zeitgenössischer Hand stammt, sondern von einer älteren Vorlage oder von Teilnotizen abgeschrieben wurde. Der jüngere Schreiber konnte offenbar die sehr frühen, abweichend geschriebenen arabischen Ziffern in seiner Vorlage nicht richtig lesen: Er nahm eine enggeschriebene 0 für 1 (1430 →1431) und die damals wie eine oben offene 8 geschriebene 4 für 8 (1434 →1438). Beides sind jedem Paläographen geläufige Fehler. Zusätzlich erfolgte in Angleichung an das bekannte Todesjahr des Kaisers eine Verschlimmbesserung von 1438 in 1437, die sich Malleolus im Sinne seines Traktats (s.u.) unkritisch zu eigen machte.

Demnach besteht kein Anlaß, das bisher bekannte, durch Dokumente belegte Itinerar Sigismunds in Zweifel zu ziehen oder zu ergänzen. Vielmehr lassen sich die in den drei Versionen der Anekdote erkennbaren beiden Aufenthalte in Ulm in dessen zeitlichen Rahmen einfügen. Es sind die Ulmer Aufenthalte von 1430 und 1434. Im Verlauf des nur kurzen erstgenannten Aufenthalts traten im Zeitraum zwischen 9. und 14. November 1430 die erstaunlichen Fische auf. Eher etwas früher, wenn zutrifft, was Malleolus erzählt, daß die Fische am Tage des Einzugs des Kaisers gefangen wurden; eher etwas später, wenn zutrifft, was die wohl zuverlässigere Ulmer Chronik über die umgehende Abreise des Kaisers berichtet – allerdings nicht nach Ungarn, sondern in Richtung Geißlingen (und weiter nach Überlingen und Konstanz).

Nach Umrechnung auf den gregorianischen Kalender fällt das Auftreten der seltenen Fische in den Zeitraum vom 20. bis 25. November; das wahrscheinlichste Datum für das Fisch-Ereignis liegt somit um den 25. November 1430.

Die innere Stimmigkeit des Textes: Die Urschrift der Ulmer Chronik lag wahrscheinlich auch Malleolus als Quelle vor. Der Autor stand nach einer biographischen Notiz auf dem Titelblatt der zitierten Basler Ausgabe um 1444, nach Sigismunds Tod, in der Blüte seiner Tätigkeit. Er hatte zwischen den beiden nach der Chronik verfügbaren Daten für des Kaisers Anwesenheit in Ulm zu entscheiden. Er wählte das spätere und verlegte es auf 1437. Es liegt nahe, daß diese Wahl nicht aus Nachlässigkeit erfolgte, da er damals gewiß die Möglichkeit einer Überprüfung hatte. Vielmehr verband er damit eine bestimmte Absicht.

Mit dem Fischfang von 1430 und dem Ausspruch Sigismunds hat Malleolus mit Bedacht den ohnehin legendenumrankten Tod des Kaisers in Znaim am 9.12.1437 verknüpft, sozusagen als Pointe in der belehrenden Absicht seines betreffenden Kapitels über Vorbedeutungen. Das Vorzeichen der ungarischen Fische in Ulm wurde weit eindrucksvoller und bedeutsamer dadurch, daß es zwar beachtet und befolgt wurde, jedoch tragischerweise nicht eingelöst werden konnte: Der Kaiser konnte dem Ruf seiner ungarischen Untertanen nur mehr mit seiner Grablegung in Großwardein Folge leisten.

Abgesehen von dieser in moralisierender Absicht erfolgten Ausweitung der Anekdote gibt sie offenbar ein historisches Ereignis wieder. Ihre Einzelheiten sind untereinander stimmig und fügen sich in wechselseitiger Erhellung in einen Zusammenhang, der sich aus unabhängigen Informationen ergibt:

- Die Kennzeichnung als ungarische, in Ungarn geborene Fische, symbolisch gleichgesetzt mit den Bewohnern des Königreichs Ungarn («regnicoli»), läßt nur eine Bestimmung als eine Art der Acipenseridae zu. Die ungarische Donau konnte zu jener Zeit vom Fischbestand her kaum besser als durch das reiche Vorkommen von Störfischen gegenüber der oberen Donau charakterisiert werden. Von dort kannte Sigismund mit Gewißheit neben dem Hausen den Sterlet von der höfischen Tafel, welcher in ganz Europa Störe traditionsgemäß als Königsrecht oder im Vorkauf zufielen.
- Der Kaiser war bekanntermaßen ein geistreicher Mann; daher ist vermutlich die ihm in der Anekdote zugeschriebene Äußerung nicht erfunden. Sie läßt sogar in der überlieferten Gestalt noch ihre Entwicklung erkennen. Vermutlich sprach Sigismund eher ironisch-scherzhaft bei Erkennen der Sterlete «diese Fische sind wahrhaftig Untertanen meines ungarischen Reichs» (= sie stammen von dort) «und sie mahnen mich zu kommen» (= sie machen mir bewußt, daß ich schon lange nicht mehr dort war; ich sollte Ungarn wieder aufsuchen). Der Fisch und ein subjektives Erinnern stand im Vordergrund. Diese Äußerung wurde im Sinne der zeitgenössischen Wundergläubigkeit interpretiert zu den realen Untertanen, die als «pisces homini», als bittstellende Menschen in Fischgestalt auftraten. Nun stand der Untertan im Vordergrund, und die subjektive Assoziation des Kaisers wird zu einer objektiven Einforderung seiner persönlichen Anwesenheit. Aus dem geistesgegenwärtigen Scherz und Wortspiel wurde ein bedeutsames Wunderzeichen.
- Die große Zahl der Fische und das Fehlen ausdrücklicher Angaben über eine ungewöhnliche Körpergröße lassen unter den Acipenseridae nur auf den Sterlet (*Acipenser ruthenus*)

schließen, der in der Regel etwa 1 m lang und etwa 6 kg schwer wird. Der bis zu 6 m lange, in der mittleren Donau früher zeitweise häufige Hausen, *Huso huso* (L. 1758), war in der oberen Donau nur extrem selten und wäre bestimmt durch zusätzliche Bemerkungen über seine Größe charakterisiert worden. Die anderen *Acipenser*-Arten sind oberhalb des Donau-Unterlaufs nur einzeln angetroffen worden.

– Der Sterlet war im 15. Jh. den Fischern in Ulm offenbar nicht bekannt gewesen. Dies bedeutet, daß diese Art nicht regelmäßig, zumindest nicht in so großer Zahl so weit in den Oberlauf der Donau gelangte. Nicht regelmäßig heißt allerdings, nach Analogiefällen beim Stör, *Acipenser sturio* L. 1758, am Rhein, daß zwischen den Vorkommen Lücken von nur etwa 10-25 Jahren liegen mußten, um die Art vergessen zu machen (Kinzelbach 1987).

Biologisches: Der Sterlet wird nach neueren Erkenntnissen als Standfisch mit schwach anadromer Tendenz angesehen. Markierungen in der Donau ergaben maximale Wanderdistanzen von 200 km, selten 300 km (Sokolov & Vasilev 1989). Ein Auftreten bei Ulm bedeutet demnach, daß es bodenständige Populationen mit zeitweise hoher Produktionsrate nur etwa 200-300 km flußabwärts, etwa im Bereich von Regensburg bis Passau gegeben haben muß. Dies bestätigen die nachstehend genannten Einzelnachweise aus dem 19. und 20. Jh. im genannten Flußabschnitt.

Der Laich-Aufstieg des Sterlets soll vom Frühjahrs-Hochwasser induziert werden und in seiner Distanz von dessen Ausmaß bestimmt werden (Zhukov 1965). Die Ulmer Stücke von 1430 wanderten offenbar im November, zu einer Zeit, zu der die obere Donau nur wenig Wasser führt. Der Termin führt jahreszeitlich in die Nähe des im Dezember 1822 bei Ulm gefangenen Sterlets (s.u.). In beiden Fällen kam es gewiß im gleichen Jahr nicht mehr zum Ablaichen. Offenbar zählten beide Ulmer Sterlet-Vorkommen zu einem Winterschwarm, der nach einem sehr ausgedehnten herbstlichen Aufstieg erst im nächsten Frühjahr zur Eiablage kam. Hier fehlen vergleichbare Daten über die Wanderungen in der mittleren und unteren Donau.

Die Menge der 1430 angetroffenen Fische war sehr groß («copiosissime»), was neben der unbekannten Artzugehörigkeit ihre Interpretation als Vorzeichen («mysterium») bestärkte. Es bleibt abzuwarten, ob sich aus weiter donauabwärts gelegenen Bereichen für dieses Jahr ebenfalls Berichte über besonders ergiebige Fänge von Sterleten aufspüren lassen.

Die Tiere wurden zweifellos lebend gefangen; ein Angebot als Handelsgut wäre nicht als wundersames Ereignis gedeutet worden.

3 Die Fänge des Sterlets oberhalb von Passau

Für die ungarische und österreichische Donau war und ist streckenweise noch immer das Vorkommen des Sterlets charakteristisch. Das regelmäßige Vorkommen der Art reichte einst flußaufwärts bis nach Linz und Passau (Wittmack 1875; Reichenbach-Klinke 1968). In Brehms

Tierleben wird noch für das ausgehende 19. Jh. die Art als «nicht eben selten» bei Linz angegeben. Im Donaudurchbruch zwischen Jochenstein und Aschach hält sich eine autochthone Population bis heute (s.u., Donau bei Jochenstein).

Der Sterlet war jedoch auch in der niederbayrischen Donau durchaus heimisch (Abb. 2) und keineswegs die «große Rarität», als welche ihn z.B. noch Terofal (1977) bezeichnete. Sein Volksnamen ist «Schergel», österreichisch «Schörgel».*

Einzelne Nachweise des Sterlets sind:

1 Der Mönch Berthold von Regensburg († 1272), in seinen jüngeren Jahren in Regensburg und Landshut tätig und vor der dort lebenden Bevölkerung sprechend, nannte in seiner Predigt von den vier Stricken neben den «grozen husen» (Hausen, *Huso huso*) und Salmen (Huchen, *Salmo hucho*) auch «störn», die wir im Raum von Regensburg, dem Ort des Aufwachsens und Wirkens des Predigers, als Sterlete deuten müssen. Der Gebrauch des Fisches in einem für die Menge des Volkes gedachten Paradigma setzt seine allgemeine Kenntnis beim Hörerkreis von Berthold, d.h. sein regelmäßiges Vorkommen voraus. Ähnlich nannte C. Gessner (1555, zitiert nach der Ausgabe von 1669) einen «Stör» aus der Donau bei Wien. Auch diese Angabe läßt sich nur auf den Sterlet beziehen. Denn die Schwarzmeer-Population des Störs (*Acipenser sturio*) wandert nicht nennenswert flußaufwärts. Der auffallend große Hausen (*Huso huso*) wird auch von Gessner wie von Berthold eigens erwähnt.**)

2 1430, ca. 25. November, Donau bei Ulm, s.o.

3 1673 Donau in Steppberg oberhalb Neuburg. In der Fauna Boica von Schrank irrtümlich als *A. sturio* (v. Siebold 1863; Jaeckel 1864).

4 1786, 6. April, Lech bei Kloster Thierhaupten, nicht ganz 1 Schuh lang (Jaeckel 1864).

5 1822, 13. Dezember, Donau zwischen Günzburg und Ulm 2.5 Pfund (1.25 kg), 22 Zoll (ca. 60 cm) lang (Trockenpräparat in der Sammlung des Vereins für vaterländische Naturkunde in Stuttgart, jetzt im Staatlichen Museum für Naturkunde in Stuttgart). Ursprünglich als Hausen mißdeutet, richtiggestellt durch v. Siebold (1863) und Jaeckel (1864). Bei Rueff (1873) als (einziger) Beleg für den Sterlet in Württemberg verwendet (Wittmack 1875).

6 1825/35, Regen bei Rainhausen, 4 Stück, bis 1.5 Fuß lang, eines auf dem Markt in Regensburg verkauft, fide Apotheker Eser (Jaeckel 1864). Nach Klunzinger (1881) bei Ulm selbst gefangen.

7 Um 1860, Donau in Passau, fide Dr. Waltl, wurden noch alljährlich 3-4 Exemplare gefangen (Jaeckel 1864).

8 O. J., Donau in Passau, 2 Ex. (Coll. Naturaliensammlung des zoolog.-mineralog. Vereins in Regensburg) (Jaeckel 1864).

9 Um 1860, Salzach bei Laufen, 1 Ex. «vor mehreren Jahren» (Coll. Museum Salzburg) (Jaeckel 1864).

10 1861, Herbst, Isar bei Landshut, 1.5 Fuß lang, lebendig nach München verbracht (Jaeckel 1864).

---

*) «Schergel» ist Diminuitiv zu «Scherg», dem Volksnamen des früher selten bis zur oberen Donau wandernden Sternhausens (*Acipenser stellatus* Pallas 1771). Die Bezeichnung geht, wie auch der Ortsname Schörgendorf etwa 10 km stromabwärts von Passau (Förstemann 1967), zurück auf «Scherge» (auch «Schörge») im Sinne von Gerichtsbote, Büttel. Beider Grundwort ist ahd. «scario»: allgemein ein Angehöriger einer (bewaffneten) Schar. – «Schergel» ist demnach der ursprüngliche deutsche Name des Sterlet, indem *Acipenser*-Arten aufgrund ihrer auffallenden Panzerung und ihres scharweisen Auftretens mit einem Mitglied einer bewaffneten Rotte verglichen wurden; im Vergleich mit dem größeren Sternhausen «Scherg» wurde der kleinere Sterlet zum «Schergel».

**) Nach Grimm, Deutsches Wörterbuch 19 Sp. 359 soll sich in der Deutschen Städtechronik 4, S. 326 Absatz 2 für Augsburg die Angabe finden «ain visch, hiesz ain storien». Dieser mögliche Nachweis des Sterlets für den Augsburger Bereich konnte noch nicht aufgefunden werden. Die zitierte Stelle gibt nämlich für 1456: «Auch ward ein steren mit aim langen schwantz gesehen an dem himel, hieß ein comet, ain pfauenschwantz.»

11 O. J., Donau in Bogen, 25 Zoll, «vor etlichen Jahren» (Münchner zoologisches Kabinet) (Jaeckel 1864).
12 Ca. 1850, Donau zwischen Stauf und Regensburg, über zwei bayer. Schuh lang, gefangen von J. Bauernfeind (Coll. Naturaliensammlung des zoolog.-mineralog. Vereins zu Regensburg). Lebte 9 Jahre lang im Weiher des fürstl. Thurn und Taxisschen Hofgartens bei nur 6.6 Zoll Größenwachstum.
13 Um 1850, Regensburg (Heckel & Kner 1858).
14 In den 1880er Jahren nach Martens bei Lauingen («9 Stunden unterhalb von Ulm») gefangen (Klunzinger 1881).
15 1927, Inn bei Rosenheim, 2 kg, gefangen von Stadtfischer Loferer. Er sollte nach München zur Präparation gelangen. Im Inn «seit 30 Jahren nicht mehr gefangen» – also muß es frühere Fänge um 1900 gegeben haben (Anonym 1927).
16 1932, o.F., bayerische Donau, Heck (1962).
17 1957 bei Kraftwerk Jochenstein ein 45 cm langer und 1.25 kg schwerer Sterlet in 5-6 m Tiefe gefangen und in den Tierpark Hellabrunn, München, gebracht (Heck 1962).
18 Nach 1980, gelegentlich bei Straubing, wohl aus Aussetzungen bei Regensburg und Straubing, Mayer (mdl.).
19 1989, im August, Kraftwerk Jochenstein zwei Stücke von 47 und 49 cm Länge, gefangen von Zauner, vermutlich nicht aus Besatz (Waidbacher 1990). Zwischen Jochenstein und Aschach gibt es im Bereich der hier bis fast 30 m tiefen Donau einen autochthonen Bestand größeren Umfanges, der durch die o.g. Besetzungen allenfalls gestützt, nicht jedoch begründet wurde. Dies gilt auch für die etwa 1550 m lange bayerische Donauhälfte unterhalb von Jochenstein (Harsányi in litt.; Nesemann mdl.).

4 Diskussion

In der mittleren und unteren Donau war der Sterlet regelmäßig anzutreffen. Seine in der Literatur gelegentlich erwähnten Bestandsschwankungen sind bisher noch nicht systematisch erfaßt und interpretiert worden. Es ist wahrscheinlich, daß neben unperiodischen auch periodische Schwankungen vorliegen (Derjavin 1922; Kinzelbach 1987).

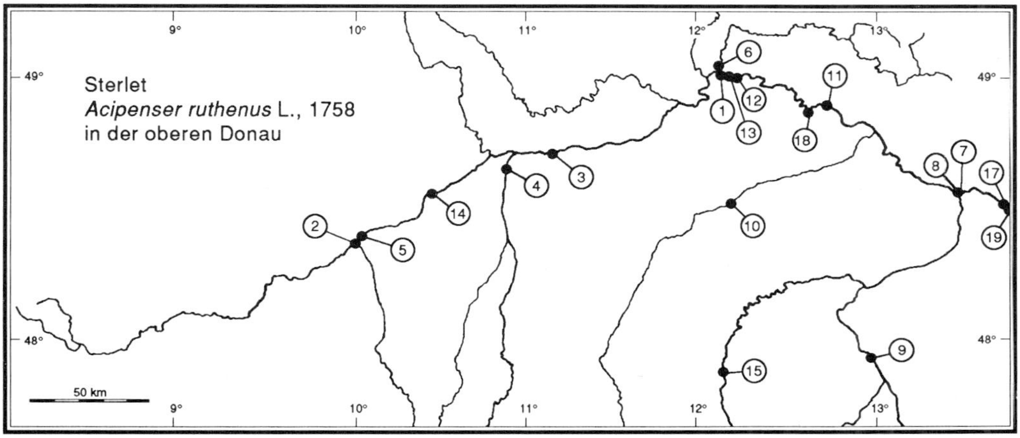

Abb. 2: Die Verteilung der bisher bekannten Nachweise des Sterlet im Einzugsgebiet der oberen Donau. Orig.

Beide lassen sich bei einem zumindest teilweise anadromen Fisch einerseits durch wechselnde Fangerträge an einem Standort regelmäßigen Auftretens ermitteln, andererseits an der Lage der Obergrenze seines Vorkommens im Fluß. Letztere verschiebt sich in Jahren mit starken Beständen flußaufwärts. Daher sind die aufs Jahr datierbaren Nachweise des Sterlets in der oberen Donau ein indirekter Indikator für seine jeweilige Bestandsdichte. Zwar besteht diese Beziehung bei dem nur begrenzt wandernden Sterlet weniger deutlich als bei den Fernwanderern unter den Acipenseridae; bezogen auf kürzere Flußabschnitte gilt sie jedoch uneingeschränkt.

Beide Indikatoren sollten für eine Rekonstruktion der Dynamik des ehemaligen Vorkommens genutzt werden. Damit läßt sich besser als bisher die jahreszeitliche und biologische Einpassung des Sterlets in das Habitat der Donau erkennen und u.a. für den Artenschutz bzw. eine Wiedereinbürgerung nutzen.

Die Daten zeigen, daß der Sterlet in der oberen Donau mit einer autochthonen Teilpopulation unterhalb des Kraftwerks Jochenstein an der deutsch-österreichischen Grenze bis heute vorkommt. Flußaufwärts trat er bis weit in das 19. Jh., selten im 20. Jh., regelmäßiger auf als die vereinzelten publizierten Nachweise vermuten ließen. Die Dokumentation ist jedoch noch zu lückenhaft, um die vorgenannten Fragen nach der Populationsdynamik zu beantworten. Daher sei angeregt, lokale Archivalien systematisch auf weitere Daten durchzusehen.

Danksagung

Für Hilfe bei der Beschaffung von Material, Literatur und für freundliche Auskunft bedanke ich mich bei Dr. Bohl, Bayerische Landesanstalt für Wasserforschung, Teichwirtschaftliche Versuchsanlage Wielenbach; Frau I. Bröning, Hessische Landesbibliothek Darmstadt; Dr. R. Fricke, Staatliches Museum für Naturkunde in Stuttgart; Dr. A. Harsányi, Landshut; Frau A. Kinzelbach, Heidelberg; Dr. P. Kothé, Bundesanstalt für Gewässerkunde Koblenz; Dr. M. Kottelat, Zoologische Staatssammlung München; Fischermeister Mayer, Straubing; H. Nesemann, Wien; Prof. Dr. H. E. Specker, Stadtarchiv Ulm; Dr. W. Torke, Landesdenkmalamt Baden-Württemberg, Gaienhofen-Hemmenhofen; Prof. Dr. A. von der Driesch, Institut für Palaeoanatomie, Domestikationsforschung und Geschichte der Tiermedizin, München; Dr. G. Weig, Stadtarchiv Ulm.

Literatur

Anonym (1927): Ein Sterlet im Inn gefangen. – Der Tiroler Fischer 2: 94

Antipa, G. (1906): Über Wanderungen der Störarten in den europäischen Gewässern. – Stenographisches Protokoll über die Verhandlungen des Internationalen Fischereikongresses Wien 1905: 134-152, Wien

v. Aschbach, R. (1838-45): Geschichte Kaiser Sigmunds. – Hamburg, 4 Bde. Bd. 1 (1838) 458 S.; Bd. 2 (1839) 487 S.; Bd. 3 (1841) 486 S.; Bd. 4 (1845) 535 S. – Neudruck 1964 Aalen

Berthold von Regensburg. Vollständige Ausgabe seiner Predigten. Ed. Pfeiffer, F. (1862): Bd. 1, 575 S., <S. 410>, Wien

Brehm, A.E. (1914): Tierleben. – Bd. 3, 590 S., Leipzig

Crusius, Martin (1733): Schwäbische Chronick. Aus dem Lateinischen übersetzt von Johann Jacob Moser.

– Zweyter Band, III. Theil, 6. Buch, 18. Kapitel, S. 44, Frankfurt a.M.

Derjavin, A.N. (1922): The stellated sturgeon (*Acipenser stellatus* Pallas), a biological sketch. – Iswestija Bakinskoi Ichtiologitcheskoi Laboratorii 1, 204 S., Tabellen, Baku

Fittkau, E. & Reiss, F. (1983): Versuch einer Rekonstruktion der Fauna europäischer Ströme und ihrer Auen. – Archiv für Hydrobiologie 97: 1-6, Stuttgart

Förstemann, E. (1916): Altdeutsches Namenbuch. Zweiter Band. Orts- und sonstige geographische Namen (Völker-, Länder-, Siedlungs-, Gewässer-, Gebirgs-, Berg-, Wald-, Flurnamen und dgl.). Hrsg. Jellinghaus, H. – Bonn, 1942 Spalten. <Sp. 774>

Frank, F. (1986): Vom Ausrotten, Aussterben und Zusammenbrechen. – Berichte der deutschen Sektion des Internationalen Rates für Vogelschutz 26: 97-101, Bonn

Gessner, C. (1670): Gesneri redivivi, aucti et emendati tomus IV. et ultimus oder Vollkommenes Fisch-Buch ... vermehret durch Georgium Horstium – Frankfurt a.M., 199 S.

Heck, L. (1962): Sterlet in der Donau bei Passau gefangen. – Allgemeine Fischerei-Zeitung 18, München

Heckel, J. & Kner, R. (1858): Die Süßwasserfische der Österreichischen Monarchie mit Rücksicht auf die angrenzenden Länder. – S. 337, Leipzig

Heinig, P.-J. (1983): Reichsstädte, Freie Städte und Königtum 1389-1450. – 439 S., Wiesbaden

Honsig-Erlenburg, W. & Schulz, N. (1989): Die Fische Kärntens. – 112 S., Klagenfurt

Jaeckel, A.J. (1864): Die Fische Bayerns. – 101 S., Regensburg

Jungwirth, M. (1975): Die Fischerei in Niederösterreich. – Wiss. Schrift. Niederösterreich 6: 1-31, Wien

Kinzelbach, R. (1987): Das ehemalige Vorkommen des Störs, *Acipenser sturio* (Linnaeus, 1758), im Einzugsgebiet des Rheins (Chondrostei: Acipenseridae). – Zeitschrift für Angewandte Zoologie 74: 167-200, Berlin

Kinzelbach, R. (1988): Die Europäische Sumpfschildkröte (*Emys orbicularis*) im Einzugsgebiet des Rheins. – Zeitschrift für Angewandte Zoologie 75: 385-419, Berlin

Klunzinger, C.B. (1881): Die Fische in Württemberg, faunistisch-biologisch betrachtet, und die Fischereiverhältnisse daselbst. – Jh. Ver. vaterl. Naturkunde Württemberg 37: 172-304, Stuttgart

Malleolus, Felix (1497): Clarissimi viri juriusque doctoris Felicis Hemerlin cantoris quondam Thuriceni varie oblectationibus opuscula et tractatus. – Untertitel: Felicis Malleoli, vulgo Hemmerlein, decretorum doctoris iureconsultissimi, de nobilitate et rusticitate dialogus, sacre theologie, iurium, philosophorum et poetarum sententiis, mysteriis et faceciis refertissimus. Vixit Foelix iste Malleolus circa annum dei MCCCXXXXIIII. – CLI paginae, Basel

Marinelli, W. & Strenger, A. (1973): Vergleichende Anatomie und Morphologie der Wirbeltiere. IV. Lieferung: Superklasse: Gnathostomata. Klasse: Osteichthyes. <*Acipenser ruthenus* L.> – S. 309-460, Wien

Mohr, E. (1952): Der Stör. – 66 S., Leipzig

Mohr, E.(1962): Ganoidei. Störe. – In: Demoll, R., Maier, H.N. & Wundsch, H.H.: Handbuch der Binnenfischerei Mitteleuropas, Bd. 3B, S. 325-261, Stuttgart

Reichenbach-Klinke, H.H. (1968): Die Fischfauna der Nebenflüsse der deutschen Donau. – XII. Int. Tagung für die Erforschung der Donau und ihrer Nebenflüsse vom 23.-29. September (Mimeogr.)

Reichle, G. (1989): Haltung und Vermehrung des Sterlets in der Teichwirtschaft. – Fischer & Teichwirt 40 (8): 236-237

v. Siebold, C.Th. (1863): Die Süßwasserfische von Mitteleuropa. – 430 S., Leipzig

Sokolov, L.I. & Vasilev, V.P. (1989): *Acipenser ruthenus* Linnaeus, 1758. – In: Holcík, J. (Ed.): The freshwater fishes of Europe, I (2) S. 227-262, Wiesbaden

Terofal, F. (1977): Das Artenspektrum der Fische Bayerns in den letzten 50 Jahren. – Berichte der Akademie für Naturschutz und Landespflege Laufen/Salzach 1: 9-22

Waidbacher, H. (1990): Fischökologische Untersuchungen im Stauraum Aschach. – Im Druck

Wittmack, L. (1875): Beiträge zur Fischerei-Statistik des Deutschen Reichs sowie eines Theiles von Oesterreich-Ungarn und der Schweiz. – Berlin, 251 S.

Zhukov, P.I. (1965): Ryby Belorussii. – Izd. Nauka i tekhnika, Minsk

4 Wassergüte und Ökosysteme

Limnologie aktuell · Band/Vol. 2 · Kinzelbach (Hg.): Biologie der Donau
Gustav Fischer Verlag · Stuttgart · Jena · New York · 1994

Die Bedeutung des Zoobenthos für die ökologische Vollwertigkeit der Donau

Boris Russev

Institut für Zoologie bei der Bulgarischen Akademie der Wissenschaften,
Boulev. Zar Oswoboditel, Sofia, Bulgarien

Keywords

Danube, Bulgaria, zoobenthos, fish food, water quality, river bed

Abstract

This paper is a synthesis of contributions by various authors in different countries on the Danube zoobenthos and deals with the following topics: (a) Effect of the zoobenthos on the ground composition, morphology of the river bed and destruction of the shores. – (b) Estimating the floating silts and their approximate quantity by using the zoobenthos as an indicator. – (c) The use and importance of the zoobenthos as a source of food for fish. – (d) The potential for biological self-purification of the river. – (e) Characterization of the saprobic level of the river and its fluctuations.

Kurzfassung

Eine zusammenfassende Darstellung über die Bedeutung der Benthos-Tiere in der Donau. Im einzelnen werden behandelt: (a) Die Auswirkung des Zoobenthos auf Flußmorphologie, Boden und Ufer. – (b) Die Schätzung der Erosionsintensität durch die Nutzung des Zoobenthos als Indikator. – (c) Die Nutzung und Bedeutung des Zoobenthos als Fischnahrung. – (d) Die Leistung bei der biologischen Selbstreinigung des Flusses. – (e) Charakterisierung der Saprobitätsstufe des Flusses und ihrer Schwankungen.

1 Einleitung

Die Kenntnisse über den Artenbestand des Zoobenthos, seiner Ökologie und Biologie, über die Struktur der zoobenthalen Zönosen bieten die Möglichkeit, mit Hilfe moderner Methoden den saprobiologischen Zustand von Flüssen, ihre annähernde Belastung mit Schwebstoffen und ihre Eignung für die Ernährung der verschiedenen Fische festzustellen. Das relativ breite Spektrum von praktischen Anwendungsmöglichkeiten richtete in den letzten Jahrzehnten das Augenmerk vieler Forscher auf die Erforschung des Zoobenthos.

Die Gründung der Internationalen Arbeitsgemeinschaft Donauforschung im Jahre 1956 gab intensiveren Zoobenthosuntersuchungen einen starken Impuls in Bezug auf die Untersuchungen des Stromes. In der Monographie von Liepolt «Limnologie der Donau» (1967) gab Dudich eine Zusammenfassung der vorliegenden Angaben in der Literatur über die Verteilung der gesamten Donaufauna längs des Stromes, während Russev die Ökologie und allgemein das Zoobenthos der Donau erfaßte.

Ziel der vorliegenden Arbeit ist eine Zusammenfassung von eigenen und Beiträgen anderer Autoren über die Bedeutung des Zoobenthos für die Änderung des Grundes, der Morphologie des Donaubettes und des Abbruchs des Ufers; ferner für die Feststellung des Vorhandenseins von Schwebstoffen und ihre annähernde Menge; die Nutzung des Zoobenthos als Nahrung von den Fischen und die mögliche Fischproduktion; zur Feststellung und Verfolgung der Änderungen im saprobiologischen Zustand der Donau; schließlich seine Leistung bei biologischen Selbstreinigungsprozessen.

2 Bedeutung des Zoobenthos für die Veränderung der Sohlenbeschaffenheit, der Morphologie des Donaubetts und der Ufer-zerstörung

In einigen früher erschienenen Arbeiten, die dem Einfluß der ökologischen Faktoren auf die Verteilung des Donau-Zoobenthos gewidmet sind (Russev 1960, 1969, 1972, 1977 u.a.) wird der Bedeutung der Corioliskraft (Gesetz von Baer-Babinet) über die Beschaffenheit der Stromsohle und von dort auch des Zoobenthos der Donau besondere Aufmerksamkeit zugewandt. Seinerseits übt jedoch auch das Zoobenthos einen wesentlichen Einfluß auf die Veränderung der Sohlenbeschaffenheit und auf die Morphologie des Donaubettes aus.

2.1 Einfluß der Corophiidae auf die Sohlenbeschaffenheit

Allergrößte Bedeutung haben für den Donau-Untergrund die Vertreter der Fam. Corophiidae (Ordnung Amphipoda) und unter diesen besonders die Arten *Corophium curvispinum* Sars und *Corophium robustum* Sars, die sich Gehäuse aus Schlamm auf hartem Substrat, vornehmlich Kiesel bauen und die sogenannte «lithorheophile Biozönose des zoogenen Schlammes» bilden (Russev 1967: 43-46).

Bacescu (1948: 248) findet zum ersten Mal bis zu 450000 Ind. m^{-2} Corophiiden in der Donau bei der Gegend Swinitza (Eisernes Tor). Im bulgarischen Donauabschnitt zeigte diese Biozönose ebenfalls eine große Besiedlungsdichte (an einigen Stellen bis 368532 Ind. und 406 g m^{-2}, von denen 242136 Ind. bei 358,3 g m^{-2} Corophiiden). Die durchschnittliche Gesamtbiomasse beträgt 119 g m^{-2} (davon 53 g m^{-2} Weichtiere). Die Art *Corophium robustum* dominierte in der

Biozönose mit 75,07% nach ihrer Individuenzahl und 72,69% nach Biomasse; die Art *C. curvispinum* – mit 22,5% nach Individuenzahl und 19,12% nach Biomasse. Die verbleibenden Benthosarten machen weniger als 1% hinsichtlich Individuenzahl und Biomasse aus. Die Biozönose wurde auf breiter Front vorwiegend im bulgarischen Westabschnitt (zwischen Strom-km 660 und 845) entwickelt (Russev 1967). Heute ist diese Biozönose viel dürftiger entwickelt.

Tittizer et al. (1990) melden bis zu 350000 Ind. m^{-2} von *Corophium curvispinum* im deutschen Donauabschnitt (Stauanlage Geisling). Interessante Daten für die massenhafte Besiedlung der Corophiidae unter Bildung des «Corophiiden-Schlammes» in den russischen und ukrainischen Schwarzmeer- und Kaspische Zuflüsse geben: am Unterlauf des Dniepr und in der Folge auch im südlichen Bug (Beling 1925, nach Mordukhai-Boltovskoi 1948); im Unterlauf des Flusses Oka stellten Neisvestnova, Zadina & Ljachov (1941, nach Mordukhai-Boltovskoi 1948) bis zu 167640 Ind. und 119,5 g m^{-2} *Corophium curvispinum* fest; in den Zuflüssen zum Schwarzen- und Kaspischen Meer, Wolga, Oka und Don (auch mit kaspischer Fauna) von Mordukhai-Boltovskoi (1948). Er konstatiert 36,6 g Gesamtbiomasse der Arten *Corophium* im Dniepr-Delta. Die Urheber des Original-Biotops sind in diesen Flüssen die beiden vorherschenden Arten *Corophium chelicorne* G. Sars und *C. sowinskyi* Mart. Ljachov (1957: 117-119) findet bis zu 300000 Ind. m^{-2} in der Wolga nahe bei Poljani-Frunse. Sehr wertvolle und ausführliche Angaben macht Entz (1949) über die Morphologie und Biologie von *Corophium curvispinum* G.O. Sars f. devium Wundsch sowie auch über den Bau und den Bestand der «Corophiiden Gehäuse» im Plattensee (Ungarn). Nach ihm scheiden die Corophiiden ein klebriges Sekret aus einer speziellen Webdrüse aus, das im Wasser erhärtet. Mit Hilfe dieses Sekrets bauen sie ein eigenartiges Fadengerüst, welches sie mit allerlei Teilchen von Schweb- und Sinkstoffen ausfüllen. Auf diese Weise bauen sie ihr Gehäuse. Dieses stellt eine kleine Röhre dar.

Diese außerordentliche Fähigkeit der Corophiiden, aus Schlamm ihre Gehäuse aufzubauen, und ihre ungewöhnliche Fruchtbarkeit schaffen an einigen Plätzen ziemlich günstige Bedingungen für ein Anhäufen dicker Schichten «zoogenen Schlammes» auf Kieselgrund. Dies führt zu einer Veränderung der Sohlenbeschaffenheit im Strombett bis zur Bildung eines erheblich stabileren Grundes, der nicht mehr so stark durch die Veränderungen des Wasserstandes und der Strömungsgeschwindigkeit des Stromes betroffen ist. Mit anderen Worten spielen die Corophiiden unter wasserwirtschaftlich-limnologischen Aspekten eine ziemlich günstige Rolle für das Leben der Donau, und zwar nicht nur durch ihren hohen Anteil an der Produktivität des Stromes durch die Schaffung günstiger Bedingungen für die Ansiedlung auch von vielen anderen Arten, welche die charakteristische Biozönose bilden, sondern auch durch die Veränderung des Stromgrundes und seiner erheblichen Verfestigung.

2.2 Veränderungen der Morphologie des Donaubetts und der Donauufer durch argillorheophile Organismen

Bedeutung für die Veränderung der Morphologie des Donaubettes und der Donau-Ufer haben an erster Stelle argillorheophilen Organismen. So graben die früher massenhaft vorkommenden Larven der Eintagsfliegen *Palingenia longicauda* (Oliv.) und *Ephoron virgo* (Oliv.) mit ihren veränderten Mandibeln und ersten Beinpaar U-förmige Gänge in den Lehmgrund (bzw. Sand-Lehmgrund) des Stromes. Zu Zeiten langanhaltenden hohen Wasserstandes besiedeln die Larven die Lehmufer, indem jede Larve zwei bis zu 15 cm tiefe Löcher gräbt. Nach dem Zurückweichen des Wassers, besonders in trockenen Jahren, liegen die Gänge der Eintagsfliegen offen, die durchlöcherten Lehmufer verlieren ihre Festigkeit und unterliegen leichter den Zerstörungen, die durch hohen Wasserstand im Frühling hervorgerufen werden. So wurden z.B. bei Strom-km 715 am bulgarischen Ufer 6700 Löcher pro m^2 gezählt (Russev 1968: 298). Die zwei Eintagsfliegen Arten sind leider heute in der Donau ausgestorben (Russev 1987).

Gleichzeitig verändern die Larven von *Palingenia longicauda* und einige Vertreter von Oligochaeta (*Limnodrilus newaensis* Michaelsen u.a.), mit ihrer langsamen aber hartnäckigen Tätigkeit, die Struktur des Grundes. Sie führen – dem Regenwurm ähnlich – durch ihr Verdauungssystem Lehm, um sich mit den darin befindlichen organischen Resten zu nähren.

So können die Benthosorganismen nicht nur günstigen Einfluß auf die Veränderung des Stromgrundes ausüben, sondern auch ungünstigen dadurch, daß sie zu einer Intensivierung der Donau-Uferzerstörung beitragen.

3 Bedeutung des Zoobenthos zur Feststellung von Geschiebeführung und deren annähernder Menge

Untersuchungen über das Zoobenthos und spezieller über dessen Besiedlungsdichte und Artenzahl im Donauabschnitt geben Grund zur Feststellung einer Abhängigkeit zwischen dem Vorhandensein an Geschiebeführung und dem Zoobenthos. So führt z.B. die reiche Besiedlung an Benthostieren (unter denen sich auch sessile und solche mit mehrjähriger Entwicklung befinden) zu der Aussage, daß in diesem Bereich der Flußbreite niemals Geschiebe vorhanden ist. Die Verarmung an Tieren der Flußmitte zu und das Vorhandensein nur vagiler und relativ kurzlebiger Arten zeigt, daß Geschiebebewegung nur zeitweilig besteht, vornehmlich bei hohem Wasserstand. Festgestellt ist auch ein dritter Bereich in der Flußbreite, in welchem Makrobenthosarten nur vereinzelt oder gar nicht aufgefunden werden. Hier laufen ständig Geschiebebewegungen durch. Diese Ergebnisse zeigen, daß die Benthosorganismen mit Erfolg als Bioindikatoren für die verschiedenen Flußzustände in Bezug auf den Geschiebetrieb ausgenützt werden können, da «in den vielfältigen, sowohl morphologischen als auch physiologischen Anpassungsformen der bodenbewohnenden Organismen eindeutige Kriterien für die Umlagerung bzw. Stabilität des Sediments liegen» (Kothé 1967). Detaillierte Angaben über die Wechselbeziehungen zwischen den Schwebstoffen, den Bodenablagerungen und dem Zoobenthos wurden von Petran und Kothé (1975) und Petran (1977) dargestellt. Aufgrund von Korrelationsanalysen gelangen sie zu Folgerungen in Bezug auf die ökologische Wirkung der Ablagerungen auf das Zoobenthos der Flüsse. Ganz allgemein wirken die Schwebstoffe und die Ablagerungen hemmend auf die qualitative und quantitative Entwicklung der Bodenorganismen. Relativ resistent gegenüber diesen Einflüssen sind die Gattungen *Nais*, *Stylaria, Limnodrilus, Tubifex* (Oligochaeta) und einige Vertreter der Fam. Chironomidae. Die vagilen Tiere wie *Asellus, Gammarus*, verschiedene Ephemeropteren und Plecopteren können kurzweilig das Wandern der Ablagerungen überstehen. Die am Biotop haftenden Insektenlarven, die ihr Domizil errichten (z.B. *Hydropsyche, Rheotanytarsus*), und die geringer vagilen Weichtiere (*Pisidium, Sphaerium, Ancylus, Limnaea*) sind am meisten gefährdet durch die Verschlammung ihres Substrates. Die Autoren schlagen eine Formel zur Festlegung der biologisch wirkenden Instabilität (BWI) vor; z.B. zeugt ein Wert über 70% vom Abfluß von Ablagerungen.

Wir haben hier den Fall, daß die Erforschung des Benthos zur Klärung von Fragen der Gewässermorphologie und des Feststoffhaushaltes und damit des Wasserbaus beiträgt.

4 Bedeutung des Zoobenthos als Futterbasis für die Donaufische

Die Bioproduktion des Benthos hat in vielen Donau-Anliegerländern einen fischereiwirtschaftlichen Hauptaspekt: der Erzeugung einer Nährtierfauna für einen wichtigen Eiweißlieferanten an der menschlichen Ernährung: den Fisch.

4.1 Benthosorganismen als Fischnährtiere

Es werden daher verschiedentlich Untersuchungen über Bedeutung und Wert der einzelnen Benthosorganismen als Fischnährtiere angestellt. Die Zusammenfassungen von Cure (Manuskript) über die Chironomidenfauna im rumänischen Donauabschnitt am Eisernen Tor gelten speziell dieser Fragestellung, wobei die Autorin ersucht, durch Kenntnisse über die Entwicklungsdynamik der Chironomidengesellschaften zu vorausschauenden Prognosen hinsichtlich der erzielbaren Fischproduktion vorzudringen.

Die Bedeutung der Art *Palingenia longicauda* (Ephem.) für die Ernährung der Donaufische wird von Russev (1987) speziell behandelt.

4.2 Futter des Sterlets

Besondere Aufmerksamkeit widmeten die Wissenschaftler aus den Donauländern dem Futter des Sterlets (*Acipenser ruthenus*), einer der in wirtschaftlicher Hinsicht sehr wertvollen

Donaufischart. Schon Antipa (1909), desgleichen aber auch Kowacev (1922), Unger (1927), Dimitriu (1937), Ferencz (1956), Jankovic (1958), Kolarov (1959), Russev (1956, 1957, 1963), Gheracopol & Selin (1968) und Gheracopol et al. (1969) machen über das Futterspektrum und über eine Reihe anderer Fragen zahlreiche Angaben, welche das Futter und die Ernährung des Sterlets betreffen. Insgesamt wurden ungefähr 74 verschiedene Futterkomponenten festgestellt, die sich vornehmlich auf Oligochaeta, Amphipoda, Ephemeroptera, Chironomidae und Trichoptera beziehen. Fast alle Zoobenthosarten, von denen sich der Sterlet nährt, leben am Kiesgrund des Stromes. Eine Ausnahme machen nur die Vertreter der Oligochaeta und der Larven der Eintagsfliegen *Palingenia longicauda* (Oliv.) und *Ephoron virgo* (Oliv.), die vom erwachsenen Sterlet mit Erfolg aus dem Schlamm- und Lehmgrund des Stromes herausgesaugt werden konnten. Aus der beobachteten gesetzmäßigen Verteilung des Donaugrundes und seiner entsprechenden Biozönosen in der Strombreite, gemäß der Corioliskraft, folgt, daß der Sterlet sein Futter hauptsächlich längs dem rechten Flußufer findet, wo der Kies- und Lehmgrund in höherem Grade konzentriert ist (Russev 1960).

Einzelheiten bezüglich der qualitativen und quantitativen Bedeutung der einzelnen Zoobenthosgruppen und Arten für die Ernährung des Donau-Sterlets (Anteile nach Gewicht und Individuenzahlen, Konstanz und Dominanz) wurden von Russev (1963) und zum Teil auch von Gheracopol et al. (1969) einer Durchsicht unterzogen. Außerdem wurden in diesen Arbeiten die jährlichen und saisonalen Veränderungen im Futter bei den verschiedenen Altersgruppen des Sterlets in Bezug auf drei verschiedene Bezirke im bulgarischen Donauabschnitt und bei Galatz (Rumänien) untersucht.

4.3 Futterspektrum anderer Donaufische

Die anderen Donaufische, die sich vom Zoobenthos ernähren, sind wesentlich weniger gut erforscht. Publiziert wurden Angaben über das Futterspektrum von Hybriden zwischen *Acipenser ruthenus* und *Acipenser stellatus*, *A. gueldenstaedti*, *A. stellatus*, *Huso huso*, *Barbus barbus*, *Cyprinus carpio*, *Lucioperca lucioperca* (Russev 1963), *Aspro zingel* (Gheracopol et al. 1970), *Leuciscus idus* und *Lucioperca lucioperca* (Gheracopol & Selin 1970). Diese Fische (außer die zwei letzten) ernähren sich fast von den gleichen Benthostieren wie der Sterlet. Die Hauptunterschiede bestehen vor allem in folgendem: die Störfische (*Acipenser gueldenstaedti*, *A. stellatus*, *Huso huso*) nützen in viel größerem Ausmaße Arten aus der Fam. Gammaridae (Ordnung Amphipoda) und sogar die Art *Pontogammarus abbreviatus* aus, die sich durch erheblich größere Ausmaße auszeichnet und von Sterlet nicht angenommem wird. Die Barbe (*Barbus barbus barbus*) und der Zingel (*Aspro zingel*) können als ernstliche Nahrungskonkurrenten des Sterlets bezeichnet werden in Bezug auf die Wasserinsekten, besonders auf die massenhaften Arten *Palingenia longicauda* und *Hydropsyche bulgaromanorum*. Die Barbe hingegen nützt als Futter (sowie auch Karpfen und besonders Zander) kleine Muscheln und Schnecken, die nicht im Nahrungsspektrum des Sterlets vertreten sind.

Im Unterschied zum Sterlet haben die Chironomidenlarven größte Bedeutung für die Ernährung des Karpfens.

Der Zander, obwohl er als Raubfisch nach einem Jahre hauptsächlich kleine Fischen als Futter nutzt, wendet sich häufig auch den erwähnten massenhaft vorhandenen Benthosarten zu, die auch vom Karpfen verzehrt werden.

Die Orfe (*Leuciscus idus*) hat eine Vorliebe für planktische Nahrung.

4.4 Jahresproduktion des Zoobenthos im bulgarischen Donauabschnitt

Es wurde ein Versuch zur Errechnung der Fischmengen gemacht, die vom Zoobenthos im bulgarischen Donauabschnitt ernährt werden können. Bei errechneter Gesamtbodenfläche des untersuchten Donau-Abschnitts und durchschnittlicher allgemeiner Biomasse sowie auch mit Hilfe des von Zeeb (1966) angewandten Koeffizienten P/B «6» für die Produktion der Wirbellosen (ohne Mollusken) und P/B «4» für Mollusken wurde die durchschnittliche Jahresproduktion an Zoobenthos abgeschätzt. Diese beträgt 38435 Tonnen für die Weichtiere und 7502 Tonnen für die übrigen wirbellosen Tiere. Unserer Meinung nach nützen die Fische kaum 10% der Produktion an Mollusken aus, jedoch ungefähr 30% von der Produktion der verbliebenen wirbellosen Tiere. Um den möglichen jährlichen Durchschnittszuwachs an Fischfleisch (Ichthyomasse) im untersuchten Donau-Abschnitt zu errechnen, wird nach Literaturangaben der Koeffizient 21 für Ernährung mit Mollusken und 5 mit den verbliebenen wirbellosen Tiere herangezogen. Der erhaltene Wert (183 Tonnen an Mollusken und 450 Tonnen an übrigen Wirbellosen) ist in Wirklichkeit größer, da die Donaufische als Futter außer dem Zoobenthos, noch das Phyto- und Zooplankton, Phytobenthos im Donaubett und auch die Organismen aller Donauniederungen (soweit dieselben noch bestehen) ausnützen (Russev 1972a). Auf dieser Basis und auf der Grundlage von russischen und ukrainischen Literaturangaben wird eine Prognose über die Änderung der Zusammensetzung und der Dynamik des Zoobenthos und der Verwertung der benthalen Biomasse von den Fischen des bulgarischen Donauabschnitts nach eventueller Errichtung von wasserbaulichen Vorhaben aufgestellt (Russev 1976).

Aufgrund der erzielten Angaben über die durchschnittliche Biomasse des Zoobenthos im österreichischen Stromstaue wurde die jährliche Zoobenthosproduktion, die von den Fischen benutzte und assimilierte Produktion und aufgrund dieser Angaben der jährliche Zuwachs der Ichtyomasse errechnet (Russev 1985).

Die Trophiestruktur der makrobenthalen Zoomasse im Quellgebiet des Flusses Sava wird von Habdija et al. (1990) studiert.

5 Bedeutung des Zoobenthos für die Selbstreinigung der Donau

Bisher leider zu wenig untersucht ist die Stellung der Benthosorganismen im Gefüge der sogenannten biologischen Selbstreinigung der Gewässer und damit die wasserwirtschaftlich funktionelle Bedeutung des Zoobenthos für die Aufgaben der Reinhaltung des Donauwassers. Immerhin gibt es Ansatzpunkte. So hat man die Filtrierleistung von Muscheln im Labor bestimmt und kommt dabei – unter Berücksichtigung der im Gewässer tatsächlich auftretenden Populationsdichten – zu erstaunlichen Zahlenwerten. Schwörbel zeigt allerdings in seinem Referat über «Struktur und Stoffhaushalt einer makrozooischen Abwasser-Biozönose» (Manuskript) bezüglich der Filtrierleistung von *Simulium*-Larven, daß trotz hoher Populationsdichten von bis zu 122000 Tieren m^{-2} nur ca. 1% der verfügbaren Drift-Fracht durch die Larven als Nahrung verwertet werden.

Selbstverständlich ist für die Bedeutung der Benthosbiozönosen insgesamt für den Selbstreinigungsvorgang ihre jeweilige Zusammensetzung aus den verschiedenen ernährungsphysiologischen Typen zu berücksichtigen, und wahrscheinlich ist es die Kompliziertheit dieser Frage, die dazu geführt hat, daß wir bis heute über so wenig quantitative Angaben verfügen.

Im Vergleich dazu wissen wir über die Stellung der einzelnen Benthosarten innerhalb der Stufen der Selbstreinigung von der Polysaprobität bis hin zur Oligosaprobität relativ viel, zumindest in einem Umfang, wie er für die Belange der wassergütewirtschaftlichen Praxis benötigt wird und ausreichend selbst für detaillierte Quantifizierungen ist.

6 Bedeutung des Zoobenthos zur Ermittlung der Veränderungen im saprobiologischen Zustand der Donau

Nach den zahlreichen bisherigen Arbeiten über die Ökologie der pflanzlichen und tierischen Saprobien ist unbestritten, daß das Benthos die wichtigste Rolle zur Feststellung des Saprobie-Zustands der Flüsse und für das monitoring von Veränderungen spielt.

Auch in Bezug auf die Donau wurden viele Versuche durchgeführt, mit Hilfe von Zoobenthosindikatoren ihren saprobiologischen Zustand feststellen zu können (Liebmann 1954; Liebmann et al. 1967; Liepolt 1961; Roll 1961; Russev 1963a, 1982, 1988; Brtek & Rothschein 1964; Mitrovic-Tutundzic & Rothschein 1974; Uzunov & Russev 1989; Habdija 1990 u.a.). Außer der Nutzung der zoobenthalen Indikatoren mit Hilfe der derzeitigen saprobiologischen Methoden werden auch folgende Kriterien empfohlen: die Beobachtung der Änderungen der Dichte und der Biomasse des Zoobenthos in der lithorheophilen Zoozönose, die «prozentuale Besiedlung» und die prozentualen Verhältnisse zwischen den einzelnen Benthosgruppen zur Bestimmung der Änderungen der Lebensbedingungen in der Donau (Russev 1977, 1979). Uzunov und

Russev (1989) bieten auch eine Stellungnahme bezüglich der Benutzung der strukturellen Parameter der benthalen Zoozönosen zur Feststellung der Lebensbedingungen im Strom. Immer im Zusammenhang mit der Frage des Schutzes der Donau vor anthropogenen Eingriffen bieten Russev und Naidenov (1973) bestimmte Richtlinien für die Ergreifung von erforderlichen Maßnahmen aufgrund der Ergebnisse von zoobenthalen und zooplanktischen Untersuchungen.

Die Fortschritte auf dem Gesamtgebiet der Saprobiologie zeigen, daß die Bedeutung des Zoobenthos für die Ermittlung der Veränderungen im saprobiologischen Zustand der Donau im gleichen Maße wächst und hier weitere Arbeit geleistet werden muß.

Die Benthoszoologen aus den Donauländern müssen einerseits in der Lage sein auch geringfügige Änderungstendenzen im saprobiologischen Zustand der Donau rechtzeitig zu konstatieren. Andererseits müssen sie, durch Untersuchungen über den Bestand, die Quantitätenverteilung, die jahreszeitliche und jährliche Dynamik, über Ökologie, Biologie und Produktivität der vorherrschenden Arten auch vergleichend-ökologische Hinweise zu liefern suchen über die Bedeutung dieser Arten bei den Selbstreinigungsprozessen der Donau.

Die hier dargestellte Bedeutung des Zoobenthos in verschiedenen Richtungen zeigt ferner von den erweiterten Möglichkeiten und Perspektiven für künftige Forschungsarbeiten. Damit das Zoobenthos noch besser für diese Zwecke ausgenutzt werden kann, schlagen wir zusammenfassend folgende wichtige Aufgaben vor:

1. Fortführung der Untersuchungen in Zusammenhang mit der Anwendung der Benthostiere und besonders der kaspischen Relikte als Bioindikatoren zur Ermittlung der verschieden starken Verunreinigung der Donau einschließlich der verschiedenen Belastungen durch Schwebstoffe.
2. Feststellung der Selbstreinigungsfähigkeit der dominierenden Benthostiere der Donau gegenüber verschiedenen organischen und anorganischen Stoffen.
3. Erforderlich ist der Abschluß der Untersuchungen über den Einfluß verschiedener ökologischer Faktoren auf das Leben der dominierenden Benthostiere, insbesondere des Einflusses der Schwebstoffe, des Lichtes, verschiedener toxischer Stoffe, der Auswirkung wasserbaulicher Maßnahmen (besonders des Aufstaus) u.a.
4. Feststellung der Anpassungsmechanismen der Leitformen in den einzelnen Biozönosen bei Beeinträchtigung ihres Optimalregimes sowie die Grenzen ihrer Erhaltungsmöglichkeiten als Arten.
5. Ausnützung verschiedener Benthostiere als Testorganismen zur Ermittlung der gefährlichen Verunreinigung durch toxischen Stoffe.
6. Ermittlung der Abundanz, der Biomasse und der Drift der Benthostiere im Durchflußquerschnitt entlang des ganzen Stromlaufes zwecks genauer Feststellung der Sekundärproduktion der einzelnen Gruppen wirbelloser Tiere.
7. Fortführung der Forschungen in Zusammenhang mit der Bedeutung der Benthostiere für die Ernährung der in wirtschaftlicher Hinsicht wichtigen Fische.

8. Ermittlung der P/B- und Ernährungskoeffizienten der einzelnen wirbellosen Tiere unter den Verhältnissen, welche die Donau schafft.

Die Lösung dieser auch nur kurz angedeuteten Aufgaben würde günstige Bedingungen für die Anwendung des Zoobenthos der Donau bei verschiedenen wichtigen wasserwirtschaftlichen Problemen schaffen.

Literatur

Antipa, Gr. (1909): Fauna ichtiologica a Romaniei. – Acad. Romana 16, Bucuresti

Bacescu, M. (1948): Quelques observations sur la faune benthonique du defile roumain du Danube: son importance zoogeographique et pratique; la description d'un espece nouvelle de Mermithide, *Pseudomermis cazanica*, n.sp. – Ann. Sci. Univ. Jassy 31: 1-14

Brtek, J. & Rothschein, J. (1964): Ein Beitrag zur Kenntnis der Hydrofauna und des Reinheitszustandes des Tschechoslowakischen Abschnittes der Donau. – Biologicke Prace 10, 5: 5-60

Cure, V. (Manuskript): Beiträge zur Erforschung der Chironomidenlarven der Donau und ihrer Nebenflüsse zwischen Strom km 941 und 1075 vor und im ersten Jahr nach der Bildung des Stausees am Eisernen Tor

Dimitriu, M. (1937): Contribution a l'etude de la nourriture des Sterlets (*Acipenser ruthenus* L.) du Danube. – Ann. l'Inst. Nat. Zootechnique 6: 265- 276, Bucuresti

Dudich, E. (1967): Systematisches Verzeichnis der Tierwelt der Donau mit einer zusammenfassenden Erläuterung. – In: Liepolt, R. (ed.): Limnologie der Donau 3: 4-69, Stuttgart (Schweizerbart)

Entz, B. (1949): Beiträge zur Kenntnis der Morphologie und Biologie des *Corophium curvispinum* G.O. Sars forma devium Wundsch in Ungarn. – Hydrobiol. 47: 423-469, Stuttgart

Ferencz, M. (1956): Untersuchungen des Fisch-Darminhaltes in den Gewässern von Szeged. – Acta Univers. Szegediensis, Biol. 2, 1-4: 167-182, Szeged

Gheracopol, O. & Selin, M. (1968): Contributii la studiul biologiei cegii din cursul inferior al Dunarii (*Acipenser ruthenus* L.). II. Regimul alimentar al cegii din zona Galati. – Bull. Inst. de cercetari si proiectari piscicole 27, 4: 16-22

Gheracopol, O. & Selin, M. (1970): Contributii la studiul regimului alimentar al unor specii de pesti din cursul inferior al Dunarii (zona Galati). – Inst. Politehnic Galati 4: 379-391

Gheracopol, O., Selin, M. & Munteanu, G. (1969): Contributii la studiul biologiei cegii (*Acipenser ruthenus* L.) din cursul inferior al Dunarii. III. Morphologia externa a aparatului digestiv si studiul cantitativ al nutritiei. – Ibid. 27, 1: 67-80

Gheracopol, O., Selin, M. & Munteanu, G. (1970): Contributii la studiul biologiei pietrarului (*Aspro zingel* L.) din cursul inferior al Dunarii. – Hidrobiologia 11: 143-153, Bucuresti

Habdija, I. (1990): Beitrag zur Kenntnis der Wassergüte der Donau aufgrund der saprobiologischen Merkmale der Biozönosen. – Limnol. Ber. 28. Tag. IAD 2: 99-125, Varna

Habdija, I., Tavcar, V., Merovec, M. & Belinic, I. (1990): Die Trophiestruktur der makrobenthalen Zoomasse im Quellgebiet des Flusses Sava. – Limnol. Ber. 28. Tag. IAD 1: 281- 286, Varna

Jankovic, D. (1958): Ecological research on Danubian sterlet (*Acipenser ruthenus* L.). – Inst. Biol.-Monogr. 2: 145 pp., Beograd

Kolarov, P. (1959): Materiali varhu hranata na cigata ot balgarskoto kraibrezie na r. Dunav. – Ztschr. Priroda 4: 62-65, Sofia

Kothé, P. (1967): Die Biologie als Hilfsmittel bei der Erforschung morphologisch-quantitativer Vorgänge in den Gewässern. – Deutsche Gewässerkdl. Mitteil.: 220-226.

Kowacev, V. (1922): Sladkovodnata ihtiologicna fauna na Balgaria. – Arch. Min. Zem. u Darz. imoti 3: 164 pp.

Liebmann, H. (1954): Biologie der Donau und des Mains. – Münchner Beitr. zur Abwasser-, Fischerei- und Flußbiologie, 2: 11-209

Liebmann, H., & Reichenbach-Klinke, H. (1967): VI. Eingriffe des Menschen und deren biologische

Auswirkung. – In: Liepolt, R. (ed.): Limnologie der Donau 4: 1-25, Stuttgart (Schweizerbart)
Liepolt, R. (1961): Limnologische Forschungen im österreichischen Donaustrom. – Verl. Interhat. Verein. Limnol.: 14
Ljahov, S. (1957): Donnoe nasselenie r. Volgi u Poljani im. Frunse. – Tr. probl. i temat. sovest. ZIN 7: 116-120.
Mitrovic-Tutundzic, V. & Rothschein, J. (1974): Der saprobiologische Zustand der Donau und ihrer Nebengewässer. – 16. Tag. IAD 2: 227-240, Bratislava
Mordukhai-Boltovskoi, F. (1948): O korofiidnom biozenose v pontokaspiiskih rekah. – Dokladi Akad. Nauk SSSR 60, 3: 513-516
Petran, M. (1977): Ökologische Untersuchungen an Fließgewässern ueber die Beziehungen zwischen Makrobenthos, Substrat und Geschiebetrieb. – Diss. Univ. Bonn
Petran, M. & Kothé, P. (1975): Zusammenhänge zwischen Geschiebetrieb und Benthos in Fließgewässern. – Ber. 18. Arbeitstag. IAD: 153-162, Regensburg
Roll, Y. (1961): The degree of contamination of Danube water. – Tr. Inst. Hydrobiol., Verl. Akad. Nauk USSR, Trudi Inst. Gidrobiol.: 36, (russ., Zus. engl.)
Russev, B. (1956): Die Larven der Wasserinsekten als Hauptnahrung des Sterlets (*Acipenser ruthenus* L.) vor dem bulgarischen Ufer der Donau. – Ztschr. «Ribno stopanstvo»: 1 (bulgarisch)
Russev, B. (1957): Über die Grundbewohner vor dem bulgarischen Donau-Ufer. – Ztschr. «Priroda» 6: 2 (bulgarisch)
Russev, B. (1960): Die Bedeutung des Gesetzes von Baer-Babinet zur Klärung der Zoobenthosverteilung in der Donau zwischen dem 375. und 845. km von der Mündung. – Compt. rend. Acad.bulg. sci. 13, 3: 327-330
Russev, B. (1963): Die Nahrung des Sterlets (*Acipenser ruthenus* L.) in der Donau vor dem bulgarischen Ufer. – Bull. of the test Stat. Freshw. Piscic. 2, Plovdiv: 49-72 (bulgarisch, Zus. russisch u. deutsch)
Russev, B. (1963a): Saprobiologische Bewertung des bulgarischen Sektors der Donau. – Bull. de l'Inst. centr. recherche sci. piscic. et de pecherie 3, Varna: 245-251 (bulgarisch, Zus. russisch u. deutsch)
Russev, B. (1967): Das Zoobenthos der Donau zwischen dem 845. und 375. Fluß-km II. Biozönologie und Dynamik. – Mitt. Zool. Inst. Bulg. Akad. Wiss. 23: 33-78 (bulgarisch, Zus. russ. u. deutsch)
Russev, B. (1968): Ökologische Untersuchungen über die Ephemeropterenlarven der Donau vor dem bulgarischen Ufer. – Limnol. Ber. X. Jubiläumstag. Donauforsch.: 295-303, Sofia
Russev, B. (1969): Der Grund als Hauptfaktor bei der Verteilung des Zoobenthos im bulgarischen Donauabschnitt. – Limnologische Donauforschungen. – Ber. XI. Int. Konf. zur Limnol. Donau: 286-291, Kiew
Russev, B. (1972): Influence of some ecological factors on changes of the standing crop of zoobenthos of the Danube in the Bulgarian stretch. – Productivity problemes of freshwaters: 813-826, Warszawa-Krakow
Russev, B. (1972a): The zoobenthos of the Danube between 845 and 375 km as fish food. – Bull. de l'Inst. de zool. et musee 36: 193-196
Russev, B. (1976): Prediction for Changes in Zoobenthos Composition and Dynamics and the Use of Benthos Biomasses by Fish in the Danube River Following the Construction of the Nicopol-Turnu Magurele Water Power Project. – Hydrobiology 3: 3-19, Sofia (bulg., res. engl.)
Russev, B. (1977): Die Struktur der benthalen Zoozönosen im bulgarischen Donauabschnitt und ihre Wandlungen unter dem Einfluß des Menschen. – Hydrobiology 5: 81-88, Sofia
Russev, B. (1979): Änderungstendenzen im saprobiologischen Zustand des bulgarischen Donauabschnittes. – XIX. Jubiläumstag. Donauforsch.: 457-461, Sofia
Russev, B. (1982): Saprobiologische Übersicht der Donau. – XX. Intern. Tag. Arbeitsgemeinsch. Donauforsch.: 32-45, Verl. «Naukowa Dumka», Kiew
Russev, B. (1985): Das Zoobenthos im österreichischen Donauabschnitt unter dem Einfluß der Stauanlagen. – In: Naidenow et al. (ed.): Die Auswirkung der wasserbaulichen Maßnahmen und der Belastung auf das Plankton und das Benthos der Donau-Bulgarisch-österreichische Zusammenarbeit. – Verl. Bulg. Akad. Wiss.: 113-130, Sofia
Russev, B. (1987): Ecology, life history and distribution of *Palingenia longicauda* (Olivier) (Ephemeroptera). – Tijdschrift voor Entom. 130: 109-127
Russev, B. (1988): Der Einfluß des Donaukraftwerkes «Eisernes Tor» auf die Entwicklung des Zoobenthos

in der bulgarisch-rumänischen Donaustrecke. – Hydrobiology 33: 3-9, Sofia
Russev, B. & Naidenow, W. (1973): Limnologische Grundlagenforschung als Voraussetzung für den praktischen Gewässerschutz. – Arch. Hydrobiol. 44, 2: 135-148, Stuttgart
Tittizer, Th., Leuchs, H. & Banning, M. (1990): Einfluß der Mindestströmungsgeschwindigkeit auf das Makrozoobenthos der Donau. – Limnol. Ber. 28. Tag. IAD 2, Varna.
Unger, E. (1927): Magyar tav. es fol. term. haltaplaleka in Kueloenlenyomat a Kis. Koezl. 30: 1-15
Uzunov, Y. & Russev, B. (1989): Water biological sufficiency and quality of the bulgarian Danube stretch (845- 375 River km). – In: Miloradov, M. (ed.): Intern. Conf. Waterpoll. Contr. Bas. River Danube: 92-98, Novi Sad
Zeeb, J. (1966): The food resources and fish productivity of the Kahov's dam. – Voprosi ichtyol. 6, 2 (39): 319-335 (russ.)

Limnologie aktuell · Band/Vol. 2 · Kinzelbach (Hg.): Biologie der Donau
Gustav Fischer Verlag · Stuttgart · Jena · New York · 1994

Die Wassergüte der Donau aus limnologischer und hygienischer Sicht – Ergebnisse einer Fachexpedition

Imrich Daubner

Ústav Exp. Biologíe, SAV, Obroncov mieru 3, Bratislava, Slowakische Republik

Keywords

Danube, general assessment, chemical pollution, bacterial pollution, saprobic index

Abstract

Within the framework of the scientific programme of the International Working Group for Danube Research of the Societas Internationalis Limnologica (IAD SIL), a research expedition was organised in March 1988 between Izmail (Galati, Romania) and Passau (Vienna). On the Russian passenger ship «Amur», 16 laboratories were established which provided an opportunity for research into hydrology, physics, radiology, chemistry, toxicology, microbiology, virology, hydrobiology and ichthyology. 120 experts from 10 countries participated. Samples were taken at 18 stations in the CIS, Romania, Bulgaria, Yugoslavia, Hungary, Czech and Slovac Republics, and Austria.
The results showed that the Danube is only polluted at a moderate level. According to the basic physical, chemical and biological values and according to the O_2-regime, the degree II of water quality were not generally exceeded. The water quality is reduced by one degree only near the points of input of communal and industrial waste water. A special problem are heavy metals, petroleum products and infectious microbes in the water: the ever-present intestinal bacteria and enteroviruses.

Kurzfassung

Im Rahmen des wissenschaftlichen Programms der Internationalen Arbeitsgemeinschaft Donauforschung der SIL (IAD SIL) wurde im März 1988 eine fachliche Donaubereisung von Ismail (Galati) bis Passau (Wien) organisiert. Auf dem sowjetischen Passagierschiff «AMUR» wurden 16 Laboratorien eingerichtet, die die hydrologischen, physikalischen, radiologischen, chemischen, toxikologischen, mikrobiologischen, virologischen, hydrobiologischen und ichthyologischen Analysen ermöglichten. An der Expedition nahmen 120 Fachleute aus 10 Ländern teil. Die Wasserproben wurden an 18 Punkten in der GUS, Rumänien, Bulgarien, Jugoslawien, Ungarn, der CSFR und in Österreich entnommen und untersucht.
Die Ergebnisse zeigten, daß die Donau bis heute nur zu einem mittelmäßig verunreinigten Fluß gehört. Nach den grundlegenden physikalischen, chemischen, und biologischen Werten sowie nach dem O_2-Regime werden die Werte der II. Güteklasse im allgemeinen nicht überschritten. Die Wasserqualität vermindert sich etwa um 1 Klasse unterhalb der Einmündung der kommunalen und gewerblichen Abwässer. Ein spezifisches Problem stellen die Schwermetalle, besonders Cd, Co, Cu, Fe, Mn, Pb, Zn, die Erdölprodukte und ein hohes Infektionspotential des Wassers – d.h. stetig anwesende Darmbakterien und Enteroviren – dar.

1 Einleitung

Es muß sicherlich nicht betont werden, daß die Donau, die mit ihren nahezu 3000 km vom Schwarzwald bis zum Schwarzen Meer durch acht Länder fließt, hier von jeher eine besondere Stellung und Bedeutung hat. Sie zog ständig die Aufmerksamkeit an sich: schon in der Römerzeit als politische Grenze, als günstiger Transportweg, als potentieller Wasser- und Fischvorrat und nicht zuletzt als Gegenstand multidiziplinärer biozönotischer, biogeographischer und ökologischer Forschungstätigkeit. In letzter Zeit richtet sich auf die Donau besondere Aufmerksamkeit im Zusammenhang mit dem Bau der Wasserkraftwerke.

In dieser Richtung, aber auch im breiteren Sinne wird öfter die Frage gestellt, wie der Stand der Wassergüte in der Donau ist, wie sich die Qualität ändert bzw. wie die fachliche Prognose lautet. Gleich am Anfang muß jedoch konstatiert werden, daß es auf diese Fragen keine eindeutige Antworten gibt. Im allgemeinen kann man ganz grob sagen, daß die Donau – entgegen vielen Behauptungen – nur mittelmäßig verunreinigt ist. Nach den grundlegenden physikalischen, chemischen und biologischen Werten sowie nach dem Sauerstoff-Regime, werden die Werte der II. Güteklasse im allgemeinen nicht überschritten. Die Wassergüte vermindert sich etwa um eine Stufe unterhalb der Einmündung komunaler bzw. gewerblicher Abwässer. Ein gewisses spezifisches Problem stellen die Schwermetalle, die Erdölprodukte und ein hohes Infektionspotential des Wassers dar. Es werden regelmäßig viele mikrobielle Arten, pathogene Bakterien und Enteroviren registriert, die eine Nutzung des Wassers, besonders aus hygienischer Sicht, beeinträchtigen.

Doch im Hinblick auf die günstigen hydrologischen Eigenschaften – Strömungsgeschwindigkeit, Turbulenz und die damit zusammenhängende Durchmischung des Wassers – besitzt die Donau eine relativ hohe Selbstreinigungskapazität. Sie ist fähig, mit eigenen natürlichen Mechanismen einen Teil der Verunreinigung zu eliminieren. Über diese Prozesse sowie über die Primärproduktion zeigt auch die Tatsache, daß die Donau im langjährigen Durchschnitt täglich etwa 5.000 Tonnen O_2 ins Schwarze Meer bringt.

2 Die Donaubereisung

Um die aktuelle Wassergüte der Donau, die Tendenz der Verunreinigung in einer Zeitlupe sowie den Selbstreinigungsprozeß besser zu erkennen, organisiert die Internationale Arbeitsgemeinschaft Donauforschung im Rahmen ihres wissenschaftlichen Programms in gewissen Zeitabständen fachliche Expeditionen. Eine solche komplexe Donaubereisung von Ismail bis Passau wurde im März 1988 verwirklicht. Ursprünglich vorgesehenes Endziel der Expedition war Passau, doch wegen der Hochwassersituation an der Donau mußte die Reise in Wien beendet werden. Abgesehen davon kann man jedoch sagen, daß das wissenschaftliche Programm plangemäß durchgeführt wurde. Es handelte sich grundsätzlich um drei Bereiche:

- Komplexe Untersuchung des Wassers, der Sedimente und den Hydrobionten für die Beurteilung der Wassergüte, des Selbstreinigungsprozesses und des Einflusses der hydrotechnischen Einrichtungen auf das Ökosystem.
- Demonstrierung und Vergleich der Untersuchungsmethoden, Geräte und Bewertung der Ergebnisse im Rahmen der Donauländer.
- Referate aus verschiedenen Fachgebieten limnologischer und hygienischer Forschungen in den einzelnen Anliegerstaaten.

Zur Durchführung der Expedition wurde das sowjetische Passagierschiff «AMUR» gemietet und adaptiert. Es wurden 16 Laboratorien eingerichtet, die die hydrologischen, physikalischen, radiologischen, chemischen, toxikologischen, mikrobiologischen, virologischen, hydrobiologischen und ichthyologischen Analysen ermöglichten. Die gewonnenen Ergebnisse liegen in Form einer umfassenden Publikation vor (s. Literatur).

An der Expedition nahmen 120 Fachleute aus 10 Ländern teil. Die Wasserproben wurden an 18 Stellen entnommen und komplex untersucht (Abb. 1, Tab. 1).

3 Ergebnisse

Aus dem umfangreichen Material der einzelnen limnologischen Bereiche können hier nur einige Grundangaben, die die Wassergüte aus limnologischer und hygienischer Sicht charakterisieren, angeführt werden.

Die hydrologischen Daten der Donau, die mehrere Eigenschaften des Wassers beeinflussen, sind relativ stabil. Der Strom bringt bei durchschnittlicher Wasserführung von 6550 $m^3 s^{-1}$ in das Schwarze Meer über 200 km^3 Wasser jährlich. Damit führt die Donau in das Meer durchschnitt-

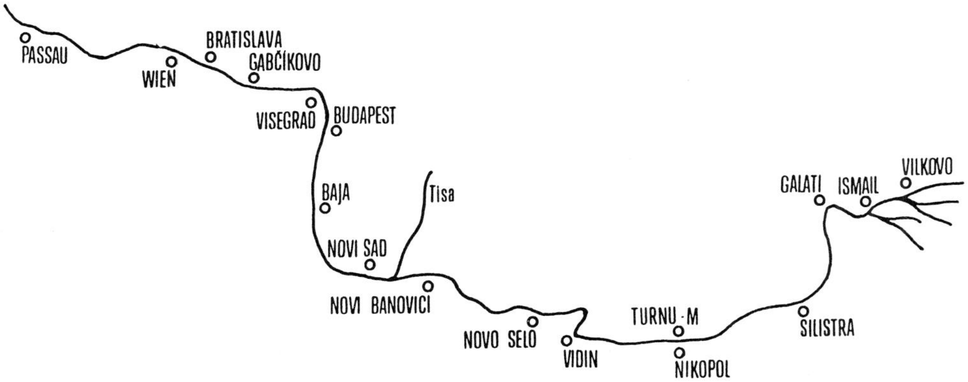

Abb. 1: Die Entnahmestellen an der Donau während der fachlichen Donaubereisung 1988

Tab. 1: Entnahmestellen der Wasserproben

Probestelle	Strom-km	Probestelle	Strom-km
GUS		Ungarn	
Vilkovo	20	Baja	1479
Ismail	90	Budapest	1647
		Visegrad	1694
Rumänien			
Galati	131	Tscheschiche und Slowakische Republik	
Turnu-Magurele	598	Gabcikovo	1819
Bulgarien		Bratislava	1869
Silistra	384	CSFR-Österr.-Grenze	1880
Nikopol	598		
Vidin	791	Österreich	
		Wien	1929
Jugoslawien			
Novo Selo	1076		
Novi Banovci	1187		
Tisa-Mündung	1213		
Novi Sad	1255		

lich 42,3 Mio. Tonnen suspendierter Stoffe ein. Die Maximalwerte können zehnfach erhöht werden. Während der Expedition schwankte die Strömungsgeschwindigkeit von 0,25 m^3 s^{-1} (Jugoslawien) bis 3,0 m^3 s^{-1} (Wien).

Bei Temperaturen in Bereich von 3,0-7,6°C, bewegte sich der Gehalt an suspendierten Stoffen von 28 (mittlerer Stromabschnitt) bis zu 160 g m^{-3} im unteren Teil (Ismail). Im Donaudelta sanken die Werte auf 116 g m^{-3}. Relativ hoch war der Koefizient des Verhältnisses Trübung/ Durchsichtigkeit (r = 0,84). Die größte Durchsichtigkeit des Wassers (0,6-0,7 m) wurde in den mittleren und oberen Flußabschnitten, die minimale (0,2 m) im Donaudelta registriert.

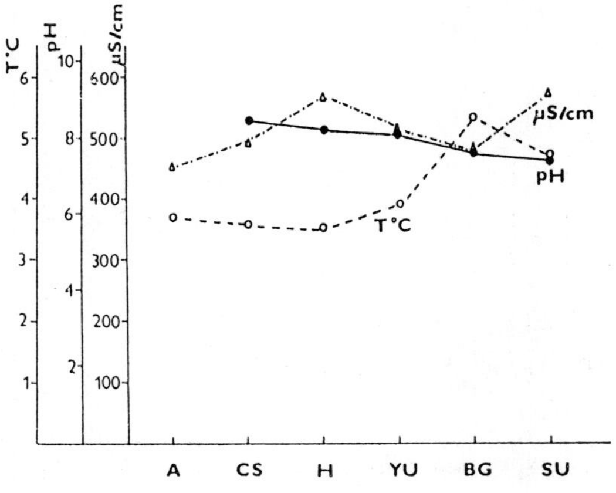

Abb. 2: Die physikalischen Charakteristik der Donau – März 1988

Die elektrische Leitfähigkeit, die den Mineralisationsgrad widerspiegelt, schwankte von 440 bis 630 µs cm^{-1}. Die Mineralisation des Donauwassers bewegte sich dementsprechend von 334 mg l^{-1} in Österreich bis über 400 mg l^{-1} in Ungarn. Der pH-Wert schwankte dabei zwischen 7,6-8,5. (Abb. 2). Es bestätigten sich auch die im langjährigen Durchschnitt herrschenden günstigen Sauerstoffverhältnisse in der Donau. Die niedrigsten Werte – durchschnittlich 9,9-8,5 mg l^{-1}, bei 73-74% O_2-Sätigung – wurden auf dem sowjetischen Abschnitt registriert. Weiter flußaufwärts erhöht sich der O_2-Gehalt und erreicht die Maximalwerte 14,8 mg l^{-1} bei 100-110% der O_2-Sättigung auf dem ungarischen Gebiet. Unter diesen Bedingungen verläuft aktiv der natürliche Selbstreinigungsprozeß des Wassers und die Mineralisation der organischen Stoffe, deren Konzentration sich zwischen 4,0 mg O_2 l^{-1} im unteren Abschnitt bis 17,4 mg O_2 l^{-1} auf dem ungarischen Territorium bewegt (Abb. 3).

Aus der breiten Palette der Ionen sind vor allem die Nitrate und Phosphate als Basis für die Eutrophierungsprozesse von besonderer Bedeutung. Der Nitrat-Ionengehalt während der Expedition war nicht besonders hoch – er betrug 1,6 mg l^{-1}-3,3 mg l^{-1}. Relativ niedrig waren auch die

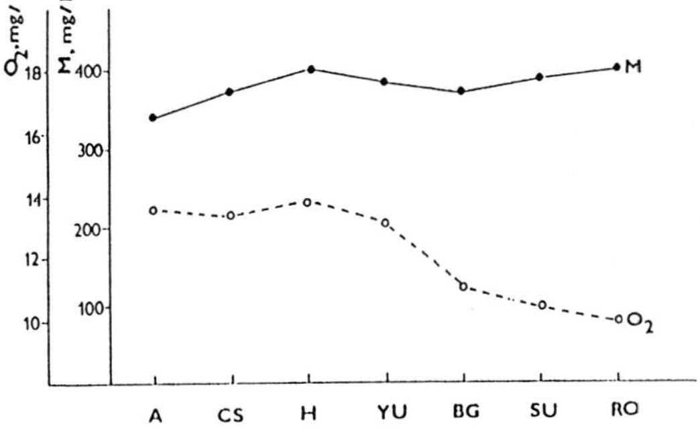

Abb. 3: Einige charakteristische Parameter des Donauwassers

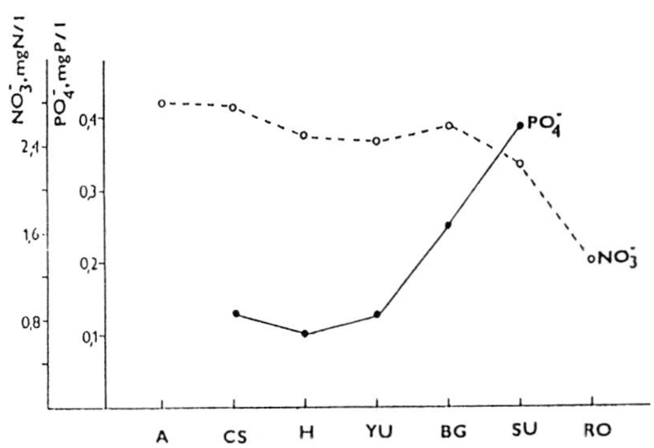

Abb. 4: Der Gehalt an NO_3^- und PO_4^- Ionen im Donauwasser

Werte des Ammoniumstickstoffs – von 0,1-0,79 mg l^{-1}, wobei die niedrigeren Konzentrationen in Bulgarien, die höheren in Ungarn und in der CSFR auftraten (Abb. 4). Die Phosphatkonzentration bewegte sich durchschnittlich zwischen 0,4 mg P l^{-1} im unteren Abschnitt und 0,1 mg P l^{-1} im oberen Abschnitt. Auch die Beziehung zwischen den mineralen und organischen Phosphorverbindungen zeigte Unterschiede zwischen den unteren und den oberen Abschnitten des Flusses, jedoch in umgekehrter Korrelation.

Ein langjähriges Problem des Donauwassers stellen die Schwermetalle dar (Abb. 5). Es handelt sich vor allem um Kupfer, Zink, Blei, Eisen, Mangan, Nickel und Quecksilber, die in größeren Konzentrationen auftreten. Die qualitative und quantitative Verteilung der Schwermetalle ist unterschiedlich auf dem ganzen Fluß. So überwiegen z.B. Eisen, Mangan und Chrom auf dem unteren Abschnitt, wobei in den mittleren und oberen Parteien vor allem Cadmium, Nickel, Kupfer und Blei in höheren Konzentrationen auftreten. Erhöhte Werte wurden auch in den Bodensedimenten gefunden. Nach dem Gehalt der mobilen Metallformen können sie folgendermaßen eingestuft werden: Cadmium – Mangan – Kobalt – Zink – Kupfer – Blei und Eisen. Alle diese Angaben stellen einen wertvollen Hinweis für den Grad der akuten Toxizität im Donauökosystem dar.

Außer den Schwermetallen wurden während der Donauexpedition auch die Residualmengen von weiteren toxischen Substanzen in Proben von Wasser, Sedimenten sowie von Wasserorganismen bestimmt. Es handelt sich vor allem um die chlororganischen Verbindungen, Polychlorbifenylen, Erdölprodukte und weitere. Die Analysen bestätigen, daß diese Stoffe stets präsent sind. Besonders reich sind die Bodensedimente. Beachtenswert ist auch die Akkumulation der chlororganischen Verbindungen in den Wasserorganismen, besonders in Fischen, wobei ihre Konzentration die maximal zulässigen Werte übersteigt.

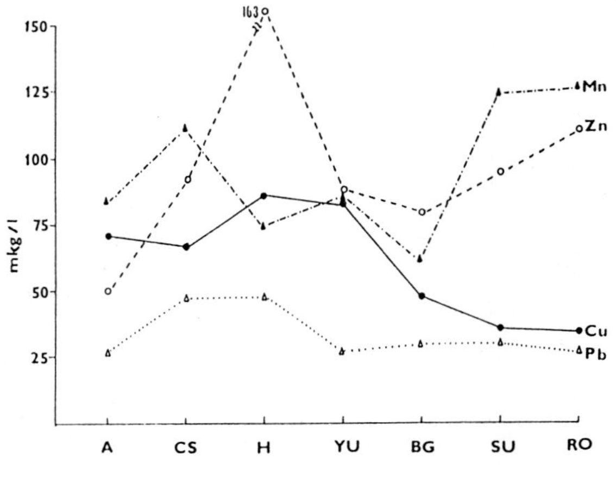

Abb. 5: Der Gehalt an Schwermetallen im Donauwasser

Eine weitere aktuelle Pollutantengruppe in der Donau bilden die Erdölprodukte. Es handelt sich um eine widerstandsfähige, schwer abbaubare Verunreinigung. Es ist wohl bekannt, daß 1 Liter dieser Stoffe 1-10 Millionen Liter Wasser entwerten kann. Einige Kohlenwasserstoffe lösen sich im Wasser teilweise auf und bilden eine fast undegradierbare Emulsion. Die Konzentration der Erdölprodukte in der Donau steigt stromabwärts von 0,7 mg l^{-1} bis 1,6 mg l^{-1}, wobei in den Bodenablagerungen, besonders in den sandigen Schichten auch einige hundert mg l^{-1} erreichen kann.

Nur gering und relativ ausgeglichen ist die Radioaktivität des Donauwassers. Der Gehalt an verschiedenen Radionukliden wurde folgendermaßen bestimmt: Sr-90 von 9,2 10^{-3} Bq l^{-1} bis 8,9 10^{-2} Bq l^{-1}, des Cäsiums-134 von 1,5-3,9 10^{-2} Bq l^{-1} und des H-3 4 Bq kg^{-1}. Etwas höhere Werte wurden in den Bodensedimenten bestimmt. Die durch die Tschernobyl-Katastrophe freigesetzte Radioaktivität, die auch in der Donau markant war, weist eine abflauende Tendenz auf.

Ein Dauerproblem der Donau ist die hohe mikrobielle Belastung, besonders die ständige Präsenz von Darmbakterien einschließlich pathogener Arten. Während der Donaubereisung wurde eine komplexe mikrobiologische und virologische Untersuchung durchgeführt. Unter Anwendung von mikroskopischen und Kultivationsmethoden wurde die Gesamtzahl der Mikroorganismen, der organotrophen Bakterien, die Indikatoren fäkaler und landwirtschaftlicher Verunreinigung sowie Bakterien, die sich am Stoffkreislauf im Wasser beteiligen, bestimmt. Es wurde festgestellt, daß die Gesamtzahl der Mikroorganismen variiert von ca. 300000 bis zu 9 Millionen Zellen in 1 ml. Die Zahl der heterotrophen saprophytischen Bakterien bewegt sich in Tausenden bis Zehntausenden Kolonien in 1 ml (Abb. 6). Wesentlich höhere Werte (um 10-100 fach) wurden im Feuchtsediment bestimmt. Besonders markant ist die Zahl des sog. koliformen

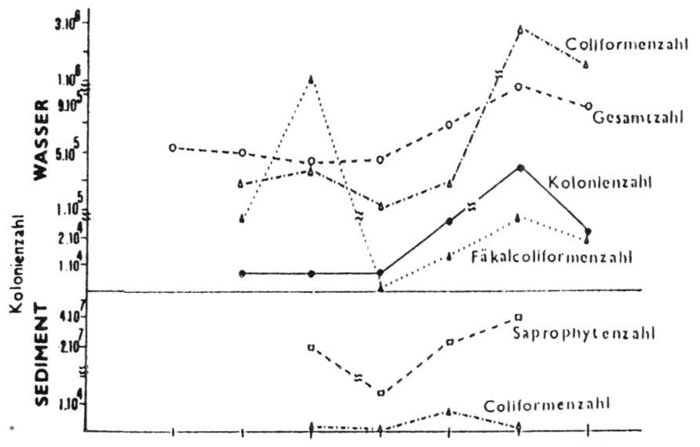

Abb. 6: Die mikrobiologische Charakteristik des Donauwassers

und fäkalkoliformen Bakterien, die mit wenigen Ausnahmen praktisch die ganze untersuchte Strecke in die III. bis IV. Güteklasse einstuft. Dies bestätigt auch der ständige Nachweis von pathogenen Bakterien und auch Enteroviren, die in 54% der Proben isoliert worden sind. Das ist ein klares Argument für den Bau effektiver Kläranlagen für die Verunreinigungsquellen sowohl auf dem Hauptstrom wie auch auf den Zuflüssen. Die derzeitige Reinigungstechnik ist den Bakterien und besonders den Viren gegenüber nur wenig wirksam. So bleibt das sog. Infektionspotential des Donauwassers auch weiterhin unzulässig hoch.

Im Einklang mit den grundlegenden physikalischen, chemischen und mikrobiologischen Angaben sind auch die hydrobiologischen Befunde. In Phytoplankton der Donau überwiegen Bacillariophyta, Chlorophyta und Cyanophyta. In kleineren Zahlen waren Euglenophyta, Pyrrhophyta und Chrysophyta vertreten. Im Periphyton wurden vorwiegend Vertreter der Gattungen *Cladophora*, *Diatoma*, *Dreissena* und *Urnatella* gefunden. Aus der Zooplanktonzusammensetzung bildeten die Rotatoria mit 54 Arten die Hauptgruppe, gefolgt von Cladocera, Copepoda und weitere. Im Benthos überwogen die Oligochaeta, die Nematoda, die Larven der Chironomidae sowie Mollusca und Cyclopoida. Die Verminderung der Artenvielfalt stromabwärts zeugt von einer erhöhten Verunreinigung des Wassers (Abb. 7).

Nach praktisch gleichlautenden biologischen Resultaten mehrerer Spezialisten kann die Wassergüte der Donau vorwiegend als β-meosaprob bezeichnet werden (Abb. 8). In einigen Abschnitten – z.B. unterhalb von Großstädten – vermindert sich die Wasserqualität auf die α-mesosaprobie. Die Vergleichsanalyse mehrerer hydrobiologischen Methoden, die im Donauraum zur Beurteilung der Wassergüte verwendet worden sind, wurde konstatiert, daß die saprobiologische Wertung nach Pantle & Buck (1955) in der Modifikation von Sládecek (1973) am günstigsten

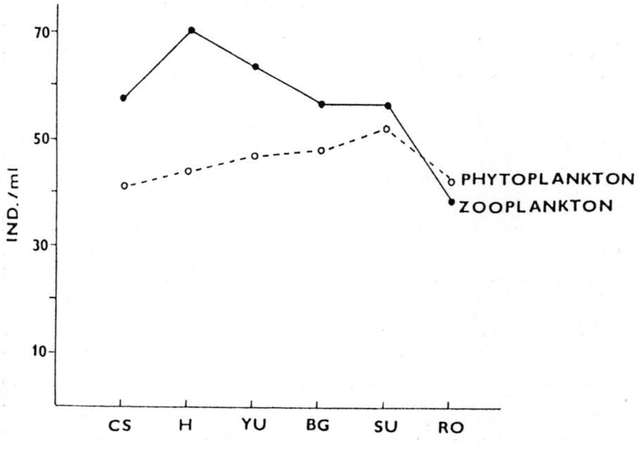

Abb. 7: Das Phyto- und Zooplankton im Donauwasser

ist. Ein weiterer Schritt bedeutet die mathematische Modellierung der Verunreinigungs- und Selbstreinigungsprozesse, die sich bei der Donau-Untersuchung in mehreren Ländern entwikkelt und auch bei der Donauexepedition ergiebig erörtert wurde. Die erwähnten und weiteren Verfahren sind ein Bestandteil des wissenschaftlichen Programms der IAD.

Literatur

Als Unterlagen dienten folgende Berichte der fachlichen Donaubereisung 1988 (in: Ergebnisse der Donauexpedition 1988. – Internationale Arbeitsgemeinschaft Donauforschung der Societas Internationalis Limnologiae [Ed.], Wien 1990):

Afanasjew, S.A. & Usunow, I.I.: Die Gruppierungen der Oligochaeten in der Donau: 141-145

Albinger, O.: Bakteriologische Wasser- und Sedimentuntersuchungen der Donau zwischen Str.-km 16 bis Str.-km 1868 im März 1988: 249-256

Aponasenko, A.D., Filimonow, W.S., Sirenko, L. A. Perfiljew, W.A. & Schewtschenko, S.N.: Chlorophyll-a-Konzentration und hydrooptische Charakteristik des Donauwassers im März 1988: 35-42

Bej, T.W. & Schmargun, L.M.: Hygienisch-bakteriologische Charakteristik des Donauwassers im März 1988: 257-262

Belokonj,W.N.: Schwermetalle in den Bodensedimenten der Donau: 43-56

Gucunski, D.: Zusammensetzung des Phytoplanktons der Donau aufgrund der Untersuchung bei der Internationalen Donauexpedition 1988: 151-161

Chartschenko, T.A., Chomik, A.P. & Slepnöw, A.E.: Die saprobiologische Bewertung des Gütezustandes der Donau nach dem Zoobenthos: 147-150

Jewtuschenko, N.Ju. & Sitnik, J.M.: Schwermetalle in den Mollusken und Fischen der Donau: 57-62

Kasimir, G.D.: Bakterienzahl, bakterielle Biomasse und Produktion in der Donau anhand eines Donaulängsprofiles. – 263-271

Land	Saprobitätsstufe Mikroorg.	Plankton	Benthos
A	II.	II.	—
CS	II.	II.	II./III.
H	II./III.	II.	II.
YU	II.	II./III.	III.
BG	II./III.-III.	II./III.	II./III.
SU	II./III.-III.	III.	III.
RO	II./III.	III.	III.

Abb. 8: Die Wassergüte der Donau nach saprobiologischen Kriterien

Limnologie aktuell · Band/Vol. 2 · Kinzelbach (Hg.): Biologie der Donau
Gustav Fischer Verlag · Stuttgart · Jena · New York · 1994

The Function, Evaluation and Relicts of Near-Natural Floodplains

Emil Dister

WWF-Auen-Institut, (Institute for Floodplains Ecology), Josefstraße 1, D-76437 Rastatt

Keywords

Danube, floodplains, conservation

Abstract

An account is given of the functions and interdependence of floodplains and the main river, with special reference to the Danube. As a result, floodplain habitats are given a high ecological value. Examples are given of relict, near-natural floodplains on the Danube; their planning and conservation are discussed.

Kurzfassung

Eine Darstellung der Funktionen und Verbindungen zwischen Auen und dem Hauptstrom unter besonderer Berücksichtigung der Donau wird gegeben. Daraus ergibt sich ein hoher ökologischer Wert dieser Habitate. Beispiele für reliktäre, naturnahe Auen werden vorgestellt und ihre Planung und Erhaltung diskutiert.

1 Introduction

Floodplains are the lowland areas alongside rivers and streams which are more or less regularly inundated by floods. In geomorphological terms, they are narrow long depressions which are contrast markedly with the surrounding landscape. The slope of the terrace at its far extremity, in German the «Hochufer» or «Hochgestade», marks the border of the floodplain on each side of the river. Within these boundaries there is an extremely dynamic and complex ecosystem: the floodplain.

2 The functioning of the floodplain ecosystem

In order to understand the functions of the floodplain ecosystem, it is first necessary to take into consideration the manner in which the system functions. The main factor controlling this system is the fluctuation in water level, which is caused by fluctuations in the discharge (Fig. 1). There is no regularity in this. The number, duration, height and seasonal occurrence of the floods changes from year to year and cannot be predicted (Fig. 2). The biocoenoses of the Danube floodplain are therefore unable to adapt to an almost constant pattern of drought and flood, as is possible in certain floodplains in the humid tropics. Even the general characteristics of the hydrological regime, as defined in the hydrological statistics, change along the Danube. Within Germany, the average monthly values of the water levels show that the catchment area still combines elements of both highlands and lowlands (Dister 1985). This means that, on average, raised water levels remaining at a similar level are evident in the spring as well as in the summer months. Only below the mouth of the Inn does the Danube receive its alpine regime, with distinct high water levels in summer which it retains into the pannonian area. Only the high discharge rivers, the Drava, Sava and Tisza, change the hydrological character of the Danube (Laszloffy 1965). Consequently, not only the general climatic factors but also the hydrological ones affect the biocoenoses of the Danube floodplains in different ways, explaining the difference in species composition and zonation along the river.

However, the fluctuations in water level determine not only, when, how often, how long and how high the individual sites of the floodplains are flooded every year, but also set all the other ecological factors in motion. The fluctuations in the groundwater table are also dependent on the water level. The groundwater in the floodplain normally adapts itself to the water level of the river, since the river serves mainly as a receptacle for the groundwater and collects the groundwater flowing in laterally. The water level of the floodplain is, broadly speaking, oriented as a slope to the average river water level (Fig. 3.1).

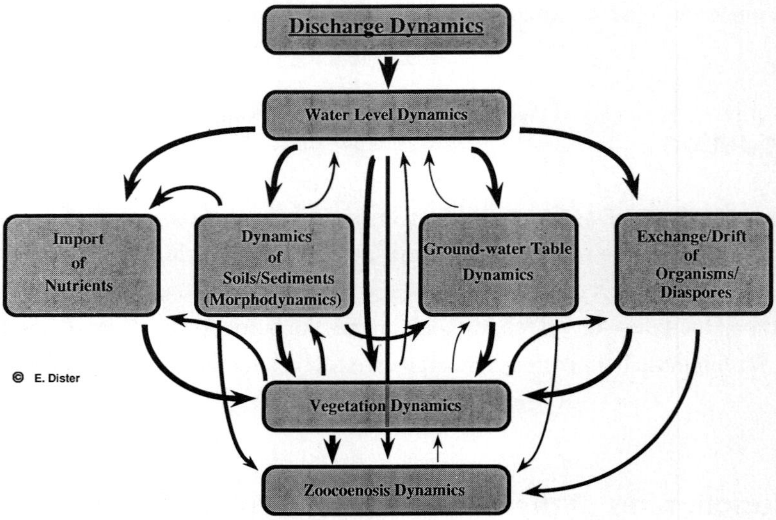

Fig. 1: Framework of effects on the floodplain

If the river level rises, then the groundwater flowing in laterally will bank up, the river water will infiltrate increasingly into the aquifer, and the groundwater table will change its level and orient itself to the pressure head defined by the new water level in the river bed. At the same time, the river velocity in the channel increases until it reaches the level of the banks (Fig. 3.2). If the river overflows its banks and begins to inundate the floodplain, the flow velocity decreases almost abruptly and sediments are deposited in the floodplain. But within the channel itself the increase in the flow velocity will also be lowered because the floodplain vegetation causes turbulence and leads to a loss of energy (Larsen 1986, Fig. 3.3). If the inundations continue over a prolonged period, then the entire aquifer in the floodplain area can be almost completely filled up (Fig. 3.4). If the water levels fall, the opposite procedure begins. The aquifer empties itself and feeds groundwater into the channel (Fig. 3.5).

The pressure relations in the groundwater body therefore change according to the river water level. The course of the water flows either from the river bed into the aquifer or in the opposite direction. Because of this constant change in the direction of the water flow, the pores in the sediment of the transition area from the aquifer to the river bed are held open. Consequently river water can pass over into the groundwater and vice versa. If water were to flow only in the direction of the aquifer, as is the case with reservoirs and impounded rivers, then the pores would gradually fill with fine river sediments. The exchange between ground water and river water, as is characteristic for a living floodplain, would then come to an end (compare Hügin 1981).

In unregulated rivers, changing water levels still give rise to geomorphological processes. A somewhat weak form of this can be seen in the Danube between Vienna and Hainburg (Austria)

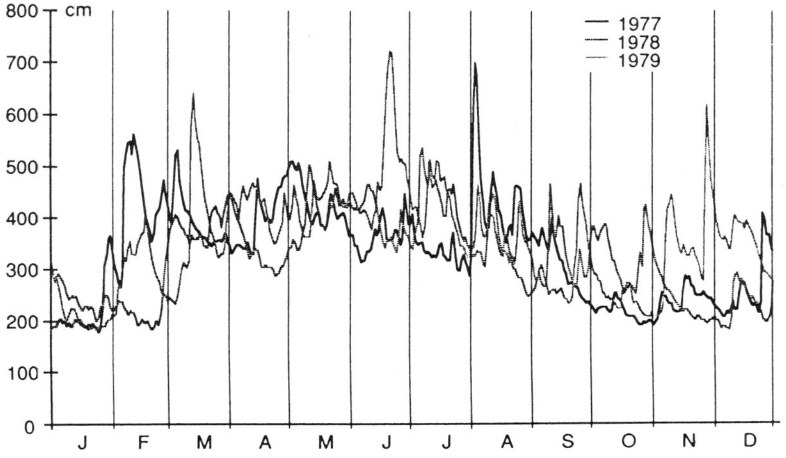

Fig. 2: Hydrograph of the river gauge of the Danube at Hainburg (A) from the years 1978 - 1980

or between Baja (H) and Vukovar (YU). Rising river water increases the velocity of the water and with it the tractive force. Even coarser material, gravel for example, is picked up from the river bottom and transported. Banks are eroded, sand and gravel banks are shifted or even carried off. Finally, new river branches and islands can form, and a complete channel change can arise as a result of extreme floods (compare Musall 1969; Babonaux 1970; Hoppe 1970; Gregory 1977; Mangelsdorf & Scheurmann 1980; Bravard 1981 etc.).

Since the velocity of the river flow in the floodplain is highly variable spatially and temporally, sediment materials of different grain sizes often remain next to and upon each other. The site characteristics of alluvial soils thus change locally to such an extent that different life communities can exist next to each other. Erosion, material transport, movement and sedimentation, even the complete formation of the river bed and the floodplain relief depend indirectly on the change in water level as well as the grain size distribution of the substrate.

On surfaces such as these, newly created by the river and free of vegetation, pioneer plants rapidly establish themselves. The largest role is played by various willows (*Salix purpurea*, *S. alba*, on coarser gravel also *S. elaeagnos* etc.), the Black Poplar (*Populus nigra*) and the Reedgrass (*Phalaris arundinacea*). Other plants, not native to the floodplains, also grow here; their seeds are transported by the flood, and, settling on these newly formed biotopes free of competition, they germinate.

All these plants contribute through their root system to the stability of the new soil surface, promoting greater resistance to the influence of future floods. Their shoots and leaves cause a local decrease in the current velocity of later inundations, filtering out the finer sediment transported with the water. The deposit grows in height, whereas the grain size composition of the substrate becomes finer and finer with occasional, flood-related interruptions. The geomorphological processes are therefore closely related to the development of the vegetation.

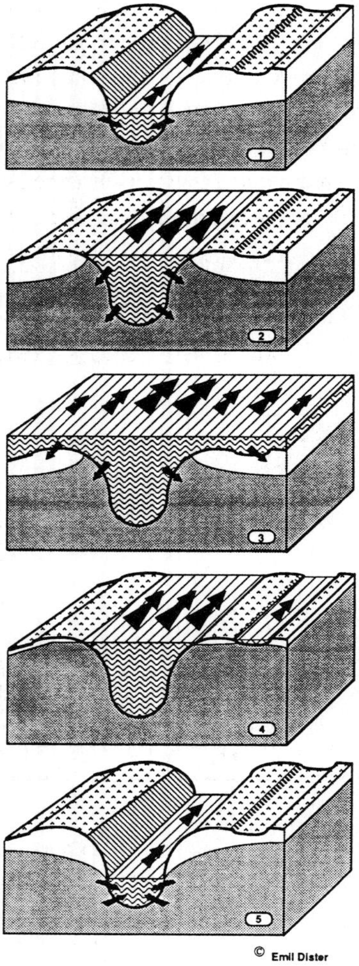

Fig. 3: Interactions between the water level in the channels and the groundwater of the floodplain (explanation in text)

In the course of the succession, the White Willows almost always become dominant, together with the Black Poplar on higher drier sections. If the river (or man, himself!) does not interfere with this development, then tree species of the bottomland hardwoods, especially the White and Smooth-leaved Elm (*Ulmus minor* and *U. laevis*), can become second-generation colonisers in the tree population and after some 80 years of undisturbed vegetational development these species take over almost completely from the former willow and poplar forests (in German: Weichholzaue): this can be seen, for example, on the different Danube islands near Vukovar (Yugoslavia) (also Rauf 1978). It does not need to be mentioned that a sucession of animal communities develop, in parallel to the succession of plant communities, adapted to the available living conditions.

In the riverbed itself and on its banks, the chances of a succession taking place without any disturbance are not too high; unusually high floods may completely carry away the newly-formed bank or island. On the other hand, in the floodplain areas further away from the river and the important branches, morphological changes take place in a reduced form. Sedimentation is the dominating factor. The succession can usually proceed without any relatively large disturbance and, according to site conditions and the particular section of the Danube, it produces the differently composed biocoenoses of the bottomland hardwood forests that usually have a high diversity in species (Querco-Ulmetum, Genisto-Quercetum, Leucojo-Fraxinetum etc.). In general, the species diversity correlates well with the frequency, intensity, duration and interval between dynamic disturbances (Fig. 4). Infrequent or rather weak disturbances (i.e. flood, sedimentation, etc.) make possible a high species diversity, whereas very frequent and heavy disturbances, but also very rare and light disturbances, give rise to a much lower diversity. Examples of biocoenoses with an extremely high diversity in species are the bottomland

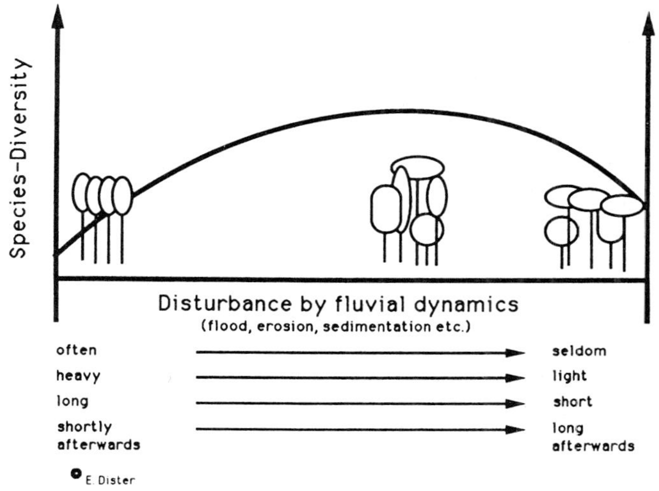

Fig. 4: Relation between species diversity and type of disturbance by fluvial dynamics

hardwood forests with an average inundation duration; with a poor species diversity, the white willow forests at the lowest level. Since the site conditions of the riverine floodplains often change locally, a mosaic of life-communities of differing diversity is produced.

Together with the suspended load transported into the floodplains during floods and deposited there, a considerable amount of nutrients, reversibly connected to the soil particles, reach the floodplain ecosystem. Even organic substances, great quantities of which are carried into the floodplains during floods, enrich the floodplain soil (Penka et al. 1985, etc.). For this reason, floodplains are considered worldwide to be one of the most productive ecosystems. Forestry in particular profits from the high productivity of the floodplain soils, but the use of the meadows also leads to considerable profit. In addition to the growth potential of the trees and the enormous growth height of the herbaceous plants, the wealth of nutrients can be observed in the occurrence of nitrogen indicators such as *Urtica dioica*, *Glechoma hederacea*, *Alliaria petiolata*, *Galium aparine* and *Rubus caesius*.

As a rule there are few (or no) open connections between river and floodplain waters at low water level. Most waters in the floodplain are then fully separated from the river and many dry up. Others function at this time as isolated ecosystems in different forms, and at all event are still dependent on the the groundwater dynamics. When the river water level rises, this situation changes fundamentally. More and more old channels, dried out channels and depressions are influenced by the rising groundwater and the river water flowing in. They become connected again, until finally, when the flood reaches its peak, almost the entire inundation area is flooded.

At this stage more waterways are constantly opening for the organisms of the river and they can easily reach the floodplains and elsewhere. It is known that many non-migrating fish species actively seek out the floodplains (Lelek 1978), for example to spawn there. Shallow inundated meadows and reeds are especially preferred. The suddenly accessible food abundance of the floodplains, in the form of many dead small animals that were surprised by the flood, also leads many fish to seek out these food ranges.

After the flood has run off, every floodplain water-body regains its own ecological characteristics which differ according to water depth, current velocity, form, physical and chemical features, quantity of inflowing groundwater, etc. and it is possible for many species of fish and other aquatic organisms to live there. For this reason, natural floodplains that are connected to the river have a disproportionately high diversity of species and abundance, as, for example, with the fish as Schiemer (1986, 1988) was able to prove by a comparison of dammed and natural floodplains on the Austrian Danube (Fig. 5). He showed that there are two relatively large groups of fish species that regularly migrate between the Danube and its floodplain waters: a markedly smaller group lives solely in the river bed, while in dammed up and isolated floodplain waters only a very limited spectrum of specialists can survive.

Naturally there are also passive migrations from the floodplain to the river. At high water levels, planktonic organisms drift from the floodplain waters into the river. Diaspores of many plants are transported down the river during floods, and sometimes even drift into floodplains downstream. Small animals up to middle-sized vertebrates are transported around the floodplains and on the river whilst resting on driftwood. Over a short period, therefore, a remarkable exchange of organisms takes place by water between the river and the floodplain as well as within the floodplain itself (from upstream to downstream), a dimension which has never been closely examined.

3 Functions of the floodplains

Within the higher system of the landscape, floodplains fulfill important functions through the processes just described, which have still received too little attention. Surfaces for flood retention are kept free and consequently moderate the floods to a considerable degree (Dister 1985, 1986; Rother 1985). Because these surfaces release their water at a later point in time, they balance the hydrological regime of the catchment area.

With the expansion of the inundation area, there is also an increase in the area from which water infiltrates into the aquifer during floods (see above). This water is diverted from the flood wave, temporarily stored in the aquifer, and after the run off of the flood-water, is progressively returned to the river as clean groundwater. There are detailed results on the importance of these exchange processes, for example, for the Rhine floodplains south of Karlsruhe (D), based on a computer model of groundwater movements (Gengnagel, verbal report). These two functions in relation to surface water, temporary subterranean storage and purification are of considerable importance from the vegetational-ecological and limnological point of view.

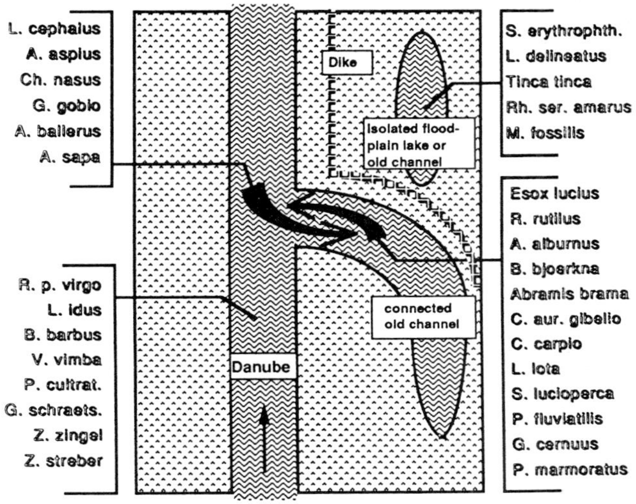

Fig. 5: Occurrence of groups of fish species in the Danube, in open and dammed-up floodplains (from Schiemer 1986, explanation in text).

In addition, it is known from current studies on the central Rhine being carried out by Obrdlik, Berger & Schuricht (in prep.) that floodplains play a decisive role in river self-purification. Only floodplains that are permanently open to rivers can fulfil this function.

Through the constant connection of floodplains areas with the river, there is a continual input of nutrients at times of high discharge. This leads to a very high production of biomass. For this reason, the timber biomass is about 1/3 higher in regularly inundated forelands of the Upper Rhine than it is under the same conditions where dikes are present. Antipa (1911, 1912) was able to show that the fish biomass caught in the lower Danube (RO) was considerably greater in years with higher floods, when large surfaces were flooded and the floodplains were connected with the habitat of the fishes, than in years when the river scarcely left its bed (Tab. 1). In its turn the breeding success of the grey heron and other piscivorous species depends on the biomass of fish and amphibians, as Ham (1975) has shown with a mixed heron colony in the lower Tisza area (YU) and Schneider (1988) with white storks on the Sava floodplains (YU).

Not only the abundance but also the number of fish species is directly dependent on the existence and size of the connected floodplains (Schiemer 1986, see above). On the one hand, this is due to the ecological diversity of the waters in a dynamic floodplain (lotic/lentic, cold stenothermous/eurythermous, gravelly/muddy, oligotrophic/eutrophic water-bodies or river stretches etc.; compare Castella 1987). On the other hand, it is due to the fact that several fish species purposely migrate between river and floodplain to perform certain functions (spawning, feeding) (see above). Large inundation areas and open connections, flowing in both directions between river and floodplains, are beneficial for the ichthyofauna and equally, therefore, for commercial fishing and angling as well as for conservation.

Catch season (April-March)	Highest water level near Braila (RO) (in meters)	Duration of the flood (in days) over		Fish production (in Kg)
		the bank	the bottom of the channels	
1903/4	4,45	20	20	2.431.670
1904/5	3,57	0	0	920.725
1905/6	4,57	74	142	3.269.361
1906/7	4,73	71	129	5.262.089
1907/8	5,40	128	154	6.447.793

Tab. 1: Fish production on the lower Danube (after Antipa 1912, changed)

The spatial connection of natural inundation areas makes possible a genetic exchange between upstream and downstream floodplain areas. Floodplain ecosystems, lying along the rivers like arteries through the landscape, form natural network structures, but are in their turn dependent to a large extent on this network and on the supply of genetic material from other floodplain areas.

The unique life conditions and the mosaic of the floodplains enable many rare and endangered species to exist. Many of them are found only or mostly in floodplains. Just to mention a few of the better-known and more noticeable species: the little tern (*Sterna albifrons*) and the waternut (*Trapa natans*). When a comparison of the quantity of endangered fish species in near-natural floodplains still connected to the Danube is made with that in dammed up floodplain areas, as Schiemer (1986) did in the Vienna area, it can be established that three times as many endangered species exist in open floodplain waters (Fig. 6). Consequently, the floodplains have a special value in terms of species protection.

All the functions mentioned are of special importance in the context and functioning of the natural landscape. Man as a user and an inhabitant of the landscape also benefits from them, as can be clearly seen in the hydrological regime (flood protection !) or fish production (commercial fisheries, angling). On the other hand, the recreational function of the floodplains is oriented solely towards man. In our extensive and technically overformed landscape, the near-natural and dynamic floodplains are a particularly worthwhile experience, arising from the interaction between forest and water.

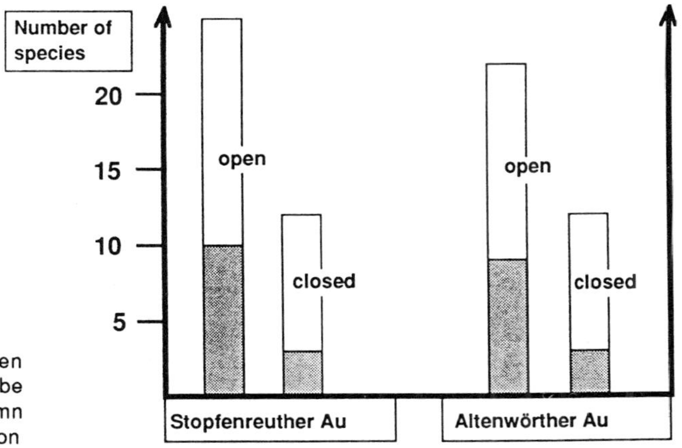

Fig. 6: Number of fish species in open and dammed-up floodplains on the Danube near Vienna. The dark part of the column marks the endangered species portion

4 Evaluation and relicts of near-natural floodplains

When evaluating floodplain areas, the question of how many of the natural framework effects are functioning in any given floodplain needs to be asked (Fig. 1). The impairment of each individual ecological factor, the main one being water level fluctuations, must then be examined. Only floodplains showing no disturbance in their functioning attain the highest value, for these alone can fully perform the functions mentioned above. The study of the extent to which water quality interferes with the natural environment and the functions of the floodplain takes second place. Water quality can evidently be improved by a supreme effort, as has been shown in the Thames and Rhine. If, however, the riverine floodplain ecosystem is fundamentally destroyed, as is the case when dams and hydroelectric plants are constructed, with diking, gravel extraction etc., then there is really no possibility of near-natural floodplain conditions ever returning (Fig. 8).

On the Danube, as on other large European rivers, there are now scarcely any near-natural relicts of floodplains. The greatest changes are found in the field of morphodynamics. The stabilisation and building-up of the bank, canalisation, construction of hydroelectric plants etc. prevent the interaction of erosion and sedimentation and limit the bed-load transport or bring it completely to an end. As a result, large parts of the natural life communities of the riverine floodplains are lost, such as most of the pioneer communities including many willow and poplar communities. These same measures as well as diking have greatly reduced or even completely eliminated the open connections between river and floodplain. The network function is thereby lost. Less frequent, but then even more serious, is the impact on the hydrological regime caused by the construction of hydroelectric plants. They destroy the basis of the system, the water-level fluctuations.

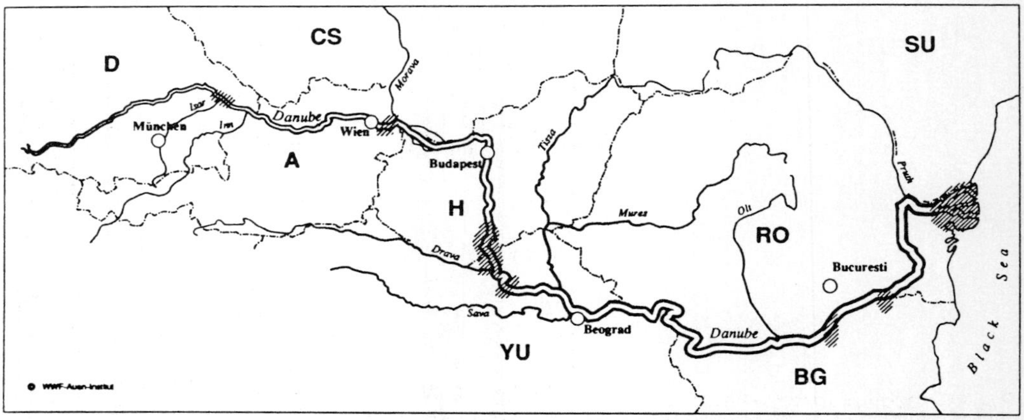

Fig. 7: Geographical location of the near-natural Danube floodplains that went protection (further details in text)

Using the method of evaluation discussed above, the most near-natural floodplains of the Danube are the sections between Baja (H) and the mouth of the Drava near Osijek (YU) as well as the island zone near Vukovar (YU), and also the Danube floodplains between Vienna and Hainburg and the Russian part of the Danube delta (Fig. 7). The relatively much larger Romanian part of the delta has suffered destruction of large areas through diking for agriculture and pisciculture as well as reed use, straightening of the meanders of the S. Gheorghe channel etc., but it still contains very large areas worthy of protection (Kiss 1988).

The Danube floodplains in Germany are no longer in such a near-natural state, except for the small section between the hydroelectric plant at Straubing and the mouth of the Isar (compare Zahlheimer 1979; Schreiner 1985). As in the neighbouring Austrian river section up to Vienna (hydroelectric plant at Greifenstein), the Danube has been changed into an almost uninterrupted chain of dams (compare Lazowski 1989). Only the section between Vienna and Hainburg was saved from the construction of a hydroelectric plant following a mass protest on the part of the

Revitalization possibilities	possible measures	Fulfillment of functions related to: Water level dynamics	Groundwater dynamics	Morphodynamics	Input of nutrients	Network	completeness of communities
above the dam, with navigation	Drawing off water into the (former) floodplain	X X	X	(X)	X (X)	(X)	X
below the dam, with navigation	Setting back of the dikes	X X X	X X X	X (X)	X X	X (X)	X X
below the dam, without navigation	Setting back of the dikes, (removal of bank protection)	X X X	X X X	X X	X X X	X X	X X (X)
without dams, without navigation	Setting back of the dikes, removal of bank protection	X X X	X X X	X X X	X X X	X X X	X X X

© E. Dister

Fig. 8: Possibility of the revitalisation of the floodplains in the light of hydroelectric plants and navigation. Possible fulfilment of functions: X = low, XX = middle, XXX = total

population in 1984/85 (Dister 1984). In Czechoslovakia and Hungary, however, the section Zitny Ostrov/Sziget Köz, especially important because of its morphodynamics, has been fundamentally destroyed by the construction of the Gabčikovo-Nagymaros hydroelectric plant (Bethemont & Bravard 1986; Kothé 1985; Krippelova 1967). So far the fewest modifications to the Danube floodplains have been in Yugoslavia.

On the Bulgarian side of the Danube, the floodplains do not extend over large surfaces because the slope of the terrace is close to the river. Only the island area at Russe and a smaller area in the Dobrudscha near the Romanian border can be considered worthy of protection. The unique and extensive floodplain areas on the lower Danube in Romania (Antipa 1911, 1912; Serbanescu & Popescu 1967) have been almost completely destroyed by diking and drainage. This has led in part to catastrophic consequences for the agricultural land use that was introduced there (salinisation, compare Schneider 1987).

As a result of the destruction of these large areas of floodplain landscapes on the Danube and on other rivers, renaturalizaton of impaired floodplain areas has increasingly become an issue in Western Europe. At the same time, an investigation must be made of the extent so which certain uses, especially navigation and hydraulic facilities (hydroelectric plants), stand in the way of a revitalisation of the floodplains (Fig. 8). In spite of such obstacles that can hardly be overcome, there are possiblities such as drawing off water into the former floodplains or relocating the dikes furtherback for considerably improving the functioning of the floodplain areas, at least in relation to one or other of the connecting factors (Dister 1986). These possibilities should be tried on the Danube.

References

Antipa, G. (1911): Das Überschwemmungsgebiet der unteren Donau. – Ann. Inst. Geol. Rom. 4: 225-496

Antipa, G. (1912): Die Biologie des Inundationsgebietes der unteren Donau und des Donaudeltas. – Verh. 8. Intern. Zool.-Kongreß Graz 1910: 163-208, Fischer, Jena

Babonaux, Y. (1970): Le lit de la Loire. Étude d'hydrodynamique fluviale. - 252 pp., Bibliothèque Nationale, Paris

Bethemont, J. & Bravard, J.-P. (1986): Gabčikovo: un grand projet et une controverse. – Revue de Géographie de Lyon 61, 1: 19-41

Bravard, J.-P. (1987): Le Rhône du Léman à Lyon. – 451 pp., La Manufacture, Lyon

Castella, E. (1987): Apport des macroinvertébrés aquatiques au diagnostic écologique des écosystèmes abandonnés par les fleuves. Recherche méthodologique sur le Haut-Rhône français. – Diss. Univ. Lyon I

Dister, E. (1984): Zur ökologischen Problematik der geplanten Donau-Staustufe bei Hainburg/Niederösterreich. – Natur und Landschaft 59, 5: 190-194

Dister, E. (1985): Auenlebensräume und Retentionsfunktion. – Laufener Seminarbeiträge 3/85 (Die Zukunft der ostbayerischen Donaulandschaft): 74-90

Dister, E. (1986): Hochwasserschutzmaßnahmen am Oberrhein. Ökologische Probleme und Lösungsmöglichkeiten. – Geowissenschaften in unserer Zeit 4, 6: 194-203

Gregory, K.J. (ed.) (1977): River Channel Changes. – Wiley & Sons, Chichester

Hoppe, C.H. (1970): Die großen Flußverlagerungen des Niederheins in den letzten zweitausend Jahren und ihre Auswirkungen auf Lage und Entwicklung der Siedlungen. – Forschungen z. dt. Landeskde

189: 1-88
Hügin, G. (1981): Die Auenwälder des südlichen Oberheintales – ihre Veränderung und Gefährdung durch den Rheinausbau. – Landschaft + Stadt 13, 2: 78-91
Kiss, B.J. (1988): Das Donaudelta. – 250 pp., Kriterion, Bukarest
Kothé, P. (1985): Ein wasserwirtschaftliches Großprojekt an der slowakisch-ungarischen Donau: das Kraftwerksystem Gabčikovo-Nagymaros. – DGM 29, 5/6: 162-164
Krippelova, T. (1967): Vegetation des Zitny Ostrov (Schüttinsel). Die Weidengesellschaften und die Rekonstruktion der Vegetation. – Biologické Práce 13, 2: 5-109
Larsen, P. (1986): Probleme und Lösungsansätze der Wasserspiegelberechnung von naturnahen Fließgewässern. – Mitteilungen (des Inst. f. Wasserbau u. Kulturtechnik) 174: 131-147
Laszloffy, W. (1965): Die Hydrographie der Donau. – In: Liepolt, R. (Hrsg.): Limnologie der Donau:16-57. – Schweizerbart'sche Verlagsbuchhdl., Stuttgart
Lazowski, W. (1989): Flußauen in Österreich. – UBA-Reports, 31 pp.
Mangelsdorf, J. & Scheurmann, K. (1980): Flußmorphologie. – Oldenbourg, München
Margl, H. (1971): Die Ökologie der Donauauen und ihre naturnahen Waldgesellschaften. – In: Naturgeschichte Wiens 2: 1-32, Jugend und Volk, Wien
Musall, H. (1969): Die Entwicklung der Kulturlandschaft der Rheinniederung zwischen Karlsruhe und Speyer vom Ende des 16. bis zum Ende des 19. Jahrhunderts. – Heidelberger Geographische Arbeiten 22: 1-279
Obrdlik, P., Berger, W. & Schuricht, J. (in prep.): Phytoplankton and Primary Production of an Active Rhine's Floodplain. – Floodplain-Symposium Baton Rouge
Rauf, D. (1978): Die Waldvegetation der Donau-Inseln und -Auen bei Vukovar. – Ecologija 13, 2: 133-147
Rother, K.-H. (1985): Möglichkeiten des Ausgleichs der Hochwasserverschärfung aus dem Oberrheinausbau. – Wasserbau-Mitteilungen der TH Darmstadt 24: 47-55
Schiemer, F. (1986): Fischereiliche Bestandsaufnahme im Bereich des Unterwassers der geplanten Staustufe Wien. – Studie im Auftrag der Stadt Wien, 105 pp.
Schiemer (1988): Gefährdete Cypriniden – Indikatoren für die ökologische Intaktheit von Flußsystemen. – Natur und Landschaft 63, 9: 370-373
Schneider, E. (1987): Die Auen im Einzugsgebiet der unteren Donau. – Ber. ANL (Erhaltung und Entwicklung von Flußauen in Europa): 40-57
Schreiner, J. (1985): Die Donauniederung zwischen Regensburg und Vilshofen – Landschaft, Pflanzen, Tiere. – Laufener Seminarbeiträge 3/85 (Die Zukunft der ostbayerischen Donaulandschaft): 9-15
Serbanescu, GH. & Popescu, A. (1967): Beiträge zur Flora und Vegetation der Donau-Aue im rumänischen Sektor. – Limnologia (Berlin), 5, 2: 213-222
Zahlheimer, W. (1979): Vegetationsstudien in den Donauauen zwischen Regensburg und Straubing als Grundlage für den Naturschutz. – Hoppea 38: 3-398

Limnologie aktuell · Band/Vol. 2 · Kinzelbach (Hg.): Biologie der Donau
Gustav Fischer Verlag · Stuttgart · Jena · New York · 1994

A Synbiological Survey of the Side Arms of the Gemenc Protected Landscape Area

Béla Csányi, Pál Gulyás & József Németh

Laboratory of Hydrobiology, Research Centre for Water Resources (VITUKI), Kvassay ut 1, H-1095 Budapest

Keywords

Danube, Hungary, side arm system, hydrological regime, silting-up, ecological descriptors, plankton, macrozoobenthon

Abstract

Environmental variables and the structure of aquatic communities were analyzed in two filled-up side arms of the Danube above Baja (Hungary) in order to assess their ecological character. Short-term seasonal changes were defined through chemical variables and plankton community structure, whilst long-term river bed succession was indicated by macrozoobenthon assemblages. Hydrological interference was proposed along the water course to bring about an ecological restoration based on synbiological descriptors.

Kurzfassung

Zum Zweck der ökologischen Charakterisierung und Bewertung wurden einige Umweltparameter sowie die Struktur aquatischer Lebensgemeinschaften in zwei aufgestauten Seitenarmen der Donau oberhalb von Baja (Ungarn) untersucht. Kurzfristige, jahreszeitliche Schwankungen wurden anhand chemischer Meßgrößen und der Planktonstruktur erfaßt, die langfristige Sukzession am Flußgrund durch Aufsammlungen von Makrozoobenthon. Aufgrund der erkannten Systemzusammenhänge werden hydrologische Eingriffe zum Zweck der ökologischen Wiederherstellung bzw. Verbesserung vorgeschlagen.

1 Introduction

The lower section of the Hungarian Danube River has an extended floodplain situated on its right bank, between the confluence of the River Sió and the city of Baja. This area, the Gemenc Protected Landscape Area, has a relatively large forest combined with a side arm system and is one of the last remaining gallery forests originally associated with this large European river as it was in former times.

At present, neither the woodland nor the side arm system survives in its original state. Large-scale river regulation began in the last century along the entire Hungarian stretch of the Danube in order to improve the navigability of the river and to reduce ice-jamming.

At that time, some of the former channels (e.g. Rezéti or the Veránkai oxbow) had already gone through an extensive ecological succession, and their rejuvenation was considered as important as the stabilisation of the main channel.

However, the deleterious side-effects in this region have now been recognised. The accelerated rate at which the old, formerly active channels have sited up has caused a drastic change in the original pattern of aquatic habitat types. Moreover, elements of the different communities have been changed, including a gradual decrease in the annual yield of fishes over the past decades.

A detailed survey of the Rotatoria plankton in the Hungarian Danube was carried out by Kertész (1963, 1967). Only a few studies have been made of the Rotatoria and Crustacea plankton assemblages in the southern stretch of the side arm systems (Kol & Varga 1960; Dudich 1967; Bothár 1981). The malacological studies by Richnovszky (1963), dealing with different types of water around Baja including the floodplain, established the occurrence of 34 aquatic mollusc species in this region. Results covering the recent hydrobiological state of this regulated side arm system are entirely lacking.

Fishing is one of the oldest occupations in this floodplain. The side arms are fundamentally important places for fish breeding. In former times the variety of former connections, channels and the network of different and seasonally stagnant water bodies guaranteed the successful reproduction of many different species (Tóth 1968). The various kinds of regulatory work carried out on the water of this region suppressed the fish fauna of the River Danube considerably, diminishing the available spawning areas and decreasing the annual replacement of fish as well (Tóth 1973).

It became increasingly apparent that a comprehensive conservation programme was needed for the Gemenc Protected Landscape Area. This programme would require an evaluation of the present status of the floodplain through detailed field investigations, and would eventually include the restoration of the floodplain ecosystems.

The purpose of the present investigation was to evaluate the ecological effects of present hydrological conditions in the water courses. Various sampling sites in the two side arms together with the nearby Danube were compared on the basis of their chemical composition and community structure.

2 The study area

Hydrobiological investigations were carried out during 1991 in two side arms of the Danube, situated on the right bank slightly upstream of Baja, between the river km l488 and 1480. The

Rezéti-Danube is 14.7 km long, whilst the length of the shorter Vén-Danube is only 4.3 km. The other smaller side-arms and dead arms in the area still in communication with the main river and the River Danube itself were also studied. The location of the sampling sites is shown in Figure 1.

The hydrological regime during sampling was measured in terms of the water-level at the nearest gauge in Baja: 16-19 April, 152-180 cm (low water period); 01-04 July, 526-584 cm (flood period); 16-18 September, 133-134 cm (subsequent low water period). Unexpected and extremely high floods occurred during August with a maximum water level of 870 cm, which caused the inundation of large parts of the floodplain and reconnected all the partially separated water bodies.

The actual water levels experienced in the two side arms determined the possible sampling points both in April and September. In April, during a low water period, only the lower half section of the Rezéti-Danube and the outlet of the Vén-Danube could be sampled because the water depth dropped to less than 30 cm throughout these stretches. In September, when water levels decreased markedly, even fewer of the channels were navigable. In July, the sampling period coincided with a high flood period, and so the entire length of the Rezéti-Danube was investigated. The Vén-Danube is of very similar character to that of the Rezéti-Danube (sedimentation, bed morphology, hydrological regime etc.).

Seven sampling sites were chosen in the Rezéti-Danube approximately 2-2.5 km from each other (sampling points RD1-RD7) and three in the Vén-Danube (sampling points VD1-VD3), in order to determine the different water quality types that were to be found in the channels (Fig. 1). A few sites in the main Danube branch next to the channels were also sampled.

Although emphasis was placed on the two principal side-arms that are still connected periodically with the Danube's main channel, the benthonic communities of some small side arms which are only very occasionally connected with other water branches during high flood periods were also sampled (i.e. Kis Rezéti-Danube, Káposztás-Danube, Nyéki Holt-Danube).

The sampling sites indicated by numbers in Table 6 are as follows:

1. Kis-Rezeti-Danube arm, KRD (isolated arm with relatively deep water in the middle; *Ceratophyllum demersum*, *Trapa* sp., *Nuphar luteum* and *Spirodela polyrhiza* were found);
2. Kis-Rezéti-Danube arm, KRD (a shorter section divided from the larger one by a road and a dam; a thick layer of *Spirodela polyrhiza* on the surface);
3. Káposztás Danube, KD (near to the Kis-Rezét; a large stand of *Nuphar luteum*, *Myriophyllum* sp., *Carex* sp. etc.)
4. Nyéki-Danube, NYD (near the village of Pörböly; dries out for longer periods);
5. River Danube, D (inlet of the Rezéti-Danube; stony shore line, low water level);
6. River Danube, D (near the bridge of Baja; stony, water regulating dam);
7. River Danube, D (water regulating rock fall at river km 1487)

3 Material and methods

Nineteen variable states to be used as physical, chemical and biological descriptors were determined at the two selected side arms and the Danube (Tab. 1). A similar combination of variable states has been used by Harris & Piccinin (1980) for multivariate analysis of week-to-week changes.

At each transect, phytoplankton and filtered zooplankton samples were collected from the middle part of surface water (by plankton net with 70 mm mesh size), and were preserved using Lugol and formaldehyde (algae and zooplankton, respectively). Qualitative and quantitative analyses of the plankton samples were carried out with an Opton type Utermöhl invertoscope, using 2ml volume sedimentation chambers.

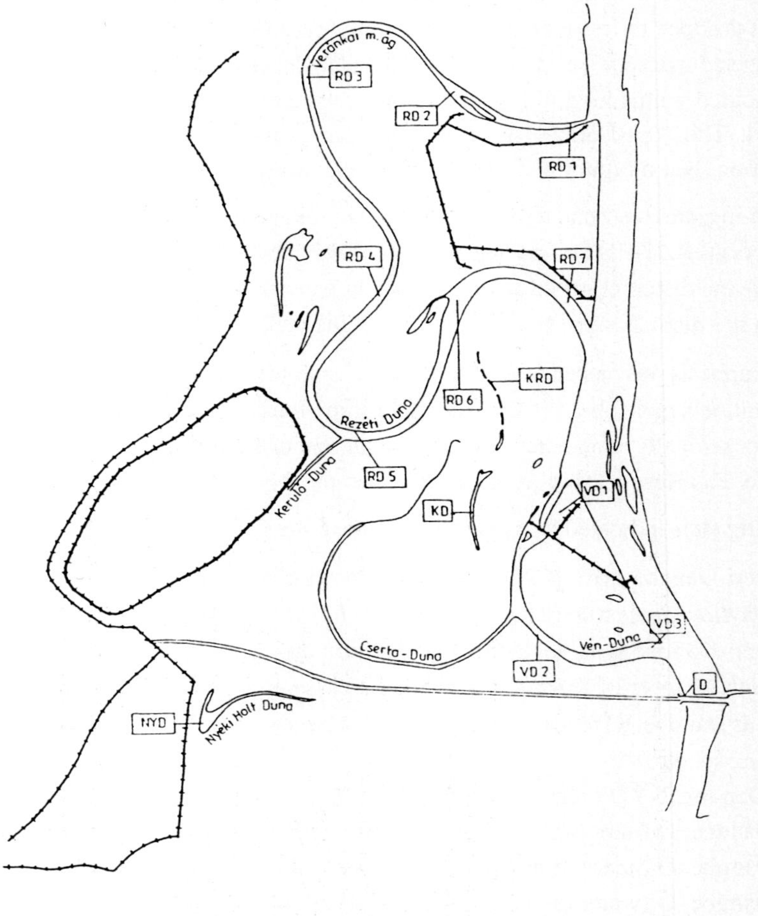

Fig. 1: Map of the study area

Tab. 1: Environmental variables measured in the study area

			RD1 0.307	RD1 19.09	RD2 03.07	RD3 03.07	RD4 16.04	RD4 03.07	RD5 16.04	RD5 03.07	RD5 16.09	RD6 16.04	RD6 03.07	RD6 16.09	RD7 17.04	RD7 16.09	VD1 16.04	VD2 03.07	VD2 16.09	VD3 16.04	Danube 16.09
pH			8.15	7.45	8.10	8.05	8.00	8.05	8.25	8.10	7.95	8.35	8.15	6.95	8.70	7.85	8.70	8.10	7.95	8.55	8.55
Conductivity	(mS cm^{-1})	[COND]	294	640	298	298	412	301	441	301	486	435	302	376	409	535	438	302	585	442	404
Suspended matter	(mg dm^{-3})	[SM]	39	125	37	30	20	26	8	21	39	24	14	443	14	15	14	16	26	15	365
Chemical oxygen demand	(mg dm^{-3})	[COD-Mn]	3.6	1.8	3.4	3.0	7.6	3.6	8.0	3.1	12.0	8.2	2.9	186	7.4	5.0	6.3	3.1	8.2	7.6	6.9
Chemical oxygen demand	(mg dm^{-3})	[COD-Cr]	15	75	15	17	23	16	27	17	46	25	15	600	24	20	20	16	32	24	32
NH_4-N	(mg dm^{-3})		0.31	1.40	0.31	0.31	0.23	0.35	0.27	0.31	0.16	0.16	0.31	0.19	0.19	0.43	0.16	0.25	0.19	0.16	0.12
NO_2-N	(mg dm^{-3})		0.03	0.01	0.03	0.04	0.03	0.04	0.02	0.04	0.01	0.02	0.04	0.08	0.02	0.01	0.02	0.04	0.01	0.02	0.01
NO_3-N	(mg dm^{-3})		1.70	0.23	1.70	1.58	0.81	1.70	0.90	1.70	0.04	0.81	1.70	0.04	1.24	0.43	2.26	1.81	0.09	0.90	0.93
Combined inorganic N	(mg dm^{-3})		2.04	1.64	2.04	1.93	1.07	2.09	1.19	2.05	0.21	0.99	2.05	0.31	1.45	0.87	2.44	2.10	0.29	1.08	1.06
Dissolved organic N	(mg dm^{-3})	[DON]	0.46	0.27	0.46	0.27	0.84	0.52	1.26	0.35	0.29	0.91	0.45	1.23	0.75	0.34	0.66	0.61	0.71	1.03	0.34
Particulate organic N	(mg dm^{-3})	[PON]	0	1.10	0.10	0.10	0.73	0.10	0.67	0.60	0.45	0.67	0.20	3.10	0.66	0.90	0.46	0.10	0.20	0.35	1.25
Total organic N	(mg dm^{-3})		0.46	1.37	0.56	0.37	1.57	0.62	1.93	0.95	0.74	1.58	0.65	4.33	1.41	1.24	1.12	0.71	0.91	1.38	1.58
Total N	(mg dm^{-3})		2.50	3.01	2.60	2,30	2,64	2,71	3.12	3.00	0.95	2,57	2.70	4.64	2.86	2.11	3.56	2.81	1.20	2.46	2.65
Soluble reactive P	(mg dm^{-3})	[SRP]	0.09	0.04	ß.07	0.08	0.01	0.07	0.02	0.07	0.04	0.01	0.11	0.13	0.01	0.02	0.04	0.06	0.02	0.01	0.01
Soluble non-reactive P	(mg dm^{-3})	[SNRP]	0.02	0.01	0.02	0.03	0.04	0.04	0.07	0.04	0.04	0.02	0.04	0.23	0.03	0.04	0.03	0.04	0.06	0.03	0.05
Total dissolved P	(mg dm^{-3})		0.11	0.05	0.09	0.11	0.05	0.11	0.09	0.11	0.08	0.03	0.15	0.36	0.04	0.06	0.07	0.10	0.08	0.04	0.06
Total particulate P	(mg dm^{-3})	[TPP]	0.09	0.12	0.07	0.06	0.13	0.05	0.05	0.04	0.20	0.11	0.05	1.01	0.08	0.05	0.11	0.02	0.08	0.08	0.09
Total P	(mg dm^{-3})		0.20	0.17	0.16	0.17	0.18	0.16	0.14	0.15	0.28	0.14	0.20	1.37	0.12	0.11	0.18	0.12	0.16	0.12	0.15
Chlorophyll-a	(mg dm^{-3})	[CHL-a]	24	13	21	17	67	19	46	17	269	67	18	2585	66	96	41	17	107	37	205

Notation: RDx – Rezéti Danube at the sampling site «x»
VDx – Vén Danube at the sampling site «x»

Tab. 2

Score	Lower limit [a]	$10^2 \times i \times cm^{-3}$ upper limit [b]	$(a \times b)^{1/2}$
0	–	–	< 1
1	1	3	2
2	3. ...	6	4
3	6. ...	11	8
4	11. ...	23	16
5	23. ...	45	32
6	45. ...	91	64
7	91. ...	181	128
8	181. ...	362	256
9	362. ...	724	512
10	724. ...	1448	1024
11	1448. ...	2896	2048
12	2896. ...	5793	4096
13	5793. ...	11850	8192
•	•	•	•
•	•	•	•
•	•	•	•

Tab. 3

	April					July												September	
	RD 4	RD 5	RD 6	RD 7	VD 1	D	RD 1	RD 2	RD 3	RD 4	RD 5	RD 6	VD 2	RD 1	RD 5	RD 6	RD 7	VD 2	D
St-CY	5	4	6	8	5	8	2	2	2	5	3	4	4	4	7	3	5	6	8
Sceletonema	0	0	0	0	3	1	1	1	0	3	0	1	0	1	0	0	3	0	6
Rhodomonas	6	0	0	0	4	3	0	1	3	0	0	1	0	0	3	0	0	0	3
Ankistrodesmus	4	6	4	4	4	4	2	3	2	5	3	4	4	3	5	5	5	5	4
Dinobryon	5	6	6	1	5	3	0	1	0	0	1	0	0	0	1	0	1	5	0
Euglena	0	0	0	0	0	0	0	0	0	0	0	0	0	3	5	7	1	1	0
Cryptomonas	4	1	1	0	1	0	0	0	0	0	0	0	0	0	5	0	0	1	0
Peridinium	1	0	3	1	1	0	0	0	0	0	0	3	0	0	3	10	1	1	0
Chrysococcus	4	5	1	1	3	0	0	0	0	0	1	0	1	0	1	0	1	6	0
Synura	0	3	0	0	0	0	0	0	0	0	0	0	0	0	7	3	3	4	0
Melosira granulata	0	0	0	0	3	1	0	1	0	1	0	0	0	0	0	0	0	0	3
Hyaloraphidium	0	0	1	0	0	3	1	1	3	1	4	3	3	0	1	5	1	1	5
Volvocales	1	0	0	0	0	2	1	1	1	3	0	0	0	0	7	4	0	0	3
Kirchneriella	9	5	4	1	0	0	3	0	0	0	0	1	0	0	3	1	6	3	3
Scenedesmus	4	4	4	3	3	3	4	4	4	4	4	4	3	1	4	2	4	3	5

SC/CY: *Stephanodisus, Cyclotella,* (*Coscinodiscus*) spp.
Euglena: mainly *Euglena polymorpha*
Volvocales: mainly *Chlamydomonas* spp.

The population density of planktonic algal taxa was estimated via abundance scores measured in a logarithmic interval scale (Tab. 2). Using the 124 algal taxa with the greatest axial linear dimension (GALD) > 4 µm, a set of data was used for multivariate analysis. The dominant taxa are summarized in Table 3.

Preliminary transect sampling was used for the recognition and separation of the different habitats. Owing to the highly uniform pattern of the available habitat types, a quantitative sampling method was applicable for the collection of the benthon community on the muddy bottom in the side arms. The relative frequency data were calculated on the basis of three grab samples, using an Ekman sediment sampler at each site. A hand net with a 400 mm mesh size was used to collect qualitative samples from the rocky shore line (edge community) near the inlet point of the Rezéti arm and the main channel of the Danube, and in the small water bodies and former active channels, respectively.

Commercial fishing is actively carried out in the side arms. Available data from the local fishing cooperative was collated in order to document changes in capture success.

Classification (NCLAS) and ordination (PRINCOMP) were undertaken using the SYN-TAX III package (Podani 1988) to evaluate spatial heterogeneity at the different sampling times incorporating both chemical and hydrobiological data. Average linkage clustering was used for the hierarchical classification of samples characterised by nineteen ecological descriptors. Gower's general similarity coefficient (Gower 1971) was used to calculate the similarity (distance) matrix based on the variables expressed in distance form ($d_{ij} = 1 - s_{ij}$). The phyto-plankton samples were compared to each other using chord distance and percentage similarity function, but the zooplankton samples were clustered only by the percentage similarity function.

Correspondence analysis was applied for the simultaneous ordination of samples and variables. Chi square distance was used for the pair-wise comparison of samples (Legendre & Legendre 1983). The coordinates of points representing samples and variables were determined by symmetric weighting.

4 Results

Two different habitat types, pelagic and benthic, were identified from preliminary sampling in the Rezéti- and Vén-Danube. Chemical variables and plankton community structure proved to be especially good descriptors for small-scale changes of biological water quality in the pelagic habitat, whereas for the benthic habitat macroinvertebrate community structure proved to be most appropriate descriptor of large-scale changes in river bed succession.

4.1 Environmental variables

Multivariate analysis has been used in the study of spatial-temporal variations, on the basis of nineteen ecological descriptors (Tab. 1). The hierarchical classification of the samples was performed in two different ways: clustering of the spring and summer samples; and clustering of the spring, summer and autumn samples together.

The samples were grouped into clusters according to season rather than location (Fig. 2). The within-cluster homogeneity of the spring and summer data set was greater than that for autumn. No characteristic differences could be observed between the sampling sites (Danube, Rezéti-Danube, Vén-Danube) during the same sampling period. Ordination resulted in three identical groups of samples (Fig. 3). The first and the second contained the points from April and July, whereas the third represents a diverse set of points from September.

RD1.09 and RD7.09 were unique in the ordination because of their extreme NH_4-N, chlorophyll-a and COD values, respectively. During this period, a considerable amount of infiltrating ground water was observed in area RD1, accompanied by a minimum value of chlorophyll-a (1.8 mg m^{-3}) and a maximum value of ammonia-N (1.4 mg dm^{-3}).

VD1.04 was clustered among the summer samples probably because of the high concentration of NO_3-N. During September, water bloom caused by *Peridinium* spp. existed around RD6, accompanied by high chlorophyll-a (2585 mg m^{-3}), COD-Mn and COD-Cr (186 and 600 mg dm^{-3}, respectively) and TPP (1.01 mg dm^{-3}) values. Because of the patchy occurrence of this algal

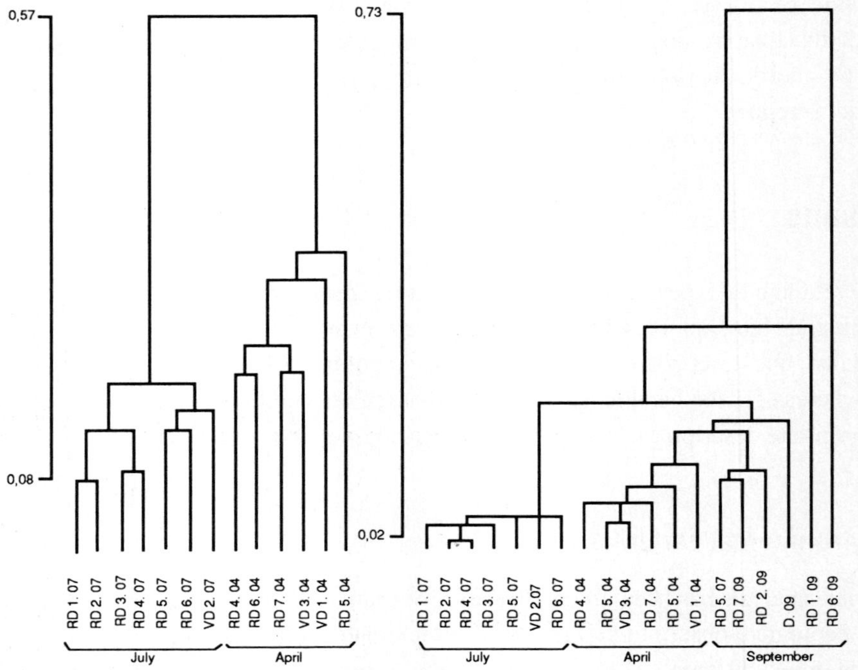

Fig. 2: The dendrograms of the samples obtained by average linkage clustering with Gower's general coefficient (expressed in distance form)

bloom (102×10^6 ind./dm) the lower stretch of the Rezéti Danube, RD6.09, is an outlier (Fig. 2).

Consequently, the ecological status of the water bodies in the study area, described by physical, chemical and biological variable states (descriptors), was determined by hydrological circumstances.

4.2 Phytoplankton

The results of the cluster analysis of 124 taxa (Tab. 3) using chord distance and percentage similarity functions are represented graphically in the form of dendrograms. As with the simultaneous chemical evaluation, the samples have been grouped into clusters according to season.

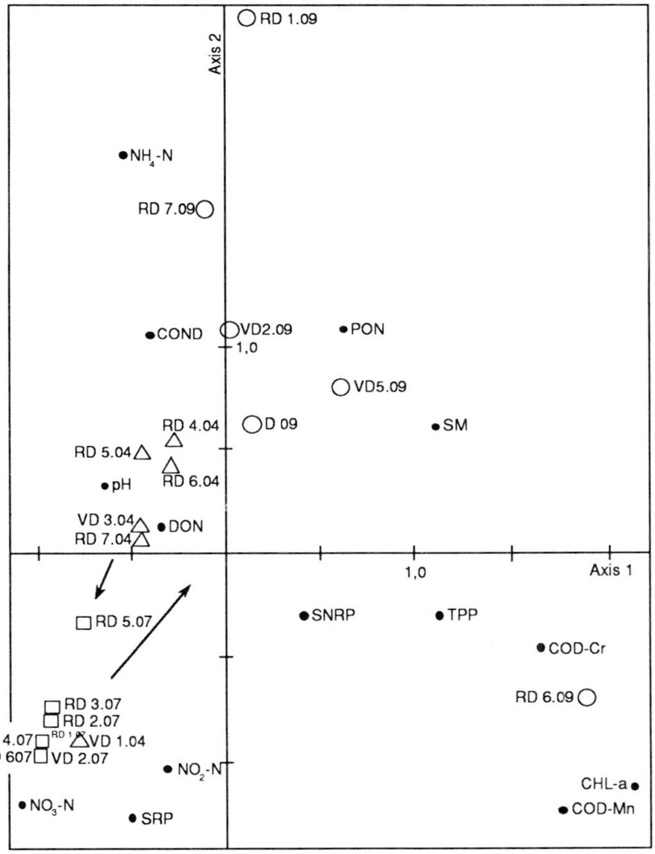

Fig. 3: Correspondence analysis plot of the samples and physical, chemical, biological descriptors

The within-cluster homogeneity of samples taken in April and July was greater than in the clusters of autumn samples. Some of the samples (RD1.09, RD4.07 and D.09) were linked to a different group than had been expected.The upper section of the Rezéti-Danube had a low population density in the summer flood period, as well as in autumn (Fig. 4, 5).

A high density of phytoplankton occurred in the middle, silted-up section of the Rezéti-Danube in July (RD4.07). A similar pattern of co-occurrence was observed along the same downstream stretch during the low water period in autumn. The two phytoplankton samples were dominated by taxa of the Centrales, Chlorococcales and Volvocales.

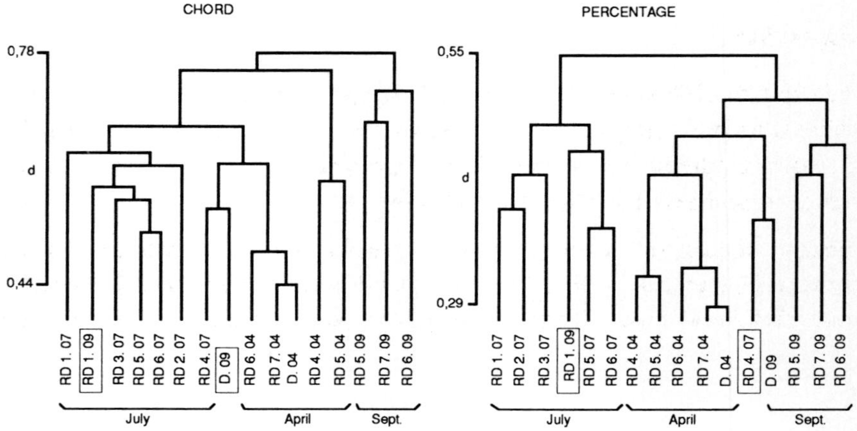

Fig. 4: Dendrograms of phytoplankton samples (D, RD: 1991)

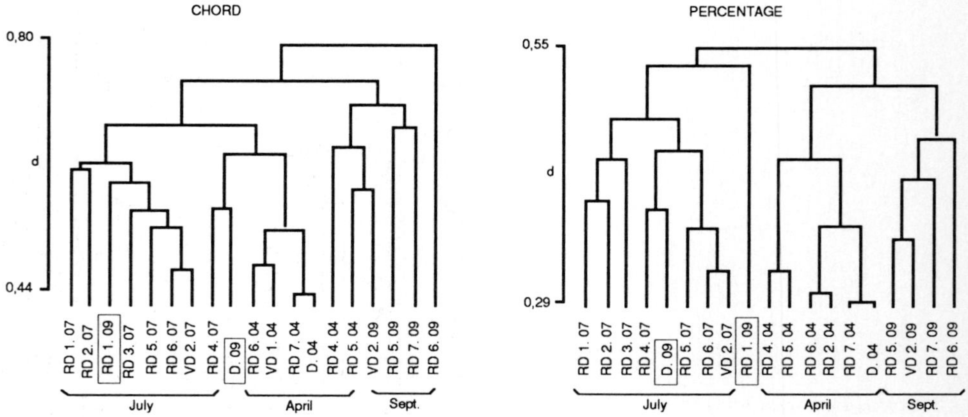

Fig. 5: Dendrograms of phytoplankton samples (D, RD, VD: 1991)

The grouping of samples based on phytoplankton co-occurrence (similarity) revealed a pattern similar to that based on environmental variables.

The hydrobiological status of the Danube and the side arms is determined principally by the hydrological regime: periods of inundation characterised by low algal abundance and low taxon richness; during low water, both phytoplankton abundance and species richness increase. The reduction or elimination of lotic conditions in the side arms, owing to changes in hydrological regime, could lead to unpredictable structural changes in the plankton community (algal blooms). Isolation of the side arms from the main channel speeds up eutrophication processes and leads to water quality problems.

4.3 Zooplankton

A total of 88 species of Rotatoria, Cladocera and Copepoda was found in the study area, most of them characteristic of eutrophic, lentic or stagnant waters (Tab. 4). The Danube had distinct plankton fauna during the sampling periods. The most important differences in faunal composition were observed to be the result of hydrological events.

The dendrogram of zooplankton samples grouped the sampling sites together according to the prevailing hydrological state (Fig. 6). All July samples from the Rezéti-Danube and Vén-Danube remained in the same cluster. Another group was formed from the April samples,

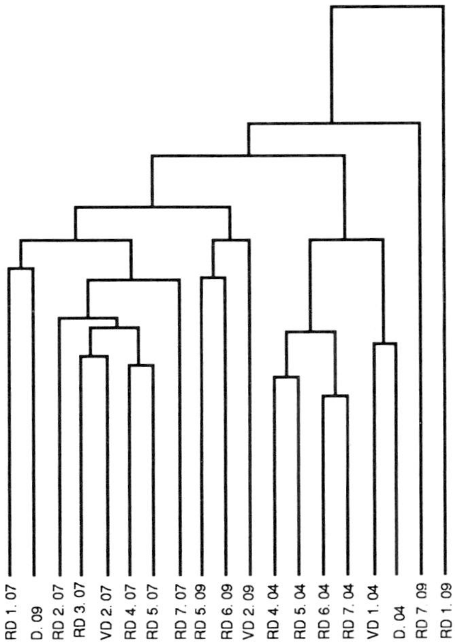

Fig. 6: The dendrogram of the zooplankton samples (percentage similarity, log-standarization)

Tab. 4: Occurrence of Rotatoria, Cladocera and Copepoda taxa

		Danube	Rezéti Danube	Vén Danube
ROTATORIA				
1.	*Anuraeopsis fissa*	–	+	+
2.	*Ascomorpha ecaudis*	+	+	+
3.	*Asplanchna brightwelli*	–	+	+
4.	*A. girodi*	–	+	+
5.	*A. priodonta*	++	++	++
6.	*Bdelloidea* ssp.	+	+	–
7.	*Brachionus angularis*	++	+++	+++
8.	*B. angularis* f. bidens	–	+	–
9.	*B. budapestinensis*	+	++	+
10.	*B. calyciflorus* f. amphyceros	++	+++	+++
11.	*B. calyciflorus* f. calyciflorus	++	+++	+++
12.	*B. diversicornis* f. diversicornis	+	++	++
13.	*B. diversicornis* f. homoceros	–	+	–
14.	*B. falcatus*	–	+	–
15.	*B. leydigi* f. leydigi	+	–	+
16.	*B. plicatilis*	–	+	–
17.	*B. quadridentatus* var. ancylognathus	+	+	+
18.	*B. quadridentatus* var. brevispinus	+	++	+
19.	*B. quadridentatus* var. cluniorbicularis	+	+	–
20.	*B. quadridentatus* var. quadridentatus	+	++	+
21.	*B. urceolaris*	++	++	++
22.	*Cephalodella catellina*	+	–	–
23.	*C. gibba*	–	+	–
24.	*Cephalodella* ssp.	–	+	–
25.	*Colurella colurus*	–	+	–
26.	*Epiphanes macrourus*	–	–	+
27.	*Euchlanis dilatata*	+	+	+
28.	*Filinia longiseta*	++	+++	+++
29.	*F. terminalis*	–	+	+
30.	*Kellicottia longispina*	–	+	–
31.	*Keratella cochlearis* var. cochlearis	++	+++	+++
32.	*K. cochlearis* var. macracantha	–	+	+
33.	*K. cochlearis* var. tecta	++	++	++
34.	*K. quadrata* var. frenzeli	–	++	+
35.	*K. quadrata* var. quadrata	++	++	++
36.	*K. tropica*	–	+	–
37.	*K. valga*	–	+	–
38.	*Lecane bulla*	+	+	–
39.	*L. closterocerca*	–	+	–
40.	*L. luna*	+	–	–
41.	*Lophocharis oxysternon*	–	–	+
42.	*Mytilina mucronata*	–	+	–
43.	*Notholca squamula*	–	+	–
44.	*Polyarthra dolichoptera*	++	++	++
45.	*P. major*	–	+	–
46.	*P. vulgaris*	++	++	++
47.	*Pompholyx complanata*	–	+	+
48.	*P. sulcata*	–	+	–
49.	*Synchaeta longipes*	–	+	–
50.	*S. oblonga*	–	+	+
51.	*S. pectinata*	–	+	–
52.	*S. stylata*	–	+	–
53.	*Synchaeta* ssp.	–	++	++
54.	*Testudinella patina*	–	+	–

Tab. 4: (continuation)

	Danube	Rezéti Danube	Vén Danube
55. *Trichocerca pusilla*	–	+	+
56. *T. rattus*	–	+	–
57. *T. similis*	–	+	–
58. *T. stylata*	+	+	–
59. *Trichotria pocillum*	+	–	–
CLADOCERA			
60. *Alona quadrangularis*	–	+	–
61. *A. rectangula*	–	+	+
62. *Bosmina longirostris* var. cornuta	+	++	++
63. *B. longirostris* var. pellucida	+	++	++
64. *Ceriodaphnia quadrangula*	–	+	+
65. *Chydorus sphaericus*	+	++	++
66. *Daphnia cucullata*	–	+	–
67. *D. hyalina*	–	+	–
68. *D. longispina*	–	+	–
69 *Diaphanosoma brachyurum*	–	+	+
70. *Disparalona rostrata*	+	+	+
71. *Iliocryptus agilis*	–	+	+
72. *I. sordidus*	–	+	–
73. *Macrothrix laticornis*	–	+	+
74. *Moina micrura*	–	+	+
75. *Monospilus dispar*	–	+	–
76. *Pleuroxus uncinatus*	–	+	–
77. *Scapholeberis mucronata*	–	+	–
78. *Simocephalus vetulus*	–	+	+
COPEPODA			
79. *Acanthocyclops robustus* f. limnetica	+	++	++
80. *Cyclops vicinusvicinus*	–	++	++
81. *Diacyclops bicuspidatus*	–	+	+
82. *Eucyclops macruroides*	–	+	+
83. *E. serrulatus*	–	++	+
84. *E. speratus*	+	–	–
85. *Megacyclops viridis*	–	–	+
86. *Mesocyclops leuckarti*	–	++	++
87. *Thermocyclops oithonoides*	–	++	+
88. *Eudiaptomus vulgaris*	–	+	+
89. Nauplius larvae	++	++	++
90. Copepodit larvae	++	++	++

Legend: + = rare; ++ = frequent; +++ = dominant; – = absent

following the prolonged low water period. Based on assemblage structure, the Rezéti Danube (RD5 and RD6) and Vén Danube (VD2) showed great resemblance, though the two external Rezéti Danube sites, the inlet (RD1) and outlet (RD7) were unique in the complete data set. This was because water from the area surrounding the inlet was filtered through the river bank, where nutrient supplies for the zooplankton were limited.

Smaller-bodied species and smaller individual numbers are characteristic for the River Danube during each season. The dominant zooplankton species are Rotifers: *Brachionus angularis*, *B.*

calyciflorus, *Filinia longiseta*, *Keratella cochlearis*, *K. quadrata*, *Polyarthra vulgaris*. The individual number varied between 60-90 ind. dm^{-3}, indicating moderate biomass in the flowing water.

Rotifer densities in the lower section of the Rezéti-Danube were 5-10 times higher than in the Danube (400-1000 ind. dm^{-3}) in April. In addition to Rotifers, some carnivorous Copepoda (*Acanthocyclops robustus* f. limnetica, *Cyclops vicinus*, *Mesocyclops leuckarti*) were also dominant at this time.

Summer flooding reduced zooplankton densities considerably. Although 58 species were recorded, with Rotifers also as the dominant zooplankton elements, their stock was reduced to 20-50 ind. dm^{-3} at different locations. Most species were not truly pelagic, and probably originated from the adjacent lentic areas. Permanent connection with the Danube resulted in a very similar community structure within the two arms.

In autumn, the lowest water level was experienced, with 38 species in the Rezéti-Danube, 29 in the Vén-Danube and 24 in the Danube. A gradual increase in productivity was observed along the Rezéti-Danube; water at the inlet point had a low chlorophyll-a content (13 mg m^{-3}), with 12 species and 2-3 ind. dm^{-3} density. With a corresponding increase in the quantity of algae and chlorophyll-a, the density of Rotatoria-dominated zooplankton increased to approximately 800 ind. dm^{-3} at the downstream end (RD7). The maximum density of microalgae was recorded here in September (average size below 4 mm). The maximum chlorophyll-a occurred at point 6, caused by the high *Peridinium* density (2585 mg m^{-3}), which was not suitable for the filter-feeding Rotatoria community (genera *Brachionus* and *Keratella*). In September, a large Cladoceran (*Diaphanosoma brachyurum*) was the dominant taxon in the Vén-Danube.

The structure of the zooplankton community during low water (April and September) reflected the extensive eutrophication, which was improved only by the intensive flushing-out effect from the River Danube in July.

4.4 Macrozoobenthon

Edge communities of macroinvertebrates could not be recognised in the side arms. The frequent and considerable changes in the water level, combined with prolonged desiccation in spring and autumn, permitted a relatively undisturbed community only in the deepest, permanently flooded part of the channel.

The density of Oligochaeta was highest in the lower sections of both side arms in April, July and September (max. value: 17.000 ind. m^2, Tab. 5). This may have been because the downstream stretches have the thickest sediment layer, consisting of very fine particles and rich organic material. This kind of habitat is particularly optimal for saprophilic worm taxa.

Tab. 5: Relative frequency of macrozoobenthon taxa collected from the Rezéti-Danube (RD-7) and the Vén-Danube (VD2-3)

Taxa	Sampling Sites																
	April					July								September			
	RD4	RD5	RD6	RD7	VD3	RD1	RD2	RD3	RD4	RD5	RD6	RD7	VD2	RD5	RD6	RD7	VD2
Annelida																	
Glossiphonia heteroclita	0	0	0	0	0	0	0	0	0.8	0	0	0	0	0	0	0	0
Helobdella stagnalis	0	0	0	0	0	0	0	0	0	0	0	0	0	0	0	0	0
Oligochaeta gen spp.	40.0	97.2	98.8	84.1	77.3	16.9	20.0	52.9	37.4	32.2	95.4	85.2	58.6	50.0	78.3	86.7	59.1
Mollusca																	
Anodonta anatina	0	0	0	0	0	0	0	0	0	0	0	0	1.4	10.0	0	0	9.1
Dreissena polymorpha	0	0	0	0	0	0	0	0	0	0	0	0	0	0	0	0	9.1
Sphaerium lacustre	0	0	0	0	0	0	0	0	0	0	0	0	1.4	0	0	0	0
Sphaerium rivicola	0	0.7	0	0	0	0	0	0	0	0	0	0	0	0	0	0	0
Unio pictorum	0	0	0	0	0	0	0	0	0	0	0	0	0	10.0	0	0	0
Viviparus acerosus	0	0	0	0	4.5	0	0	0	0	0	0	0	1.4	20.0	0	0	18.1
Crustacea																	
Dikerogammarus villosus	0	0	0	0	4.5	0	0	0	0	0	0	0	0	0	0	0	0
Obesogammarus obesus	0	0	0	0	0	1.2	0	0	0	0	0	0	0	0	0	0	0
Insecta (mainly Chironomidae)																	
Chironomus, plumosus group	10.0	0	1.2	15.1	4.5	66.3	61.9	45.1	53.4	67.1	0	11.9	34.3	0	15.2	7.6	0
Cryptochironomus sp.	0	0	0	0	0	1.2	3.8	0	0	0	0	0	0	0	0	0	0
Culicoides sp.	0	0	0	0	0	0	0	0	0	0	0	0	1.4	0	0	0	0
Hydropsyche angustipennis	0	0.7	0	0	0	0	0	0	0	0	0	0	0	0	0	0	0
Lauterbornia sp.	0	0	0	0	0	0	0	0	0	0	1.5	1.0	0	0	2.2	3.8	0
Phytochironomus sp.	0	0.7	0	0	4.5	0	0	0	0	0	0	0	0	0	0	0	00
Polypedilum sp.	10.0	0	0	0	0	13.3	8.4	2.0	8.4	0.7	3.1	2.0	1.4	0	4.3	1.9	0
Tanypus vilipennis	40.0	0.7	0	0	4.5	0	0	0	0	0	0	0	0	10.0	0	0	0
Total number of ind. (ind./m²)	444	2088	18000	3911	978	3689	1556	2267	5822	6489	2889	4488	3111	444	4089	4667	978

In addition to these mud-dwelling worms, only Chironomids were abundant everywhere in the slow-flowing and stagnant water bodies; their densities increased markedly in July, when members of the *plumosus* group (organic detritus feeders) had become quite common at many sites. However, Oligochaets were present in all parts of the side arms during the sampling periods, especially at the downstream ends of the water courses. Chironomids are dominant only in mid-summer, coinciding with increased discharges.

Although the occurrence of other taxa, such as the larger mussels (*Anodonta anatina*) and snails (*Viviparus acerosus*), was very frequent, their presence in the grab samples was relatively infrequent. A high mortality rate amongst mussels was observed at the downstream end of the Rezéti-Danube (RD7) in September. Almost 90% of the *Anodonta anatina* were found dead after the extremely high flood in August (112 shells of recently dead mussels were found in 1 m with 12 living ones). The probable reason was the burying effect of the thick layer of the bottom sediment that had been displaced by the increased discharge, which lasted almost two weeks.

The connected but relatively isolated smaller channels are of special importance for nature conservation because their flora and fauna are richer than those of the Rezéti- and Vén-Danube (Tab. 6).

All the taxa found in the lentic (stagnant) stretches are very common in eutrophic waters. The Kis-Rezét and the Nyéki-Danube had a community consisting mostly of Heteroptera nymphs (water bugs) and aquatic beetles, which indicates strong and frequent perturbation during the vegetative period (i.e. desiccation, oxygen depletion). Low values of dissolved oxygen were measured in the Kis Rezet arms under the thick layer of *Spirodela polyrhiza* (duckweed) during July and September (3.2 mg/l with 18.9°C and 4.8 mg/l with 16.2°C, respectively). The occurrence of *Trapa* sp. and *Nuphar luteum* suggests extended sedimentation in the Kis-Rezét and Káposztás-Danube. The Nyéki-Danube was almost completely dry during the summer.

The fauna in this stretch of the River Danube is very similar to that found along upstream Hungarian stretches. The most common taxa are the leeches (*Erpobdella* and *Dina* sp.), water snails (*Bithynia tentaculata* and *Lymnaea auricularia*) mussels (*Dreissena polymorpha* and *Sphaerium corneum*), and Crustaceans (*Corophium curvispinum* and *Dikerogammarus villosus*). The stony shoreline habitats usually have powerful currents which provide a rich nutrient supply for the characteristic filter feeding elements of the biotecton, both zebra mussels and Bryozoan species. Many *Hydropsyche* taxa inhabit such areas, attaching themselves and other taxa (e.g. *Sphaerium corneum*) to the stony surfaces.

Comparing this stretch of the Danube to upstream Hungarian sections, the macrozoobenthon contains more *Dreissena*, and the Hydropsychid group consists of *H. angustipennis* instead of *H. contubernalis*, which is common in the northern section.

Tab. 6: Macrozoobenthon taxa from the Danube and isolated branches collected during 1991

Taxa	sampling sites						
	1 KRD	2 KRD	3 KD	4 NYD	5 D	6 D	7 D
Dina lineata					1		
Erpobdella octoculata					1	1	
Oligochaeta sp.	1	1	1		1	1	
Plumatella fungosa					1		1
Plumatella repens					1	1	
Stylaria lacustris						1	
Anodonta anatina					1		
Bithynia tentaculata		1			1	1	1
Dreissena polymorpha					1	1	1
Gyraulus albus		1		1			
Lithoglyphus naticoides					1		
Lymnaea auricularia			1		1	1	1
Lymnaea stagnalis	1		1				
Physa acuta					1		
Planorbarius corneus	1	1	1	1			
Planorbis planorbis		1					
Sphaerium corneum							1
Succinea elegans			1				
Viviparus acerosus	1		1		1		
Aeschna sp.			1				
Astacus astacus					1		
Baetida sp.			1	1			
Chironomus, plumosus group					1		
Coenagrionida sp.			1	1			
Corixida sp.		1		1			
Corophium curvispinum					1	1	1
Culicida sp.				1			
Dikerogammarus villosus					1	1	1
Gerris sp.	1			1			
Hydropsyche angustipennis						1	1
Ilybius sp.			1				
Ilyocoris cimicoides	1	1	1				
Jaera sarsi						1	
Laccophilus sp.			1				
Limnochironomus sp.						1	
Phytochironomus sp.					1		
Phytotendipes sp.				1			
Obesogammarus obesus					1	1	
Ranatra linearis	1						
Spercheus emarginatus				1			
Sympetrum sp.			1				
Number of taxa/sampling site	7	7	13	9	18	13	8

4.5 Changes in the fish catch

Recently, the original fishing cooperatives split into several small private groups, which continue to fish regularly. Only data for the annual average catch over the last five years (between 1986 and 1990, Tab. 7) are considered here.The available commercial data on fish catches

Tab. 7: Fish catch between 1986 and 1990

Fish	Rezéti-Danube (catch data in tonnes/year)	Vén-Danube
Cyprinids (not *Cyprinus carpio*)	18.060	0.520
Carassius auratus gibelio	9.030	3.120
Cyprinus carpio (colonized)	–	0.780
Esox lucius	0.602	0.520
Stizostedion lucioperca	0.602	0.104
Anguilla anguilla	0.200	–
Ictalurus nebulosus	0.074	0.047
Silurus glanis	–	0.019
At the downstream mouth:		
Acipenser ruthenus	0.017	–
Barbus barbus	0.009	–
Total catch/year	30.374	5.266

represent the present situation only. It is impossible to find any trends within these data. However, it has been suggested that an average decrease in the annual catch has been apparent over the last 15 years (Gönczy, personal communication). This annual decrease was estimated as about 30% of the actual annual value.

The composition of the fish stock in the catch shows the overall dominance of small Cyprinids in the Rezéti-Danube and of the alien crucian carp in the Vén-Danube. It should be emphasized that during the sampling period many juvenile crucian carps were observed in the middle, silted part of the Rezéti-Danube. Such stagnant waters are especially favourable for R-selected fish species, which are very strong competitors of the other native Cyprinids.

Any proposed restoration programme for this floodplain must also take into account the needs of the fish fauna. Special emphasis should be placed on revitalising the former active branches which have silted up during the last few decades. An extended network of water bodies should be re-established in order to provide a spawning area for as many species as possible during the early summer high flood conditions.

5 Discussion

There are different activities and interests along this stretch of main river and side arms, such as navigation, flood protection, nature conservation, game hunting, commercial fishing and recreation. On the basis of the present preliminary ecological study, the following conclusions should be borne in mind during any future intervention:

– The characteristic ecological status of the two side arms (Rezéti and Vén Danube) is determined by the hydrological regime. The currently available inorganic and organic nutrients cause planktonic eutrophication, especially in the lower sections during low water. As a result, secondary production (zooplankton biomass) also increases.

- During stagnant water periods, unpredictable changes may occur in plankton community structure, causing water quality problems. Similar deteriorating conditions have been observed in the side-arm system of the upper Hungarian Danube (Szigetköz), which faces similar water discharge problems (Németh & Gulyás 1990; Csányi 1989).
- The relatively poor bottom fauna is a strong descriptor of advanced siltation. The highly eutrophic taxa, the Oligochaets and the Chironomids (mainly the *plumosus* group), characterise the uniform muddy habitat type along both of the side arms. The occurrence of indigenous Danubian species in the side arms is very occasional. The dominant taxa suggest an advanced stage of sedimentation in the Rezéti- and Vén-Danube. These taxa were present in the bottom sediment along the water courses, and both their density values and their population ratio varied throughout the study period. In addition to seasonal changes, the macrozoobenthon community clearly indicates a gradual, long-term successional trend of sedimentation along both of the side arms.
- The amount of fish caught in these arms is continuously decreasing. The silted-up riverbed is unfavourable for many fish species for spawning. The reproduction of natural fish stocks is thus impeded by the continued isolation of these side channels from the adjacent Danube.

The riverbed should be rejuvenated in both side arms in order to improve the discharge conditions along the whole length of the channels. The inlet of the Rezéti-Danube is completely blocked because of sedimentation caused by two rock falls in the main arm, just above the side channel. Remedial action is needed to arrest the siltation that is already occurring in the main Danube-bed.

The total head loss of the Rezéti Danube is 22 cm in the present situation. Sedimentation would be reduced and perhaps reversed if a higher value could be achieved. Large-scale dredging might provide a temporary solution to the problem of sediment deposition, especially on the upper half of the Rezéti-Danube. The Vén-Danube has a rock-fall blocking its upstream end. Remedial action is needed to solve the water discharge problems along this shorter side arm, too. Increased and more frequent water transport through the branches might also help the sedimentation problems in the downstream sections.

The relationship between hydrological and hydrobiological processes should be studied over a long period in the future, in order to take into account their dynamic character. However, important «hot spots» have been revealed from this initial analysis of the principal aquatic communities. The final goal of a restoration programme for these former channels must be to improve their immediate, active connection with the Danube and with each other as well. Although it is difficult to determine the exact amount of the water discharge needed to revitalise the side arm system, it is clear that the same dynamic hydrological processes must be provided for the floodplain as are present in the River Danube. This should be the basis of the revitalisation programme.

References

Amóros, C., Roux, A.L., Reygrobellet, J.-L., Bravard, J.-P. & Patou, G. (1987): A method for applied ecological studies of fluvial hydrosystms. – Reg. Rivers: Res. & Mgmt. 1: 17-36

Bothár, A. (1981): Vergleichende Untersuchung der Crustacea Gemeinschaften im Nebenarm «Alte Donau» und im Hauptstrom (Stromkm 1481). – Ann. Univ. Sci. Budap. Danub. Hung. XCIX. Sectio Biologica: 159-174

Csányi, B. (1989): Hidrobiológiai vizsgálatok a Szigetköz víztereiben. Makrozoobentosz. – Mühely, MTA FKI, A Környezetminösítö és Számítástechnikai Osztály tanulmánysorozata 2: 1-10

Dudich, E. (1967): Systematisches Verzeichnis der Tierwelt der Donau, mit einer zusammenfassenden Erläuterung – In: Liepolt, R. (Hrsg.): Limnologie der Donau: 4-69, Schweitzerbartsche Verl.,Stuttgart

Gower, J.C. (1971): A general coefficient of similarity and some of its properties. – Biometrics 27, 857-871

Harris, G.P. & Piccinin, B.B. (1980): Physical variability and phytoplankton communities. VI. Temporal changes in the phytoplankton community of a physically variable lake. – Arch. Hydrobiol. 89 (4): 447-473

Kertész, GY. (1963): Vizsgálatok a Duna magyarországi szakaszának Rotatoria planktonján. – Állattani Közl. 50: 81-88

Kertész, GY. (1967): Längsprofiluntersuchungen des Rotatorienplanktons im ungarischen Abschnitt der Donau. – Opusc. Zool. Budapest 7: 189-199

Kol, E. & Varga, L. (1960): Beiträge zur Kentniss der Mikroflora und Mikrofauna in der Donauarmen neben Baja. – Acta Biol. Acad. Sci. Hung. 11: 187-217

Legendre, L. & Legendre, P. (1983): Numerical Ecology. – Developments in Environmental Modeling 3: 1-419, Elsevier Sci. Publ. Co., Amsterdam, Oxford, New York

Németh, J. & Gulyás, P. (1990): Experimentelle Untersuchung des Eutrophierungsprozesses im Nebenarmsystem der Kleinen Schüttinsel (Szigetköz) an der Donau. – 28. Arbeitstagung der IAD, Varna/Bulgaria, Wissenschaftliche Kurzreferate aus Ungarn: 31-33.

Podani, J. (1988): SYN-TAX III. Users Manual. – Abstracta Botanica Vol. 12 (Suppl 1): 1-183

Richnovsky, A. (1963): Baja és környékének Mollusca faunája. – Állattani Közl. 50: 121-127

Tóth, J. (1968): A mellékágak jelentösége (Die Bedeutung der Nebenarme). – Halászat 14: 173-174

Tóth, J. (1973): A brief report on the species of fish of the Hungarian section of the Danube damaged by anthropogenous effects. – Ann. Univ. Sci. Budapest, Sect. Biol. 14: 120-121

Limnologie aktuell · Band/Vol. 2 · Kinzelbach (Hg.): Biologie der Donau
Gustav Fischer Verlag · Stuttgart · Jena · New York · 1994

Naturschutz, Landschaftspflege und Biotopvernetzung in der Donauaue

Hans-Helmut Klepser

Bezirksstelle für Naturschutz und Landschaftspflege Tübingen, Konrad-Adenauer-Straße 20, D-72072 Tübingen, jetzt: Regierungspräsidium Tübingen

Keywords

Danube, running waters, renaturation, retention

Abstract

In the federal state of Baden-Württemberg (FRG) anoverall hydrological and ecological plan for the Danube catchment basin has been established, based on a consideration of the whole Danube valley as a single biotope. The aim is to harmonise ecological needs with the interests of the inhabitants; where private property is affected, adequate financial compensation will be provided. Individual measures are discussed such as the establishment of nature reserves, reconstruction of watercourses, conservation of natural embankment strips along watercourses, regeneration of backwaters, and the viability of rivers for organisms.

Kurzfassung

Das wasserwirtschaftlich-ökologische Konzept zur Gestaltung der Donau in Baden-Württemberg wird aus der Betrachtung des Großbiotops Donautal abgeleitet. Seine Zielsetzungen sind mit den Interessen der Anlieger in Einklang zu bringen, bei starken Eingriffen in das Privateigentum stehen entsprechende Ausgleichsmittel zur Verfügung. Einzelmaßnahmen wie die Ausweisung von Naturschutzgebieten, Gewässerumgestaltungen, Gewässerrandstreifen, Altarmsanierung und die Durchgängigkeit des Gewässerlaufs für Organismen werden dargestellt.

1 Vorbemerkung

Im Jahr 1987 erteilte das Umweltministerium Baden-Württemberg den Auftrag, ein wasserwirtschaftlich-ökologisches Konzept zur Gestaltung der Donau und ihres Talraumes zu entwikkeln. Die Fließstrecke der Donau in Baden-Württemberg beträgt rund 200 km, daraus wurden für ein Pilotprojekt 50 km zwischen Sigmaringen-Laiz und Zwiefaltendorf herausgearbeitet (Abb.1), da hier große Probleme einerseits im Zusammenhang mit Hochwässern, andererseits mit extremen Erosions- und Sedimentationsbereichen bestehen. Darüber hinaus wechseln hier stark begradigte Flußstrecken mit sehr naturhaften ab.

Das Umweltministerium hat das Regierungspräsidium Tübingen (Abteilung Wasserwirtschaft) beauftragt, dieses Konzept federführend und in enger Zusammenarbeit mit der Bezirksstelle für Naturschutz und Landschaftspflege Tübingen zu erstellen und umzusetzen. An den Untersuchungen beteiligen sich u.a. die Landesanstalt für Umweltschutz Baden-Württemberg, die Universitäten Hohenheim und Karlsruhe sowie private Büros. Als griffiger Titel laufen die Arbeiten in Analogie zum Rhein als «Integriertes Donau-Programm» (IDP).

2 Ausgangslage

Im engeren Untersuchungsbereich verläuft die Donau in einem bis zu 3 km breiten Tal. Im Zuge des Eisenbahnbaus und zur Verbesserung der landwirtschaftlichen Struktur begradigte man die gefällsarme und deshalb stark mäandrierende Donau vorwiegend im 19. Jahrhundert und versah sie mit einem einheitlichen Trapezprofil und breiter, gleichmäßiger Sohle. Zahlreiche Altwasser und feuchte Senken verfüllte man nach und nach, auch die damals noch vorhandenen Auwaldgesellschaften verschwanden bis auf wenige Reste. Der kürzere Lauf und die stabilen Böschungen bewirkten eine starke Tiefenerosion des Gewässers, die innerhalb weniger Jahr-

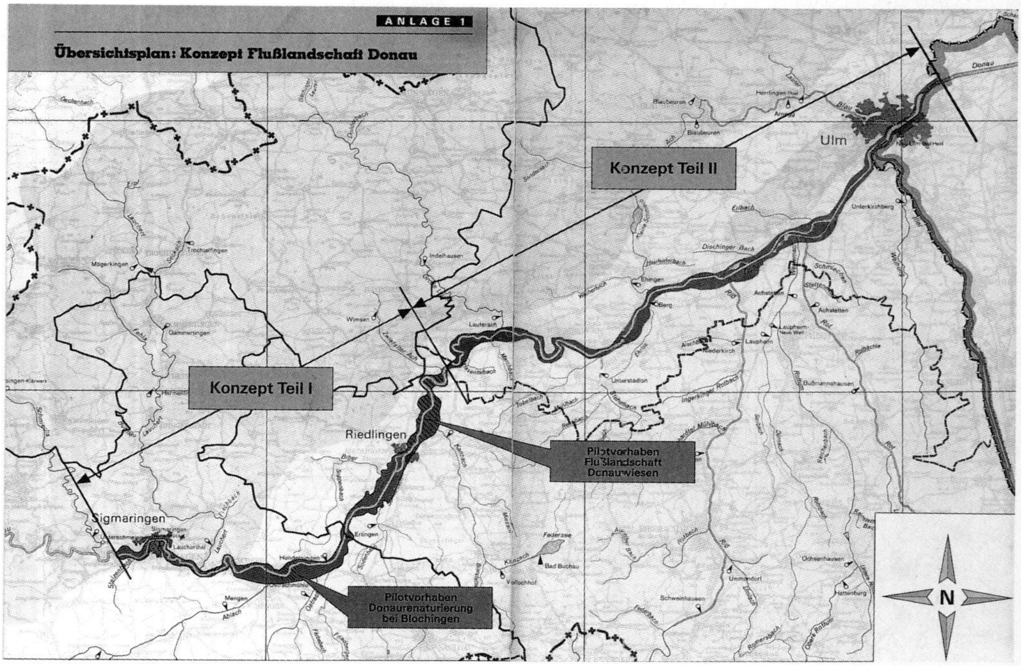

Abb. 1: Übersichtsplan – Konzept Flußlandschaft Donau

zehnte zu einer Eintiefung von 1 bis 2 m führte (Abb. 2, 3). Das Grundwasser folgte dem absinkenden Mittelwasserspiegel, dies wirkte sich auf Wasserversorgungsanlagen und auf die restlichen Feuchtgebiete negativ aus. In Stauanlagen akkumulierten die verfrachteten Sedimente ebenso wie in einem noch sehr naturhaften Talabschnitt unterhalb von Riedlingen (Abb. 2), in dem die Donau regelmäßig jährlich über die Ufer tritt. Unerwünschte Auflandungen in der Donau galt es zu beseitigen, Sandbänke in den Wiesenflächen behinderten die Landwirtschaft.

Der Siedlungsdruck, insbesondere in der Nachkriegszeit, verschonte auch die überflutungsgefährdeten Bereiche des Donautales nicht, Wohnbebauungen, Sportanlagen, Gewerbe und Verkehr verkleinerten den Überschwemmungsbereich (Abb. 4).

Die Hochwasserspitzen der letzten Jahre zeigen ein anderes Verhalten als früher, der Anstieg erfolgt steiler, die absoluten Höhen nehmen zu. Die stetige Abnahme der natürlichen Retentionsflächen sprechen eine deutliche Sprache.

3 Ziele

Das Donaukonzept verfolgt folgende Ziele:

- Schaffen eines vielgestaltigen, lebendigen Flußbettes mit ausgeglichenem Geschiebehaushalt
- Bewahren und Wiederherstellen einer ökologisch wertvollen Tallandschaft (mit einer Regeneration von Elementen der ursprünglichen Donauaue)
- Bewahren des Talraums als Lebens- und Wirtschaftsraum für den Menschen in seiner Kulturlandschaft

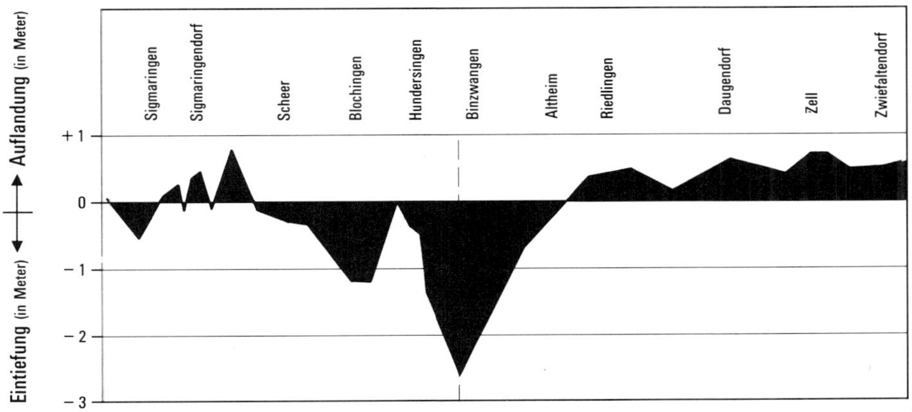

Abb. 2: Veränderung der Donausohlhöhe im Zeitraum von 1895 bis 1989

4 Konzept

Aufgrund umfassender Datenerhebungen (Schutz- und Nutzungsansprüche, wasserwirtschaftliche Bestandsaufnahme, Wassergüteuntersuchung im Haupt- und den Nebengewässern, Vegetationskartierung im Donautal mit Bewertung der Gewässer und Biotope, Erhebung des Fischbestandes und der spezifischen Lebensraumsituation, weitere zoologische Untersuchungen im Gewässer und im gesamten Talraum) konnte für den Teilbereich das «Konzept Flußlandschaft Donau» entwickelt werden. Die Erfahrungen, die im Land Baden-Württemberg bei der Renaturierung kleinerer Fließgewässer bereits vorliegen, stehen vor allem im Bereich Landschaftspflege und Erholung voll im Einklang mit diesem Konzept.

5 Maßnahmen

Die vorgesehenen Maßnahmen entwickeln sich aus den im Konzept erhobenen Daten. Konkurrierende Ansprüche sind gegenseitig zu bewerten, sie haben sich den Zielen aus Ziffer 3 unterzuordnen. Selbstverständlich müssen die einzelnen rechtlichen Rahmenbedingungen beachtet werden. Ein derzeit in Ausführung stehendes Projekt beschreiben Lutz & Soldner (1991).

Im folgenden wird ein unmittelbar vor der Verwirklichung stehendes Vorhaben erläutert.

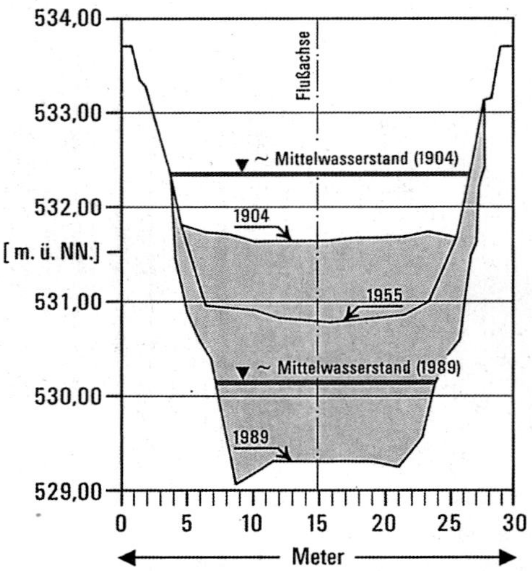

Abb. 3: Veränderung eines ausgewählten Flußquerschnitts oberhalb Riedlingen

5.1 Pilotvorhaben «Flußlandschaft Donauwiesen»

Das 1991 ausgewiesene Naturschutzgebiet «Flußlandschaft Donauwiesen» liegt in der Auflandungsstrecke zwischen Riedlingen und Zwiefaltendorf (Abb. 1). Die häufigen Hochwässer im Frühjahr und Sommer ermöglichen hier bis heute im wesentlichen lediglich Grünlandwirtschaft und bewirken damit auch einen gewissen Schutz für die Altwässer. Dieser Landschaftsteil zählt angesichts der landesweit sehr stark vorangeschrittenen Entwässerungen von Feuchtgebieten in seiner Ausdehnung zu den Besonderheiten, da hier noch weitgehend die «bäuerliche Kulturlandschaft» überdauerte. Man trifft noch zahlreiche Zugvogelarten an, die hier rasten und auf

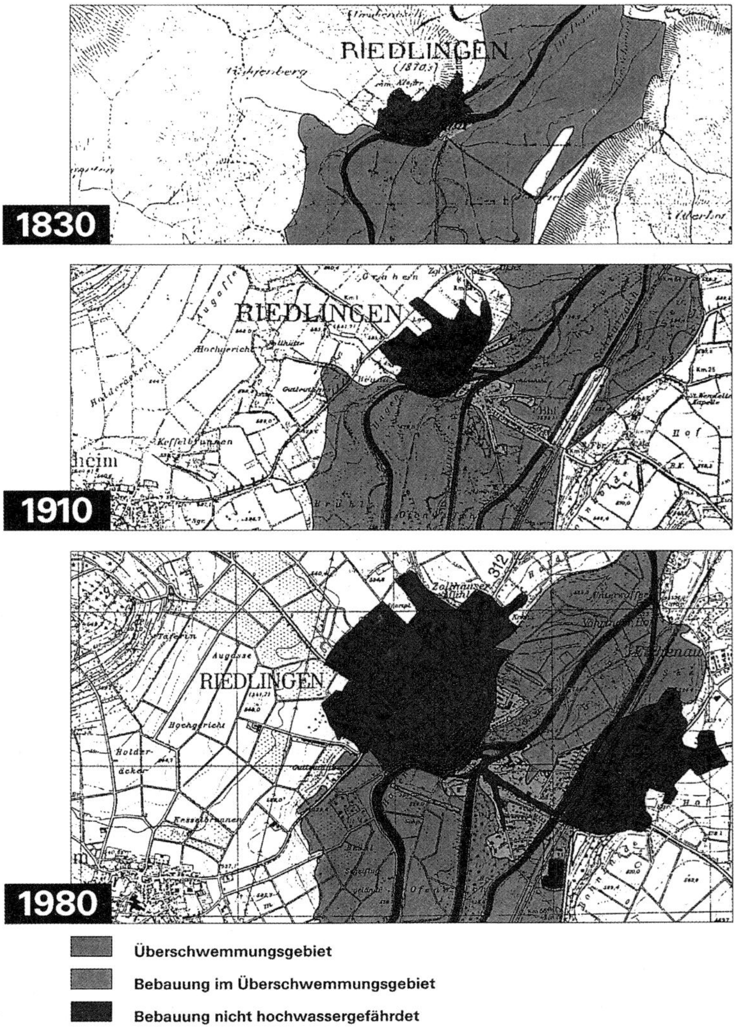

Abb. 4: Entwicklung der Bebauung in Überschwemmungsgebieten

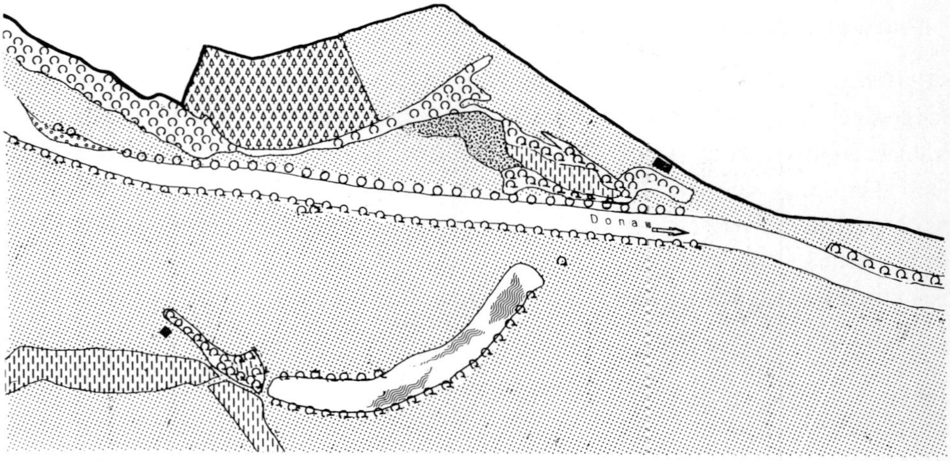

Abb. 5: Bestandsplan

- Naturschutzgebietsgrenze
- Nadelwald
- Laubwald (naturnah)
- Ufergehölze (naturnah)
- Ufergehölze mit standortfremden Arten (Hybridpappeln)
- Grünland (intensiv genutzt)
- Feuchter Staudenbestand
- Röhricht
- Schwimmblatt- und Wasserpflanzengesellschaft
- vegetationsarme Flächen (Sand- und Kiesbänke)

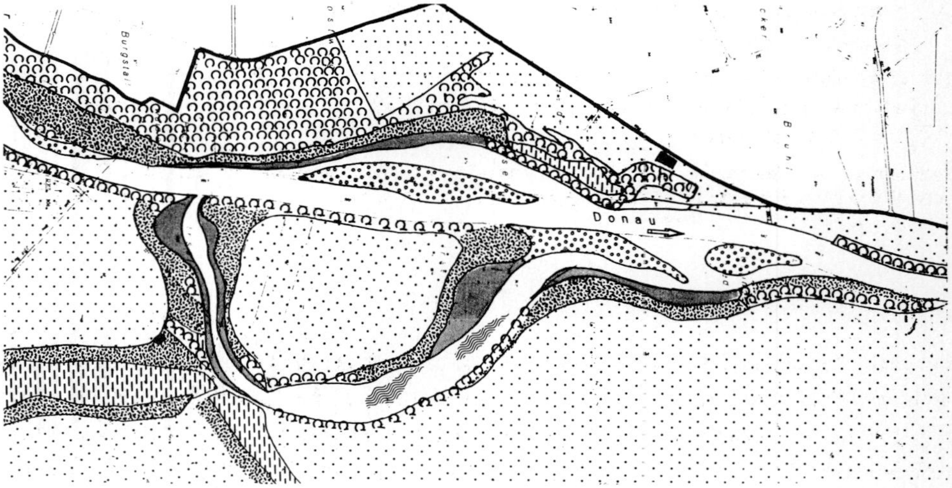

Abb. 6: Zielplan

- Naturschutzgebietsgrenze
- Laubwald (naturnah)
- Ufergehölze (naturnah)
- feuchter Staudenbestand, Brache
- Grünland (extensiv genutzt)
- Röhricht
- Schwimmblatt- und Wasserpflanzengesellschaft
- vegetationsarme Flächen (Sand- und Kiesbänke)
- Naturufer, die durch Sukzession besiedelt werden (mögliche Entwicklungen: Weichholzaue, Uferröhricht mit vorgelagerter Schwimmblatt- und Wasserpflanzengesellschaft, Feuchtbrache

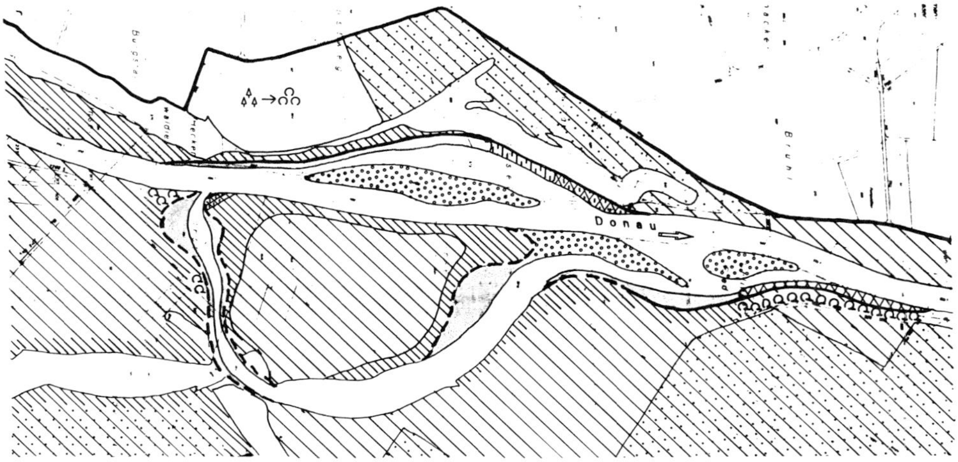

Abb. 7: Maßnahmenplan

Einmalige Maßnahmen:

- Donauaufweitung
- Altarmanbindung
- ungesicherte Uferbereiche (variierende Böschungswinkel)
- durch Weidenanpflanzungen gesicherte Uferbereiche[1]
- durch Steinschüttung (Mehrkornfraktion) gesicherte Uferbereiche
- durch Steinschüttung (Mehrkornfraktion) und Weidenstecklinge[1] gesicherte Uferbereiche
- Anlage von Sand- und Kieinseln
- Umwandlung von Nadelwald in standorttypischen Laubwald
- Neuanpflanzungen von Gehölzen der Weichholzaue[1]

Regelmäßige Maßnahmen (Extensivierungsflächen: Keine Düngung, keine Pestizide):

- alternierende Mahd von Teiflächen zunächst alle 2 Jahre
- Mahd, 1 mal jährlich
- Mahd, 2-3 mal jährlich

1 Gehölzarten der Weichholzaue, die für Neuanpflanzungen in Frage kommen: *Salix alba, S. viminalis, S. fragilis, S. triandra, S. purpurea, Populus nigra, Alnus glutinosa, Euonymus europaeus, Cornus sanguinea, Viburnum opulus*

das weite Donautal als Zugstraße angewiesen sind. Auch überwintern regelmäßig etliche seltene Vogelarten. Schließlich sei erwähnt, daß der Weißstorch in den letzten 50 Jahren ununterbrochen als Brutvogel vorkommt. Trotzdem konnten sich gewässertypische Arten nicht halten, beispielsweise brütet der Flußregenpfeifer heute nicht mehr auf Kiesbänken (diese werden dort, wo sie entstehen, als Hindernis angesehen und ausgebaggert), sondern ziehen sich in Kiesgruben zurück, wo sie einen Ersatzlebensraum finden.

Im Naturschutzgebiet soll auf 1200 ha Fläche die Kulturlandschaft so, wie sie die traditionelle Landwirtschaft formte, erhalten bleiben bzw. wiederhergestellt werden. Wo die landwirtschaftliche Nutzung etwa der Uferrandstreifen und feuchter Senken zurückgeführt werden muß, stehen finanzielle Mittel aus dem Extensivierungsprogramm zur Verfügung. Bei kompletter Aufgabe der Landwirtschaft besteht die Möglichkeit, im Rahmen von Pflegeverträgen die Flächen entsprechend den Vorgaben des Naturschutzes zu pflegen.

Im Gewann «Insel» werden ehemalige Verzweigungen und Altarmabschnitte reaktiviert, die der natürlichen Sukzession überlassen bleiben. Es entstehen unzugängliche Geländeteile, Kiesbänke, Schilfzonen und Uferabbrüche. Die Donau soll auf ca. 1000 m Länge innerhalb großzügiger Grenzen selbst ihren Weg finden. Statt seither 18 m, stehen ihr nun bis 300 m Breite zur Verfügung (Abb. 5, 6, 7). Seit 1987 erwirbt das Liegenschaftsamt Ulm des Landes Baden-Württemberg für diesen und andere Bereiche landwirtschaftliche Nutzflächen als Tauschgrundstücke. Dafür wurden seither mehr als 3 Mill. DM ausgegeben. Grunderwerb und Flächentausch erfolgt in engem Einvernehmen mit der Landwirtschaftsverwaltung und dem Bauernverband. Diese Institutionen unterstützen das wasserwirtschaftlich-ökologische Konzept nachhaltig, da auch dort die Einsicht gewachsen ist, daß eine landwirtschaftliche Produktion in den ausgedehnten Talflächen nach europäischem Standart zu keinem dauerhaften Erfolg führt, da diese überschwemmungsgefährdeten Bereiche zu den landwirtschaftlichen Grenzertragsflächen gehören.

Andere Maßnahmen wie das Anheben der Donausohle und das gleichzeitige Verlängern des Laufes nach dem Vorbild alter Flurkarten folgen. Auch Planungen, an bestimmten Stellen Hochwasserdämme abzutragen und damit Landschaftsbereiche gezielt bei Hochwasser zu fluten, befinden sich in der Diskussion. Feuchtgebiete werden Zug um Zug als Naturschutzgebiete ausgewiesen (z.B. Naturschutzgebiet Ehebach: 11 ha; Naturschutzgebiet Braunsel: 40 ha, beide 1990 ausgewiesen), dabei regelt ein Pflegeplan des amtlichen Naturschutzes die zukünftige Nutzung bzw. Pflege.

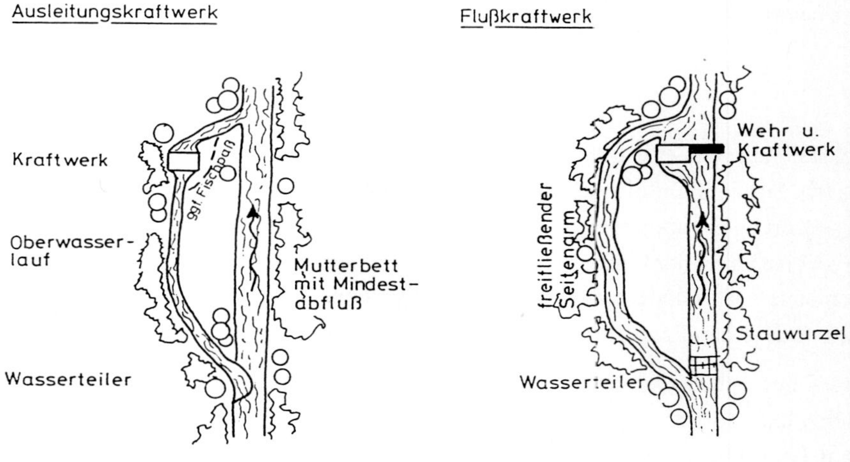

Abb. 8: Ausleitungs- und Flußkraftwerk mit durchgehendem Mindestabfluß

Ein wichtiger Gesichtspunkt stellt die Durchgängigkeit des Fließgewässers dar. Nur in wenigen Abschnitten fließt die Donau einige Kilometer ohne künstlichen Aufstau durch ein mit einem Kraftwerk verbundenen Wehr. Sonst wechseln sich langsam und schnell fließende Gewässerabschnitte ab. Als Folge davon stellt sich ein Gemisch von Tieren und Pflanzen ein, die mit diesem Gewässerzustand leben können (Hybridgewässer). Es fehlen jedoch typische Stillgewässerarten und auf weiten Strecken typische Arten des schnellfließenden Wassers. Vor allem können letztere, wenn sie durch ein Schadensereignis aus ihrem Lebensraum verdrängt wurden, diesen nur schwer wieder erreichen, da die vorhandenen Fischtreppen nur wenige Organismen passieren können. Eine langsame aber stetige Verarmung an nicht flugfähigen Tieren des fließenden Wassers ist deshalb zu verzeichnen. Der Ersatz von Fischtreppen durch freifließende Seitenarme, die von der Stauwurzel bis ins Unterwasser als eigenständiges Gewässer fließen, wird deshalb angestrebt. Jeder Gewässernutzer hat zu gewährleisten, daß eine definierte Mindestwassermenge ungehindert in einem durchgehenden und naturnahen Streckenabschnitt erhalten bleibt (Abb. 8).

Literatur

Lutz, W. & Soldner, T. (1991): Die naturnahe Umgestaltung der Donau bei Blochingen. – Wasserwirtschaft 81, 12: 567-571

Schlagwort- und Sachregister

Der Verweis auf eine Seitenzahl bezieht sich auf den Beginn des Beitrags, in dem das betreffende Stichwort enthalten ist. In Tabellen aufgeführte wissenschaftliche Namen und Ortsnamen aus Fundortverzeichnissen werden nicht angegeben.

Index

Pages refer to the beginning of the article in which the entry is mentioned. Taxonomic and geographic names which are part of tables or enumerations are not included.

Bestellkarte

Ich bestelle aus dem GUSTAV FISCHER VERLAG über die Buchhandlung:

....

30619 .... Expl. Limnologie aktuell, Bd. 1, **Biologie des Rheins,** DM 110,–/DM 82,50 *

30672 .... Expl. Limnologie aktuell, Bd. 3, **Ökologische Bewertung von Fließgewässern,** DM 138,–/DM 103,50 *

30689 .... Expl. Limnologie aktuell, Bd. 4, **The Zebra Mussel,** DM 128,–/DM 96,– *

30707 .... Expl. Limnologie aktuell, Bd. 5, **Seeuferzerstörung und Seeuferrenaturierung,** DM 128,–/DM 96,– *

30755 .... Expl. Limnologie aktuell, Bd. 6, **Die Weser** (In Vorbereitung)

* Vorzugspreis für Mitglieder der Deutschen Gesellschaft für Limnologie.

Preisänderungen vorbehalten.

....

Datum/Unterschrift

Zur Information über Neuerscheinungen und Neuauflagen des GUSTAV FISCHER VERLAGS auf Ihrem Fachgebiet schicken wir Ihnen auf Wunsch laufend kostenlos Informationen zu. Interessengebiete bitte ankreuzen und Karte ausgefüllt zurückschicken.

Medizin

- ☐ Anatomie, Embryologie
- ☐ Pathologie
- ☐ Physiologie
- ☐ Med. Mikrobiologie, Hygiene
- ☐ Pharmakologie Toxikologie
- ☐ Pharmazie
- ☐ Labormedizin
- ☐ Innere Medizin, Allgemeinmedizin
- ☐ Anästhesie, Intensivmedizin
- ☐ Chirurgie, Orthopädie, Urologie, Röntgenologie, Sonographie, NMR, diagnostische Nuklearmedizin
- ☐ Gynäkologie, Geburtshilfe, Perinatologie
- ☐ Pädiatrie, Perinatologie
- ☐ Ophthalmologie
- ☐ Oto-Rhino-Laryngologie
- ☐ Dermatologie, Venerologie
- ☐ Zahnheilkunde
- ☐ Neurologie
- ☐ Psychiatrie, Psychotherapie
- ☐ Psychologie
- ☐ Musiktherapie
- ☐ Medizinalfachberufe, Physikal. Medizin, Krankenpflege, Krankengymnastik, Massagen, MTA
- ☐ Rechtsmedizin, Arbeits- und Sozialmedizin, Begutachtung
- ☐ Gesch. der Medizin und Naturwissenschaften

Biologie

- ☐ Veterinärmedizin
- ☐ Umwelthygiene
- ☐ Botanik (incl. Ökologie, Allg. Biologie, Biogeographie)
- ☐ Zoologie (incl. Ökologie, Allg. Biologie, Mikrobiologie, Biogeographie)
- ☐ Anthropologie, Ethnologie, Evolution, Paläontologie

- ☐ **Statistik, Biometrie, Datenverarbeitung**
- ☐ **Wirtschafts- und Sozialwissenschaften**

Absender:

....

....

....

Falls keine Buchhandlung bekannt, bitte einsenden an:

Gustav Fischer Verlag
Postfach 72 01 43
70577 Stuttgart

Limnologie aktuell, Bd. 2
0,88. IV. 94. nn. Printed in Germany

Bitte ausreichend frankieren

Werbeantwort/Postkarte

An die Buchhandlung

Absender:
(Studenten bitte Heimatanschrift angeben)

....

....

....

Ich bitte um kostenlose Zusendung von

☐ Prospekt „Limnologie aktuell“

Limnologie aktuell, Bd. 2
0,88. IV. 94. nn. Printed in Germany

Bitte ausreichend frankieren

Werbeantwort/Postkarte

Gustav Fischer Verlag

Postfach 72 01 43

70577 Stuttgart